内 容 提 要

本书在总结多项国家重点科技研发计划课题及国家自然科学基金研究成果的基础上，以我国西南已建或在建的一批300 m级特高拱坝工程的理论研究与工程实践为背景，系统介绍了特高拱坝变形安全监控理论和方法，并依托典型特高拱坝工程进行了创新性实践。本书共分八章，主要研究内容包括：特高拱坝变形有效信息识别方法、影响因素挖掘方法、安全监控建模理论、时变效应分析方法、力学参数反演方法、安全监控指标拟定方法、预警理论和方法。

本书可作为水工结构工程、水利水电工程、工程力学、安全工程和其他相近专业的本科生和研究生教材，也可供从事水利水电工程、岩土工程和土木工程等领域设计、施工、运行管理和科研工作的科技人员参考。

图书在版编目(CIP)数据

特高拱坝变形安全监控理论和方法及其应用/顾冲时等著. --南京：河海大学出版社，2018.12

ISBN 978-7-5630-5737-5

Ⅰ. ①特… Ⅱ. ①顾… Ⅲ. ①高坝—拱坝—变形观测—研究 Ⅳ. ①TV642.4

中国版本图书馆 CIP 数据核字(2018)第 282606 号

书　　名　特高拱坝变形安全监控理论和方法及其应用
书　　号　ISBN 978-7-5630-5737-5
责任编辑　金　怡
特约校对　黄　浩
封面设计　黄　煜
出版发行　河海大学出版社
网　　址　http://www.hhup.com
地　　址　南京市西康路 1 号(邮编：210098)
电　　话　(025)83737852(总编室)　(025)83722833(营销部)
经　　销　江苏省新华发行集团有限公司
排　　版　南京新翰博图文制作有限公司
印　　刷　南京工大印务有限公司
开　　本　787 毫米×1092 毫米　1/16
印　　张　23
字　　数　553 千字
版　　次　2018 年 12 月第 1 版
印　　次　2018 年 12 月第 1 次印刷
定　　价　158.00 元

序

顾冲时教授等所著《特高拱坝变形安全监控理论和方法及其应用》一书即将由河海大学出版社出版，我有机会事前阅读原稿，受益良多。作者嘱我写序，我欣然同意。

我国西部地区丰富的水能资源和深山峡谷地形为特高坝的建设提供了良好条件。近年来，一批特高拱坝的建成，给我国带来了巨大的经济和社会效益。目前，我国特高混凝土坝的数量和坝高均位居世界前列，并且呈流域高坝群分布的特点。但这些工程坝高库大，部分技术指标已超出了现有规范和标准；同时，这些工程大多修建在高山峡谷地区，地形地质条件十分复杂，运行过程中又可能遭受强烈地震、极端气候等各种不利因素，大坝运行安全面临着严峻考验，一旦失事将会造成巨大的经济和人民生命财产的损失，因此特高拱坝的安全监控工作显得尤为重要。

虽然大坝工作性态综合评价方法在国内外已进行了较为系统的研究，但针对特高拱坝的研究仍然是一个新颖而值得深入探讨的课题。由于特高拱坝结构整体具有独特的变形特征，故特高拱坝变形分析工作不能简单地套用传统方法，必须通过分析特高拱坝系统变形的复杂时空特征，提出符合大坝实际变形性态的分析方法。鉴于特高拱坝工程在长期运行荷载和环境因素协同作用下的变形性态安全监控涉及因素众多，本书以我国西部地区已建 300 m 级特高拱坝工程为依托，采用多种方法进行研究，成果相互印证，进行了创新性实践，研究成果为及时掌握特高拱坝的服役性态，确保流域高坝群在长期安全运行前提下充分发挥工程效益提供了强有力的技术支持。

本书内容丰富，涵盖了特高拱坝变形分析评价的各个方面，在许多关键问题上提出了新理念和新方法。我本人深知在水利科技方面取得任何一项新成果，都需付出艰辛劳动，本书展现如此多的高水平科研成果，使我十分欣慰。我认为本书具有如下特点。

第一，本书面对复杂问题，能深入分析、突破旧框架，依据原位监测资料，建立监控模型，拟定监控指标，提出反演分析和预警方法等一系列新的理论和技术，定量分析评价和馈控特高拱坝的安全状况，这不仅是保障工程安全的重要手段，亦对推动水工结构工程学科的发展具有重要的科学意义。

第二，本书聚焦特高拱坝变形特性研究，从设计、施工、运行等多角度阐述了特高拱坝变形时空分布特征影响因素，建立了时空分区面板模型，重点分析了时变效应规律，提出了结构变形计算参数优化反演方法，拟定了变形分级控制指标，构建了特高拱坝变形性态预警理论和方法；依托典型特高拱坝工程，将诸多理论和方法应用于实际工程。因此，该书理论创新突出，应用价值高。

第三，本书是在作者现行研究的基础上，针对特高拱坝变形特点，总体上遵循从基础到深入、由简单到复杂、由理论到实践的原则，以原位监测资料为辅佐，从解决实际问题出发，对特高拱坝变形性态安全监控和分析评价方面的成果进行了系统总结，是一本值得水利水电科技工作者参考的好书。

我认识作者多年，看到了他的成长过程，也见证了他为小湾、锦屏一级等高拱坝结构性态进行实时安全评价所做的贡献，故以为序。

中国工程院院士 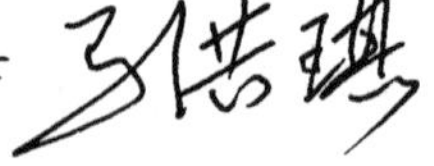

2018 年 7 月

前　言

我国水能资源丰富，水资源作为清洁可再生能源，已成为我国能源结构的重要组成部分，在国家能源供应安全保障中占有重要地位。尤其是我国西部地区丰富的水能资源和深山峡谷地形，为特高拱坝的建设提供了良好条件，先后建成了二滩、拉西瓦、构皮滩、小湾、溪洛渡、锦屏一级、大岗山7座坝高超过200 m的特高拱坝，乌东德、白鹤滩等一批特高拱坝也相继开工建设。目前，我国已成为世界上特高拱坝最多的国家，取得了世人瞩目的成绩。然而这些工程坝高库大，坝体结构和工作环境复杂，并且大多处于高烈度地震区，大坝一旦失事，不但严重影响大坝自身安全，而且还会造成国民经济以及人民生命财产的巨大损失。

拱坝作为一种结构轻韧的空间壳体结构，在高坝建设中具有许多优点，其中工程量少、充分发挥材料优势、超载能力强等尤为突出。随着拱坝技术的发展，我国修建的坝高250 m以上的特高拱坝坝顶弧长普遍大于600 m，坝高谷宽、总水推力大、坝体应力水平高是我国特高拱坝的基本特点。不仅如此，我国特高拱坝工程建设面临着规模宏大、技术复杂、施工困难等多项世界性复杂难题。此外，高山峡谷、区域构造运动剧烈、深层断裂等恶劣的自然条件，使得我国特高拱坝面临各种复杂的工程地质问题，尤其是松弛岩体、断层破碎岩带极易导致拱座失稳和坝基岩体的不均匀变形，成为制约特高拱坝建设的关键技术难题。

大坝安全关系国计民生，一直是各国政府和工程人员关注的焦点。随着我国大坝数量的增加以及运行时间的延长，公众对水利工程安全性的要求越来越高，必须高度重视特高拱坝的安全问题，避免事故的发生。特高拱坝与一般大坝工程相比，结构性态和工程复杂度随坝高成倍增加，力学行为具有独特特征，不同区域的变形规律相差较大，尤其是由于不同部位的约束条件、材料性质及荷载作用具有多样性，很难采用统一的分析模型进行描述。当前，大坝变形分析模型由常规模型发展到人工智能模型、由单测点模型到时空模型等，已经取得了许多成果，模型的计算精度、稳健性和外延性也逐渐提高，但对于特高拱坝工程，坝工界尚缺少合理解释的理论方法。现行规范明确规定，坝高大于 200 m 的特高坝应开展专门研究，不能简单地套用传统的计算方法。由于变形被坝工界公认为是特高拱坝工作性态最直观的反映，为有效保障特高拱坝的安全运行，有关变形安全监控的理论与方法尚需深入研究，尤其以变形控制值和时变趋势性为核心的特高拱坝变形安全警戒值拟定方法亟待提出。但是，由于特高拱坝结构整体具有独特的变形特征，故特高拱坝变形分析工作不能简单地套用传统方法，必须通过分析特高拱坝变形的复杂时空特征，提出符合大坝实际变形性态的分析方法。而且我国众多特高拱坝服役环境复杂，在外界环境和动静荷载的长期作用下，各种病害隐患时常发生，加之坝体混凝土和坝基岩体本身具有流变特性，这些均导致大坝结构性能不断演变，引起大坝变形的时变效应。因此，围绕特高拱坝变形安全监控理论和方法这一主题，开展特高拱坝变形性态的时空分析方法研究，挖掘特高拱坝变形时变机理，建立能反映特高拱坝变形时变效应的安全监控模型和监控指标，以及构建特高拱坝变形性态预警理论和方法体系等，能够为及时掌握大坝实际服役性态、充分发挥工程效益提供强有力的技术支持，这对特高拱坝的长期安全运行具有重要的保障作用，并对提高施工和运行管理水平具有重要的科学价值。

全书共分八章。第一章绪论，介绍了特高拱坝变形安全监控特点，扼要介绍了本书内容。第二章特高拱坝变形有效信息识别方法，介绍了变形信息边缘特征去噪方法、有效信息多维空间提取方法和矩阵映射方法。第三章特高拱坝变形影响因素挖掘方法，介绍了时空关联挖掘模型、结构因素动态空间关联集挖掘方法、荷载及时效因素混沌小波网络挖掘方法。第四章特高拱坝变形安全监控建模理论，论述了特高拱坝变形单测点和多测点函数关系模型、特高拱坝变形分区变截距面板时空模型和动态分区变系数面板预测模型。第五章特高拱坝变形时变效应分析方法，介绍了特高拱坝变形时变效应典型成因，论述了特高拱坝变形固有时变效应的流变学分析方法、特高拱坝变形时变效应的状态空间模型和整体监控模型、特高拱坝变形时变效应数学优化监控模型。第六章特高拱坝变形力学参数反演方法，论述了特高拱坝材料特性参数优化反演分析模型、考虑时变效应的特高拱坝流变力学参数反演方法。第七章特高拱坝变形安全控制值拟定方法，论述了特高拱坝一级、二级和三级变形控制值的建立方法，同时介绍了特高拱坝变形控制值的最大熵理论拟定方法。第八章特高拱坝变形性态预警理论和方法，论述了特高拱坝变形性态预警结构体系、预警指标拟定方法、综合诊断预警方法及信息集成可视化预警方法。

本书部分研究成果获得了国家重点研发计划(2016YFC0401601，2016YFC0401908)、国家自然科学基金重点项目(51739003)、国家自然科学基金面上项目(51479054，51779086，51579083，51579085)、国家重点实验室专项基金(20145027612，20165042112)、江苏高校优势学科建设工程资助项目(水利工程)(YS11001)的资助。本书在编写过程中，得到了吴中如院士的大力支持和帮助，马洪琪院士在百忙之中为本书作序予以鼓励，苏怀智、郑东健、包腾飞、陈波、谷艳昌、杨阳、秦栋、王少伟、聂兵兵等同志参加了部分研究和撰写工作，同时参考了有关书籍、文献，在此向这些专家学者表示衷心的感谢。

由于特高拱坝工程长期运行荷载和环境因素协同作用下的变形安全监控涉及因素众多，且众多因素影响机理十分复杂，同时受到所掌握的资料和知识水平的限制，书中谬误和不足之处在所难免，恳请读者批评指正。

作　者

2018 年 7 月

目　录

第一章 绪 论

第一节 特高拱坝变形安全监控的认识

1 研究的目的和意义

我国水能资源丰富，理论蕴藏量和开发容量均居世界首位。水资源作为清洁可再生能源，已成为我国能源结构的重要组成部分，在国家能源供应安全保障中占有重要地位。21 世纪初，中国已经进入大坝建设的高峰期，一批 200～300 m 级的特高拱坝已建或在建，如 240 m 高的二滩、250 m 高的拉西瓦、232.5 m 高的构皮滩、294.5 m 高的小湾、285.5 m高的溪洛渡、305 m 高的锦屏一级、210 m 高的大岗山 7 座工程已建成发电；270 m 高的乌东德、289 m 高的白鹤滩等一批特高拱坝也相继开工建设。

拱坝作为一种结构轻韧的空间壳体结构，在高坝建设中具有许多优点。拱坝坝体体积一般仅为重力坝的 1/2，尤其是薄拱坝，其坝体工程量甚至可以节省 2/3 以上。拱坝主要靠坝体拱的作用把巨大的水压力传递到两岸坝肩岩体，拱圈截面上主要承受轴力作用，通常坝体和基础的抗压强度都比较高，可以充分发挥筑坝材料抗压性能好的优势，坝越高、拱的作用越强，其优势也就越明显。拱坝属高次超静定结构，超载能力强，当外部荷载增加导致拱坝局部开裂时，坝体应力可自适应调整，只要坝基岩体牢固，拱坝安全裕度远高于重力坝。国内外有关拱坝结构破坏试验表明：拱坝的超载能力可达设计荷载的 5～11 倍。简而言之，拱坝的优点概括为工程量少、充分发挥材料优势、超载能力强三大方面。

除此之外，随着拱坝技术的发展，我国修建的坝高 250 m 以上的特高拱坝坝顶弧长普遍大于 600 m，小湾拱坝更是达到了 892.786 m，坝高谷宽的特点使坝体承受巨大的水压力，小湾拱坝的总水推力达 1 800 万 t，是国外同类大坝的 2 倍以上。同时，我国特高拱坝压应力水平一般在 8.5～10.0 MPa，而国外同类型拱坝主压应力不超过 7.0 MPa；拉应力问题也非常突出，采用拱梁分载法计算小湾拱坝持久组合状况下的最大拉应力高达 1.1 MPa，短暂和偶然状况下的应力水平更高。坝高谷宽、总水推力大、坝体应力水平高是我国特高拱坝的基本特点。传统拱坝要求河谷尽可能对称，目前河谷对称性的重要性已不再强调，且已在不对称河谷中修建了非对称拱坝，如在不对称“V”形河谷中修建的白鹤滩拱坝，其两岸边坡呈现“左缓右陡”，690 m 高程以上的左右岸边坡与河道中心线距离相差大于100 m,复杂的地质条件大大增加了高拱坝设计与施工的难度。此外,由于拱坝的失事基本是坝肩抗滑失稳所致,所以高拱坝对地质条件的要求十分严格,尤其坝肩的抗滑稳定是保证大坝安全的关键。我国特高拱坝多处于西部雄峰陡峭地区,区域构造运动剧烈,深层断裂问题突出,面临各种复杂的工程地质问题,尤其是松弛岩体、断层破碎岩带极易导致拱座失稳和坝基岩体的不均匀变形。例如,小湾拱坝处于高地震烈度区域,坝基分布 6 条较大的蚀变带,坝肩分布有 f_9，f_{10}，F_{11}，f_{12}，F_{20}，f_{34}断层,存在岩体松弛、高岭土蚀变、堆积体、横河向断层发育等一系列复杂地形条件难题;锦屏一级拱坝存在右岸 f_{13}，f_{14}断层影响坝肩稳定性,左岸分布深层裂缝,岩层倾倒变形,f_5，f_8，f_{12}断层及煌斑岩脉引起坝肩变形等问题。为了不影响特高拱坝的安全建设和运行,需重点对坝肩、坝基和抗力体进行地质缺陷处理。可见,我国特高拱坝工程建设面临着规模宏大、技术复杂、施工困难等多项世界性复杂难题;此外,高山峡谷区域构造运动剧烈、深层断裂等恶劣的自然条件,也成为制约特高拱坝建设的关键技术难题。

虽然我国已成为世界上特高拱坝最多的国家,取得了世人瞩目的成绩,但是这些工程坝高库大,坝体结构和工作环境复杂,并且多处于高烈度地震区,大坝一旦失事,不但严重影响大坝自身安全,而且还会造成国民经济以及人民生命财产的巨大损失。大坝安全问题一直是国家和工程人员关注的焦点,随着公众对水利工程安全性的要求越来越高,必须高度重视特高拱坝的安全问题,避免事故的发生。大坝变形是特高拱坝工作性态最直观的反映,但是特高拱坝与一般大坝工程相比,结构性态和工程复杂度随坝高成倍增加,力学行为具有独特特征,不同区域的变形规律相差较大,尤其是由于不同部位的约束条件、材料性质及荷载作用的多样性,很难采用统一的分析模型进行描述。当前,大坝变形分析模型由常规模型发展到人工智能模型,再到变形多测点模型等,已经取得了许多成果,模型的计算精度、稳健性和外延性也逐渐提高,但对于特高拱坝工程,坝工界尚缺少合理解释的理论方法。现行规范明确规定,坝高大于 200 m 的特高坝应开展专门研究,不能简单地套用传统的计算方法,有关变形监测和安全控制的理论与方法尚需深入研究,尤其以变形控制值和时变趋势性为核心,研究特高拱坝变形安全警戒值拟定的方法亟待提出。因此,对特高拱坝变形性态安全监控理论和分析方法开展研究,对于特高拱坝的长期安全运行具有重要的作用,可使特高拱坝在安全运行的前提下充分发挥工程效益,并对提高施工和运行管理水平具有重要的科学价值。

2 特高拱坝运行特点

随着我国混凝土坝筑坝技术的提高,大坝的总体发展趋势是筑坝高度增加、材料容许应力及应力水平提高、坝址地形地质条件放宽等。表 1.1.1 统计了我国已建和在建坝高分别处于前 10 位的混凝土拱坝和重力坝,从坝型上看,拱坝最大坝高为 305 m,远高于重力坝目前最大坝高 203 m,且拱坝整体高度高于重力坝。

特高拱坝承受巨大的水推力,如锦屏一级约 1 280 万 t、小湾约 1 800 万 t、溪洛渡约 1 300万 t、二滩约 940 万 t,进而导致特高拱坝整体应力水平高。重力坝目前的最大坝高虽然低于拱坝,但重力坝主要利用坝体自重在坝基面上产生的摩阻力来抵抗水推力的工作原理,使得坝基主要承担较大上游水推力,并且上述坝高前 10 位的重力坝均是实体

表 1.1.1 截至 2015 年中国已建和在建坝高前 10 位的混凝土拱坝和重力坝

坝型	坝名	流域	省份	坝高 (m)	总库容 (亿 m^3)	装机容量(MW)	建设年份
拱坝	锦屏一级	雅砻江	四川	305.0	77.60	3 600	2005—2014
	小湾	澜沧江	云南	294.5	150.43	4 200	2002—2012
	白鹤滩	金沙江	云南/四川	289.0	206.02	16 000	在建
	溪洛渡	金沙江	四川	285.5	126.7	12 600	2005—2015
	乌东德	金沙江	云南/四川	270.0	74.05	10 200	在建
	拉西瓦	黄河	青海	250.0	10.79	4 200	2001—2010
	二滩	雅砻江	四川	240.0	61.80	3 300	1991—2 000
	构皮滩	乌江	贵州	232.5	64.54	3 000	2003—2009
	大岗山	大渡河	四川	210.0	7.77	2 600	2005—2015
	龙羊峡	黄河	青海	178.0	276.30	1 280	1977—1989
重力坝	黄登	澜沧江	云南	203.0	15.00	1 900	在建
	光照	北盘江	贵州	200.5	32.45	1 040	2003—2007
	龙滩	红水河	广西	192.0	298.30	5 400	2001—2009
	三峡	长江	湖北	181.0	450.40	22 500	1994—2010
	官地	雅砻江	四川	168.0	7.60	2 400	2010—2012
	向家坝	金沙江	云南/四川	162.0	51.63	6 000	2006—2015
	金安桥	金沙江	云南	160.0	9.13	2 400	2003—2011
	托巴	澜沧江	云南	158.0	10.39	1 250	2010—2016
	刘家峡	黄河	甘肃	147.0	61.20	1 138	1958—1974
	狮子关	洪家河	湖北	145.0	1.41	10	1999—2004

混凝土重力坝，因而坝高的增加，也使得重力坝坝基能够承受较大的剪力。潘家铮院士等指出："200 m 以上高拱坝与中低拱坝的本质区别在于中低拱坝整体应力水平较低，特别是压应力安全储备较大；而高拱坝整体应力水平高，压应力安全储备较小，发生局部损伤后，应力调整的余地较小，很有可能造成整体破坏。"以二滩、锦屏一级、大岗山、溪洛渡、小湾和拉西瓦等特高拱坝工程为例(表 1.1.2)，利用拱梁分载法进行上述特高拱坝的应力计算结果表明，300 m 级高拱坝与坝高 100 m 左右的拱坝相比，应力分布规律基本一致，但应力值明显偏高，基本荷载组合下，拱梁分载法得到的坝体下游面周边主压应力分布状况如表 1.1.3 所示，上下游面最大主压应力如图 1.1.1 所示。

表 1.1.2　六座特高拱坝的体型特征参数

工程名称	计算方案	河谷形态	坝高(m)	拱冠梁顶部厚度(m)	拱冠梁底部厚度(m)	河谷宽高比	拱圈中心角(°)	坝体体积(万 m^3)	最大跨度(m)	顶拱中心线弧长(m)
二滩	技施方案	V 型	240	11	55.7	2.83	91.5	410	678	769.4
锦屏一级	深化方案	V 型	305	13	63	1.57	93.1	373.8	480	552.4
大岗山	Ex-4 建基面方案	V 型	210	10	52	2.52	93.5	313.8	530	618.6
溪洛渡	技施体型	U 型	285.5	12	68	2.12	96.2	673.6	589	681.5
小湾	技施方案	V 型	294.5	12	72.9	2.73	89.5	1 056.1	798.5	901.8
拉西瓦	技施方案	V 型	250	10	49	2.53	73.7	242.7	632	622.4

表 1.1.3　六座特高拱坝下游面周边主压应力(单位:MPa)

工程名称	左岸			右岸		
	上部	中部	下部	上部	中部	下部
二滩	−1.0～−4.5	−4.5～−7.0	−7.0～−9.0	−2.0～−4.5	−4.5～−6.5	−6.5～−9.0
小湾	−2.0～−7.0	−7.0～−10.0	−6.0～−10.0	−2.0～−8.0	−8.0～−10.0	−5.0～−10.0
大岗山	−2.0～−5.0	−5.0～−6.0	−6.0～−7.0	−2.0～−4.5	−4.5～−6.0	−5.0～−7.0
锦屏一级	−4.0～−6.5	−6.5～−7.0	−6.0～−8.0	−3.0～−7.0	−7.0～−8.0	−5.0～−7.0
溪洛渡	−4.0～−7.0	−6.0～−7.0	−6.0～−8.0	−4.0～−8.0	−7.0～−8.0	−6.0～−7.0
拉西瓦	−1.0～−5.0	−3.0～−6.5	−4.5～−6.5	−1.0～−4.5	−3.3～−6.5	−4.0～−6.5

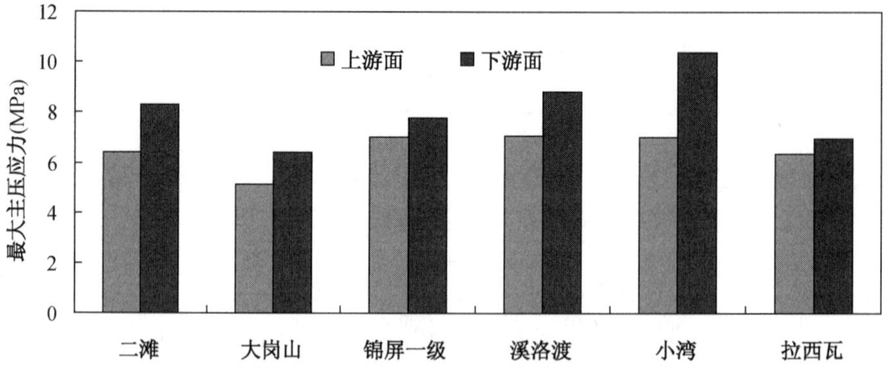

图 1.1.1　六座特高拱坝上下游面最大主压应力

因此,特高拱坝的一大特点就是高应力,坝体混凝土和坝基岩体及结构面将承受高应力作用,且与中低高度的混凝土坝有明显区别,特别是对坝基的断层、节理和软弱结构面等地质缺陷体而言,在高应力作用下,其变形时间效应将更加显著。另外,特高拱坝在设计阶段进行的体型优化,尽管降低了坝体的峰值应力,但导致坝体高应力区分布较广。故特高拱坝不仅应力水平高，而且高应力区分布广，这也将在运行过程中带来一系列的问题。目前，我国修建的特高拱坝主要位于西部地区，特别是西南地区的深山峡谷之中，该区域地质构造复杂、地应力高，存在大量高陡边坡，地震烈度高，除了上述高应力特点外，特高拱坝在运行过程中还面临以下问题。

(1) 坝前水推力大，导致坝基和坝肩变形较大，并且在长期高水压力作用下，可能会引起大坝影响范围内软弱构造带的性态变化。

(2) 特高拱坝多位于深山峡谷之中，坝址两岸一般都是高出坝顶数百米的陡峭边坡，其稳定性及变形特征将直接影响大坝的安全运行，意大利 Vajont 拱坝库岸滑坡和 Beauregard 拱坝岸坡蠕动挤压坝体就是典型的实例。

(3) 特高拱坝坝体厚度大，内部水化热不容易散发，蓄水后在气温、库水温度和内部水化热作用下，坝体内外温差较大，并且坝体横断面越大，所受约束作用越强，因而温度应力也相对较大，坝体开裂风险增大，后期在高水压力作用下，初期形成的温度裂缝可能发展成危及大坝安全的裂缝。

(4) 我国西部地区具有丰富的水能资源和适宜修建特高坝的高耸陡峻峡谷地形，但形成这些地形条件的区域性地质构造也是孕育强震的条件，有记录的中国内陆强震绝大多数都发生在西部地区，因而特高拱坝的坝址大多位于强震区；另一方面，岩体深部传播过来的地震波到达地表后，地震峰值加速度随着地面高度的增加而增大，因而在遭遇相同地震情况下，坝高越高，大坝受地震影响越大。

(5) 特高拱坝的泄流速度可达 30～50 m/s，并且泄洪流量大，多数高坝的设计泄量超过 10 000 m^3/s，如二滩超过 20 000 m^3/s、溪洛渡超过 40 000 m^3/s 等，由此引起的脉冲振动、空化空蚀、掺气雾化、磨损磨蚀和河道冲刷等问题十分突出。

3 特高拱坝变形特征分析方法

拱坝的建设具有十分悠久的历史，最早可以追溯到古罗马时代。1854 年，法国 Francos Zola 首次采用当时先进的弹性力学厚壁圆筒公式进行了拱坝的结构分析与设计；1922 年，美国拱坝研究委员会在世界范围内调查了 100 座已建和在建的拱坝，并对其中的七座进行了原型观测，在全面研究拱坝的结构原理和变形性态的基础上，总结了拱坝的基本变形规律和工作性态，奠定了现代拱坝结构变形分析的理论基础。随着美国加州伯克利大学采用二维有限元对 Dworshak 大坝开展仿真计算研究，有限元仿真分析方法已成为拱坝变形特征分析的一种重要的数值计算方法。目前，针对特高拱坝变形特征的分析方法中，国内外一般采用各种数值计算和三维地质力学模型试验相结合的方法，两者相互验证，相互补充，苏联、美国、加拿大等世界各国的学者相继开展了对混凝土坝变形场的仿真分析研究；国内有关混凝土坝规范也明确要求工程设计人员采用有限元仿真分析，同时，许多科研机构也深入研究了仿真分析的理论、方法与程序，并广泛应用于国内大中型工程。

特高拱坝作为一种高次超静定结构，所经受的外部荷载主要由拱和梁共同承担，拱向推力依靠坝肩岩体的支撑，如柯因在 Malpasset 拱坝溃决后总结："我相信坝本身并未破坏，它是因基础破坏而被推走的。"虽然拱坝坝体本身具有很高的变形适应性，而且有较高的超载安全储备，但由于基础变形，拱坝也存在溃决可能性。也即是，特高拱坝的实际变形性态除了受外部荷载影响外，基础变形对大坝工作性态的影响也不容忽视。国内外研究人员针对基础的地质条件、稳定性等进行了广泛研究，并取得了一批有价值的成果。此外，特高拱坝长期运行中除经受常规荷载以外，还有可能受到各种非常规荷载及特殊因素的影响，为全面掌握其服役期内的变形特征，需对特高拱坝可能经受的偶然荷载、不利荷载组合作用下的变形响应，以及全生命周期大坝变形演变过程进行研究。数值分析法的思想是采用渐进的方法，即逐步增加荷载或降低材料强度，使坝体-坝基系统达到破坏前的极限平衡状态。在分析过程中，涉及一个关键问题是如何判断大坝系统是否达到了极限平衡状态，这需要选取合适的收敛判据，常用的失稳判据有收敛性判据、突变型判据和塑性区贯通判据等，其中突变判据是根据特征点的变形荷载曲线或变形强度曲线寻找突变点，即对应着系统的极限平衡状态，基于该判据的研究成果颇多。但是，已有的稳定性分析成果和经验大都侧重于拱坝失稳破坏的极限状态，对超载过程中大坝整体的变形性态演变规律研究较少，而且特征点的变形是局部参量，难以真实反映大坝整体的变形性态，以特征点的变形突变判据确定结构极限状态，与实际情况有出入，但可通过考虑采用系统的应变能或塑性应变能来代替特征点变形，结合不同超载系数下特高拱坝变形性态的演变过程，能更加有效地评估工程的安全性。此外，针对特高拱坝可能经受的偶然荷载、不利荷载组合等非常规荷载作用，也可以通过假定拱坝的体型、强度、地质条件等固有因素不变，采用连续加荷及水压超载等方式，计算分析不同超载系数下的大坝变形场，据此分析大坝变形性态的演变过程。也有很多国内外学者采用物理模型试验和数值分析的方法开展了大量的相关研究，物理模型试验是把实际工程和地质问题按比例进行缩放，通过试验结果直观反映大坝与地基的破坏形态、变形的分布特征和破坏机制。

4　特高拱坝变形安全监控研究难点

由于特高拱坝服役过程中面临着高应力水平、地质条件复杂和失事后果严重等问题，并且影响因素和演化机理非常复杂，尚存在许多关键问题亟待研究和解决。

(1) 准确而有效的变形监测信息是进行特高拱坝变形性态研究的基础，然而，变形监测信息时常受到外在复杂多变的环境因素影响，采集获得的实时监测数据在表现大坝变形真实状况时存在偏差。此外，为了确保变形监测的全面性，全自动化的监测仪器得到了大量应用，虽然监测数据量成倍增长，但也产生了数据冗余、失效等问题。为了确保特高拱坝变形性态分析结果的可靠性，需要研究变形监测数据的预处理方法，达到有效剔除变形监测数据中无效甚至错误的信息，同时获取和集成有效信息的目的。

(2) 由于特高拱坝变形通常受到水压、温度等荷载因素影响，还和大坝材料物理力学特性、坝体结构、地质、水文及施工等诸多因素有关。为了深入研究特高拱坝的变形性态，需要分析其主要影响因素。然而，大多数影响特高拱坝变形的因素类型多样、关系复杂，难以直接建立各种影响因素和变形效应量间的简单关系，故需要针对不同影响因素的特点，研究影响特高拱坝变形性态因素的有效挖掘方法。

(3) 特高拱坝变形监测序列主要通过垂线监测等获取，现有的分析模型和方法往往是基于一维变形时间序列，比如单测点统计模型，很难综合反映特高拱坝的整体变形特征；此外，考虑位置影响的时空模型虽能描述大坝的整体变形性态，但忽略了不同区域变形规律的差异性。因此，如何根据有限的变形序列通过分类研究，区分大坝不同区域的变形规律，是特高拱坝变形性态建模分析的重要前提；同时，考虑大坝不同区域固有影响因素作用产生的特异性，建立符合特高拱坝实际变形性态的分析模型，将是进一步深入研究的课题。

（4）特高拱坝变形系统是一个随机的、耗散的以及复杂的动态演变系统，内部结构随着运行年龄的增加会逐渐发生调整，从而导致特高拱坝结构性态的改变，通过判断坝体变形监测序列的平稳性有助于更客观地揭示变形时间结构的本质特性和变化规律；在此基础上，如何通过分析各时期大坝变形的空间结构，诊断结构发生调整或存在隐患的部位，依据特高拱坝变形的动态分区特征，建立相应的变形分析模型对深入分析特高拱坝变形性态至关重要。

（5）特高拱坝变形在服役期内一直处于变化之中，一方面是上游库水位和气温变化等作用于坝体上的外荷载的变化，使得大坝变形随之改变；另一方面，筑坝材料固有的流变特性和服役期材料性能的演变，导致特高拱坝结构变形性态发生变化。荷载作用下由筑坝材料固有性能及服役期材料性能演变所引起的变形时变效应，是大坝结构性态发生趋势变化甚至发生转异的标志，而大坝变形监测量是各影响因素作用下的综合值，因此有必要基于变形监测资料，对特高拱坝变形时变效应进行辨识，并从筑坝材料性能的角度对其合理性进行分析，以便对特高拱坝结构变形性态的转异进行识别和评判。

（6）特高拱坝变形固有时变效应主要源于坝体混凝土徐变和坝基岩体蠕变等筑坝材料固有的流变特性，特高拱坝的一个突出特点就是高应力水平，而应力水平对筑坝材料流变特性的影响较大。因此，需要构建适合特高拱坝变形的流变本构模型，并研究相应的有限元数值模拟方法，以便量化分析由筑坝材料固有流变特性所引起的特高拱坝变形固有时变效应。

（7）材料性能是决定结构性能的关键因素，而特高拱坝在长期服役过程中，荷载和环境因素将驱动筑坝材料性能发生演变，进而导致特高拱坝结构性能发生变化，并引起大坝变形的时变效应。因此，在研究特高拱坝变形时变效应时，需要针对坝体混凝土所面临的荷载特点和环境因素，研究典型因素作用下坝体混凝土的劣化机理和物理力学性能演变规律，并通过合理的特高拱坝材料本构模型，量化分析筑坝材料性能演变导致特高拱坝结构性能变化而引起的变形时变效应。

（8）特高拱坝变形时变效应反映到监测效应量上，主要表现为时效变形发展趋势、可恢复变形变幅及测点之间关联性的变化，特高拱坝体积庞大，需要研究能反映大坝变形时空特性的监控分析方法，以便合理评价大坝结构性能的变化。

（9）由于特高拱坝安全监控指标是识别大坝所处状态的科学判据，但是监控指标过宽会遗漏异常和险情信号，导致灾变；监控指标过严则可能误报险情，干扰正常运行和效益发挥。科学地拟定监控指标，对于准确识别险情意义重大，它直接关系到大坝安危、运行决策和工程效益的发挥。特高拱坝与一般高拱坝相比，其结构性态更加复杂，因此，其变形监控指标必须进行专门的研究，以便为大坝的安全运行提供参考，为大坝运行管理决策提供支持。

（10）在特高拱坝长期服役过程中，由于受到诸多因素的影响，大坝变形性态相关信息具有随机性和模糊性。因此，需要从信息的非确定性角度出发，研究能够表现信息非确定性的特高拱坝变形性态预警指标拟定方法。此外，基于单测点变形监测信息的预警结果具有局限性，且易受到未知因素的干扰，联合多测点变形监测信息，建立变形性态预警指标，不但能得到较为整体的预警结论，还能够提高预警结果的准确性。为此，应以提高预警结果的准确性为目标，研究有效的特高拱坝变形性态预警指标拟定方法。

（11）对特高拱坝多测点、多部位变形性态预警得到的结果仍属于大坝局部变形性态预警结果，为了获得特高拱坝整体的变形性态预警结果，需要研究能够考虑到多测点、多部位变形性态相关性、不确定性和时变特点的综合预警方法。同时，由于特高拱坝变形性态综合预警是一个将大量变形相关信息提取、集成、分析、判断、推理及融合的复杂过程，还需要基于软件工程知识开发特高拱坝变形性态预警系统，实现快速有效地进行特高拱坝变形性态的综合判断。

（12）特高拱坝变形安全监控最关心的是如何通过及时直观分析大坝性态变化信息降低大坝运行风险，由于在特高拱坝布置了大量监测仪器，繁冗的监测信息分析需要耗费大量人力物力，监测工作者仅依靠抽象的数据、图表等表达方式很难准确掌握大坝实时变形性态变化规律；此外，传统变形建模分析往往忽略了繁杂变形信息和大坝实际空间状态的同步展示，难以迅速准确理解变形分析结果以及进行快速有效的安全评判。与此同时，如何及时发现特高拱坝整体变形性态产生异常现象，一直是广大工程技术人员所面临的课题之一。迄今为止，关于大坝变形可视化建模方法研究较少，如何针对特高拱坝时空变形特征，建立集三维全景展示、变形信息表达、建模分析等于一体的可视化模型，实现对特高拱坝变形性态的可视化分析，是亟待解决的难题。

第二节　本书内容扼要介绍

本书融汇多项国家重点研发计划课题、国家自然科学基金项目，以及多座特高拱坝水电站委托的科研项目的研究成果，整合为特高拱坝变形有效信息集成方法、影响因素挖掘方法、安全监控模型建模方法、时变效应分析方法、力学参数反演方法、安全监控指标拟定方法、预警理论和方法等，除绪论外，各章内容扼要介绍如下。

第二章特高拱坝变形有效信息识别方法，介绍了变形信息边缘特征识别、提取和去噪方法，论述了变形有效信息偏差度量和多维空间提取方法，给出了变形有效信息矩阵映射方法。

第三章特高拱坝变形影响因素挖掘方法，介绍了变形时间序列、空间分布和时空序列关联挖掘模型，论述了结构因素动态空间关联集挖掘方法，给出了荷载及时效因素的混沌小波网络挖掘方法。

第四章特高拱坝变形安全监控建模理论，阐述了特高拱坝变形整体分布特征，介绍了单测点变形安全监控函数关系模型和多测点空间变形场模型，论述了利用粒子群神经网络建立安全监控模型的方法，在此基础上，针对特高拱坝结构系统特性和变形时空特征，介绍了分区变截距面板时空模型和动态分区变系数面板预测模型。

第五章特高拱坝变形时变效应分析方法，结合特高拱坝变形时变效应典型成因，分别介绍了固有时变效应量化分析方法和状态空间数学建模方法，并论述了基于遗传-偏最小二乘回归算法的时变效应数学优化监控模型。

第六章特高拱坝变形力学参数反演理论和方法，介绍了材料特性参数常规反演分析方法，阐述了分别利用改进目标函数方法和遗传算法的结构计算参数优化反演方法，论述了考虑时变效应的基于支持向量机的流变力学参数反演方法。

第七章特高拱坝变形安全控制值拟定理论和方法，针对特高拱坝变形控制特征，分别介绍了考虑大坝重要性系数和坝体超载系数的一级变形控制值、考虑受压屈服和坝踵开裂的二级变形控制值、考虑时变效应的三级变形控制值的拟定方法，并论述了特高拱坝变形控制值的最大熵理论拟定方法。

第八章特高拱坝变形性态预警理论和方法，介绍了预警逻辑结构体系，给出了预警指标体系及划分方法，分别论述了非确定性预警指标、变形能预警指标、时空变形联合预警指标、变形相关性联合预警指标拟定方法，给出了动态贝叶斯网络推理及递阶融合预警方法和系统实现方法、变形信息集成显示的三维动态可视化建模预警方法。

第二章

特高拱坝变形有效信息识别方法

特高拱坝可视为一个动态变化的复杂系统，其结构形式的特殊性和工作环境的复杂性，决定了大坝变形性态具有复杂、多样、相关、不确定及时变等特点。对特高拱坝不同部位进行多种类型的变形监测，能够获得表征大坝变形性态的实时信息，但由于受到外在环境和监测仪器数据传输噪音等诸多因素的干扰，部分采集获得的实时数据在反映特高拱坝真实变形状况时存在偏差。此外，随着光纤、无线传感监测等新技术的引入，全自动化监测仪器在大坝安全监测中得到了大量应用，形成大型的在线监测系统。虽然监测系统在时空上的密集监测带来了变形数据量几何倍数的增长，但在保证变形监测信息全面性的同时，也引起了数据冗余等诸多问题。为了确保特高拱坝变形性态分析结果的准确性，需要对原始数据信息进行处理和分析，剔除无效甚至错误的信息，获得与特高拱坝变形性态相关的有效信息。

因此，本章着重研究特高拱坝变形性态有效信息融合方法，包括变形性态信息的去噪、提取、映射等多个方面。首先，对变形监测数据中的噪声等问题，基于小波理论，提出小波模极大值进行变形监测数据边缘特征识别及去噪的方法，使得去噪后的变形数据突出自身变化特征，同时避免原始数据细部特征信息的丢失。此外，对变形监测数据序列中常见的波动和偏差进行归类，提出基于变形数据边缘特征点的偏差度量方法，将偏差度映射到偏差度多维空间中，实现对变形数据有效信息的多维空间提取。在获得变形有效信息的基础上，建立变形有效信息的矩阵映射方法，实现变形信息的有效映射。通过上述研究，为后续研究提供有效的信息基础。

第一节　变形信息边缘特征去噪方法

在特高拱坝变形监测的大量数据中，有两类信息较为重要，其一是变形数据变化趋势信息，其二是变形数据细部的边缘特征信息（特征点、极值点等），而噪声等无效信息需要剔除。利用小波变换将变形监测数据依照不同频率进行分离，变形的趋势变化信息主要分布在低频部分，变形的边缘特征信息和噪声信息主要位于高频部分，传统的去噪方法通常将高频部分视为噪声剔除，据此解决变形监测数据去噪问题。但在特高拱坝变形性态分析时，变形数据的总体趋势信息和细部变化特征都是表征大坝变形性态的重要信息，有效的去噪方法既要保留变形数据的趋势信息（低频部分），又要在获得变形数据边缘特征信息（高频部分）的同时，能够有效去除变形数据高频部分的噪声。下面研究变形监测数据边缘特征信息和监测数据小波变换模值的关系，提出变形监测信息边缘特征的识别、提取和合成方法,实现变形监测信息去噪的目的。

1　变形监测信息的边缘特征识别

特高拱坝变形监测数据的主要边缘特征信息体现在变形数据序列的突变点或突变区域中,因此突变部分是需要识别的主要部分。突变部分的突变程度通常可以用变形监测数据序列的奇异性来描述,而奇异性主要影响以突变点为中心的局部范围,这些局部范围需要定位和识别。由于小波变换具有多尺度局部化性质,能够发现变形监测数据序列边缘特征点的位置,并分析边缘特征点奇异性的强弱。因此,下面对变形监测数据进行小波变换,研究小波变换一阶导数和二阶导数数据曲线的变化特征,据此提出特高拱坝变形监测信息边缘特征识别方法。

设 $\theta(t)$ 为一个起平滑作用的低通平滑函数,t 为时间,有:

$$\int_0^{\infty}\theta(t)\mathrm{d}t = 1 \tag{2.1.1}$$

$$\lim_{|t|\to\infty}\theta(t) = 0 \tag{2.1.2}$$

令某测点获得的变形监测数据为 $f(t)$, $f(t)$ 与平滑函数 $\theta(t)$ 做卷积运算,$\theta(t)$ 衰减了变形监测数据 $f(t)$ 的高频部分,从而实现了对 $f(t)$ 的平滑处理。若 $\theta(t)$ 为高斯函数,则有:

$$\theta(t) = \frac{1}{\sqrt{2\pi}\sigma}\mathrm{e}^{-\frac{t^2}{2\sigma^2}} \tag{2.1.3}$$

式中:$\theta(t)$ 二次可导,则可定义 $\theta(t)$ 的一阶和二阶导数分别为 $\psi^{(1)}(t)$ 和 $\psi^{(2)}(t)$,有:

$$\psi^{(1)}(t) = \frac{\mathrm{d}\theta(t)}{\mathrm{d}t} \tag{2.1.4}$$

$$\psi^{(2)}(t) = \frac{\mathrm{d}^2\theta(t)}{\mathrm{d}t^2} \tag{2.1.5}$$

式中:函数 $\psi^{(1)}(t)$ 和 $\psi^{(2)}(t)$ 都满足小波的容许性条件,即:

$$\int_{-\infty}^{\infty}\psi^{(1)}(t)\mathrm{d}t = 0,\ \int_{-\infty}^{\infty}\psi^{(2)}(t)\mathrm{d}t = 0 \tag{2.1.6}$$

因此,将 $\psi^{(1)}(t)$ 和 $\psi^{(2)}(t)$ 作为小波母函数,对变形监测数据的平滑函数 $\theta(t)$ 引入小波尺度因子 c,有:

$$\theta_c(t) = \frac{1}{c}\theta\left(\frac{1}{c}\right),\ c > 0 \tag{2.1.7}$$

式中:$\theta_c(t)$ 表示平滑函数 $\theta(t)$ 在小波尺度因子 c 下的伸缩度。

由上述分析可知,小波变换是将变形监测数据 $f(t)$ 与小波函数进行卷积运算,在此基础上,对时间求导,得到小波变换的一阶和二阶导数。以 $\psi^{(1)}(t)$ 为小波母函数,则变形监

测数据 $f(t)$ 的小波变换一阶导数定义为：

$$W_c^{(1)} f(t) = c \cdot f^* \psi_c^{(1)}(t) = c \frac{\mathrm{d}(f^* \theta_c)(t)}{\mathrm{d}t} \tag{2.1.8}$$

相应地，以 $\psi^{(2)}(t)$ 为小波母函数的变形监测数据小波变换二阶导数为：

$$W_c^{(2)} f(t) = c^2 \cdot f^* \psi_c^{(2)}(t) = c^2 \frac{\mathrm{d}^2(f^* \theta_c)(t)}{\mathrm{d}t^2} \tag{2.1.9}$$

由式(2.1.8)及式(2.1.9)可知，$W_c^{(1)} f(t)$ 和 $W_c^{(2)} f(t)$ 表示变形监测数据 $f(t)$ 在尺度为 c 下平滑后的小波变换一阶和二阶导数。由图 2.1.1 可知，变形监测数据小波变换一阶导数 $W_c^{(1)} f(t)$ 的局部极值点、二阶导数 $W_c^{(2)} f(t)$ 与横坐标的交点（零值点）同变形监测数据平滑处理结果 $f^* \theta_c(t)$ 的拐点相对应。图 2.1.1 中 t_1 和 t_3 时刻对应的是变形监测数据 $f(t)$ 的突变点、平滑处理结果 $f^* \theta_c(t)$ 的拐点和小波变换一阶导数模值 $|W_c^{(1)} f(t)|$ 的局部极大值点。同时，t_2 时刻对应变形监测数据 $f(t)$ 的缓变点、平滑处理结果 $f^* \theta_c(t)$ 的拐点和小波变换一阶导数模值 $|W_c^{(1)} f(t)|$ 的局部极小值点。可见，$f^* \theta_c(t)$ 的拐点只对应变形监测数据 $f(t)$ 的缓变点，不对应 $f(t)$ 的突变点，无法识别 $f(t)$ 的边缘特征点，而 $|W_c^{(1)} f(t)|$ 和 $|W_c^{(2)} f(t)|$（即 $W_c^{(1)} f(t)$ 和 $W_c^{(2)} f(t)$ 的模值）则可以通过分析极大值点和零值点来识别变形监测数据的边缘特征点。

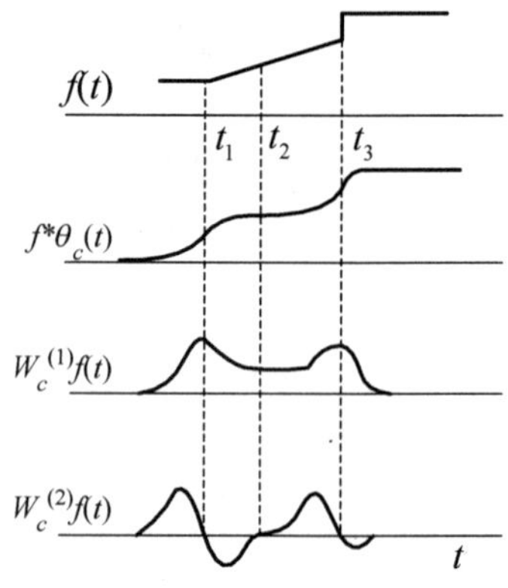

图 2.1.1　变形监测数据小波变换曲线

2　变形监测信息边缘特征点提取

在获得变形监测数据边缘特征点的识别方法后，需要将这些特征点提取。由于变形监测数据是一维的，故下面在一维小波变换的基础上，研究变形监测信息的边缘特征提取方法。

依据前述研究，变形监测数据一维信号 $f(t)$ 在尺度 c 下的边缘定义为 $f(t)$ 被函数 $\theta_c(t)$ 平滑后的局部突变点。小波 $\psi(t)$ 和 $f(t)$ 都是实函数，且 $\psi(t)$ 为函数 $\theta(t)$ 的一阶导数，得到 $f(t)$ 的连续小波变换一阶导数值为：

$$Wf(c,\ t) = c(f^* \psi_c)(t) = c \frac{\mathrm{d}}{\mathrm{d}t}(f^* \theta_c)(t) \tag{2.1.10}$$

在得到 $Wf(c,\ t)$ 的基础上，可以通过分析 $Wf(c,\ t)$ 的模极大点，实现变形监测信息边缘特征点的提取，分为以下三个步骤。

Step 1　对变形监测数据进行小波分解，在某个尺度 c_0 下，若 $Wf(c_0,\ t)$ 在时刻 t 的偏导数 $\partial Wf(c_0,\ t)/\partial t = 0$ 且 $t = t_0$，则 $(c_0,\ t_0)$ 为变形监测数据小波变换导数 $Wf(c,\ t)$ 的

局部极值点。

Step 2　对时刻 t_0 邻近时刻的任意点 $f(t)$，若有 $|Wf(c_0, t)| \leqslant |Wf(c_0, t_0)|$，并且在左右邻域都严格满足不等式关系 $|Wf(c_0, t)| < |Wf(c_0, t_0)|$，则 (c_0, t_0) 为变形监测数据小波变换导数模值 $|Wf(c, t)|$ 在尺度 c_0 下的极大值点。

Step 3　在经过上述 Step 1 和 Step 2 的判别之后，提取变形监测数据在 t_0 时刻 c_0 尺度下的数据点，作为变形监测数据的边缘特征点。

利用上述方法提取变形监测数据边缘特征点时，在小波分解的高频区域数据受到噪声影响，有可能出现一些微弱的边缘特征点，无法代表变形监测数据的有效边缘特征信息，因此需要选取特定的阈值加以过滤。为此，这里提出一种参照邻点的双阈值过滤方法，首先计算变形监测数据小波变换导数模值 $|Wf(c, t)|$ 的最大值μ，对最大值μ进行折减，取折减系数为 ν_1，得到折减值 $\nu_1\mu$ 作为高阈值，简写为 μ_1，高阈值 μ_1 能区分并得到变形监测数据大部分明显的边缘特征点，但会丢失部分不太明显的边缘特征点。在此基础上，建立一个底阈值 $\mu_2 = \nu_2\mu$（ν_2 为折减系数），小于 μ_2 的点为微弱边缘点，在$[\mu_1, \mu_2]$之间的点，则分析其左右两个邻域点是否满足 $|Wf(c, t)^*| \geqslant \mu_2$ 来判断是否为边缘特征点。双阈值过滤方法判别式表示为：

$$\begin{cases} |Wf(c, t)| \geqslant \mu_1 \\ \text{或} \\ \mu_1 \geqslant |Wf(c, t)| \geqslant \mu_2 \text{ 且 } |Wf(c, t)^*| \geqslant \mu_2 \end{cases} \tag{2.1.11}$$

式中：高阈值可取 $\mu_1 = 2\mu/3$；低阈值可取 $\mu_2 = \mu/3$；$|Wf(c, t)^*|$ 为 $Wf(c, t)$ 的两个邻域点小波变换导数的模值，可将式(2.1.11)简记为：

$$|Wf(c, t)| \geqslant \mu \tag{2.1.12}$$

基于上述分析，在尺度 c_0 下，满足以下两个条件的点可视为变形监测数据的边缘特征点：

$$\begin{cases} |Wf(c_0, t)| \text{ 在 } t_0 \text{ 处取得极大值} \\ |Wf(c_0, t_0)| \geqslant \mu \end{cases} \tag{2.1.13}$$

对获得的变形监测数据，以时间序列的离散化形式输入，设为 $\boldsymbol{X} = \{x_0, x_1, \cdots, x_m\}$，形成离散小波变换序列$\{Wf(c, 0), Wf(c, 1), \cdots, Wf(c, n)\}$，可建立以下不等式：

$$\begin{cases} |Wf(c, m)| > |Wf(c, m-1)| \\ |Wf(c, m)| > |Wf(c, m+1)| \end{cases} \tag{2.1.14}$$

$$|Wf(c, m)| \geqslant \mu \tag{2.1.15}$$

在同时满足式(2.1.14)和式(2.1.15)的条件下，变形监测数据小波变换模值在点(c, m)处为极大值，且变形监测数据在小波分解尺度为 c、时刻为 m 时对应的点为边缘特征点。具体算法如下。

Step 1　输入变形监测数据序列 $\boldsymbol{X} = \{x_0, x_1, \cdots, x_m\}$，设定小波变换尺度 c_0。

Step 2　计算变形监测数据 $\boldsymbol{X}$ 的小波变换导数值 $Wf(c, 0), Wf(c, 1), \cdots, Wf(c, n)$。

Step 3 计算阈值 μ。

```
For i=0~m do
  If |Wf(c, t)|≥μ
    If |Wf(c, m)|>|Wf(c, m-1)| and |Wf(c, m)|>|Wf(c, m+1)| Then
      i 处为变形监测数据边缘点,提取并保留
    End if
  End if
End
```

3 变形监测信息边缘特征去噪

在对特高拱坝变形监测数据边缘特征点的识别和提取过程中,一条变形监测数据序列被分为不同的频率,变形监测数据的边缘特征信息也被包含在不同的频率中。变形监测数据的高频部分,边缘特征点的定位精度相对较高,边缘特征信息较为丰富,但变形监测数据受噪声影响较大;同时在低频度部分,则保留了大部分变形监测数据的边缘特征信息,且抗噪性相对较好。因此,在选择合适的变形监测数据小波变换尺度和阈值的同时,还要根据不同尺度特点,进行变形监测数据边缘特征点的识别、提取和合成,实现特高拱坝变形监测数据去噪。整个过程如图 2.1.2 所示,具体步骤如下。

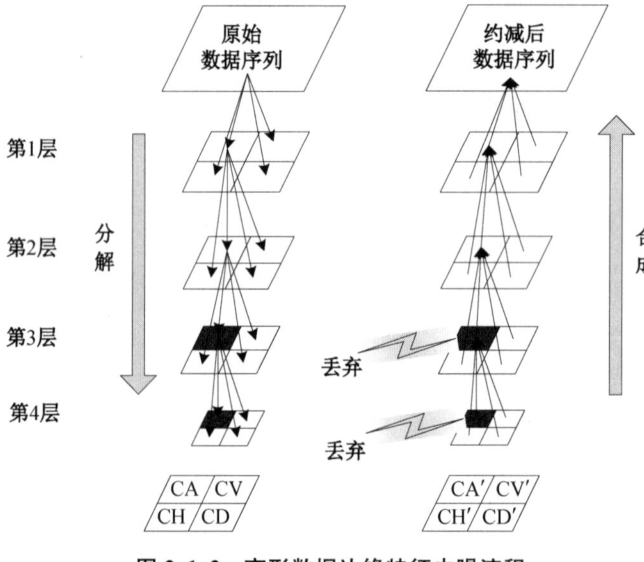

图 2.1.2 变形数据边缘特征去噪流程

Step 1 对变形监测数据进行多层小波分解(图 2.1.2 中分解为 4 层作为示意),对各个尺度按照式(2.1.14)和式(2.1.15)进行边缘点识别和提取。

Step 2 由于相邻尺度的变形监测数据边缘点是较为接近或是重合的,因此在 $j-1$ 尺度,对变形监测数据某一边缘特征点,分析其相邻时刻在 j 尺度是否有对应的边缘特征点匹配,如果有边缘特征点匹配,则将 $j-1$ 尺度下的这个变形监测数据点标记为边缘特征点。重复这一过程,搜索变形监测数据的所有小波变换导数模极大值对应的边缘特征点，将能够匹配的变形监测数据边缘特征点标记，无法匹配的点置为零，得到 $j-1$ 尺度下的变形监测数据边缘特征点信息。

Step 3　由于变形监测数据低频部分保留了大部分重要的边缘特征信息，高频部分容易受到噪音的影响，故按照 Step 2 的方法自低频到高频逐步进行识别和提取，获得变形监测数据各层的边缘特征信息。

Step 4　保留变形监测数据低频部分的 1～2 层，以确保大坝变形的主要趋势信息不丢失，将这些信息与变形监测数据高频部分多层边缘特征信息合成，最终形成包含有效边缘特征信息的变形监测数据。

第二节　变形有效信息多维空间提取方法

特高拱坝变形监测数据除了受到噪声的影响，由于监测仪器、外在环境和人为等诸多因素的干扰，大量数据会出现偏差，这导致了变形监测数据有效性的降低，这些数据难以反映特高拱坝的真实变形状况，会影响相关分析成果的准确性。图 2.2.1 为某坝河床坝段水平位移的多条监测数据过程线，有部分数据受到未知因素的影响而产生偏差，然而大部分水平位移的变化趋势是一致的，通过这种共同趋势的对比分析，不但能识别变形监测数据的偏差，还能提取变形数据中的有效信息。基于此，首先对变形监测数据的偏差进行分类，然后研究有效的变形监测数据偏差度量方法，在此基础上，提出特高拱坝变形监测有效信息的多维空间提取方法。

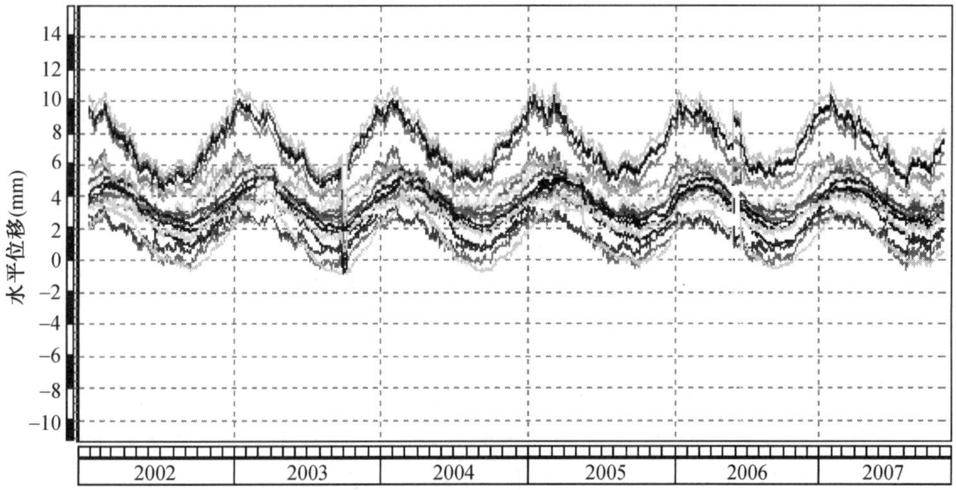

图 2.2.1　水平位移监测数据过程线

1　变形监测信息形态偏差分类

特高拱坝受到各种内外在因素影响，体现为变形监测数据序列的形态偏差。为了分析这种偏差，首先定义变形监测数据时间序列函数：

$$x_i = a + b \cdot f(ct_i + d) \tag{2.2.1}$$

式中：t_i 为第 i 个时刻；x_i 为第 i 个时刻大坝变形监测数值；a，b，c，d 为常数。

通常，变形监测数据序列的形态偏差可归为以下几种。

(1) 振幅的平移偏差

振幅平移偏差指两条形态相近的变形监测数据过程线在不同的水平基准线上下波动，即式(2.2.1)中常数项 a 差值较大。由图 2.2.2 可知，A，B 两条变形监测数据过程线间的欧氏距离通常较大，当同类且临近的两个变形测点监测基准日期不同，变形监测数据相对基准值的变化量常会出现这种情况。

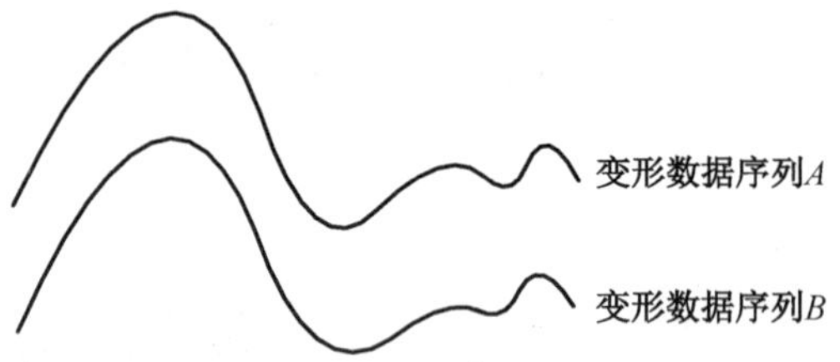

图 2.2.2　变形监测数据序列振幅的平移偏差

(2) 振幅的伸缩偏差

振幅伸缩的偏差指两条形态相近的变形监测数据过程线基准相同，但以不相同的振幅上下波动，即式(2.2.1)中系数 b 的差值较大。分析同坝段但位于不同高程的坝体水平位移监测数据，通常较高高程的监测数据过程线相对于较低高程的过程线振幅大，如图 2.2.3 中 A 和 B 变形监测数据序列。

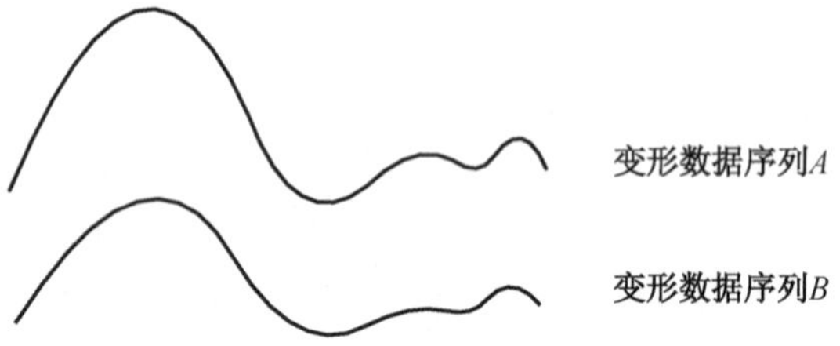

图 2.2.3　变形监测数据序列振幅的伸缩偏差

(3) 线性漂移或迟滞的偏差

线性漂移或迟滞是指监测数据过程线形态相似，但其中一条过程线受到某些因素的影响，表现出相对于另一条过程线的漂移或迟滞现象。实际的监测数据序列中，降雨对渗流的影响、外界气温的变化对坝体变形的影响等都可以归类于这种情况，如图 2.2.4 中 A 和 B 变形监测数据序列。

监测数据线性漂移或迟滞现象近似表述为：

$$x_1 = x_0 + f(t) + e(t) \tag{2.2.2}$$

式中：$f(t)$ 是与时间 t 相关的某类函数；$e(t)$ 为与时间相关的两条监测数据序列 x_0 和 x_1 间的实际差异。

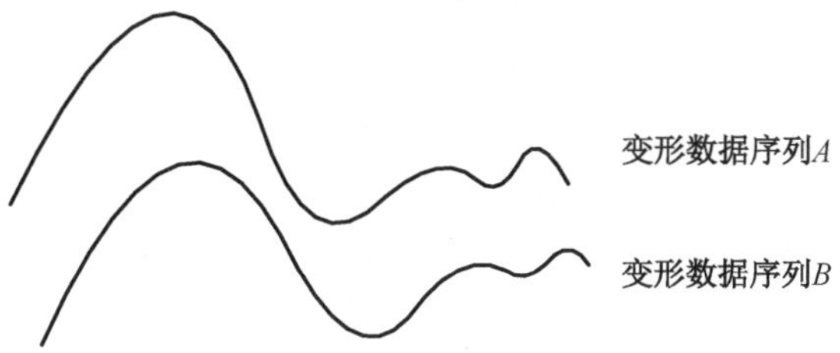

图 2.2.4 变形监测数据的线性漂移和迟滞

(4) 监测数据的伸缩偏差

监测数据的伸缩偏差是指两条变形监测数据过程线的形态相似，但某条过程线相对另一条过程线表现为在时间轴上按照某一比例缩放的现象，如图 2.2.5 中 A 和 B 变形监测数据序列。伸缩差异在实测数据中较为少见，一般对大坝监测资料进行处理时，若截取的时间尺度不同，可能会产生这种情况。

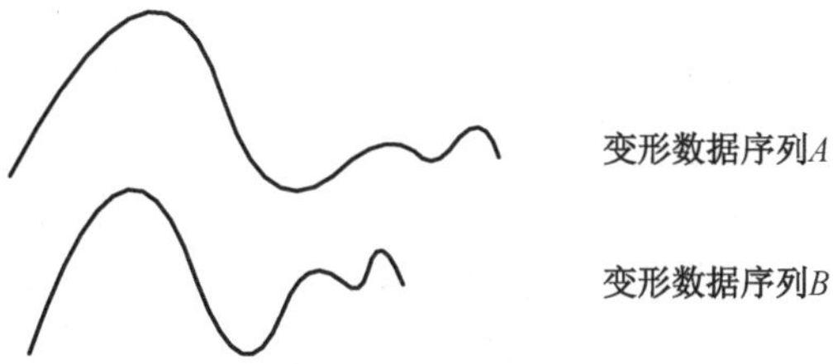

图 2.2.5 变形监测数据序列时间轴的伸缩差异

(5) 时间轴的弯曲和波动偏差

两条变形监测数据过程线变化趋势相似的条件下，其波峰、波谷或某些转折点并不是严格对齐，在时间轴上有所弯曲和波动，如图 2.2.6 中 A 和 B 变形监测数据序列，这种偏差是前述各种偏差的综合效应。在实际的变形监测资料中，若两个变形监测数据序列的变化有相关性，但相关性不是很高，可能会出现这种弯曲或波动的复杂相关关系。

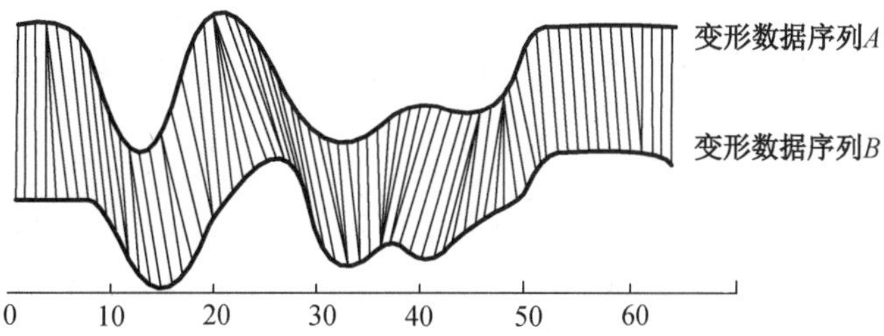

图 2.2.6 变形监测数据序列时间轴的弯曲和波动

2 变形监测信息偏差度量

通过对上述变形监测数据过程线的几类偏差分析可知，对于同类监测数据，其变化的相似部分是由于相同或相似的外在环境和内在因素引起的，其差异性则可能是由于其他因素，如仪器问题、布置位置不同、人为失误等造成。通常，邻近部位同类型变形数据间都具有某些形态偏差，即只保持整体趋势和转折特征的相似，而不是精确一致。因此，需要一种能够识别整体趋势特征并忽略细部差异的偏差度量方法。这种方法需要具有一定柔性，而不是仅仅从数值差异上去分析偏差。总结起来，应当满足以下要求：①能够对变形监测数据进行不精确匹配，并支持变形监测数据过程线的多种形态变化；②要求变形监测数据偏差的计算结果可量化，能够互相比较并获得量化结果；③面对不断增加的变形监测数据，要求计算效率相对较高，达到快速计算和高效分析的要求。因此，下面引入动态时间弯曲距离，研究并提出基于边缘特征点的变形数据弯曲距离改进算法，由此形成适应于变形监测数据不精确匹配的偏差度量方法。

2.1 基于边缘特征点的DTW偏差度量方法

动态时间弯曲(Dynamic Time Warping, DTW)距离，源于语音识别领域的研究，通过研究不同人群对同一词语发音音频数据的相似性，来解决语音比对和识别的问题，并提出了 DTW 距离的概念。DTW 距离与传统距离度量方法的最大区别是，DTW 距离不是完全对同一时刻的两个数据点的距离进行计算，而是允许个别时刻的数据之间有所偏差。从时间序列分析角度来说，DTW 距离算法在局部范围内可以跳过匹配序列中的若干点，使两序列能够以较为“合拍”的方式进行不是很“精准对应”的匹配计算。

显然，利用 DTW 距离来度量变形监测数据的偏差，能较好地度量变形监测数据变化特征的偏差，而不是变形数据数值的差异，因此能满足前述的对变形监测信息偏差度量的不精确匹配和量化计算的要求。

将变形监测数据视为时间序列，对于两个变形监测数据序列 $\boldsymbol{X}=\{x_1, x_2, \cdots, x_m\}$ 和 $\boldsymbol{Y}=\{y_1, y_2, \cdots, y_n\}$，DTW 距离可以递归定义为：

$$\begin{cases} D_{dtw}(<>,<>)=0 \\ D_{dtw}(\boldsymbol{X},<>)=D_{dtw}(<>,\boldsymbol{Y})=\infty \\ D_{dtw}(\boldsymbol{X},\boldsymbol{Y})=d(x_1, y_1)+\min\begin{cases} D_{dtw}[\boldsymbol{X}, \mathrm{Re}\,st(\boldsymbol{Y})] \\ D_{dtw}[\mathrm{Re}\,st(\boldsymbol{X}), \boldsymbol{Y}] \\ D_{dtw}[\mathrm{Re}\,st(\boldsymbol{X}), \mathrm{Re}\,st(\boldsymbol{Y})] \end{cases} \\ d(x, y)=\|x-y\|_p \end{cases} \tag{2.2.3}$$

式中：$<>$ 表示空的时间序列；$d(x_1, y_1)$ 表示变形数据点 x_1 和 y_1 之间的距离，可由实际需求选择不同的度量方法；$\mathrm{Re}\,st(\boldsymbol{X})=\{x_2, \cdots, x_m\}$；$\mathrm{Re}\,st(\boldsymbol{Y})=\{y_2, \cdots, y_n\}$。

式(2.2.3)是一种递归的计算过程，实际计算可以简化，首先构造一个大小为 $m\times n$ 的距离矩阵，称为弯曲矩阵，如图 2.2.7 所示。方格(i, j)对应变形数据点 q_i 和 c_j 之间的匹配关系，值为 $w(q_j, c_i)$，称为基距离，通常使用 Minkowski 距离作为基距离值，即：

$$w(q_i, c_j)=\sqrt[m]{\sum_{n=1}^{N}|q_{in}-c_{jn}|^m} \tag{2.2.4}$$

式中：N 为维度值，这里 $N=2$；q_{in} 和 c_{jn} 分别为在第 n 维的值；m 选择 1～3。

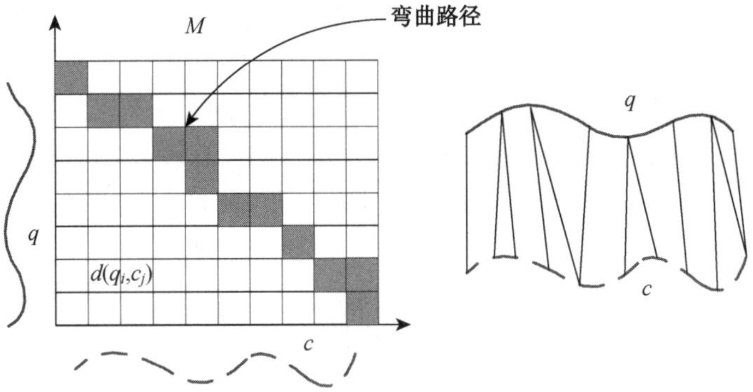

图 2.2.7　变形监测数据 DTW 弯曲矩阵

由图 2.2.7 可知，变形监测数据曲线 q 和 c 上两测值点间的对应关系转变为弯曲矩阵中的一条从方格(1，1) 到方格(m，n) 的弯曲路径，对应的数据点距离为 $\boldsymbol{W}$，则有 $\boldsymbol{W}=[w_1, w_2, \cdots, w_l]$，$l$ 为弯曲路径通过的方格数，且 $\max(m, n) \leqslant l \leqslant m+n$。这里定义映射函数 $f_w(q, c) \rightarrow w$，将变形监测数据曲线 q，c 上的点对应为弯曲路径上的一个方格，即：

$$w_k = f_w(q_i, c_j), 1 \leqslant i \leqslant m, 1 \leqslant j \leqslant n, 1 \leqslant k \leqslant l \tag{2.2.5}$$

按照以上定义，可将变形监测数据曲线 q 和 c 之间的 DTW 距离计算，转变为求解弯曲矩阵中具有最小距离的弯曲路径 $\boldsymbol{W}$ 问题，即：

$$DTW(q, c) = \underset{\boldsymbol{W}}{\operatorname{argmin}}\left(\sum_{i=1}^{l} w_i\right) \tag{2.2.6}$$

通过上述分析可知，计算变形监测数据曲线 q 和 c 的 DTW 距离，要对弯曲矩阵中的每个方格都进行计算，算法时间复杂度为 $m \times n$。若变形监测点每日采集一次数据，得到一年的变形监测数据共包含 365 个测值，两条变形监测数据 DTW 距离计算的时间复杂度为 365^2，对多年变形监测数据进行计算，算法时间复杂度更高，较难应用于变形监测数据的实际分析。考虑到在变形监测数据边缘特征识别研究中获得的边缘特征点能代表变形数据的主要变化特征，下面基于边缘特征点，研究变形数据 DTW 距离的改进算法，实现变形数据 DTW 距离的快速计算。

对变形监测数据 $\boldsymbol{X}=\{x_1, x_2, \cdots, x_n\}$ 进行小波变换，得到第 i 层边缘特征点集为：

$$\boldsymbol{X}^{(i)} = \{x_1^{(i)}, x_2^{(i)}, \cdots, x_{n_i}^{(i)}\} \tag{2.2.7}$$

式中：$x_{n_i}^{(i)}$ 为变形监测数据小波变换第 i 层的第 n 个边缘特征点；$\boldsymbol{X}^{(i)}$ 中共有 n_i 个边缘特征点。

利用第一层边缘特征点集 $\boldsymbol{X}^{(1)}$ 对变形监测数据曲线进行线性分段表示，即表示为分段集合$\{(x_1^{(1)}, x_2^{(1)}), (x_2^{(1)}, x_3^{(1)}), \cdots, (x_{n_1-1}^{(1)}, x_{n_1}^{(1)})\}$，则可计算变形监测数据曲线 q 和 c 基于小波变换第一层边缘特征点的 DTW 距离：

$$DTW(q', c') = \underset{\boldsymbol{W}}{\operatorname{argmin}}\left(\sum_{i=1}^{l'} w_i\right) \tag{2.2.8}$$

式中：q' 和 c' 为变形监测数据曲线 q 和 c 的边缘特征点线性分段；l' 为对应弯曲路径通过的方格个数。

由于分段曲线 q' 和 c' 是对变形监测数据曲线 q 和 c 的约减，$DTW(q', c')$ 值相对实际的 $DTW(q, c)$ 值误差较大，但基于变形监测数据小波变换第一层边缘特征点的 DTW 距离计算能够得到 q' 和 c' 内各个分段的较佳对应关系。基于这个对应关系，进一步计算 q' 和 c' 内对应的某两个分段的小波变换第二层边缘特征点线性分段曲线的 DTW 距离，若 q' 中分段 q'_i 与 c' 中分段 c'_j 对应，则得到 $DTW(q'_i, c'_j)$。按照这个步骤进行逐层的计算和累加，最终获得多层变形监测数据边缘特征点线性分段曲线的 DTW 距离。计算的层次越多，则基于边缘特征点的 DTW 距离计算值愈加接近于变形监测数据实际的 DTW 距离，即：

$$DTW(q, c) \approx DTW(q', c') \tag{2.2.9}$$

按照上述方法，对监测次数较少的数据，可以直接计算 DTW 距离；对于较长时段的变形监测数据，则计算小波变换的 2～3 层边缘特征点线性分段 DTW 距离，并对各个分段值累加，获得较为近似的结果。

由于基于边缘特征点的 DTW 距离计算是在小波变换的多个层次上逐层计算的，基于边缘特征点的变形监测数据偏差度量计算方法可以较好地平衡算法复杂度和计算结果的精度，故能够满足前述对变形监测数据偏差度计算快速和高效的要求。

2.2 邻近变形数据偏差度量

大坝邻近部位的变形监测数据常有相同或近似的变化特征，图 2.2.8 显示了某坝段多条水平位移监测数据过程线，基于前述的研究成果可以计算邻近测点监测数据偏差度。

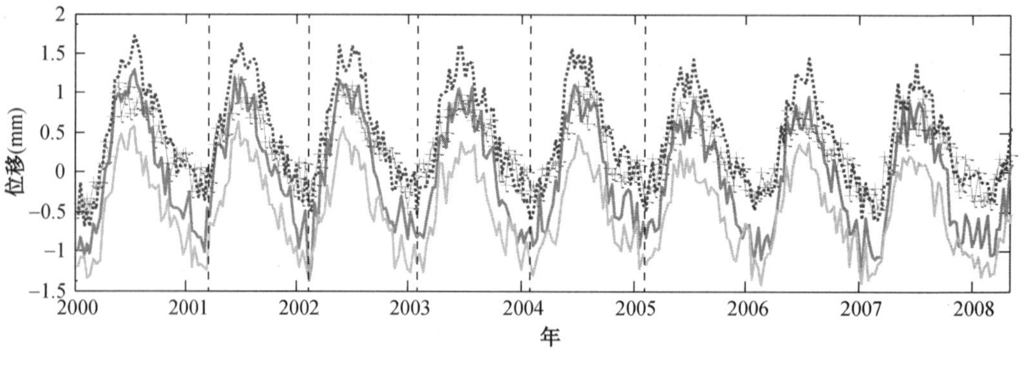

图 2.2.8 水平位移监测数据过程线

令变形监测数据序列集合为 $\boldsymbol{X} = \{X_1, X_2, \cdots, X_n\}$，对集合 $\boldsymbol{X}$ 内的多条变形数据序列，截取相同时段的数据，若变形监测数据量较少，可以直接计算任意两条变形监测数据序列 X_i 和 X_j 之间的 DTW 距离 s_{ij}：

$$s_{ij} = d_{DTW}(X_i, X_j) \tag{2.2.10}$$

式中：$i, j = 1, 2, \cdots, n$；当 $i = j$，$s_{ij} = 0$。

建立变形监测数据序列集合 $\boldsymbol{X}$ 的 DTW 距离矩阵，称为偏差度矩阵 $\boldsymbol{S}$，即：

$$\boldsymbol{S}=\begin{pmatrix} s_{11} & \cdots & s_{1n} \\ \vdots & \ddots & \vdots \\ s_{n1} & \cdots & s_{nn} \end{pmatrix} \tag{2.2.11}$$

以偏差度矩阵 $\boldsymbol{S}$ 内最大值元素 $s_{\max}$ 作为基准，将矩阵 $\boldsymbol{S}$ 转化为相对基准 $s_{\max}$ 的标准偏差度矩阵 $\boldsymbol{S}'$，即：

$$\boldsymbol{S}'=\begin{pmatrix} s'_{11} & \cdots & s'_{1n} \\ \vdots & \ddots & \vdots \\ s'_{n1} & \cdots & s'_{nn} \end{pmatrix} \tag{2.2.12}$$

标准偏差度矩阵 $\boldsymbol{S}'$ 中的元素 s'_{ik} 表示为：

$$s'_{ik}=\frac{s_{ik}}{s_{\max}},\ i=1,\ 2,\ \cdots,\ n \tag{2.2.13}$$

在此基础上，定义变形监测数据序列 X_i 的整体偏差量 q_i，即：

$$q_i=\frac{1}{n}\sum_{k=1}^{n}s'_{ik}=\frac{1}{n}\sum_{k=1}^{n}\frac{s_{ik}}{s_{\max}} \tag{2.2.14}$$

在获得整体偏差量 q_i 的基础上，对集合 $\boldsymbol{X}$ 内所有变形监测数据序列，计算各自的整体偏差量，并获得整体偏差量集合 $\boldsymbol{Q}=\{q_1,\ q_2,\ \cdots,\ q_n\}$。

2.3 因果监测数据偏差度度量

将特高拱坝视为一个动态系统，系统输入信息是各种外在的影响因素，变形监测数据属于系统输出信息，系统的输入和输出视为“原因”和“结果”，分析因果之间随时间变化的差异性，也能在一定程度上表现其偏差程度。例如，外界气温变化导致坝体温度变化，并影响到某点水平位移测值，图 2.2.9 显示了某点水平位移和气温的变化过程线（坝体水平位移向上游为正），水平位移相对于气温的变化有一定延迟，分析这种异步差异性，可以获得水平位移（结果）相对于气温（原因）的偏差程度。

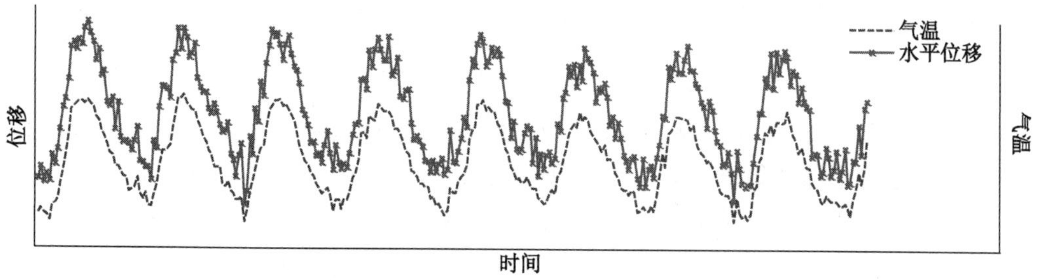

图 2.2.9　气温和水平位移数据过程线

变形相对外界温度变化具有一定的延迟效应，下面首先将其用线性分段方式表示，令监测数据序列为 $\boldsymbol{X}=\{x_1,\ x_2,\ \cdots,\ x_n\}$，通过边缘特征识别得到 $\boldsymbol{X}$ 的边缘特征点集合为

$\{x'_1, x'_2, \cdots, x'_k\}$，且 $k \leqslant n$，将 $\boldsymbol{X}$ 线性分段表示为：

$$\boldsymbol{P} = \{P(x'_1, x'_2), P(x'_2, x'_3), \cdots, P(x'_{k-1}, x'_k)\} \tag{2.2.15}$$

式中：$P(x'_{k-1}, x'_k)$ 为连接边缘点 x'_{k-1} 和 x'_k 的线性函数。

令 L_1 和 L_2 分别表示气温监测数据序列和大坝位移监测数据序列，L_1 表示为 $\boldsymbol{PA} = \{PA_1, PA_2, \cdots, PA_k\}$ 分段集合，L_2 表示为 $\boldsymbol{PB} = \{PB_1, PB_2, \cdots, PB_k\}$ 分段集合，L_1 和 L_2 的分段如图 2.2.10 所示。假设水平位移向上游变化为正，气温升高，水平位移测值增大，则定义 L_1 和 L_2 之间正相关，选择同为递增或递减的线段匹配。由于起始点不同有多种匹配方式，例如将 PA_1 段与 PB_1 或 PB_2 进行匹配，还可以将 PA_1 段与 PB_4 进行匹配。

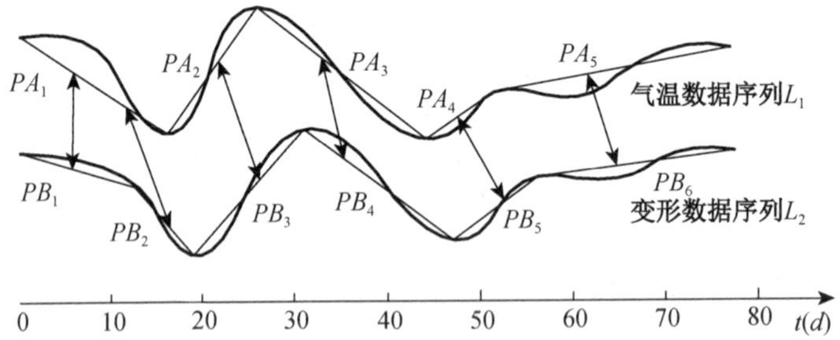

图 2.2.10　气温和变形监测数据线性分段表示

当进行了监测数据分段过程线的匹配起始点定位后，建立 L_1 的匹配数据集合 $\boldsymbol{AL} = \{h_1, h_2, \cdots, h_k\}$，对应选取 L_2 的匹配集合 $\boldsymbol{BL} = \{l_1, l_2, \cdots, l_k\}$。基于 DTW 算法，计算 h_i 到 l_i 的偏差度，第 i 个时段两段对应值为 s_i，即：

$$s_i = d_{DTW}(l_i, h_i), \ i = 1, 2, \cdots, k \tag{2.2.16}$$

式中：$d_{DTW}(l_i, h_i)$ 为第 i 段变形监测数据与第 i 段气温监测数据的 DTW 距离。

在此基础上，得到 L_1 和 L_2 之间整体偏差度为：

$$S = \frac{1}{k}\sum_{i=1}^{k} s_i = \frac{1}{k}\sum_{i=1}^{k} d_{DTW}(l_i, h_i), \ i = 1, 2, \cdots, k \tag{2.2.17}$$

若有 N 种不同的匹配方式，按照式(2.2.17) 获得 N 个偏差值$\{S_1, S_2, \cdots, S_i, \cdots, S_N\}$，这里只需要得到最小的值，即：

$$S_i = \min(\{S_1, S_2, \cdots, S_i, \cdots, S_N\}) \tag{2.2.18}$$

则第 i 种匹配方法即为最优匹配方式，获得变形监测数据的最小偏差度 S_i。对于相同温度影响下的 n 条变形监测数据序列，分别计算最小偏差度值，建立整体偏差量集合 $\boldsymbol{Q} = \{q_1, q_2, \cdots, q_i, \cdots, q_n\}$，其中 q_i 为：

$$q_i = \frac{S_i}{\sum_{j=1}^{n} S_j} \tag{2.2.19}$$

式中：S_j 为气温监测数据与第 j 个变形点监测数据的偏差度。

3　变形性态有效信息多维空间提取

当特高拱坝变形监测数据受到仪器或人为等未知因素干扰，导致过大的偏差时，数据中包含的有效信息大大减少，对于有效信息量较少甚至是无效的数据，应当被剔除。通过分析变形监测数据的偏差大小，能够发现并排除无效数据，实现变形性态有效信息的提取。因此，下面研究并提出变形监测数据偏差度的多维空间转换方法和空间密度的计算方法。

3.1　变形数据偏差的多维空间转换

对于变形监测数据集合 $\boldsymbol{X}=\{X_1, X_2, \cdots, X_i, \cdots, X_n\}$，对应偏差度矩阵为：

$$\boldsymbol{P}=\begin{bmatrix} p_{11} & \cdots & p_{1n} \\ \vdots & \ddots & \vdots \\ p_{n1} & \cdots & p_{nn} \end{bmatrix} \tag{2.2.20}$$

将偏差度矩阵 $\boldsymbol{P}$ 投影到 n 维空间，将变形监测数据 X_i 的偏差值 $\{p_{i1}, p_{i2}, \cdots, p_{in}\}$ 以列向量 $[p_{i1}, p_{i2}, \cdots, p_{in}]^{\mathrm{T}}$ 表示，作为空间中的一个点 P_i，点 P_i 的第 i 维值为 0，变形监测数据集合 $\boldsymbol{X}$ 在空间中形成空间点集 $\boldsymbol{D}$，建立以下定义。

(1) 变形监测数据偏差度空间点 p 的 k^{th} 距离

假设有正整数 k 和变形监测数据偏差度集合形成的空间点集 $\boldsymbol{D}$，对于点 $p(p\in\boldsymbol{D})$，空间点 p 的 k^{th} 距离定义为点 p 与点 $o(o\in\boldsymbol{D})$ 之间的距离 $dist(p, o)$，且满足：① 至少有 k 个空间点 $q(q\in\boldsymbol{D}$ 且 $q\neq p)$，使得 $dist(p, q)\leqslant dist(p, o)$；② 同时最多有 $k-1$ 个空间点 $q(q\in\boldsymbol{D}$ 且 $q\neq p)$，使得 $dist(p, q)<dist(p, o)$。称 $dist(p, o)$ 是点 p 的 k^{th} 距离，简记为 $k\sim dist(p)$，如图 2.2.11 所示。由定义可知，k^{th} 距离并不表示空间点的实际距离，而是表示某个变形监测数据偏差度空间点与其邻近范围点的数量关系距离。

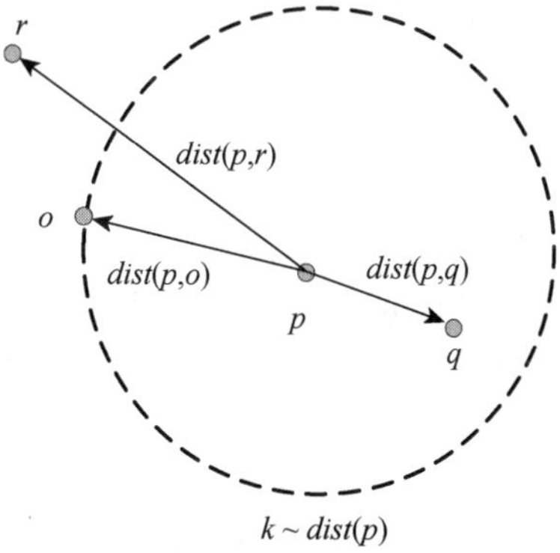

图 2.2.11　偏差度二维空间

(2) 变形监测数据偏差度空间点 p 的 k^{th} 距离邻域

当空间点集 $\boldsymbol{D}$ 中的点 p 的距离为 $k\sim dist(p)$ 时，点 p 的 k^{th} 距离邻域，是指 $\boldsymbol{D}$ 中所有和点 p 的距离不大于 $k\sim dist(p)$ 的点组成的集合，表示为：

$$C_{k\sim dist(p)}=\{q\in\boldsymbol{D}\mid dist(p, q)\leqslant k\sim dist(p)\} \tag{2.2.21}$$

式中：可将 $C_{k\sim dist(p)}$ 简记为 $C_k(p)$，$C_k(p)$ 包含了落在点 p 的 k^{th} 距离邻域内的所有点，属于 $C_k(p)$ 的点都和点 p 有邻近的关系。

(3) 变形监测数据偏差度空间点 p 的 k^{th} 距离邻近邻域

假设有正整数 k 和空间点集 $\boldsymbol{D}$，对于 $\forall p\in\mathbf{V}$，如果存在 $q(q\in\boldsymbol{D}$ 且 $q\neq p)$，使得 $p\in C_k(q)$，则称 $C_k(q)$ 是对象 p 的一个距离为 $k\sim dist(p)$ 的邻近邻域，简称 p 的 k^{th} 距离邻近

邻域。

当空间点 p 有多个 k^{th} 距离邻近邻域时，将邻近邻域集合简记为 $RC_k(q)$，并将 p 的多个 k^{th} 距离邻近邻域总数记为 $|RC_k(q)|$。$|RC_k(q)|$ 的数值越大，则变形监测数据偏差空间点 p 落在更多其他点的 k^{th} 距离邻域集合内，也表明空间点 p 在其他点的“影响范围”内，受到其他变形监测数据偏差点的综合“影响”，则对应的变形监测数据与其他变形监测数据更相关，包含更多的特高拱坝变形性态有效信息。反之，$|RC_k(q)|$ 的数值越小，表明 p 点对应的变形监测数据与其他变形监测数据偏差度较大，更少受到“影响”，更加独特和孤立，p 点对应的变形监测数据包含较少的有效信息。

基于上述定义，可以建立空间点 p 对应的变形监测数据有效信息度量值：

$$Z(p)=\frac{1}{|C_k(p)|}\sum_{o\in C_k(p)}\frac{|RC_k(p)|}{|RC_k(o)|} \tag{2.2.22}$$

式中：$Z(p)$ 指相对于 k^{th} 距离，点 p 和其他相关点邻近邻域数值比的均值，$Z(p)$ 反映了点 p 受到“影响”的程度，作为度量变形监测数据包含有效信息量的指标，称为空间点 p 的有效信息度量值。

3.2 变形性态有效信息多维空间提取方法

当点 p 对应的变形监测数据与其他变形监测数据的偏差度较小，则对应的变形监测数据有效信息度量值 $Z(p)$ 较大，故可以利用 $Z(p)$ 来进行有效信息的提取。为了便于分析，将 $Z(p)$ 转换到[0, 1]之间，得到转换后的有效信息值，称为变形偏差度多维空间的密度因子 $\widetilde{Z}(p)$：

$$\widetilde{Z}(p)=\max\{1-Z(p),\ 0\} \tag{2.2.23}$$

假设有同部位的 N 个测点获得的变形监测数据序列，对 N 个变形数据序列按照时间分为 M 段，每段对应 N 维空间的一个变形数据偏差度点 p 和密度因子 $\widetilde{Z}$，形成 $N\times M$ 个样本集合：

$$\boldsymbol{E}=\{\widetilde{Z}_{11},\ \cdots,\ \widetilde{Z}_{1M},\ \widetilde{Z}_{21},\ \cdots,\ \widetilde{Z}_{2M},\ \cdots,\ \widetilde{Z}_{N1},\ \cdots,\ \widetilde{Z}_{NM}\} \tag{2.2.24}$$

将 $\boldsymbol{E}$ 视为随机变量，对应正态分布则可建立变形监测数据有效性的判别公式，即：

$$\begin{cases}|\widetilde{Z}_{ij}|>Z_c\sigma & 无效\\ |\widetilde{Z}_{ij}|\leqslant Z_c\sigma & 有效\end{cases} \tag{2.2.25}$$

式中：$\widetilde{Z}_{ij}$ 为变形监测数据 X_i 在第 j 时段上的密度因子值；$Z_c\sigma$ 为对应的判别阈值；σ 为标准差。

由于空间点的数量对式(2.2.25)的识别具有影响，获取的变形监测数据时段越长，空间点数量越多，有效信息的识别性能越高。Z_c 值的选择与变形监测数据偏差值在多维空间上的投影点数量 $N\times M$ 有关，当 $N\times M<50$ 时，$Z_c<3$；当 $N\times M>200$ 时，$Z_c\geqslant 3$；具体数值可按照肖维勒准则获得。

依据上述分析，变形监测数据有效信息的提取步骤如下。

Step 1 首先计算变形监测数据的偏差度。对于 N 段变形监测数据序列，分别计算两两分段序列间的边缘特征点 DTW 距离。

Step 2　令 $d(p_1, p_2)$ 为序列 p_1 相对于序列 p_2 的边缘特征点 DTW 距离，$d(p_2, p_1)$ 为 p_2 相对于 p_1 的边缘特征点 DTW 距离，得到偏差度矩阵 $\boldsymbol{D}_{DTW}$，即：

$$\boldsymbol{D}_{DTW} = \begin{pmatrix} d(p_1, p_1) & \cdots & d(p_1, p_N) \\ \vdots & \ddots & \vdots \\ d(p_N, p_1) & \cdots & d(p_N, p_N) \end{pmatrix} \tag{2.2.26}$$

Step 3　得到 N 维空间上点 p_1 在空间中的位置向量坐标 $\boldsymbol{p}_{DTW1}$，即：

$$\boldsymbol{p}_{DTW1} = [d(p_1, p_1), d(p_1, p_2), \cdots, d(p_1, p_N)] \tag{2.2.27}$$

Step 4　将 $\{\boldsymbol{p}_{DTW1}, \boldsymbol{p}_{DTW2}, \cdots, \boldsymbol{p}_{DTWN}\}$ 转化到 N 维空间中，如图 2.2.12 所示。

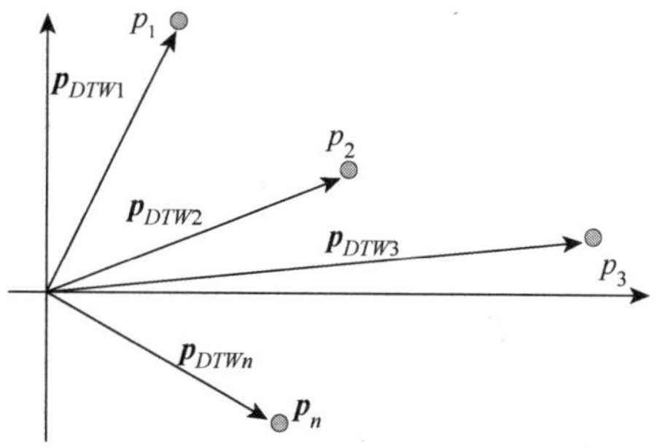

图 2.2.12　变形监测数据偏差度多维空间中点分布

Step 5　计算多维空间中每个点的 k^{th} 距离邻域，并获得变形监测数据有效信息度量值 Z 和密度因子值 $\widetilde{Z}$，当 $\widetilde{Z}$ 超出指定阈值 $Z_c\sigma$ 时，可判断为无效数据，同时将未超过阈值 $Z_c\sigma$ 的有效数据提取。

变形监测数据有效信息提取的具体算法为：①输入变形监测数据序列集合 $\boldsymbol{X} = \{x_1, x_2, \cdots, x_N\}$；②计算变形监测数据集合 $\boldsymbol{X}$ 的 DTW 距离，得到偏差度矩阵 $\boldsymbol{P}$；③将偏差度矩阵 $\boldsymbol{P}$ 投影为 N 维空间点集，空间点集为 $\boldsymbol{D}$。

```
For each d in D do
    计算对象 P 的 k~dist(p)
    计算 k~dist(p)范围内的 RC_k(p)和效信息量 Z(p)
End
For each p in P do
    If Z(p)=0 Then Z̃(p)=1
      Else
        Z̃(p)=max{1-Z(p), 0}
    End If
  End
If Z̃(p)<=Z_cσ Then
提取点 p 对应的变形监测信息
```

第三节　变形有效信息矩阵映射方法

与特高拱坝变形性态密切相关的有效信息不但包括各种类型的监测、检测及试验数据，还包括设计、施工、运行管理中的资料信息。这些信息类型不同、来源多样，但从知识的角度上看，它们都表征所描述对象的某些状态、对象间的关系或对象的主要特征。通常，这些信息在用于特高拱坝变形性态分析时，需按照某种结构体系进行归类分析，归为同类的信息，集合形成某种内在的关系，并具有识别、分析特高拱坝变形性态的功能。这种具有相互关系和特定功能的信息集合形成了知识，多类知识之间连接组合形成了特高拱坝变形性态知识体系。为了将与特高拱坝变形性态相关的有效信息转化成对分析问题有用的知识，需要研究特高拱坝变形性态有效信息的映射方法。

下面结合前述研究内容，将变形性态信息的去噪、提取、映射等信息集成过程分为以下三步。

(1) 特高拱坝变形性态信息获取。用计算机可以运算的符号来表示研究对象的各种信息，一般获取的变形性态信息类型有以下几种。①一维信息：水平位移、垂直位移等变形监测数据，物理参量，逻辑值。②二维信息：图形、图表，如监测断面图、二维空间数据分布图等。③非数值信息：文本、视频、音频等。这些信息的获取过程主要指对变形相关信息的监测、采集、记录、调查、搜集、存储和图形图像化过程。

(2) 特高拱坝变形性态信息预处理。对与特高拱坝变形相关的各类信息受到多种因素影响造成的退化现象进行复原、去噪、提取，并获得有效信息的过程，在前文已做了研究。

(3) 特高拱坝变形性态有效信息映射。这个过程是对有效信息进行转换，得到能够反映其本质的特征。例如，将维数较高的测量空间(变形监测数据组成的空间)转换为维数较低的特征空间(具有本质特征的数据集合)。在特征空间中，各种变形性态有效信息按照研究问题的需要归为一类，实现变形性态有效信息到有用知识的转换，这一过程是本节所要研究的内容。

模式识别理论是现代人工智能研究领域中提出的一种对大量信息实现知识化的转换手段，为知识发现、知识合成等问题提供了有效的研究思路。下面基于模式识别中的模式映射思想，研究变形性态有效信息的映射关系，提出变形性态有效信息的矩阵映射方法。

1 变形性态有效信息映射关系

模式识别中的模式映射可视为从模式空间到类别空间的透明映射，自然界的模式识别是一种不透明的映射，计算机模式识别的任务是用透明映射方式来替代这种不透明映射，图 2.3.1 说明了上述概念。

图 2.3.1(a)为人脑中信息的处理方式，被识别目标事件为 $\boldsymbol{X}$，$\boldsymbol{X}$ 有多个表现形式样本 x。通常存在某种不透明映射 $R_{op}(\underline{x})$，将样本映射到 $C(\underline{x})$($C(\underline{x})$ 是 $\boldsymbol{X}$ 设定的类别)，这样任一或所有样本均被识别并分类到目标事件的类别中。水工专家通过感知和认知器官来处理并实现这个映射过程，实现变形性态有效信息到变形性态知识的转换。图 2.3.1(b)说明计算机的模式识别过程，其通过透明映射来替代不透明映射，即 $R_{tr}[f(\underline{x})] \to C(\underline{x}) = \boldsymbol{X}$ 过程。首先建立被识别目标事件 $\boldsymbol{X}$ 特殊表现形式，即从 $\boldsymbol{X}$ 到 $f(\underline{x})$，然后得到透明的映射关系 $R_{tr}[f(\underline{x})]$，最终实现对事件的分类。

利用模式识别中模式映射的思想，可建立变形性态有效信息的模式映射，其映射过程主要是将变形性态有效信息按照某种模式进行分类和集成，形成变形性态研究的知识体系。通常，各种变形性态有效信息是按照信息的类型进行存储的，如图 2.3.2 所示，比如

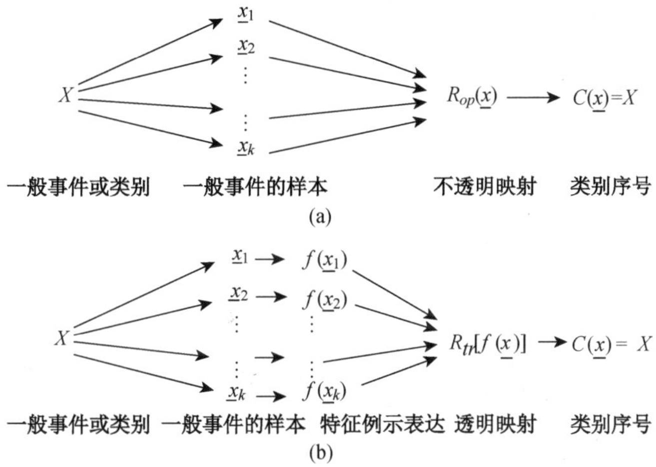

图 2.3.1　模式空间的映射过程

书籍、报告等归类为文字信息，图表、照片等归为图片信息。在同类信息中，例如数据信息中的数据表格，一般通过表和表之间建立关系并实现数据信息的存储。这种存储形式虽然方便，但不利于信息中知识的发现和表征。按照模式映射的思想，这些信息可被视为目标事件 ***X*** 的多个样本。

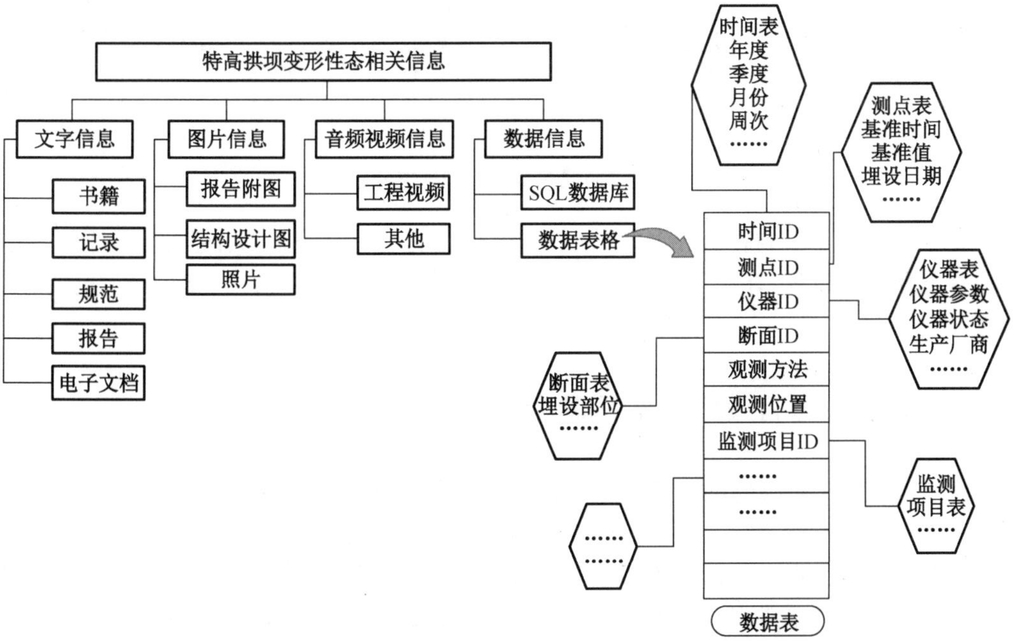

图 2.3.2　变形性态相关信息的自然存储形式

由于任何一种信息都是对现实中对象某个方面特征的描述，变形性态有效信息也不例外。与前述信息的存储方式不同，水工专家是将各种变形性态有效信息按照大坝各部位及变形性态研究问题的特征进行分类保存的，形成针对变形性态问题的信息集合，如图 2.3.3 所示。这种保存方式对变形性态有效信息进行了有效的体系化表征，将相关对象、对象特征及对特征的描述信息联合在一起,形成了变形性态知识体系。按照模式映射思想,这些信息所形成的知识体系可被视为模式空间映射的最终结果,实现特高拱坝变形性态研究相关知识的表征。

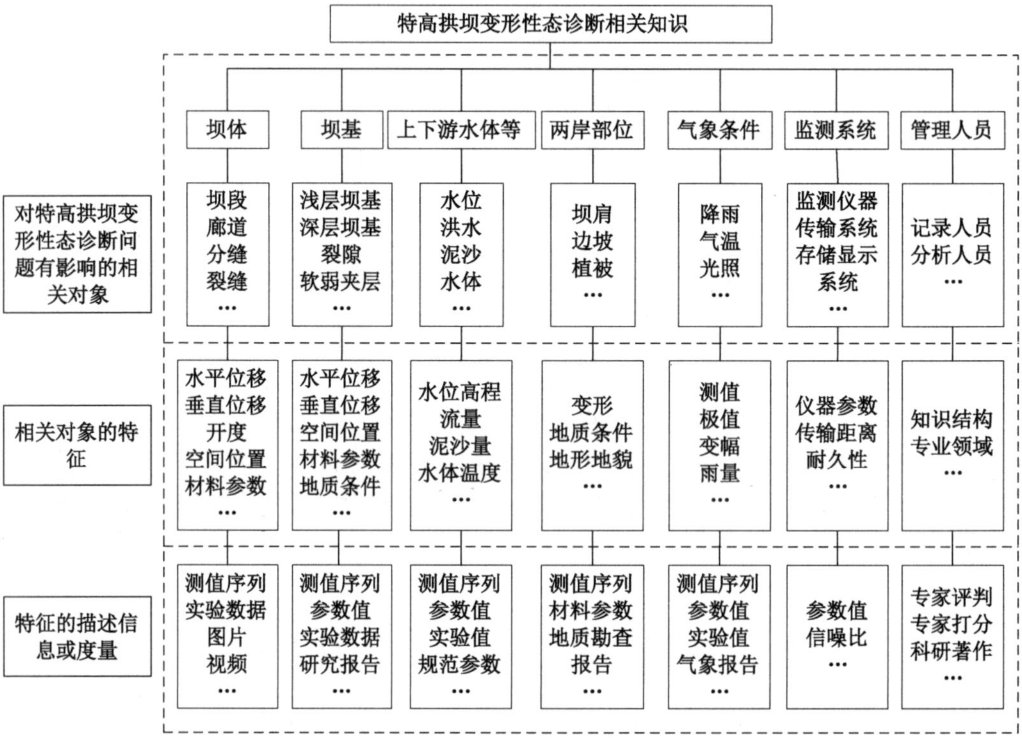

图 2.3.3　面向对象的变形性态诊断知识

由以上分析可知,特高拱坝变形性态有效信息的映射过程是一种基于特征模式的信息分类和体系化过程,好的分类方法不但能将大量变形性态有效信息合理集成,更便于后续的研究。

2　变形性态有效信息矩阵映射方法

由于需要对变形性态的各种有效信息进行量化,才能实现具体映射过程,首先要将变形性态有效信息的相关数据,形成有效信息的数据空间点。由图 2.3.3 可知,变形性态信息是对特高拱坝变形性态相关对象某些特征的描述,每条信息都可以对应单个或多个对象的特征。若将特高拱坝分为 m 个部位,即 m 个对象,每个对象有 n 类特征,得到 $m \times n$ 的特征矩阵,即:

$$\mathbf{A} = \begin{bmatrix} a_{11} & a_{21} & \cdots & a_{m1} \\ a_{12} & a_{22} & \cdots & a_{m2} \\ \cdots & \cdots & \cdots & \cdots \\ a_{1n} & a_{2n} & \cdots & a_{mn} \end{bmatrix} \tag{2.3.1}$$

式中：元素 a_{ij} ($i = 1, 2, \cdots, n; j = 1, 2, \cdots, m$) 定义了变形性态相关对象的某个特征。

建立某条信息 I 属于对 a_{ij} 特征进行描述的隶属度，对于一维及二维的数值型信息，例如某水平位移测点的监测数据，它完全属于对所处坝段某点水平位移特征的描述。假设特征矩阵中对应此特征的元素为 a_{ij}，则 $a_{ij} = 1$，其他元素为 0；对于变形性态的非数值型信息，例如某坝段的断面 I，由于 I 包含了大坝结构尺寸信息，假设特征矩阵中对应大坝结构尺寸的特征元素有 K 个，则得到 K 个元素的隶属度，都等于 $1/K$。在对所有信息建立对应的特征矩阵后，将 $m \times n$ 的特征矩阵投影形成 $m \times n$ 维的数据空间，每条变形性态有效信息对应成为 $m \times n$ 维空间中的一个点，形成变形性态有效信息的数据空间。

在得到有效信息的数据空间的基础上，可以将有效信息数据点由数据空间映射到特征空间，这个过程由两部分组成：映射模式的形成和映射模式的提取。前者是将有效信息样本从数据空间映射到特征空间，后者则用来发现这个映射过程的内在映射模式，并形成映射模式函数。在此基础上，可利用这个映射模式函数对特高拱坝变形性态有效信息进行分类和集成。

由于 $m \times n$ 维空间的变形性态有效信息映射原理与二维空间的有效信息映射原理相同，这里研究二维空间变形性态有效信息映射模式形成和映射模式提取方法。对两个特征 a_1 和 a_2 形成的变形性态有效信息二维数据空间，选择 N 条有效信息作为提取映射模式的样本数据，这些信息已知被分为两类，Φ 为二维数据空间到特征空间的映射函数：$x \to \Phi(x)$，如图 2.3.4 所示。

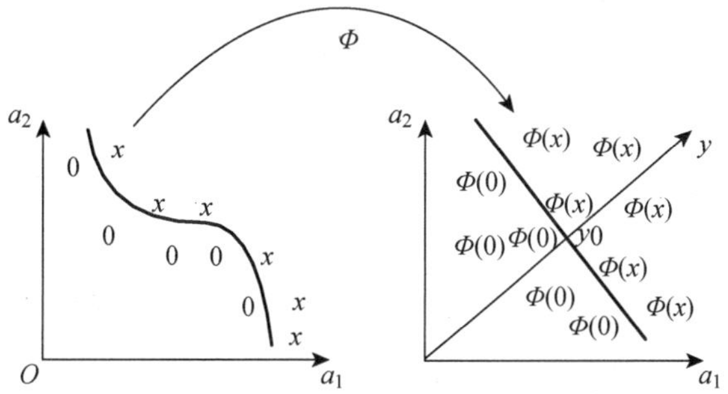

图 2.3.4　空间映射过程

通过空间映射，数据空间中变形性态有效信息样本集合 $\{\boldsymbol{x}_1, \boldsymbol{x}_2, \cdots, \boldsymbol{x}_N\}$ 映射为特征空间中的样本集合：

$$\Phi(\boldsymbol{x}_1), \Phi(\boldsymbol{x}_2), \cdots, \Phi(\boldsymbol{x}_N) \tag{2.3.2}$$

则在数据空间中，定义变形性态有效信息样本在某一分类内的均值向量 $\boldsymbol{m}_i$：

$$\boldsymbol{m}_i = \left(\frac{1}{N_i}\right)\sum_{x \in X_i} \boldsymbol{x}, \quad i = 1, 2 \tag{2.3.3}$$

式中：i 为变形性态有效信息最终分类的类别编号；第 i 类在数据点的均值向量 $\boldsymbol{m}_i$ 定义了第 i 类的中心点；N_i 为第 i 类内样本点数量；$\boldsymbol{X}_i$ 为第 i 类的样本集合。

变形性态有效信息样本分类的类间离散度矩阵 $\boldsymbol{S}_b$ 为：

$$\boldsymbol{S}_b = (\boldsymbol{m}_1 - \boldsymbol{m}_2)(\boldsymbol{m}_1 - \boldsymbol{m}_2)^{\mathrm{T}} \tag{2.3.4}$$

式中：$\boldsymbol{S}_b$ 为第一类和第二类的类间离散度矩阵，表明这两类变形性态有效信息间的距离。

同时，变形性态有效信息样本的总类内离散度矩阵 $\boldsymbol{S}_\omega$ 为：

$$\boldsymbol{S}_\omega = \sum_{i=1,2} \sum_{x \in X_i} (\boldsymbol{x} - \boldsymbol{m}_i)(\boldsymbol{x} - \boldsymbol{m}_i)^{\mathrm{T}} \tag{2.3.5}$$

式中：$\boldsymbol{S}_\omega$ 为有效信息分类中各类内离散度之和，表明有效信息分类内部的离散程度。

在获得类间离散度矩阵 $\boldsymbol{S}_b$ 和类内离散度矩阵 $\boldsymbol{S}_\omega$ 的基础上，可以定义分类的有效性，即当某个类内离散度越小，同时多个类之间离散度越大，这个分类越有效。因此，在变形性态有效信息的分类过程中，需要有效信息各分类样本的类内样本点离散度 $\boldsymbol{S}_\omega$ 在映射到特征空间后尽可能小，类间样本点之间离散度 $\boldsymbol{S}_b$ 在映射到特征空间后尽可能大。若二维数据空间到特征空间的映射向量为 $\boldsymbol{W}$，则得到变形性态有效信息分类有效性的目标函数：

$$\max J_F = \frac{\boldsymbol{W}^{\mathrm{T}} \boldsymbol{S}_b \boldsymbol{W}}{\boldsymbol{W}^{\mathrm{T}} \boldsymbol{S}_\omega \boldsymbol{W}} \tag{2.3.6}$$

由上式解得变形性态有效信息从数据空间到特征空间的映射向量为：

$$\boldsymbol{W}^* = (\boldsymbol{S}_\omega)^{-1} (\boldsymbol{m}_1 - \boldsymbol{m}_2) \tag{2.3.7}$$

式中：$\boldsymbol{W}$ 为数据空间样本点到特征空间样本点的映射转换向量，即提取得到的映射模式，在二维空间下，最优的映射向量 $\boldsymbol{W}^*$ 对应图 2.3.4 中 y 轴的方向。

变形性态有效信息某个样本 $\boldsymbol{x}$ 在 $\boldsymbol{W}$ 方向上的投影值为：

$$y = \boldsymbol{W}^{*\mathrm{T}} \boldsymbol{x} \tag{2.3.8}$$

分析变形性态有效信息样本的向量集合 $\{\boldsymbol{x}_1, \boldsymbol{x}_2, \cdots, \boldsymbol{x}_N\}$，按照式(2.3.7)计算 $\boldsymbol{W}^*$。将变形性态有效信息样本在 $\boldsymbol{W}^*$ 方向上投影，实现映射转换，可以得到各分类有效信息的平均值，令其为 m_i：

$$m_i = \frac{1}{N_i} \sum_{y \in \boldsymbol{Y}_i} y = \frac{1}{N_i} \sum_{x \in \boldsymbol{X}_i} \boldsymbol{W}^{*\mathrm{T}} \boldsymbol{x} \tag{2.3.9}$$

式中：m_i 为第 i 类的平均值；N_i 为第 i 类的样本数量；$\boldsymbol{x}$ 为数据空间中的有效信息样本；$\boldsymbol{X}_i$ 为第 i 类的样本集合；y 为与 $\boldsymbol{x}$ 对应的特征空间的有效信息样本投影值；$\boldsymbol{Y}_i$ 为特征空间中第 i 类的样本投影值集合。

对于变形性态有效信息的分类问题，得到分类阈值点：

$$y_0 = \frac{N_1 m_1 + N_2 m_2}{N_1 + N_2} \tag{2.3.10}$$

式中：N_1，N_2 为分类权重，当两类权重相当时，有 $y_0 = (m_1 + m_2)/2$。

在此基础上，对变形性态的其他有效信息进行空间映射转换，并通过阈值点 y_0 实现最优分类。若将变形性态有效信息映射为两类，对应的矩阵映射方法具体计算步骤如下。

Step 1 建立变形性态有效信息特征矩阵 $\boldsymbol{A}$，将有效信息样本对应的特征值 a_{ij} 按照隶属度赋值，形成变形性态有效信息数据空间。

Step 2　基于有效信息样本的分类情况，计算类内散度矩阵 $\boldsymbol{S}_{\omega}$ 和类间散度矩阵 $\boldsymbol{S}_b$，得到变形性态有效信息的最优映射转换向量 $\boldsymbol{W}^*$ 。

Step 3　计算变形性态有效信息样本点第 i 类的投影值，$y_i = W^{*\mathrm{T}}\boldsymbol{x}_i$。

Step 4　计算各类有效信息投影值的均值 $m_i = (1/N_i)\sum_{y\in \boldsymbol{Y}_i} y$，得到有效信息的分类阈值 y_0。

Step 5　对于变形性态的各类有效信息 $\boldsymbol{x}$，计算 W^* 方向投影点值 y，按照阈值 y_0 实现有效信息的分类。

Step 6　对所有变形性态有效信息分类后，按照图 2.3.3 建立知识体系，将其作为特高拱坝变形性态研究的有效数据来源。

3　工程实例

对某坝顺河向水平位移监测数据进行分析，选择 9# 坝段—12# 坝段水平位移自动化测点 PL11，PL21，PL22，PL31，PL32，PL41。截取这些测点 2006—2010 年的水平位移监测数据，记为 $\boldsymbol{X} = \{x_1, x_2, x_3, x_4, x_5, x_6\}$。首先，对这 6 条监测数据序列按照式(2.1.8)和式(2.1.9)进行小波变换、计算模极大值，并按照式(2.1.14)和式(2.1.15)识别边缘特征点，在此基础上，按照图 2.1.2 所示流程将 6 条数据序列的小波分解数据进行边缘特征去噪，并将获得的数据合成。边缘特征去噪后的水平位移数据如图 2.3.5 所示。

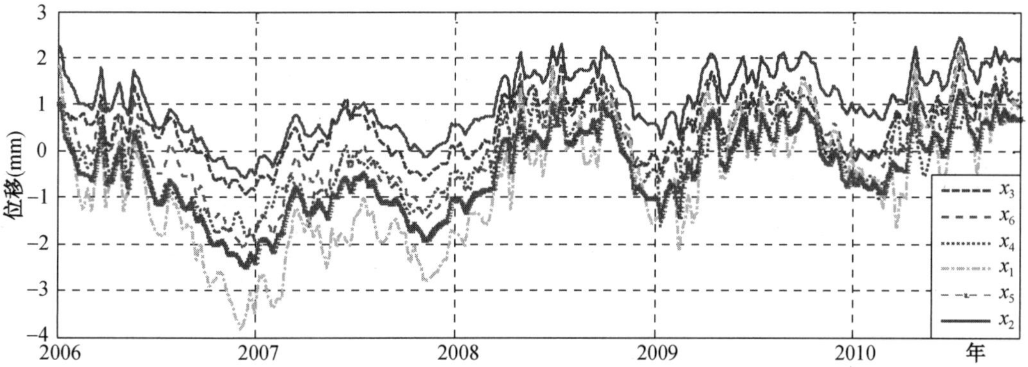

图 2.3.5　约减后的监测数据序列

为了分析水平位移数据 x_1—x_6 在同一时段的偏差，截取 2007—2009 年数据，并分为三个时段，按式(2.2.10)分别计算 6 条数据序列在三个时段的邻近偏差度，获得标准化 DTW 距离矩阵 $\boldsymbol{S}'$。为了对比三个时段的差异性和变化，选择 2007 年的偏差度最大值作为式(2.2.13) 中的基准 $s_{\max}$，此处 $s_{\max}$ 为表 2.3.1 中 x_1 相对于 x_4 的 DTW 距离 $d_{DWT}(x_1, x_4)$。在此基础上，按照式(2.2.14)对其他数据进行归一化，表 2.3.1—表 2.3.3 分别为 2007 年、2008 年和 2009 年的标准化偏差度矩阵，其中 x_1，x_4 序列与其他数据序列的偏差度较大。

表 2.3.1 2007 年水平位移数据偏差度矩阵

监测序列	x_1	x_2	x_3	x_4	x_5	x_6
x_1	0	0.286	0.682	1	0.201	0.056
x_2	0.286	0	0.144	0.328	0.157	0.077
x_3	0.682	0.144	0	0.306	0.116	0.202
x_4	1	0.328	0.306	0	0.357	0.612
x_5	0.201	0.157	0.116	0.357	0	0.050
x_6	0.056	0.077	0.202	0.612	0.050	0

表 2.3.2 2008 年水平位移数据偏差度矩阵

监测序列	x_1	x_2	x_3	x_4	x_5	x_6
x_1	0	0.188	0.542	0.756	0.191	0.143
x_2	0.188	0	0.217	0.289	0.156	0.035
x_3	0.542	0.217	0	0.193	0.136	0.282
x_4	0.756	0.289	0.193	0	0.263	0.470
x_5	0.191	0.156	0.136	0.263	0	0.056
x_6	0.143	0.035	0.282	0.470	0.056	0

表 2.3.3 2009 年水平位移数据偏差度矩阵

监测序列	x_1	x_2	x_3	x_4	x_5	x_6
x_1	0	0.224	0.610	0.949	0.240	0.089
x_2	0.224	0	0.252	0.416	0.126	0.053
x_3	0.610	0.252	0	0.406	0.185	0.296
x_4	0.949	0.416	0.407	0	0.411	0.699
x_5	0.240	0.126	0.185	0.411	0	0.101
x_6	0.089	0.053	0.296	0.699	0.101	0

计算水平位移数据 x_1—x_6 在三个时段的偏差度整体变化量。图 2.3.6 为数据序列 x_1—x_6 在三个时段内的整体变化量曲线，可以看到 x_1 和 x_4 与其他数据序列的关系较弱；x_1 和 x_4 的变化有一定关联性，且变化幅度较大；x_2，x_3，x_5 和 x_6 变化趋势较为相关。这里将计算的单位时段选择为一年，如果更为关注某一年内的变化特征，则可选择更短的时间分段进行分析。

在获得偏差度的基础上，对偏差度变化较大和较小的四个测点 x_1，x_4，x_5，x_6 进行分析。为简化计算，先按照式(2.2.15) 对数据序列进行分段，取分段端点并保留每个分段内的边缘特征点，组成数据序列的边缘特征点线性分段，x_1，x_4，x_5 和 x_6 的线性分段数据过程线如图 2.3.7 所示。

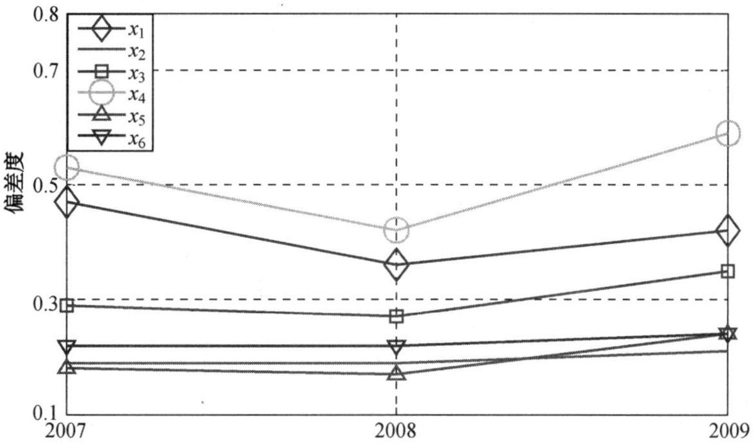

图 2.3.6　水平位移数据偏差度变化曲线

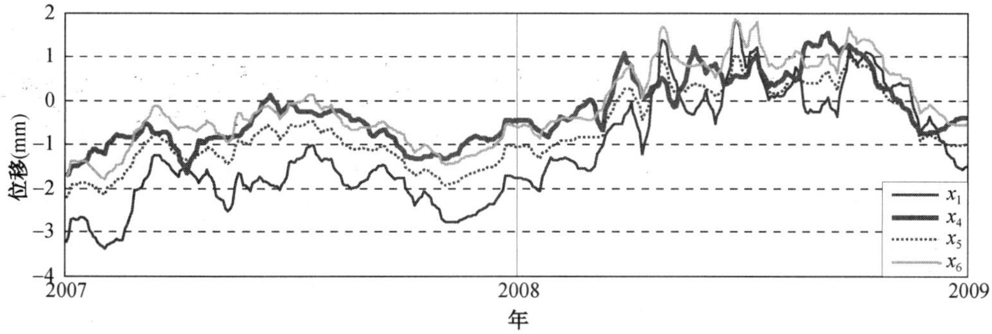

图 2.3.7　水平位移线性分段数据过程线

计算 2007 年的线性分段偏差度矩阵 $\boldsymbol{D}_{DTW}^{(2007)}$ 为：

$$\boldsymbol{D}_{DTW}^{(2007)}=\begin{pmatrix} x_{11} & x_{14} & x_{15} & x_{16} \\ x_{41} & x_{44} & x_{45} & x_{46} \\ x_{51} & x_{54} & x_{55} & x_{56} \\ x_{61} & x_{64} & x_{65} & x_{66} \end{pmatrix}=\begin{pmatrix} 0 & 387.2 & 69.5 & 26.3 \\ 387.2 & 0 & 148.2 & 248.6 \\ 69.5 & 148.2 & 0 & 10.8 \\ 26.3 & 248.6 & 10.8 & 0 \end{pmatrix}$$

对偏差度矩阵 $\boldsymbol{D}_{DTW}^{(2007)}$ 在[0, 1]间归一化，得到标准化线性分段偏差度矩阵：

$$\boldsymbol{D'}_{DTW}^{(2007)}=\begin{pmatrix} 0 & 1 & 0.17 & 0.07 \\ 1 & 0 & 0.38 & 0.64 \\ 0.17 & 0.38 & 0 & 0.02 \\ 0.07 & 0.64 & 0.02 & 0 \end{pmatrix}$$

在 2007 年的数据基础上，从 2008 年开始实时分析最新数据的有效性，每次截取一周(7 d)的最新数据，循环计算和分析，当计算到 2009 年 9 月时，水平位移数据偏差值出现较大波动，对同年 9 月 7 日、14 日及 21 日对应的三个时刻 t_1，t_2 和 t_3 的数据进行计算，获得 x_1，x_4，x_5 和 x_6 在四维偏差度空间中的坐标，如表 2.3.4 所示。

表 2.3.4 水平位移数据偏差度空间坐标

测点＼时刻	t_1	t_2	t_3
x_1	(0　0.74　0.12　0.02)	(0　1.72　0.81　0.13)	(0　1.77　1.03　0.24)
x_4	(0.75　0　0.35　0.52)	(1.75　0　0.55　1.50)	(1.74　0　0.31　1.17)
x_5	(0.10　0.36　0　0.03)	(0.79　0.52　0　0.38)	(0.99　0.34　0　0.39)
x_6	(0.03　0.56　0.03　0)	(0.11　1.40　0.38　0)	(0.21　1.19　0.39　0)

由于测点较少，在四维空间中，选择 $k=3$，计算偏差度空间点 3th 距离邻域，按照式(2.2.23)获得密度因子 $\tilde{Z}_3(x)$。由于计算密度因子的样本数量大于200，选择 $Z_c=3$，并计算阈值 $Z_c\sigma$，2009 年 9 月 7 日、14 日及 21 日密度因子及阈值见表 2.3.5，2008—2009 年的密度因子值过程线如图 2.3.8 所示。

表 2.3.5 密度因子及阈值

时段＼序列	$\tilde{Z}_3(x_1)$	$\tilde{Z}_3(x_4)$	$\tilde{Z}_3(x_5)$	$\tilde{Z}_3(x_6)$	$Z_c\sigma$
1	0.849	0.40	0.31	0.21	0.943
2	0.83	0.42	0.32	0.26	0.943
3	0.96	0.45	0.37	0.29	0.943

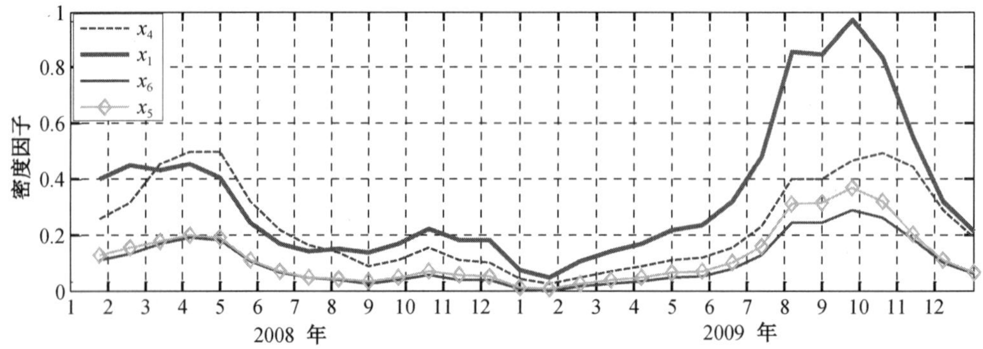

图 2.3.8 线性分段数据密度因子

通过分析知，x_1 在 2009 年 9 月 14 日以后的数据与其他数据有一定的背离，$\tilde{Z}_3(x_1)=0.97$，大于阈值 0.943，此时 x_1 相对于其他数据的有效性降低。在此基础上，对其他数据进行实时分析，并提取有效性较高的测点信息。在实现变形监测数据去噪和有效信息提取后，按图 2.3.2 收集大坝变形的各类有效信息，对有效信息按照式(2.3.1)建立特征矩阵，并基于模式映射实现有效信息的映射和集成，最终得到图 2.3.3 的知识体系。值得注意的是，由于大量有效信息是按照类型存储的，对同一类信息可以建立针对所描述对象的索引表，实现有效信息的知识体系索引化。

第三章

特高拱坝变形影响因素挖掘方法

特高拱坝变形通常受到水压、温度等荷载因素影响，还与筑坝材料物理力学特性、坝体结构、地质、水文等诸多因素有关，其整体变形性态是上述诸多因素作用在坝体和坝基上的综合反应。因此，为深入研究特高拱坝的变形性态，需要考虑各种影响因素作用的重要性，即对特高拱坝变形的多种影响因素作用进行挖掘分析。由于这些因素类型多样、关系复杂，通常很难直接建立各种影响因素和变形间的函数关系，需要针对各种影响因素的特点，研究适用于不同影响因素的有效挖掘方法。

下面以上一章获得的变形性态有效信息为基础，将影响因素分为：结构因素、荷载因素及时效因素，针对结构因素来源不同、数据复杂多样的特点，研究变形信息和各类影响因素信息间的关系，提出多因素动态空间关联集挖掘方法，该方法通过对结构因素建立因素集，进行属性量化及属性空间的转换，实现变形结构因素的挖掘分析；同时，对影响变形的荷载及时效因素，提出混沌小波网络变形影响因素挖掘方法；在此基础上，建立影响因素对变形的影响程度指标，据此识别变形主要影响因素。

第一节　特高拱坝变形时空关联挖掘模型

特高拱坝的变形监测数据既具有时间性，也具有空间性，是典型的时空数据，且邻近测点的变形值在时空上具有一定的关联性质，即具有所谓的“时空关联性”。对特高拱坝变形监测数据进行有效的时空数据挖掘，发现其中的隐含信息，实际应用价值较高。时空关联性挖掘是时空数据挖掘的主要内容之一，主要用于提取时空数据中潜在的相关性质，本节重点研究如何定量地获取和量化这种关联性质。

自从 Tobler 在 1970 年提出经典的“地理学第一定律”，即“任何事物之间都是相互关联的，但近处事物之间的关联性比远处事物更强”，关于时空关联性的研究便从未停歇，陆续涌现许多关联性挖掘方法。相关系数作为一种刻画变量之间关联性质的度量值，能够较好地反映两个变量或多个变量之间的相关性质，对应于时间序列之间在时序上的关联性质，比如线性相关、非线性相关等对应的有线性相关系数、非线性相关系数等，对应于横截面数据在空间上的关联性质，相应的有空间自相关系数。这些方法为量化事物之间关联性提供了有效参考，也是挖掘特高拱坝变形时空数据关联性质的有效手段。

下面在定性分析特高拱坝变形时空关联性的基础上，引入定量分析变形关联性质的线性相关系数、非线性相关系数以及空间自相关系数，分别从时间维和空间维定量分析测点变形关联性的强弱，据此提出衡量不同测点时空关联性的时空（自）相关系数。

1　变形时间序列关联性挖掘

常见的相关性分析都是基于时间序列的，一般针对某两个固定的观察对象，观察测值随时间变化的相互依赖关系，这种依赖关系又包括了线性相关和非线性相关。对于这些依赖关系的定量分析，主要依靠线性相关系数和非线性相关系数。

1.1　线性相关系数

当需要衡量两组变量之间线性相关关系时，一般会用到线性相关系数。Pearson 积距相关系数是最常见的线性相关系数之一，其基本原理是：假设在正态分布条件下，已有 N 个测点截面，T 个时间截面的变形监测数据，对于测点 i 和测点 j 的变形监测序列而言，有 $\{\delta_{it}\}(t=1, 2, 3, \cdots, T)$ 和 $\{\delta_{jt}\}(t=1, 2, 3, \cdots, T)$ 两组时间序列，则两组序列的 Pearson 相关系数为：

$$r_{ij}^{P}=\frac{\sum_{t=1}^{T}(\delta_{it}-\bar{\delta}_{i})(\delta_{jt}-\bar{\delta}_{j})}{\sqrt{\sum_{t=1}^{T}(\delta_{it}-\bar{\delta}_{i})^{2}\sum_{t=1}^{T}(\delta_{jt}-\bar{\delta}_{j})^{2}}} \tag{3.1.1}$$

式中：$\bar{\delta}_i$ 为序列$\{\delta_{it}\}(t=1, 2, 3, \cdots, T)$ 的均值；$\bar{\delta}_j$ 为序列$\{\delta_{jt}\}(t=1, 2, 3, \cdots, T)$ 的均值。

Pearson 相关系数的取值范围为$[-1, 1]$，$r_{ij}^P>0$ 表示正相关，$r_{ij}^P<0$ 表示负相关，绝对值越大，变量之间的线性相关性越强。在实际使用中，一般通过系数绝对值的取值范围来判断变量之间相关强度的大小，相关系数绝对值和相关强度的关系见表 3.1.1。

表 3.1.1　相关系数绝对值和相关强度关系表

相关系数绝对值	0～0.2	0.2～0.4	0.4～0.6	0.6～0.8	0.8～1.0
相关强度	弱相关或无相关	弱相关	中等相关	强相关	极强相关

Pearson 统计显著性一般用 p 表示，一般而言，当 $p<0.05$，可以认为这两组序列之间的线性相关显著成立。

1.2　非线性相关系数

Pearson 相关系数重点考察变形序列之间的线性相关程度，但是序列之间的非线性相关性质并不能被反映出来，以图 3.1.1 为例，图中有两个完全非线性相关的函数（$y=x^3$，$y=x$）。如果用 Pearson 相关系数对这两个函数的数据点（选取相同的 x）进行相关性计算，得出的结果并不是完全相关的（计算结果大约在 0.8～0.9 之间，和计算选取的数据点有关）。因此，对于不服从正态分布的资料，或衡量的变量之间表现为非线性相关，可利用 Spearman 秩相关系数（简称

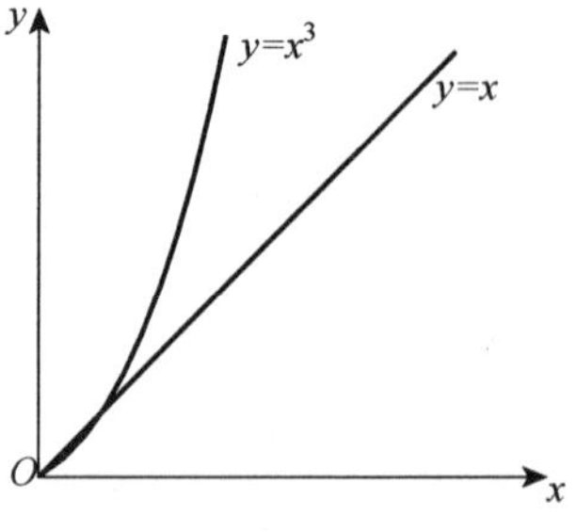

图 3.1.1　非线性相关示意

Spearman 相关系数)来描述两组变形序列之间的关联程度。作为一种非参数统计方法，Spearman 相关系数对原始变量分布不作要求，也被誉为最好的非线性相关指标之一，其表达式如下：

$$r_{ij}^{S}=\frac{\sum_{t=1}^{T}(\eta_{it}-\bar{\eta}_{i})(\eta_{jt}-\bar{\eta}_{j})}{\sqrt{\sum_{t=1}^{T}(\eta_{it}-\bar{\eta}_{i})^{2}\sum_{t=1}^{T}(\eta_{jt}-\bar{\eta}_{j})^{2}}} \tag{3.1.2}$$

容易发现，式(3.1.2)和式(3.1.1)是非常类似的，但计算所用到的序列有所不同。其中，η_{it} 表示测点 i 的变形序列中 t 时刻变形值的秩次；$\{\eta_{it}\}(t=1, 2, 3, \cdots, T)$ 和 $\{\eta_{jt}\}(t=1, 2, 3, \cdots, T)$ 分别为将测点 i、测点 j 原变形监测数据 $\{\delta_{it}\}(t=1, 2, 3, \cdots, T)$ 和 $\{\delta_{jt}\}(t=1, 2, 3, \cdots, T)$ 按照变形值的大小分别从小到大(或从大到小)的顺序编秩后得到的两组秩次数据序列。以测点 i 的变形监测数据为例，秩次序列的转换流程如图 3.1.2 所示。

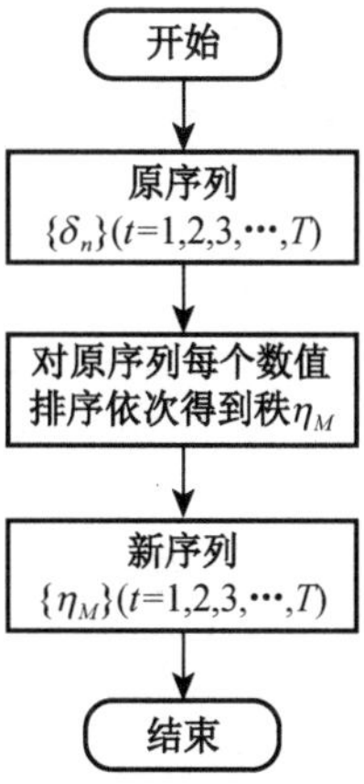

图 3.1.2　秩次转换流程图

与 Pearson 相关系数类似，Spearman 相关系数 r_{ij}^{S} 的取值范围为 $[-1, 1]$，当 $r_{ij}^{S}<0$ 时为负相关，当 $r_{ij}^{S}>0$ 时为正相关。从图 3.1.2 可以看出，Spearman 相关系数仅仅与变形值在整个序列中的相对大小相关，而和变形值本身的数值大小无关，所以 Spearman 相关系数也叫做等级相关系数。针对图 3.1.1 中的两条曲线，如果换成 Spearman 相关系数进行计算，可以很容易得到这两个函数的相关系数，说明 Spearman 相关系数在很大程度上可以反映两组变形序列的非线性相关关系。

2　变形空间分布关联性挖掘

对于特高拱坝多测点变形监测数据的相关性的考察不仅仅涉及其中两个测点，更会涉及空间上所有的测点，传统的线性或非线性相关系数的使用便会受到限制。针对特定的求解空间中数据之间的关联性问题，有学者提出了对应的反映某一时刻数据在空间上关联性的空间自相关系数。

2.1　空间权重矩阵

在衡量不同测点变形监测数据的空间关联性之前，首先引入“空间权重矩阵”度量测点之间的空间距离。假设来自 N 个测点、T 个时间的变形监测数据为 $\{\delta_{it}\}(t=1, 2, 3, \cdots, T;\ i=1, 2, 3, \cdots, N)$，若记测点 i 与测点 j 之间的距离为 w_{ij}，定义空间权重矩阵 $\boldsymbol{W}$ 如下：

$$\boldsymbol{W}=\begin{bmatrix} w_{11} & \cdots & w_{1N} \\ \vdots & \ddots & \vdots \\ w_{N1} & \cdots & w_{NN} \end{bmatrix}_{N\times N} \tag{3.1.3}$$

因为 w_{ij} 表示两个测点之间的距离，则主对角线元素 $w_{11}=\cdots=w_{NN}=0$，且 $w_{ij}=w_{ji}(i\neq j)$，所以$\boldsymbol{W}$为对称矩阵。空间权重矩阵$\boldsymbol{W}$的取值反映空间数据之间的相互关系，常用的邻近权重矩阵主要根据不同测点的相邻性取值。

$$w_{ij}=\begin{cases}1 & i\text{ 和 }j\text{ 相邻}\\0 & i\text{ 和 }j\text{ 不相邻}\end{cases} \tag{3.1.4}$$

比照国际象棋中棋子的行进路线，一般有几种不同的相邻关系可供选择，如图 3.1.3 所示。实际计算时，根据具体情况，选择其中一种相邻关系即可。由于特高拱坝变形监测值为单个测点的量值，可以设定相应的临界值，当点与点的空间距离小于临界值，即认为这两个点在空间上是邻近的。

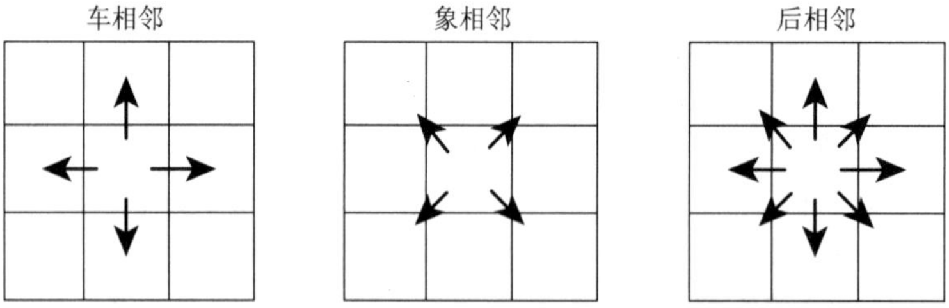

图 3.1.3　常用相邻关系

另一种常见矩阵为矩阵权重矩阵，此时 w_{ij} 可用距离的幂值表示。假设测点 i 和测点 j 的空间距离为 d_{ij}，表达式如下：

$$w_{ij}=\begin{cases}d_{ij}^{-\gamma} & \text{若 } d_{ij}<d\\0 & \text{若 } d_{ij}\geqslant d\end{cases} \tag{3.1.5}$$

式中：d 为事先给定距离临界值；γ 为常数值，一般取 1，有时也会取 2 或更大的值。

在工程实践中，常对空间权重矩阵做“行标准化”，即将矩阵中每个 w_{ij} 除以所在行 w_{ij} 的总和，这样矩阵每一行的权重之和就都等于 1。

$$w_{ij}=\frac{w_{ij}}{\sum_{j=1}^{N}w_{ij}} \tag{3.1.6}$$

行标准化的好处在于每个测点可以方便地得到邻近测值的加权平均值。但行标准化之后的权重矩阵一般会失去原来的对称性，有时甚至会造成模型误设的问题。鉴于此，采用 Elhorst 及 Kelejian and Prucha 提出的另一种标准化方法，其表达式如下：

$$w_{ij}=\frac{w_{ij}}{\tilde{r}_{\max}} \tag{3.1.7}$$

式中：$\tilde{r}_{\max}$ 为未进行行标准化的空间权重矩阵 $\boldsymbol{W}$ 的最大特征根。

经过这种标准化程序，矩阵 $\boldsymbol{W}$ 的最大特征根 $r_{\max}=1$，与进行了行标准化的权重矩阵相同，而且这种标准化方式保证了原来权重矩阵的对称性。

2.2　全局空间自相关系数

空间自相关性表示某一时刻数据在空间上的聚集情况，可以理解为位置相近的测点具有相似的变量取值。当高值与高值聚集（或低值与低值聚集）时，认为存在空间正自相关；当高值与低值间隔出现时，认为存在空间负自相关；当高值与低值无规律分布时，一般认为不存在空间自相关。典型的空间自相关关系如图 3.1.4 所示。

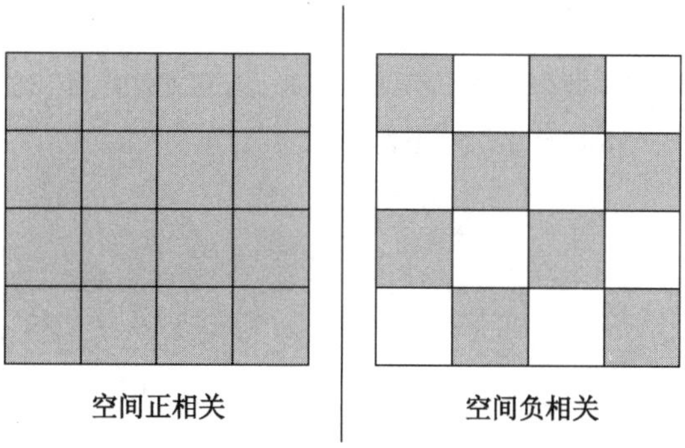

图 3.1.4　空间正负自相关示意图

目前已经有多种衡量空间自相关程度的方法，较为流行的有 Moran 在 1950 年提出的 Moran 系数。根据 Moran 定义的分析方法，假设有 N 个测点，T 个时间截面，t 时刻对应的 Moran 系数表达式如下：

$$I_t = \frac{\sum_{i=1}^{N}\sum_{j=1}^{N} w_{ij}(\delta_{it} - \bar{\delta}_t)(\delta_{ij} - \bar{\delta}_t)}{S^2 \sum_{i=1}^{N}\sum_{j=1}^{N} w_{ij}} \tag{3.1.8}$$

式中：w_{ij} 为空间权重矩阵；$S^2 = \sum_{i=1}^{N} (\delta_{it} - \bar{\delta}_t)^2/N$，为样本方差。

Moran 系数的取值范围为$[-1,\ 1]$，当 $I_t > 0$ 时，表示空间正自相关；当 $I_t < 0$ 时，表示空间负自相关；当 I_t 接近 0 时，表示空间自相关不存在或空间自相关性很弱。

为了进行严格检验，需导出 Moran 系数 I_t 的渐近分布。考虑原假设“H_0：$\mathrm{Cov}(\delta_{it},\ \delta_{jt}) = 0,\ \forall i \neq j$”，在此假设下，Moran 系数 I_t 的期望为：

$$E(I_t) = \frac{-1}{N-1} \tag{3.1.9}$$

Moran 系数的方差为：

$$Var(I_t) = \frac{N^2 S_1 - N S_2 + 3S_0^2}{S_0^2(N^2-1)} - E\,(I_t)^2 \tag{3.1.10}$$

式中：$S_0 = \sum_{i=1}^{N}\sum_{j=1}^{N} w_{ij}$；$S_1 = \frac{\sum_{i=1}^{N}\sum_{j=1}^{N} (w_{ij} + w_{ji})^2}{2}$；$S_2 = \sum_{i=1}^{N} (w_i + w_j)^2$。

可以证明，经过标准化操作的 Moran 系数 I_t^* 服从渐近标准正态分布：

$$I_t^* \equiv \frac{I_t - E(I_t)}{\sqrt{Var(I_t)}} \xrightarrow{d} N(0, 1) \tag{3.1.11}$$

因此，可使用标准正态临界值对 Moran 系数进行检验，并利用 Moran 系数来考察整个空间内数据的相关性质。

2.3 局部空间自相关系数

为衡量单个测点和周边数据的聚集情况，Luc Anselin 在 1995 年提出了对应的局部空间自相关系数，即局部 Moran 系数，其表达式如下：

$$I_{it} = \frac{(\delta_{it} - \bar{\delta}_t)}{S^2} \sum_{j=1}^{N} w_{ij} (\delta_{jt} - \bar{\delta}_t) \tag{3.1.12}$$

不同于全局 Moran 系数，局部 Moran 系数没有固定的取值区间，主要通过数值的正负来表现数据在空间分布的聚集性质。当 $I_{it} > 0$ 时，表明测点 i 局部高值与高值聚集（或低值与低值聚集）；当 $I_{it} < 0$ 时，表明测点 i 局部高值与低值聚集（或低值与高值聚集）。根据数值大小，将数值的聚集状态分为高高聚集、低低聚集、高低聚集、低高聚集。如果用气泡面积表示数值的大小，四类数据聚集情况如图 3.1.5 所示。

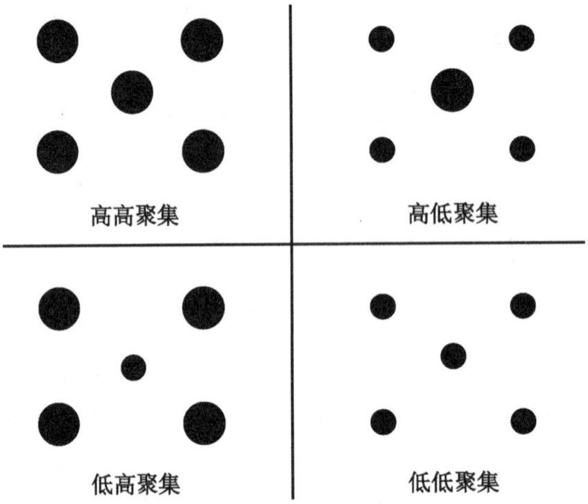

图 3.1.5 局部空间自相关示意图

类似于全局 Moran 系数，I_{it} 可以用 $I_{it}^* \equiv [I_{it} - E(I_{it})] / \sqrt{Var(I_{it})}$ 标准化，$E(I_{it})$ 和 $Var(I_{it})$ 为其理论期望和理论方差。

3 变形时空序列关联性挖掘

从前文可知，对于特高拱坝的变形监测数据而言，Pearson 相关系数和 Spearman 相关系数可以计算两个测点的变形序列在所有时间截面的相关系数，但是不能反映横截面的相关性质；Moran 空间自相关系数可以计算横截面的自相关系数，但是其计算值仅仅针对某一个时间截面而不是全时间截面。几种相关系数的时空特性如图 3.1.6 所示。

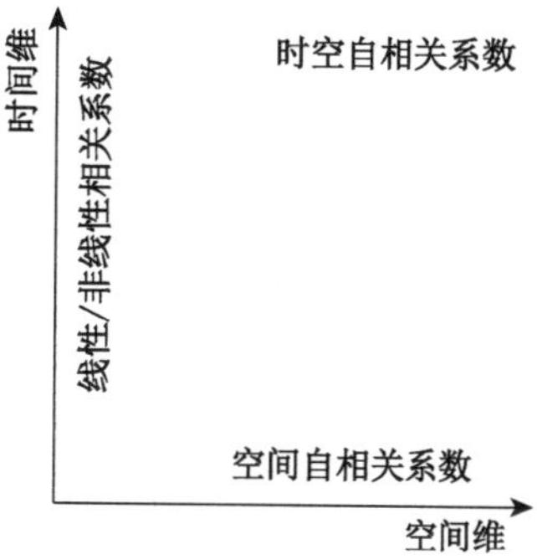

图 3.1.6　几种相关系数的比较

事实上，如何同时反映数据在时间和空间的相关性强弱，目前并没有统一的说法。根据前面这两种相关系数的特点，下面推导它们对应的时空(自)相关系数。

3.1　基于时间序列的时空相关系数

(1) Pearson 时空相关系数

Pearson 相关系数只考虑了两组序列在时间上的相关性，不能考虑多点在空间上的关联性质。如果基于 Pearson 相关系数建立相应的时空相关系数，需要将其向空间扩展。根据 Tobler 地理学第一定律，参考空间自相关系数，这里尝试提出对应的空间权重矩阵。

假设在一个三维空间中有 A, B, C, D 四个区域，且这四个区域的空间位置不尽相同，它们的某种变量随时间不断变化。方便起见，分别用 4 个质心点表示 A, B, C, D 四个区域，如图 3.1.7 所示。

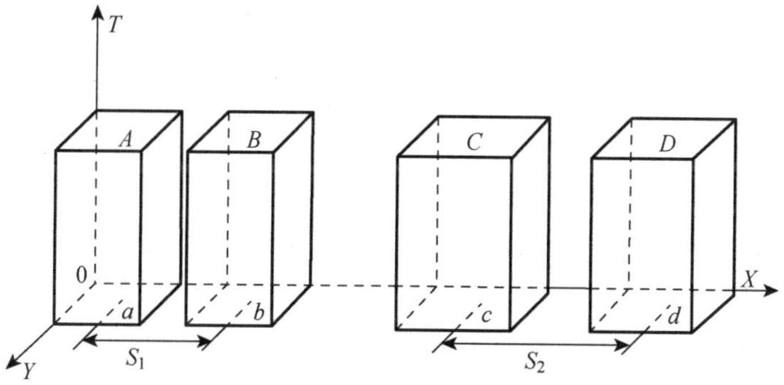

图 3.1.7　A, B, C, D 的空间数据模型

这里不失一般性地假设 A 区域和 B 区域距离较近，C 区域和 D 区域距离较远；同时，假设 A 区域和 C 区域的数据完全相同，B 区域和 D 区域的数据完全相同。图 3.1.7 中，时间为纵坐标，说明各区域的指标随时间的推移不断改变。a, b 分别为 A, B 区域的质心位置，两区域距离记为 S_1。类似地，C, D 之间距离记为 S_2。由图 3.1.7 可以看出，有 $S_1 < S_2$。根据 Tobler 地理学第一定律，对于具有空间依赖性的数据，较近的变量之间的关系比较远的变量之间要更密切一些，则得到 A 和 B 的相关系数 R_{AB} 应该大于 C 和 D 的相关系数 R_{CD}。

基于前文的假设，重新定义权重矩阵 $\boldsymbol{W}$，称之为距离权重矩阵：

$$w_{ij} = \begin{cases} 1 - 0.9 \dfrac{d_{ij}}{\max d_{ij}} & \text{空间邻近} \\ 0 & \text{空间非邻近} \end{cases} \tag{3.1.13}$$

对于二维坐标：

$$d_{ij}=\sqrt{(x_i-x_j)^2+(y_i-y_j)^2} \tag{3.1.14}$$

对于三维坐标：

$$d_{ij}=\sqrt{(x_i-x_j)^2+(y_i-y_j)^2+(z_i-z_j)^2} \tag{3.1.15}$$

对于任意两个时间序列 $\{\delta_{it}\}(t=1,2,3,\cdots,N)$ 和 $\{\delta_{jt}\}(t=1,2,3,\cdots,N)$，可按式(3.1.1)计算这两个时间序列的 Pearson 相关系数。

需要注意的是，只有当区域 i 和区域 j 计算出的 Pearson 相关系数通过显著性检验，它们之间的关联性才能够成立。定义显著性权重矩阵 $\boldsymbol{\xi}$，以剔除关联性不显著的相关系数。

$$\xi_{ij}=\begin{cases}1 & \text{相关性显著}\\ 0 & \text{相关性不显著}\end{cases} \tag{3.1.16}$$

同时，考虑距离权重和显著性权重两种权重系数，可以得到一种新的相关系数，记为 R_{ij}^P。

$$R_{ij}^P=\frac{w_{ij}\xi_{ij}\sum_{t=1}^{T}(\delta_{it}-\bar{\delta}_i)(\delta_{jt}-\bar{\delta}_j)}{\sqrt{\sum_{t=1}^{T}(\delta_{it}-\bar{\delta}_i)^2\sum_{t=1}^{T}(\delta_{jt}-\bar{\delta}_j)^2}} \tag{3.1.17}$$

式中：w_{ij} 为距离权重矩阵元素；ξ_{ij} 为显著性权重矩阵元素。

进一步，假设所有测点的变形监测数据有 N 个监测断面，每个测点有 T 个时间截面。根据式(3.1.3)中的空间权重矩阵，针对测点 i 可以计算出区域 i 和与它相邻近的 k 个测点的相关系数 R_{ij}^P，并计算这些相关系数的平均值，这里称之为测点 i 的“局部 Pearson 时空相关系数”（简记为 I_i^P）。

$$I_i^P=\frac{1}{k}\sum_{j=1,j\neq i}^{N}w_{ij}\xi_{ij}R_{ij}^P \tag{3.1.18}$$

式中：k 表示与测点 i 在空间上相邻近的测点数目。

类似地，依次求得所有区域的局部相关系数，可以得到“全局 Pearson 时空相关系数”。

$$I^P=\frac{1}{N}\sum_{i=1}^{N}I_i^P \tag{3.1.19}$$

(2) Spearman 时空相关系数

Spearman 相关系数和 Pearson 相关系数类似，反映某两个序列在所有时间截面上的相关性质。参考 Pearson 时空相关系数的扩展方式，将 Spearman 相关系数向空间截面上扩展，同样引入 w_{ij} 和 ξ_{ij} 两个权重系数，可以得到对应的“局部 Spearman 时空相关系数”以及“全局 Spearman 时空相关系数”。

针对测点 i 和测点 j 变形监测数据序列的 Spearman 时空相关系数如下：

$$R_{ij}^{S}=\frac{w_{ij}\xi_{ij}\sum_{t=1}^{T}(\eta_{it}-\bar{\eta}_{i})(\eta_{jt}-\bar{\eta}_{j})}{\sqrt{\sum_{t=1}^{T}(\eta_{it}-\bar{\eta}_{i})^{2}\sum_{t=1}^{T}(\eta_{jt}-\bar{\eta}_{j})^{2}}} \tag{3.1.20}$$

针对测点 i 的局部 Spearman 时空相关系数如下：

$$I_{i}^{S}=\frac{1}{k}\sum_{j=1,j\neq i}^{N}w_{ij}\xi_{ij}R_{ij}^{S} \tag{3.1.21}$$

式中：k 的取值类似于式(3.1.18)，为空间邻近的测点数目。

针对所有测点的全局 Spearman 时空相关系数如下：

$$I^{S}=\frac{1}{N}\sum_{i=1}^{N}I_{i}^{S} \tag{3.1.22}$$

3.2　基于空间分布的时空自相关系数

从前文分析可知，传统的 Moran 系数可以衡量同一个时间截面、不同监测断面上空间数据的关联情况。为了能让 Moran 系数进一步反映数据在不同时间截面上的相关性质，需将传统的 Moran 系数扩展到更多的时间截面上。这里采用一种比较简单的方法，即分别计算所有测点的变形监测数据在每一个时间截面上的全局和局部 Moran 系数，然后对这些 Moran 系数求平均值，这样就可以得到所有测点在监测时间段内的平均空间自相关系数。为分析方便，称这种平均的空间自相关系数为“局部 Moran 时空自相关系数”和“全局 Moran 时空自相关系数”。

局部 Moran 时空自相关系数如下：

$$I_{i}^{M}=\frac{1}{T}\sum_{t=1}^{T}\frac{(\delta_{it}-\bar{\delta}_{t})}{S^{2}}\sum_{j=1}^{N}w_{ij}(\delta_{jt}-\bar{\delta}_{t}) \tag{3.1.23}$$

全局 Moran 时空自相关系数如下：

$$I^{M}=\frac{1}{T}\sum_{t=1}^{T}\frac{\sum_{i=1}^{N}\sum_{j=1}^{N}w_{ij}(\delta_{it}-\bar{\delta}_{t})(\delta_{jt}-\bar{\delta}_{t})}{S^{2}\sum_{i=1}^{N}\sum_{j=1}^{N}w_{ij}} \tag{3.1.24}$$

式中：w_{ij} 为空间权重矩阵元素；$S^{2}=\dfrac{\sum_{i=1}^{N}(\delta_{it}-\bar{\delta}_{t})^{2}}{N}S^{2}=\sum_{i=1}^{N}(\delta_{it}-\bar{\delta}_{t})^{2}/N$ 为样本方差。

4　变形时空关联模型

4.1　时空相关系数的比较

前文得到了三种不同的时空相关系数，分别为 Pearson 时空相关系数、Spearman 时空相关系数和 Moran 时空自相关系数。由于它们所用的基本公式不尽相同，所以它们衡量的关联性也不尽相同。Pearson 时空相关系数的大小基于变形监测数据序列之间的线性相关程度，反映序列之间的线性依赖；Spearman 时空相关系数的大小体现了变形监测数据序列的非线性相关程度，能反映数据的非线性依赖；Moran 时空自相关系数和前面两者有较大区别，主要反映一定时期内数据在空间上聚集程度的强弱。将几种相关系数的特点汇总如表 3.1.2 所示。

表 3.1.2 时空相关系数的比较

系数种类	Pearson 系数	Spearman 系数	Moran 系数
分布假设	正态分布	对分布无要求	正态分布
局部系数	I_i^P	I_i^S	I_i^M
取值范围	$[-1, 1]$	$[-1, 1]$	$(-\infty, +\infty)$
全局系数	I^P	I^S	I^M
取值范围	$[-1, 1]$	$[-1, 1]$	$[-1, 1]$
关联性质	序列线性相关	序列非线性相关	空间分布聚集程度

不同测点的变形数据之间有着复杂的关联性质，其中既有线性关联性，也有非线性关联性，很难用一种参数来描述测点之间的关联性。因此，在特高拱坝变形关联性分析中，前文中提到的几种相关系数都需要考虑。

4.2 相关系数的物理意义

特高拱坝变形是一种复杂的多层次、非线性系统，因其材料、结构的特性，不同区域的变形有一定的关联性质（一般情况下，这种相关关系是正相关的），如图 3.1.8 所示。随着时间和环境的变化，这种关联性甚至会慢慢发生变化和转移。在前文的论述中，从两个测点变形之间的线性、非线性关联性开始，再到全局自相关系数，均代表不同的物理含义。

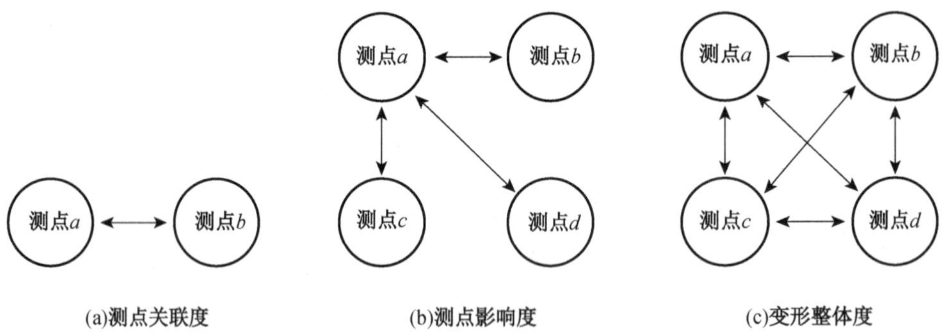

图 3.1.8 关联性指标

(1) 时间序列相关的物理意义

首先是相邻两个测点的相关系数。相邻测点的关联系数表示两个测点变形的关联程度。对于相关性很高的两个测点，如果其中一个测点的变形增加，那在很大程度上也意味着关联测点的变形也会增大，此时需要密切关注这两个测点的变形状况。

然后是测点的局部相关系数。局部相关系数是测点相关系数的整合，表示某一个测点的变形对与其相邻测点变形的影响程度。对于影响度较高的测点，必须重点关注，原因是其变形往往会影响一个区域的变形状态。

最后是测点的全局相关系数。全局相关系数是局部相关系数的再整合，表示大坝整体变形的关联程度。对于特高拱坝而言，一般都具有较好的整体性；相同工况下，一般特高拱坝变形的整体性越好（并且变形大小在合理范围以内），说明结构的整体性越好，工程也相对安全。

（2）空间分布相关的物理意义

空间自相关系数更多的是反映不同测点变形在空间分布上的聚集性质。局部空间自相关系数可以探测变形聚集的类型和区域，比如高高聚集、低低聚集等，但因为其取值范围的不确定，有时较难衡量聚集的强弱，更多的是一种相对相关性强度；全局空间自相关系数可以较好地衡量变形在空间全局的聚集程度，并且有明确的取值范围，一旦监测值出现了明显的空间聚集效应，这也是非常值得关注的，因为可能代表坝体出现了薄弱环节，但其并不能具体表征发生聚集的区域。因此，使用这两种空间自相关系数的时候需要相互结合、相互对照。

（3）时空相关系数与特高拱坝安全

时空相关系数高并不代表大坝出现了险情，事实上特高拱坝的安全状况和变形值的大小也是息息相关的，在工程实际中往往还会拟定相应的变形监控指标，一旦变形值超出安全范围，便要采取相应措施。类似地，相关系数可视作一种辅助指标，将其和变形值同时进行考量，从而综合判断大坝安全状态。时空关联系数和大坝变形及其安全的关系如图 3.1.9 所示。当相关系数和变形值都很大或超出安全范围时，大坝安全可能面临比较大的威胁。但是如果大坝的变形很大，但是整体的时空关联系数很小，此时可以根据局部系数的大小来判断大坝的薄弱环节。如果变形较小，相关系数较大，说明大坝整体性较好，比较安全；如果变形和相关系数都较小，说明大坝各部位变形比较独立，但整体上仍然比较安全。

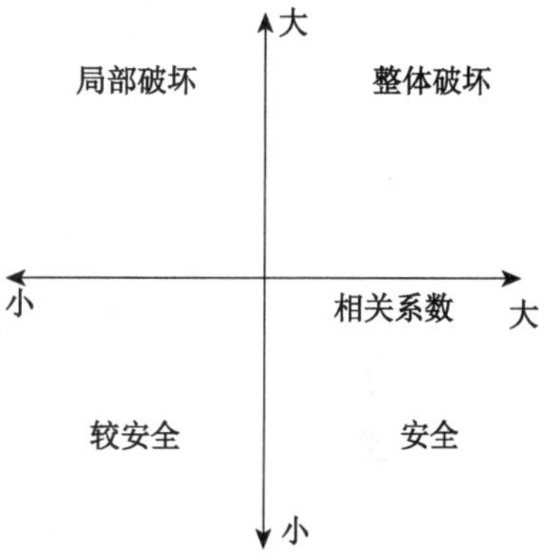

图 3.1.9　时空关联系数与大坝安全关系

4.3　模型及运作流程

基于前文提出的几种不同的时空相关系数，可以建立相应的变形时空数据挖掘模型，具体实现流程如图 3.1.10 所示，主要分为三个部分。

（1）数据的输入和预处理，在这个阶段首先需要输入变形的横截面数据、时间截面数据和测点坐标数据，这些数据共同组成测点变形空间面板数据；同时，对序列的缺失数据要进行估计，对异常数据要剔除。

（2）数据处理部分，首先需要根据测点的空间坐标建立相应的空间权重矩阵，然后根据前文相关公式分别计算三种时空（自）相关系数（包括全局和局部相关系数）。

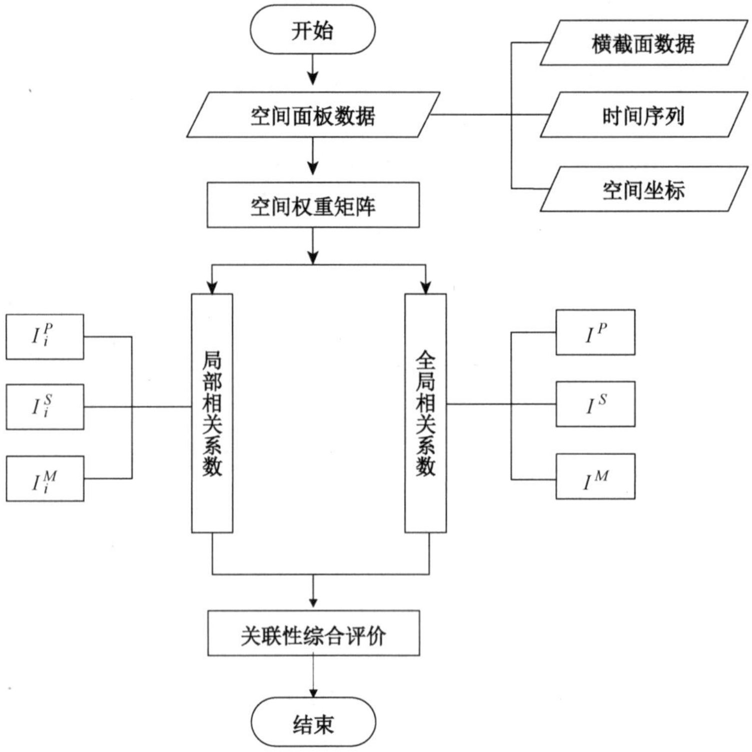

图 3.1.10　时空关联性挖掘流程

(3) 综合评价部分，根据全局和局部时空相关系数，绘制相应图表，其中全局时空相关系数可以反映变形的整体关联度，局部时空相关系数可以探测局部的关键点和异常点，最后从变形监测数据的关联性质出发，判断大坝安全状态。

第二节　结构因素动态空间关联集挖掘方法

坝体材料参数、结构尺寸、地形地质等都归纳为影响特高拱坝变形的结构因素，这些因素来源不同、复杂多变、描述方式多样，对变形的影响也各不相同，通常难以构建上述因素与大坝变形间的直接关系。关联规则理论提出了复杂因素之间关系的有效挖掘分析途径，例如，若自变量 A 和因变量 B 之间具有某种潜在的关系，当自变量 A 发生变化时，因变量 B 也会同时发生变化，找出所有类似这样的关系，则能快速发现多种因素之间的关联性，并发现潜在的主要影响因素。关联规则理论对这个过程抽象为，设 $\boldsymbol{I}=\{i_1, i_2, \cdots, i_m\}$ 为 m 个不同因素组成的数据集合，记 $\boldsymbol{D}$ 为事务集合，$\boldsymbol{D}$ 中的每一个事务 T 都是数据集合 $\boldsymbol{I}$ 的一个子集，挖掘分析的目的是找出形如"$\boldsymbol{X} \Rightarrow \boldsymbol{Y}$" 的关联形式，其中 $\boldsymbol{X} \subseteq \boldsymbol{I}$, $\boldsymbol{Y} \subseteq \boldsymbol{I}$, $\boldsymbol{X} \cap \boldsymbol{Y}=\varnothing$，表示满足 $\boldsymbol{X}$ 中条件的记录也一定满足 $\boldsymbol{Y}$。通常，关联规则理论只定义了多种因素间关系获取的抽象分析流程，在用于特高拱坝变形结构因素挖掘分析时，还需针对结构因素自身特点，建立各种结构因素的量化方法、结构因素和变形关系的获取方法及挖掘结果中结构因素的提取方法。为此,下面首先提出建立结构因素和变形的属性数据量化方法,然后将属性数据投影在关联空间中形成空间点,研究结构因素和变形空间点的分割方法,最后由集合运算得到各因素之间最相关的关系集合,由此实现结构因素和变形的动态空间关联集挖掘。

1　结构因素的集合及量化

1.1　结构因素

影响特高拱坝变形的结构因素主要包括材料参数、结构尺寸、地形地质等,这些因素大体归为坝基结构因素和坝体结构因素两类。

(1) 坝基结构因素

坝基结构因素主要包括坝基岩石的均匀性、抗渗性和排水性,断层、节理、软弱破碎带的分布和性质,基岩变形模量、泊松比、抗压强度及抗剪强度等。这些因素对大坝变形都有影响,如坝基岩性不均,可能导致坝基产生不均匀沉陷;坝基岩体风化破碎,其抗渗性较差,影响到坝基和坝体的变形。此外,对基础的处理还会影响到坝基结构因素,例如固结灌浆、帷幕灌浆及软弱破碎带的处理可以有效防止基础出现表层或深层滑动、不均匀的沉降、大的渗漏冲蚀以及边坡失稳等。基础处理较彻底,坝基变形及渗漏较小,坝基的稳定和应力状况也较好。通常可以利用各种检测、监测手段,获得基岩变形模量、岩体抗压抗剪强度等参数及坝基渗透压力、基岩变形、基础渗漏量等的监测数据,来体现影响大坝变形的坝基结构因素。

(2) 坝体结构因素

坝体结构因素主要指坝的尺寸和构造特点,坝体混凝土质量和材料参数等,包括坝体结构形式、细部构造特征、局部尺寸、坝体分缝、混凝土弹性模量、混凝土的抗拉及抗压强度等。例如,拱坝基本体型通常可用拱冠梁剖面和水平拱圈两部分来描述,主要包括坝体厚高比、水平拱圈和竖直梁曲线参数等。一座坝各个部位的高度和尺寸是不同的,通常高的坝段由于承受荷载较大,其变形、应力也较大,反之则较小。坝体结构的单薄与厚实、接缝的形式与构造、混凝土质量的好坏等也会影响到大坝变形。此外,在大坝运行过程中,坝体结构和材料参数发生变化也会影响大坝的变形,如坝体开裂产生深层裂缝或贯穿性裂缝会影响到同部位的大坝变形;坝面的风化、冻融会导致混凝土抗渗性能降低,加剧大坝入渗,混凝土内部的溶蚀和沉积会使一些裂隙加大或填充,从而造成渗漏量大小及渗漏位置的变化,并影响大坝变形。

1.2　结构因素的集合及量化

特高拱坝变形和结构因素的集合及量化是动态空间关联集挖掘的前提。首先把对变形有潜在影响的各种结构因素归为一个集合,形成结构因素集 $\boldsymbol{P}=\{p_1, p_2, \cdots, p_i, \cdots, p_l\}$,$\boldsymbol{P}$ 中元素 p_i 可表示坝体结构尺寸因素,也可表示坝基某部位断层因素;将大坝变形归为一个集合,形成变形效应量集 $\boldsymbol{Q}=\{q_1, q_2, \cdots, q_i, \cdots, q_m\}$,$\boldsymbol{Q}$ 中元素 q_i 可表示坝顶水平位移,也可表示大坝沉降。在此基础上,为了描述结构影响因素集 $\boldsymbol{P}$ 和变形效应量集 $\boldsymbol{Q}$

内元素的特征，定义 $\boldsymbol{P}$ 和 $\boldsymbol{Q}$ 内元素的属性集 $\boldsymbol{S}=\{s_1, s_2, \cdots, s_i, \cdots, s_m\}$。

结构因素挖掘的目的是通过对属性集 $\boldsymbol{S}$ 的分析，建立结构因素集 $\boldsymbol{P}$ 内元素和变形效应量集 $\boldsymbol{Q}$ 内元素之间的某种关系。这里将 $\boldsymbol{P}$ 和 $\boldsymbol{Q}$ 内元素的属性分为静态属性和动态属性两类。

静态属性包括大部分结构因素及变形的定性描述，这些信息通常在工程设计及施工时就确定下来，且在大坝整个运行期内基本不变，可分为：①结构因素及变形监测点的空间位置，包括空间部位或断面，如拱坝的拱冠梁、坝肩和岸坡部位、重点坝段、坝基等部位；②结构因素及变形的监测项目类型属性，对结构因素，包括坝体结构尺寸、大坝和基岩材料参数、监测数据类型等；对于变形效应量，包括水平位移、裂缝开度、基岩变位等监测类型；③数据获取方式，如人工监测、自动化监测等。对静态属性可以建立位置坐标、分类编号，实现静态属性的数据化。

动态属性指结构因素及变形随时间的变化特征信息，其随时段选取不同而变化，这些信息需要定量化，才能反映变形和结构因素之间的动态相关关系。分析结构因素及变形监测数据序列，可获得动态属性：①数据序列的变化速度，选取某时段实测数据，计算测值的变化快慢；②数据序列时段极值，即某时段内数据的极大极小值；③数据序列时段均值、均方差等统计量；④数据序列时段变幅，计算某时段数据极大值和极小值的差值；⑤数据序列的时段增量，计算某时段数据时段末值与初值之差；⑥数据序列与环境量（气温、水位、降雨等）的比值，计算数据的时段增量相对于环境量测值增量的比值，作为属性数据。

值得注意的是，结构因素和变形的动态属性与时段的选择有关，时段分割越细密，越能精确体现实际变化过程。图 3.2.1 显示了静态和动态属性的分类，将所有这些属性组成一个集合，即为属性集 $\boldsymbol{S}$。

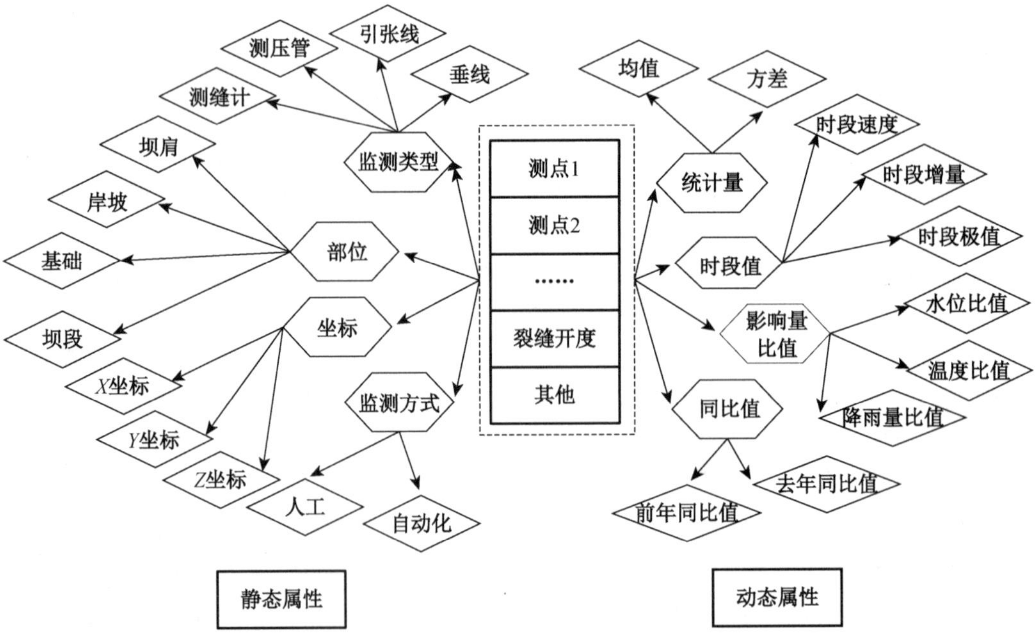

图 3.2.1　静态和动态属性

在定义属性集的基础上，要给出属性的具体数据才能进行结构因素集合 $\boldsymbol{P}$ 与变形效应量集合 $\boldsymbol{Q}$ 元素间关联性的挖掘分析。下面将属性数据按照类型分为：布尔型、序数型和数值型，实际的属性数据通常包含了上述类型的部分或全部，数据类型的具体定义如下。

（1）布尔型变量

布尔型变量是只有"0"和"1"两种状态的变量，进一步分为对称布尔型变量和非对称布尔型变量，对称布尔型变量的两个状态常是等权重的，如坝体向上游变形可表示为"1"，向下游变形可表示为"0"；非对称布尔型变量输出的两个状态重要程度不同，如应力监测中将压应力编码为"0"，拉应力为"1"，标示为"1"的状况相对比较重要。自动化的监测精度相对较高，可表示为"1"，人工监测精度相对较低可表示为"0"，则"1"代表的数据应具有更大的权重。

（2）标称型变量

标称型变量是二元变量的推广，它可以具有多个状态值。例如，监测项目类型是一个标称变量，它可能有多个类型：变形、渗流、扬压力等。

（3）数值型变量

数值型变量是对属性的度量值，如影响因素发生的部位、裂缝的尺寸、坝基材料强度数值等。

2　结构因素动态空间关联性提取

在获得结构因素集和变形效应量集的属性分类及属性数据后，对属性数据进行归一化，这里将每一类属性数据都归一化到[0，1]之间，获得结构因素集和变形效应量集的归一化数据。假设数据表中共有 N 种属性分类，则建立对应 N 种属性的 N 维空间，称为关联空间。将这些属性数据投影在关联空间中，形成属性数据点，则每个结构因素或变形效应量对应关联空间中的一个点。在获得关联空间的基础上，需要对结构因素和变形效应量的属性数据点实现有效分割，提取结构因素和变形效应量在空间上最具关联性的集合，下面研究属性数据点的具体分割方法。

对于结构因素和变形效应量属性数据集合 $\boldsymbol{X}=\{x_1, \cdots, x_i, \cdots, x_n\}$，其中 x_i 为 N 维空间中的一个点，分割的目标是把较为相似的空间点分在同一个集合中，同一集合内的点具有较高的相似性，不同集合的点具有较高的相异性。这里将数据点集 $\boldsymbol{X}$ 及其元素的相似性用相似图表示，即：

$$\boldsymbol{G}=(\boldsymbol{V}, \boldsymbol{E}, \boldsymbol{W}) \tag{3.2.1}$$

式中：$\boldsymbol{V}$ 是顶点的集合，顶点 $v_i \in \boldsymbol{V}$ 对应关联空间中结构因素或变形效应量的属性数据点 x_i；$\boldsymbol{E}$ 为链接任意两个顶点的边的集合；$\boldsymbol{W}=[w_{ij}]_{n\times n}$ 为关联性权值矩阵；w_{ij} 为相似图中链接第 i 个顶点和第 j 个顶点的边上的关联性权值，可通过计算属性数据点的空间距离得到。

在此基础上，属性数据空间点的分割问题转化为相似图的分割问题，即找到一个划分方法，使得划分后相似图中顶点间边权值之和较大，有较高的相似性，划分得到的任一子图中顶点所含的所有边权值之和较小，有较低的相似性。简单起见，将结构因素和变形效应量属性数据空间点分割为两个集合，即将相似图划分为两个子图 **A** 和 **B**，其目标函数为：

$$\min Ncut(\mathbf{A},\mathbf{B})=\frac{cut(\mathbf{A},\mathbf{B})}{vol(\mathbf{A})}+\frac{cut(\mathbf{B},\mathbf{A})}{vol(\mathbf{B})} \tag{3.2.2}$$

式中：$Ncut$（正则割）为基于图的谱聚类算法划分准则；$cut(\mathbf{A},\mathbf{B})$ 为子图 **A** 和 **B** 间边的权值之和；$vol(\mathbf{A})$ 为子图 A 内顶点和所有顶点边的权值之和。

$cut(\mathbf{A},\mathbf{B})$，$vol(\mathbf{B})$ 和 $vol(\mathbf{A})$ 分别为：

$$cut(\mathbf{A},\mathbf{B})=cut(\mathbf{B},\mathbf{A})=\sum_{i\in\mathbf{A},\ j\in\mathbf{B}}w_{ij} \tag{3.2.3}$$

$$vol(\mathbf{B})=\sum_{i\in\mathbf{B}}\sum_{j\in\mathbf{G}}w_{ij} \tag{3.2.4}$$

$$vol(\mathbf{A})=\sum_{i\in\mathbf{A}}\sum_{j\in\mathbf{G}}w_{ij} \tag{3.2.5}$$

若考虑将相似图 **G** 同时划分多个子图 $\mathbf{A}_1$—$\mathbf{A}_k$，则目标函数为：

$$\min Ncut(\mathbf{A}_1,\mathbf{A}_2,\cdots,\mathbf{A}_k)=\sum_{i=1}^{k}\frac{cut(\mathbf{A}_i,\bar{\mathbf{A}}_i)}{vol(\mathbf{A}_i)} \tag{3.2.6}$$

式中：$\bar{\mathbf{A}}_i$ 表示属于相似图 **G**，但不属于子图 $\mathbf{A}_i$ 的顶点构成的图。

考虑划分为两个子图 **A**，**B** 的情况，令 $\boldsymbol{p}$ 作为标识相似图 **G** 中 n 个顶点属于某个子图的 n 维指示向量，对于顶点 v_i，$p_j\in\boldsymbol{p}$ 有：

$$p_j=\begin{cases}-1, & v_i\in\mathbf{B}\\ 1, & v_i\in\mathbf{A}\end{cases} \tag{3.2.7}$$

在此基础上，取 **D** 为对角矩阵，对角元素 $d_{ii}=\sum_{j=1}^{n}w_{ij}$，按照式(3.2.2)，将 $Ncut(\mathbf{A},\mathbf{B})$ 表示为：

$$\begin{aligned}Ncut(\mathbf{A},\mathbf{B})&=\frac{\sum_{p_i>0,p_j<0}-w_{ij}p_ip_j}{\sum_{p_i>0}d_{ii}}+\frac{\sum_{p_i<0,p_j>0}-w_{ji}p_jp_i}{\sum_{p_j<0}d_{ii}}\\&=\frac{1}{K}\left[\frac{(\boldsymbol{p}+\boldsymbol{v})^{\mathrm{T}}(\mathbf{D}-\mathbf{W})(\boldsymbol{p}-\boldsymbol{v})}{(\boldsymbol{p}+\boldsymbol{v})^{\mathrm{T}}\mathbf{D}(\boldsymbol{p}+\boldsymbol{v})}+\frac{(\boldsymbol{p}-\boldsymbol{v})^{\mathrm{T}}(\mathbf{D}-\mathbf{W})(\boldsymbol{p}+\boldsymbol{v})}{(\boldsymbol{p}-1)^{\mathrm{T}}\mathbf{D}(\boldsymbol{p}-1)}\right]\end{aligned} \tag{3.2.8}$$

式中：K 为常数项；**W** 为关联性权值矩阵；$\boldsymbol{v}$ 为元素全为 1 的 n 维向量。

对式(3.2.8)略去常数项，并进一步简化，目标函数转化为：

$$\min Ncut(\mathbf{A},\mathbf{B})\propto\min\frac{\hat{\boldsymbol{p}}^{\mathrm{T}}(\mathbf{D}-\mathbf{W})\hat{\boldsymbol{p}}}{\hat{\boldsymbol{p}}^{\mathrm{T}}\mathbf{D}\hat{\boldsymbol{p}}} \tag{3.2.9}$$

式中：$\hat{\boldsymbol{p}}$ 是与 $\boldsymbol{p}$ 对应的指示向量。

此时，求最小的 $Ncut(\boldsymbol{A},\ \boldsymbol{B})$ 问题被转化为瑞利熵问题，即为特征向量的求解问题：

$$\boldsymbol{D}^{-\frac{1}{2}}(\boldsymbol{D}-\boldsymbol{W})\boldsymbol{D}^{-\frac{1}{2}}\boldsymbol{u}=\lambda\boldsymbol{u} \tag{3.2.10}$$

式中：$\boldsymbol{u}$ 为特征向量；λ 为对应 $\boldsymbol{u}$ 的特征值。

由于 $\boldsymbol{D}^{-1/2}(\boldsymbol{D}-\boldsymbol{W})\boldsymbol{D}^{-1/2}$ 为对称半正定矩阵，它的特征值全为实数且非负，共有 n 个，其最小且不为零的特征值为：

$$\lambda_{\min}=\min\{\lambda_1,\ \lambda_2,\ \cdots,\ \lambda_n\},\ \lambda_{\min}\neq 0 \tag{3.2.11}$$

式中：$\lambda_{\min}$ 与所求目标函数的最小值对应。

当 $\lambda_{\min}$ 为第 i 个特征值时，其特征向量为 $\boldsymbol{u}_i$，从而得到对应的指示向量 $\hat{\boldsymbol{p}}_i$，则 $\hat{\boldsymbol{p}}_i$ 可作为 $\boldsymbol{A}$，$\boldsymbol{B}$ 两个子图的最优分割指示向量，在获得子图 $\boldsymbol{A}$ 和 $\boldsymbol{B}$ 的基础上，可以按照对应关系对结构因素和变形效应量属性数据空间点进行最优分割。

按照上述分析，对结构因素及变形效应量属性数据空间点的分割过程分为以下三步。

Step 1　建立结构因素及变形效应量属性数据集合 $\boldsymbol{X}$，将 $\boldsymbol{X}$ 中的每个数据点视为相似图 $\boldsymbol{G}$ 中的顶点，计算顶点之间的空间距离，并取倒数形成关联性权值矩阵 $\boldsymbol{W}$，由此得到相似图 $\boldsymbol{G}=(\boldsymbol{V},\ \boldsymbol{E})$，则属性数据空间点的分割问题转化为图的划分问题。

Step 2　将 $\boldsymbol{G}=(\boldsymbol{V},\ \boldsymbol{E})$ 划分为两个子图，令其为 $\boldsymbol{C}$ 和 $\boldsymbol{C}'$，有：

$$Ncut(\boldsymbol{C},\ \boldsymbol{C}')=\frac{cut(\boldsymbol{C},\ \boldsymbol{C}')}{vol(\boldsymbol{C})}+\frac{cut(\boldsymbol{C}',\ \boldsymbol{C})}{vol(\boldsymbol{C}')} \tag{3.2.12}$$

计算特征矩阵 $\boldsymbol{L}=\boldsymbol{D}^{-\frac{1}{2}}(\boldsymbol{D}-\boldsymbol{W})\boldsymbol{D}^{-\frac{1}{2}}$，令 λ_1，λ_2，…，λ_n 为矩阵 $\boldsymbol{L}$ 的 n 个特征值，$\boldsymbol{u}_1$，$\boldsymbol{u}_2$，…，$\boldsymbol{u}_n$ 为对应的特征向量，得到最小特征值 λ_i 对应的特征向量 $\boldsymbol{u}_i$，并计算得到 $\hat{\boldsymbol{p}}_i$ 作为最优指示向量，用于分割 $\boldsymbol{G}$，得到子图 $\boldsymbol{C}$ 和 $\boldsymbol{C}'$。

Step 3　对子图 $\boldsymbol{C}'$ 或 $\boldsymbol{C}$ 按照 Step 2 进一步分割，如果要将属性数据点分为 K 类，则重复这个步骤，直到获得 K 个子图。也可设定最小特征值的范围，例如令最小特征值不小于首次分割的特征值 λ_i，当某次分割的目标函数最优解的特征值大于 λ_i 时，说明此子图无法进一步分割，对应的结构因素和变形效应量属性空间点子集合也无法再次分割。

3　结构因素的获取

图 3.2.2 表示在只有两种属性 s_1 和 s_2 的二维关联空间上分割得到的两类数据点集合，称为关联集，表示为 $\boldsymbol{T}=\{T_1,\ T_2,\ \cdots,\ T_i,\ \cdots,\ T_k\}$。由于关联空间中点的位置是基于结构因素和变形的属性信息形成的，关联集内元素具有相关联的属性值。

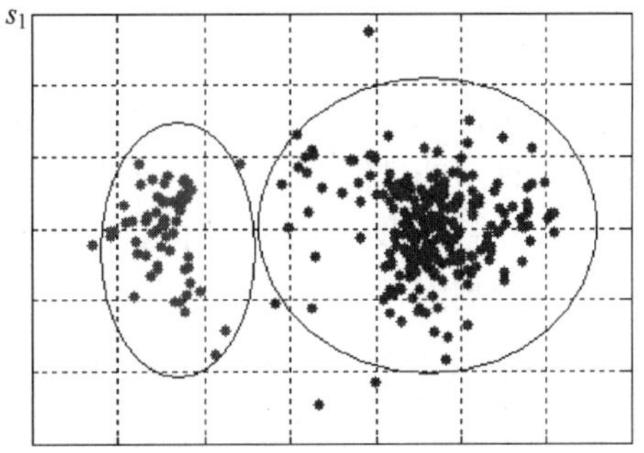

图 3.2.2　关联空间挖掘

当选择 t_0—t_1 时段的属性数据，可以获得包含结构因素和变形效应量属性数据点的关联集 $\boldsymbol{T}_1^{t1}$，$\boldsymbol{T}_2^{t1}$，…，$\boldsymbol{T}_k^{t1}$，其中 k 为分类个数，对于时段

t_i，则有 $\boldsymbol{T}_1^{ti}$，$\boldsymbol{T}_2^{ti}$，…，$\boldsymbol{T}_k^{ti}$。同次分类获得的关联集交集为空集，非同次分类的关联集则有共同的元素，在多次分类计算后，通过交集运算得到动态关联集 $\boldsymbol{PQT}$：

$$\boldsymbol{PQT} = (\boldsymbol{T}_1^{t1} \text{ or } \boldsymbol{T}_2^{t1} \text{ or } \cdots \text{ or } \boldsymbol{T}_k^{t1}) \cap (\boldsymbol{T}_1^{t2} \text{ or } \boldsymbol{T}_2^{t2} \text{ or } \cdots \text{ or } \boldsymbol{T}_k^{t2} \text{ or } \boldsymbol{\Omega}) \cap \cdots \cap (\boldsymbol{T}_1^{tn} \text{ or } \boldsymbol{T}_2^{tn} \text{ or } \cdots \text{ or } \boldsymbol{T}_k^{tn} \text{ or } \boldsymbol{\Omega}) \tag{3.2.13}$$

式中：共有 n 个时段；or 表示选择左右集合中的一个；符号 $\boldsymbol{\Omega}$ 定义为当有非空集合 $\boldsymbol{T}$ 时，$\boldsymbol{T} \cap \boldsymbol{\Omega} = \boldsymbol{T}$。

由动态关联集 $\boldsymbol{PQT}$ 的计算公式可知，$\boldsymbol{PQT}$ 包含了多个时段的共同元素，若有以下三个动态关联集 $\boldsymbol{PQT}_1$，$\boldsymbol{PQT}_2$ 及 $\boldsymbol{PQT}_3$，其中 $\boldsymbol{PQT}_3$ 包含了更多时段的共同元素，属于最大动态关联集。

$$\begin{cases} \boldsymbol{PQT}_1 = \boldsymbol{T}_2^{t1} \cap \boldsymbol{T}_2^{t2} \cap \boldsymbol{T}_2^{t4} \\ \boldsymbol{PQT}_2 = \boldsymbol{T}_2^{t1} \cap \boldsymbol{T}_3^{t3} \\ \boldsymbol{PQT}_3 = \boldsymbol{T}_2^{t1} \cap \boldsymbol{T}_2^{t2} \cap \boldsymbol{T}_2^{t3} \cap \boldsymbol{T}_3^{tn} \cdots \end{cases} \tag{3.2.14}$$

显然最大动态关联集 $\boldsymbol{PQT}_3$ 相对其他关联集而言，代表了结构因素集和变形效应量集之间更多时段的相关关系。通过分离 $\boldsymbol{PQT}_3$ 内的影响因素和变形效应量，可以获得影响变形的相关结构因素，相对于结构因素集合中的所有影响因素，最大动态关联集 $\boldsymbol{PQT}_3$ 内的影响因素是影响 $\boldsymbol{PQT}_3$ 内变形效应量的主要因素。

4 应用实例

以第二章工程作为实例，对影响变形的结构因素进行动态空间关联集挖掘。选择位于 9# 坝段—12# 坝段的 4 个顺河向水平位移监测数据，表示为 x_1—x_4。由于部分坝段座落在软岩层上，坝基岩石力学强度较低。为了监测基岩不同深度的沉降，在坝基埋设有多点位移计和基岩变位计，基岩变位计由 CF-40 型差动电阻式测缝计改装而成，分别深入基岩 5 m，10 m，30 m 监测基岩变形。由于部分监测数据缺失，影响因素挖掘分析时，选择布置在 8# 坝段、9# 坝段、11# 坝段和 12# 坝段下游位置的基岩变形计 M1—M12（共计 12 个）的监测数据，表示为 p_1—p_{12}，用这些数据来表现基岩变形情况，并分析其对上部坝体位移的影响。为了掌握坝基扬压力的实际分布，了解帷幕防渗性能及排水孔排水效果，在主坝灌浆廊道内沿坝轴线方向布置有一排扬压力监测孔。这里选择 8# 坝段—12# 坝段下部坝基扬压力测点 UP1—UP5 的监测数据，表示为 p_{13}—p_{17}，用这些数据来表征坝基帷幕及排水的性能，并分析其对上部坝体位移的影响。

对坝基变形和扬压力监测数据建立结构因素集合 $\boldsymbol{P} = \{p_1, p_2, \cdots, p_{17}\}$。属性集合 $\boldsymbol{S}$ 选择各影响因素所属部位高程，横河向位置坐标以及测值的时段变幅、时段均值、时段增量，表示为 $\boldsymbol{S} = \{s_1, s_2, \cdots, s_5\}$。变形效应量集合为 $\boldsymbol{X} = \{x_1, x_2, x_3, x_4\}$。基岩变形测点 M1 和 M2 实测数据如图 3.2.3 和图 3.2.4 所示，扬压力测点 UP1 和 UP2 实测数据如图 3.2.5 和图 3.2.6 所示。由于影响因素数据较多，限于篇幅这里未将所有数据列出。

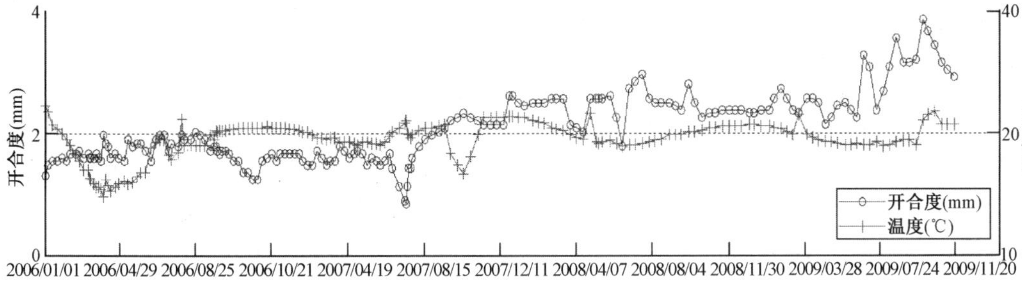

图 3.2.3　基岩变形计 M1 及温度实测数据过程线

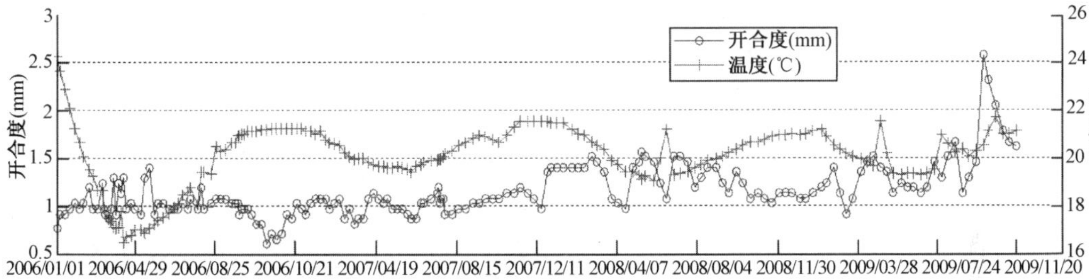

图 3.2.4　基岩变形计 M2 及温度实测数据过程线

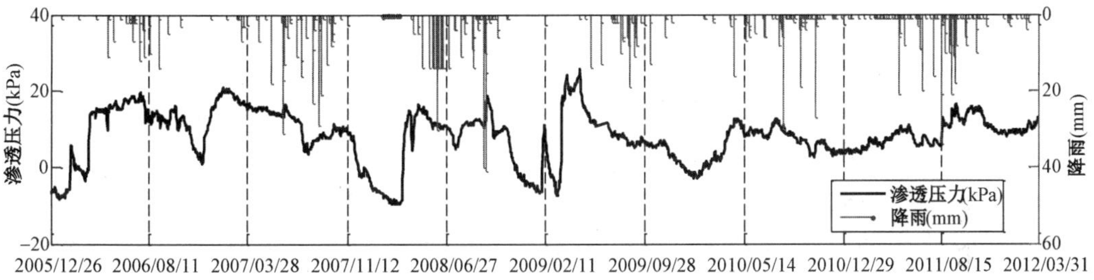

图 3.2.5　降雨及 UP1 测点实测数据过程线

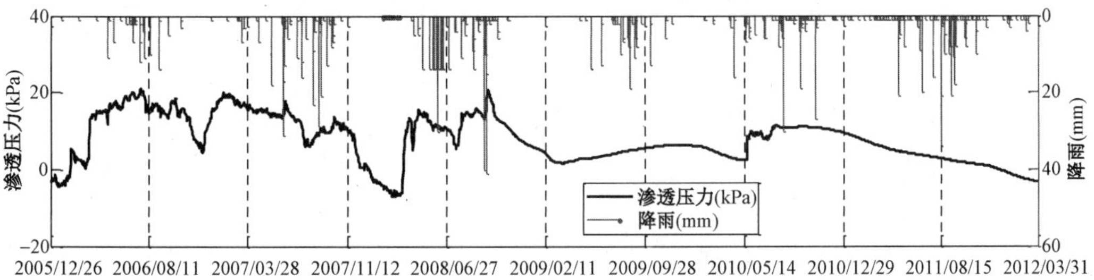

图 3.2.6　降雨及 UP2 测点实测数据过程线

在获得结构因素集合 $\boldsymbol{P}$、变形效应量集合 $\boldsymbol{X}$ 及属性集合 $\boldsymbol{S}$ 的基础上，对结构因素集合 $\boldsymbol{P}$ 和变形效应量集合 $\boldsymbol{X}$，按照表 3.1.1 建立关联集数据表，并获得归一化的属性数据，其中动态属性的计算时段取 30 d。由于部分影响因素数据缺失，这里挖掘分析的数据时段选择为 2008—2009 年。令 t 为关联集挖掘的分类次数，第 2、第 4、第 8、第 10 次分类结果如图 3.2.7 所示。

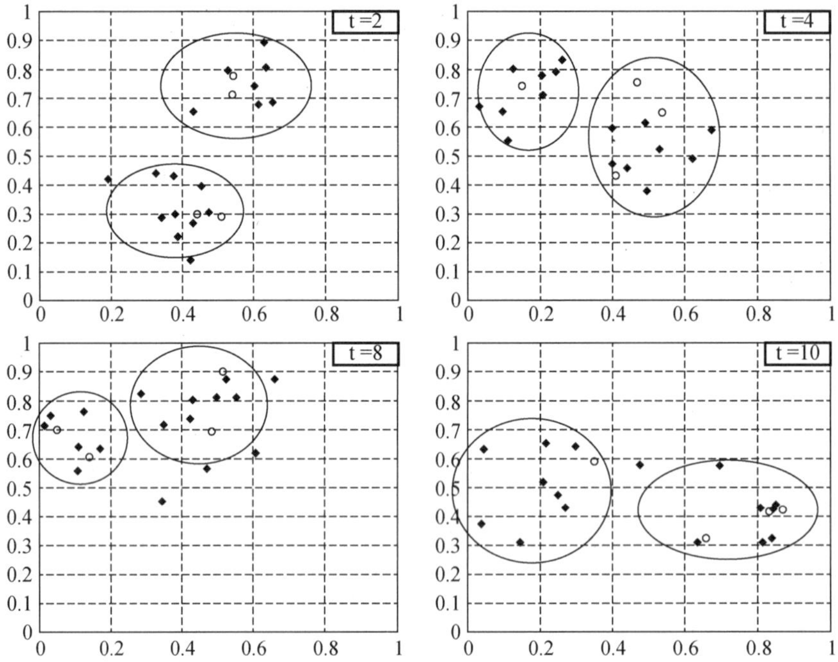

图 3.2.7 分类结果

在多次计算后，联合每次分类结果计算交集，获得了两个动态关联集，其中一个关联集为 $\boldsymbol{PQT}_1=\{p_7, p_8, p_9, p_{10}, p_{11}, x_2, x_3, x_4\}$，可知 11# 坝段和 12# 坝段基岩变形对 10# 坝段—12# 坝段水平位移的影响，相比结构因素集 $\boldsymbol{P}$ 中其他结构因素的影响，其影响程度大；另一个关联集为 $\boldsymbol{PQT}_2=\{p_4, p_5, p_6, x_1\}$，表明 9# 坝段水平位移受到坝基变形的影响。

第三节 荷载及时效因素混沌小波网络挖掘方法

荷载因素是影响特高拱坝变形的外在因素，主要包括自重、水压力(静水压力和动水压力)、温度荷载、波浪压力、扬压力、冰压力、泥沙压力、地震荷载和其他可能出现的荷载。此外，特高拱坝变形的时效变化部分是受到内在结构因素及外在荷载因素的综合作用，体现为变形随时间发展的非线性综合效应。通常，影响变形的这些荷载及时效因素可以用不同的因子形式来表示，其作用效果为每一种影响因素产生的变形分量。例如，水荷载的作用效果可以用变形的水压分量 δ_H 来表示，即：

$$\delta_H=\sum_{i=1}^{m}a_iH_{up}^i+\sum_{i=1}^{m}b_iH_{dw}^i \tag{3.3.1}$$

式中：a_i，b_i 为拟合系数；H_{up}，H_{dw} 为上游和下游水深；m 为水位因子次数，拱坝 m 取 4 或 5。

温度变化引起的温度荷载是作用在特高拱坝上的主要荷载之一。温度变化会引起混凝土体积的胀缩，当这种体积变化受到边界约束时，会导致坝体结构产生温度应力和温度变形。坝体内部温度的变化主要受到水库水温、气温等温度因素的影响。气温呈近似年周期的变化特征，表示为：

$$T_y(t) = T_0 + \sum_{i=1}^{n} A_i \sin(i\omega t + \varphi_i) \tag{3.3.2}$$

式中：A_i 为变幅；T_0 为多年平均温度；$i\omega$ 为角频率；φ_i 为相角；t 为时间。

水库水温常受径流、泄洪、引水发电等因素影响，水库水面以下坝体表面水温 $T_w(y, t)$ 可表示为：

$$T_w(y, t) = T_{sm}(y) + A_w(y)\cos \omega(t - t_0 - \varepsilon) \tag{3.3.3}$$

式中：y 为水深；t 为时间；t_0 为监测起始时间；$T_{sm}(y)$ 为年平均气温；$A_w(y)$ 为水温年变幅；ε 为水温相位差。

时效对变形的作用效果可用时效分量 δ_θ 表示，时效分量 δ_θ 的变化通常可分为趋于定值 c 和时效分量 δ_θ 的增速不变、渐减、不断增加等四种情况。δ_θ 的表达式为：

$$\begin{cases} \delta_\theta = c_1\theta \\ \delta_\theta = c_1 \ln \theta \\ \delta_\theta = c_1\theta^{c_2} \\ \delta_\theta = c - \dfrac{c_1}{\theta} \end{cases} \tag{3.3.4}$$

式中：θ 为时效因子，一般为当日到监测起始日天数除以 100；c_1，c_2 为拟合系数。

由上述分析可知，通常不同的荷载及时效影响因素有不同的表达式，各种因素数据曲线的频率和周期也不同，每一种影响因素产生的变形分量都与这种因素的变化频率和周期相关，多种因素影响下大坝变形也应当是上述多个分量的叠加结果。对于在某一时间尺度下（即某个频率下）的影响因素，其影响效果的频率保持不变，而不同频率下的影响效果在频域上是独立的。因此，对于某个时段的变形，其监测数据的频率类似一种“胎记”指明了产生这个变化的影响因素。从频域角度对变形监测数据进行分解，分析大坝变形和影响因素的关系，能够获得这些因素的不同影响程度，实现荷载及时效影响因素的挖掘。此外，由于小波变换具有良好的时频局域化性质，能够有效地将一个信号分解为不同频率，而神经网络对于信号的细部特征具有良好的拟合能力，并具有自适应自学习能力，因此，将小波分析和神经网络结合用于变形影响因素的挖掘具有优势。

1　荷载及时效因素小波网络挖掘模型

小波网络是小波分析与神经网络理论相结合而形成的，其融合结构如图 3.3.1 所示，这种结构形式实现了小波和神经网络的有机融合，网络中隐层节点激活函数采用小波函数，并将输入层到隐层的权值和隐层的阈值分别由小波函数的伸缩参数和平移参数代替。

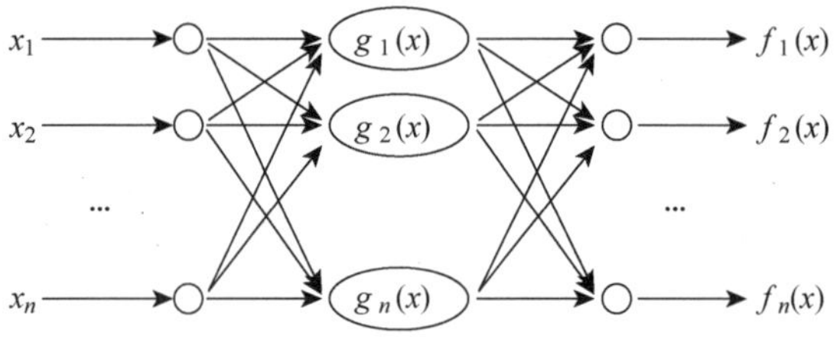

图 3.3.1　小波网络结构

对影响特高拱坝变形的水压、温度或时效等因素获得去噪后的监测数据或建立不同的表达式，将监测数据或表达式计算得到的数据视为一维信号 $s(t)$ 输入网络，网络对应的小波基函数 $\varphi(a,\ b,\ t)$ 表示为：

$$\varphi(a,\ b,\ t)=\frac{1}{\sqrt{|a|}}\varphi_b\left(\frac{t-b}{a}\right) \tag{3.3.5}$$

式中：$\varphi_b(t)$ 为基本小波或母小波；$1/\sqrt{|a|}$ 为归一化系数；a 和 b 分别为小波基 $\varphi(a,\ b,\ t)$ 的伸缩因子和平移因子。

对荷载及时效因素的输入数据 $s(t)$，用小波基 $\varphi(a,\ b,\ t)$ 进行拟合，得到荷载或时效因素影响下变形效应量的拟合数据 $\hat{s}(t)$，即：

$$\hat{s}(t)=\sum_{k=1}^{K}w_k\varphi\left(\frac{t-b_k}{a_k}\right) \tag{3.3.6}$$

式中：K 为小波基的个数；a_k，b_k 分别为 k 时小波基 $\varphi(a,\ b,\ t)$ 的伸缩因子和平移因子；w_k 为权值。

对应 $\hat{s}(t)$ 的能量函数为：

$$E=\frac{1}{2}\sum_{t=1}^{T}\left[s(t)-\hat{s}(t)\right]^2 \tag{3.3.7}$$

式中：E 为小波网络的能量函数值，代表小波网络对输出结果的拟合性能，式(3.3.7)也称为误差函数。

若小波网络中，荷载或时效因素的输入向量为 $\boldsymbol{X}=[x_1,\ x_2,\ \cdots,\ x_n]^{\mathrm{T}}$，隐层输出向量为 $\boldsymbol{Y}=[y_1,\ y_2,\ \cdots,\ y_m]^{\mathrm{T}}$，输出层变形效应量的输出向量为 $\boldsymbol{O}=[o_1,\ o_2,\ \cdots,\ o_l]^{\mathrm{T}}$，则可建立变形的荷载及时效因素小波网络挖掘模型，其网络结构为 $n-m-l$ 的形式。此模型中，伸缩因子和平移因子向量分别为 $\boldsymbol{a}=[a_1,\ a_2,\ \cdots,\ a_m]^{\mathrm{T}}$ 和 $\boldsymbol{b}=[b_1,\ b_2,\ \cdots,\ b_m]^{\mathrm{T}}$，隐层到输出层之间的权值矩阵为 $\boldsymbol{W}_{m\times l}$。

荷载及时效因素小波网络挖掘分析过程是由输入数据的正向传播和误差的反向传播组成的，假设变形效应量的期望目标输出向量为 $\boldsymbol{D}=[d_1,\ d_2,\ \cdots,\ d_l]^{\mathrm{T}}$。

(1) 在正向传播过程中，将水压、温度或时效等影响因素数据通过小波基 $\varphi(a,\ b,\ t)$ 进行拟合，经过加权运算，并经隐层到输出层得到变形效应量的输出数据。输出层激励函数为 Sigmoid 函数：

$$f(x) = \frac{1}{1+\mathrm{e}^{-x}} \tag{3.3.8}$$

隐层第 j 个神经元的影响因素输入数据为：

$$net_j = \sum_{i=1}^{n} x_i \tag{3.3.9}$$

经过小波函数激励后，得到：

$$y_j = \varphi\left(\frac{net_j - b_j}{a_j}\right) = \varphi\left(\frac{\sum_{i=1}^{n} x_i - b_j}{a_j}\right) \tag{3.3.10}$$

经过加权运算，得到输出层第 k 个神经元的输入数据：

$$net'_k = \sum_{j=1}^{m} w_{jk} y_j = \sum_{j=1}^{m} w_{jk} \varphi\left(\frac{\sum_{i=1}^{n} x_i - b_j}{a_j}\right) \tag{3.3.11}$$

在 Sigmoid 函数的激励下，得到输出层第 k 个神经元的变形输出数据：

$$o_k = f(net_k) = f\left[\sum_{j=1}^{m} w_{jk} \varphi\left(\frac{\sum_{i=1}^{n} x_i - b_j}{a_j}\right)\right] \tag{3.3.12}$$

正向传播误差函数为：

$$\begin{aligned} E &= \frac{1}{2}\sum_{k=1}^{l} (d_k - o_k)^2 \\ &= \frac{1}{2}\sum_{k=1}^{l} \left\{d_k - f\left[\sum_{j=1}^{m} w_{jk}\varphi\left(\sum_{i=1}^{n} x_i - b_j/a_j\right)\right]\right\}^2 \end{aligned} \tag{3.3.13}$$

式中：o_k 为变形的第 k 个输出数据；d_k 为变形的第 k 个实测数据；w_{jk} 为隐层节点 j 到输出层节点 k 的权值；a_j，b_j 分别为隐层节点 j 的小波伸缩因子和平移因子。

(2) 误差的反向传播。当变形影响因素的小波网络挖掘误差函数值 E 不满足设定的误差界限 e 时，进入误差的反向传播，对网络参数进行调整，要调整的参数包括权值 w_{jk}、伸缩因子 a_k 和平移因子 b_k，对三类参数的调整公式为：

$$\begin{cases} w_{jk}(t+1) = \omega jk(t) + \Delta w_{jk} \\ a_j(t+1) = a_j(t) + \Delta a_j \\ b_j(t+1) = b_j(t) + \Delta b_j \end{cases} \tag{3.3.14}$$

式中：t 为迭代次数；Δw_{jk} 为权值的调整差量；Δa_k 为伸缩因子的调整差量；Δb_k 为平移因子的调整差量。

在对荷载及时效因素进行小波网络挖掘时，每次迭代都需判断误差 E 是否满足设定的误差界限。如果满足条件，则输出待求参数（权值、平移因子和伸缩因子）的值；如果不满足，则按照前述步骤再次计算。

2 小波网络混沌粒子群优化挖掘方法

由于影响特高拱坝变形的荷载及时效因素因子形式较多,数据量大,对荷载及时效因素建立小波网络进行挖掘分析,输入网络的因子数量和隐层节点数量也较多,运用常规的迭代方法需要计算的权值 w_{jk}、伸缩因子 a_k 和平移因子 b_k 的数量很大。随着变形影响因素数据输入维数的增加,网络结构庞大,影响因素的挖掘收敛速度也会快速下降,甚至陷入局部最优结果。为了避免这些问题,需要使用高效的参数优化计算方法,以提高变形影响因素的挖掘效率。因此,下面引入混沌特性的粒子群优化方法(Choas Particle Swarm Optimization, CPSO)来解决荷载及时效因素挖掘时小波网络收敛计算效率过低的问题。

将荷载及时效影响因素小波网络挖掘的待求参数(权值 w_{jk}、伸缩因子 a_k 和平移因子 b_k)值视为 D 维空间中粒子的位置坐标(D 为小波网络待求参数的总数量),粒子位置坐标向量用 $\boldsymbol{X}$ 表示,粒子的速度向量为 $\mathbf{V}$, $\mathbf{V}$ 对应待求参数的调整差量,同时每个粒子还有适应度值,即变形实测数据和小波网络变形输出值的误差 E。在小波网络混沌粒子群优化挖掘中,小波网络的正向传播过程不变,在反向传播过程中,若第 i 个粒子位置和速度为$\boldsymbol{X}_i=[x_1, x_2, \cdots, x_D]$ 和 $\mathbf{V}_i=[v_1, v_2, \cdots, v_D]$,通过粒子的局部最优值和全局最优值来调整粒子的速度,更新粒子的位置,并计算适应度值 E, 实现式(3.3.14)的误差反向传播过程,图 3.3.2 显示了这种关系,其计算公式为:

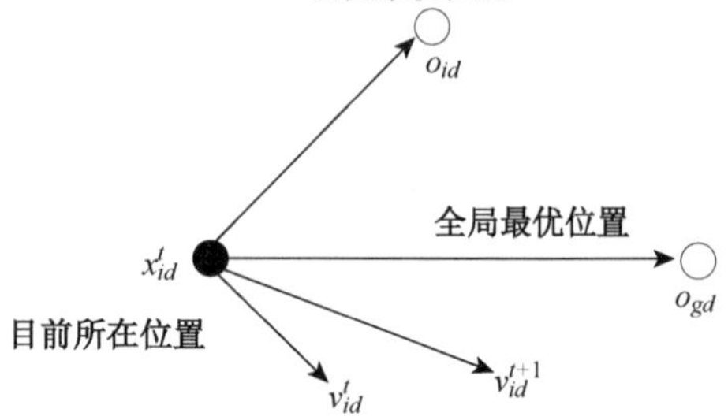

图 3.3.2 三种可能移动方向的组合

$$v_{id}^{t+1}=v_{id}^t+c_1(o_{id}-x_{it}^t)+c_2(o_{gd}-x_{id}^t) \tag{3.3.15}$$

$$x_{id}^{t+1}=x_{id}^t+v_{id}^{t+1} \tag{3.3.16}$$

在式(3.3.15)和式(3.3.16)中, v_{id}^t 为粒子 i 第 t 次迭代的速度向量中第 d 维分量;x_{id}^t 为第 t 次迭代位置向量中第 d 维分量;o_{id} 为粒子 i 在自身历史最优位置的第 d 维分量;o_{gd} 为粒子群体最优位置的第 d 维分量;c_1 和 c_2 为学习因子,一般在[0, 2]之间取值。

由上述分析知,粒子的初始位置和粒子速度的更新算法对小波网络挖掘分析的收敛性影响较大,若对初始位置和更新算法不加调整,在逐步迭代过程中,变形影响因素的小波网络挖掘收敛速度会降低。由于混沌具有良好的随机性和遍历特性,下面将混沌特性引入小波网络挖掘分析过程中,实现变形影响因素小波网络挖掘的混沌粒子群优化。

混沌是一种普遍存在于现实生活中的非线性现象,一般把由确定性方程得到的具有随机性的运动状态称为混沌。例如 Logistic 映射就是一个典型的混沌系统,其迭代公式如下:

$$z_{t+1}=\mu z_t(1-z_t) \tag{3.3.17}$$

式中: μ 为控制参量,当 $\mu=4$ 且初始值 z_0 在[0, 1]之间时,Logistic 映射的输出数据 z 具有混沌特性。

将混沌特性融入荷载及时效影响因素挖掘中，其基本思想是使粒子的分布位置和变化趋势具有混沌特性，具体的混沌优化有两个部分。

（1）粒子的初始位置和速度通常是随机的，利用混沌的遍历特性，产生大量初始群体，并从中选择优势群体，从初始群体的产生上提高影响因素挖掘求解的效率和解的质量。将粒子群的搜索算法简化为一个 D 维的优化问题，即：

$$\min f(x_1, x_2, \cdots, x_D) \ s.t.\ a_d \leqslant x_d \leqslant b_d \tag{3.3.18}$$

首先随机产生一个 D 维向量 $\boldsymbol{z}^0 = [z_{01}, z_{02}, \cdots, z_{0D}]$，$\boldsymbol{z}^0$ 中的每个元素值都在 $[0, 1]$ 内随机选取。对应式（3.3.17），选取 $\mu = 4$ 的 Logistic 映射作为混沌信号的产生源，将 $\boldsymbol{z}^0$ 代入计算，获得 $\boldsymbol{z}^1 = [z_{11}, z_{12}, \cdots, z_{1D}]$，并基于 $\boldsymbol{z}^1$ 获得 $\boldsymbol{z}^2$。通过 $\boldsymbol{z}^j$ 内元素 z_{jd} 得到 $\boldsymbol{z}^{j+1}$ 内元素 $z_{j+1,d}$ 的迭代公式为：

$$z_{j+1,d} = \mu z_{jd}(1 - z_{jd}) \tag{3.3.19}$$

式中：$d = 1, 2, \cdots, D$；j 为迭代计算次数。

对于 N 个粒子，选取总的迭代次数为 N，计算 $\boldsymbol{z}^1$—$\boldsymbol{z}^N$，建立影响因素挖掘的混沌因子矩阵 $\boldsymbol{Z}$：

$$\boldsymbol{Z} = [\boldsymbol{z}^1, \boldsymbol{z}^2, \cdots, \boldsymbol{z}^n]^{\mathrm{T}} = \begin{pmatrix} z_{11} & \cdots & z_{1D} \\ \vdots & \ddots & \vdots \\ z_{N1} & \cdots & a_{ND} \end{pmatrix} \tag{3.3.20}$$

式中：混沌因子矩阵 $\boldsymbol{Z}$ 的元素 z_{id} 对应第 i 个粒子在第 d 维度下的初值范围 $[a_d, b_d]$，对应具有混沌特性的初值 x_{id} 为：

$$x_{id} = a_d + (b_d - a_d) z_{id} \tag{3.3.21}$$

在此基础上，代入目标函数计算 N 个粒子对应的小波网络变形误差值 $f(x_{i1}, x_{i2}, \cdots, x_{iD})$，选择其中较优的 m 个粒子作为初始种群参与计算。

（2）式（3.3.15）中速度更新方法参照了粒子自身信息和群体信息。当影响因素挖掘逐步收敛时，挖掘分析容易陷入局部最优。为此，利用混沌的敏感性和随机性，对粒子产生扰动和抑制，提高粒子跳出局部最优结果的能力。在算法中引入抑制因子 γ，γ 取 1 或者 -1 用来决定粒子的运动方向。对每一个速度分量建立混沌因子 Δx_{id}，形成对速度 v_{id}^{t+1} 的影响，表示为：

$$v_{id}^{t+1} = \omega v_{id}^t + \gamma_i [c_1(o_{id} - x_{id}^t) + c_2(o_{gd} - x_{id}^t)] + c_3 \Delta x_{id} \tag{3.3.22}$$

式中：Δx_{id} 为混沌因子；c_3 为混沌因子 Δx_{id} 的系数，用以调整 Δx_{id} 的数量级别。

3　影响因素重要性平均影响度值分析

荷载及时效因素小波网络挖掘的基本思想是获得对变形作用显著的各种影响因素，放弃不显著的影响因素。在训练好的小波网络中，各种影响因素对应网络的输入神经元，变形效应量对应网络的输出神经元，则影响因素小波网络挖掘的目的是确定小波网络中输入神经元数据对输出神经元数据的影响程度。为了反映各个因素对于变形影响的重要性大小，下面研究小波网络输入数据对输出数据影响程度的度量方法，得到影响程度值，称为平均影响度值(Mean Affect Value, MAV)，将 MAV 值作为荷载及时效因素对变形影响程度的评价指标。

在得到训练好的小波网络后，将输入的荷载及时效因素训练样本数据 $\boldsymbol{X} = \{x_1, x_2, \cdots, x_n\}$，在其原值的基础上分别增加和减少 10% 构成新的训练样本数据 $\boldsymbol{X}^{(1)}$ 和 $\boldsymbol{X}^{(2)}$，选择 $\boldsymbol{X}^{(1)}$ 和 $\boldsymbol{X}^{(2)}$ 中第 i 个输入神经元的影响因素数据 $x_i^{(1)}$ 和 $x_i^{(2)}$，并结合其他输入神经元的原始影响因素数据，利用训练好的小波网络 net 进行计算，得到输出结果 $\boldsymbol{O}^{(1)}$ 和 $\boldsymbol{O}^{(2)}$，则输出结果中第 k 个输出神经元的输出数据表示为：

$$o_k^{(1)} = f(net_k) = f\left[\sum_{j=1}^{m} w_{jk}\varphi\left(\frac{\sum_{i=1}^{n} x_i^{(1)} - b_j}{a_j}\right)\right] \tag{3.3.23}$$

$$o_k^{(2)} = f(net_k) = f\left[\sum_{j=1}^{m} w_{jk}\varphi\left(\frac{\sum_{i=1}^{n} x_i^{(2)} - b_j}{a_j}\right)\right] \tag{3.3.24}$$

计算 $o_k^{(1)}$ 和 $o_k^{(2)}$ 的差值，作为影响因素数据 x_i 变化后对第 k 个输出神经元输出的变形数据的影响，在此基础上，计算 l 个输出变形产生的影响值(Affect Value, AV)，即：

$$\Delta O_i = \sum_{k=1}^{l} (\mid o_k^{(1)} - o_k^{(2)} \mid) \tag{3.3.25}$$

在获得影响值的基础上，将 ΔO_i 按变形数据的监测次数 p 进行平均，得到影响因素对变形的小波网络平均影响值 MAV，即：

$$\Delta \bar{O}_i = \frac{\Delta O_i}{p} = \frac{\sum_{k=1}^{l} (\mid o_k^{(1)} - o_k^{(2)} \mid)}{p} \tag{3.3.26}$$

按照上述步骤，依次计算小波网络输入神经元对应的各影响因素独立变化条件下的 MAV 值，并根据 MAV 值的大小为各影响因素排序，得到各影响因素对变形的相对重要性，对于输入小波网络的 n 个荷载及时效影响因素，有：

$$\Delta \bar{O}_1 \leqslant \Delta \bar{O}_2 \leqslant \cdots \leqslant \Delta \bar{O}_n \tag{3.3.27}$$

式中：$\Delta \bar{O}_n$ 对应的荷载或时效因素可认为是对变形影响相对较为重要的因素。

4 影响因素混沌小波网络挖掘过程

对特高拱坝变形有影响的因素众多，如果选择全部因子，不但增加网络计算复杂度，还会降低变形影响因素的挖掘分析精度。考虑到影响因素间的重要性不同，通常水位、温度、时效等因素的影响较为重要，故这里主要对水压 H、温度 T 和时效 θ 因素进行挖掘。如果需要挖掘其他的荷载因素，则可选择对应的监测、检测数据或建立不同的影响因素表达式获得计算数据，并将这些数据输入混沌小波网络中进行挖掘分析。这里为反映水压 H 对大坝变形的作用，特高拱坝选择 H，H^2，H^3 和 H^4 作为网络输入因子；为反映时效因素的影响，可选择时效分量的 θ 和 $\ln\theta$ 函数作为网络输入因子，若为反映时效分量的其他变化特征，还可引入 θ 的对数形式、指数形式、双曲线形式作为网络输入因子；对于温度分量，可以选择实测气温、库水温数据作为主要影响因素数据，在缺少实测数据的条件下，也可按式(3.3.2)和式(3.3.3)得到温度数据输入网络中。

此外，小波网络隐层神经元数 M 对影响因素挖掘的收敛性有影响，隐层的神经元越多，挖掘分析结果越精确，但是 M 过大会增加挖掘分析耗时，M 值要适当地选取，通常 M 结合经验或经过多次试算来确定。M 值的经验公式为：

$$M=\sqrt{N+L}+l \tag{3.3.28}$$

式中：N 为影响因素输入数据的小波网络神经元数目；L 为输出数据的小波网络神经元数目；l 为常数项，通常 $l\leqslant 20$。

确定了荷载及时效因素的输入因子和挖掘分析的网络节点数量后，得到混沌小波网络挖掘的结构为 N-M-L，其中伸缩因子 a 和平移因子 b 数量都等于隐层神经元个数 M，挖掘分析时小波网络的权值个数为 $M\times L$，则混沌小波网络挖掘需要计算的未知参数共 D 个，即：

$$D=M\times L+M+M \tag{3.3.29}$$

利用混沌粒子群优化后，得到小波网络参数值，用训练好的小波网络计算荷载及时效因素输入神经元数据 x_i 的变化对变形输出神经元数据的影响，得到 n 个影响因素的 MAV 值集合$\{\Delta\bar{O}_1, \Delta\bar{O}_2, \cdots, \Delta\bar{O}_n\}$，对集合内元素归一化，得到各个影响因素的重要性值，第 i 个影响因素的重要性值 R_i 为：

$$R_i=\frac{\Delta\bar{O}_i}{\sum_{j=1}^{n}\Delta\bar{O}_j},\ i=1,2,\cdots,n \tag{3.3.30}$$

对于结构为 N-M-L 的小波网络，荷载及时效因素混沌小波网络挖掘流程如图 3.3.3 所示。

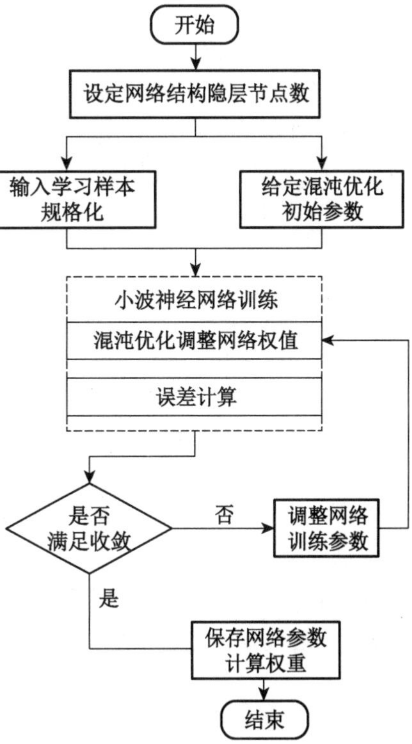

图 3.3.3　影响因素的小波网络挖掘过程

5　应用实例

在上一节实例基础上，对影响大坝变形的荷载及时效因素进行小波网络挖掘。图 3.3.4 为 2006—2010 年气温和水位实测数据过程线。对气温实测数据进行去噪，得到气温的年周期变化部分 T_y，如图 3.3.5 所示。

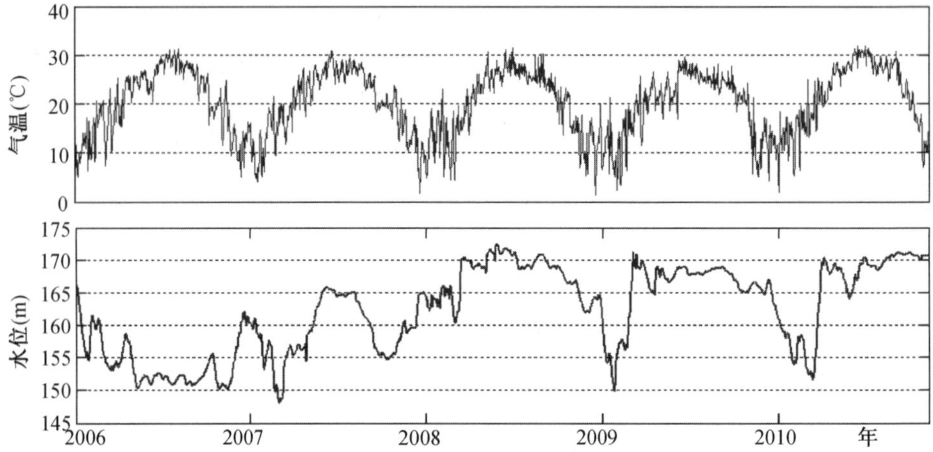

图 3.3.4　气温和水位实测数据过程线

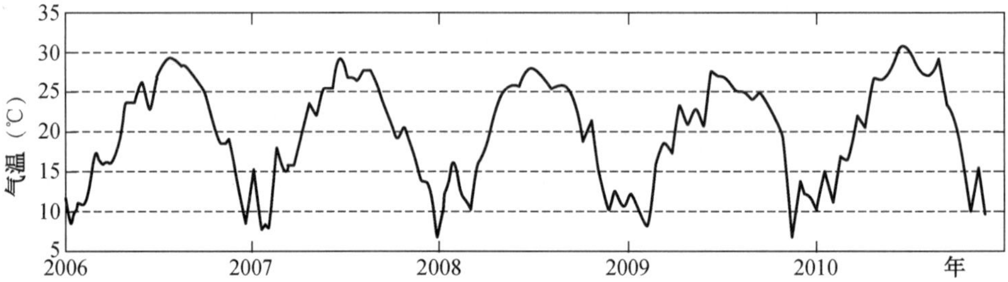

图 3.3.5　气温年周期变化部分

选择水压因子 (H, H^2, H^3)，温度因子 (T_y, T_w)，时效因子 $(\ln\theta, \theta)$。首先对数据进行归一化，建立包含一层隐节点的小波神经网络，输入因子个数 $N=7$，选择隐层节点个数 $M=4$，则小波神经网络结构为 7-4-1 结构。

在网络结构确定的基础上，按 CPSO 方法进行影响因素的挖掘计算，其中小波函数的收缩因子和平移因子个数都为 4，拟定粒子数量为 20～50 个，训练最大次数为 600 次，网络收敛时要求误差小于 0.05，混沌优化因子的产生函数选择 Logistic 映射函数。首先建立初始化的粒子集合，对小波神经网络进行训练，选择粒子个数分别为 20，30，40 进行计算，得到迭代收敛过程如图 3.3.6(a)、3.3.6(b)和 3.3.6(c)所示。经过比较，当粒子个数

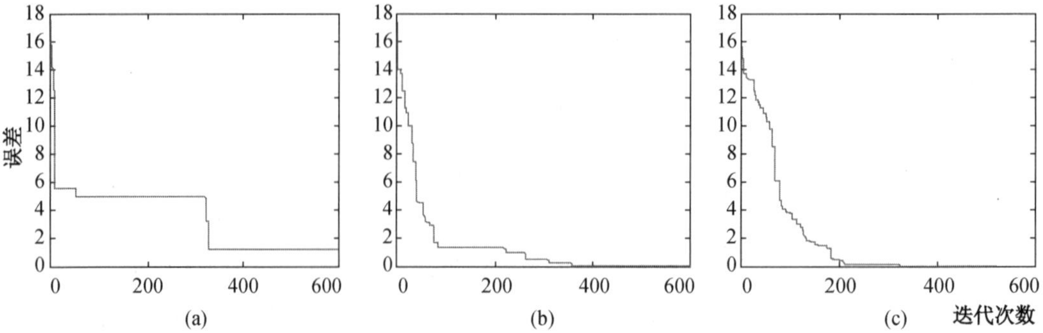

图 3.3.6　影响因素挖掘过程误差变化

选择为 40，学习因子 c_1 和 c_2 都为 2 时，最大迭代次数为 300 次，能得到较好的结果。小波神经网络收敛过程如图 3.3.6(c)所示。

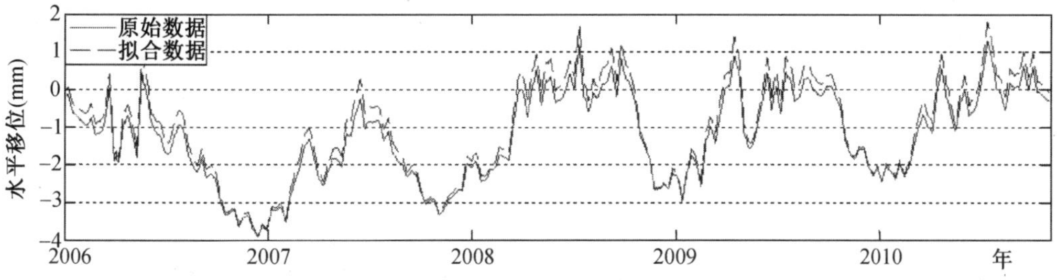

图 3.3.7　x_1 原始数据和拟合数据

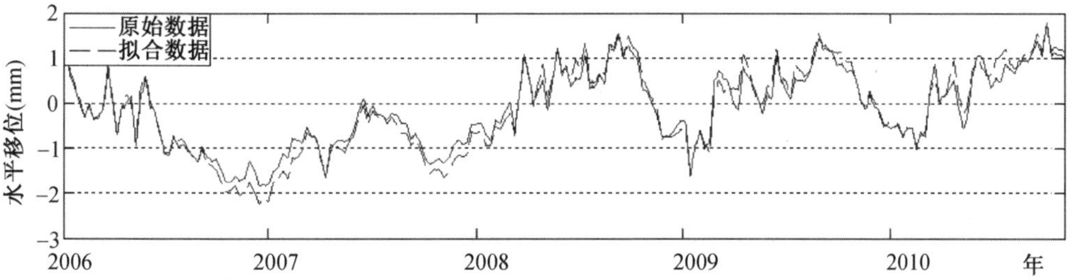

图 3.3.8　x_2 原始数据和拟合数据

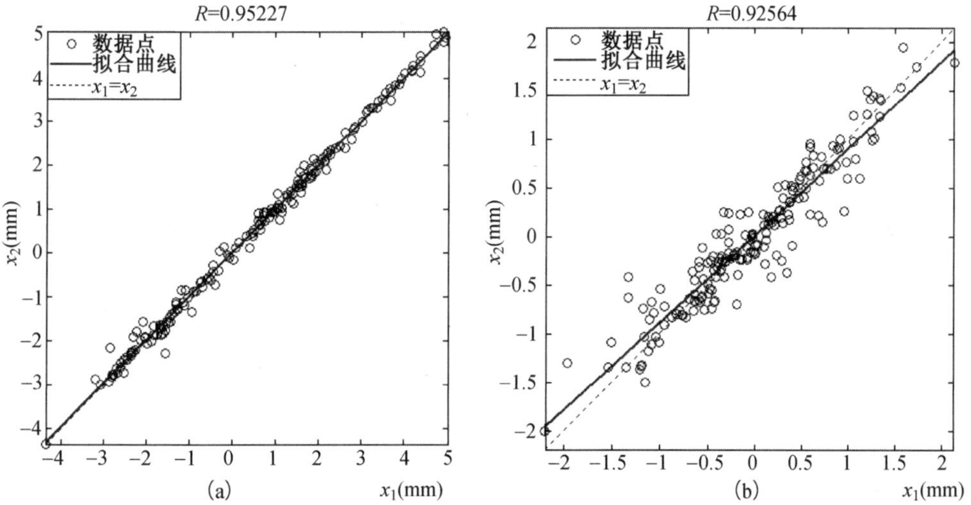

图 3.3.9　x_1 及 x_2 原始数据及拟合数据相关图

表 3.3.1　水平位移影响因素权重值

因子 测点	水压因子			温度因子		时效因子	
	H	H^2	H^3	T_y	T_w	$\ln\theta$	θ
x_1	0.21	0.11	0.12	0.35	0.05	0.05	0.11
x_2	0.18	0.15	0.14	0.33	0.03	0.07	0.1

水平位移测点 x_1，x_2 的原始数据及小波网络拟合数据如图3.3.7和图3.3.8所示，其相关性如图 3.3.9 所示，小波神经网络融合了小波的多尺度性质和神经网络无限逼近的特点，将各种影响因素对水平位移的综合影响效果较为精确地拟合出来，网络训练效果较好。在得到训练好的小波网络后，计算水压、温度及时效因素对水平位移 x_1，x_2 的平均影响值，并归一化得到权重 R，权重数据见表 3.3.1，可见温度的年周期变化部分、水压一次项部分、时效一次项部分得到的影响权值较大，对水平位移 x_1，x_2 的影响也较大。

第四章

特高拱坝变形安全监控建模理论

第一节　特高拱坝变形整体分布特征

国内学者采用拱梁分载法对大岗山、溪洛渡、小湾、拉西瓦、锦屏一级和二滩特高拱坝的变形规律进行了分析，由位移与相对坝高之间的关系(图 4.1.1)可见，大岗山拱坝和拉西瓦拱坝拱冠梁处的顺河向位移分布规律几乎一致，挠度曲线呈抛物线形状，在相对坝高 0.6 处达到最大值，坝顶处的顺河向位移稍小；锦屏一级拱坝的顺河向位移和相对坝高关系基本与大岗山拱坝和拉西瓦拱坝一致，但位移量级稍大；而溪洛渡拱坝的顺河向位移和相对坝高关系，与大岗山拱坝、拉西瓦拱坝和锦屏一级拱坝整体分布位移一致，但顺河向位移约是大岗山拱坝和拉西瓦拱坝的两倍左右；二滩拱坝的顺河向位移和相对坝高关系，则与大岗山拱坝、拉西瓦拱坝、锦屏一级拱坝和溪洛渡拱坝不同，挠曲线呈 S 型形状，在相对坝高 0.4 处存在反转点，最大顺河向位移发生在相对坝高 0.7 处；小湾拱坝的顺河向位移和相对坝高关系也较为特殊，挠曲线呈半抛物线形状，最大顺河向位移发生在坝顶处，且相对坝高 0.8，0.9，1.0 处的顺河向位移非常接近。

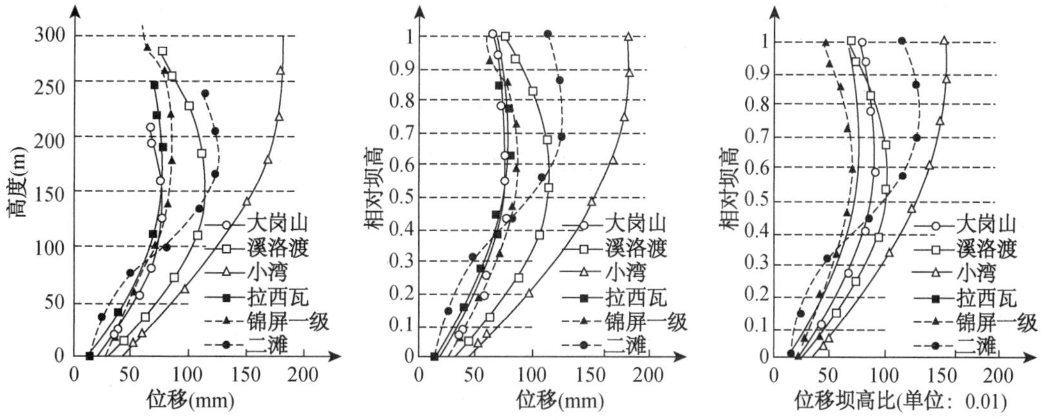

图 4.1.1　特高拱坝拱冠梁位移沿坝高分布比较(拱梁分载法)

通过对比分析上述六座特高拱坝变形监测信息，可以看出特高拱坝变形性态的区域特征。由于特高拱坝承受的荷载巨大，荷载作用方式、基础刚度、坝体形态、拱端约束、坝体整体柔度等众多因素对于整体结构变形有直接影响，导致特高拱坝结构不同高程和区域敏感性差异较大，无论是在时间还是在空间上坝体变形的规律更加复杂。下面以国内两座典型特高拱坝为例，进一步根据垂线的实测资料对比分析坝体变形性态的区域特征。

1 坝体变形沿高程分布特征

位于我国西南地区的甲拱坝坝型为抛物线型变厚度双曲拱坝，最大坝高 294.5 m，坝顶中心线弧长 892.786 m，最大跨度 798.5 m，坝址处河谷基本对称，河谷宽高比 2.73，属于典型宽而深的河谷。乙拱坝为混凝土双曲拱坝，最大坝高 305.0 m，坝顶中心线弧长 552.23 m，最大跨度 480 m，河道顺直而狭窄，坝区两侧山体雄厚、谷坡陡峭，河谷宽高比 1.57，为典型的深切“V”型河谷。

两座拱坝拱冠梁坝段不同高程的变形实测过程线如图 4.1.2 和图 4.1.3 所示，可以看出，随着水位的抬升，不同高程部位的坝体变形规律大体一致，但针对同一时刻坝体所有测点变形相差较大，甲拱坝变形差值最大为 59.7 mm，乙拱坝变形差值最大为 17.2 mm。甲拱坝整个蓄水过程大致分为三个阶段，不同高程变形受水压影响显著程度差异较大，坝顶附近变形波动尤为明显，高高程处位移增量变化梯度较大，低高程处径向位移增量的变化相接近。乙拱坝整个蓄水过程大致分为三个阶段，各阶段变形基本随水位

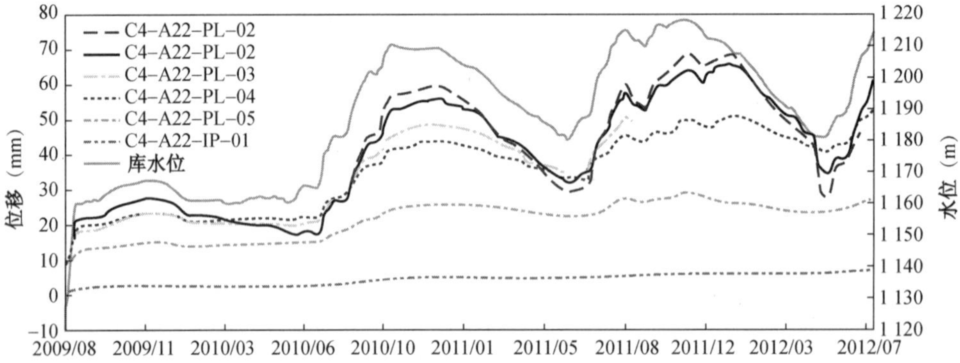

图 4.1.2 甲拱坝拱冠梁坝段不同高程变形实测过程线

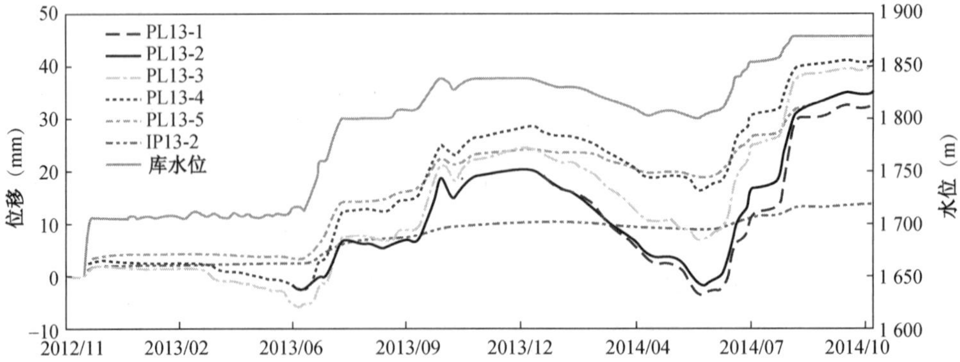

图 4.1.3 乙拱坝拱冠梁坝段不同高程变形实测过程线

同步变化，低水位时不同高程变形基本一致，高水位时不同高程变形逐步显现差异，尤其在水位下降过程中，坝顶附近的变形恢复尤为明显，对水压的响应十分灵敏。

对比甲乙两座特高拱坝分别在最高水位下的不同高程变形情况如图 4.1.4，可以看出，特高拱坝的变形不仅在高程上变化规律差异较明显，变形的极大值的分布高程也不尽相同，甲拱坝最大变形发生在坝顶附近高程，乙拱坝最大变形发生在坝体 1/2 高程附近，甲拱坝的变形沿高程基本呈趋势性变化，与乙拱坝截然不同，这与两座高拱坝的河床形状和地形条件不同有直接关系，导致两座拱坝的坝体变形沿高程变化差异明显。

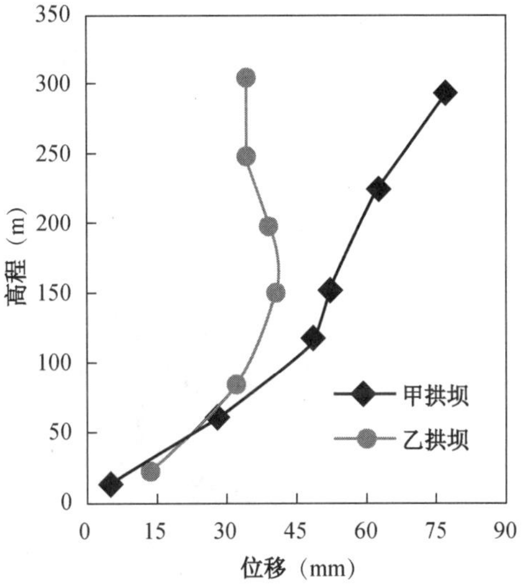

图 4.1.4　特高拱坝最高水位下不同高程变形实测过程线

特高拱坝变形沿高程变化规律比较复杂，而且不同坝体型态和河谷形状的坝体变形相差较大，单纯的拱冠梁处变形情况并不能完全描述坝体整体变形特征，特高拱坝作为一个整体受力结构，在复杂荷载的作用下，空间各区域具有不同的响应，除了变形量值较大外，更关心的是拱坝的整体结构变形形态，下面通过对比甲乙两座拱坝的整体变形形态来分析坝体变形的区域差异特征。

2　变形区域分布特征

特高拱坝具有超高、大跨度等特点，导致边界约束相对较弱，在荷载作用下，由于不同的坝体型态和地形地质条件，即使同一大坝在不同部位的变形规律也不相同，下面以甲、乙两座特高拱坝为例做一分析。甲拱坝为坝高近 300 m、跨度近 900 m 的双曲拱坝，河床宽而深，坝体整体变形特征也与普通拱坝相差较大，总体呈空间基本对称性分布，不同区域变形分布特征如图 4.1.5 所示，变形较大区域集中在坝顶附近的拱冠梁左侧，变形较

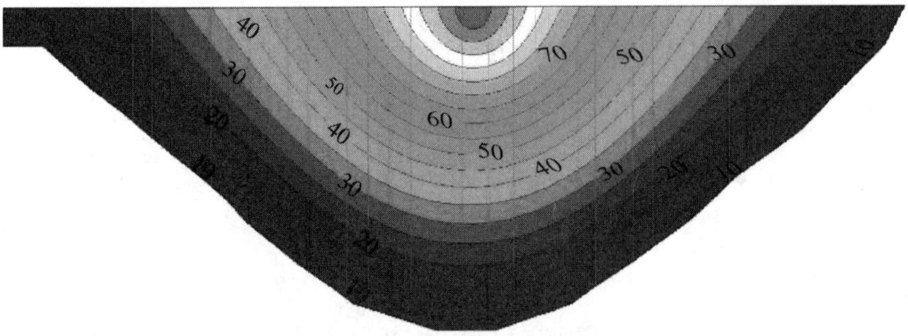

图 4.1.5　甲拱坝坝体变形分布云图

小区集中在约束较强的基础和岸坡附近，沿拱冠梁向两侧变形梯度有一定差异。乙拱坝坝高 305 m，最大跨度 480 m，河床窄而深，不同区域变形分布特征复杂如图 4.1.6 所示，与甲拱坝不同，变形较大区域集中在 1/2 高程附近区域，并且拱冠梁两侧区域变形差异较大。

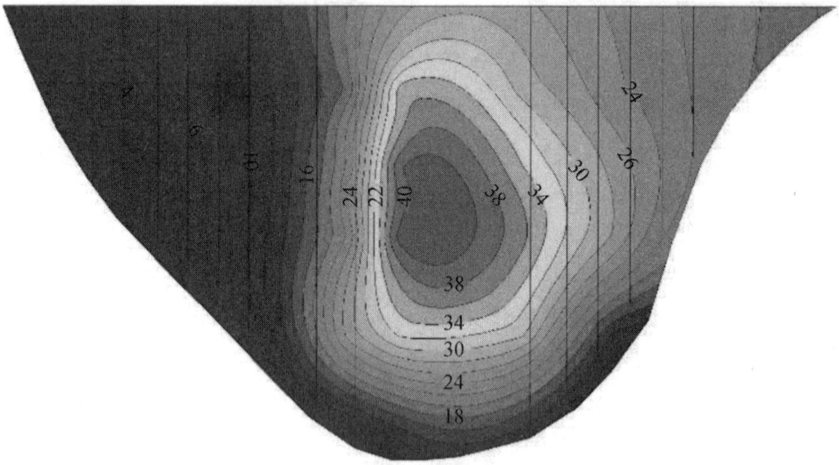

图 4.1.6　乙拱坝坝体变形分布云图

两座特高拱坝的宏观力学行为是结构各部分在协同作用的基础上，对各种作用产生的自适应性反应，即结构的整体变形是坝体不同区域的微观变形的积累和调整，分析坝体不同区域的变形性态对掌握特高拱坝的整体结构性态演变机理十分重要。为了进一步研究大坝变形在时间和空间上的区域分布特征，下面以甲拱坝两次蓄至正常蓄水位 1 240 m 水位时的坝体径向、切向变形为例，分析坝体整体变形的区域分布特征。

2.1　坝体径向变形

甲拱坝于 2012 年 10 月 31 日和 2013 年 10 月 11 日分别两次蓄至正常蓄水位1 240 m 水位，两次正常蓄水位时大坝对称坝段各高程径向变形量对比见图 4.1.7—图 4.1.9。

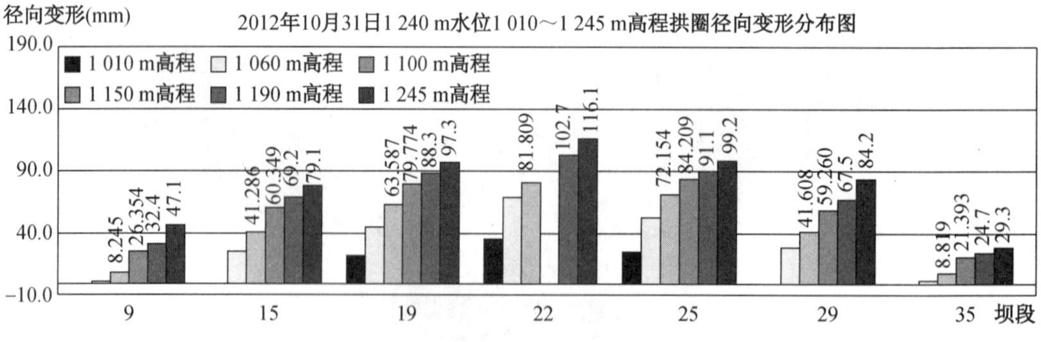

图 4.1.7　第一次正常蓄水位 1 010～1 245 m 高程拱圈径向变形分布图

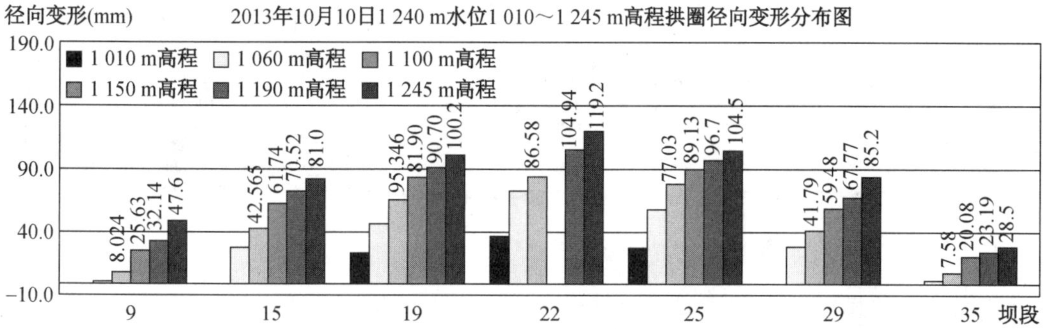

图 4.1.8　第二次正常蓄水位 1 010～1 245 m 高程拱圈径向变形分布图

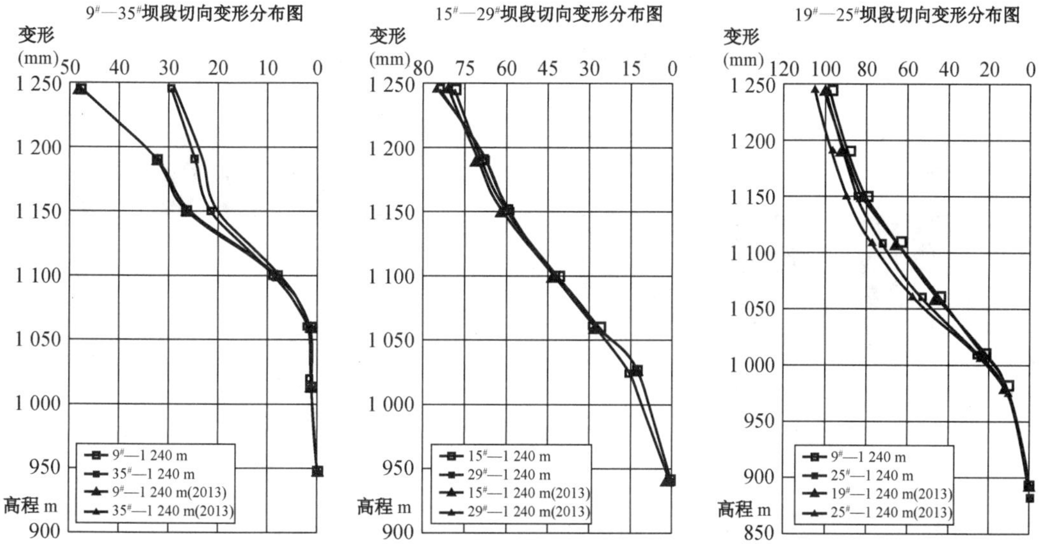

图 4.1.9　左右岸对称坝段 1 240 m 水位径向变形分布图

从左右岸对称坝段两次 1 240 m 水位时径向变形量值分布图 4.1.9 可以得出：①从时间上看，两次蓄水至正常蓄水位时，坝体径向变形整体均呈对称性分布，值得注意的是，第二次正常蓄水位时各坝段变形较第一次正常蓄水位时有所增加；②从平面分布上看，对称坝段径向变形为右岸坝段在 1 240 m 水位时的径向变形量较左岸与之对称坝段的变形量要大，最大差值达到 17.76 mm，且越靠近两岸山体的对称坝段径向变形量差值越大，越靠近河床的对称坝段其径向变形量差值越小。

2.2　坝体切向变形

两次正常蓄水位时大坝对称坝段各高程切向变形量对比见图 4.1.10—图 4.1.12。

从左右岸对称坝段两次 1 240 m 水位时切向变形量值分布图 4.1.12 可以得出：①从时间上看，两次蓄水至正常蓄水位时，坝体切向变形整体均呈对称性分布，值得注意的是，第二次正常蓄水位时各坝段变形较第一次正常蓄水位时有所减小；②从平面分布上看，对称坝段切向变形为右岸坝段在 1 240 m 水位时的切向变形量较左岸与之对称坝段的变形

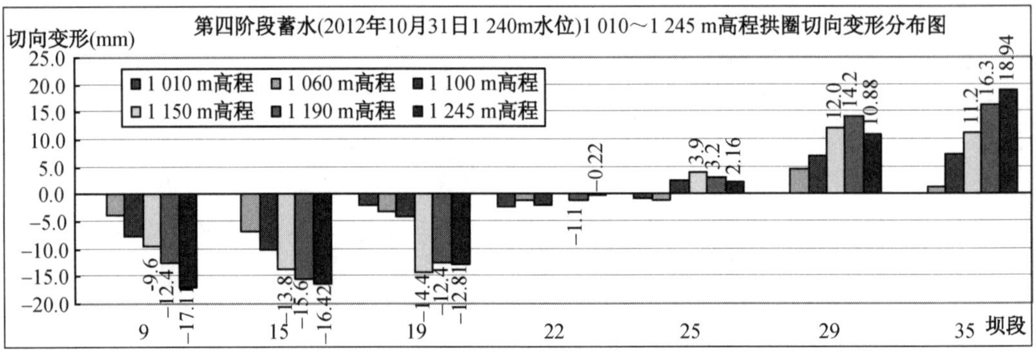

图 4.1.10　第一次正常蓄水位 1 010～1 245 m 高程拱圈切向变形分布图

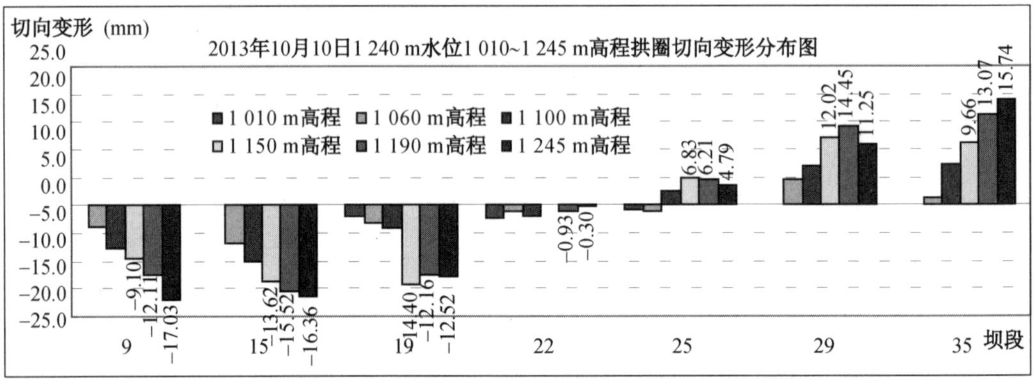

图 4.1.11　第二次正常蓄水位 1 010～1 245 m 高程拱圈切向变形分布图

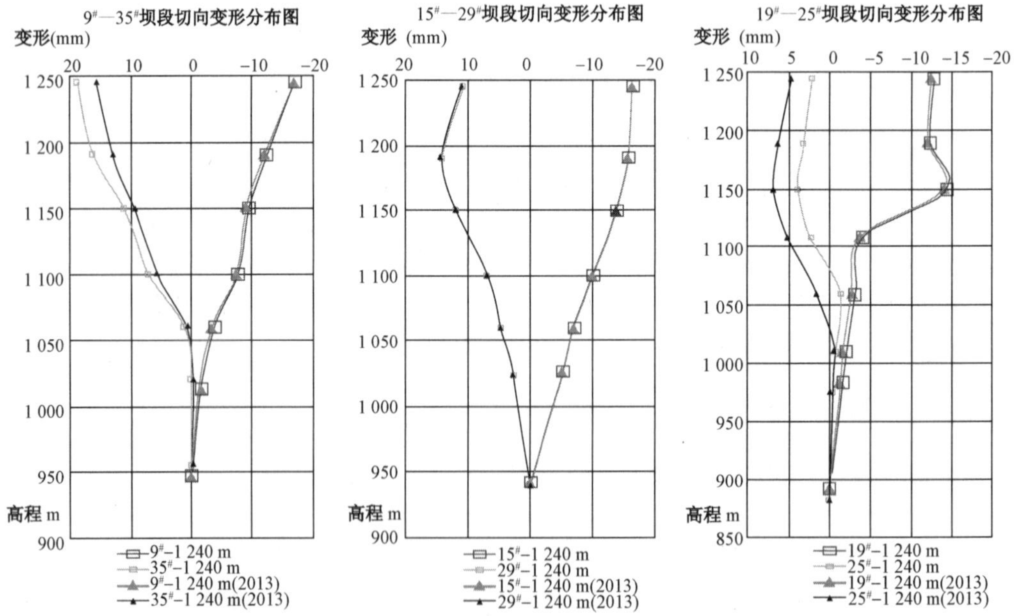

图 4.1.12　左右岸对称坝段 1 240 m 水位时切向变形分布图

量要大，变形差值多在 3～8 mm，最大差值达到 10.65 mm，且越靠近河床的对称坝段切向变形量差值越大，越靠近两岸山体的对称坝段其切向变形量差值越小。

综合上述分析，特高拱坝结构承受外界多种随机因素的影响，坝体变形的量级、分布规律等差异性较大，为了全面掌握特高拱坝的真实变形性态，需要充分考虑坝体变形在空间分布上和时间发展上的相互联系，据此了解大坝变形的变化过程和发展趋势。

第二节　特高拱坝变形安全监控函数关系模型

变形是特高拱坝工作性态变化的主要监测项目之一，利用变形监测资料，建立特高拱坝变形安全函数关系模型，可了解特高拱坝变形规律，判定大坝的工作状态变化趋势。常用的大坝变形安全函数关系模型（统计模型、混合模型），多采用水压、温度和时效等因子来反映对大坝变形变化的影响。但在实际情况中，影响特高拱坝变形因素错综复杂，采用传统回归模型普遍存在着欠拟合问题，预测精度也不高。因此，本节对传统模型温度影响因子进行改进，首先建立特高拱坝单测点变形安全函数关系模型，然后引入测点空间坐标向量，构建充分考虑温度影响因子欠拟合问题的特高拱坝变形安全监控函数关系空间模型，综合反映大坝整体变形的变化规律。

1　特高拱坝单测点变形安全监控函数关系模型

大坝变形统计模型的拟合效果主要取决于水压分量、温度分量和时效分量中各因子对大坝变形的描述能力，其中水压分量和时效分量因子对大坝变形拟合效果较好，而温度分量因子存在欠拟合现象。针对这一问题，下面对温度分量因子集进行改进，建立特高拱坝单测点变形安全监控函数关系模型。

1.1　传统统计模型因子集的确定

大坝变形可以分解为水压分量 δ_H、温度分量 δ_T 和时效分量 δ_θ，传统的统计模型基本构成形式可表示为：

$$\delta = \delta_H + \delta_T + \delta_\theta \tag{4.2.1}$$

（1）水压分量

水压分量 δ_H 可用关于水头 H 的 ω 多项式来表示，ω 的选择一般根据坝型来定，对于拱坝可取 $\omega = 4$，即：

$$\delta_H = \sum_{i=1}^{4} a_i H^i \tag{4.2.2}$$

式中：a_i 为水压因子分项系数。

（2）温度分量

温度分量 δ_T 的表达方式常见有以下两种。

① 考虑坝体内部温度变化滞后于气温，同时考虑混凝土温度位移量同温度变化呈线性关系，故选取多组前期气温平均值的线性组合来建立温度分量 δ_T 的数学表达式，即：

$$\delta_T = \sum_{i=i_1}^{m_1} b_i \bar{T}_i (i = i_1, i_2, \cdots, m_1) \tag{4.2.3}$$

式中：b_i 为回归系数；$\bar{T}_i$ 为观测日前 i 日气温平均值；i 的取值根据实际情况来定，拱坝可取 $i = 1, 2, 3, 4$。

② 考虑坝体内部温度随环境气温近似做简谐波动，且滞后于环境气温某一相位角，同时考虑混凝土的热膨胀变形量与其温度成线性关系，故选用多周期谐波函数的线性组合来建立温度分量 δ_T 的表达式，即：

$$\delta_T = \sum_{i=1}^{m_2} \left(b_{1i} \sin \frac{2\pi it}{365} + b_{2i} \cos \frac{2\pi it}{365} \right) \tag{4.2.4}$$

式中：b_{1i}，b_{2i} 为回归系数；t 为自资料始测日至观测日的累积时间；m_2 可根据实际情况选取，$m_2 = 1$ 为年周期，$m_2 = 2$ 为半年周期。

(3) 时效分量

时效分量 δ_θ 一般用下式表示：

$$\delta_\theta = c_1 \theta + c_2 \ln \theta \tag{4.2.5}$$

式中：c_1，c_2 为回归系数；θ 为时效因子，一般取 $\theta = t/100$。

1.2 统计模型温度因子集的改进

温度分量表达式(4.2.3)和式(4.2.4)从不同角度考虑了大坝内部温度场同环境温度间的密切联系以及时间的滞后性，但简化的温度分量因子表达式由于结构形式的限制，难以较好地描述温度变化对大坝产生的变形量，因而会引起欠拟合现象，主要表现在以下几个方面：混凝土在 0 ℃左右时线膨胀系数是不固定的，冰冻下的混凝土线膨胀系数明显增大，单个 $b_i T_i$ 形式的因子无法描述这种差异；温度分量因子只考虑了气温、库水温等因素，并未考虑上下游水位变化对温度分量的影响，然而相同的气温条件下，不同的水位变化过程引起的温度位移分量也是不同的，并且在某些特定分析阶段，如在首次蓄水到正常蓄水位以及某一特殊低水位运行阶段恢复到正常蓄水位运行阶段等情况时，平均气温和周期函数等因子都无法描述这种特殊变化过程；此外，当式(4.2.3) 中 i 取值不当或实际环境气温同式(4.2.4)描述的简谐变化不符时，简化的温度分量因子表达式将难以真实地反映大坝变形实际情况。针对温度分量引起的大坝变形数学模型存在欠拟合的问题，对简化的温度分量因子表达式(4.2.3)—式(4.2.4)进行改进。

应用积分概念来反映温度对变形的影响为：

$$\delta_T = A + \int_0^\tau b_i(t) T_i(t) \mathrm{d}t \tag{4.2.6}$$

式中：A 为积分常数；$b_i(t)$ 为温度因子的系数，表示某一时刻 $t + \Delta t$ 温度因子每变化一个单位时间对变形的影响，称为积分回归的偏回归系数，不为常数。

通过引入积分的概念对传统模型的因子集进行扩充，即将积分回归方程理解为某一温度因素 $T(t)$ 和某一时间函数 $f(t)$ 的二元函数 $F(f, T)$，将此函数按二元多项式展开，则考虑不同时间影响因素的温度因子形式为：

$$\delta_T = \sum_{i=1}^{l}\sum_{j=1}^{m} b_{ij} f^i(t) T^j \tag{4.2.7}$$

为使函数 $f(t)$ 能够反映出坝体边界温度在时间及空间上的分布规律，可分别设其变量 $f(t)$ 为以下几种形式的函数因子。

(1) 将变量 $f(t)$ 设为关于时间 t 的谐波函数，以反映水温随着气温波动在时间上表现出的年周期性变化规律，即：

$$f(t) = \sum_{i=1}^{l}\left(b_{1i}\sin\frac{2\pi it}{365} + b_{2i}\cos\frac{2\pi it}{365}\right) \tag{4.2.8}$$

(2) 设变量 $f(t)$ 为关于时间 t 的线性函数，以反映水温随时间的持续性变化情况，即：

$$f(t) = b_3 t + b_4 \tag{4.2.9}$$

(3) 设变量 $f(t)$ 为关于水位 H 的线性函数，以反映气温与水温在坝体边界上的空间分布情况，即：

$$f(t) = b_5 H + b_6 \tag{4.2.10}$$

式(4.2.8)—式(4.2.10)中，b_1—b_6 分别为多项式系数和常数项。

将以上三种形式的 $f(t)$ 的函数表达式分别代入式(4.2.7)，并将其相加且合并同类项整理得到：

$$\begin{aligned}\delta_T = &\sum_{i=1}^{l_1}\sum_{j=1}^{m_1}\left(b_{1ij}\sin\frac{2\pi it}{365} + b_{2ij}\cos\frac{2\pi it}{365}\right)T^j + \\ &+ \sum_{i=1}^{l_2}\sum_{j=1}^{m_1} b_{3ij} t^i T^j + \sum_{i=1}^{l_3}\sum_{j=1}^{m_1} b_{4ij} H^i T^j + b_0\end{aligned} \tag{4.2.11}$$

式中：b_0 以及 b_{1ij}—b_{4ij} 分别为常数项和多项式系数；T 为观测日相对于始测日的变温；m_1，l_1，l_2，l_3 为各影响因子个数，可根据工程具体情况及模型拟合精度适当选取，一般取到 2～3 即可。

2　特高拱坝变形安全监控函数关系空间模型

2.1　空间变形场的变化特点及表达方式

空间模型主要利用多个测点的测值序列，在上一节构建的特高拱坝单测点变形安全监控函数关系模型的基础上，引入测点的空间坐标向量，建立特高拱坝变形安全监控函数关系空间模型。其原理是将大坝的效应量(变形 δ) 看作是荷载集和测点空间坐标的函数，即：

$$\delta = f(H,\ T,\ \theta,\ x,\ y,\ z) \tag{4.2.12}$$

式中：H 为水压因子；T 为温度因子；θ 为时效因子；x，y，z 为空间三维坐标。

利用实测资料，通过最优分析，使得模型能够充分反映特高拱坝结构变化性态。从空间模型数学表达式可以看出，该模型能够反映大坝在某一时刻任一荷载集作用下的变形场变化规律，从而了解因特殊因素引起的某些部位偏离其真实变形场的情况，及时发现问题，分析原因。

一般情况下，大坝在水压、温度和时效等作用下，大坝任一点产生变形矢量 $\boldsymbol{\delta}$，坝体产生的变形场在三维空间是连续的，即大坝空间变形场是矢量场(图 4.2.1)：

$$\begin{aligned}\boldsymbol{\delta}(H,\ T,\ \theta,\ x,\ y,\ z) &= \boldsymbol{\delta}_x + \boldsymbol{\delta}_y + \boldsymbol{\delta}_z \\ &= u(H,\ T,\ \theta,\ x,\ y,\ z)\boldsymbol{i} + \\ &\quad v(H,\ T,\ \theta,\ x,\ y,\ z)\boldsymbol{j} + \\ &\quad w(H,\ T,\ \theta,\ x,\ y,\ z)\boldsymbol{k}\end{aligned} \tag{4.2.13}$$

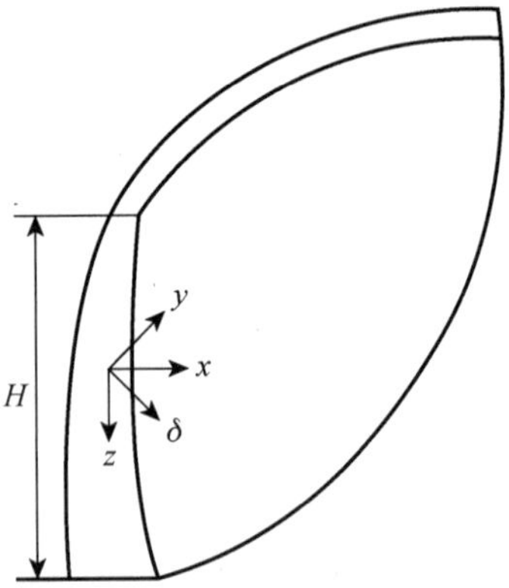

图 4.2.1　拱坝空间变形矢量及分量图

式中：$u(H,\ T,\ \theta,\ x,\ y,\ z)$ 为顺河向变形；$v(H,\ T,\ \theta,\ x,\ y,\ z)$ 为横河向变形；$w(H,\ T,\ \theta,\ x,\ y,\ z)$ 为大坝垂直向变形。任一个空间变形矢量的分量 $\boldsymbol{\delta}_x$，$\boldsymbol{\delta}_y$，$\boldsymbol{\delta}_z$ 都可以写成水压力、温度荷载及时效的函数，以顺河向变形 $\boldsymbol{\delta}_x$ 为例，并假定其为标量 δ，此变形量的数学表达式为：

$$\begin{aligned}\delta &= f(H,\ T,\ \theta,\ x,\ y,\ z) \\ &= f_1(H,\ x,\ y,\ z) + f_2(T,\ x,\ y,\ z) + f_3(\theta,\ x,\ y,\ z) \\ &= f_1[f(H),\ g_1(x,\ y,\ z)] + f_2[f(T),\ g_2(x,\ y,\ z)] + f_3[f(\theta),\ g_3(x,\ y,\ z)]\end{aligned} \tag{4.2.14}$$

在小变形范围内，认为坝体变形场是连续变化的，空间变形场函数可用多元幂级数展开表示。

在某确定荷载(水压分量、温度分量、时效分量等)作用下，特高拱坝产生空间变形场，如图 4.2.2 所示，空间面 $g(x,\ y,\ z)$ 的形状为一曲面，其方程可用矢量表示为：

$$\boldsymbol{G} = \boldsymbol{g}(\alpha,\ \beta) = x(\alpha,\ \beta)\boldsymbol{i} + y(\alpha,\ \beta)\boldsymbol{j} + z(\alpha,\ \beta)\boldsymbol{k} \tag{4.2.15}$$

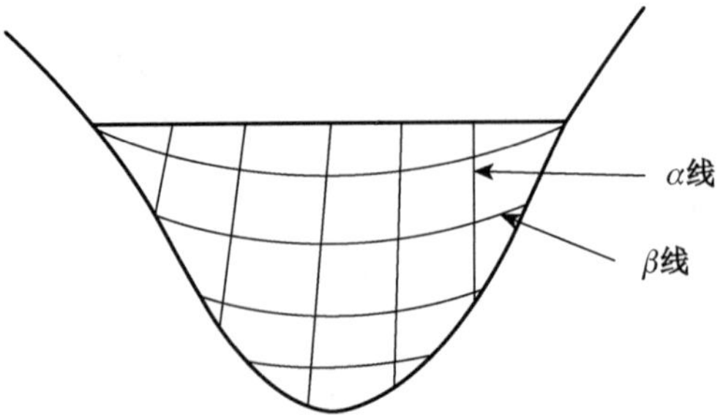

图 4.2.2　特高拱坝空间位移场

式中：固定 α，连续变动得到 β 曲线，即水平拱向变形曲线；固定 β，α 连续变动得到 α 曲线，即竖直梁向挠曲线。不同的 α 曲线和 β 曲线构成特高拱坝变形场曲线网面。根据工程力学的梁挠曲线和水平拱向变形曲线方程，用多元幂级数展开，略去高次项可得(取三次项)：

$$g(x, y, z) = \sum_{l, m, n=0}^{3} a_{lmn} x^l y^m z^n \tag{4.2.16}$$

上式即为荷载作用下特高拱坝空间变形场函数模型。

2.2　空间监控函数关系模型的构建

(1) 水压分量

在水压和库水重的作用下，特高拱坝变形场的表达式为：

$$f_1(H, x, y, z) = f_1[f(H), g_1(x, y, z)] \tag{4.2.17}$$

式中：$g_1(x, y, z)$ 为水压力作用使大坝产生的变形场。

不难证明，变形场在小变形范围内是连续的，可用多元幂级数展开：

$$g_1(x, y, z) = \sum_{l=0}^{3}\sum_{m=0}^{3}\sum_{n=0}^{3} a_{lmn} x^l y^m z^n = \sum_{l, m, n=0}^{3} a_{lmn} x^l y^m z^n \tag{4.2.18}$$

将式(4.2.2)、式(4.2.18)代入式(4.2.17)，得到：

$$f_1(H, x, y, z) = f_1[f(H), g_1(x, y, z)] = \sum_{i=1}^{4}\sum_{l, m, n=0}^{3} a_{ilmn} H^i x^l y^m z^n \tag{4.2.19}$$

式中：a_{ilmn} 为回归系数。

(2) 温度分量

在变温场作用下，特高拱坝的变形场为：

$$f_2(T, x, y, z) = f_2[f(T), g_2(x, y, z)] \tag{4.2.20}$$

式中：改进后的某一固定测点温度分量 $f(T)$ 已由式(4.2.11) 给出，$g_2(x, y, z)$ 同样取为多项式形式，则温度分量可表示为：

$$\begin{aligned} f_2(T, x, y, z) &= f_2[f(T), g_2(x, y, z)] \\ &= \sum_{i=1}^{l_1}\sum_{j=1}^{m_1}\sum_{l, m, n=0}^{3}\left(b_{1ijlmn}\sin\frac{2\pi it}{365} + b_{2ijlmn}\cos\frac{2\pi it}{365}\right)T^j x^l y^m z^n + \\ &\quad \sum_{i=1}^{l_2}\sum_{j=1}^{m_1}\sum_{l, m, n=0}^{3} b_{3ijlmn} t^i T^j x^l y^m z^n + \sum_{i=1}^{l_3}\sum_{j=1}^{m_1}\sum_{l, m, n=0}^{3} b_{4ijlmn} H^i T^j x^l y^m z^n \end{aligned} \tag{4.2.21}$$

式中：b_{1ijlmn}—b_{4ijlmn} 为回归系数。

(3) 时效分量

时效分量的特高拱坝变形场的表达式为：

$$f_3(\theta, x, y, z) = f_3[f(\theta), g_3(x, y, z)] \tag{4.2.22}$$

式中：某一固定测点的时效分量 $f(\theta)$ 已由式(4.2.5) 给出，$g_3(x, y, z)$ 同样取为多项式形式，则时效分量可表示为：

$$f_3(\theta, x, y, z) = f_3[f(\theta), g_3(x, y, z)]$$
$$= \sum_{l, m, n=0}^{3} c_{1lmn}\theta x^l y^m z^n + \sum_{l, m, n=0}^{3} c_{2lmn}\ln \theta x^l y^m z^n \tag{4.2.23}$$

式中：c_{1lmn}，c_{2lmn} 为回归系数。

综上所述，得到考虑温度分量因子欠拟合问题的特高拱坝变形安全函数关系空间模型可表示为：

$$\delta = a_0 + \sum_{i=1}^{4}\sum_{l, m, n=0}^{3} a_{ilmn}H^i x^l y^m z^n + \sum_{i=1}^{l_1}\sum_{j=1}^{m_1}\sum_{l, m, n=0}^{3}\left(b_{1ijlmn}\sin\frac{2\pi it}{365} + b_{2ijlmn}\cos\frac{2\pi it}{365}\right)T^j x^l y^m z^n$$
$$+ \sum_{i=1}^{l_2}\sum_{j=1}^{m_1}\sum_{l, m, n=0}^{3} b_{3ijlmn}t^i T^j x^l y^m z^n + \sum_{i=1}^{l_3}\sum_{j=1}^{m_1}\sum_{l, m, n=0}^{3} b_{4ijlmn}H^i T^j x^l y^m z^n$$
$$+ \sum_{l, m, n=0}^{3} c_{1lmn}\theta x^l y^m z^n + \sum_{l, m, n=0}^{3} c_{2lmn}\ln \theta x^l y^m z^n \tag{4.2.24}$$

当只研究某层水平拱向变形曲线（β 曲线）时，则上述模型简化为：

$$\delta = a_0 + \sum_{i=1}^{4}\sum_{l, m=0}^{3} a_{ilm}H^i x^l y^m + \sum_{i=1}^{l_1}\sum_{j=1}^{m}\sum_{l, m=0}^{3}\left(b_{1ijlm}\sin\frac{2\pi it}{365} + b_{2ijlm}\cos\frac{2\pi it}{365}\right)T^j x^l y^m$$
$$+ \sum_{i=1}^{l_2}\sum_{j=1}^{m}\sum_{l, m=0}^{3} b_{3ijlm}t^i T^j x^l y^m + \sum_{i=1}^{l_3}\sum_{j=1}^{m}\sum_{l, m=0}^{3} b_{4ijlm}H^i T^j x^l y^m$$
$$+ \sum_{l, m=0}^{3} c_{1lm}\theta x^l y^m + \sum_{l, m=0}^{3} c_{2lm}\ln \theta x^l y^m \tag{4.2.25}$$

当只研究某条竖直梁向挠曲线（α 曲线）时，则上述模型简化为：

$$\delta = a_0 + \sum_{i=1}^{4}\sum_{n=0}^{3} a_{in}H^i z^n + \sum_{i=1}^{l_1}\sum_{j=1}^{m_1}\sum_{n=0}^{3}\left(b_{1ijn}\sin\frac{2\pi it}{365} + b_{2ijn}\cos\frac{2\pi it}{365}\right)T^j z^n$$
$$+ \sum_{i=1}^{l_2}\sum_{j=1}^{m_1}\sum_{n=0}^{3} b_{3ijn}t^i T^j z^n + \sum_{i=1}^{l_3}\sum_{j=1}^{m_1}\sum_{n=0}^{3} b_{4ijn}H^i T^j z^n$$
$$+ \sum_{n=0}^{3} c_{1n}\theta z^n + \sum_{n=0}^{3} c_{2n}\ln \theta z^n \tag{4.2.26}$$

当 x，y，z 均固定时，即为单测点模型，则上述模型退化为：

$$\delta = a_0 + \sum_{i=1}^{4} a_i H^i + \sum_{i=1}^{l_1}\sum_{j=1}^{m_1}\left(b_{1ij}\sin\frac{2\pi it}{365} + b_{2ij}\cos\frac{2\pi it}{365}\right)T^j$$
$$+ \sum_{i=1}^{l_2}\sum_{j=1}^{m_1} b_{3ij}t^i T^j + \sum_{i=1}^{l_3}\sum_{j=1}^{m_1} b_{4ij}H^i T^j + c_1\theta + c_2\ln\theta \tag{4.2.27}$$

3　基于粒子群神经网络的特高拱坝变形安全监控模型

上节本质上是采用统计模型构建特高拱坝变形安全监控模型。这类模型建模过程中存在因子繁多、因子筛选复杂等问题，且模型的抗干扰能力较差，当缺乏监测资料或监测误差较大时，往往得不到理想的结果。由于BP神经网络模型属于隐式模型，具备自组织、自学习、自适应处理模糊随机信息等的优势，下面研究利用BP神经网络拟合拱坝变形的高度非线性规律，建立特高拱坝变形安全监控模型。

3.1　BP神经网络模型

BP神经网络以误差反向传播作为学习算法，是一种前馈网络。网络构成由三部分组成，包括输入层、隐含层和输出层。输入层和输出层各自只有一层，隐含层可以有一层或多层。网络中层与层之间神经元的连接方式是由网络权函数相互连接，构成全互连结构，但是层内的神经元没有连接。本节采用单隐含层的BP神经网络，其拓扑结构如图4.2.4所示。

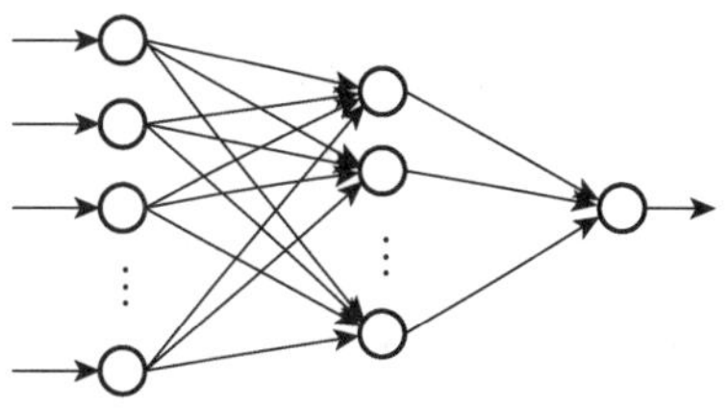

图4.2.3　BP神经网络的拓扑结构

利用BP神经网络构建特高拱坝变形安全监控模型，输入量选择对坝体位移影响显著的因素，如上下游水位、温度和时效等因素，并将其表示为各个基本的影响因子，影响因子的个数即为输入层神经元个数N1。输出量一般代表神经网络要实现的功能目标，即坝体位移的预测值，其个数即为输出层神经元个数N2。对于隐含层神经元个数和学习速率的确定可以根据经验采用不同的数值进行网络仿真，最终选取最佳的隐含层神经元个数和学习速率。

特高拱坝变形BP神经网络监控模型的构建是一个典型的有导师学习过程。学习过程由监测信号的正向传播与位移误差反向传播两个过程组成。正向传播时，输入样本通过输入层，经隐含层处理后，传入输出层。若实测位移值和输出层的位移计算不符，则转入误差反向传播过程。所谓的误差反传是以某种形式通过隐含层向输入层反传输出误差，进而使每层的所有的单元分摊误差得到每个单元的误差信号，根据各单元误差信号的大小对权值进行修正。BP网络周而复始地进行这种监测信号的正向传播和位移误差反向传播，直到位移输出的误差达到允许值。然而，单纯采用BP神经网络构建拱坝变形监控模型存在一定的问题。从数学角度看，BP算法的搜索过程是局部最优的，但模型求解的是复杂非线性函数的全局极值问题。因此，对于一个拓扑结构固定的网络，随着学习次数的无限增大，网络可能学习过多的样本细节导致局部最优，但结果却不能体现样本内含的规律。因此，需要对BP神经网络进行优化，从而寻求更成熟的网络算法。粒子群算法作为一种高效并行优化方法，它保留了基于种群的全局搜索策略，同时其采用的速度-位移模型操作方便简单。由于它是根据粒子的速度进行搜索，因而具有较快的收敛速度，其特有的记忆使其可以动态跟踪当前的搜索情况来调整其搜索策略，是一种更高效的并行搜索算法。下面将改进的动态粒子群算法与BP神经网络结合，构成具有一定自适应性的粒子群神经网络，以此构建特高拱坝变形的粒子群优化神经网络监控模型。

3.2 自适应粒子群优化算法

3.2.1 基本粒子群算法

粒子群优化 PSO(Particle Swarm Optimization, PSO)算法是从鸟类捕食行为的特征中得到启发并用于求解优化问题的,算法中每个粒子都代表问题的一个潜在解,每个粒子对应一个由适应度函数决定的适应度值。粒子的速度决定了粒子移动的方向和距离,速度随自身及其粒子的移动经验进行动态调整,从而实现个体在可解空间中的寻优。PSO 算法简单且易实现,需要调整的参数少,收敛速度快,已广泛应用于神经网络训练、模糊控制系统、目标函数优化等多个领域。

PSO 算法首先在可解空间中初始化一群粒子,粒子的基本特征是用位置、速度和适应度值三项指标表示,每个粒子都代表极值优化问题的一个潜在最优解。利用适应度函数可以得到粒子的适应度值,其值大小代表了粒子的优劣。粒子在解空间中不断地更新个体位置,以便寻求最优解。位置更新的方法是通过跟踪个体极值 Pbest 和群体极值 Gbest 获得的,其中个体极值 Pbest 代表粒子在解空间运动中对所经历位置计算得到的适应度最优值,群体极值 Gbest 代表所有粒子搜索到的适应度值最优的位置。通过将个体极值 Pbest、群体极值 Gbest 和粒子的适应度值进行比较,更新个体极值 Pbest 和群体极值 Gbest 位置。

假设在 D 维的搜索空间中,由 n 个粒子组成的种群 $\boldsymbol{X} = \{\boldsymbol{X}_1, \boldsymbol{X}_2, \cdots, \boldsymbol{X}_n\}$,第 i 个粒子 $\boldsymbol{X}_i$ 表示为一个 D 维的向量,$\boldsymbol{X}_i = [x_{i1}, x_{i2}, \cdots, x_{iD}]^{\mathrm{T}}$,代表第 i 个粒子在 D 维搜索空间中的位置,亦代表问题的一个潜在解,根据给定的目标函数即可计算出每个粒子在位置 $\boldsymbol{X}_i$ 时对应的适应度值。第 i 个粒子的速度为 $\boldsymbol{V}_i = [V_{i1}, V_{i2}, \cdots, V_{iD}]^{\mathrm{T}}$,其个体极值为 $\boldsymbol{P}_i = [P_{i1}, P_{i2}, \cdots, P_{iD}]^{\mathrm{T}}$,种群的全局极值为 $\boldsymbol{P}_g = [P_{g1}, P_{g2}, \cdots, P_{gD}]^{\mathrm{T}}$。

在每一次迭代计算过程中,粒子通过个体极值和群体极值更新自身的位置和速度,更新公式如下:

$$V_{id}^{k+1} = \omega V_{id}^{k} + c_1 r_1 (P_{id}^{k} - X_{id}^{k}) + c_2 r_2 (P_{gd}^{k} - X_{id}^{k}) \tag{4.2.28}$$

$$X_{id}^{k+1} = X_{id}^{k} + X_{id}^{k+1} \tag{4.2.29}$$

式中:V_{id} 为粒子的速度,$d = 1, 2, \cdots, D$, $i = 1, 2, \cdots, n$; k 为当前迭代次数;ω 为惯性权重;c_1, c_2 为非负的常数,称为加速度因子,分别调节向全局最优粒子和个体最优粒子方向飞行的步长,合适的取值可加快收敛且不易陷入局部最优,通常取 2; r_1, r_2 为分布于 $[0, 1]$ 之间的随机数,为防止粒子的盲目搜索,一般建议将其位置和速度限制在一定的区间 $[-X_{\max}, X_{\max}]$、$[-V_{\max}, V_{\max}]$。

式(4.2.28)和式(4.2.29)组成的迭代算法被认为是基本的 PSO 算法。式(4.2.29)的第一部分为粒子的先前速度,第二部分为“认知”部分,表示粒子本身的思考,第三部分为“社会”部分,表示粒子间的信息共享与相互合作。

3.2.2 粒子群的进化速度和粒子的聚集度

PSO 算法的全局最优值和个体最优值紧密相连,全局最优值的变化取决于个体最优值,同时也体现了粒子群的所有运动状况。在迭代计算过程中,粒子在每次迭代中的全局最优值总是要优于或至少等于上一次迭代的全局最优值。具体地说，如果是寻找极大值的优化目标，$F(g_{best_T}) \geqslant F(g_{best_{T-1}})$，则定义 $h = F(g_{best_{T-1}})/F(g_{best_T})$；如果是寻找极小值优化目标，$F(g_{best_T}) \leqslant F(g_{best_{T-1}})$，则定义 $h = F(g_{best_T})/F(g_{best_{T-1}})$。综合这两种情况，$h$ 可以表示为：

$$h = \frac{\min[F(g_{best_{T-1}}),\ F(g_{best_T})]}{\max[F(g_{best_{T-1}}),\ F(g_{best_T})]} \tag{4.2.30}$$

式中：h 为粒子群的进化速度因子；$F(g_{best_T})$ 代表第 T 步的全局最优适应度值；$F(g_{best_{T-1}})$ 代表第 $T-1$ 步的全局最优适应度值。

依据上面的定义和假设，h 的取值区间为(0, 1]，当 h 值越小，进化速度越快。该参数反映了粒子群进化速度，同时也考虑了算法运行的历史。经过一定迭代次数之后，h 值保持为 1，此时可断定算法停滞或者找到了最优解。

聚集度是影响 PSO 算法性能的另一个因素。在算法中，全局最优值总是优于所有个体的当前适应度值。令 $\bar{F}_T$ 表示所有粒子当前适应度值的平均值，则

$$\bar{F}_T = \frac{1}{N}\sum_{i=1}^{N} F[X_T(i)] \tag{4.2.31}$$

式中：N 是粒子群的规模数，$X_T(i)$ 是迭代次数为 T 时粒子 i 的位置。

同样，极小值在寻优过程中，$F(g_{best_T}) \leqslant \bar{F}_T$，则定义 $s = F(g_{best_T})/\bar{F}_T$；极大值在寻优过程中，$F(g_{best_T}) \geqslant \bar{F}_T$，则定义 $s = \bar{F}_T/F(g_{best_T})$。综合这两种情况，$s$ 可以表示为：

$$s = \frac{\min[F(g_{best_T}),\ \bar{F}_T]}{\max[F(g_{best_T}),\ \bar{F}_T]} \tag{4.2.32}$$

式中：s 为粒子的聚集度因子。

显然，$0 < s \leqslant 1$，它反映了所有粒子当前的聚集程度，同时在一定程度上也反映出粒子的多样性。s 值越大，粒子群聚集程度越大，粒子多样性越小。当 $s = 1$ 时，粒子群的所有粒子具有同一性，如果此时算法陷入局部最优，则结果不容易跳出该局部极点。

3.2.3　自适应动量因子的粒子群算法

惯性权重 ω 较大时，算法具有较强的全局搜索能力，ω 较小则算法易陷于局部搜索。为了平衡算法的全局搜索与局部搜索能力，学者们提出了线性递减惯性权重(Linear Decreasing Weight, LDW)算法，该算法将惯性因子线性地减少，其变化公式为：

$$\omega = \omega_{\max} - \frac{T(\omega_{\max} - \omega_{\min})}{T_{\max}} \tag{4.2.33}$$

式中：T 为当前迭代次数；$T_{\max}$ 为最大迭代次数。通常取 $\omega_{\max}$ 为 0.9，$\omega_{\min}$ 为 0.4。

实验证明：LDW 算法在优化方程性能上有明显效果，但是 LWD 算法中的 ω 变化只与迭代次数线性相关，不能适应算法运行中的复杂、非线性变化特性。事实上，ω 的大小应该随着粒子群进化速度和粒子的逐渐聚集而改变，即 ω 可表示为 h 和 s 的函数，即：

$$\omega = f(h,\ s) \tag{4.2.34}$$

粒子群在迭代计算过程中，若 ω 值较大，进化速度较快，表明粒子保持了大范围的寻优，算法可以在较大的搜索空间内持续搜索；若 ω 值减小，进化速度减慢，表明粒子群在小空间内搜索，以便更快地找到最优解。提高粒子群聚集程度，容易使算法陷入局部最优，为了提高粒子群的全局寻优能力，此时应增大粒子群的搜索空间；降低粒子群的聚集程度，此时粒子较分散，粒子群不易陷入局部最优。

基于上述讨论，采用动态自适应改变惯性因子的粒子群算法(Dynamically Changing Weight, DCW)。该算法在运行过程中根据 h 和 s 的值来动态调整 ω，使调整后的 ω 随着粒子聚集度的增大而增大，随着进化速度的降低而减少，它可以表示为：

$$\omega = \omega_{\text{ini}} - h\omega_h + s\omega_s \tag{4.2.35}$$

式中：ω_{ini} 为 ω 的初始值，一般 $\omega_{\text{ini}} = 1$；w_h 反映粒子进化速度的权重；w_s 反映粒子聚集度的权重。由于 $0 < h \leqslant 1$，$0 < s \leqslant 1$，所以 $\omega_{\text{ini}} - \omega_h < \omega < \omega_{\text{ini}} + \omega_s$。初始状态下，置 $h = 0$，$s = 0$。

3.3 粒子群神经网络监控模型建立

考虑到 PSO 的全局寻优能力强，以及 BP 神经网络善于局部细致搜索的特点，将两者有机结合构成粒子群神经网络。神经网络与粒子群算法的结合主要有正反两种方式：一是利用粒子群算法的全局搜索能力来优化神经网络的拓扑结构、连接权值和学习规则，以提高神经网络的泛化能力和学习效率，从而改进神经网络的整体搜索性能；二是将神经网络嵌入到粒子群算法当中，利用神经网络良好的学习性能来改进粒子群算法的优化性能。下面借用第一种优化思想，并运用粒子群的改进算法，使神经网络能够动态反映且自适应特高拱坝变形监测资料的变化。

(1) 粒子群神经网络权值优化问题描述

用于建立特高拱坝变形安全监控模型的粒子群神经网络的设计和学习，实质上是一个带约束条件的多目标优化问题，可以描述为搜索所有进化代中使网络的误差平方和 $E(x)$ 最小的网络权重，即：

$$\min E(x) = f(x_1, x_2, \cdots, x_S) = f(w_1, w_2, \cdots, w_M, \theta_1, \cdots, \theta_j, \cdots, \theta_K) \tag{4.2.36}$$

$$E(x) = \sum_{t=1}^{q} (y_t - c_t)^2 \tag{4.2.37}$$

式中：q 为输出层节点数；y_t 和 c_t 分别为样本的实测值和网络输出值；$x_i (i = 1, 2, \cdots, S)$ 表示一组染色体；S 为染色体长度，等于全部权值和阈值之和；w_i 为网络的第 i 个连接权值；θ_j 为第 j 个神经元的阈值；M 为连接权值的总数；K 为隐含层和输出层神经元总数。

约束条件为：

$$\begin{cases} a_i \leqslant w_i \leqslant b_i, & i = 1, 2, \cdots, M \\ c_j \leqslant \theta_j \leqslant d_j, & j = 1, 2, \cdots, K \end{cases} \tag{4.2.38}$$

式中：a_i 和 b_i 分别为变量 w_i 变化的下限和上限；c_j 和 d_j 分别为变量 θ_j 变化的下限和上限。

(2) 权重在神经网络与粒子群算法之间的相互转换

利用粒子群算法求解上述优化问题时,必须把全部权重转化为一维连续向量 $[x]$,对其重新统一编号,网络训练中的连接权重包括输入层与隐含层节点间的连接权值$[w_{ij}]$、隐含层与输出层节点间的连接权值$[w_{jt}]$、隐含层神经元的阈值$[\theta_j]$、输出层神经元的阈值$[\theta_t]$,其中$[w_{ij}]$和$[w_{jt}]$为二维向量。采用同样的思想,经过粒子群算法优化后的连接权重也必须转化为二维向量形式的连接权值$[w_{ij}]$,$[w_{jt}]$以及一维向量形式的$[\theta_j]$,$[\theta_t]$。利用以下公式实现相互间的转化:

$$\begin{cases} x_{n(j-1)+i} = w_{ij} \\ x_{p(t-1)+j+np} = w_{jt} \\ x_{(n+q)p+j} = \theta_j \\ x_{(n+q+1)p+t} = \theta_t \end{cases} \tag{4.2.39}$$

式中:n, p, q 分别为输入层、隐含层和输出层的节点数,$i = 1, 2, \cdots, n$, $j = 1, 2, \cdots, p$, $t = 1, 2, \cdots, q$。

基于粒子群神经网络(PSONN)算法构建特高拱坝变形安全监控模型的流程如图 4.2.4 所示,具体步骤如下。

Step 1 给定粒子群的规模 m,加速常数 c_1, c_2,惯性权重 ω_{int}, ω_h, ω_s,搜索空间维数 D 和最大迭代次数 $iter_{\max}$。

Step 2 采用实数编码,将神经网络的各个连接权重和阈值随机初始化为一群粒子:

$X_1, X_2, \cdots, X_D$	$V_1, V_2, \cdots, V_D$	$F(X)$
粒子的位置	粒子的速度	适应度

其中,$X \in [X_{\min}, X_{\max}]$,$[X_{\min}, X_{\max}]$是粒子位置的变化范围;$V \in [V_{\min}, V_{\max}]$,$V_{\max}$ 为粒子的最大速度,其决定粒子在一个循环中移动最大的距离;$F(X)$ 为粒子的适应度函数。

Step 3 计算各个粒子的适应度 $F(X_i)$,$F(X_i)$ 为第 i 个粒子的适应度函数,可以表示为输出层的误差平方和,即 $F(X_i) = \sum_{t=1}^{q} (y_{it} - c_{it})^2$,$q$ 为输出层节点数,c_{it} 和 y_{it} 分别为第 i 个粒子所对应的网络输出值和样本实测值。

Step 4 比较每个粒子的适应度值 $F(X_i)$ 和它经历过的最好位置 Pbest 的适应度值 $F(p_i)$,若比 Pbest 好,则将其作为当前的最好位置 Pbest;比较它的适应值和全局所经历的最好位置 Gbest 的适应度值 $F(p_g)$,若较该 Gbest 好,则重新设置 Gbest 的索引号,并记录 Gbest 的值;采用式(4.2.29)、(4.2.30)对速度 V 和位置 X 进行更新。

Step 5 粒子群在解空间不断搜索的过程中,如果达到计算网络误差 E 满足事先给定的精度 ε 的要求或设定的迭代次数 $iter_{\max}$,执行下一步,否则转入 Step 3。

Step 6 以 PSO 全局寻优得到的最优解 Gbest 解码作为网络的最优初始权值。

Step 7 将规范化的拟合因子输入神经网络的输入层,训练网络,进行局部精细搜索直至达到要求的收敛精度,训练结束,特高拱坝变形监控模型构建完成。

Step 8 将待预报因子输入网络中,获取最终的预报结果。

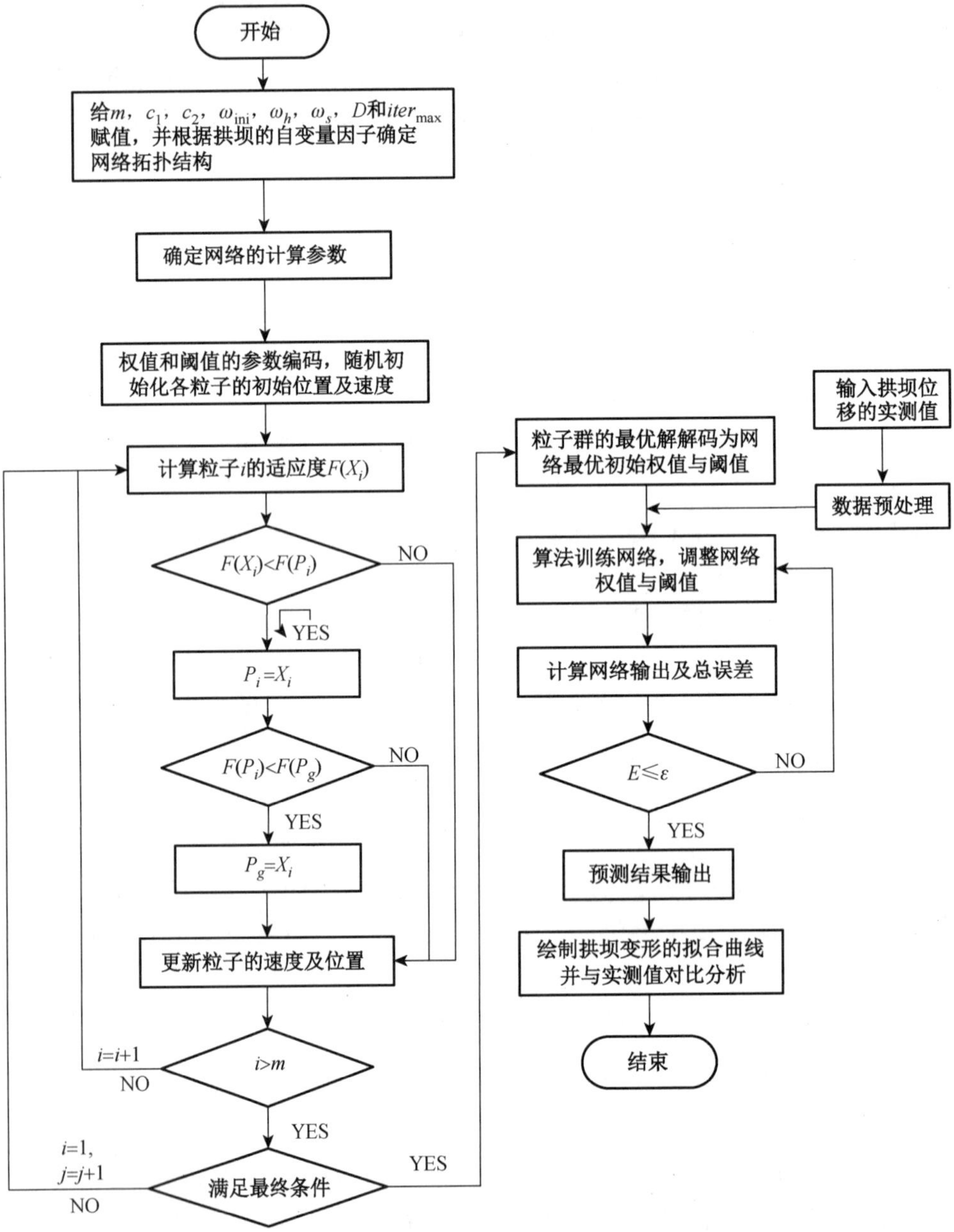

图 4.2.4 基于 PSONN 算法的特高拱坝变形安全监控模型构建流程

第三节 特高拱坝变形分区变截距面板时空模型

特高拱坝力学特性复杂,相对于普通拱坝变形具有更多的未知因素影响。低拱坝坝体和地基内的应力水平较低，材料强度仍有很大潜力，如果坝体出现开裂，由于拱坝是超静定结构，仍能进行应力的重新调整，达到平衡状态，维持安全运行。而特高拱坝超高且较薄，坝体应力水平高，整体结构刚度相对较小，筑坝材料的各项性能的利用较为充分，一旦局部失效，就可能会产生向最终破坏发展的变化。因此，下面在分析特高拱坝结构系统特性的基础上，综合考虑变形信息的时空特征，建立特高拱坝变形面板系列表征方法，分析特高拱坝结构实际变形特征。

1　特高拱坝结构的系统特性

特高拱坝作为开放的复杂巨型系统工程，如图 4.3.1 所示，包括坝体、坝基、库盘及其所承受的荷载及周围环境影响等种类繁多的子系统，其运行过程中存在与周围物质和能量的“开放式”交换。主要表现在如下几个方面。

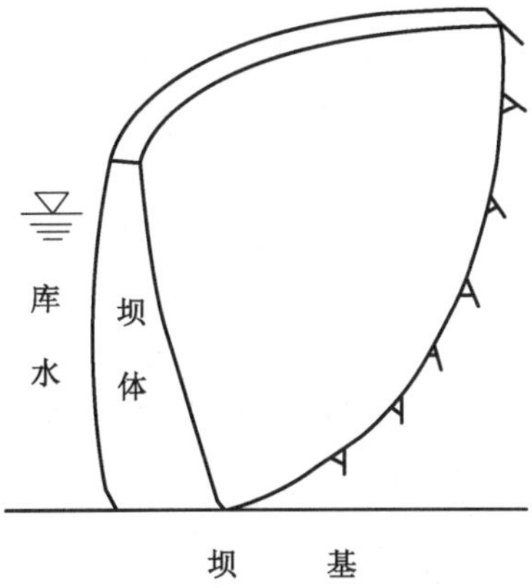

图 4.3.1　拱坝系统示意图

（1）系统的耦合特性

从系统论的角度，可将特高拱坝的坝体、坝基、库盘等各个子系统视为相互联系的一个整体，其彼此间内在的互馈作用在结构系统变形性态上有综合反映。这类复杂系统涉及从微观－细观－宏观的多尺度、多层次子系统之间的相互耦合，从这个意义上讲，特高拱坝结构变形渐变过程是各种不同尺度、不同区域的复杂微结构自身演化的一种群体效应，依赖于复杂子结构的集体协同作用，而且坝体不同部位的演化过程不是独立的，区域状态受整体性态的制约，整体性态是许多区域状态协同作用的结果。

（2）结构的渐变特性

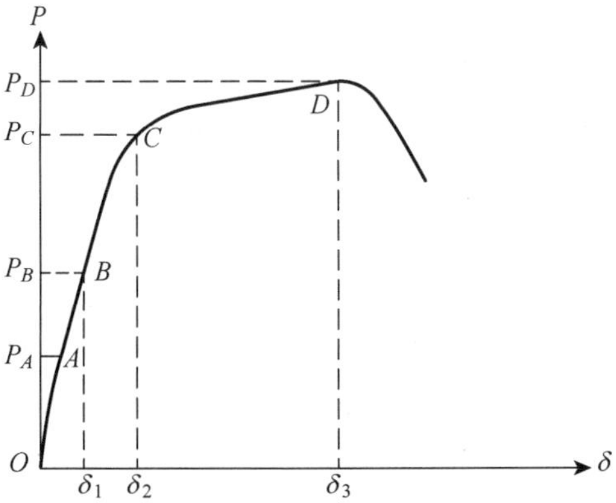

图 4.3.2　特高拱坝结构渐变过程

特高拱坝结构渐变过程如图 4.3.2 所示，分为四个阶段：线弹性工作阶段、准线弹性工作阶段、局部屈服变形阶段以及变形破坏阶段，分别对应示意图的 OA 段、AB 段、BC 段及 CD 段。在外部荷载作用下，坝踵区拉应力小于允许值，坝体任意一点的应力均未超过材料的比例极限，坝体处于弹性工作阶段（OA 段）；坝踵部分开裂，应力重新调整，下游区压应力增加，坝趾区压应力达到材料的比例极限，应力与应变基本维持在线弹性范围内，坝体处于准黏弹性工作阶段（OB 段）；随着大坝材料参数的变化或外部荷载的增加，坝体下游区压应力增加，裂缝的扩展导致坝体部分区域进入屈服状态，变形有明显增加，应力与应变关系呈现非线性，坝体进入黏弹塑性工作阶段（BC 段），此时大坝对应的变形特征值（δ_2）则是大坝从异常状态过渡到险情状态的分界点；若坝体材料性质继续恶化，或者外部荷载超过坝体屈服变形所对应的荷载时，裂缝将产生大范围扩展，导致坝体屈服区和压碎区的面积急剧增大，大坝呈现急剧变形状态（CD 段），坝体接近极限破坏状态时的变形特征值为（δ_3），当外部荷载增加到结构破坏极限时，大坝完全失效破坏，从而丧失继续承载的能力。

（3）自适应调整特性

特高拱坝属于超静定薄壳受压结构，在大坝系统的渐变过程中，坝体结构具有明显的自适应调整特性。大坝的宏观力学性质是其内部各部分在协同合作的基础上，对各种作用产生的具有自适应性的响应。大坝服役过程中，随着外部环境和荷载的改变，结构内部随之自适应调整，大坝各部位的受力状态产生不同敏感性的响应，各子系统之间的关联性也将发生变化，直至形成新的稳定状态。

2 特高拱坝变形信息的时空特征

实际工程往往布置大量监测仪器，在运行过程中能获得大量的变形信息，如何分析海量监测信息的有效性，综合考虑多测点、多测次监测量之间的关联性，从中分析并寻找大坝变形的特征、趋势和发展规律，是准确掌握大坝服役性态的前提。特高拱坝变形监测数据可视为一维时间序列，反映了结构变形随时间的变化状态。这里，将特高拱坝变形监测值（记为 y_t）视为随机变量，用于描述变形监测序列基本统计特性的数字特征的有均值函数、协方差函数、自相关函数等。

变形监测序列 $\{y_t\}$ 的均值函数为

$$u(t)=E(y_t),\ t=1,\ 2,\ 3,\ \cdots \tag{4.3.1}$$

对于固定的 t 来说，监测值 y_t 是一个随机变量，$u(t)$ 是一个确定的数值。当 t 变化时，$u(t)$ 则是 t 的函数，是 y_t 的所有样本函数在 t 时刻函数值的平均值。$E(y_t)$ 是 y_t 的数学期望。

监测值 $\{y_t\}$ 的自协方差函数为

$$\gamma(t,\ s)=Cov(y_t,\ y_s)=E\{[y_t-u(t)][y_s-u(s)]\},\ t,\ s=1,\ 2,\ 3,\ \cdots \tag{4.3.2}$$

如果 $t=s$，则有

$$\gamma(t,\ t)=E[y_t-u(t))]^2=Var(y_t) \tag{4.3.3}$$

称为监测序列 $\{y_t\}$ 的方差函数，记为 σ_t^2，表示 y_t 在 t 时刻对于均值 $u(t)$ 的偏离程度。

监测值 $\{y_t\}$ 的自相关函数定义为

$$\rho(t,\ s)=\frac{\gamma(t,\ s)}{\sqrt{\gamma(t,\ t)}\ \sqrt{\gamma(s,\ s)}} \tag{4.3.4}$$

表示 y_t 在两个不同时刻变形值的线性相关程度。

由于特高拱坝实际运行中受到各种随机因素的影响，虽然变形监测值服从某种概率规律，但这一规律可能是完全已知的、部分已知的或完全未知的。仅从单独的监测时间序列可以得到坝体相应部位的变形状态，但不可避免出现以下问题：单一的时间序列未充分反映坝体的整体状态；在某一测点的监测资料出现错误或数据缺失较为严重时，分析结果会受到较大的影响；变形值的线性相关程度往往较高，当监测序列较短时，用于建模数据的自由度较小，分析结果可信度较低。

为了全面掌握特高拱坝的变形状态，大坝主体、岸坡及坝基等变形监测点共同组成了特高拱坝变形监测网，形成对坝体、坝基、裂缝及接缝、岸坡变形等结构系统的全面监测。在同一时间（时期或时点），所有监测点对于同一特征变量（变形、渗流、温度、应力应变等）的监测值，总体上反映了结构系统的工作性态。比如，对于特高拱坝变形的垂线监测而言，同一时间 t，所有监测点的变形值共同组成了横截面数据序列 $\boldsymbol{x}=\{x_1, x_2, \cdots, x_N\}$，其中 N 为监测点个数，通过分析变形监测的横截面数据，可以整体掌握该时间大坝变形状态。在分析变形监测的横截面数据时，变形值是在某一时期从所有监测点采集得到，其分布规律反映了大坝不同部位之间的关联性和特异性，但仅凭某一时期的监测数据并不能反映结构内在的变化过程，难于识别结构系统的动态发展趋势。因此，无论是变形监测的时间序列还是横截面序列，均不能全面有效地反映特高拱坝整体变形状态，需要寻找一种能充分利用变形监测有效信息、综合考虑时间和横截面两个维度的面板数据格式，以此真实描述特高拱坝变形特征。

通过对特高拱坝大量监测点连续的监测，可以得到 N 个监测点在 T 个不同时期的一系列变形值 $[y_{it}]$，即：

$$[y_{it}]=\begin{bmatrix} y_{11} & y_{12} & \cdots & y_{1t} \\ y_{21} & y_{22} & \cdots & y_{2t} \\ \vdots & \vdots & \ddots & \vdots \\ y_{i1} & y_{i2} & \cdots & y_{it} \end{bmatrix}(i=1, 2, \cdots, N, t=1, 2, \cdots, T) \quad (4.3.5)$$

式中：i 为监测点个数；t 为监测时间；$[y_{it}]$ 包含了两个维度信息，即横截面维度 N 和时间维度 T。

与单纯的横截面序列或时间序列相比，这种变形监测的面板数据格式同时包含了坝体不同部位的变形关联信息和动态变化信息，充分反映了所有监测值的有效信息，并兼顾了存在于横截面序列中的结构内在关联性和时间序列中的时间效应。

特高拱坝系统是一个复杂的非线性超静定结构，由于荷载方式、约束条件、材料性质等影响因素的多样性，导致大坝总变形呈区域特征，不同部位之间的变形差异性较大，研究单个监测点的变形对掌握特高拱坝整体变形性态存在局限性，若将所有监测点统一分析，忽略了各个监测点之间的异质性，将导致推断结果毫无意义。如图 4.3.3 所示，每个虚线椭圆为单测点的变形监测值散点图，虚线直线表示该测点的回归函数，实直线表示坝体所有 NT 个监测值采用最小二乘回归得到的回归函数，可以看出：利用最小二乘法估计时，因不同监测点的差异性会产生偏差和误判情形，显然不能将全部监测序列一概而论，也即是，不仅需要考虑特高拱坝结构系统的整体性，还不能忽略不同测点之间的特异性。

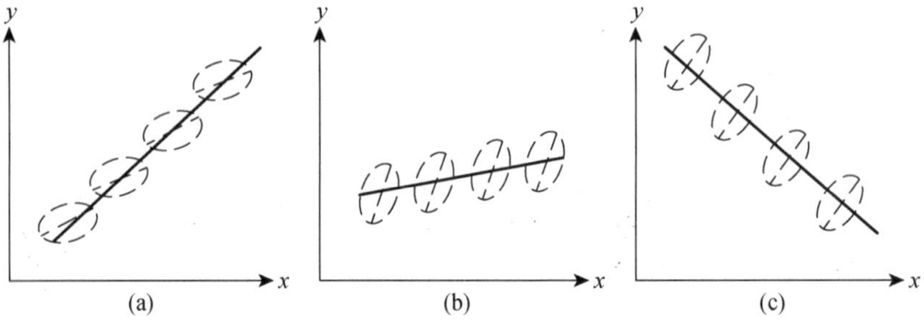

图 4.3.3 特高拱坝变形测点的异质性

根据特高拱坝变形的区域特征，可以看出大坝变形的监测数据序列和坝体结构横截面序列具有典型的面板特征，将不同区域的变形视为不同的“面板”。同时，为了消除不同测点之间的特异性影响，下面采用面板聚类分析法对不同测点进行分区，这样可以有效挖掘变形监测的时空信息。

3 特高拱坝变形分区变截距面板模型

特高拱坝整个服役期可分为多个工作阶段，在不同的运行阶段，其变形性态均有所不同。针对大坝变形的复杂影响因素，虽然研究变形规律的分析模型较多，但基本是传统安全监控模型的延伸，这些模型通常只针对单测点一维时间序列建模分析，难以避免测量误差、数据缺失、共线性等问题对模型精度造成的影响。同时，特高拱坝在时间维度、空间维度上的变形监测信息并不是纯粹随机现象，忽略它们之间的关联性就很难从整体结构及完整时段上掌握变形的时空特征，故传统变形分析模型并未充分反映特高拱坝的变形性态。此外，特高拱坝不同区域变形性态的影响因素（如荷载作用、约束条件、材料性质、环境因素等）差异较大，但传统方法未考虑这些差异性的影响，难以刻画特高拱坝不同区域的实际变形规律，亟须建立能反映变形影响因素差异性的分析模型。

研究表明，特高拱坝的变形监测序列属于面板数据格式，即包含了时间和截面两个维度的变形信息，能够较好地反映大坝变形的时空特征，与单纯的时间序列和截面序列相比，变形面板序列具有信息量丰富、自由度多、可有效降低共线性等优点，可用于建模分析特高拱坝的变形性态。在建立面板模型之前，针对特高拱坝整体变形的区域特征，考虑特高拱坝全部变形测点之间的关联性，将全部测点按照其变形相似性进行分区，有效消除不同测点变形规律的差异、测量误差等对模型造成的干扰。另外，由于共同影响因素（库水位、温度、时效）难以刻画不同区域变形规律差异性的问题，下面引入表征不同区域特有影响因素作用效应的虚拟变量，即变形特异效应量，从而兼顾影响变形的共同因素和特异因素建立分析模型，有效提高模型的解释能力和估计精度，并有助于综合分析特高拱坝的变形性态，有望弥补传统分析模型上的不足。

3.1 变形分区判据及准则

针对特高拱坝而言，局部单测点的变形异常并不能代表大坝结构的安全性发生变化，单纯对大坝局部变形进行分析已经不能满足要求。根据特高拱坝变形的面板特征，如果能综合考虑大坝变形的高程和区域差异，由传统的“点”分析转变为区域分析，这在较大程度上可以避免单纯考虑局部变形造成的偏误性判断。同时，特高拱坝变形区域差异较大，如何将变形规律相似、对荷载具有同质响应的部位进行分区建模，关系到区域分析模型的稳健性。变形分区分析需要处理两个问题：①用什么统计量来表征测点变形之间的相似程度；②采用何种具体分区方法，即采用何种准则确定各区域之间的相似程度。下面根据特高拱坝变形的面板特征，结合变形时空信息，构建变形的相似性判据，进而研究在时间和横截面两个维度上的结构变形性态，建立特高拱坝变形分区方法。

3.1.1　相似性判据

特高拱坝变形分区是按照各测点变形的相似(异)性对整个大坝变形性态进行区分和分类的过程。在对变形场不做任何假设的前提下，根据所有测点变形之间的亲疏程度，利用数学方法研究和处理特高拱坝各部位变形，并通过分类建立相应的分类判据，一方面对大坝变形监测信息进行压缩和提取，另一方面也为后续研究奠定基础。

首先针对第一个核心问题，即用什么统计量来表征测点变形之间的相似程度，基于面板数据的聚类思想构建变形相似性指标。

对特高拱坝变形分区的目的是尽可能地使区域内的变形规律相似程度最接近，而区域之间的变形规律相似程度最远，这是衡量变形分区效果好坏的重要标准。传统变形分区采用各测点变形时间序列的均值，即将变形序列退化为截面序列。该方法只能表示大坝变形的平均变化情况，严重损失了变形时间维度的信息，而且存在一个隐形假设，即各测点的变形在时间维度上同方向变化，难以反映变形性态随时间的变化规律，这是不合理的。如图 4.3.4 所示，若采用上述取均值的方法，测点 1 和测点 3 应分为一类，但如果考虑整个时间段变形序列的变化过程，测点 2 和测点 3 分为一类才是较为合理的。

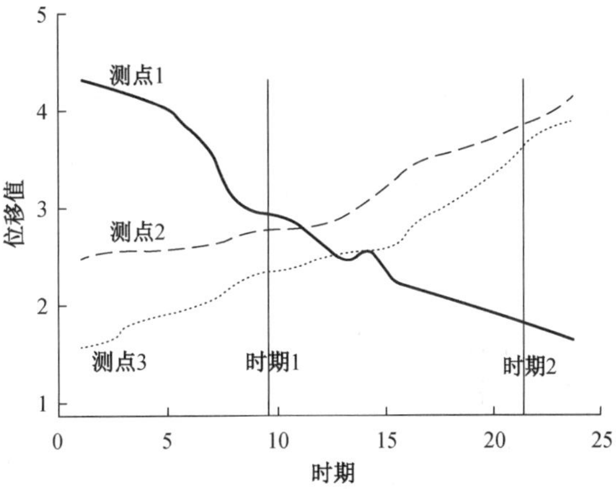

图 4.3.4　不同时期的测点变形测值变化规律

特高拱坝变形数据给出了至少三方面的信息：一是拱坝变形值的绝对量水平；二是变形时间序列的动态水平，即变形随时间变化的增量；三是变形发展的波动水平，即变异程度或波动程度。这里重点考虑大坝结构性态未发生明显变化，即变形时间序列属于平稳变化，通过对变形的“绝对量”和“增量”这两个指标的有效融合来反映变形监测序列的相似性，据此进行大坝变形分区。

针对上面提出的两个相似性指标，在对变形监测值进行分析时，这种相似性可由欧氏距离、绝对距离、切比雪夫距离、闵可夫斯基距离、马氏距离等常见的距离函数来刻画(图 4.3.5)。综合考虑变形的绝对值和动态发展趋势的综合差异，以欧氏距离描述变形各测点之间的相似程度，给出空间变形数据的相似性指标的距离测度公式。

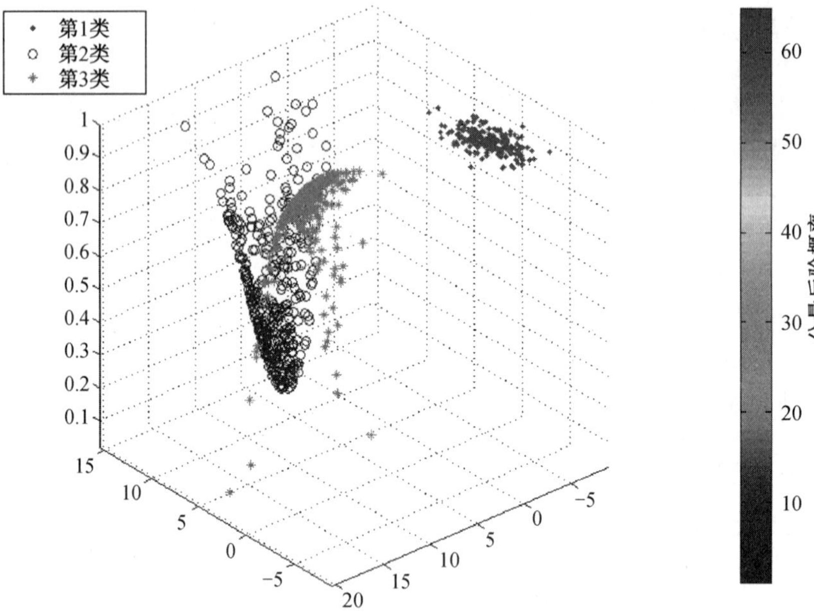

图 4.3.5　距离相似聚类示意图

在进行变形监测数据预处理时，一般用 $\{\delta_{it}\}(i=1, 2, \cdots, N; t=1, 2, \cdots, T)$ 表示变形数据集，N 为测点总数；T 为时期总数，即监测时间序列。对于变形数据集 δ_{it}，定义 S_t 为变形在 t 时期的标准差；d_{ij} 为测点 i 和测点 j 直接的距离。

定义 1　测点 i 和测点 j 之间的“绝对”距离(Absolute Quantity Euclidean Distance)，记为 $d_{ij}(AQED)$，即：

$$d_{ij}(AQED)=\left[\sum_{t=1}^{T}(\delta_{it}-\delta_{jt})^2\right]^{1/2} \tag{4.3.6}$$

式中：δ_{it} 为测点 i 在 t 时期的变形值；δ_{jt} 为测点 j 在 t 时期的变形值；$d_{ij}(AQED)$ 表征了测点 i 和测点 j 间在整个时期 T 内的距离远近程度。

定义 2　测点 i 和测点 j 之间的“增速”距离(Increment speed Euclidean Distance)，简记为 $d_{ij}(ISED)$，即：

$$d_{ij}(ISED)=\left[\sum_{t=1}^{T}\left(\frac{\Delta\delta_{it}}{\Delta\delta_{it-1}}-\frac{\Delta\delta_{jt}}{\Delta\delta_{jt-1}}\right)^2\right]^{1/2} \tag{4.3.7}$$

式中：$\Delta\delta_{it}=\delta_{it}-\delta_{it-1}$，$\Delta\delta_{jt}=\delta_{jt}-\delta_{it-1}$，$\Delta\delta_{it}$ 和 $\Delta\delta_{jt}$ 表示两个相邻时期的变形绝对量差异。

增速距离 $d_{ij}(ISED)$ 刻画了测点 i 和测点 j 的变形增量随时间变化的趋势差异，若变形随着时间都呈同向变化，这种变化越协调，则两者越相似，$d_{ij}(ISED)$ 也越小；若对应变形呈反向变化，则相似性较差，此时 $d_{ij}(ISED)$ 也会较大，这符合相似性度量的基本原则。

为准确描述各测点变形特性，需要建立刻画变形相似性的综合判据，为此引入测点 i 和测点 j 之间的“综合”距离(Comprehensive Euclidean Distance)，简记为 $d_{ij}(CED)$，即：

$$d_{ij}(CED)=\omega_1 d_{ij}(AQED)+\omega_2 d_{ij}(ISED) \tag{4.3.8}$$

式中：ω_1，ω_2 表示两种距离的权重，满足 $\omega_1 + \omega_2 = 1$。

综合距离 $d_{ij}(CED)$ 是上述两种距离的加权组合，权重系数可以根据实际情况主观给定或客观测定。为了综合反映特高拱坝空间变形数据本身的全面信息，采用熵权法计算综合距离权重系数。基于信息熵的思想，综合考虑距离指标评价体系，假设有 m 个评价对象，n 个评价指标，则原始数据由矩阵 $\boldsymbol{R} = [r_{ij}]_{m*n}$ 表示为：

$$\boldsymbol{R} = \begin{bmatrix} r_{11} & r_{12} & \cdots & r_{1m} \\ r_{21} & r_{22} & \cdots & r_{2m} \\ \vdots & \vdots & \vdots & \vdots \\ r_{n1} & r_{n2} & \cdots & r_{nm} \end{bmatrix}_{n\times m} \tag{4.3.9}$$

式中：r_{ij} 为第 i 个评价指标下第 j 个评价对象的评价值。

结合上文的变形相似指标，选取变形“绝对”距离和“增速”距离作为评价指标，评价对象为所有测点两两之间的距离。

(1) 计算第 i 个评价指标对第 j 个评价对象的特征比重 p_{ij} 为：

$$p_{ij} = \frac{r_{ij}}{\sum_{j=1}^{m} r_{ij}},(i = 1,\ 2,\ \cdots,\ n;\ j = 1,\ 2,\ \cdots,\ m) \tag{4.3.10}$$

式中：$p_{ij} \in [0,\ 1]$，并且未破坏原有监测序列的比例关系，$d_{ij} \geqslant 0$，$\sum_{i=1}^{N} d_{ij} > 0$。

(2) 熵值计算，第 i 个指标的熵值为：

$$S_i = -\frac{1}{\ln m}\sum_{j=1}^{m} p_{ij}\ln p_{ij},(i = 1,\ 2,\ \cdots,\ n) \tag{4.3.11}$$

(3) 熵权确定，第 i 个指标的熵权为：

$$w_i = \frac{1 - S_i}{\sum_{j=1}^{n}(1 - S_j)},(i = 1,\ 2,\ \cdots,\ n) \tag{4.3.12}$$

上述选择欧氏距离定义了相似性度量的统计量，求得的 w_i 为第 i 个指标的权重系数，代入式(4.3.8)得到不同测点之间的 $d_{ij}(CED)$，可以作为变形相似性判据，从而解决了第一个核心问题，即用什么统计量来表征测点之间的相似程度。当然，也可以根据其他常见的距离形式得出类似统计量，如马氏距离、兰氏距离等，亦可根据相关系数、夹角余弦等写出相似性统计量，此处不再赘述。

3.1.2　区域数确定及分区流程

针对变形分区的第二个核心问题，即采用何种准则确定各变形区域之间的相似程度，基于 Ward 法聚类的思想，结合前文提出的相似性度量，假定已将 N 个测点分成 k 个区域，记为 G_1，G_2，…，G_k，N_l 表示 G_l 类的测点个数，$\bar{X}_l$ 表示 G_l 类的测值重心，X_{il} 表示 G_l 类中第 $i(i = 1,\ 2,\ \cdots,\ N_l)$ 个测点的变形值，对于 T 个时期内的 N 个测点变形数据，G_l 区域中不同测点序列的离差平方和为：

$$W_l^* = \sum_{i=1}^{N_l}\sum_{t=1}^{T}[\omega_1(X_{it}-\bar{X}_t)'(X_{it}-\bar{X}_t)]+\sum_{t=2}^{T}[\omega_2(Y_{it}-\bar{Y}_t)'(Y_{it}-\bar{Y}_t)] \quad (4.3.13)$$

k 个区域的总离差平方和为：

$$W^* = \sum_{l=1}^{k} W_l^* \quad (4.3.14)$$

式中：W_l 表示 N_l 个测值的总离差平方和；X_{it} 表示 t 时期测点 i 的变形值；$Y_{it}=\dfrac{\Delta X_{it}}{X_{it-1}}$ 表示 G_l 中 t 时期测点 i 的变形相对增量，$\Delta X_{it}=X_{it}-X_{it-1}$ 表示 G_l 中测点 i 在 t 时期和 $t-1$ 时期变形绝对量差异；$\bar{X}_t=\dfrac{1}{N_l}\sum_{t=1}^{N_l}X_{it}$，$\bar{Y}_t=\dfrac{1}{N_l}\sum_{t=1}^{N_l}Y_{it}$。

根据上面的聚类方法，对于固定的 k，使得 W^* 极小的方案即为最优分类。实际应用中，由于特高拱坝结构系统的复杂性，预先确定分区数实质上是对变形分区过程的人为干预，很可能会出现主观性误差。在不确定分区数的情况下，区域数增加会导致区域内和区域间相似性距离的连续变化，故要求一个绝对最优分区数是不可能的。因此，基于阈值法提出如下确定变形分区阈值的方法。

假设分区过程共进行 n 次合并，求出第 l 次与最后一次分区的区域间距离之比 S_l，即：

$$S_l = \frac{D_l}{D_{n-1}} \quad (4.3.15)$$

如果 S_l 与 S_{l+1} 相差较小，而 S_l 与 S_{l-1} 相差较大，相应的区域间距离 D_l 可作为变形分区的阈值，根据此阈值进一步获得区域数。

至此，基于 Ward 法聚类的思想，解释了第二个核心问题的实现方法和步骤，下面根据变形相似性判据和区域数的确定方法提出完整的变形分区流程。

假定特高拱坝在 T 时期内共有 N 个变形测点，基于上述建立的变形分区方法的基本思想，首先计算测点变形间的距离和变形区域之间的距离，N 个变形监测点初始各为一类，区域间距离和测点变形序列之间距离是相等的；然后将距离最近的两个测点合并为新区，并计算新区与其他区域的区域之间距离，再按离差平方和 W^* 最小准则分区，这样每次减少一个区，直到所有的测点都合并为一个区域为止。

特高拱坝变形分区的流程如图 4.3.6 所示，具体步骤如下。

Step 1 根据式(4.3.6)、式(4.3.7)分别计算两种距离，即“绝对”距离、“增速”距离；

Step 2 根据式(4.3.10)、式(4.3.11)和式(4.3.12)分别计算上述两种距离的熵权系数；

Step 3 将计算得到的权重系数代入式(4.3.8)，计算 N 个测点两两间的综合距离 d_{ij}(*CED*) 和区域之间距离矩阵 $\boldsymbol{D}^{(0)}$；

Step 4 初始(第一步，$i=1$) 所有测点自成一个区，区域的个数 $k=N$，令 $\boldsymbol{D}^{(1)}=\boldsymbol{D}^{(0)}$，第 i 个区 $\boldsymbol{G}_i=\{X_{(i)}\}(i=1,2,\cdots,N)$；

Step 5 计算区域间的距离矩阵 $\boldsymbol{D}^{(i-1)}$，根据离差平方和 W^* 最小准则将“综合距离”

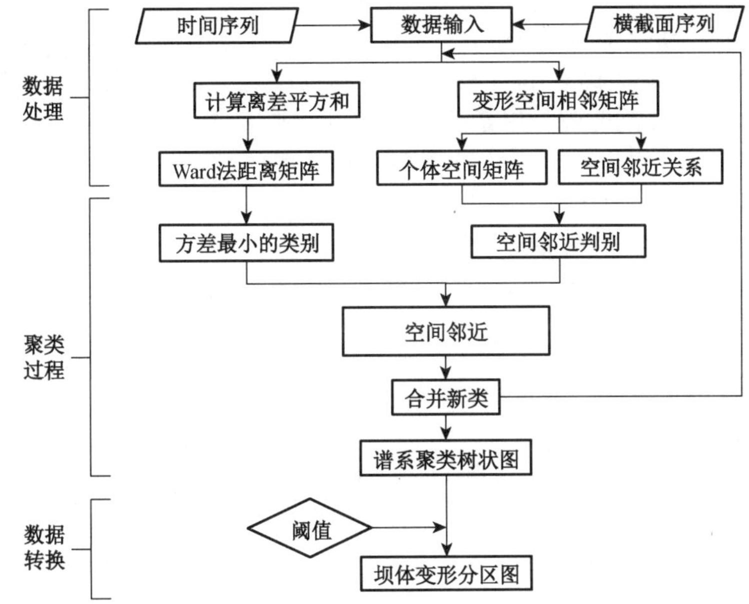

图 4.3.6　大坝变形分区流程图

最小的两个区域合并为一个新的区域；

Step 6　计算新区与其他区的综合距离 $d_{ij}(CED)$，得到新的距离矩阵 $\boldsymbol{D}^{(i)}$，重复合并区域步骤 Step 5 和 Step 6，直到所有测点划分为一个区域为止；

Step 7　画出谱系聚类树状图；

Step 8　根据确定变形分区阈值的方法，并结合实际问题，得到测点最优分区组合，获取变形最优分区数 K，输出变形分区分布图。

3.2　变形变截距面板模型

特高拱坝整体变形性态是大坝各区域变形协同作用的结果，利用前面研究得到的变形分区方法，可以将变形规律相似的部位区分出来。但应指出的是，对变形分区建模时，单纯考虑外界相同因素的影响，很难解释区域内测点的变形差异性和关联性。由于实际存在一些影响大坝变形的因素，但没有作为自变量明确包含在模型中，虽然这些因素各自的影响并不十分显著，但其协同作用的影响较大。因此，建模时在考虑变形最主要影响因素的基础上，还应考察不可监测或者未知的影响因素，让模型吸收这些不确定性因素的影响。同时，由于大坝不同部位的变形受约束条件、材料性质、外界荷载等影响存在较大差异，模型中应考虑这些因素对不同测点的异质性影响。下面在变形分区的基础上，充分利用监测信息的横截面序列和时间序列，深入挖掘变形监测值包含的有效信息，引入大坝不同部位变形的特异效应量来反映这种关系，提出一种明确考察变形异质性的建模方法，以提高特高拱坝变形分析模型的解释能力和精度。首先研究面板模型中包含的影响大坝变形的主要因素及各自表达式。

(1) 变形分量的选取

为了使变形分析模型包含大坝变形的主要刻画因素，首先需要分析变形主要影响因素的组成，结合结构系统力学特性寻找各个因素对变形的影响，推导各分量的计算表达式。

特高拱坝变形的影响因素，除了受水压力（水位）、温度变化影响外，还受到时效等因素的影响，因此，拱坝任意一点的变形可视为一个变形矢量 $\boldsymbol{\delta}$，其可分解为径向水平变形 δ_x，切向水平变形 δ_y 和垂直变形 δ_z（图 4.3.7）。对于任意一个矢量分量按其成因主要分为三个部分：水压分量（δ_H）、温度分量（δ_T）和时效分量（δ_θ），即：

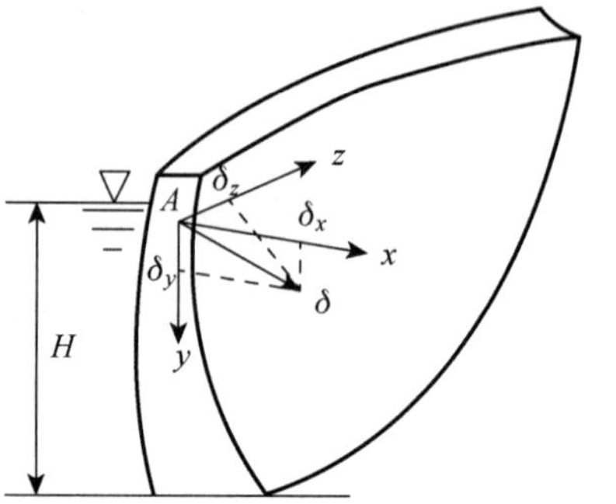

图 4.3.7　拱坝变形矢量及其分量示意图

$$\delta(\delta_x \text{ 或 } \delta_y \text{ 或 } \delta_z) = \delta_H + \delta_T + \delta_\theta \quad (4.3.16)$$

① 水压分量 δ_H 的因子选择

特高拱坝在库水压力作用下，大坝任意一点产生的水平变形（δ_x）由以下三部分组成（图 4.3.8）：库水压力作用在坝体上产生的内力引起的坝体变形 δ_{1H}；在地基面上产生的内力使地基变形而引起的变形 δ_{2H}；以及库水重力作用使地基面转动所引起的变形 δ_{3H}。即：

$$\delta_H = \delta_{1H} + \delta_{2H} + \delta_{3H} \quad (4.3.17)$$

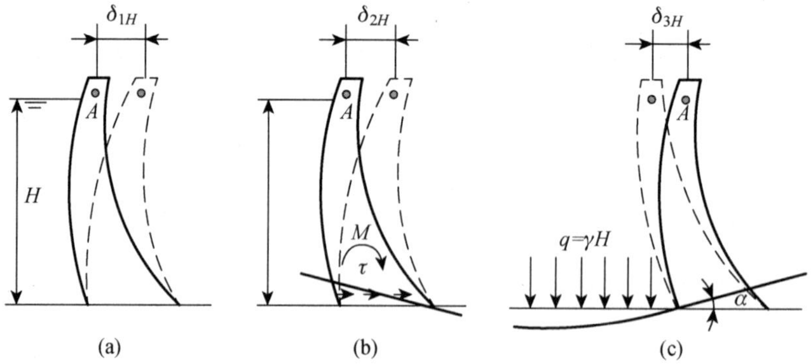

图 4.3.8　$\boldsymbol{\delta_H}$ 的三个分量 $\boldsymbol{\delta_{1H}}$，$\boldsymbol{\delta_{2H}}$，$\boldsymbol{\delta_{3H}}$

对于特高拱坝而言，由于水平拱和悬臂梁的共同作用，使水压力分配在梁上的荷载 P_c 呈非线性变化，故 P_c 通常用上游水深 H 的 2 或 3 次式来表达：

$$P_c = \sum_{i=1}^{2(3)} a_i' H^i \quad (4.3.18)$$

由于 P_c 与上游水深 H 呈二次或三次曲线关系，在 P_c 作用下引起的变形 δ_{1H}，δ_{2H} 与 H，H^2，H^3，H^4（或 H^5）有关，δ_{3H} 与 δ_{1H} 和 δ_{2H} 有相似关系。因此，特高拱坝水压分量的表达式表示为：

$$\delta_H = \sum_{i=1}^{4(5)} a_i H^i \quad (4.3.19)$$

② 温度分量 δ_T 的因子选择

温度变形分量 δ_T 是由于坝体混凝土和基岩温度变化引起的变形，从力学观点来看，δ_T 应选择坝体混凝土和基岩的温度计测值作为因子。但当温度计支数很多时，数据处理工作量较大，可以采用坝体平均温度 $\bar{T}$ 和温度梯度 β 来代替，即构造等效温度作为因子，将坝体中任一高程处的温度计测值绘出温度分布图 $OBCA(T—X)$，用等效温度 $OBC'A'(T_e—X)$ 代替，代替原则为：两者对 OT 轴的面积矩相等。

采用等效温度代替温度计测值后，温度变形分量 δ_T 的表达式为：

$$\delta_T = \sum_{i=1}^{m_2} b_{1i}\bar{T}_i + \sum_{i=1}^{m_2} b_{2i}\beta_i \tag{4.3.20}$$

对于正常运行状态的特高拱坝，当混凝土水化热已散发，坝体内部温度达到准稳定温度场[图 4.3.9(c)]，此时坝体温度仅取决于边界温度变化，故可采用多种谐波组合的周期项作为温度分量因子，δ_T 可表示为：

$$\delta_T = \sum_{i=1}^{2}\left(b_{1i}\sin\frac{2\pi it}{365} + b_{2i}\cos\frac{2\pi it}{365}\right) \tag{4.3.21}$$

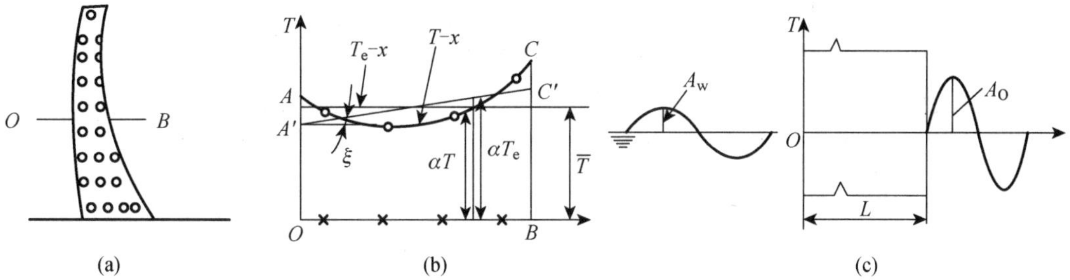

图 4.3.9　等效温度和准稳定温度场计算简图

③ 时效分量 δ_θ 的因子选择

拱坝产生时效分量的原因复杂，它综合反映坝体混凝土徐变和基岩的蠕变变形以及基岩地质构造的压缩变形，一般正常运行的大坝，时效分量变化规律如图 4.3.10 所示。

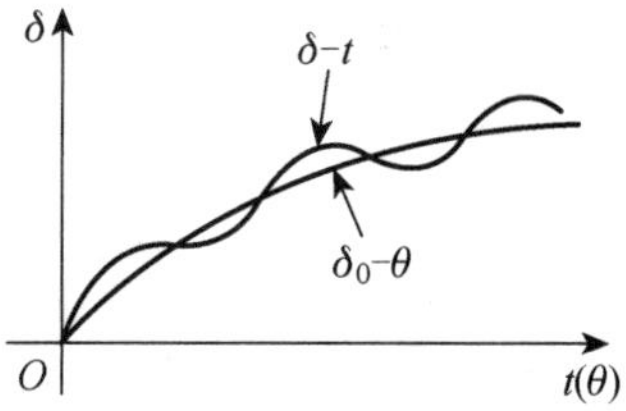

图 4.3.10　时效变形变化规律 ($\delta_\theta—\theta$)

时效分量数学模型可以考虑多种函数形式，针对特高拱坝变形特征，选取对数函数来表示时效分量因子，δ_θ 可表示为：

$$\delta_\theta = c_1\theta + c_2\ln\theta \tag{4.3.22}$$

(2) 拱坝变形分区变截距面板模型

由上述可知，影响特高拱坝任意一点变形 δ 的最主要因素：水压、温度、时效，均可采用 H，T，θ 的多项式进行表征。实际工程中，如图 4.3.11 所示，大坝不同位置的变形监测点 A，B，C，D，在外部荷载作用下产生的变形大部分可以被共同的影响因素（水压、温度、时效）所解释。但对于靠近坝基和岸坡的测点 C，D 与坝顶附近的测点 A，B 变形规律有显著差异，这与大坝不同部位的约束条件、材料性质、周围环境等复杂因素的协同作用有很大关系，导致各部位产生各不相同的变形特异效应量α。如果这些无法监测、量化的复杂因素没有被解释变量捕捉到，将导致变形分析模型参数的异质性。传统变形分析模型的自变量虽能刻画影响变形结果的最主要影响因素，但往往忽略了这些不可监测因素造成的不同测点的变形特异性，尤其对于特高拱坝超高、大跨度的坝体结构，需要考虑区别测点异质性的变形效应量。因此，下面基于面板数据理论，在模型中引入表征测点变形的特异效应量α_i，建立特高拱坝变形分区变截距面板模型。

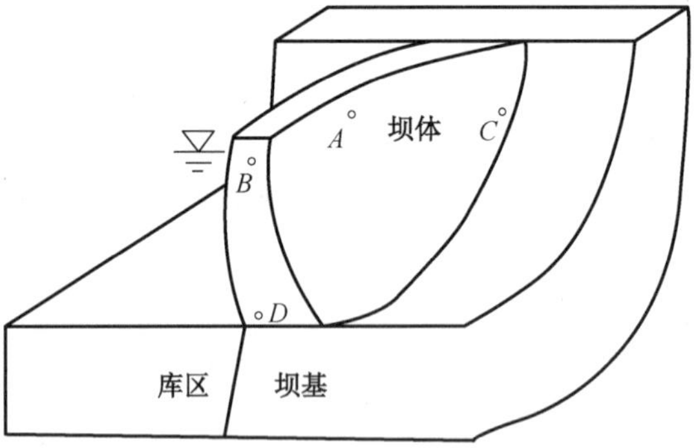

图 4.3.11　特高拱坝不同测点变形特异效应量示意图

变截距面板模型一般形式可表示为：

$$\boldsymbol{Y}_{it} = \boldsymbol{\beta X}_{it} + \alpha + u_{it} (i = 1,\ 2,\ 3\cdots N;\ t = 1,\ 2,\ 3\cdots,\ T) \tag{4.3.23}$$

式中：$\boldsymbol{Y}_{it}$ 为i个测点的变形面板序列，$\boldsymbol{Y}_{it} = \begin{bmatrix} y_{11} & y_{12} & \cdots & y_{1t} \\ y_{21} & y_{22} & \cdots & y_{2t} \\ \vdots & \vdots & \ddots & \vdots \\ y_{i1} & y_{i2} & \cdots & y_{it} \end{bmatrix}$ $(i=1,\ 2,\ \cdots,\ N,\ t=1,\ 2,\ \cdots,\ T)$；$y_{it}$ 为第 i 个测点 t 时期的变形监测值；$\boldsymbol{X}_{it}$ 为自变量，$\boldsymbol{X}_{it} = \begin{bmatrix} \boldsymbol{x}_{11} & \boldsymbol{x}_{12} & \cdots & \boldsymbol{x}_{1t} \\ \boldsymbol{x}_{21} & \boldsymbol{x}_{22} & \cdots & \boldsymbol{x}_{2t} \\ \vdots & \vdots & \ddots & \vdots \\ \boldsymbol{x}_{i1} & \boldsymbol{x}_{i2} & \cdots & \boldsymbol{x}_{it} \end{bmatrix}$，$\boldsymbol{x}_{it}$ 是$1\times K$向量，K为自变量个数，结合特高拱坝的力学特性，选取变形最主要的影响因子，则$\boldsymbol{x}_{it} = [1,\ H_t^1,\ H_t^2,\ H_t^3,\ H_t^4,\ T_{1,t},\ \cdots,\ T_{m,t},\ \theta_t,\ \ln\theta_t]^{\mathrm{T}}$，$\alpha$为纯量常数，它表示大坝不同部位在特有的影响因素下产生的变形特异效应量，这些特有的影响因素（如坝体型态、约束条件、材料性质、荷载作用等）难以明确包含在模型的自变量中，故采用α吸收这些影响产生的个体特异效应，$\boldsymbol{\beta} = [a_0,\ a_1,\ a_2,\ a_3,\ a_4,\ b_1,\ \cdots,\ b_m,\ c_1,\ c_2]^{\mathrm{T}}$ 为待估参数，u_{it} 是均值为0、方差为σ^2且满足独立同分布的随机误差成分。

若面板模型中的参数α和$\boldsymbol{\beta}$不随测点i和时间t变化，即假设不同测点的个体特异效应量不存在显著性差异，此时面板模型等同于传统的线性回归模型，可采用普通最小二乘法（Ordinary Least Squation，OLS）进行估计。令：

$$\bar{y}_i = \frac{1}{T}\sum_{t=1}^{T} y_{it},\ \bar{\boldsymbol{x}}_i = \frac{1}{T}\sum_{t=1}^{T} \boldsymbol{x}_{it} \tag{4.3.24}$$

分别是第 i 个测点 $\boldsymbol{y}$ 和 $\boldsymbol{x}$ 的均值，则 $\boldsymbol{\beta}$ 和 α 的最小二乘估计为：

$$\hat{\boldsymbol{\beta}} = \boldsymbol{T}_{xx}^{-1}\boldsymbol{T}_{xy}, \hat{\alpha} = \bar{y} - \hat{\boldsymbol{\beta}}^{\mathrm{T}}\bar{\boldsymbol{x}} \tag{4.3.25}$$

式中：$\boldsymbol{T}_{xx} = \sum_{i=1}^{N}\sum_{t=1}^{T}(\boldsymbol{x}_{it} - \bar{\boldsymbol{x}})(\boldsymbol{x}_{it} - \bar{\boldsymbol{x}})^{\mathrm{T}}$，$\boldsymbol{T}_{xy} = \sum_{i=1}^{N}\sum_{t=1}^{T}(\boldsymbol{x}_{it} - \bar{\boldsymbol{x}})(y_{it} - \bar{y})$，$T_{yy} = \sum_{i=1}^{N}\sum_{t=1}^{T}(y_{it} - \bar{y})^2$，$\bar{y} = \frac{1}{NT}\sum_{i=1}^{N}\sum_{t=1}^{T}y_{it}$，$\bar{\boldsymbol{x}} = \frac{1}{N}\sum_{i=1}^{N}\sum_{t=1}^{T}\boldsymbol{x}_{it}$。

此时，面板混合模型参数估计与传统的线性回归模型一样，满足无偏性、有效性和一致性。众多学者已对线性回归模型做了系统的统计分析，包括模型的参数估计、假设检验、方差分析、统计决策、变量选择等。然而，在实际工程中，线性回归模型是极为特殊的情况。当不同监测部位之间存在未知的个体特异效应，而且无法控制和标准化这些变量，遗漏的影响因素会导致严重的估计偏误等情况。一般形式的面板混合模型中不同测点变形的个体特异效应不存在显著差异，容易造成模型设定的误差。由于特高拱坝不同部位的变形规律差异较大，引入随测点变化的特异效应面板模型更符合实际工程情况。为此，下面研究变形固定效应和随机效应面板模型的构建方法。

根据式(4.3.23)面板模型的一般形式，在模型中引入随测点变化的特异效应量 α_i，则特高拱坝变形监测的固定效应面板模型为：

$$\delta = F(\cdot) + \alpha_i + \varepsilon = f(H, T, \theta) + \alpha_i + \varepsilon \tag{4.3.26}$$

式中：$F(\cdot)$ 是满足一定条件的连续回归函数，为特高拱坝变形固定效应面板模型中的解释变量部分；H 为水深；T 为温度计测值；θ 为与时间有关的影响因素；α_i 为大坝不同测点变形的固定效应；ε 为随机误差项。

将变形监测固定效应面板模型表示为矩阵形式为：

$$\boldsymbol{Y}_{it} = \boldsymbol{X}_{it}\boldsymbol{\beta} + \alpha_i + u_{it}, (i = 1, 2, 3, \cdots, N; t = 1, 2, 3, \cdots, T) \tag{4.3.27}$$

式中：$\boldsymbol{Y}_{it}$ 为i 个测点的全部监测序列；$\boldsymbol{X}_{it}$ 为自变量，反映了变形的主要影响因素；参数 $\boldsymbol{\beta}$ 不随测点 i 和时间 t 变化，$\boldsymbol{\beta} = [a_0, a_1, a_2, a_3, a_4, b_1, \cdots, b_m, c_1, c_2]^{\mathrm{T}}$。$\alpha_i$ 是不同变形监测点特有的固定效应，它刻画了大坝不同部位固有的特异效应量，反映了大坝不同测点变形的差异性。

此时，$[\alpha_i] = [\alpha_1, \alpha_2, \alpha_3, \cdots, \alpha_N]$ 和 $\boldsymbol{\beta}$ 为待估固定参数，则变形监测固定效应面板模型矩阵形式可表示为：

$$\boldsymbol{Y} = \begin{bmatrix}\boldsymbol{y}_1\\ \vdots\\ \boldsymbol{y}_i\\ \boldsymbol{y}_N\end{bmatrix} = \begin{bmatrix}\boldsymbol{e}\\ 0\\ \vdots\\ 0\end{bmatrix}\alpha_1 + \begin{bmatrix}0\\ \boldsymbol{e}\\ \vdots\\ 0\end{bmatrix}\alpha_2 + \cdots + \begin{bmatrix}0\\ 0\\ \vdots\\ \boldsymbol{e}\end{bmatrix}\alpha_N + \begin{bmatrix}\boldsymbol{x}_1\\ \vdots\\ \boldsymbol{x}_i\\ \boldsymbol{x}_N\end{bmatrix}\boldsymbol{\beta} + \begin{bmatrix}\boldsymbol{u}_1\\ \vdots\\ \boldsymbol{u}_i\\ \boldsymbol{u}_N\end{bmatrix} \tag{4.3.28}$$

式中：$\boldsymbol{y}_i = \begin{bmatrix}y_{i1}\\ y_{i2}\\ \vdots\\ y_{iT}\end{bmatrix}$，$\boldsymbol{x}_i = \begin{bmatrix}x_{1it} & x_{2it} & \cdots & x_{Kit}\\ x_{1i2} & x_{2i2} & \cdots & x_{Ki2}\\ \vdots & \vdots & & \vdots\\ x_{1iT} & x_{2iT} & \cdots & x_{KiT}\end{bmatrix}$，$\boldsymbol{e} = \begin{bmatrix}1\\ 1\\ \vdots\\ 1\end{bmatrix}$，$\boldsymbol{u}_i = \begin{bmatrix}u_{i1}\\ u_{i2}\\ \vdots\\ u_{iT}\end{bmatrix}$。

针对上述模型中的参数估计，运用分位数回归（Quantile Regression，QR）的思想，采用加权残差绝对值之和的方法估计参数。相比于常用的最小二乘回归方法，分位数回归能较精确地描述解释变量对被解释变量的变化范围以及条件分布形状的影响，还能刻画分布的尾部特征，更关键的是未对特高拱坝变形监测效应量中的随机扰动项进行分布的假定，使变形分析模型具有更强的稳健性。在分析中，定义 $\boldsymbol{y}$ 的 τ 分位数为：

$$Q_n(\tau) = \arg\min_{\xi}\Big\{\sum_{i:\, \boldsymbol{y}_i \geqslant \xi} \tau \mid \boldsymbol{y}_i - \xi \mid + \sum_{i:\, \boldsymbol{y}_i < \xi} (1-\tau) \mid \boldsymbol{y}_i - \xi \mid \Big\} = \arg\min_{\xi}\Big\{\sum_i \rho_\tau(\boldsymbol{y}_i - \xi)\Big\} \tag{4.3.29}$$

τ 分位数回归的目标函数为：

$$F(\beta;\ \tau) = \sum_{y \geqslant \boldsymbol{x}^{\mathrm{T}}\boldsymbol{\beta}} \tau \mid y_{it} - \boldsymbol{x}_{it}^{\mathrm{T}}\boldsymbol{\beta} - \alpha_i \mid + \sum_{y < \boldsymbol{x}^{\mathrm{T}}\beta} (1-\tau) \mid y_{it} - \boldsymbol{x}_{it}^{\mathrm{T}}\boldsymbol{\beta} - \alpha_i \mid \tag{4.3.30}$$

式中：$0 < \tau < 1$，$\rho_\tau(u) = u[\tau - I(u < 0)]$；$I(\cdot)$ 为当 $\boldsymbol{y}_i \leqslant \boldsymbol{y}$ 时值为 1，其余情况下为 0 的示性函数。

使得函数 $F(\beta;\ \tau)$ 极小的一阶条件为：

$$\sum_{i=1}^{N}\sum_{t=1}^{T} \boldsymbol{x}_{it}[\tau - I(y_{it} - \boldsymbol{x}_{it}^{\mathrm{T}}\boldsymbol{\beta} - \alpha_i < 0)] = 0 \tag{4.3.31}$$

根据上式求解得到的 $\hat{\boldsymbol{\beta}}$ 就是第 τ 分位数回归的回归系数，得到的 $\hat{\alpha}_i$ 即为变形固定效应量。

如果将不同测点的特异效应量视为随机变量，用随机效应模型描述大坝变形的实际状态，使得模型的参数部分重点反映变形监测值中的主要成分，随机效应部分则反映不同测点变形的特异成分，即将变截距面板模型中的个体效应 η_i 视为随机变量。下面重点研究变形监测随机效应面板模型型式。

根据式(4.3.24)、式(4.3.27)，变形监测随机效应面板模型可以表示为矩阵形式，即：

$$\boldsymbol{Y}_{it} = \boldsymbol{X}_{it}\boldsymbol{\beta} + \alpha_i + \varepsilon_{it},\ (i = 1,\ 2,\ 3,\ \cdots,\ N;\ t = 1,\ 2,\ 3,\ \cdots,\ T) \tag{4.3.32}$$

式中：$\boldsymbol{Y}_{it}$ 为全部监测序列；$\boldsymbol{X}_{it}$ 为自变量，$\boldsymbol{X}_{it} = \begin{bmatrix} \boldsymbol{x}_{11} & \boldsymbol{x}_{12} & \cdots & \boldsymbol{x}_{1t} \\ \boldsymbol{x}_{21} & \boldsymbol{x}_{22} & \cdots & \boldsymbol{x}_{2t} \\ \vdots & \vdots & \ddots & \vdots \\ \boldsymbol{x}_{i1} & \boldsymbol{x}_{i2} & \cdots & \boldsymbol{x}_{it} \end{bmatrix}$，$\boldsymbol{x}_{it} = [1,\ H_t^1,\ H_t^2,\ H_t^3,\ H_t^4,\ T_{1,t},\ \cdots,\ T_{m,t},\ \theta_{it},\ \ln\theta_{it}]^{\mathrm{T}}$，$H_t^1$，$H_t^2$，$H_t^3$，$H_t^4$ 分别为变形监测值的水压分量影响因素，$T_{1,t}$，$\cdots$，$T_{m,t}$ 为温度分量影响因素，θ_{it}，$\ln\theta_{it}$ 为时效分量影响因素；$\boldsymbol{\beta} = [a_0,\ a_1,\ a_2,\ a_3,\ a_4,\ b_1,\ \cdots,\ b_m,\ c_1,\ c_2]^{\mathrm{T}}$；$\varepsilon_{it}$ 满足 $E(\varepsilon_{it} \mid \boldsymbol{x}_{i1},\ \cdots,\ \boldsymbol{x}_{iT}) = 0$ 和 $\varepsilon_{it} \overset{iid}{\sim} (0,\ \sigma_\varepsilon^2)$；$\alpha_i$ 为不同测点变形的随机效应，对于所有测点 i，j 和时间 t，α_i 满足 $E(\alpha_{it} \mid \boldsymbol{x}_{i1},\ \cdots,\ \boldsymbol{x}_{iT}) = 0$，$E(\alpha_i^2) = \sigma_\alpha^2$，$E(\alpha_i\alpha_j) = 0$，$i \neq j$，$E(\varepsilon_{it}\alpha_j) = 0$，表征了外界复杂因素对大坝不同部位变形造成的特异效应，每个监测点的特异效应是一个随机变量，大坝总体变形的特异性符合正态分布，可根据 α_i 的分布情况进一步反映大坝不同部位变形的差异特性。

为了有效估计 $\boldsymbol{\beta}$ 和 α_i，式(4.3.32)可以用向量的形式表示为：

$$\boldsymbol{y}_i = \widetilde{\boldsymbol{X}}_i \boldsymbol{\delta} + \boldsymbol{v}_i,\ i = 1,\ 2,\ \cdots,\ N \tag{4.3.33}$$

式中：$\widetilde{\boldsymbol{X}}_i = [\boldsymbol{e},\ \boldsymbol{X}_i]$；$\boldsymbol{\delta}^{\mathrm{T}} = [\mu,\ \boldsymbol{\beta}^{\mathrm{T}}]$；$\boldsymbol{v}_i^{\mathrm{T}} = [v_{i1},\ \cdots v_{iT}]$，且 $v_{it} = \eta_i + \varepsilon_{it}$；$E(v_{it})^2 = \sigma_\varepsilon^2 + \sigma_\eta^2$；$E(v_{it}v_{is})^2 = \sigma_\eta^2$，$t \neq s$。

因此，对于第 i 个测点的 T 个监测值，令 $\mathbf{V} = E(\boldsymbol{v}_i \boldsymbol{v}_i^{\mathrm{T}})$ 为 $\boldsymbol{v}_i$ 的协方差矩阵，则

$$\mathbf{V} = \begin{bmatrix} \sigma_\varepsilon^2 + \sigma_\eta^2 & \sigma_\eta^2 & \sigma_\eta^2 & \cdots & \sigma_\eta^2 \\ \sigma_\eta^2 & \sigma_\varepsilon^2 + \sigma_\eta^2 & \sigma_\eta^2 & \cdots & \sigma_\eta^2 \\ \vdots & \vdots & \vdots & & \vdots \\ \sigma_\eta^2 & \sigma_\eta^2 & \sigma_\eta^2 & \cdots & \sigma_\varepsilon^2 + \sigma_\eta^2 \end{bmatrix} = \sigma_\varepsilon^2 \boldsymbol{I}_T + \sigma_\eta^2 \boldsymbol{e}\boldsymbol{e}^{\mathrm{T}} \tag{4.3.34}$$

式中：$\boldsymbol{I}_T$ 是 T 阶单位矩阵；$\boldsymbol{e}$ 是元素都是 1 的 T 维列向量。

由于 $\mathbf{V}$ 的非对角线上的元素不是 0，所以模型中的残差项相关，采用广义最小二乘估计法（Generalized Least Square Estimation Method，GLS），得到各分量参数的有效估计，GLS 估计量的正规方程组为：

$$\left[\sum_{i=1}^{N} \widetilde{\boldsymbol{X}}_i^{\mathrm{T}} \mathbf{V}^{-1} \widetilde{\boldsymbol{X}}_i\right] \boldsymbol{\delta} = \sum_{i=1}^{N} \widetilde{\boldsymbol{X}}_i^{\mathrm{T}} \mathbf{V}^{-1} \boldsymbol{y}_i \tag{4.3.35}$$

根据 Maddala 的方法，$\mathbf{V}^{-1}$ 可表示为：

$$\mathbf{V}^{-1} = \frac{1}{\sigma_u^2}\left[\left(\boldsymbol{I}_T - \frac{1}{T}\boldsymbol{e}\boldsymbol{e}^{\mathrm{T}}\right) + \varphi \frac{1}{T}\boldsymbol{e}\boldsymbol{e}^{\mathrm{T}}\right] = \frac{1}{\sigma_u^2}\left(\boldsymbol{Q} + \varphi \frac{1}{T}\boldsymbol{e}\boldsymbol{e}^{\mathrm{T}}\right) \tag{4.3.36}$$

令 $\varphi = \dfrac{\sigma_u^2}{\sigma_u^2 + T\sigma_\alpha^2}$，则式(4.3.36)可表示为：

$$[W_{\tilde{x}\tilde{x}} + \varphi B_{\tilde{x}\tilde{x}}]\begin{bmatrix} \hat{\mu} \\ \boldsymbol{\beta} \end{bmatrix} = W_{\tilde{x}y} + \varphi B_{\tilde{x}y} \tag{4.3.37}$$

整理式(4.3.37)得：

$$\begin{bmatrix} \varphi NT & \varphi T \sum_{i=1}^{N} \bar{\boldsymbol{x}}_i \\ \varphi T \sum_{i=1}^{N} \bar{\boldsymbol{x}}_i & \sum_{i=1}^{N} \boldsymbol{X}_i^{\mathrm{T}} \boldsymbol{Q} \boldsymbol{X}_i + \varphi T \sum_{i=1}^{N} \bar{\boldsymbol{x}}_i \bar{\boldsymbol{x}}_i^{\mathrm{T}} \end{bmatrix} \begin{bmatrix} \hat{\mu} \\ \hat{\boldsymbol{\beta}} \end{bmatrix} = \begin{bmatrix} \varphi NT \bar{\boldsymbol{y}} \\ \sum_{i=1}^{N} \boldsymbol{X}_i^{\mathrm{T}} \boldsymbol{Q} + \varphi T \sum_{i=1}^{N} \bar{\boldsymbol{x}}_i \bar{\boldsymbol{y}}_i \end{bmatrix} \tag{4.3.38}$$

利用分块矩阵求逆公式，可以得到

$$\begin{aligned} \hat{\boldsymbol{\beta}} &= \left[\frac{1}{T}\sum_{i=1}^{N} \boldsymbol{X}_i^{\mathrm{T}} \boldsymbol{Q} \boldsymbol{X}_i + \varphi \sum_{i=1}^{N} (\bar{\boldsymbol{x}}_i - \bar{\boldsymbol{x}})(\bar{\boldsymbol{x}}_i - \bar{\boldsymbol{x}})^{\mathrm{T}}\right]^{-1} \\ &\quad \times \left[\frac{1}{T}\sum_{i=1}^{N} \boldsymbol{X}_i^{\mathrm{T}} \boldsymbol{Q} \boldsymbol{y}_i + \varphi \sum_{i=1}^{N} (\bar{\boldsymbol{x}}_i - \bar{\boldsymbol{x}})(\bar{\boldsymbol{y}}_i - \bar{\boldsymbol{y}})\right] \\ &= \Delta \hat{\boldsymbol{\beta}}_b + (\boldsymbol{I}_k - \boldsymbol{\Delta})\, \hat{\boldsymbol{\beta}}_{CV} \end{aligned} \tag{4.3.39}$$

$$\hat{\boldsymbol{u}} = \bar{\boldsymbol{y}} - \bar{\boldsymbol{\beta}}^{\mathrm{T}}\bar{\boldsymbol{x}} \tag{4.3.40}$$

得到的$\hat{\boldsymbol{\beta}}$ 和$\hat{\boldsymbol{u}}$ 为模型中的待估参数，其中，

$$\Delta = \varphi T\left[\sum_{i=1}^{N}\boldsymbol{X}_i^{\mathrm{T}}\boldsymbol{Q}\boldsymbol{X}_i + \varphi T\sum_{i=1}^{N}(\bar{\boldsymbol{x}}_i - \bar{\boldsymbol{x}})(\bar{\boldsymbol{x}}_i - \bar{\boldsymbol{x}})^{\mathrm{T}}\right]^{-1} \times \sum_{i=1}^{N}[(\bar{\boldsymbol{x}}_i - \bar{\boldsymbol{x}})(\bar{\boldsymbol{x}}_i - \bar{\boldsymbol{x}})^{\mathrm{T}}]$$

$$\hat{\boldsymbol{\beta}}_b = [\sum_{i=1}^{N}(\bar{\boldsymbol{x}}_i - \bar{\boldsymbol{x}})(\bar{\boldsymbol{x}}_i - \bar{\boldsymbol{x}})^{\mathrm{T}}]^{-1}\sum_{i=1}^{N}[(\bar{\boldsymbol{x}}_i - \bar{\boldsymbol{x}})(\bar{\boldsymbol{y}}_i - \bar{\boldsymbol{y}})] \tag{4.3.41}$$

式中：$\hat{\boldsymbol{\beta}}_b$ 为组间估计量，$\hat{\boldsymbol{\beta}}_{CV}$ 为协方差估计量。

通过分析可以发现，GLS 估计量是组间估计量和组内估计量的加权平均，对于随机效应模型来说，GLS 估计量是最优线性无偏估计量(BLUE)。

由上述研究表明，影响特高拱坝变形值$\boldsymbol{Y}$的因素表示为两个部分，自变量$\boldsymbol{X}_1$，…，$\boldsymbol{X}_p$表示所有测点变形的共同影响因素（水压、温度、时效等），特异效应量α_1，…，α_i 反映不同测点变形的差异性，这种特异效应量的取值有两种情况，相应的面板模型有固定效应模型和随机效应模型。实际工程中，需选取适合特高拱坝变形特征的面板模型，即需要对模型的型式进行选择，可以通过对变形监测序列的检验来确定选择固定效应还是随机效应面板模型。

3.3 模型的型式选择及有效性评价

(1) 模型型式的选择

特高拱坝的变形监测序列可以根据上面提出的方法建立分区面板模型，但是表达测点之间差异性的虚拟变量形式，即特异效应量是固定量还是随机变量，需要通过面板模型的设定检验来确定是固定效应还是随机效应。

在面板模型中，满足基本回归假设得到的 OLS 估计量才是 BLUE 估计量，如果不能满足$E(v_{it} \mid \boldsymbol{X}_{it}) = 0$，则广义最小二乘估计量$\hat{\boldsymbol{\beta}}_{GLS}$ 是有偏的、不一致的。因此，需要区分特异效应量是固定效应还是随机效应。Hausman 和 Taylor 提出通过对随机误差项与变量之间的相关性检验来确定选择固定效应还是随机效应，即检验$E(v_{it} \mid \boldsymbol{X}_{it}) = 0$ 是否成立。Hausman 设定：

$$\hat{\boldsymbol{q}}_1 = \hat{\boldsymbol{\beta}}_{GLS} - \hat{\boldsymbol{\beta}}_{within} \tag{4.3.42}$$

式中：$\hat{\boldsymbol{\beta}}_{within}$ 为组内估计量。

原假设为H_0:$E(v_{it} \mid \boldsymbol{X}_{it}) = 0$；备择假设为$H_1$:$E(v_{it} \mid \boldsymbol{X}_{it}) \neq 0$。在原假设$H_0$成立时，有效估计量及其与非有效估计量差值的协方差应当为0，有$plim\hat{\boldsymbol{q}}_1 = 0$, $Cov(\hat{\boldsymbol{q}}_1, \hat{\boldsymbol{\beta}}_{GLS}) = 0$。因$\hat{\boldsymbol{\beta}}_{within} - \boldsymbol{\beta} = (\boldsymbol{X}^{\mathrm{T}}\boldsymbol{Q}\boldsymbol{X})^{-1}\boldsymbol{X}^{\mathrm{T}}\boldsymbol{Q}\mu$, $\hat{\boldsymbol{\beta}}_{GLS} - \boldsymbol{\beta} = (\boldsymbol{X}\boldsymbol{\Omega}^{-1}\boldsymbol{X})^{-1}\boldsymbol{X}\boldsymbol{\Omega}^{-1}\mu$, $E(\boldsymbol{q}'_1) = 0$, $Cov(\hat{\boldsymbol{\beta}}_{GLS}, \hat{\boldsymbol{q}}_1) = Var(\hat{\boldsymbol{\beta}}_{GLS}) - Cov(\hat{\boldsymbol{\beta}}_{GLS}, \hat{\boldsymbol{\beta}}_{within}) = 0$, $\hat{\boldsymbol{\beta}}_{within} = \hat{\boldsymbol{\beta}}_{GLS} - \hat{\boldsymbol{q}}_1$，则

$$Var(\hat{\boldsymbol{\beta}}_{within}) = Var(\hat{\boldsymbol{\beta}}_{GLS}) + Var(\hat{\boldsymbol{q}}_1) \tag{4.3.43}$$

由此得到

$$Var(\hat{\boldsymbol{q}}_1) = Var(\hat{\boldsymbol{\beta}}_{within}) - Var(\hat{\boldsymbol{\beta}}_{GLS}) = \sigma_u^2[(\boldsymbol{X}^{\mathrm{T}}\boldsymbol{Q}\boldsymbol{X})^{-1} - (\boldsymbol{X}^{\mathrm{T}}\boldsymbol{\Omega}^{-1}\boldsymbol{X})^{-1}] \tag{4.3.44}$$

Hausman 检验统计量为：

$$m_1 = \hat{\boldsymbol{q}}_1^{\mathrm{T}} \left[Var(\hat{\boldsymbol{q}}_1) \right]^{-1} \hat{\boldsymbol{q}}_1 \tag{4.3.45}$$

原假设 $H_0: E(v_{it} \mid \boldsymbol{X}_{it}) = 0$ 成立时，m_1 的渐近分布为 χ_K^2，K 为斜率向量 $\boldsymbol{\beta}$ 的维数。

在此基础上，为了保证特高拱坝变形面板模型的适用性，可以增加两个统计量进行检验，设

$$\hat{\boldsymbol{q}}_2 = \hat{\boldsymbol{\beta}}_{GLS} - \hat{\boldsymbol{\beta}}_{Between},\ \hat{\boldsymbol{q}}_3 = \hat{\boldsymbol{\beta}}_{within} - \hat{\boldsymbol{\beta}}_{Between} \tag{4.3.46}$$

式中：$\hat{\boldsymbol{\beta}}_{Between}$ 为组间估计量，则检验统计量为：

$$m_2 = \hat{\boldsymbol{q}}_2^{\mathrm{T}} \left[Var(\hat{\boldsymbol{q}}_2) \right]^{-1} \hat{\boldsymbol{q}}_2,\ m_3 = \hat{\boldsymbol{q}}_3^{\mathrm{T}} \left[Var(\hat{\boldsymbol{q}}_3) \right]^{-1} \hat{\boldsymbol{q}}_3 \tag{4.3.47}$$

原假设 $H_0: E(v_{it} \mid \boldsymbol{X}_{it}) = 0$ 成立时，m_2 和 m_3 的渐近分布都为 χ_K^2。

综上分析，如果 $E(v_{it} \mid \boldsymbol{X}_{it}) = 0$ 成立，说明模型中不可监测的因素是随机变化的，与自变量没有关系，可以选择随机效应模型；而当 $E(v_{it} \mid \boldsymbol{X}_{it}) = 0$ 不成立时，说明模型中不可监测的因素与自变量具有相关性，对模型的影响具有可测性，应选择固定效应模型。

(2) 模型有效性评价

评价一个模型的效果，通常考虑模型所包括的解释变量是否能够尽可能地解释因变量的变化，故需要一定的参考标准或者指导方针，否则无法确定所选择的模型是不是好的、恰当的或正确的。

下面从模型总体拟合优度和每个变量的重要性两方面考察所建模型的效果，首先研究总体拟合优度的度量标准。

采用校正的样本决定系数 R^2 和 F 值来度量总体拟合优度，定义为：

$$R^2 = \frac{ESS}{TSS};\ F = \frac{R^2/(k-1)}{(1-R^2)/(n-k)} \tag{4.3.48}$$

式中：ESS 为回归平方和；TSS 为总的离差平方和；n 为样本容量；k 为包括截距在内的解释变量的个数。

由 R^2 的定义可知，R^2 越接近于 1，表示估计的回归拟合效果越好，而对于面板模型中包含大量的解释变量，增加解释变量个数引起的 R^2 的增大与拟合好坏无关，需要调整 R^2。调整的思路是：将残差平方和与总离差平方和分别除以各自的自由度，以剔除变量个数对拟合优度的影响。调整后的 R^2 定义为：

$$\bar{R}^2 = 1 - \frac{RSS/(n-k-1)}{TSS/(n-1)} \tag{4.3.49}$$

式中：RSS 为残差平方和，TSS 为总变差平方和，$n-k-1$ 为残差平方和的自由度，$n-1$ 为总体平方和的自由度。

可以利用 F 统计量进行总体显著性检验，F 检验统计量的定义为：

$$F = \frac{ESS/k}{RSS/n-k-1} = \frac{\sum_{i=1}^{n} (\hat{y}_i - \bar{y})^2 / k}{\sum_{i=1}^{n} (y_i - \hat{y})^2 / (n-k-1)} \sim F(k,\ n-k-1) \tag{4.3.50}$$

式中：ESS 为回归平方和，RSS 为残差平方和。

原假设成立时，统计量服从自由度为 $(k, n-k-1)$ 的 F 分布。计算统计量 F 可以得到数值 P，给定显著性水平 α，通过 F_α 和 P 的比较，判定原假设是否成立。F 与 R^2 同向变动，通过调整后的 R^2 和 F 值可以总体评价模型的有效性和拟合优度，F 与 R^2 的值越高，模型拟合的效果就越好。

对于面板模型中每个变量的重要性可以通过 t 统计量进行检验，t 统计量定义为：

$$t=\frac{\hat{\beta}_i}{S_{\hat{\beta}_i}} \sim t(n-k-1) \tag{4.3.51}$$

式中：$\hat{\beta}_i$，$S_{\hat{\beta}_i}$ 分别为面板模型估计量和对应方差。

如果一次 t 检验后，模型中存在多个不重要变量，将 t 值最小的变量剔除掉，再重新进行检验，每次检验只能剔除一个变量，直至所有变量通过 t 检验。

第四节　特高拱坝变形动态分区变系数面板预测模型

特高拱坝工作条件十分复杂，结构力学特性以及对外部荷载的响应也处于动态变化中，大坝结构性态改变在变形信息的平稳性上有直观反映，表现为变形监测序列平稳→非平稳→平稳的连续变化过程。传统方法往往侧重于单测点一维变形序列的平稳性分析，很少联合考虑变形序列的空间结构和时间结构，故难以得知当前状态下的变形性态是否发生改变。原先的变形分析模型在当前状态下是否仍然适合，这主要牵涉变形序列平稳性有效判别问题。此外，变形序列的时空结构隐含了不同时期的大坝变形空间状态，反映了大坝变形性态的动态变化过程，如何通过变形时空结构分析，捕捉坝体的敏感薄弱部位，进而识别整体结构变形性态的演变规律，需要研究。特高拱坝结构系统的力学行为是大坝各个部位的协同效应，其整体变形性态是大坝各区域变形的综合表现，由于不同区域的变形影响因素并不完全相同，上文引入变形特异效应量描述了不同区域变形性态的差异性。而对同一区域内变形规律相似的不同测点建模分析时，由于变形影响因素单位变化对大坝变形的作用效应也不完全相同，故需要建立能够同时反映总体变形相似性和不同测点变形随机性的动态分析模型。针对上述问题，下面在分析特高拱坝变形非平稳系列典型特征基础上，建立综合反映实际大坝变形性态演变过程中变形序列性质改变的平稳性判别方法；通过特高拱坝变形时空结构的划分，提出大坝变形动态分区方法；针对变形影响因素单位变化对大坝变形的作用效应，建立特高拱坝变形分区变系数面板分析预测模型。

1　拱坝变形面板序列的平稳性判别

大坝实际运行中，结构内在的自适应协同作用，表现为变形序列平稳→自适应调整→平稳的动态过程。由于特高拱坝实际变形监测序列较为复杂，传统方法很难直接判别其平稳性，故下面总结典型的变形非平稳序列，为建立变形面板序列平稳性判别方法打下基础。

1.1　变形序列平稳性分类

判定单一变形监测序列 $\{y_t\}$ 是否平稳，关键在于是否满足弱平稳的三个条件：① 均值为常数，即 $\mu(t)=\mu$；② 方差为常数，即 $Var(y_t)=\sigma^2$；③ 协方差与时间 t 无关，即 $Cov(y_t, y_{t+k})=r_k$。若不能完全满足上述弱平稳的三个条件，则认为此变形序列是非平稳的。结合上述三个条件，经对变形监测序列统计分析表明，大坝变形非平稳序列可归纳为三种形式，如图 4.4.1 所示。$X_1(t)$ 的监测序列不在固定不变的水平线附近随机波动，均值 $E[X(t)]$ 将随时间而变化，诸如此类型的变形序列在特高拱坝中常遇到，随着荷载的动态变化，坝体不断调整适应，变形序列属“阶梯”状变化；$X_2(t)$ 的监测序列虽然在 $x=0$ 的水平线附近随机波动，但波动幅度不是均匀的，故 $X_2(t)$ 的方差 $\sigma^2[X_2(t)]$ 将随时间而变化；$X_3(t)$ 的监测序列具有更复杂的性质，它的振动频率和幅度均随时间而变化，这意味着 $X_3(t)$ 的相关函数值随时间和间隔时间的不同而变化。显然这些非平稳性质的不同组合，可以形成更复杂的非平稳变形序列。

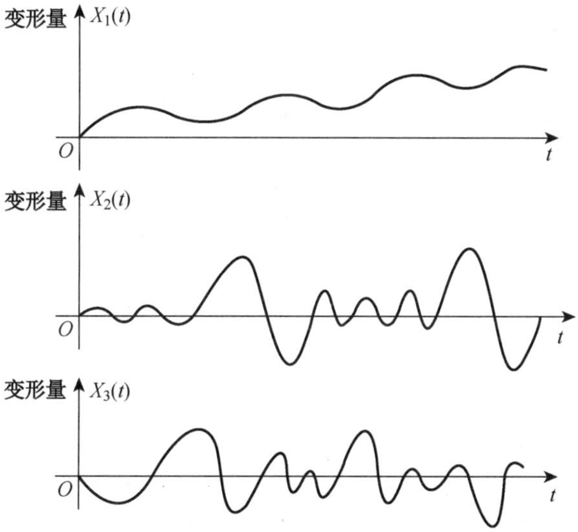

图 4.4.1　典型的非平稳变形序列

对于上述的三种典型变形非平稳序列，常用的平稳性分析方法是单位根检验法，其传统检验模式有：既有趋势、又有截距；只有截距；以上都无。但实际工程中，带趋势项的变形平稳过程和确定性趋势非平稳过程在表达式上存在相似性，所以往往误导判断。如一趋势平稳序列可表示为：

$$y_{it}=c+rt+u_{it} \tag{4.4.1}$$

式中：c 为常数项，r 为拟合系数，变形监测序列 $\{y_{it}\}$ 为趋势性平稳过程，$\{u_{it}\}$ 为平稳过程。

而对于另一确定性趋势的变形监测序列非平稳过程，其序列为：

$$z_{it} = a + z_{it-1} + u_{it} \tag{4.4.2}$$

式中：a 为常数项。

将上述变形监测序列 $\{z_{it}\}$ 展开后，可得

$$\begin{aligned} z_{it} &= a + (a + z_{it-2} + u_{it-1}) + u_{it} \\ &= a + [a + (a + z_{it-3} + u_{it-2}) + u_{it-1}] + u_{it} \\ &\vdots \\ &= at + \sum_{j=1}^{t} u_{it} \end{aligned} \tag{4.4.3}$$

从式(4.4.3)可看出，变换后的监测序列 $\{z_{it}\}$ 包含确定的趋势项 at，而监测序列 $\{y_{it}\}$ 含有确定的趋势 rt，所以从形式上很难区分趋势性平稳过程和确定性趋势非平稳过程，容易导致单位根检验的失效，并对结构内在的发展机制造成错误理解。将此类具有结构变化的变形序列误判为理想平稳的序列加以建模分析，会产生伪回归现象，导致对大坝结构变形性态的误判。同时，大坝结构难免因外界偶然因素作用而产生自适应调整，此时变形监测序列的趋势性虽然发生改变，但仍属于近平稳状态，大坝结构调整后仍处于正常运行状态。此时，结构上的改变常常会使得变形序列单位根检验的功效降低，将具有结构变化的趋势性平稳序列误判为非平稳序列过程，产生单位根伪检验现象，导致对结构状态的误判。由于时间序列单位根检验统计量的渐近极限分布并不是正态分布，单独变形的时间序列分析并不能准确判断结构变化的准确性，即使没有伪回归，变点仍然可能发生在面板数据中，而特高拱坝整体变形在时间维度上是一个渐变的动态发展过程，在截面维度上是一个统一协调变化的整体，兼顾时间维度和截面维度的变形面板数据可以全面反映整体变形性态。因此，下面利用带结构变化的 LSTR-IPS 面板单位根检验特高拱坝变形序列的平稳性。

1.2 变形序列平稳性检验

Im Pesaran 和 Shin 提出了基于截面序列 DF 或 ADF 统计量的异质面板数据的单位根检验，其检验的模型(简称为 IPS 模型)可以表示为：

$$y_{it} = z\alpha_i + \beta_i y_{i,t-1} + \sum_{j=1}^{P_i} \phi_{ij} \Delta y_{i,t-j} + \mu_{it},\ i = 1, 2, \cdots, N,\ t = 1, 2, \cdots, T \tag{4.4.4}$$

式中：μ_{it} 相互独立并均服从 $N(0, \sigma_i^2)$ 分布，$z=(0)$ 或 $z=(1)$ 或 $z=(1, t)$。

原假设为 $H_0:\beta_i = 1$，即含有单位根过程，备择假设为 $H_1:\exists i, \beta_i < 1$，其检验统计量为：

$$Z_{\bar{t}} = \sqrt{N}[\bar{t} - N^{-1}\sum_{i=1}^{N} E(t_i)] / \sqrt{N^{-1}\sum_{i=1}^{N} Var(t_i)} \tag{4.4.5}$$

式中：$\bar{t} = N^{-1}\sum_{i=1}^{N} t_i$，$t_i$ 为第 i 个横截面序列 DV(Dfuller Varname)检验的 t 统计量。

特高拱坝变形监测序列结构上的改变常常会使得面板单位根检验的功效降低。为了避免变形趋势项对检验结果的影响，更准确地描述变形监测序列在时间上平滑的变化，下面引入连续的平滑函数——逻辑平滑转换回归(Logistic Smooth Transition Regression, LSTR)模型来描绘带结构变化的变形面板序列，以此对变形监测序列的平稳性进行判断。

特高拱坝变形面板序列 LSTR-IPS 检验模型为：

$$y_{it} = a_{1i} + a_{2i}S_{it}(\gamma,\ \tau) + v_{it} \tag{4.4.6}$$

$$y_{it} = a_{1i} + \beta_{1i}t + a_{2i}S_{it}(\gamma,\ \tau) + v_{it} \tag{4.4.7}$$

$$y_{it} = a_{1i} + \beta_{1i}t + \beta_{2i}tS_{it}(\gamma,\ \tau) + v_{it} \tag{4.4.8}$$

式中：y_{it} 为变形面板序列，$S_{it}(\gamma,\ \tau) = \{1+\exp[-\gamma_i(t-\tau T)]\}^{-1}$，$\gamma_i \geqslant 0$，$i = 1, 2, \cdots, N$，$t = 1, 2, \cdots, T$。

参数 τ 决定结构转换过程的时间中点，参数 γ_i 决定不同测点变形序列之间的转换速度，对于 $\gamma_i > 0$，有 $S_{i,-\infty}(\gamma,\ \tau) = 0$，$S_{i,+\infty}(\gamma,\ \tau) = 1$，$S_{i,\tau T}(\gamma,\ \tau) = 0.5$。$\gamma_i$ 越小，则 $S_{it}(\gamma,\ \tau)$ 穿越(0, 1)区间需要时间越长，在 $\gamma_i = 0$ 的极限情况下，对于所有的时间 t，$S_{it}(\gamma,\ \tau) = 0.5$。相反，$\gamma_i$ 越大，则 $S_{it}(\gamma,\ \tau)$ 穿越(0, 1)区间需要时间越少，当 γ_i 趋近于 $+\infty$，在 $t = \tau T$ 时，$S_{it}(\gamma,\ \tau)$ 能立即从 0 变到 1。因此，式(4.4.6)中的序列 $\{y_{it}\}$ 围绕均值呈平稳性，均值的变化区间为 $[a_{1i}, a_{1i}+a_{2i}]$；式(4.4.7)中的序列 $\{y_{it}\}$ 有固定的斜率 β_{1i}，但截距从 a_{1i} 变到 $a_{1i}+a_{2i}$；式(4.4.8)中的序列 $\{y_{it}\}$ 有固定的截距 a_{1i}，但斜率从 β_{1i} 变到 $\beta_{1i}+\beta_{2i}$。

对于式(4.4.6)—式(4.4.8)，LSTR-IPS 单位根检验原假设和备择假设如下：

$$H_0: y_{it} = \mu_{it}, \mu_{it} = \mu_{it-1} + \varepsilon_{it}, \mu_{i0} = \psi \tag{4.4.9}$$

$H_1: y_{it}$ 为式(4.4.6)、式(4.4.7)或式(4.4.8)。

或

$$H_0: y_{it} = \mu_{it}, \mu_{it} = \kappa + \mu_{it-1} + \varepsilon_{it}, \mu_{i0} = \psi \tag{4.4.10}$$

$H_1: y_{it}$ 为式(4.4.6)或式(4.4.7)。

式中：$\{\varepsilon_{it}\}$ 为零均值的 $I(0)$ 过程。

无论在式(4.4.9)还是式(4.4.10)条件下，如果原假设成立，则变形监测序列 $\{y_{it}\}$ 为单位根序列，即变形为非平稳序列；相反，如果原假设不成立，则变形监测序列 $\{y_{it}\}$ 为带结构变化的趋势平稳序列，即变形为平稳序列。

2　特高拱坝变形动态分区方法

特高拱坝在时间维度和截面维度上的变形状态，综合反映了大坝各个时期的结构变化性态，整体的变形序列中隐含了结构性态的每一次变化，利用变形面板数据，基于 LSTR-IPS 单位根检验，可以有效识别变形序列的平稳性，并将全局变形序列分为若干个平稳阶段。实际工程中，管理者往往更加关心大坝变形平稳性改变过程中结构发生调整的区域，以便发现可能存在的隐患病害。为此，对不同平稳阶段的大坝进行变形分区，寻找出大坝在各个时期变形趋势和变化规律相同的部位，并经分区结果对比，寻找变形规律和趋势发生改变的部位，即大坝在不同平稳阶段变形分区情况发生改变的部位，进而掌握局部或区域的动态调整过程。

下面利用上文提出的平稳性识别和分区方法，通过对变形监测序列的时间结构的划分，提出变形动态分区方法。

根据前文建立的大坝变形平稳性识别方法，利用 LSTR-IPS 单位根检验模型［式(4.4.6)—式(4.4.8)］对大坝变形时间结构进行划分。

(1) 对全局变形监测序列 $\{y_{it}\}$ 采用非线性最小二乘回归(Nonlinear Least Square, NLS)进行平滑转换处理，需要估计式(4.4.6)—式(4.4.8)中的参数，如 a_{1i}，β_{1i}，a_{2i}，β_{2i}，γ_i，τ 等，为此首先将平滑转换函数展开，令 $C_i=\exp(\gamma_i\tau T)$，则有

$$S_{it}(\gamma,\tau)=\{1+\exp[-\gamma_i(t-\tau T)]\}^{-1}=\frac{\exp(\gamma_i t)}{C_i+\exp(\gamma_i t)} \tag{4.4.11}$$

又

$$\frac{\mathrm{d}S_i}{\mathrm{d}t}=C_i\gamma_i\mathrm{e}^{\gamma_i t}(C_i+\mathrm{e}^{\gamma_i t})^{-2} \tag{4.4.12}$$

$$\frac{\mathrm{d}^2S_i}{\mathrm{d}t^2}=C_i\gamma_i^2\mathrm{e}^{\gamma_i t}(C_i+\mathrm{e}^{\gamma_i t})^{-3}(C_i-\mathrm{e}^{\gamma_i t}) \tag{4.4.13}$$

$$\frac{\mathrm{d}^3S_i}{\mathrm{d}t^3}=C_i\gamma_i^3\mathrm{e}^{\gamma_i t}(C_i+\mathrm{e}^{\gamma_i t})^{-4}(C_i^2-4C_i\mathrm{e}^{\gamma_i t}-\mathrm{e}^{2\gamma_i t}) \tag{4.4.14}$$

则平滑转换函数 $S_{it}(\gamma,\tau)$ 在 $t=0$ 处 Taylor 展开为：

$$S_{it}(\gamma,\tau\text{: }t=0)=(1+C_i)^{-1} \tag{4.4.15}$$

$$S'_{it}(\gamma,\tau\text{: }t=0)=C_i\gamma_i(1+C_i)^{-2} \tag{4.4.16}$$

$$S''_{it}(\gamma,\tau\text{: }t=0)=C_i\gamma_i^2(1+C_i)^{-3}(C_i-1) \tag{4.4.17}$$

$$S'''_{it}(\gamma,\tau\text{: }t=0)=C_i\gamma_i^3(1+C_i)^{-4}(C_i^2-4C_i-1) \tag{4.4.18}$$

由此，$S_{it}(\gamma,\tau)$ 可表示为：

$$\begin{aligned}S_{it}(\gamma,\tau\text{: }t)=&(1+C_i)^{-1}+C_i\gamma_i(C_i+1)^{-2}t+\frac{1}{2}C_i\gamma_i^2(C_i+1)^{-3}(C_i-1)t^2\\&+\frac{1}{6}C_i\gamma_i^3(C_i+1)^{-4}(C_i^2-4C_i-1)t^3+R(\gamma_i,\tau\text{: }t)\end{aligned} \tag{4.4.19}$$

式中：$R(\gamma_i,\tau\text{: }t)$ 为三阶泰勒展开式余项。

将式(4.4.19)代入式(4.4.6)—式(4.4.8)进行最小二乘估计，可得到各参数 a_{1i}，β_{1i}，a_{2i}，β_{2i}，γ_i 和 τ 等的估计值，同时根据残差序列$\{\hat{v}_{it}\}$：

$$\hat{v}_{it}=y_{it}-[\hat{a}_{1i}+\hat{a}_{2i}S_{it}(\hat{\gamma},\hat{\tau})] \tag{4.4.20}$$

$$\hat{v}_{it}=y_{it}-[\hat{a}_{1i}+\hat{\beta}_{1i}t+\hat{a}_{2i}S_{it}(\hat{\gamma},\hat{\tau})] \tag{4.4.21}$$

$$\hat{v}_{it} = y_{it} - [\hat{a}_{1i} + \hat{\beta}_{1i}t + \hat{\beta}_{2i}tS_{it}(\hat{\gamma}, \hat{\tau})] \quad (4.4.22)$$

可以得到残差的估计值。

(2) 对上述的残差序列 $\{\hat{v}_{it}\}$ 进行单位根检验，其模型为：

$$\Delta\hat{v}_{it} = \bar{\omega}_i + \rho_i\hat{v}_{i,t-1} + u_{it}(i = 1, 2, \cdots, N, t = 1, 2, \cdots, T) \quad (4.4.23)$$

检验统计量为：

$$\overline{LSTR - IPS} = \sqrt{N}(\bar{t} - E(\bar{t}))/\sqrt{Var(\bar{t})} \quad (4.4.24)$$

式中：T 固定时，$t_{\rho_i, T}$ 统计量的平均值为 $\bar{t} = \frac{1}{N}\sum_{i=1}^{N} t_{\rho_i, T}$，$t_{\rho_i, T}$ 为模型式(4.4.6)— 式(4.4.8)中第 i 个截面序列中 ρ_i 的 t 统计量。

由计算得到的检验统计量 t 值，根据 LSTR-IPS 单位根检验原假设 $H_0: y_{it} = \mu_{it}$，$\mu_{it} = \mu_{it-1} + \varepsilon_{it}$，$\mu_{i0} = \psi$，备择假设为 $H_1: y_{it}$ 为式(4.4.6)或式(4.4.7)或式(4.4.8)，对比1%和5%显著性水平下的临界值，可以判断是否接受原假设。①在5%显著性水平下接受原假设，则变形监测序列为非平稳序列；②在1%显著性水平下拒绝原假设，则变形监测序列为平稳序列；③在上述两者之间，即在1%显著性水平下接受原假设，而在5%显著性水平下拒绝原假设，此时需对序列重新分段检验，直至每段序列检验结果在1%显著性水平下拒绝原假设，可以识别出平稳性发生改变的时段，从而完成对全局变形监测序列时间结构的划分。

总之，通过对大坝变形时空结构的划分，在时间结构上获得了大坝趋于稳定的阶段，在空间结构上得到了大坝变形规律相似的区域，实现了变形的动态分区。在此基础上，可以利用大坝变形的面板序列，建立能反映实际动态变化规律的变系数面板模型。

3　变形变系数面板模型的建模方法

前文建立的特高拱坝变形的分区变截距面板模型，为了描述大坝变形的复杂规律，引入了表征坝体不同部位特异效应的虚拟变量，并按其不同的差异特征建立了固定效应面板模型和随机效应面板模型。实际上，即使大坝同一区域内不同测点的变形规律也不完全相同，在建立模型时，需兼顾测点变形的共同规律和未知的异质性，允许模型中的系数(各影响因素单位变化对大坝变形的作用效应，以下简称系数)随测点变形性质变化而改变。下面针对大坝区域内变形面板模型系数变化问题，研究大坝变形各影响因素的固定系数和随机系数面板模型的特性，提出变系数面板模型的建模方法。

3.1　固定系数和随机系数面板模型

为分析方便，设变系数面板模型的一般形式为：

$$y_{it} = \sum_{k=1}^{K}\beta_{ki}x_{kit} + u_{it} = \sum_{k=1}^{K}(\bar{\beta}_k + \alpha_{ki})x_{kit} + u_{it}, i = 1, 2, \cdots, N, t = 1, 2, \cdots, T \quad (4.4.25)$$

式中：$\bar{\boldsymbol{\beta}}=[\bar{\beta}_0, \cdots, \bar{\beta}_K]^{\mathrm{T}}$ 为共同均值系数向量，$\boldsymbol{\alpha}_i=[\alpha_{0i}, \cdots, \alpha_{Ki}]^{\mathrm{T}}$ 为区域内不同测点变形对共同均值 $\bar{\boldsymbol{\beta}}$ 的随机偏差。

式(4.4.25)中第 i 个测点的模型系数为 $\boldsymbol{\beta}_i=[\beta_0, \cdots, \beta_k]^{\mathrm{T}}$，假设 $\boldsymbol{\beta}_i$ 为互不相同的固定常数，即采用固定系数形式表征不同测点变形间的异质性，则可以将全部变形 $N\times T$ 个监测数据表示为固定系数面板模型的形式：

$$\begin{bmatrix}\boldsymbol{y}_1\\ \boldsymbol{y}_2\\ \vdots\\ \boldsymbol{y}_N\end{bmatrix}=\begin{bmatrix}\boldsymbol{X}_1 & & & 0\\ & \boldsymbol{X}_2 & & \\ & & \ddots & \\ 0 & & & \boldsymbol{X}_N\end{bmatrix}\begin{bmatrix}\boldsymbol{\beta}_1\\ \boldsymbol{\beta}_2\\ \vdots\\ \boldsymbol{\beta}_N\end{bmatrix}+\begin{bmatrix}\boldsymbol{u}_1\\ \boldsymbol{u}_2\\ \vdots\\ u_N\end{bmatrix} \tag{4.4.26}$$

式中：$\boldsymbol{y}_i$ 为变形监测序列，$\boldsymbol{y}_i=[y_{i1}, \cdots, y_{iT}]^{\mathrm{T}}$；$\boldsymbol{X}_i$ 为第 i 个测点 $t\times k$ 的解释变量矩阵，

$$\boldsymbol{X}_i=\begin{bmatrix}\boldsymbol{x}_{11} & \boldsymbol{x}_{12} & \cdots & \boldsymbol{x}_{1k}\\ \boldsymbol{x}_{21} & \boldsymbol{x}_{22} & \cdots & \boldsymbol{x}_{2k}\\ \vdots & \vdots & \ddots & \vdots\\ \boldsymbol{x}_{t1} & \boldsymbol{x}_{t2} & \cdots & \boldsymbol{x}_{tk}\end{bmatrix}, \boldsymbol{x}_{tk}=[1, H_t^1, H_t^2, H_t^3, H_t^4, T_{1,t}, \cdots, T_{m,t}, \theta_t, \ln\theta_t]^{\mathrm{T}},$$

$\boldsymbol{\beta}_i=[\beta_0, \beta_1, \cdots, \beta_k]^{\mathrm{T}}$ 为不同测点的待估参数，$\boldsymbol{u}_i=[u_{i1}, \cdots, u_{iT}]^{\mathrm{T}}$ 为不同测点监测序列的随机误差。

此外，如果考虑不同测点的变形共同属性反映所属区域变形的总体规律，则可以利用区域内测点模型系数的均值来发现该区域变形的共同规律。若不同测点之间的异质性用 α_{kit} 来表征，则大坝变形的随机系数面板模型一般形式表示为：

$$y_{it}=\sum_{k=1}^{K}(\bar{\beta}_k+\alpha_{ki})x_{kit}+u_{it} \tag{4.4.27}$$

式中：$\{y_{it}\}$ 为变形监测序列；x_{kit} 为解释变量，$\boldsymbol{x}_{tk}=[1, H_t^1, H_t^2, H_t^3, H_t^4, T_{1,t}, \cdots, T_{m,t}, \theta_t, \ln\theta_t]^{\mathrm{T}}$，根据式(4.4.25)可知，模型系数 $\boldsymbol{\beta}_i$ 作为均值为 $\bar{\boldsymbol{\beta}}$ 的随机变量，$\boldsymbol{\beta}_i=\bar{\boldsymbol{\beta}}+\boldsymbol{\alpha}_i$，$\bar{\boldsymbol{\beta}}=[\bar{\beta}_0, \cdots, \bar{\beta}_K]^{\mathrm{T}}$ 为共同均值系数向量，$\boldsymbol{\alpha}_i=[\alpha_{0i}, \cdots, \alpha_{Ki}]^{\mathrm{T}}$ 为区域内不同测点变形对共同均值 $\bar{\boldsymbol{\beta}}$ 的随机偏差，α_{ki} 为均值为零，方差与协方差是常数的随机变量。即假定：

$$E(\boldsymbol{\alpha}_i)=0, \underset{K\times K}{E(\boldsymbol{\alpha}_i\boldsymbol{\alpha}_j^{\mathrm{T}})}=\begin{cases}\Delta & \text{如果 } i=j\\ 0 & \text{如果 } i\neq j\end{cases}, E(\boldsymbol{x}_{it}\boldsymbol{\alpha}_j^{\mathrm{T}})=0, E(\boldsymbol{\alpha}_i\boldsymbol{u}_j^{\mathrm{T}})=0, E(\boldsymbol{u}_i\boldsymbol{u}_j^{\mathrm{T}})=\begin{cases}\sigma_i^2\boldsymbol{I}_T & \text{如果 } i=j\\ 0 & \text{如果 } i\neq j\end{cases}。$$

则式(4.4.27)可以表示为：

$$\boldsymbol{y}=\boldsymbol{X}\bar{\boldsymbol{\beta}}+\tilde{\boldsymbol{X}}\boldsymbol{\alpha}+\boldsymbol{u} \tag{4.4.28}$$

式中：$\underset{NT\times 1}{\boldsymbol{y}}=[\boldsymbol{y}_1^{\mathrm{T}}, \cdots, \boldsymbol{y}_N^{\mathrm{T}}]^{\mathrm{T}}$，$\underset{NT\times K}{\boldsymbol{X}}=\begin{bmatrix}\boldsymbol{X}_1\\ \boldsymbol{X}_2\\ \vdots\\ \boldsymbol{X}_N\end{bmatrix}$，$\underset{NT\times NK}{\tilde{\boldsymbol{X}}}=\begin{bmatrix}\boldsymbol{X}_1 & & & 0\\ & \boldsymbol{X}_2 & & \\ & & \ddots & \\ 0 & & & \boldsymbol{X}_N\end{bmatrix}=\mathrm{diag}(\boldsymbol{X}_1, \boldsymbol{X}_2, \cdots, \boldsymbol{X}_N)$，$\boldsymbol{u}=[\boldsymbol{u}_1^{\mathrm{T}}, \cdots, \boldsymbol{u}_N^{\mathrm{T}}]^{\mathrm{T}}$，$\boldsymbol{\alpha}=[\boldsymbol{\alpha}_1^{\mathrm{T}}, \cdots, \boldsymbol{\alpha}_N^{\mathrm{T}}]^{\mathrm{T}}$。

复合扰动项 $\widetilde{\boldsymbol{X}}\boldsymbol{\alpha}+\boldsymbol{u}$ 的协方差矩阵是分块对角矩阵，第 i 个对角子块为：

$$\boldsymbol{\Phi}_i=\boldsymbol{X}_i\boldsymbol{\Delta}\boldsymbol{X}_i^{\mathrm{T}}+\sigma_i^2\boldsymbol{I}_T \tag{4.4.29}$$

由上研究表明：对于变形固定系数面板模型，由于模型中解释变量为影响变形的共同因素，即 $\boldsymbol{X}_i$ 对所有的 i 都相同，则可以使用最小二乘估计量作为 $[\beta_1^{\mathrm{T}},\cdots,\beta_N^{\mathrm{T}}]$ 的有效估计。但对于变形随机系数面板模型，传统的 $\boldsymbol{y}$ 对 $\boldsymbol{x}$ 的简单回归所导出 $\boldsymbol{\beta}$ 的估计量不是有效估计，且常用来计算估计量方差-协方差矩阵的最小二乘公式也不再适用。为此，下面重点研究共同均值向量 $\bar{\boldsymbol{\beta}}$ 的估计方法，并提出变系数面板模型系数 $\boldsymbol{\beta}_i$ 的预测方法。

3.2　随机系数的估计与预测

$\bar{\boldsymbol{\beta}}$ 的最优线性无偏估计量是广义最小二乘估计量

$$\hat{\bar{\boldsymbol{\beta}}}_{GLS}=\left(\sum_{i=1}^{N}\boldsymbol{X}_i^{\mathrm{T}}\boldsymbol{\Phi}_i^{-1}\boldsymbol{X}_i\right)^{-1}\left(\sum_{i=1}^{N}\boldsymbol{X}_i^{\mathrm{T}}\boldsymbol{\Phi}_i^{-1}\boldsymbol{y}_i\right)=\sum_{i=1}^{N}\boldsymbol{W}_i\hat{\boldsymbol{\beta}}_i \tag{4.4.30}$$

其中：

$$\begin{aligned}\boldsymbol{X}_i^{\mathrm{T}}\boldsymbol{\Phi}_i^{-1}\boldsymbol{X}_i&=\boldsymbol{X}_i^{\mathrm{T}}(\sigma_i^2\boldsymbol{I}_T+\boldsymbol{X}_i\boldsymbol{\Delta}\boldsymbol{X}_i^{\mathrm{T}})^{-1}\boldsymbol{X}_i\\&=\boldsymbol{X}_i^{\mathrm{T}}\left[\frac{1}{\sigma_i^2}\boldsymbol{I}_T-\frac{1}{\sigma_i^2}\boldsymbol{X}_i(\boldsymbol{X}_i^{\mathrm{T}}\boldsymbol{X}_i+\sigma_i^2\boldsymbol{\Delta}^{-1})^{-1}\boldsymbol{X}_i^{\mathrm{T}}\right]\boldsymbol{X}_i\\&=\frac{1}{\sigma_i^2}[\boldsymbol{X}_i^{\mathrm{T}}\boldsymbol{X}_i-\boldsymbol{X}_i^{\mathrm{T}}\boldsymbol{X}_i\{(\boldsymbol{X}_i^{\mathrm{T}}\boldsymbol{X}_i)^{-1}-(\boldsymbol{X}_i^{\mathrm{T}}\boldsymbol{X}_i)^{-1}\\&\quad\times\left[(\boldsymbol{X}_i^{\mathrm{T}}\boldsymbol{X}_i)^{-1}+\frac{1}{\sigma_i^2}\boldsymbol{\Delta}\right]^{-1}(\boldsymbol{X}_i^{\mathrm{T}}\boldsymbol{X}_i)^{-1}\}\boldsymbol{X}_i^{\mathrm{T}}\boldsymbol{X}_i]\\&=[\boldsymbol{\Delta}+\sigma_i^2(\boldsymbol{X}_i^{\mathrm{T}}\boldsymbol{X}_i)^{-1}]^{-1}\end{aligned} \tag{4.4.31}$$

式(4.4.30)中，$\boldsymbol{W}_i$ 如下式：

$$\boldsymbol{W}_i=\left\{\sum_{i=1}^{N}[\boldsymbol{\Delta}+\sigma_i^2(\boldsymbol{X}_i^{\mathrm{T}}\boldsymbol{X}_i)^{-1}]^{-1}\right\}^{-1}[\boldsymbol{\Delta}+\sigma_i^2(\boldsymbol{X}_i^{\mathrm{T}}\boldsymbol{X}_i)^{-1}]^{-1},\ \hat{\boldsymbol{\beta}}_i=(\boldsymbol{X}_i^{\mathrm{T}}\boldsymbol{X}_i)^{-1}\boldsymbol{X}_i^{\mathrm{T}}\boldsymbol{y}_i \tag{4.4.32}$$

式(4.4.30)最后一个等式表明，该 GLS 估计量是每个横截面单元的最小二乘估计量的矩阵加权平均，权重与它们的协方差矩阵成反比。该式还表明 GLS 估计量仅要求 K 阶矩阵可逆，其中 GLS 估计量的协方差矩阵为：

$$Var(\hat{\bar{\boldsymbol{\beta}}}_{GLS})=\left(\sum_{i=1}^{N}\boldsymbol{X}_i^{\mathrm{T}}\boldsymbol{\Phi}_i^{-1}\boldsymbol{X}_i\right)^{-1}=\left\{\sum_{i=1}^{N}[\Delta+\sigma_i^2(\boldsymbol{X}_i^{\mathrm{T}}\boldsymbol{X}_i)^{-1}]^{-1}\right\}^{-1} \tag{4.4.33}$$

利用最小二乘估计量 $\hat{\boldsymbol{\beta}}_i=(\boldsymbol{X}_i^{\mathrm{T}}\boldsymbol{X}_i)^{-1}\boldsymbol{X}_i^{\mathrm{T}}\boldsymbol{y}_i$ 和残差 $\hat{\boldsymbol{u}}_i=\boldsymbol{y}_i-\boldsymbol{X}_i\hat{\boldsymbol{\beta}}_i$ 得到 σ_i^2 和 $\boldsymbol{\Delta}$ 的无偏估计量为：

$$\hat{\sigma}_i^2=\frac{\hat{\boldsymbol{u}}_i^{\mathrm{T}}\hat{\boldsymbol{u}}_i}{T-K}=\frac{1}{T-K}\boldsymbol{y}_i^{\mathrm{T}}[\boldsymbol{I}-\boldsymbol{X}_i(\boldsymbol{X}_i^{\mathrm{T}}\boldsymbol{X}_i)^{-1}\boldsymbol{X}_i^{\mathrm{T}}]\boldsymbol{y}_i \tag{4.4.34}$$

$$\hat{\boldsymbol{\Delta}} = \frac{1}{N-1}\sum_{i=1}^{N}(\hat{\boldsymbol{\beta}}_i - N^{-1}\sum_{i=1}^{N}\hat{\boldsymbol{\beta}}_i)(\hat{\boldsymbol{\beta}}_i - N^{-1}\sum_{i=1}^{N}\hat{\boldsymbol{\beta}}_i)^{\mathrm{T}} - \frac{1}{N}\sum_{i=1}^{N}\hat{\sigma}_i^2(\boldsymbol{X}_i^{\mathrm{T}}\boldsymbol{X}_i)^{-1} \tag{4.4.35}$$

估计量式(4.4.35)不一定是非负定的，如果出现负值情形，可采用

$$\hat{\boldsymbol{\Delta}} = \frac{1}{N-1}\sum_{i=1}^{N}(\hat{\boldsymbol{\beta}}_i - N^{-1}\sum_{i=1}^{N}\hat{\boldsymbol{\beta}}_i)(\hat{\boldsymbol{\beta}}_i - N^{-1}\sum_{i=1}^{N}\hat{\boldsymbol{\beta}}_i)^{\mathrm{T}} \tag{4.4.36}$$

代替估计量式(4.4.35)，该估计量虽不是无偏的，但它是非负定的，且 T 趋于无穷时是一致的。还可假定 $\boldsymbol{\Delta}^{-1}$ 服从自由度为 ρ、矩阵为 $\boldsymbol{R}$ 的 Wishart 分布，由此得到 Bayes 估计量为：

$$\boldsymbol{\Delta}^* = \frac{[\boldsymbol{R} + (N-1)\hat{\boldsymbol{\Delta}}]}{(N+\rho-K-2)} \tag{4.4.37}$$

式中：$\boldsymbol{R}$ 和 ρ 是先验参数，令 $\boldsymbol{R} = \hat{\boldsymbol{\Delta}}$ 及 $\rho = 2$。

在式(4.4.30)中用 $\hat{\sigma}_i^2$ 和 $\hat{\boldsymbol{\Delta}}$ 代替 σ_i^2 和 $\boldsymbol{\Delta}$ 后，则 $\bar{\boldsymbol{\beta}}$ 的估计量是渐近正态分布的有效估计量，该 GLS 估计量的协方差矩阵是式(4.4.33)的逆，即：

$$\begin{aligned} var(\hat{\bar{\boldsymbol{\beta}}}_{GLS})^{-1} &= N\boldsymbol{\Delta}^{-1} - \boldsymbol{\Delta}^{-1}\left[\sum_{i=1}^{N}\left(\boldsymbol{\Delta}^{-1} + \frac{1}{\sigma_i^2}\boldsymbol{X}_i^{\mathrm{T}}\boldsymbol{X}_i\right)^{-1}\right]\boldsymbol{\Delta}^{-1} \\ &= O(N) - O(N/T) \end{aligned} \tag{4.4.38}$$

故它的收敛速度是 $N^{1/2}$。

通过上述分析，可以得到共同均值系数 $\bar{\boldsymbol{\beta}}$ 的有效估计，在此基础上，针对不同时间对不同测点监测的角度考察样本的抽样性质，得到 $\boldsymbol{\beta}_i$ 的预测值 $\hat{\boldsymbol{\beta}}_i^*$，即：

$$\hat{\boldsymbol{\beta}}_i^* = \hat{\bar{\boldsymbol{\beta}}}_{GLS} + \boldsymbol{\Delta}X_i^{\mathrm{T}}(\boldsymbol{X}_i\boldsymbol{\Delta}\boldsymbol{X}_i^{\mathrm{T}} + \sigma_i^2\boldsymbol{I}_T)^{-1}(\boldsymbol{y}_i - \boldsymbol{X}_i\hat{\bar{\boldsymbol{\beta}}}_{GLS}) \tag{4.4.39}$$

利用式(4.4.39)预测 $\boldsymbol{\beta}_i$，该预测值在 $E(\hat{\boldsymbol{\beta}}_i^* - \boldsymbol{\beta}_i) = 0$ 的意义上是最优线性无偏估计量。

3.3 变形变系数面板模型的形式选择

前面利用面板数据固定系数和随机系数方法，建立了特高拱坝变形分区变系数面板模型，并给出了具体的参数估计方法，实际研究中还有两个问题：①模型系数是否确实随测点的横截面序列变化，即变形监测序列是否符合变面板系数模型的建模条件；②不同时期不同区域的大坝变形应该选择固定系数还是随机系数。下面针对这两个问题，介绍变形变系数面板模型的检验方法。

由于面板模型中的随机系数可能存在变异行为，使得每个测点监测序列中具有不同的方差，故面板变系数模型可以转换成特殊的异方差模型，且可用似然比估计量检验参数是否发生变化。但似然比检验统计量的计算比较复杂，为避免迭代计算，在求解全模型参数的最大似然估计时，采用异方差的 Lagrange 乘子进行检验。在标准情形下，Lagrange 乘子检验和似然比检验的渐近性质相同。但该算法计算简单，只需重复用最小二乘回归即可计算该检验统计量。

用 σ_i 除测点变形值关于某段监测时期的均值，可以得到：

$$\frac{1}{\sigma_i}\bar{y}_i = \frac{1}{\sigma_i}\bar{\boldsymbol{x}}_i'\bar{\boldsymbol{\beta}} + \omega_i,\ i = 1,\ 2,\ \cdots,\ N \tag{4.4.40}$$

式中：$\omega_i = \frac{1}{\sigma_i}\bar{\boldsymbol{x}}_i^{\mathrm{T}}\boldsymbol{\alpha}_i + \frac{1}{\sigma_i}\bar{u}_i$。

式(4.4.40)是一个异方差模型，其方差为 $Var(\omega_i) = (1/T) + (1/\sigma_i^2)\bar{\boldsymbol{x}}_i^{\mathrm{T}}\Delta\bar{\boldsymbol{x}}_i, i = 1, 2, \cdots, N$。在 $\boldsymbol{\Delta} = 0$ 的虚拟假设下，式(4.4.40)具有相同的方差 $Var(\omega_i) = 1/T$, $i = 1, 2, \cdots, N$。可证明检验虚拟假设的转换 Lagrange 乘子统计量是：

$$(T\omega_i^2 - 1) = \frac{1}{\sigma_i^2}\left(\sum_{k=1}^{K}\sum_{k'=1}^{K}\bar{\boldsymbol{x}}_{ki}\bar{\boldsymbol{x}}_{k'i}\sigma_{\alpha_{kk'}}^2\right) + \varepsilon_i, i = 1, 2, \cdots, N \tag{4.4.41}$$

式中：$\sigma_{\alpha_{kk'}}^2 = E(\alpha_{ki}\alpha_{k'i})$。

因 ω_i 和 σ_i^2 通常是未知的，故可用它们的估计值 $\hat{\omega}_i$ 和 $\hat{\sigma}_i^2$ 代替，其中 $\hat{\omega}_i$ 是式(4.4.40)的最小二乘估计，$\hat{\sigma}_i^2$ 由式(4.4.34)给出。当测点数量较多，监测时间 T 足够长时，在 $\boldsymbol{\Delta} = 0$ 的虚拟假设下，转换 Lagrange 乘子统计量的极限分布是自由度为 $[K(K+1)]/2$ 的 χ^2 分布。

对于所考察的一般形式相同的变系数模型，可用统计量：

$$\begin{aligned} D_N(\hat{\boldsymbol{\theta}}_N) &= \frac{1}{N}\sum_{i=1}^{N}\sum_{t=1}^{T}\frac{\partial^2 \log f(y_{it} \mid \boldsymbol{x}_{it}, \hat{\boldsymbol{\theta}}_N)}{\partial\boldsymbol{\theta}\partial\boldsymbol{\theta}'} \\ &= \frac{1}{N}\sum_{i=1}^{N}\left[\sum_{t=1}^{T}\frac{\partial \log f(y_{it} \mid \boldsymbol{x}_{it}, \hat{\boldsymbol{\theta}}_N)}{\partial\boldsymbol{\theta}}\right]\left[\sum_{t=1}^{T}\frac{\partial \log f(y_{it} \mid \boldsymbol{x}_{it}, \hat{\boldsymbol{\theta}}_N)}{\partial\boldsymbol{\theta}'}\right] \end{aligned} \tag{4.4.42}$$

检验它的许多变化型式，其中 $f(y_{it} \mid \boldsymbol{x}_{it}, \boldsymbol{\theta})$ 表示在没有参数变异的虚拟假设下，已知 $\boldsymbol{x}_{it}$ 和 $\boldsymbol{\theta}$ 后 y_{it} 的条件密度，$\hat{\boldsymbol{\theta}}_N$ 表示 $\boldsymbol{\theta}$ 的最大似然估计量。$\sqrt{N}D_N(\hat{\boldsymbol{\theta}}_N)$ 中元素联合分布的渐近分布是正态分布，该正态分布的均值为零，协方差矩阵由 White 给出，并由 Chesher 和 Lancaster 简化。

当监测点数量已定时，α_i 是固定常数，也可通过检验模型中固定系数向量 $\boldsymbol{\beta}_i$ 是否相等而间接地检验随机变异，即虚拟假设 H_0：$\boldsymbol{\beta}_1 = \boldsymbol{\beta}_2 = \cdots = \boldsymbol{\beta}_N = \bar{\boldsymbol{\beta}}$，如果面板模型中不同的横截面单元有相同的方差($\sigma_i^2 = \sigma^2, i = 1, \cdots, N$)，则可用常见的同方差协方差检验；如果 σ_i^2 不同，则可用修正的检验统计量检验：

$$F^* = \sum_{i=1}^{N}\frac{(\hat{\boldsymbol{\beta}}_i - \hat{\bar{\boldsymbol{\beta}}}^*)^{\mathrm{T}}\boldsymbol{X}_i^{\mathrm{T}}\boldsymbol{X}_i(\hat{\boldsymbol{\beta}}_i - \hat{\bar{\boldsymbol{\beta}}}^*)}{\hat{\sigma}_i^2} \tag{4.4.43}$$

其中

$$\hat{\bar{\boldsymbol{\beta}}}^* = \left(\sum_{i=1}^{N}\frac{1}{\hat{\sigma}_i^2}\boldsymbol{X}_i^{\mathrm{T}}\boldsymbol{X}_i\right)^{-1}\left(\sum_{i=1}^{N}\frac{1}{\hat{\sigma}_i^2}\boldsymbol{X}_i^{\mathrm{T}}\boldsymbol{y}_i\right) \tag{4.4.44}$$

在假设 H_0 下，当 N 固定而 T 趋于无穷时，式(4.4.43)统计量的渐近分布是自由度为 $K(N-1)$ 的 χ^2 分布。

针对系数变化的型式选择问题，即假定 $\boldsymbol{\beta}_i$ 是互不相同的固定常数还是互不相同的随机变量，根据工程实际情况，可采用 Hausman 检验来确定模型系数型式。无论是固定系数还是随机系数面板模型，都保留了大坝变形区域的总体规律。同时，模型系数的差异性和随机分布情况反映了不同测点特有的变形特征。在建立特高拱坝变形变系数模型时，应根据 Hausman 检验结果得到符合实际情况的面板模型。

第五节　应 用 实 例

1　特高拱坝变形分区变截距面板时空模型

基于所建立的特高拱坝变形的分区方法以及特异效应面板模型，对某特高拱坝变形进行分区建模。该坝坝顶高程 1 885.0 m，坝基最低建基面高程 1 580.0 m，最大坝高 305.0 m，坝顶宽度 16.0 m，坝底厚度 63.0 m，厚高比 0.207。研究对象为大坝的 37 个垂线点在 2012 年 11 月 30 日—2016 年 11 月 1 日期间的变形监测数据。垂线监测点布置如图 4.5.1 所示。该实例主要对本章提出的特高拱坝变形分区方法以及所建的特高拱坝的分区变截距面板模型有效性进行分析和验证。

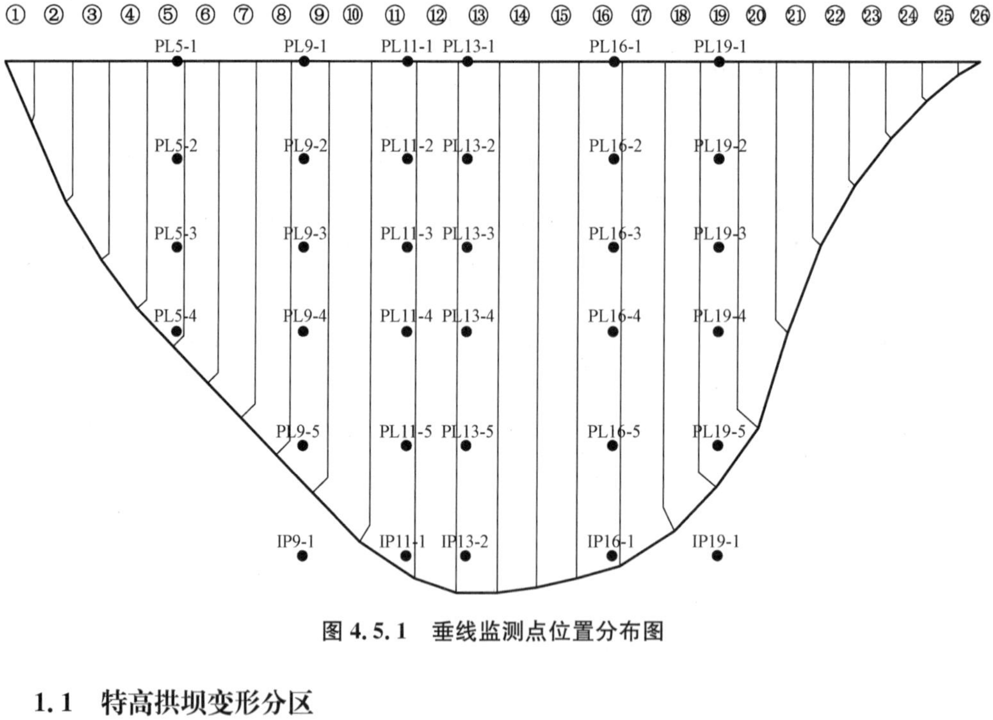

图 4.5.1　垂线监测点位置分布图

1.1　特高拱坝变形分区

利用个体相似性指标计算式(4.3.6)—式(4.3.7)，采用欧氏距离表示，将 37 个垂线测点两两之间的“绝对”距离和“增速”距离表征为测点间的“综合”距离，记为 $d_{ij}(CED)$：

$$d_{ij}(CED)=\omega_1 zd_{ij}(AQED)+\omega_2 zd_{ij}(ISED)$$

采用 Ward 空间区域聚类的思想，放弃了在通常分类中求极小值的要求，而是根据某种规则找到一个局部最优解，聚类过程中基于测点变形之间的欧式综合距离 d_{ij}（CED），按照特高拱坝变形分区流程，对 37 个垂线测点进行变形分区计算，采用内部有效性指标多次评估，经过试错（trial-and-error）迭代的过程，并结合最优分区阈值来确定大坝变形的最佳区域数，最终将所有测点划分为六大类。聚类得到的类内测点变形变化趋势和规律基本一致，每类测点可以综合描述大坝对应区域的总体变形特征。根据测点所在的位置，将大坝分为六个区域，由于Ⅲ区只有一个测点，不再对其进行面板数据分析，其余五个区域的大坝变形分区结构如图 4.5.2 所示。

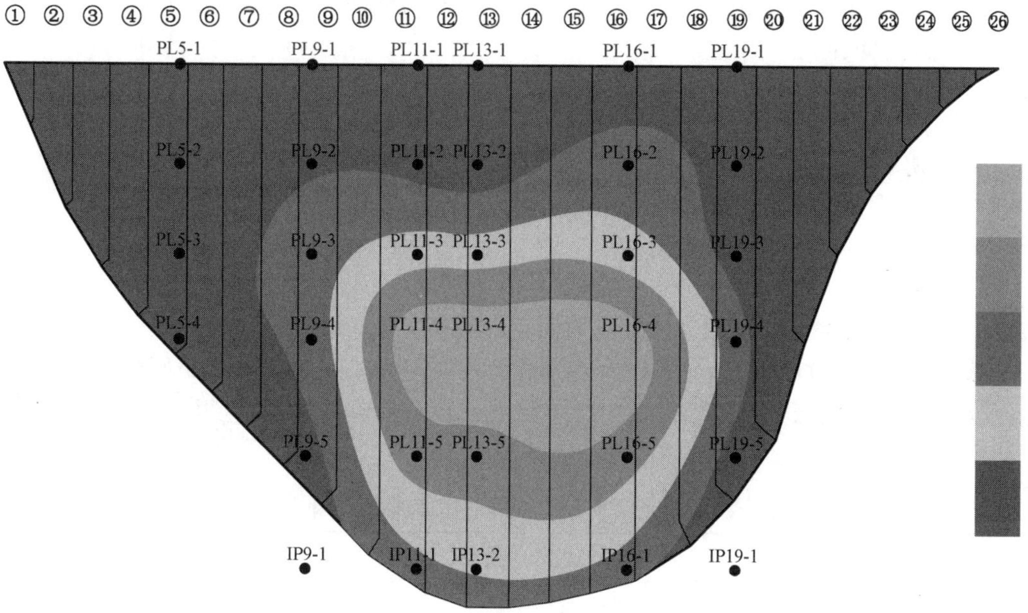

图 4.5.2　坝体变形区域分布图

1.2　模型形式的选择

根据变形分区结果，在建立特高拱坝变形分区面板模型之前，先对每个区域内的所有测点变形监测序列进行 Hausman 检验，以便选择合适的回归模型形式进行建模，即通过对变形监测随机误差项与变量之间的相关性检验来确定选择固定效应面板模型还是随机效应面板模型。Hausman 检验统计量：$m_1 = \hat{\boldsymbol{q}}_1^{\mathrm{T}}[Var(\hat{\boldsymbol{q}}_1)]^{-1}\hat{\boldsymbol{q}}_1$，$m_2 = \hat{\boldsymbol{q}}_2^{\mathrm{T}}[Var(\hat{\boldsymbol{q}}_2)]^{-1}\hat{\boldsymbol{q}}_2$，$m_3 = \hat{\boldsymbol{q}}_3^{\mathrm{T}}[Var(\hat{\boldsymbol{q}}_3)]^{-1}\hat{\boldsymbol{q}}_3$，原假设为 $H_0: E(v_{it} \mid \boldsymbol{X}_{it}) = 0$，备择假设为 $H_1: E(v_{it} \mid \boldsymbol{X}_{it}) \neq 0$。如果 $E(v_{it} \mid \boldsymbol{X}_{it}) = 0$ 成立，可选择随机效应面板模型；如果 $E(v_{it} \mid \boldsymbol{X}_{it}) = 0$ 不成立，则选择固定效应面板模型。

对 6 个区域测点变形监测序列进行 Hausman 检验，检验结果见表 4.5.1。

表 4.5.1　坝体Ⅰ区测点变形监测序列 Hausman 检验结果

Hausman 检验
b=consistent under Ho and Ha; obtained from xtreg
B=inconsistent under Ha, efficient under Ho; obtained from xtreg

续表

Test：Ho：difference in coefficients not systematic
chi2(3)=(b−B)′[(V_b−V_B)^(−1)](b−B)=0.00
Prob>chi2=1.000 0

通过对全部区域变形监测序列进行 Hausman 检验，同时得到的 wald 检验统计量 Prob(下文简称 P 值)，根据式(4.3.42)及 Hausman 原假设 $H_0:E(v_{it} \mid \boldsymbol{X}_{it})=0$ 可以判定，大坝六个区域内测值序列 P 值均不能在 5%的显著性水平下拒绝原假设，表明均符合随机效应面板模型。

1.3　变形分区变截距面板模型

依据式(4.3.27)和式(4.3.32)，特高拱坝分区变截距面板模型可以表示为：

$$\delta=\sum_{i=1}^{m_1}a_iH^i+\sum_{i=1}^{m_2}b_{1i}\bar{T}^i+\sum_{i=1}^{m_3}b_{2i}\beta_i+(c_1\theta+\ln\theta)+\alpha_k+u_{kt}$$

式中：α_k 根据固定效应和随机效应分别取固定常数和随机变量。

基于大坝变形分区及 Hausman 检验结果，分别采用相应的变形变截距面板模型进行建模分析，得到各区域变形面板模型中影响因素系数及检验统计量，这里分别列举Ⅰ、Ⅵ区结果见表 4.5.2 和表 4.5.3。

表 4.5.2　坝体Ⅰ区面板随机效应模型结果

随机效应模型						
Random-effects GLS regression		Number of obs		=6,740		
Group variable：_j		Number of groups		=10		
R-sq：		Obs per group：				
within	=0.000 0		min		=674	
between	=0.000 0		avg		=674.0	
overall	=0.6663		max		=674	
			Wald chi2(10)		=23 175.04	
corr(u_i，X)	=0(assumed)		Prob>chi2		=0.000 0	
var	Coef.	Std. Err.	z	P>|z|	[95% Conf. Interval]	
x_1	−220.750 2	156.908 5	−1.41	0.159	−528.285 3	86.784 87
x_2	399.547 8	323.349 5	1.24	0.217	−234.205 5	1 033.301
x_3	−322.346 4	289.498 5	−1.11	0.266	−889.753 1	245.060 2
x_4	108.087 7	95.332 89	1.13	0.257	−78.761 33	294.936 7
x_5	1.898 134	0.297 564 3	6.38	0.000	1.314 919	2.481 349
x_6	7.203 601	0.894 130 4	8.06	0.000	5.451 137	8.956 064

续表

var	Coef.	Std. Err.	z	P>|z|	[95% Conf. Interval]	
x_7	−0.665 653 8	0.056 579	−11.77	0.000	−.7 765 466	−.5 547 611
x_8	−0.417 475 4	0.077 424 3	−5.39	0.000	−.5 692 244	−.2 657 265
x_9	−0.009 581 6	0.047 595 3	−0.20	0.840	−.1 028 667	.0 837 034
x_{10}	−0.043 418 4	0.043 378	−1.00	0.317	−.1 284 377	.0 416 008
_cons	43.382 48	27.898 04	1.56	0.120	−11.296 68	98.061 64
sigma_u	1.938 912 8					
sigma_e	2.161 980 5					
rho	0.445 7655 6 (fraction of variance due to u_i)					

表 4.5.3 坝体Ⅵ区面板固定效应模型结果

固定效应模型						
Random−effects GLS regression			Number of obs		=2,022	
Group variable: _j			Number of groups		=3	
R−sq:			Obs per group:			
within	=0.000 0		min		=674	
between	=0.000 0		avg		=674.0	
overall	=0.9629		max		=674	
			Wald chi2(10)		=106911.72	
corr(u_i, X)	=0(assumed)		Prob>chi2		=0.000 0	
var	Coef.	Std. Err.	z	P>|z|	[95% Conf. Interval]	
x_1	−165.376 3	284.013 2	−0.58	0.560	−722.031 9	391.279 3
x_2	301.038	585.280 4	0.51	0.607	−846.090 5	1 448.167
x_3	−226.712 9	524.008 4	−0.43	0.665	−1 253.75	800.324 6
x_4	83.629 54	172.557 8	0.48	0.628	−254.577 6	421.836 6
x_5	0.909 761 4	0.538 607 9	1.69	0.091	−.1 458 907	1.965 414
x_6	2.308 326	1.618 426	1.43	0.154	−.8 637 303	5.480 382
x_7	−1.428 865	0.102 411 1	−13.95	0.000	−1.629 587	−1.228 143
x_8	−0.972 137 4	0.140 142 3	−6.94	0.000	−1.246 811	−.6 974 634
x_9	0.077 829 6	0.086 150 1	0.90	0.366	−.0 910 215	0.246 680 7
x_{10}	−0.147 873 2	0.078 516 5	−1.88	0.060	−.3 017 628	0.006 016 3
_cons	29.906 27	50.486 06	0.59	0.554	−69.044 58	128.857 1
sigma_u	0.711 089 05					
sigma_e	2.474 991 1					
rho	0.076 252 48 (fraction of variance due to u_i)					

按照固定效应模型和随机效应模型的求解方法，对各变形区域建立相应的面板模型，得到面板模型的实测值及拟合值过程线见图 4.5.3—图 4.5.7，图中明确给出每个测点对应的特异效应量 α_i，而且区域内的所有差异性表征量 α_i 符合已知的随机分布。由表 4.5.2—表 4.5.3 及图 4.5.3—图 4.5.7 可得如下结论。

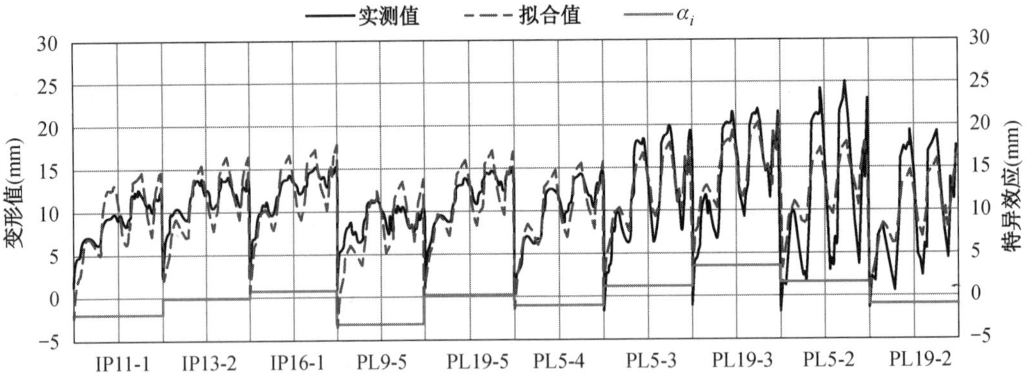

图 4.5.3　坝体Ⅰ区各测点变形实测-拟合过程线

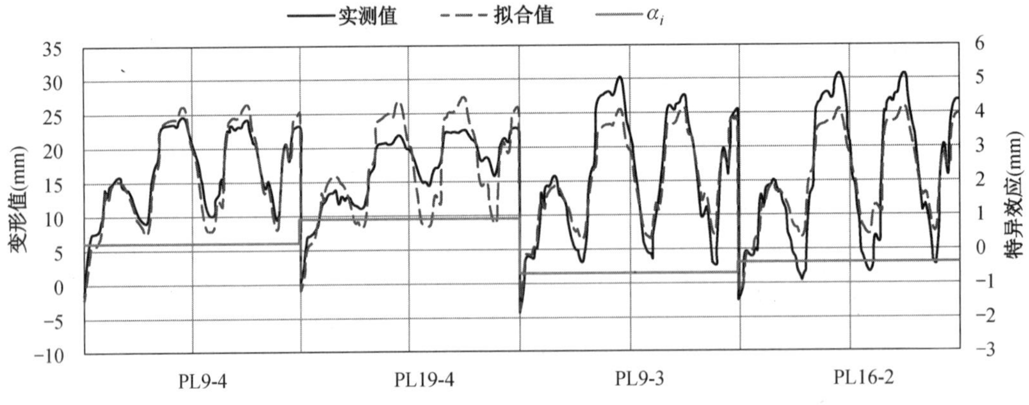

图 4.5.4　坝体Ⅱ区各测点变形实测-拟合过程线

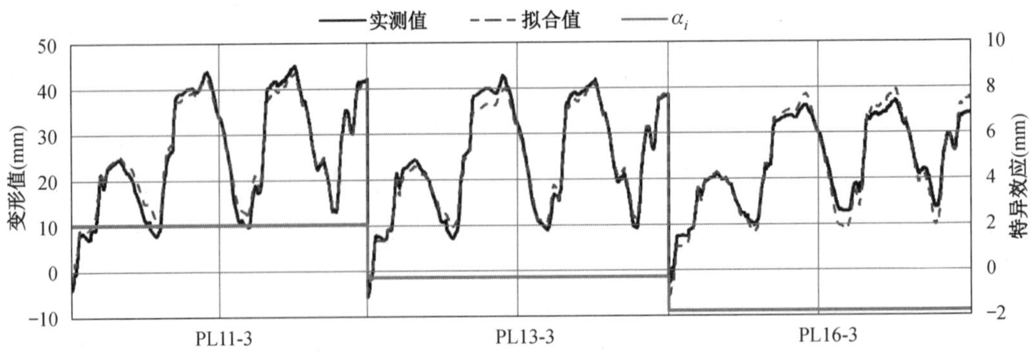

图 4.5.5　坝体Ⅳ区各测点变形实测-拟合过程线

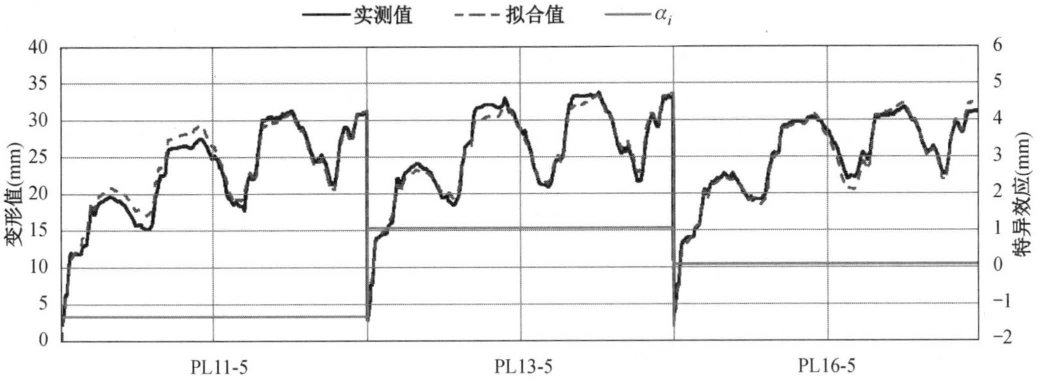

图 4.5.6 坝体Ⅴ区各测点变形实测-拟合过程线

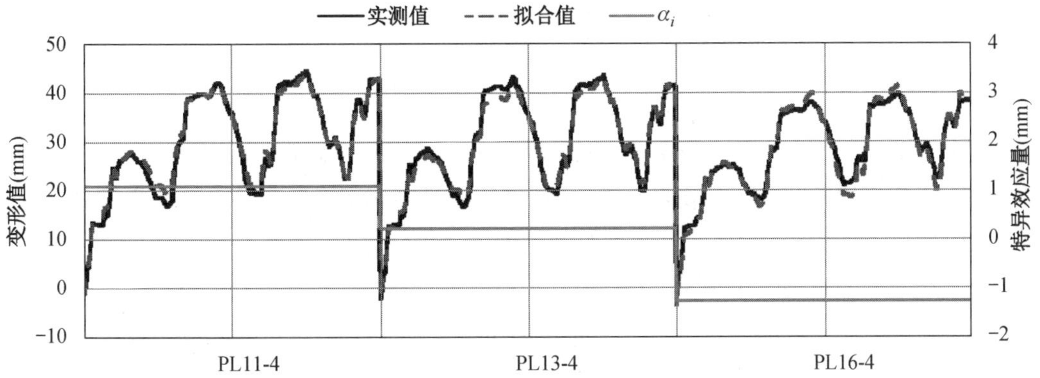

图 4.5.7 坝体Ⅵ区各测点变形实测-拟合过程线

(1) 通过对大坝各区域测点变形序列的优化分析，由面板模型的拟合优度参数 F 和 R 表明，除Ⅰ，Ⅱ区以外，各区的变形变截距面板模型拟合效果较好。由于坝体Ⅰ，Ⅱ区域靠近基础，受约束条件、基础性质差异等诸多因素影响导致相应部位变形规律极为复杂，虽然随机效应模型未能达到精准的拟合效果，但模型充分考虑了不同测点间的差异性。考虑多测点建立的面板模型，prob＞chi2＝0 表明参数整体显著，不但使模型的解释能力有所提升，而且可以总体上把握住大坝相应区域的变形特征。

(2) 通过对比分析各区域的误差项方差(sigma_e)、特异效应量方差(sigma_u)以及特异效应量波动占整个波动的比例[rho＝sigma_u/(sigma_e＋sigma_u)]，除了Ⅰ区以外的其他区域特异效应量方差所占比重较小，表明模型的解释变量和引入的虚拟变量的组成是合理的，可以较好地反映大坝变形规律。

(3) 坝体Ⅰ区的建模结果显示各系数显著性不明显，特异效应量方差所占比重较大，约为 44.6%，表明该区域中坝体各部位差异性较大，采用随机效应模型很难准确刻画变形规律。

2 特高拱坝变形动态分区变系数面板模型

下面仍以上述某特高拱坝为例，对提出的动态分区方法和变系数面板模型进行有效性验证分析。首先利用面板数据的平稳性检验方法，对变形监测序列的动态过程进行平稳性识别，并对全局变形监测序列进行动态分区；然后，针对大坝结构最后一次调整后的变形平稳面板序列，利用变系数面板模型形式的选择方法，对大坝每个区域的变形监测序列进行 Lagrange 乘子检验，选择每个区域建立面板模型的系数形式；最后，建立符合区域变形性态的变系数面板模型。

根据变形分区流程图 4.3.6，对该坝变形监测序列最后一个稳定阶段进行分区，得到的变形测点所属区域情况同前，坝体变形区域分布见图 4.5.2。依据模型系数随个体变化的一般形式[式(4.4.25)]，考虑变形监测效应量随机系数模型 $\boldsymbol{y}=\boldsymbol{X}\bar{\boldsymbol{\beta}}+\tilde{\boldsymbol{X}}\boldsymbol{\alpha}+\boldsymbol{u}$，特高拱坝变形随机系数面板模型可以表示为：

$$\underset{NT\times 1}{\boldsymbol{\delta}}=[\boldsymbol{\delta}_1^{\mathrm{T}},\cdots,\boldsymbol{\delta}_N^{\mathrm{T}}]^{\mathrm{T}},\ \underset{NT\times K}{\boldsymbol{X}}=\begin{bmatrix}\boldsymbol{X}_1\\ \boldsymbol{X}_2\\ \vdots\\ \boldsymbol{X}_N\end{bmatrix},\ \underset{NT\times NK}{\tilde{\boldsymbol{X}}}=\begin{bmatrix}\boldsymbol{X}_1 & & & 0\\ & \boldsymbol{X}_2 & & \\ & & \ddots & \\ 0 & & & \boldsymbol{X}_N\end{bmatrix}=diag(\boldsymbol{X}_1,\boldsymbol{X}_2,$$

$\cdots,\boldsymbol{X}_N)$，$\boldsymbol{u}=[\boldsymbol{u}_1^{\mathrm{T}},\cdots,\boldsymbol{u}_N^{\mathrm{T}}]$，$\boldsymbol{\alpha}=[\boldsymbol{\alpha}_1^{\mathrm{T}},\cdots,\boldsymbol{\alpha}_N^{\mathrm{T}}]^{\mathrm{T}}$。

式中：$\boldsymbol{\delta}_i^{\mathrm{T}}$ 代表第 i 个测点的变形监测序列；$\boldsymbol{X}_i$ 代表第 i 个测点变形监测序列的所有解释变量；$\boldsymbol{u}_i^{\mathrm{T}}$ 代表第 i 个测点变形监测序列的随机误差；$\boldsymbol{\alpha}_i^{\mathrm{T}}$ 是第 i 个测点的异质性，为共同均值系数向量 $\bar{\boldsymbol{\beta}}$ 的偏差。

$\bar{\boldsymbol{\beta}}$ 的最优线性无偏估计量是 GLS 估计量：

$$\hat{\bar{\boldsymbol{\beta}}}_{GLS}=\left(\sum_{i=1}^{N}\boldsymbol{X}_i^{\mathrm{T}}\boldsymbol{\Phi}_i^{-1}\boldsymbol{X}_i\right)^{-1}\left(\sum_{i=1}^{N}\boldsymbol{X}_i^{\mathrm{T}}\boldsymbol{\Phi}_i^{-1}\boldsymbol{y}_i\right)=\sum_{i=1}^{N}\boldsymbol{W}_i\hat{\boldsymbol{\beta}}_i$$

根据式(4.4.34)、式(4.4.35)可得到 σ_i^2 和 Δ 的无偏估计量。

通过对上述六个区域内测点的变形面板序列建模分析，以测点数目最多、变形规律最复杂的坝体Ⅰ区为例，列出其模型系数及检验统计量，结果见表 4.5.4。

表 4.5.4　坝体Ⅰ区面板随机系数模型结果

Var	Coef.	Std. Err.	z	P>|z|	[95% Conf. Interval]	
x_1	−222.855 2	84.497 94	−2.64	0.008	−388.468 2	−57.242 33
x_2	403.752 6	158.283 2	2.55	0.011	93.523 28	713.982
x_3	−325.958	127.477 2	−2.56	0.011	−575.808 7	−76.107 4
x_4	109.216 2	36.278 38	3.01	0.003	38.111 89	180.320 5
x_5	1.897 719	0.713 827	2.66	0.008	0.498 644	3.296 795
x_6	7.207 9	1.861 518	3.87	0.000	3.559 393	10.856 41
x_7	−0.665 444 3	0.171 982 3	−3.87	0.000	−1.002 523	−0.328 365 3
x_8	−0.419 475 5	0.176 544 4	−2.38	0.017	−0.765 496 3	−0.073 454 7
x_9	−0.009 822 6	0.017 993 5	−0.55	0.585	−0.045 089 2	0.025 444
x_{10}	−0.042 136	0.018 182 2	−2.32	0.020	−0.077 772 5	−0.006 499 5
_cons	43.760 51	16.153 37	2.71	0.007	12.100 48	75.420 55
Test of parameter constancy：chi2(99)＝ 3.7e+05 Prob>chi2＝0.000 0						

由表 4.5.4 可见，根据检验结果，模型整体 P 值 Prob $>$ chi2 $=0$ 是显著的，可以确定该区域变形面板序列采用随机系数面板模型的设定是合理的，而且由模型的拟合优度 overall（总体调整后的 R^2）$=0.9943$ 表明，模型整体的拟合效果较好。对于模型中的每个变量可以根据 t 检验结果来分析，各变量的 P 值（$P>|t|$）均小于 5%，表明各影响因素在 5%水平上显著。随机系数面板模型有较高的灵活性和敏感性，可以克服随机扰动、异常波动、共线性影响等干扰，更加客观地刻画了大坝变形的基本规律。

关于坝体靠近基础及边坡一些部位的测点，随机效应模型未能给出满意的结果，关键在于上述部位外界环境及约束条件极其复杂，虽然总体规律相似，但测点之间差异性很难描述。采用随机系数面板模型对坝体各区域建模分析，由于Ⅲ区只有一个测点，利用面板模型分析意义不大，其他各区域的拟合系数及模型拟合精度见表 4.5.5，实测-拟合-残差过程线如图 4.5.8—图 4.5.12 所示。

表 4.5.5　各区域模型拟合系数及拟合优度

系数	Ⅰ	Ⅱ	Ⅳ	Ⅴ	Ⅵ
x_1	−2.229E+02	−1.652E+02	7.210E+01	−5.014E+02	−4.973E+02
x_2	4.038E+02	3.008E+02	−2.104E+02	9.281E+02	8.774E+02
x_3	−3.260E+02	−2.266E+02	2.794E+02	−7.210E+02	−6.221E+02
x_4	1.092E+02	8.363E+01	−8.937E+01	2.138E+02	1.754E+02
x_5	1.898E+00	9.126E−01	3.662E+00	1.600E+00	2.117E+00
x_6	7.208E+00	2.297E+00	−8.818E−01	1.542E+01	1.304E+01
x_7	−6.654E−01	−1.429E+00	−2.583E+00	−7.510E−01	−1.721E+00
x_8	−4.195E−01	−9.722E−01	−1.402E+00	−3.171E−01	−7.263E−01
x_9	−9.823E−03	7.777E−02	−8.851E−02	−2.004E−02	−2.408E−02
x_{10}	−4.214E−02	−1.479E−01	−1.890E−01	−7.680E−02	−1.283E−01
_cons	4.376E+01	2.986E+01	−1.406E+01	9.655E+01	9.406E+01
R^2	9.943E−01	9.934E−01	9.972E−01	9.952E−01	9.975E−01

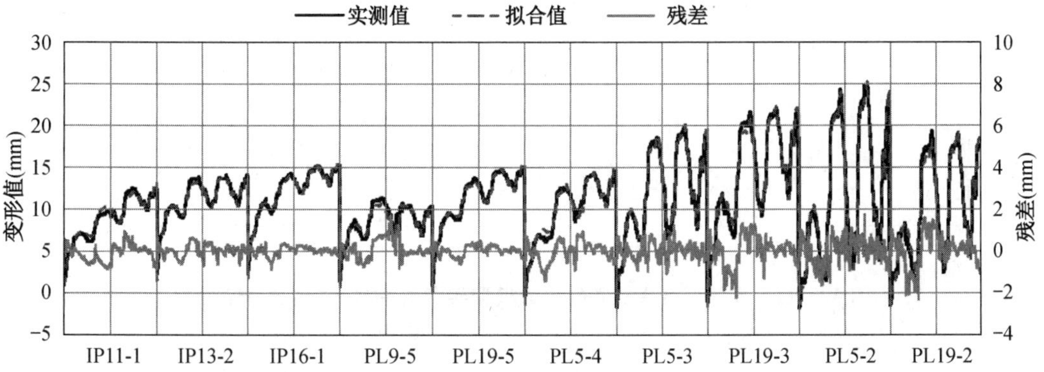

图 4.5.8　坝体Ⅰ区面板随机系数模型实测值、拟合值及残差过程线

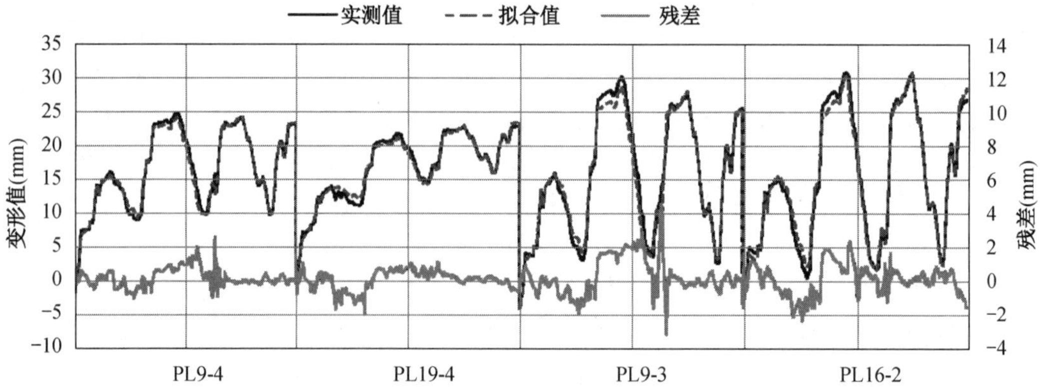

图 4.5.9　坝体Ⅱ区面板随机系数模型实测值、拟合值及残差过程线

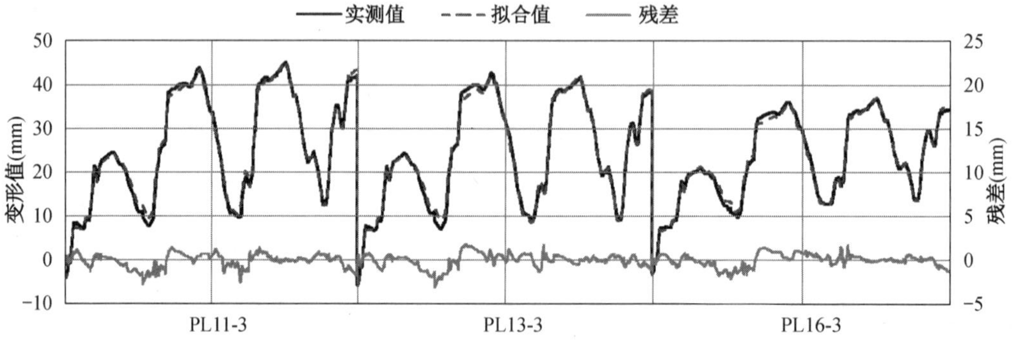

图 4.5.10　坝体Ⅳ区面板随机系数模型实测值、拟合值及残差过程线

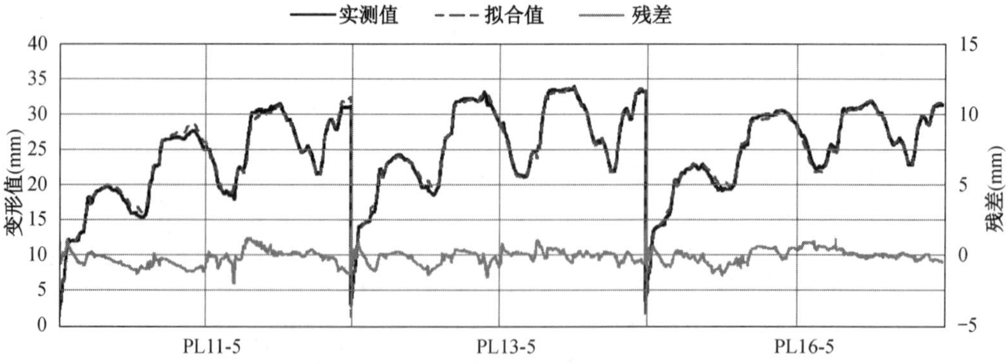

图 4.5.11　坝体Ⅴ区面板随机系数模型实测值、拟合值及残差过程线

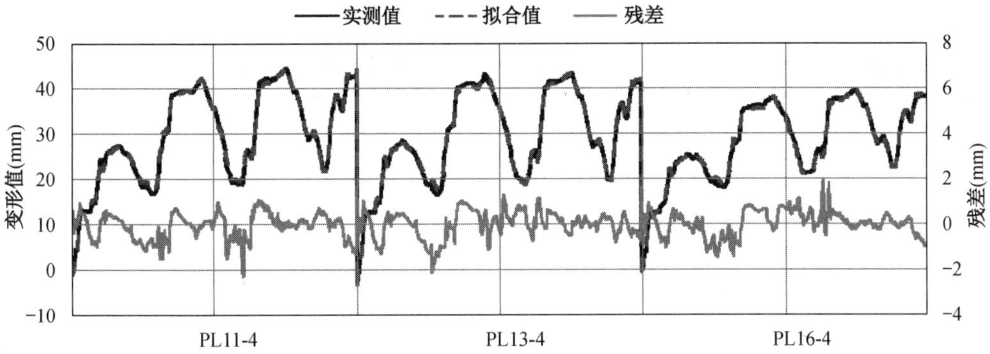

图 4.5.12　坝体Ⅵ区面板随机系数模型实测值、拟合值及残差过程线

由表 4.5.5 和图 4.5.8—图 4.5.12 可以看出：①在对特高拱坝变形序列的拟合效果上，R^2 的值表明面板随机系数面板模型整体拟合效果很好，解决了坝体Ⅰ区的拟合精度问题，虽然坝体Ⅰ区的变形值普遍较小，且各测点差异较大，但面板随机系数模型仍能捕捉有效信息，较好地描述坝体变形规律，增强了分析模型的解释能力；②在坝体变形残差序列特性上，面板随机系数模型的残差序列并无一定的系统模式，即误差在大小、符号上没有表现出系统性，表明残差序列符合随机模式；③随机系数模型建模过程中考虑了各测点解释变量之间的相互关系，剔除了相关性较强的解释变量，减少了模型中变量间共线性影响，从而避免了伪回归现象的产生，使最终得到的解释变量分离较客观。

第五章

特高拱坝变形时变效应分析方法

第一节　特高拱坝变形时变效应典型成因分析

1　高应力水平及高渗透水压力对特高拱坝变形的影响

（1）高应力水平对材料流变特性的影响

低应力水平下，坝体混凝土和坝基岩体的蠕变与应力呈线性关系，变形量较小，不出现蠕滑破坏；而高应力水平下，蠕变不再与应力保持线性关系，变形发展较快，受蠕变和内部微裂纹演化的相互影响，持荷一段时间后可能发生蠕滑破坏。因此，特高拱坝坝体混凝土和坝基岩体及结构面所面临的高应力，将直接决定其蠕变特性有别于中低坝，反映到坝体结构变形性态上，则表现为蓄水后坝体时效变形量加大，大坝趋势性变形显著，并且较大的时效变形将导致特高拱坝出现应力调整，从而在一定程度上造成坝体结构变形性态的变化。

我国某特高拱坝拱端上下游附近不同高程跨江段谷幅线位移变化过程如图 5.1.1 所示，谷幅线跨江段呈压缩变形，且高程越高，谷幅压缩变形量越大，表明岸坡岩体在边坡开挖卸载和蓄水扰动作用下有向河床的蠕动变形，导致河谷收缩变窄而挤压坝体。

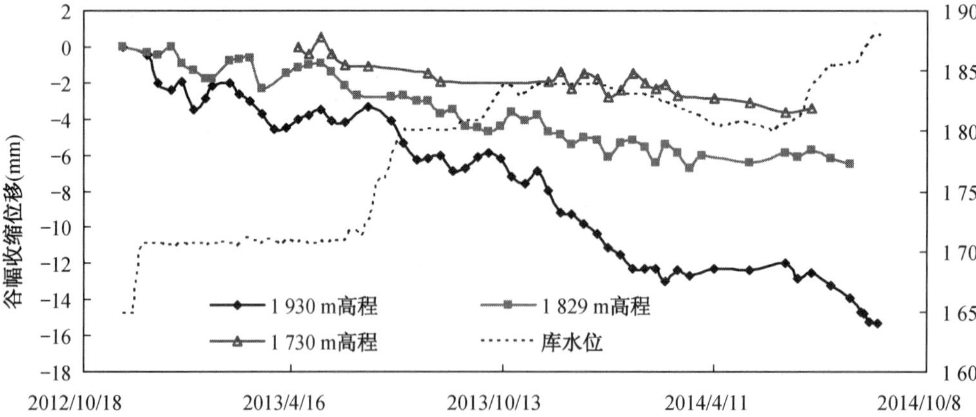

图 5.1.1　某特高拱坝谷幅线位移变化过程

国内几座已建特高拱坝都出现了不同程度的谷幅缩窄现象，其原因就是修建于高山峡谷中的特高拱坝，坝址两岸边坡高且陡峭，边坡开挖及蓄水对原已稳定的岸坡产生扰动，在高地应力作用下导致两岸岩体向河床产生蠕动变形，从而引起河谷谷幅的变窄。谷幅缩窄将在一定程度上挤压拱坝坝体，造成拱坝弦长变短并引起向上游方向的时效变形，进而改变坝体原有的结构受力变形体系。意大利 Beauregard 拱坝蓄水后左岸坡基础向河床内滑动而使得拱坝受挤压，坝体向上游倾倒变形，下游面底部水平开裂，上游面上部横缝开裂，限制运行水位使其变成径流式水电站后，左岸基础及山体的蠕动变形仍持续不断，运行 40 年后，坝体拱冠梁顶部又向上游变位约 20 cm，下游面开裂状况更加严重，并出现沿缝错位现象，最终管理机构选择切除大坝上部结构，切除高度达 52 m，占总坝高的 40%左右。

(2) 高渗透水压力引起渗透溶蚀对大坝变形的影响

含裂缝的水泥净浆、砂浆和混凝土渗透溶蚀试验中，试件为 40 mm 厚的圆片，试验水头分别为 0.8 m 的低水头和 8.0 m 的高水头(水力梯度分别为 0.2 MPa/m 和2.0 MPa/m)，结果表明：在低水力梯度下，由于渗流速度较小，溶蚀出来的 Ca^{2+} 与溶解于水中的 CO_2 作用所生成的 $CaCO_3$ 晶体没有被渗透水流带走，而是附着于裂缝表面，从而使得三种试件在裂隙渗流过程中均发生了自愈现象；而在高水力梯度下，水流速度快，大部分被溶解出来的 Ca^{2+} 或者生成的 $CaCO_3$ 晶体直接被渗透水流带走，自愈程度很低。因此，水头越高，坝体上下游面之间的水力梯度越大，坝体混凝土和坝基岩体所承受的渗透水压力也将越大，甚至是达到临界水力梯度而发生局部渗透破坏。因此，对于特高拱坝而言，如果坝体和坝基的防渗措施不好，在高渗透压力作用下，坝体和坝基因渗透溶蚀而造成材料物理力学性能下降的可能性较大，特别是坝基中的断层破碎带和软弱夹层等地质缺陷内部填充物或细颗粒被带走后，将导致其功能退化、抵御变形的能力变差，大坝的时变效应更加明显。

(3) 高压水力劈裂对大坝变形的影响

特高拱坝施工过程中，难免会在坝体上游面产生一些表面裂缝，水库蓄水之后，将有可能发展成为劈头缝。水力劈裂作用降低了特高拱坝结构的整体性，即使深度较浅，没有出现贯穿性裂缝，也将对坝体结构造成损伤，导致大坝结构性能发生变化；另一方面，高压水力劈裂所形成的劈头缝为渗透水流提供了通道，在一定条件下，将加剧坝体混凝土的渗透溶蚀。

对于上游面裂缝，在计算裂缝扩展的临界水压力时，假设裂缝深度为 l，垂直于缝面的水压力为 p，则缝端的应力强度因子为：

$$K_I = 1.988p\sqrt{l} \tag{5.1.1}$$

混凝土的断裂韧度可采用试验结果统计分析得出：

$$K_{IC} = 0.286kR_t \tag{5.1.2}$$

式中：R_t 为混凝土劈拉强度；k 为考虑尺寸效应的无量纲系数，对混凝土坝，可取为 1.9。

当缝端的应力强度因子 K_I 达到混凝土的断裂韧度 K_{IC} 时，裂缝扩展。假定混凝土仅受缝内水压力作用,劈裂强度为 3.13 MPa 时,由式(5.1.1)和式(5.1.2)可计算得到不同初始开裂深度下裂缝扩展的临界水深,如图 5.1.2 所示。因此,当坝体上游面存在初始微裂纹时,裂纹深度越大,同样水头条件下发生水力劈裂的可能性越大。对于特高拱坝,尽管坝体混凝土的强度较中低坝有一定程度的提高,但水压力的增幅却远大于此,故特高拱坝发生水力劈裂的可能性远大于中低坝,由此产生的局部损伤也将影响特高拱坝的整体变形性能及导致较大时变效应的产生。

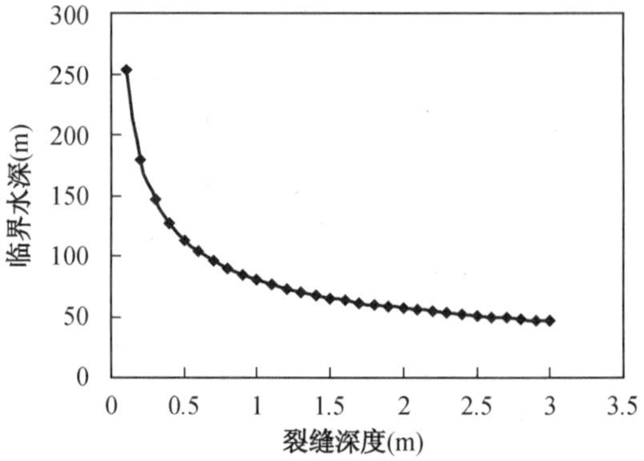

图 5.1.2　仅缝内水压作用时裂缝扩展临界水深与裂缝深度之间的关系

2　坝高对特高拱坝变形时变效应的影响

特高拱坝上部相对较单薄,受坝基和岸坡的约束作用较小,柔度大,特别是弧长也较大的特高拱坝,坝顶中部位于高悬臂梁自由端和大跨径拱圈中部,对荷载和坝体结构性能的变化较敏感,在异常荷载或者坝体混凝土老化所导致的结构性能变化过程中,其变形演变规律有别于中低高度的拱坝,更容易出现与坝体其他部位变形关联的改变。针对特高拱坝变形时变效应的分析,特别是结构性能变化所引起的时变效应,需要注重拱坝变形的空间整体性变化分析。

拱坝的屈曲稳定性可以在一定程度上反映出坝体变形的空间整体性,屈曲超载能力越大,表明其空间整体性越强,坝体变形过程中,各部位的关联性越不容易改变。下面通过坝高对拱坝屈曲稳定性影响的分析,来研究特高拱坝变形监控中考虑其空间整体性的必要性。采用水容重超载法,以结构刚度矩阵趋于零为坝体屈曲失稳判据,研究了拱坝几何特征、受力状况、边界条件等因素对薄拱坝(厚高比 T/H 小于 0.2)坝体稳定性的影响,其中坝高对拱坝屈曲稳定性的影响如图 5.1.3 所示,所用拱坝坝体的宽高比均为 2.5,河

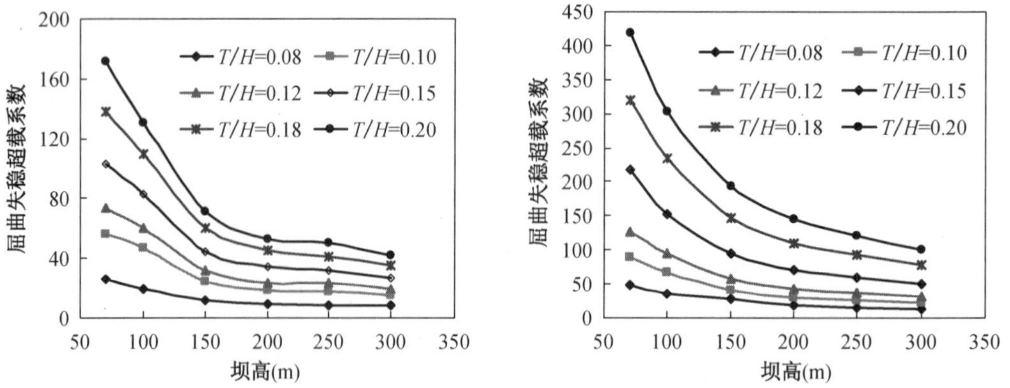

(a) 单曲拱坝　　(b) 双曲拱坝

图 5.1.3　典型拱坝屈曲失稳超载系数随坝高的变化规律

谷形状为 45°的等边梯形。

从图 5.1.3 可以看出，在相同厚高比下，由于不同高度的拱坝为同比例放大，因此柔度系数相同，而拱坝屈曲失稳超载系数却随坝高的增加而明显减小，也就是说几何相似的两座拱坝，其屈曲稳定性随坝高的增加而降低。朱伯芳院士对此研究认为，两座几何相似的拱坝，虽然其柔度系数相同，但坝内应力不同，应力与坝高呈正比，所以具有相同柔度系数的低坝的安全性高于高坝。

虽然实际拱坝出现屈曲失稳的概率很小，但几何相似的拱坝，其屈曲稳定性随坝高的增加而明显降低，这在一定程度上反映出了高拱坝和中低拱坝的失稳破坏机理不完全一致。在不考虑坝基因素的情况下，中低拱坝由于尺寸相对较小，受岸坡的约束作用较强，失稳破坏更多是因为材料的强度破坏。因此，在坝体失稳前的渐进变化过程中，坝体各部位的变形发展规律及时变效应变化较一致，传统的单测点监控模型和监控指标可以得到较好的应用。而对于特高拱坝，其出现屈曲失稳的可能性明显高于中低拱坝，特别是特高拱坝的中上部厚度薄、拱圈跨度大，并且承受的水压荷载较大，即使最终破坏形态不是屈曲失稳，也将对其渐进失稳破坏过程产生明显影响，反映到坝体变形上，则表现为坝体各部位的变形发展规律和时变效应变化不一致，即坝体不同部位的变形关联性在特高拱坝的渐进失稳破坏过程中是不断变化的。因此，在研究特高拱坝变形时变效应分析方法时，必须要考虑特高拱坝变形的空间整体性。

3　材料流变特性引起特高拱坝变形产生时变效应

材料性能是决定结构性能的关键因素，在进行特高拱坝变形时变效应成因分析时，需要从材料性能的角度对其进行解释。首先，坝基岩体和坝体混凝土的变形都具有随时间发展的性质，反映到坝体结构上则主要表现为蓄水后大坝变形随时间发展的趋势性分量，即筑坝材料固有的流变特性引起特高拱坝变形产生时变效应；其次，除了材料固有性能外，大坝长期服役过程中，弹性模量、热膨胀性、强度和黏滞系数等物理力学性能将发生演变，进而导致坝体结构性能的变化而引起变形产生时变效应，也即是，坝体混凝土和坝基岩体及结构面，在恒定荷载持续作用下都呈现出变形随时间逐渐发展的趋势，最终变形趋于稳定或出现蠕滑变化。材料流变特性引起的时效变形在加荷初期发展较快，低应力水平下，材料内部晶粒的调整使得变形速率逐渐减小，蠕滑趋势消除；而高应力水平下，变形速率较大，蠕变累积到一定程度之后，材料因蠕变损伤而产生的弱化效应将明显显现出来，导致材料出现加速蠕变。因此，在研究特高拱坝变形时变效应时，需要研究筑坝材料固有的流变特性，也就是坝体混凝土的徐变特性和坝基岩体及结构面的蠕变特性。

3.1　坝体混凝土的徐变特性

坝体混凝土在定常荷载的长期作用下，变形随时间发展的现象称为徐变。徐变是坝体混凝土本身固有的变形时变特性，主要来自硬化水泥浆体，包括两方面：一是坝体混凝土中的水泥胶凝材料具有黏性流动性，在长期荷载作用下将产生黏性变形；二是坝体混凝土是一种多孔材料，包含各种孔隙和初始微裂纹，在较大应力的长期作用下，将导致初始微裂纹的扩展和新裂纹的萌发，进而引起随时间发展的变形。骨料对坝体混凝土徐变有着约束作用，故全级配坝体混凝土大试件的徐变一般小于湿筛混凝土小试件所测得的徐变变形。

坝体混凝土的徐变特性受加荷龄期、应力水平、持荷时间、温度、湿度以及试件尺寸等外部因素的影响较明显，其中受早龄期混凝土内部水泥水化度的影响，加荷龄期对徐变影响较大，某特高拱坝坝体 C35 混凝土的压缩徐变度曲线如图 5.1.4 所示。

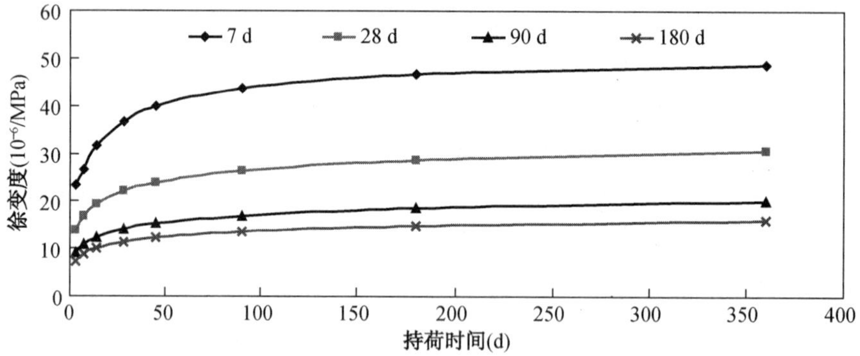

图 5.1.4　某特高拱坝 C35 混凝土不同龄期压缩徐变度曲线

坝体混凝土的徐变变形能力用徐变度进行表征，即单位应力作用下的徐变量，表示为加载龄期和持荷时间的函数，混凝土在恒定应力 σ 作用下的总应变为：

$$\varepsilon(t)=\varepsilon^{e}(\tau)+\varepsilon^{c}(t,\tau)=\frac{\sigma}{E(\tau)}+\sigma\cdot C(t,\tau)=\sigma\cdot J(t,\tau) \qquad (5.1.3)$$

式中：$\varepsilon^{e}(\tau)$ 为加载瞬时应变；$\varepsilon^{c}(t,\tau)$ 为混凝土的徐变应变；$C(t,\tau)$ 为混凝土徐变度；$E(\tau)$ 为加载龄期 τ 时混凝土的弹性模量；$J(t,\tau)$ 为徐变柔量。

3.2　坝基岩体的蠕变特性

坝基岩体流变特性主要反映在四个方面。①蠕变：恒定应力作用下，岩体变形随时间持续发展的现象；②应力松弛：应变恒定情况下，岩体应力随时间衰减的现象；③长期强度：岩体强度随持荷时间的发展而有限降低，并逐渐趋于一稳定值；④弹性后效和滞后效应：加载产生瞬时变形之后，变形随时间增长，其中可恢复的变形仍属于弹性变形范畴，故将加载过程中这种变形随时间逐渐增长的现象称为滞后效应，卸载之后变形随时间逐渐恢复的现象称为弹性后效。高应力水平下，岩体典型蠕变曲线如图 5.1.5 所示，加载瞬间产生瞬时变形 OA，之后产生的变形根据蠕变速率的不同分为三个阶段。

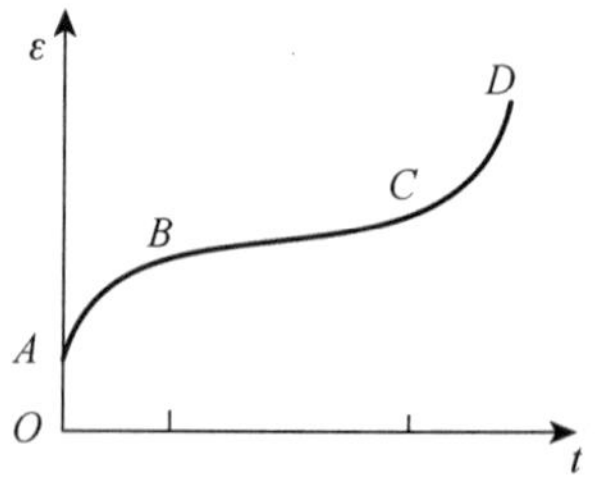

图 5.1.5　高应力水平下典型的岩体蠕变曲线

(1) 第一阶段，衰减蠕变或过渡蠕变阶段，对应 AB 段，岩体受荷之后内部晶体颗粒结构调整，抵御蠕变变形的能力增强，进而蠕变速率减小，并在 B 点时达到最小值。

(2) 第二阶段，稳态蠕变阶段，对应 BC 段，在此过程中蠕变速率基本保持不变，其值大小与岩体岩性、持荷时间及应力水平等因素密切相关。

(3) 第三阶段，加速蠕变阶段，对应 *CD* 段，为岩体蠕变的不稳定发展阶段，此时蠕变累积发展到一定程度之后，岩体蠕变损伤加剧，蠕变速率开始迅速增大，最终导致岩体蠕滑破坏。

岩体实际呈现出来的蠕变特性受岩性、应力水平以及环境条件的影响较大。①硬岩和软岩的蠕变特性相差较大，软岩一般在较低应力水平下就会产生蠕变，包括衰减蠕变和稳态蠕变，应力达到加速蠕变应力阈值后将产生加速蠕变，蠕变破坏主要表现为延性破坏，且不同应力水平下卸载至零时，软岩均会出现一定的残余变形；而硬岩一般在低应力水平下不产生蠕变或者蠕变现象不明显，蠕变破坏的应力阈值明显高于软岩，一般表现为脆性破坏，并且多数应力水平下卸载至零时，硬岩的变形能逐渐恢复，基本无残余变形。②不同应力水平下岩体具有不同的蠕变特性，低应力水平下，岩体经过衰减蠕变之后，蠕变就趋于收敛，或者应力略高时出现稳态蠕变，只有当偏差应力达到一定程度之后才会出现加速蠕变；另外，应力水平和三轴试验中的围压对蠕变速率的影响较大，应力水平越高，蠕变速率越快，进入加速蠕变的时间越早，而围压越大，蠕变速率则越小。③温度、湿度等环境条件对岩体蠕变特性影响较大，温度升高，岩体抵御蠕变变形的能力减弱，蠕变增大，稳态蠕变速率加快，加速蠕变和蠕滑破坏出现的时刻越早；饱水状态下，岩体瞬时强度和长期强度均下降，蠕变变形增加，蠕变速率随含水率的升高而增大。

图 5.1.6 分别为花岗岩在正应力为 2.22 MPa 时的剪切蠕变曲线和石灰岩的单轴压缩蠕变曲线。不同应力水平下，同组岩块表现出截然不同的时效变形特性，因此在通过材料流变特性研究特高拱坝变形的固有时变效应时，需要考虑应力水平等因素的影响。

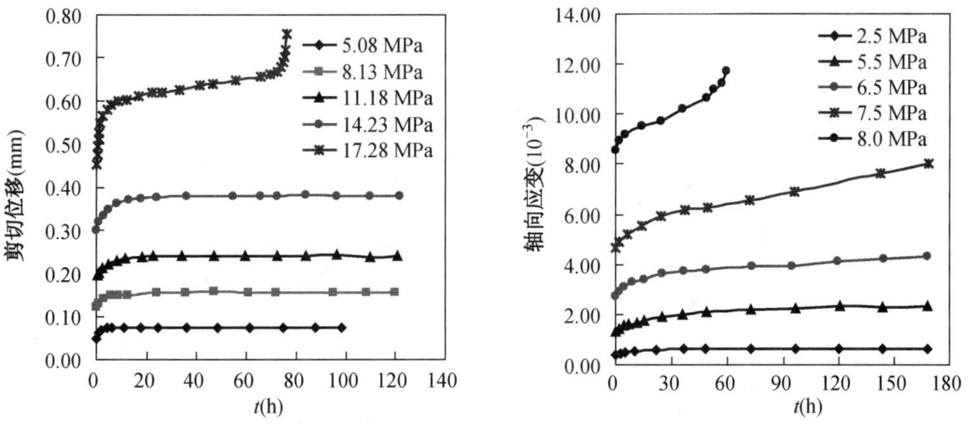

(a) 花岗岩剪切蠕变　　　　(b) 石灰岩压缩蠕变

图 5.1.6　不同应力水平下岩石蠕变曲线

坝基岩体是包含节理、裂隙、层理和断层等结构面的复杂地质体，结构面的存在将严重影响基岩的物理力学性能，即便是由很坚硬的岩石组成的岩体，受到节理或裂隙的切割，其整体性能也将被严重削弱，在持续荷载作用下，流变效应将更加显著。目前我国修建的特高拱坝，坝基中普遍存在着大量的软弱结构面、软岩夹层和断层破碎带等地质缺陷，在开挖卸载、坝体荷载和高渗透水压力的长期作用下，将导致大坝产生显著的时效变形。

4 材料性能演变导致结构性能变化后引起的变形时变效应

在特高拱坝整个服役期内，坝基岩体和坝体混凝土的综合特性可大致划分为三个阶段：适应期、稳定期和老化期。特高拱坝建成蓄水后的运行初期，坝体混凝土的继续硬化使得坝体结构性能提升，承受荷载和抵御变形的能力增强；坝基则由于蓄水所导致的渗流场和应力场的剧烈变化，将勘察、设计和施工阶段的各种缺陷全部暴露出来，此阶段大坝失事破坏概率较高，但随着各种工程补救措施的实施，以及岩体孔隙压密、渗流通道淤塞、基岩蠕变等坝基自身对环境变化的适应，使得坝基整体性能向对稳定性和安全性有利的方向发展。在不遭遇极端荷载的情况下，坝基岩体和坝体混凝土在经过适应期的调整之后，其性能在接下来较长的一段时间内基本保持稳定，而随着服役期的增加，长期发展的细微物理、化学损伤累计达到一定程度之后，其影响将逐渐显现出来，如坝体混凝土和基岩的老化，特高拱坝各项功能开始衰退，从而导致大坝失事概率升高。

4.1 运行初期坝体混凝土的硬化

坝体混凝土早龄期试验表明，其拉压强度和弹性模量等力学性能随着水泥水化程度的增加而提高，且基本呈线性关系，从而使得混凝土的弹性模量和强度等随着龄期的延长而增加，这一点在国内外混凝土的设计规范中均有明确指出。根据不同龄期砂浆、湿筛混凝土以及大坝混凝土的压缩试验，得到的弹性模量随龄期的变化规律如图 5.1.7 所示，可以看出混凝土弹性模量在 360 d 龄期之内有明显的增幅。

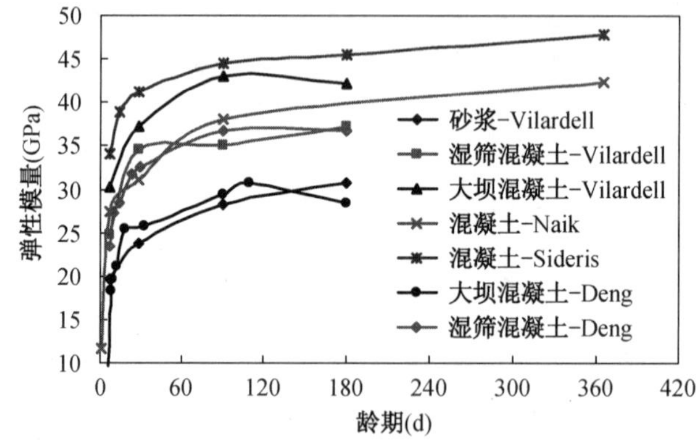

图 5.1.7 砂浆、湿筛混凝土及大坝混凝土弹性模量随龄期的变化

Sideris 通过试验发现水泥水化的持续时间长达 15 年，在此过程中混凝土的微观结构随着水化程度的发展而不断变化。考虑到混凝土弹性模量和抗压强度与水化度之间的线性正比关系，可以采用水化方程来描述坝体混凝土弹性模量和抗压强度随龄期的变化规律，即：

$$E_c = E_{c\infty} - bt^{-p} \tag{5.1.4}$$

式中：$E_{c\infty}$ 为混凝土弹性模量的最终收敛值；b 和 p 为系数，根据试验拟定；t 为龄期，以 d 为单位。

例如，图 5.1.7 中 Sideris 所得到的混凝土试块弹性模量，其随龄期的变化可表述为：$E_c = 51.20 - 37.15t^{-0.394}$ GPa，据此可以预估该混凝土试块最终的弹性模量将达到51 GPa左右。

混凝土坝体积庞大，一般多掺入粉煤灰等添加剂以减少初期散热量，并通水冷却，且混凝土水化过程将持续相当长的时间，甚至是蓄水后较长时间内坝体混凝土的强度和弹性模量还有增长。某混凝土坝于 1959 年和 1965 年分别完成一期、二期工程，将 1964 年至 1998 年共计 35 年的变形监测资料划分为 6 个时段，通过分时段建立变形混合模型，反演得到的 21# 坝段坝体混凝土弹性模量的时变规律如图 5.1.8 所示，表明该坝段坝体混凝土的等效综合弹性模量总体呈增大的趋势，尤其是在运行初期增长较快。

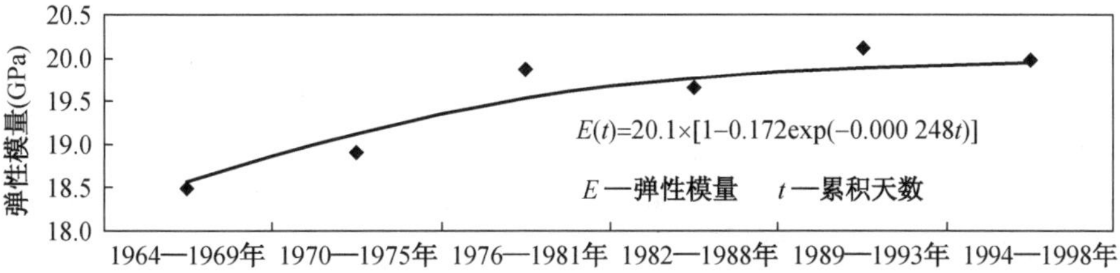

图 5.1.8　某混凝土坝 21# 坝段坝体弹性模量时变规律

4.2　运行期坝体混凝土和坝基岩体性能退化引起大坝产生时效变形

运行期混凝土坝坝体综合弹性模量和坝基岩体变形模量的时变规律，可分别用来表征坝体和坝基由于物理、化学作用和极端荷载所造成的结构性能退化。对于坝体混凝土而言，服役期内造成其性能退化的主要因素有：冻融、渗透溶蚀、长期昼夜温差作用、高速水流冲蚀、碳化和碱骨料反应等，其中冻融和渗透溶蚀的影响相对较大。我国东北地区修建较早的几座混凝土坝均出现了表层冻融剥落、深部冻胀开裂、溶出性侵蚀和裂缝发育等老化现象，降低了坝体混凝土的物理力学性能，并在一定程度上削弱了大坝的有效承载面积，导致大坝结构性能衰退，甚至个别混凝土坝出现了明显的坝体冻胀上抬变形趋势。

混凝土遭受一定程度的冻融循环作用后，宏观上表现为开裂、剥落、粗细骨料分离等，进而导致其强度和刚度降低，并且出现冻胀残余变形。冻融循环后混凝土的双轴压缩试验获得的力学性能随冻融循环次数的变化规律如图 5.1.9 所示（图中 s 为双轴压缩时的两压应力之比），表明混凝土的极限抗压强度和弹性模量随冻融循环次数的增加而大幅降低。坝体混凝土的冻融区主要集中于坝体下游面和上游面水位波动区及其以上部位，故冻融损伤直接造成坝体混凝土物理力学性能的衰退而导致坝体结构性能发生变化，引起大坝变形增大。因冻融作用而产生的裂缝会加大坝体混凝土的渗透性，从而为渗透溶蚀提供水流通道，并且裂缝的出现会加大坝体混凝土的冻结深度。

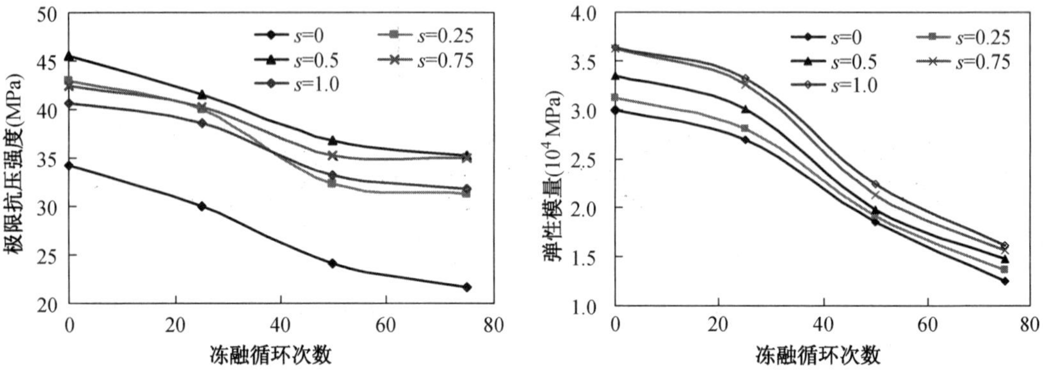

(a) 极限抗压强度　　(b) 弹性模量

图 5.1.9　冻融循环作用下混凝土双轴压缩力学性能

渗透溶蚀也是造成坝体混凝土材料性能下降的一个主要因素。混凝土是一种多孔材料，在水压力的作用下将发生渗流，而渗透水流在穿透坝体的过程中，与坝体混凝土发生物理、化学作用，使得混凝土中的 $Ca(OH)_2$ 流失，降低了混凝土孔隙液中的 Ca^{2+} 浓度，进而导致硬化水泥浆体的溶解，并最终造成坝体混凝土物理力学性能的衰退。关于渗透溶蚀后混凝土力学性能的试验成果较多，其结果均表明混凝土的强度和弹性模量随着 $Ca(OH)_2$ 的溶出程度增大而降低。

坝基老化是造成混凝土坝事故和险情的一个重要原因。坝基长期遭受库水的物理、化学影响和动力影响，出现岩体细颗粒溶蚀、裂隙填充物流失、软弱结构面过大渗透变形，以及软化和泥化等现象，从而改变坝基原有的渗流和变形性态，造成渗流量加大、扬压力上升、物理力学性能下降等，并且坝基老化具有不均匀性和不可恢复性。坝基各项功能的衰退，将严重影响大坝的局部或者整体稳定性，在此过程中将带动上部坝体产生时效变形，并在一定程度上改变坝体原有的结构受力体系。研究表明：某混凝土坝坝基地质条件复杂，其中页岩夹层的厚度达 2～3 m，性质松软，遇水后容易崩解成泥状，蓄水 30 年后的地质钻探取样结果表明，该页岩夹层的泥化率为 23%，反演分析表明该坝建成之后运行 40 年的过程中，该页岩夹层的综合变形模量先逐渐减小后趋于稳定，其演变过程符合指数衰减规律：

$$E(t) = 4.824 + 3.115e^{-2.793\times10^{-4}t}\ \text{GPa} \tag{5.1.5}$$

式中：t 为监测日至初始日期的累积天数。

第二节　特高拱坝变形固有时变效应分析方法

坝基岩体蠕变和坝体混凝土徐变所引发的变形时间效应是造成坝体结构变形性态存在时效的原因之一。为表述方便，将坝基岩体的蠕变和坝体混凝土的徐变统称为筑坝材料的流变，并且由于流变是筑坝材料固有的性质，只要有荷载的持续作用，就会产生随时间发展的变形，故本节重点研究材料流变引起的特高拱坝变形固有时变效应。

在材料层面上，坝体混凝土变形的时间效应可通过徐变试验建立的徐变度模型进行量化。坝基岩体由于其构成成份的离散性，使得不同部位岩体蠕变的差异性较明显。特别是坝基可能存在的软弱结构面，力学性能较差，流变效应更加显著，并且应力水平对坝基岩体及结构面的蠕变影响较大，不同应力水平下可表现为衰减蠕变、稳态蠕变或加速蠕变。因此，对于材料性能差异较大的坝基岩体，其变形时间效应变化规律较复杂。目前，针对坝基岩体和坝体混凝土建立的流变本构模型主要包括：经验模型、元件模型和理论模型，其中元件模型主要采用弹簧、粘壶和滑块等元件的串并联组合方法来建立流变本构模型，由此描述材料的变形时间效应，使用简单方便，物理意义明确；另一方面，在进行大体积混凝土应力仿真分析时，常采用指数型徐变度公式，且仅考虑可恢复的徐变变形，对比发现，该指数型徐变度公式实际上是考虑混凝土龄期后，由两个开尔文体串联而成的广义开尔文模型。下面在研究过程中，统一采用流变力学元件模型来描述坝体混凝土和坝基岩体及软弱结构面的流变特性，在进行流变力学元件的组合时，所构建的模型能同时描述坝基不同岩性岩体及结构面的变形时间效应，减少了对实际工程固有时变效应进行量化分析时所用本构模型的数目。

为此，针对特高拱坝高应力水平下筑坝材料的流变问题，经基本流变学元件模型的特征分析，提出能够描述坝基岩体加速蠕变特性的黏塑性体，建立适合特高拱坝变形的非线性流变本构模型，并给出基于该模型的坝体混凝土和坝基岩体流变特性辨识及流变模型参数确定的方法；在此基础上，研究所建立的流变本构模型的数值求解方法，对特高拱坝变形固有时变效应实现量化分析。

1　特高拱坝变形流变力学元件模型

受坝体混凝土和坝基岩体材料复杂性的限制，很难建立一种能全面反映混凝土坝工程材料流变特性且具有普遍适用性的流变本构模型。即使部分学者所提出的模型在普遍适用性上已有一定程度的提高，但往往由于模型过于复杂、参数太多且难以确定等原因，导致其无法较好地用于实际工程的数值模拟中。因此，根据不同应力水平下材料的加卸载蠕变试验，选择合适的基本元件进行串并联组合来确定模型中的参数，是目前研究岩土工程长期变形中最常用的方法。下面在对基本流变力学元件及其组合模型的力学特征分析的基础上，构建适合特高拱坝变形的非线性流变本构模型。

1.1　流变力学元件模型特征分析

1.1.1　线性元件模型

已有研究成果中，将弹簧、粘壶和滑块这 3 个元件组合形成的黏性、黏弹性、黏塑性以及黏弹塑性模型，称之为基本流变力学模型，再将这 4 个基本模型进行串并联组合，可以形成 15 个流变力学模型，其中包含全部 4 种基本流变性态的模型称为统一流变模型，而其他 14 个流变模型均是该模型的特例。统一流变模型如图 5.2.1 所示，其中 5 个独立元件或组合元件依次为：①Hook 体，②Kelvin 体，③村山体，④Newton 体和⑤Bingham 体。4 种基本流变力学元件模型的特征描述见表 5.2.1。

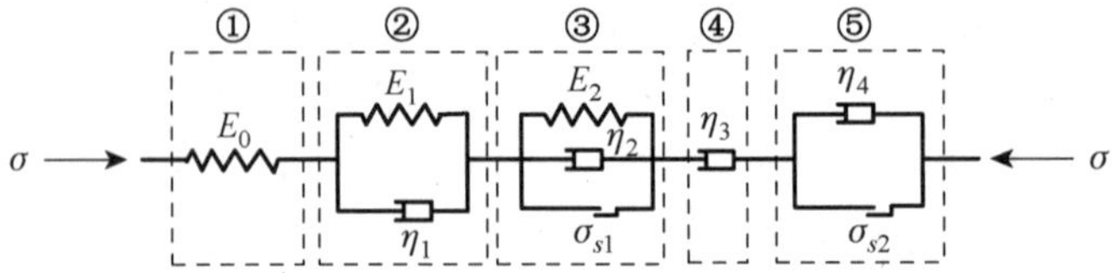

图 5.2.1 统一流变模型

表 5.2.1 4 种基本流变力学元件的特征描述

序号	流变性态	蠕变类型	本构方程	蠕变方程	可恢复应变
②	黏弹性	衰减蠕变	$\sigma = E_1\varepsilon + \eta_1\dot{\varepsilon}$	$\frac{\sigma_0}{E_1}(1-e^{-\frac{E_1}{\eta_1}t})$	全部恢复
③	黏弹塑性	衰减蠕变	$\sigma - \sigma_{s1} = E_2\varepsilon + \eta_2\dot{\varepsilon}$	$\frac{\sigma_0-\sigma_{s1}}{E_2}(1-e^{-\frac{E_2}{\eta_2}t})$	$\frac{\sigma_0-2\sigma_{s1}}{E_2}(1-e^{-\frac{E_2}{\eta_2}t})$
④	黏性	稳态蠕变	$\sigma = \eta_3\dot{\varepsilon}$	$\frac{\sigma_0}{\eta_3}t$	0
⑤	黏塑性	稳态蠕变	$\sigma - \sigma_{s2} = \eta_4\dot{\varepsilon}$	$\frac{\sigma_0-\sigma_{s2}}{\eta_4}t$	0

不同应力水平下，统一流变模型能反映出不同的流变特性，相应的流变本构方程也表现出不同的形式，由线性元件组成的统一流变模型（村山体中的 σ_{s1} 小于 Bingham 体中的 σ_{s2}），其本构方程和蠕变方程如下所示。

（1）当应力 $\sigma<\sigma_{s1}<\sigma_{s2}$ 时，统一流变模型中仅包含①、②、④三部分，其组成模型即为常用的 Burgers 模型，由 $\sigma=E_0\varepsilon_0=E_1\varepsilon_1+\eta_1\dot{\varepsilon}_1=\eta_3\dot{\varepsilon}_3$ 和 $\varepsilon=\varepsilon_0+\varepsilon_1+\varepsilon_3$ 可以推出：

$$E_1\dot{\varepsilon}+\eta_1\ddot{\varepsilon}=\frac{E_1}{\eta_3}\sigma+\left(1+\frac{\eta_1}{\eta_3}+\frac{E_1}{E_0}\right)\dot{\sigma}+\frac{\eta_1}{E_0}\ddot{\sigma} \tag{5.2.1}$$

常应力 σ_0 下的蠕变方程为：

$$\varepsilon=\frac{\sigma_0}{E_0}+\frac{\sigma_0}{E_1}(1-e^{-\frac{E_1}{\eta_1}t})+\frac{\sigma_0}{\eta_3}t \tag{5.2.2}$$

（2）当应力 $\sigma_{s1}\leqslant\sigma<\sigma_{s2}$ 时，统一流变模型中包含①、②、③、④4 部分，由 $\sigma=E_0\varepsilon_0=E_1\varepsilon_1+\eta_1\dot{\varepsilon}_1=\sigma_{s1}+E_2\varepsilon_2+\eta_2\dot{\varepsilon}_2=\eta_3\dot{\varepsilon}_3$ 和 $\varepsilon=\varepsilon_0+\varepsilon_1+\varepsilon_2+\varepsilon_3$ 可以推出：

$$\dddot{\varepsilon}+\left(\frac{E_1}{\eta_1}+\frac{E_2}{\eta_2}\right)\ddot{\varepsilon}+\frac{E_1E_2}{\eta_1\eta_2}\dot{\varepsilon}=\frac{\dddot{\sigma}}{E_0}+\left(\frac{1}{\eta_1}+\frac{1}{\eta_2}+\frac{1}{\eta_3}+\frac{E_1}{\eta_1E_0}+\frac{E_2}{\eta_2E_0}\right)\ddot{\sigma}+$$
$$\left(\frac{E_1+E_2}{\eta_1\eta_2}+\frac{E_1}{\eta_1\eta_3}+\frac{E_2}{\eta_2\eta_3}+\frac{E_1E_2}{\eta_1\eta_2E_0}\right)\dot{\sigma}+\frac{E_1E_2}{\eta_1\eta_2\eta_3}\sigma \tag{5.2.3}$$

常应力 σ_0 下的蠕变方程为：

$$\varepsilon=\frac{\sigma_0}{E_0}+\frac{\sigma_0}{E_1}(1-e^{-\frac{E_1}{\eta_1}t})+\frac{\sigma_0-\sigma_{s1}}{E_2}(1-e^{-\frac{E_2}{\eta_2}t})+\frac{\sigma_0}{\eta_3}t \tag{5.2.4}$$

（3）当应力 $\sigma_{s1}<\sigma_{s2}\leqslant\sigma$ 时，统一流变模型包含全部 5 个基本元件模型，由 $\sigma=E_0\varepsilon_0=E_1\varepsilon_1+\eta_1\dot{\varepsilon}_1=\sigma_{s1}+E_2\varepsilon_2+\eta_2\dot{\varepsilon}_2=\eta_3\dot{\varepsilon}_3=\sigma_{s2}+\eta_4\dot{\varepsilon}_4$ 和 $\varepsilon=\varepsilon_0+\varepsilon_1+\varepsilon_2+\varepsilon_3+\varepsilon_4$ 可以推出：

$$\dddot{\varepsilon}+\left(\frac{E_1}{\eta_1}+\frac{E_2}{\eta_2}\right)\ddot{\varepsilon}+\frac{E_1E_2}{\eta_1\eta_2}\dot{\varepsilon}=\frac{\dddot{\sigma}}{E_0}+\left(\frac{1}{\eta_1}+\frac{1}{\eta_2}+\frac{1}{\eta_3}+\frac{1}{\eta_4}+\frac{E_1}{\eta_1E_0}+\frac{E_2}{\eta_2E_0}\right)\ddot{\sigma}+$$
$$\left(\frac{E_1+E_2}{\eta_1\eta_2}+\frac{E_1}{\eta_1\eta_3}+\frac{E_2}{\eta_2\eta_3}+\frac{E_1E_2}{\eta_1\eta_2E_0}\right)\dot{\sigma}+\left(\frac{1}{\eta_3}+\frac{1}{\eta_4}\right)\frac{E_1E_2}{\eta_1\eta_2}\sigma-\frac{E_1E_2}{\eta_1\eta_2\eta_4}\sigma_{s2} \quad (5.2.5)$$

常应力 σ_0 下的蠕变方程为：

$$\varepsilon=\frac{\sigma_0}{E_0}+\frac{\sigma_0}{E_1}\left(1-e^{-\frac{E_1}{\eta_1}t}\right)+\frac{\sigma_0-\sigma_{s1}}{E_2}\left(1-e^{-\frac{E_2}{\eta_2}t}\right)+\frac{\sigma_0}{\eta_3}t+\frac{\sigma_0-\sigma_{s2}}{\eta_4}t \quad (5.2.6)$$

上述分析可以看出，由线性元件组合而成的流变模型，仅能描述岩体及混凝土材料的衰减蠕变和稳态蠕变，而对于坝基岩体及软弱结构面在高应力水平下可能出现的加速蠕变则难以模拟，需要对上述线性元件进行改进或者提出其他新的元件，并与上述线性元件模型进行组合，以便能描述其完整蠕变过程。

1.1.2　非线性黏塑性元件模型

鉴于线性元件组合模型难以描述岩体及结构面的加速蠕变，大量的非线性黏塑性元件逐渐被提出，其模型结构与线性黏塑性体相同，而将其中的黏滞系数或屈服应力改为时间和应力水平的函数。对已有研究成果综合分析后，可以将非线性黏塑性体归为三类：黏滞系数非线性、屈服应力非线性以及两者均非线性，如图 5.2.2 所示。

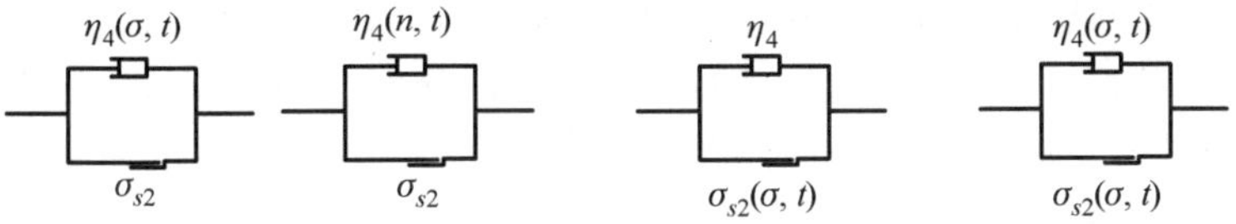

(a) 黏滞系数非线性　(b) 屈服应力非线性　(c) 两者均非线性

图 5.2.2　非线性黏塑性元件

(1) 黏滞系数随持荷时间或应力水平而变化的非线性黏塑性体，如图 5.2.2(a)所示，认为黏塑性体中的屈服应力为定值，一般多取为材料的长期强度，若偏差应力略大于屈服应力或者持荷时间较短，仅产生稳态蠕变；而当偏差应力较大或者持荷时间较长时，则进入加速蠕变阶段。

图 5.2.3 给出了某石灰岩不同应力水平下黏塑性体中黏滞系数随时间的变化关系，可用应力水平和时间表示为：

$$\left.\begin{aligned}\eta_4(\sigma-\sigma_s,t)&=\frac{t}{t_0/\eta_4'(\sigma-\sigma_s,t_0)+a+\exp(t/b)}\\ \eta_4'(\sigma-\sigma_s,t)&=\frac{\sigma-\sigma_s}{c+d\ln(\sigma-\sigma_s-e)}\end{aligned}\right\} \quad (5.2.7)$$

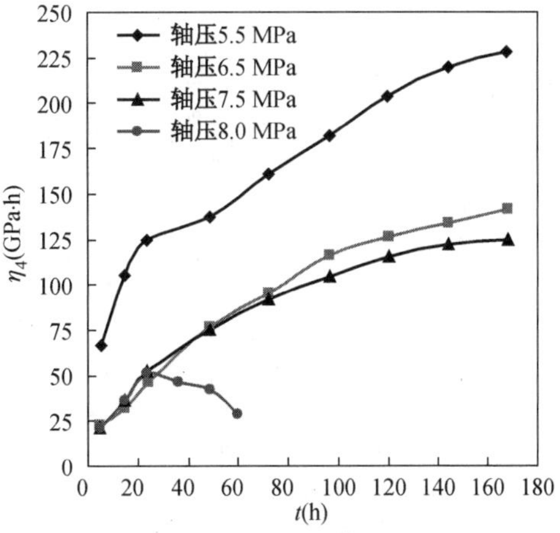

图 5.2.3　不同应力水平下某石灰岩黏塑性黏滞系数与时间关系

式中：a，b，c，d，e 为常数，根据试验拟定；黏塑性体发挥作用时，均有 $\sigma-\sigma_s>0$。

用时间的幂函数描述黏塑性体的时效变形是黏滞系数非线性的另一种表示方式，即采用 $\eta_4(n, t)$ 代替线性黏塑性体中的 η_4，其中 n 为流变指数，取不同值时可以描述不同的蠕变特性：当 $n=1$ 时，其退化为线性黏塑性体，黏滞系数不随时间变化，反映出稳态蠕变特性；当 $n<1$ 时，黏滞系数随时间延长而增大，反映出衰减蠕变特性；当 $n>1$ 时，黏滞系数随时间延长而减小，反映出加速蠕变特性。相应的蠕变方程为：

$$\varepsilon_4=\frac{H(\sigma_0-\sigma_{s2})}{\eta_4}t^n \tag{5.2.8}$$

则当前时刻的黏滞系数为：

$$\eta_4(t)=\frac{\eta_4^{t_s}}{(t-t_s)^{n-1}} \tag{5.2.9}$$

式中：当 $\sigma_0>\sigma_{s2}$ 时，$H(\sigma_0-\sigma_{s2})=\sigma_0-\sigma_{s2}$，否则为 0；$\eta_4^{t_s}$ 为非线性黏塑性体中外荷载首次达到阈值应力时(t_s) 的黏滞系数。

(2) 应力阈值随时间变化的非线性黏塑性体，如图 5.2.2(b)所示。部分研究者认为，岩石蠕变损伤显著生成于加速蠕变阶段，损伤应力阈值与长期强度是一致的，当所施加的荷载小于长期强度时，岩石不会产生明显损伤，可以不考虑岩石强度随持荷时间的变化；而当荷载大于长期强度时，岩石的强度会随着损伤的累积而降低，即岩石进入加速蠕变阶段之后，强度和其他力学参数会随持荷时间的延长而降低，部分岩石蠕变过程中力学参数的时间效应如图 5.2.4 所示。因此，黏塑性元件中的滑块所能承受的荷载不是一个定值，而是随加速蠕变的累积而逐渐减小的。综上分析可知，黏塑性元件的应力阈值是实际荷载和长期强度之差与持荷时间的衰减函数，即：

$$\sigma_{s2}=f[(\sigma-\sigma_\infty)t] \tag{5.2.10}$$

或者认为应力阈值不变，而黏塑性元件所承受的有效应力增大，即：

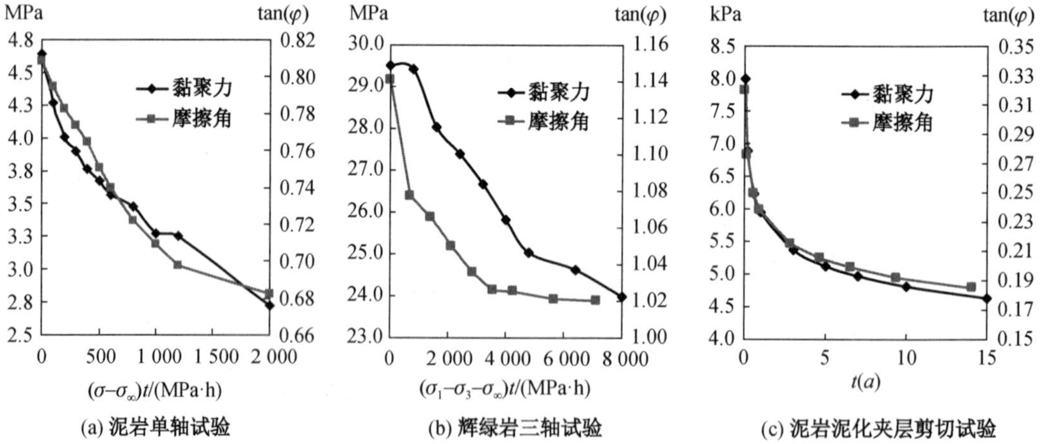

图 5.2.4　岩石蠕变过程中力学参数的时间效应

$$\dot{\varepsilon}_4 = \frac{\bar{\sigma} - \sigma_{s2}}{\eta_4} = \frac{\sigma \cdot \phi[(\sigma - \sigma_\infty)t] - \sigma_{s2}}{\eta_4} \tag{5.2.11}$$

式中：$\phi(x)$ 是$(\sigma - \sigma_\infty)t$ 的增函数。

(3) 外荷载长期作用下，岩石的蠕变过程也是材料内部损伤逐渐累积的过程。岩石的长期强度是指岩石在无限长时间内发生蠕变破坏所需的最小应力值，也就是当外荷载小于岩石长期强度时，岩石在其服役期内将不会发生蠕变破坏，因此蠕变应力阈值与岩石长期强度的概念是一致的。岩石出现蠕变损伤之后将导致材料软化，此时黏塑性体中的 Newton 体和黏滞体抵御荷载的变形能力都将下降，即 σ_{s2} 和 η_4 都将随持荷时间衰减，如图 5.2.2(c)所示。

1.2　坝体混凝土和坝基岩体流变本构模型的构建

坝体混凝土一般处于黏弹性工作状态，并且试验表明其黏弹性变形不存在应力阈值，Kelvin 体即可描述其时效变形，但单 Kelvin 体达到变形稳定的时间较快，而 $n=2$ 的广义开尔文模型可较好地描述坝体混凝土的徐变过程，且参数相对较少，符合工程实际情况。因此，选择 2 个 Kelvin 体串联而成的广义开尔文模型来描述坝体混凝土的流变特性，如图 5.2.5 所示。

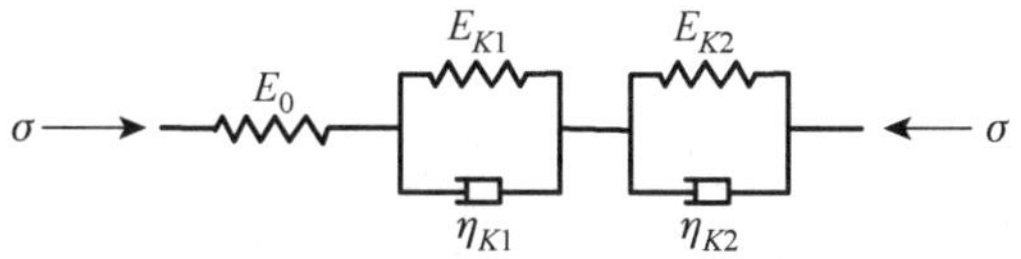

图 5.2.5　坝体混凝土的黏弹性本构模型

坝基岩体及结构面的蠕变规律比较复杂，受岩性、应力水平等因素的影响较明显，各阶段蠕变是否出现以及相应应力阈值的大小均相差较大，统一流变模型可以较好地描述其蠕变特性。但通过对比可发现：Kelvin 体和村山体均可以描述材料的衰减蠕变过程，其不同点在于 Kelvin 体在任何应力下都将产生衰减蠕变，对软岩及结构面等比较适合；而硬岩的蠕变试验表明，部分硬岩在低应力水平下没有蠕变或蠕变现象不明显，故村山体在 Kelvin 体的基础上添加了应力阈值开关，只有当应力超过相应的阈值之后，材料才会产生黏弹性的衰减蠕变。Newton 体和 Bingham 体均可以描述材料的稳态蠕变过程，区别也是 Bingham 体中存在产生稳态蠕变的应力阈值。综上，Kelvin 体和 Newton 体可分别视为村山体和 Bingham 体中应力阈值为 0 的一种特殊情况。故对统一流变模型进行简化后，即可建立如图 5.2.6 所示的特高拱坝坝基岩体及结构面的黏弹塑性本构模型，模型中仅包含 Hook 体、村山体和 Bingham 体，其流变本构方程为：

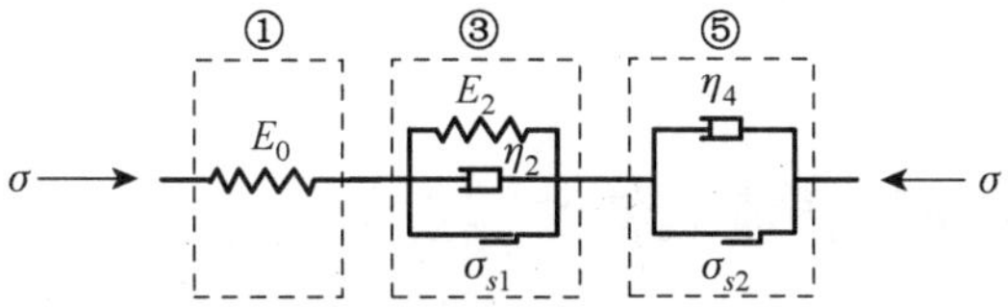

图 5.2.6　坝基岩体及结构面的黏弹塑性本构模型

$$\eta_2\ddot{\varepsilon}+E_2\dot{\varepsilon}=\frac{\eta_2}{E_0}\ddot{\sigma}+\left(1+\frac{\eta_2}{\eta_4}+\frac{E_2}{E_0}\right)\dot{\sigma}+\frac{E_2}{\eta_4}(\sigma-\sigma_{s2}) \tag{5.2.12}$$

式中：当 $\sigma\leqslant\sigma_{s1}$ 时，η_2 趋于无穷大，$E_2=0$；当 $\sigma\leqslant\sigma_{s2}$ 时，η_4 趋于无穷大。

从岩石蠕变试验可发现，稳态蠕变阶段和加速蠕变阶段之间存在较明显的转变，在使用黏塑性体统一描述岩石的稳态蠕变和加速蠕变过程时，需要对这一过渡点进行判别，以便调整黏塑性体中的黏滞系数。关于这方面的研究成果较少，蠕变时间或累积黏塑性应变等均被作为判别准则出现在以往的研究中。

结合蠕变试验，在建立非线性黏塑性体时，认为黏塑性应变累积达到一定幅值之后，其黏滞系数将随时间而减小，并采用时间的幂函数描述加速蠕变；而材料强度衰减对黏塑性应变率的影响则体现在屈服函数上，将在后面专门进行研究。因此，当稳态蠕变应变小于相应的阈值时，非线性黏塑性体中的黏滞系数取为定值；而当稳态蠕变发展到一定程度之后，黏滞系数将随蠕变时间的延续而衰减，从而导致黏塑性应变率增大而进入加速蠕变阶段，因此可将黏塑性体中的黏滞系数定义为：

$$\eta_4=\begin{cases}\eta_4^s & \varepsilon_{vp}<\bar{\varepsilon}_{vp}\\ \dfrac{\eta_4^s}{n(t-t_s)^{n-1}} & \varepsilon_{vp}\geqslant\bar{\varepsilon}_{vp}\end{cases} \tag{5.2.13}$$

则黏塑性体的应变为：

$$\varepsilon_{vp}=\begin{cases}\dfrac{\sigma-\sigma_{s2}}{\eta_4^s}t & \varepsilon_{vp}<\bar{\varepsilon}_{vp}\\ \bar{\varepsilon}_{vp}+\dfrac{\sigma-\sigma_{s2}}{\eta_4^s}(t-t_s)^n & \varepsilon_{vp}\geqslant\bar{\varepsilon}_{vp}\end{cases} \tag{5.2.14}$$

式中：η_4^s 为黏塑性体在稳态蠕变阶段的黏滞系数；n 为与材料有关的参数，且 $n>1$；$t_s=(\bar{\varepsilon}_{vp}\eta_4^s)/(\sigma-\sigma_{s2})$；$\bar{\varepsilon}_{vp}$ 为加速蠕变之前稳态蠕变的累积值，根据蠕变试验确定。

将上述提出改进的非线性黏塑性体代入简化后的统一流变模型，则坝基岩体及结构面在常应力作用下的蠕变方程为：

$$\varepsilon=\begin{cases}\dfrac{\sigma}{E_0} & \sigma<\sigma_{s1}\\ \dfrac{\sigma}{E_0}+\dfrac{\sigma-\sigma_{s1}}{E_2}\left(1-e^{-\frac{E_2}{\eta_2}t}\right) & \sigma_{s1}\leqslant\sigma<\sigma_{s2}\\ \dfrac{\sigma}{E_0}+\dfrac{\sigma-\sigma_{s1}}{E_2}\left(1-e^{-\frac{E_2}{\eta_2}t}\right)+\dfrac{\sigma-\sigma_{s2}}{\eta_4^s}t & \sigma\geqslant\sigma_{s2},\varepsilon_{vp}<\bar{\varepsilon}_{vp}\\ \dfrac{\sigma}{E_0}+\dfrac{\sigma-\sigma_{s1}}{E_2}\left(1-e^{-\frac{E_2}{\eta_2}t}\right)+\bar{\varepsilon}_{vp}+\dfrac{\sigma-\sigma_{s2}}{\eta_4^s}(t-t_s)^n & \sigma\geqslant\sigma_{s2},\varepsilon_{vp}\geqslant\bar{\varepsilon}_{vp}\end{cases} \tag{5.2.15}$$

2 特高拱坝坝体坝基流变特性辨识

根据岩石和混凝土的室内或现场加卸载流变试验，对其流变特性进行辨识，建立符合实际情况的流变本构模型并确立相应的参数，然后将其用于数值模拟，以反馈工程的设计、施工和运行，这是流变力学研究中的一项重要内容。特高拱坝体积庞大，工程影响范围内岩体的岩性差别较大，并且节理、裂隙发育，需要通过反分析来综合评价坝基岩体和坝体混凝土的物理力学性能。针对特高拱坝筑坝材料的流变特性，在建立流变模型时，一个较优的方法就是将流变模型筛选的直接法和后验排除法相结合，即先通过岩石和混凝土试块的流变试验，初步拟定流变模型，并确定流变参数，然后进行实际工程固有时效变形的数值模拟，再通过现场变形监测资料和数值模拟结果的对比分析，最终确定出合理的流变模型和流变参数，具体流程如图 5.2.7 所示。

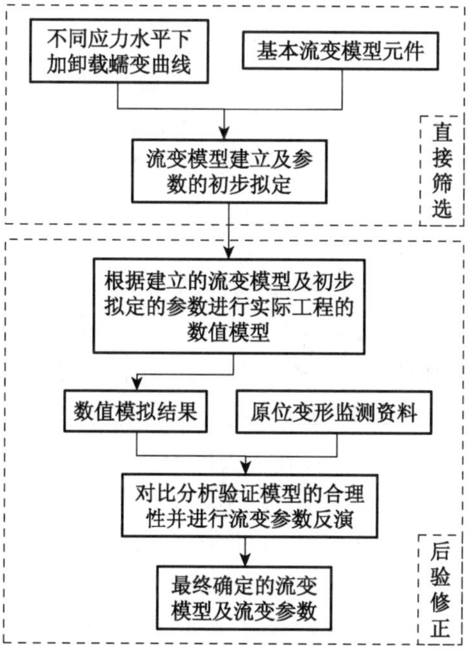

图 5.2.7　流变特性辨识流程图

2.1　流变特性辨识

要充分认识岩石和混凝土的流变特性，首先需要进行不同应力水平下材料的单轴或三轴蠕变试验，所选用的应力水平范围应尽可能的广，以便观察材料蠕变的全过程。对于加速蠕变出现之前的蠕变曲线，将蠕变应变分成衰减蠕变和稳态蠕变两部分，其中衰减蠕变分量用以确定黏弹性元件的参数，稳态蠕变分量用以确定黏塑性元件的参数。

坝体混凝土一般处于黏弹性状态，流变特性比较明确，只需要根据徐变试验确定其黏弹性参数即可；坝基岩体的蠕变规律比较复杂，蠕变全过程中，蠕变速率曲线为两边高、中间低，即刚开始蠕变时的速率较高，但蠕变速率是逐渐减小的，且减小到一定程度之后基本保持不变，而随着蠕变变形的累积，其抵御流变的能力减弱，后期蠕变速率又增大，直到出现蠕变破坏。因此，根据不同应力水平下的蠕变规律，按照建立的黏弹塑性流变本构模型，可以将坝基岩体的蠕变特性归纳为表 5.2.2 所示，具体分析如下。

表 5.2.2　坝基岩体流变特性辨识表

分类序号	蠕变曲线		应力阈值	蠕变特性	蠕变模型
	低应力水平	高应力水平			
1	衰减蠕变和稳态蠕变	衰减蠕变和稳态蠕变	$\sigma_{s1}=0$ $\sigma_{s2}=0$	黏弹性和黏性	Burgers 模型
2	衰减蠕变	衰减蠕变和稳态蠕变	$\sigma_{s1}=0$ $\sigma_{s2}\neq 0$	低应力下黏弹性，高应力下黏弹性和黏塑性并存	西元模型
3	无蠕变	仅衰减蠕变或者衰减蠕变和稳态蠕变	$\sigma_{s1}\neq 0$ $\sigma_{s2}\neq 0$	黏弹塑性和黏塑性	村山体＋Bingham 体

(1) 黏弹性蠕变和黏塑性蠕变均不存在应力阈值，即 $\sigma_{s1}=\sigma_{s2}=0$ 的情况。岩石在很低的应力水平下就出现衰减蠕变和稳态蠕变，其蠕变表现为黏弹性和黏性。通常情况下，部分硬度较小的软岩和软弱结构面不存在蠕变应力阈值，只要施加荷载，变形就会随持荷时间的延长而增大，且应力水平越高，稳态蠕变速率越大。此时，图 5.2.6 所示的坝基黏弹塑性流变模型退化为 Burgers 模型。

(2) 黏弹性蠕变不存在应力阈值，而黏塑性蠕变存在应力阈值，即 $\sigma_{s1}=0$，$\sigma_{s2}\neq 0$ 的情况。岩石在低应力水平下仅有衰减蠕变，表现为黏弹性；而高应力水平下同时具有衰减蠕变和稳态蠕变，表现为黏弹性和黏塑性并存。此时，图 5.2.6 所示的坝基黏弹塑性流变模型退化为西元模型，中等硬度的岩石多表现出此蠕变特性。

(3) 黏弹性蠕变和黏塑性蠕变均存在应力阈值，即 $\sigma_{s1}\neq 0$，且 $\sigma_{s2}\neq 0$ 的情况。岩石在低应力水平下不产生蠕变或蠕变不明显，仅当应力水平达到一定程度之后，才会出现较明显的蠕变。这类岩石往往硬度较高，表现出更强的脆性，高应力水平下其蠕变特性可表现为两种情况：①仅出现衰减蠕变，而当应力继续提高到一定程度之后，岩石很快出现蠕变破坏，稳态蠕变过程不明显，岩石蠕变破坏之前表现为黏弹塑性；②衰减蠕变和稳态蠕变都存在，或同时出现，或稳态蠕变出现时的应力阈值略大一些，岩石蠕变破坏之前表现为黏弹塑性和黏塑性并存。

2.2　流变模型参数确定

对于坝体混凝土而言，采用 2 个 Kelvin 体串联而成的广义开尔文模型描述其流变特性时，常应力下的变形发展规律为：

$$\varepsilon(t)=\frac{\sigma}{E_0}+\frac{\sigma}{E_{K1}}(1-\exp^{-\frac{E_{K1}}{\eta_{K1}}t})+\frac{\sigma}{E_{K2}}(1-\exp^{-\frac{E_{K2}}{\eta_{K2}}t}) \tag{5.2.16}$$

因此，在确定坝体混凝土广义开尔文模型中的黏弹性参数时，根据式(5.2.16)所示变形发展规律，对坝体混凝土徐变曲线采用 $\varepsilon(t)=b_0+b_1[1-\exp(-b_2t)]+b_3[1-\exp(-b_4t)]$ 进行拟合，则 $E_{K1}=\sigma/b_1$，$E_{K2}=\sigma/b_3$，$\eta_{K1}=\sigma/(b_1b_2)$，$\eta_{K2}=\sigma/(b_3b_4)$。

对于坝基岩体及软弱结构面而言，根据流变特性辨识结果，按照黏弹性蠕变和黏塑性蠕变是否存在应力阈值问题，将流变特性分为三大类，需要根据这三类流变特性分别对其进行流变参数的确定。对于加速蠕变阶段，此时黏塑性体中的黏滞系数是随时间衰减的，其关键在于确定流变指数 n，可按照式(5.2.14)对加速蠕变曲线进行非线性拟合，进而得到流变指数 n。加速蠕变之前，流变模型中的参数确定方法如下。

(1) 黏弹性蠕变和黏塑性蠕变都不存在应力阈值时，Burgers 模型可以较好地描述其加速蠕变之前的蠕变特性，需要确定的流变参数仅有 E_2，η_2 和 η_4^s，而 $\sigma_{s1}=\sigma_{s2}=0$。在进行参数识别时，理论上仅需一个应力水平下的蠕变曲线就可以识别出所需的全部参数，但实际操作中应多取几个不同应力水平下的蠕变曲线，以减小误差。参数识别时，首先需要对蠕变曲线中的衰减蠕变和稳态蠕变进行分离，通过衰减蠕变分量，根据 Kelvin 体的应变发展规律 $\varepsilon_{ve}(t)=\sigma(1-e^{-E_2 t/\eta_2})/E_2$ 来确定 E_2 和 η_2；然后由稳态蠕变速率 $\dot{\varepsilon}_{vp}=\sigma_0/\eta_4^s$ 来确定 η_4^s，具体过程如下：

$$E_2=\frac{\sigma_0}{\varepsilon_{ve}(\infty)} \tag{5.2.17}$$

$$\eta_2=-\frac{E_2 t}{\ln\left(1-E_2\varepsilon_{ve}(t)/\sigma_0\right)} \tag{5.2.18}$$

$$\eta_4^s=\frac{\sigma_0}{\dot{\varepsilon}_{vp}} \tag{5.2.19}$$

式中：σ_0 为蠕变曲线所对应的试验应力；$\varepsilon_{ve}(t)$ 和 $\varepsilon_{ve}(\infty)$ 分别为 t 时刻的衰减蠕变和最终收敛值；$\dot{\varepsilon}_{vp}$ 为稳态蠕变速率，即分离出来的稳态蠕变曲线的斜率。

按照式(5.2.18)，η_2 可以按照衰减蠕变曲线上的任意一点即可求出，这样可能会导致误差较大，比较好的方法是直接对分离出来的衰减蠕变按照 $\varepsilon(t)=b_1[1-\exp(-b_2 t)]$ 进行拟合，则 $\eta_2=\sigma_0/(b_1 b_2)$。

(2) 黏弹性蠕变不存在应力阈值，而黏塑性蠕变存在应力阈值时，需要确定的流变参数有 E_2，η_2，η_4^s 和 σ_{s2}，而 $\sigma_{s1}=0$。此时，低应力水平下仅有衰减蠕变，通过低应力水平下的蠕变曲线即可确定 E_2 和 η_2；高应力水平下的蠕变是衰减蠕变和稳态蠕变的综合值，需要对其进行分离，E_2 和 η_2 的计算公式同式(5.2.17)和式(5.2.18)，而 σ_{s2} 和 η_4^s 的求解则必须采用 2 个高应力水平下的稳态蠕变速率进行联合求解，由

$$\dot{\varepsilon}_{vp1}=\frac{\sigma_1-\sigma_{s2}}{\eta_4^s},\ \dot{\varepsilon}_{vp2}=\frac{\sigma_2-\sigma_{s2}}{\eta_4^s} \tag{5.2.20}$$

可得：

$$\eta_4^s=\frac{\sigma_1-\sigma_2}{\dot{\varepsilon}_{vp1}-\dot{\varepsilon}_{vp2}} \tag{5.2.21}$$

$$\sigma_{s2}=\frac{\sigma_1\dot{\varepsilon}_{vp2}-\sigma_2\dot{\varepsilon}_{vp1}}{\dot{\varepsilon}_{vp2}-\dot{\varepsilon}_{vp1}} \tag{5.2.22}$$

式中：σ_1 和 σ_2 分别为出现稳态蠕变之后的两个蠕变试验应力；$\dot{\varepsilon}_{vp1}$ 和 $\dot{\varepsilon}_{vp2}$ 为分离出来的稳态蠕变速率。

(3) 黏弹性蠕变和黏塑性蠕变都存在应力阈值时，低应力水平下无明显蠕变，因此，所有的流变参数需要根据高应力水平下的蠕变曲线进行确定。高应力水平下的蠕变曲线

首先需要进行衰减蠕变和稳态蠕变的分离，用衰减蠕变分量确定参数 E_2，η_2 和 σ_{s1}。根据衬山体的应变发展规律：

$$\varepsilon_{ve}(t)=\frac{\sigma-\sigma_{s1}}{E_2}(1-e^{-\frac{E_2}{\eta_2}t}) \tag{5.2.23}$$

可得：

$$\sigma_{s1}=\frac{\sigma_1\varepsilon_{ve2}(\infty)-\sigma_2\varepsilon_{ve1}(\infty)}{\varepsilon_{ve2}(\infty)-\varepsilon_{ve1}(\infty)} \tag{5.2.24}$$

$$E_2=\frac{\sigma_1-\sigma_2}{\varepsilon_{ve1}(\infty)-\varepsilon_{ve2}(\infty)} \tag{5.2.25}$$

式中：$\varepsilon_{ve1}(\infty)$ 和 $\varepsilon_{ve2}(\infty)$ 分别为高应力 σ_1 和 σ_2 下分离出来的衰减蠕变分量的最终收敛值对分离出来的衰减蠕变分量，按照 $\varepsilon(t)=b_1[1-\exp(-b_2t)]$ 进行拟合，则 $\eta_2=(\sigma-\sigma_{s1})/(b_1b_2)$。

对于黏塑性蠕变参数 η_4^s 和 σ_{s2}，则用分离出来的稳态蠕变速率进行确定，计算公式同式(5.2.21)和式(5.2.22)。

2.3 岩体流变特性辨识算例

根据上述流变模型辨识及参数确定方法，对图 5.1.6(b)所示的石灰岩压缩蠕变曲线进行流变特性辨识，并按照建立的岩体非线性流变本构模型进行参数的确定。

从不同应力水平下的蠕变曲线可以看出，低应力水平下，该石灰岩出现了衰减蠕变，可认为黏弹性蠕变无应力阈值，即 $\sigma_{s1}=0$。首先对加速蠕变出现之前的蠕变曲线进行衰减蠕变分量和稳态蠕变分量的分离，具体分析过程中，如果稳态蠕变不明显，则可以按照有无稳态蠕变项分别进行拟合；然后比较残差平方和的波动情况，若 $|(\varepsilon_1-\varepsilon_2)/\varepsilon_1|>0.1$（$\varepsilon_1$ 和 ε_2 分别为有无稳态蠕变项拟合后的残差平方和），则认为必须考虑稳态蠕变。拟合方程如式(5.2.26)所示，所得拟合参数见表 5.2.3。

$$y=b_0+b_1[1-\exp(-b_2t)]+b_3t \tag{5.2.26}$$

由表 5.2.3 可以看出，仅轴向应力为 2.5 MPa 时，有无稳态蠕变项情况下，表征拟合精度的残差平方和变化比例不超过 10%，故可认为轴向应力为 2.5 MPa 时，该石灰岩蠕变过程中仅有衰减蠕变，而其他 4 级荷载情况下的蠕变曲线则包含稳态蠕变过程。

表 5.2.3 两种拟合方式下石灰岩蠕变曲线的拟合系数

轴向应力	稳态蠕变	b_0	b_1	b_2	b_3	残差平方和	$\|(\varepsilon_1-\varepsilon_2)/\varepsilon_1\|$
2.5 MPa	有	0.392 09	0.229 09	0.106 22	0.000 11	0.002 0	0.05
	无	0.395 73	0.237 23	0.092 85	—	0.002 1	
5.5 MPa	有	1.350 46	0.762 49	0.045 43	0.001 34	0.011 2	0.38
	无	1.369 81	0.930 28	0.032 51	—	0.015 4	

续表

轴向应力	稳态蠕变	b_0	b_1	b_2	b_3	残差平方和	$\|(\varepsilon_1-\varepsilon_2)/\varepsilon_1\|$
6.5 MPa	有	2.759 87	0.843 77	0.092 92	0.004 27	0.020 1	4.43
	无	2.868 43	1.311 60	0.030 48	—	0.109 2	
7.5 MPa	有	4.699 94	0.885 49	0.115 89	0.014 26	0.022 3	12.76
	无	4.957 40	3.748 36	0.008 91	—	0.306 9	
8.0 MPa	有	8.570 24	0.449 44	0.672 26	0.033 13	0.011 7	7.42
	无	8.768 78	3.360 21	0.016 21	—	0.098 5	

对上述5级应力水平下的蠕变曲线，先不考虑加速蠕变阶段，按照图5.2.6所示流变模型进行流变参数的确定，结果见表5.2.4，可以看出，流变模型中的参数受蠕变试验应力的影响较明显，因此应选用同组岩体进行多次试验，在对试验得到的流变参数进行统计分析的基础上，最终拟定出该石灰岩流变力学参数的设计值。根据该次试验得到的完整蠕变过程曲线，黏塑性体加速蠕变出现之前的稳态蠕变应变阈值 $\bar{\varepsilon}_{vp}$ 取为1 600 $\mu\varepsilon$，拟合得到加速蠕变阶段的流变指数 $n=2.14$。

表5.2.4 不同应力水平下流变模型的参数

黏弹性参数			黏塑性参数		
轴向应力(MPa)	E_2(GPa)	η_2(GPa·h)	2条蠕变曲线试验应力	η_4^s(GPa·h)	σ_{s2}(MPa)
2.5	10.54	113.46	6.5 MPa和5.5 MPa	340.32	5.05
5.5	7.21	158.79	7.5 MPa和5.5 MPa	154.71	5.29
6.5	7.70	82.90	8.0 MPa和5.5 MPa	78.64	5.39
7.5	8.47	73.08	7.5 MPa和6.5 MPa	100.11	6.07
8.0	17.80	26.48	8.0 MPa和6.5 MPa	51.99	6.28

3 特高拱坝变形固有时变效应量化分析

特高拱坝变形的固有时变效应主要是指由材料流变特性引起的时效变形，包含可恢复和不可恢复时效变形，随着外荷载和持荷时间的变化而变化，并且属于不可监测量，表现为大坝总变形中的一部分，对其量化分析时多采用有限元数值模拟。实际工程都是复杂的三维问题，在工程应用时，需要将一维应力状况下建立的坝体混凝土和坝基岩体的流变本构模型推广到三维应力状况下，并推导出相应的有限元数值求解方法，以便实现对特高拱坝变形固有时变效应的量化分析。

3.1 三维应力状况下坝体混凝土和坝基岩体的蠕变方程

众所周知，一维应力状况下的弹性本构关系 $\sigma=E\varepsilon$ 推广到三维应力状况时，包含两部分:球应力下的本构关系和偏应力下的本构关系。三维应力状况下,应力张量 σ 和应变张量 ε 都可以分解为球分量(σ_m 和 ε_m)和偏张量(S_{ij} 和 e_{ij}),具体为:

$$
\text{球分量:}\quad \begin{cases} \sigma_m = \dfrac{1}{3}(\sigma_1+\sigma_2+\sigma_3) = \dfrac{1}{3}(\sigma_x+\sigma_y+\sigma_z) \\ \varepsilon_m = \dfrac{1}{3}(\varepsilon_1+\varepsilon_2+\varepsilon_3) = \dfrac{1}{3}(\varepsilon_x+\varepsilon_y+\varepsilon_z) \end{cases} \tag{5.2.27}
$$

$$
\text{偏张量:}\quad \begin{cases} S_{ij} = \sigma_{ij} - \sigma_m\delta_{ij} \\ e_{ij} = \varepsilon_{ij} - \varepsilon_m\delta_{ij} \end{cases} \quad i,\ j = x,\ y,\ z \tag{5.2.28}
$$

式中:δ_{ij} 为克罗内克(Kronecker)符号,当 $i=j$ 时,$\delta_{ij}=1$,否则为 0。

三维应力状况下,弹性本构关系为:

$$
\begin{cases} \sigma_m = 3K\varepsilon_m \\ S_{ij} = 2Ge_{ij} \end{cases} \tag{5.2.29}
$$

式中:K 和 G 分别为体积模量和剪切模量,表示为:

$$
K = \frac{E}{3(1-2\mu)},\ G = \frac{E}{2(1+\mu)} \tag{5.2.30}
$$

一维应力状况下,线性流变本构方程可以采用微分形式的通式进行表达:

$$
A\sigma_s + \sigma + p_1\dot{\sigma} + p_2\ddot{\sigma} + \cdots = q_0\varepsilon + q_1\dot{\varepsilon} + q_2\ddot{\varepsilon} + \cdots \tag{5.2.31}
$$

或

$$
A\sigma_s + \sum_{k=0}^{n} p_k \frac{\partial^k\sigma}{\partial t^k} = \sum_{k=0}^{n} q_k \frac{\partial^k\varepsilon}{\partial t^k} \tag{5.2.32}
$$

式中:σ_s 为塑性屈服应力;$\dfrac{\partial^k}{\partial t^k}$ 为对时间的 k 阶微分算子。

当应力小于塑性屈服应力时,材料处于黏弹性状态,式(5.2.32)中 $A\sigma_s=0$,因此黏弹性流变模型可表示为:

$$
\sigma = \frac{\{Q\}}{\{P\}}\varepsilon \tag{5.2.33}
$$

式中:$\{P\} = \sum_{k=0}^{n} p_k \dfrac{\partial^k}{\partial t^k}$;$\{Q\} = \sum_{k=0}^{n} q_k \dfrac{\partial^k}{\partial t^k}$。

由式(5.2.33)可以看出,一维流变模型的本构方程通式可以写成与一维胡克定律相似的形式,故一维状况下的黏弹性本构方程推广到三维状况下,则有:

$$
\begin{cases} \sigma_m = 3\dfrac{\{Q_2\}}{\{P_2\}}\varepsilon_m \\ S_{ij} = 2\dfrac{\{Q_1\}}{\{P_1\}}e_{ij} \end{cases} \tag{5.2.34}
$$

式中：$\{Q_1\}$ 和 $\{P_1\}$ 分别与一维状况下式(5.2.33)中的 $\{Q\}$ 和 $\{P\}$ 相对应，但需要将 $\{Q\}$ 和 $\{P\}$ 中所有的弹性模量、黏弹性模量和黏滞系数转换为剪切应力状况下的剪切弹性模量、剪切黏弹性模型及剪切黏滞系数，转换方式见式(5.2.35)；$\{Q_2\}$ 和 $\{P_2\}$ 是反映材料黏弹性体积变形的算子，若材料体积变形呈弹性，则与式(5.2.29)比较，可取 $\{Q_2\}=K$，$\{P_2\}=1$。

$$G=\frac{E}{2(1+\mu)},\ \eta_{3D}=\frac{\eta_{1D}}{2(1+\mu)} \tag{5.2.35}$$

式中：η_{1D} 和 η_{3D} 分别表示相同流变模型在一维和三维应力状况下的黏弹性黏滞系数，在后面表述黏滞系数时，用相同的符号表述，仅在具体计算时，将一维参数和三维参数进行相互转换。

对于多数工程材料，可认为体积应变是弹性的，没有塑性，也就不存在体积应变的流变部分，仅应力和应变的偏张量涉及流变问题，则式(5.2.34)可改写为：

$$\begin{cases}\sigma_m=3K\varepsilon_m\\ \sum_{k=0}^{n}a_k\frac{\partial^k}{\partial t^k}s_{ij}=\sum_{k=0}^{n}c_k\frac{\partial^k}{\partial t^k}e_{ij}\end{cases}(i,j=x,\ y,\ z) \tag{5.2.36}$$

综上，三维应力状况下，坝基岩体和坝体混凝土在稳态蠕变出现之前的弹性或黏弹性状态时，可按照单轴应力状况下的蠕变方程，将轴向应力 σ 换成偏应力 S_{ij}，并将单轴应力状况下的流变参数转换成剪切流变参数，即可得到三维偏应力状况下的蠕变方程。

(1) 对于坝体混凝土，三维应力状况下，广义 Kelvin 模型描述的黏弹性蠕变方程为：

$$\varepsilon_{ij}=\frac{\sigma_m}{3K}\delta_{ij}+\frac{S_{ij}}{2G_0}+\frac{S_{ij}}{2G_{K1}}(1-e^{-\frac{G_{K1}}{\eta_{K1}}t})+\frac{S_{ij}}{2G_{K2}}(1-e^{-\frac{G_{K2}}{\eta_{K2}}t}) \tag{5.2.37}$$

(2) 对于坝基岩体及结构面的黏弹塑性本构模型，当 $S_{ij}<S_{ij}^{s1}$ 时(S_{ij}^{s1} 与单轴应力状态下的 σ_{s1} 对应)：

$$e_{ij}=\frac{S_{ij}}{2G_0} \tag{5.2.38}$$

当 $S_{ij}^{s1}\leqslant S_{ij}<S_{ij}^{s2}$ 时(S_{ij}^{s2} 与单轴应力状态下的 σ_{s2} 对应)：

$$e_{ij}=\frac{S_{ij}}{2G_0}+\frac{S_{ij}-S_{ij}^{s1}}{2G_2}(1-e^{-\frac{G_2}{\eta_2}t}) \tag{5.2.39}$$

当 $S_{ij}\geqslant S_{ij}^{s2}$ 时，坝基岩体将产生稳态蠕变，甚至是加速蠕变。单轴应力状况下，当 $\sigma\geqslant\sigma_{s2}$ 时，黏塑性蠕变速率为：

$$\dot{\varepsilon}_{vp}=\frac{\sigma-\sigma_{s2}}{\eta_4}\quad \sigma\geqslant\sigma_{s2} \tag{5.2.40}$$

推广到三维应力状况下，有：

$$\dot{\varepsilon}_{ij}^{vp}=\frac{1}{\eta_4}\left\langle\phi\left(\frac{F}{F_0}\right)\right\rangle\frac{\partial Q}{\partial\sigma_{ij}} \tag{5.2.41}$$

式中：F 为针对坝基岩体所选用的屈服函数；F_0 为初始屈服函数的参考值；Q 为塑性势函数，当采用关联流动法则时，$Q=F$；$F\geqslant 0$ 时，$\langle \phi(F/F_0)\rangle=\phi(F/F_0)$，否则为0；$\phi$ 为反映屈服之后材料黏塑性蠕变速率发展状况的流动函数；采用关联流动法则和幂函数型流动函数时，三维应力状况下的黏塑性应变率为：

$$\dot{\varepsilon}_{ij}^{vp}=\begin{cases}0 & F<0\\ \dfrac{1}{\eta_4}\left(\dfrac{F}{F_0}\right)^m\dfrac{\partial F}{\partial\sigma_{ij}} & F\geqslant 0\end{cases}\tag{5.2.42}$$

因此，三维应力状况下，坝基岩体及结构面的黏弹塑性蠕变方程为：

$$\varepsilon_{ij}=\begin{cases}\dfrac{\sigma_m}{3K}\delta_{ij}+\dfrac{S_{ij}}{2G_0} & S_{ij}<S_{ij}^{s1}\\ \dfrac{\sigma_m}{3K}\delta_{ij}+\dfrac{S_{ij}}{2G_0}+\dfrac{S_{ij}-S_{ij}^{s1}}{2G_2}(1-\mathrm{e}^{-\frac{G_2}{\eta_2}t}) & S_{ij}^{s1}\leqslant S_{ij}<S_{ij}^{s2}\\ \dfrac{\sigma_m}{3K}\delta_{ij}+\dfrac{S_{ij}}{2G_0}+\dfrac{S_{ij}-S_{ij}^{s1}}{2G_2}(1-\mathrm{e}^{-\frac{G_2}{\eta_2}t})+\dfrac{1}{\eta_4}\left\langle\phi\left(\dfrac{F}{F_0}\right)\right\rangle\dfrac{\partial F}{\partial\sigma_{ij}}t & S_{ij}\geqslant S_{ij}^{s2},\ \varepsilon_{vp}^{equ}<\bar{\varepsilon}_{vp}^{equ}\\ \dfrac{\sigma_m}{3K}\delta_{ij}+\dfrac{S_{ij}}{2G_0}+\dfrac{S_{ij}-S_{ij}^{s1}}{2G_2}(1-\mathrm{e}^{-\frac{G_2}{\eta_2}t})+\dfrac{1}{\eta_4}\left\langle\phi\left(\dfrac{F}{F_0}\right)\right\rangle\dfrac{\partial F}{\partial\sigma_{ij}}[t_s+(t-t_s)^n] & S_{ij}\geqslant S_{ij}^{s2},\ \varepsilon_{vp}^{equ}\geqslant\bar{\varepsilon}_{vp}^{equ}\end{cases}\tag{5.2.43}$$

式中：$\bar{\varepsilon}_{vp}^{equ}$ 为加速蠕变出现时的累积等效黏塑性应变，与单轴应力状况下的 $\bar{\varepsilon}_{vp}$ 相对应，根据蠕变试验进行确定；等效黏塑性蠕变为：

$$\varepsilon_{vp}^{equ}=\sqrt{\frac{2}{3}\varepsilon_{ij}^{vp}\varepsilon_{ij}^{vp}}\tag{5.2.44}$$

3.2 基于 Drucker-Prager 屈服函数的坝基岩体蠕变分段准则

坝基岩体及结构面在不同应力水平下具有不同的蠕变特性，存在蠕变应力阈值问题，导致其蠕变方程是应力阈值的分段函数。一维应力状况下，通过不同应力水平下的蠕变曲线，即可识别出材料的两个蠕变应力阈值，并且直接将单轴应力与其比较即可判别出材料所处的蠕变阶段。三维应力状况下，式(5.2.43)所示的用应力应变偏张量表示的蠕变方程中，需要根据当前偏应力状况及其对应的偏应力阈值来判断材料所处的蠕变阶段，而偏应力 S_{ij} 存在6个独立的分量，需要给出与各个偏应力分量相对应的阈值，这将导致数值模拟时需要给定的材料参数过多而难以实现，需要研究易于实现的坝基岩体蠕变分段准则。

结合弹塑性力学中岩石等脆性材料所使用的屈服函数，将屈服接近度作为蠕变方程分段的判别准则时，能较好地解决三维应力状况下蠕变应力阈值的表达问题，其核心思想在于认为材料所处的蠕变阶段与其应力状态在三维应力空间中到屈服面的距离有关。任何一个应力状态都可以表示为三维主应力空间中的一点，以静水压力轴为中心，材料所处的应力状态在由此中心向塑性屈服面靠近的过程中，逐渐出现衰减蠕变、稳态蠕变和加速蠕变。因此，可以将单轴应力状态下的黏弹性和黏塑性应力阈值与屈服函数相关联，以应力空间点与屈服面的相对距离作为岩体三维蠕变方程的分段准则。

在研究岩土工程安全性的评价方法中，一些学者提出了屈服接近度（Yield Approach Index，YAI）的概念，其广义表述为一点的现时应力状态与相对最安全状态的参量比。主应力空间中的一应力点，表现在偏平面和子午面上时，如图 5.2.8 所示。

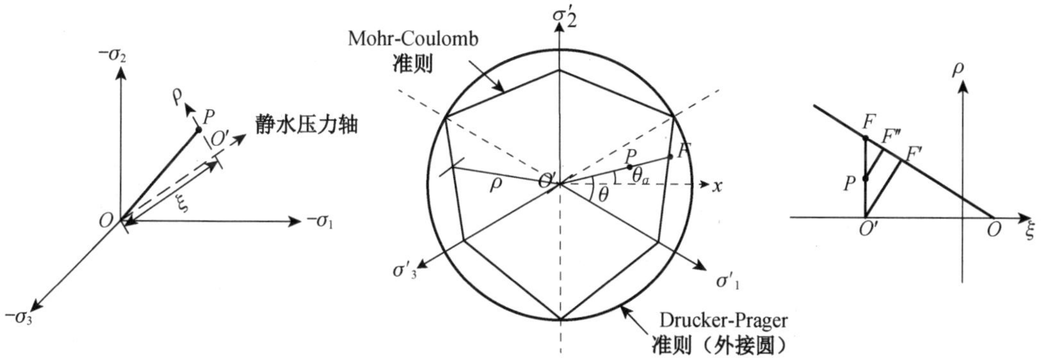

(a) 应力空间　　(b) 偏应力平面　　(c) 子午面

图 5.2.8　主应力空间中的应力点及偏应力平面上屈服接近度示意图

一维应力状态下，随着应力水平的提高，材料逐渐出现衰减蠕变和稳态蠕变，故将三维应力状态下的屈服接近度表示为：

$$YAI = 1 - \frac{PF''}{O'F'} \tag{5.2.45}$$

即 $\sigma_1 = \sigma_2 = \sigma_3$ 时，应力点位于静水压力轴上，此时屈服接近度 $YAI = 0$；而当应力点位于屈服面上时，$YAI = 1$。

岩土工程中常用的屈服面，其子午线（过静水压力轴的子午面与屈服面的交线）多为线性，按照图 5.2.8(c) 中所示的相似关系，屈服接近度存在以下等式关系：

$$YAI = 1 - \frac{PF''}{O'F'} = 1 - \frac{PF}{O'F} = \frac{O'P}{O'F} \tag{5.2.46}$$

主应力空间中的一点 $(\sigma_1, \sigma_2, \sigma_3)$，在 Haigh-Westergaard 应力空间中，表示为 (ξ, ρ, θ)，其中 ξ 为静水压力，决定偏平面的位置，ρ 为应力点在与静水压力轴垂直的偏平面上到轴心的距离，θ 为应力子午面的角度，分别为：

$$\begin{cases} \xi = \sqrt{3}\sigma_m = \dfrac{I_1}{\sqrt{3}} \\ \rho = \sqrt{2J_2} \\ \theta = \dfrac{1}{3}\cos^{-1}\left(\dfrac{3\sqrt{3}}{2}\dfrac{J_3}{J_2^{3/2}}\right) \end{cases} \tag{5.2.47}$$

式中：I_1 为应力张量的第一不变量；J_2 和 J_3 分别为偏应力张量的第二和第三不变量。

应力偏平面上，有 $O'P = \rho_P = \sqrt{2J_2}$，而点 F 位于屈服面上，其应力状态满足屈服函数，即 $O'F = \rho_F$，并且点 P 和点 F 具有相同的静水压力 $\xi_{O'}$。岩土工程中常用的 Drucker-

Prager 屈服准则基于 Mohr-Coulomb 六棱锥的圆锥形屈服面，不需要处理屈服面的尖角问题，并且通过对 Drucker-Prager 屈服准则中的参数进行不同的设置，可以实现 Mohr-Coulomb 屈服准则在偏平面上六边形的外角点外接圆、内角点交接圆、等面积圆及内切圆。Drucker-Prager 屈服准则表达式为：

$$F = \alpha I_1 + \sqrt{J_2} - K = 0 \tag{5.2.48}$$

式中：α 和 K 是与材料黏聚力和摩擦角有关的常数，不同的 α 和 K 可在偏平面上得到直径不同的偏应力控制圆，如表 5.2.5 所示。

表 5.2.5 Drucker-Prager 屈服准则参数计算表

参数	外角点外接圆	内角点交接圆	等面积圆	内切圆
α	$\dfrac{2\sin\varphi}{\sqrt{3}(3-\sin\varphi)}$	$\dfrac{2\sin\varphi}{\sqrt{3}(3+\sin\varphi)}$	$\dfrac{2\sqrt{3}\sin\varphi}{\sqrt{2\sqrt{3}\pi(9-\sin\varphi)}}$	$\dfrac{\sin\varphi}{\sqrt{3}\sqrt{3+\sin^2\varphi}}$
K	$\dfrac{6c\cos\varphi}{\sqrt{3}(3-\sin\varphi)}$	$\dfrac{6c\cos\varphi}{\sqrt{3}(3+\sin\varphi)}$	$\dfrac{6\sqrt{3}c\cos\varphi}{\sqrt{2\sqrt{3}\pi(9-\sin^2\varphi)}}$	$\dfrac{\sqrt{3}c\cos\varphi}{\sqrt{3+\sin^2\varphi}}$

因此，当采用 Drucker-Prager 屈服准则时，三维应力空间中一点的屈服接近度为：

$$YAI = \frac{O'P}{O'F} = \frac{\rho_P}{\rho_F} = \frac{\sqrt{J_2}}{K - \alpha I_1} \tag{5.2.49}$$

结合屈服接近度概念，通过单轴应力状态下黏弹性蠕变应力阈值 σ_{s1} 和黏塑性蠕变应力阈值 σ_{s2} 与材料瞬时强度的比例关系，可将应力空间中弹塑性屈服面以内的空间划分为三个区域（黏弹性蠕变不存在应力阈值时，最内层区域变成静水压力轴），偏应力平面上的屈服圆按照上述比例关系缩小，依次生成黏塑性蠕变阈值面圆和黏弹性蠕变阈值面圆，相应的屈服接近度阈值分别标记为 YAI_{s2} 和 YAI_{s1}，三维应力空间中，基于 Drucker-Prager 屈服准则的坝基岩体黏弹性和黏塑性蠕变阈值面如图 5.2.9 所示。

利用黏弹性和黏塑性蠕变阈值屈服接近度 YAI_{s1} 和 YAI_{s2}，可解决式(5.2.43)中的偏应力阈值问题。但在计算黏弹性蠕变时，根据所建立模型，S_{ij}^{s1} 会影响到各黏弹性蠕变分量的大小，同样会增加数值模拟实现的难度。在此，将蠕变方程中的 S_{ij}^{s1} 忽略，而通过反演分析时调整剪切黏弹性模量 G_2 来平衡忽略 S_{ij}^{s1} 所造成的影响。因此，三维应力状况下，坝基岩体的蠕变方程可表述为：

$$\varepsilon_{ij} = \begin{cases} \dfrac{\sigma_m}{3K}\delta_{ij} + \dfrac{S_{ij}}{2G_0} & YAI < YAI_{s1} \\ \dfrac{\sigma_m}{3K}\delta_{ij} + \dfrac{S_{ij}}{2G_0} + \dfrac{S_{ij}}{2G_2}\left(1 - e^{-\frac{G_2}{\eta_2}t}\right) & YAI_{s1} \leqslant YAI < YAI_{s2} \\ \dfrac{\sigma_m}{3K}\delta_{ij} + \dfrac{S_{ij}}{2G_0} + \dfrac{S_{ij}}{2G_2}\left(1 - e^{-\frac{G_2}{\eta_2}t}\right) + \dfrac{1}{\eta_4}\left\langle \phi\left(\dfrac{F}{F_0}\right)\right\rangle \dfrac{\partial F}{\partial \sigma_{ij}} t & YAI \geqslant YAI_{s2},\ \varepsilon_{vp}^{equ} < \bar{\varepsilon}_{vp}^{equ} \\ \dfrac{\sigma_m}{3K}\delta_{ij} + \dfrac{S_{ij}}{2G_0} + \dfrac{S_{ij}}{2G_2}\left(1 - e^{-\frac{G_2}{\eta_2}t}\right) + \dfrac{1}{\eta_4}\left\langle \phi\left(\dfrac{F}{F_0}\right)\right\rangle \dfrac{\partial F}{\partial \sigma_{ij}} [t_s + (t - t_s)^n] & YAI \geqslant YAI_{s2},\ \varepsilon_{vp}^{equ} \geqslant \bar{\varepsilon}_{vp}^{equ} \end{cases} \tag{5.2.50}$$

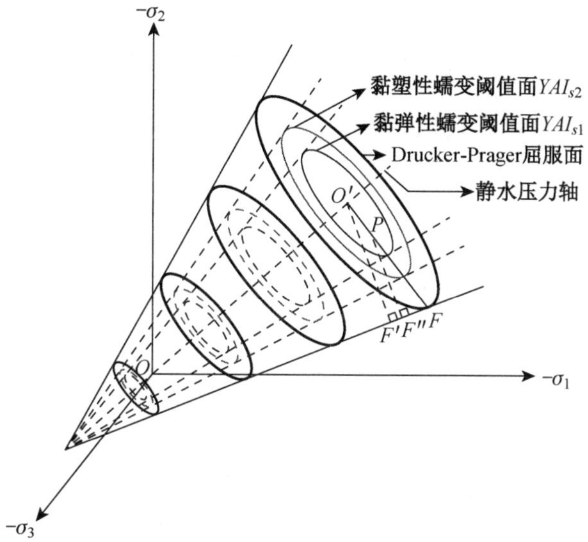

图 5.2.9　基于 Drucker-Prager 屈服准则的坝基岩体黏弹性和黏塑性蠕变阈值面

3.3　坝体和坝基流变本构模型的求解方法

在黏弹塑性问题中，材料的变形不仅与当前应力有关，还取决于整个加载历程。另外，在特高拱坝运行过程中，荷载也是随时间变化的。因此，在采用有限元法对这类工程进行数值模拟时，最合理的途径是采用增量有限元法。下面根据上述建立的坝体坝基流变本构模型，推导出相应的增量方程，并通过有限元方法进行求解。

3.3.1　黏弹塑性增量法基本理论

在 $\Delta t_n = t_n - t_{n-1}$ 时段内，外荷载增量$\{\Delta R\}_n$ 作用下产生的应变增量为$\{\Delta\varepsilon\}_n$，按照建立的流变本构方程，其包含三部分：瞬时弹性应变增量$\{\Delta\varepsilon^e\}_n$、黏弹性应变增量$\{\Delta\varepsilon^{ve}\}_n$ 和黏塑性应变增量$\{\Delta\varepsilon^{vp}\}_n$，即：

$$\{\Delta\varepsilon\}_n = \{\Delta\varepsilon^e\}_n + \{\Delta\varepsilon^{ve}\}_n + \{\Delta\varepsilon^{vp}\}_n \tag{5.2.51}$$

按照弹性理论，上述 Δt 时段内的应力增量为：

$$\{\Delta\sigma\}_n = [D]\{\Delta\varepsilon^e\}_n \tag{5.2.52}$$

式中：$[D]$ 为弹性矩阵。

将式(5.2.51)代入式(5.2.52)，可得到增量形式的黏弹塑性本构方程：

$$\{\Delta\sigma\}_n = [D](\{\Delta\varepsilon\}_n - \{\Delta\varepsilon^{ve}\}_n - \{\Delta\varepsilon^{vp}\}_n) \tag{5.2.53}$$

根据虚功原理，结构离散后的增量平衡方程为：

$$\sum\int_v [B]_n^{\mathrm{T}}\{\Delta\sigma\}_n \mathrm{d}v = \{\Delta R\}_n \tag{5.2.54}$$

式中：$[B]$ 为 Δt_n 时段内的几何矩阵。

将式(5.2.53)代入式(5.2.54),则有:

$$\sum\int_{v}[B]_n^{\mathrm{T}}([D](\{\Delta\varepsilon\}_n-\{\Delta\varepsilon^{ve}\}_n-\{\Delta\varepsilon^{vp}\}_n))\mathrm{d}v=\{\Delta R\}_n \tag{5.2.55}$$

因此,可得到黏弹塑性有限元的增量平衡方程:

$$[K]\{\Delta U\}_n=\{\Delta R\}_n+\{\Delta R^{ve}\}_n+\{\Delta R^{vp}\}_n \tag{5.2.56}$$

式中:$[K]$为整体刚度矩阵;$\{\Delta U\}_n$为Δt_n时段内的位移增量;$\{\Delta R^{ve}\}_n$和$\{\Delta R^{vp}\}_n$分别为Δt_n时段内黏弹性应变增量和黏塑性应变增量对应的等效节点荷载增量。

$$[K]=\sum\int_{v}[B]_n^{\mathrm{T}}[D][B]_n\mathrm{d}v \tag{5.2.57}$$

$$\{\Delta R^{ve}\}_n=\sum_{ve}\int_{v}[B]_n^{\mathrm{T}}[D]\{\Delta\varepsilon^{ve}\}_n\mathrm{d}v \tag{5.2.58}$$

$$\{\Delta R^{vp}\}_n=\sum_{vp}\int_{v}[B]_n^{\mathrm{T}}[D]\{\Delta\varepsilon^{vp}\}_n\mathrm{d}v \tag{5.2.59}$$

式中:求和对象分别为所有单元、处于黏弹性状态的单元和处于黏塑性状态的单元。

外荷载增量$\{\Delta R\}_n$作用后,系统产生的应力增量为$\{\Delta\sigma\}_n$,首先假设在Δt_n时段内,应力保持不变,根据单元的应力状况,计算系统各部位产生的黏性变形;然后通过反复迭代,直到系统既满足平衡方程,又满足本构方程。因此,黏弹塑性增量有限元法的核心在于计算Δt_n时段内的黏性应变增量。

(1) 黏弹性应变增量

一维应力状态下,Kelvin 体在连续应力$\sigma(t)$作用下,其应变率为$\dot{\varepsilon}_{ve}=\sigma(t)\mathrm{e}^{-E_2/\eta_2 t}/\eta_2$,则$t$时刻总的黏弹性应变为:

$$\varepsilon_{ve}=\int_0^t\frac{\sigma(\xi)}{\eta_2}\exp^{-\frac{E_2}{\eta_2}(t-\xi)}\mathrm{d}\xi \tag{5.2.60}$$

因此,在Δt_n时段末的t_n时刻,其应变为:

$$\begin{aligned}\varepsilon_n^{ve}&=\int_0^{t_n}\frac{\sigma(\xi)}{\eta_2}\exp^{-\frac{E_2}{\eta_2}(t_n-\xi)}\mathrm{d}\xi\\&=\exp^{-\frac{E_2}{\eta_2}\Delta t}\int_0^{t_{n-1}}\frac{\sigma(\xi)}{\eta_2}\exp^{-\frac{E_2}{\eta_2}(t_{n-1}-\xi)}\mathrm{d}\xi+\int_{t_{n-1}}^{t_n}\frac{\sigma(\xi)}{\eta_2}\exp^{-\frac{E_2}{\eta_2}(t_n-\xi)}\mathrm{d}\xi\end{aligned} \tag{5.2.61}$$

假设在Δt_n时段内,应力始终保持为$\sigma(t_{n-1})$,则上式可简化为:

$$\varepsilon_n^{ve}=\exp^{-\frac{E_2}{\eta_2}\Delta t}\varepsilon_{n-1}^{ve}+\frac{\sigma(t_{n-1})}{E_2}(1-\exp^{-\frac{E_2}{\eta_2}\Delta t}) \tag{5.2.62}$$

则Δt_n时段内的黏弹性应变增量为:

$$\Delta\varepsilon_n^{ve}=\varepsilon_n^{ve}-\varepsilon_{n-1}^{ve}=(1-\exp^{-\frac{E_2}{\eta_2}\Delta t})\left[\frac{\sigma(t_{n-1})}{E_2}-\varepsilon_{n-1}^{ve}\right] \tag{5.2.63}$$

推广到三维应力状态下，则有：

$$\{\Delta\varepsilon_{ve}\}_n = (1-\exp^{-\frac{G_2}{\eta_2}\Delta t})\left(\frac{1}{G_2}[C]\{S\}_{n-1}-\{\varepsilon_{ve}\}_{n-1}\right) \tag{5.2.64}$$

对于坝体混凝土，采用 2 个 Kelvin 体的广义开尔文模型时，其黏弹性应变增量为：

$$\{\Delta\varepsilon_{ve}\}_n = \sum_{i=1}^{2}(1-\exp^{-\frac{G_{Ki}}{\eta_{Ki}}\Delta t})\left(\frac{1}{G_{Ki}}[C]\{S\}_{n-1}-\{\varepsilon_{ve,\,i}\}_{n-1}\right) \tag{5.2.65}$$

式中：$\{S\}_{n-1}$ 和 $\{\varepsilon_{ve,\,i}\}_{n-1}$ 分别为时段初 t_{n-1} 时刻的偏应力张量和第 i 个 Kelvin 体的黏弹性应变张量；$[C]$ 为泊松比矩阵，表示为：

$$[C]=\begin{bmatrix} 1 & -\mu & -\mu & 0 & 0 & 0 \\ -\mu & 1 & -\mu & 0 & 0 & 0 \\ -\mu & -\mu & 1 & 0 & 0 & 0 \\ 0 & 0 & 0 & 2(1+\mu) & 0 & 0 \\ 0 & 0 & 0 & 0 & 2(1+\mu) & 0 \\ 0 & 0 & 0 & 0 & 0 & 2(1+\mu) \end{bmatrix} \tag{5.2.66}$$

(2) 黏塑性应变增量

对于坝基岩体和软弱结构面的黏塑性应变增量，其应变率如式(5.2.42)所示，可用积分形式表示为：

$$\{\Delta\varepsilon_{vp}\}_n = \Delta t_n[(1-\Theta)\{\dot{\varepsilon}_{vp}\}_{n-1}+\Theta\{\dot{\varepsilon}_{vp}\}_n] \tag{5.2.67}$$

式中：Θ 为时间积分算子，且 $0\leqslant\Theta\leqslant 1$；$\{\dot{\varepsilon}_{vp}\}_{n-1}$ 和 $\{\dot{\varepsilon}_{vp}\}_n$ 分别为 t_{n-1} 和 t_n 时刻的黏塑性应变率。

当 $\Theta\neq 0$ 时，在计算 Δt_n 时段内的黏塑性应变增量时，需要使用时段末的黏塑性应变率，而时段末的应力状态未知，无法按照式(5.2.42)来计算。为了得到时段末 t_n 的黏塑性应变率，可以通过时段初 t_{n-1} 黏塑性应变率的变化速率 $\partial\{\dot{\varepsilon}_{vp}\}_{n-1}/\partial t$ 对其预测，则有：

$$\{\dot{\varepsilon}_{vp}\}_n = \{\dot{\varepsilon}_{vp}\}_{n-1}+\frac{\partial\{\dot{\varepsilon}_{vp}\}_{n-1}}{\partial t}\Delta t \tag{5.2.68}$$

$\{\dot{\varepsilon}_{vp}\}$ 是应力的函数，因此有：

$$\begin{aligned}\frac{\partial\{\dot{\varepsilon}_{vp}\}_{n-1}}{\partial t} &= \frac{\partial\{\dot{\varepsilon}_{vp}\}_{n-1}}{\partial\{\sigma\}}\frac{\partial\{\sigma\}}{\partial t} = \frac{1}{\eta_4}\frac{\partial\{\phi(F)[A]^{\mathrm{T}}\}}{\partial\{\sigma\}}\{\dot{\sigma}\}_{n-1} \\ &= \frac{1}{\eta_4}\left[\phi(F)\frac{\partial[A]^{\mathrm{T}}}{\partial\{\sigma\}}+\frac{\partial\phi(F)}{\partial F}[A][A]^{\mathrm{T}}\right]\{\dot{\sigma}\}_{n-1}\end{aligned} \tag{5.2.69}$$

式中：$[A]=\partial F/\partial\{\sigma\}$ 为屈服函数对应力张量求导。

将式(5.2.69)代入式(5.2.67)，可得 Δt_n 时段内的黏塑性应变增量为：

$$\{\Delta\varepsilon_{vp}\}_n = \Delta t_n\left[\{\dot{\varepsilon}_{vp}\}_{n-1}+\Theta\frac{1}{\eta_4}\left[\phi(F)\frac{\partial[A]^{\mathrm{T}}}{\partial\{\sigma\}}+\frac{\partial\phi(F)}{\partial F}[A][A]^{\mathrm{T}}\right]\{\dot{\sigma}\}_{n-1}\Delta t_n\right] \tag{5.2.70}$$

综上，求解方程(5.2.56)，即可得到节点位移增量$\{\Delta U\}_n$，继而由几何方程求解出各单元的应变增量$\{\Delta\varepsilon\}_n$，再由式(5.2.53)求出应力增量$\{\Delta\sigma\}_n$，则t_n时刻总的应力、应变和位移分别为：

$$\begin{cases}\{\sigma\}_n=\{\sigma\}_{n-1}+\{\Delta\sigma\}_n\\ \{\varepsilon\}_n=\{\varepsilon\}_{n-1}+\{\Delta\varepsilon\}_n\\ \{U\}_n=\{U\}_{n-1}+\{\Delta U\}_n\end{cases}\tag{5.2.71}$$

3.3.2 黏弹塑性有限元计算流程及程序实现

根据上述分析，基于增量法的黏弹塑性有限元，其核心主要在于两方面：一是根据上一时段末(本时段初)的黏弹性应变和应力状况计算本时段内的黏弹性应变增量，以及根据上一时段末的黏塑性应变率计算本时段内的黏塑性应变增量，然后计算黏弹性和黏塑性应变增量各自对应的等效节点荷载；二是本时段末(下一时段初)，在外荷载增量和黏性应变增量等效节点荷载共同作用下，有限元平衡方程的求解。基于增量法的黏弹塑性有限元计算流程如图5.2.10所示。

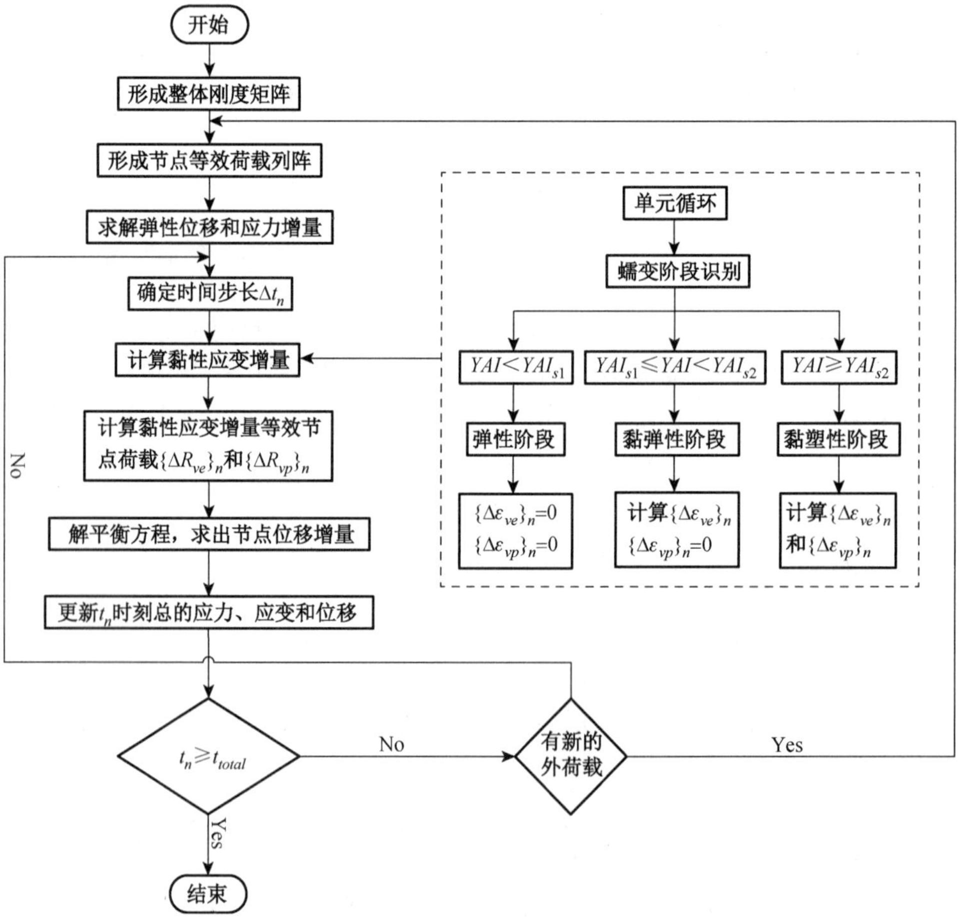

图 5.2.10　三维黏弹塑性有限元计算流程

MSC. Marc 具有强大的非线性分析能力，并且提供了丰富的用户子程序接口，借助 Fortran 语言，用户可以根据具体需求对其进行二次开发，以实现新的功能模块，在水利水电等大型工程的有限元分析中得到了广泛应用。MSC. Marc 中，对于黏性问题的数值分析提供了两种求解方法：显式法和隐式法，其中显式求解时，分别用用户子程序 CRPVIS 和 CRPLAW 来描述黏弹性应变率和黏性应变增量。在每一迭代求解过程中，对于各单元的每个积分点，上述两子程序均被 Marc 主程序调用两次，第一次是在集成刚度矩阵时，以便计算黏性应变增量对应的等效节点荷载；第二次是在更新应力时，以便从总应变增量中减去黏性应变增量。

(1) 对于坝体混凝土采用的广义 Kelvin 模型，当采用子程序 CRPVIS 进行二次开发时，CRPVIS 中直接定义的是针对单 Kelvin 体的黏弹性应变率：

$$\dot{\varepsilon}_{ij}^{ve} = A_{ij}S_{ij} - B_{ij}\varepsilon_{ij}^{ve} \tag{5.2.72}$$

式中：S_{ij} 为偏应力分量；A_{ij} 和 B_{ij} 为用户在子程序中定义的参数。

将其用于坝体混凝土时，需要推导出含 2 个 Kelvin 体的广义 Kelvin 模型的总黏弹性应变率。偏应力状态下有 $S_{ij} = 2G_{K1}\varepsilon_{ij}^{ve,1} + 2\eta_{K1}\dot{\varepsilon}_{ij}^{ve,1} = 2G_{K2}\varepsilon_{ij}^{ve,2} + 2\eta_{K2}\dot{\varepsilon}_{ij}^{ve,2}$ 和 $\varepsilon_{ij}^{ve} = \varepsilon_{ij}^{ve,1} + \varepsilon_{ij}^{ve,2}$，则可推导出广义 Kelvin 模型如式(5.2.72)所示，总黏弹性应变率中的系数为：

$$A_{ij} = \sum_{n=1}^{2} \frac{1}{2\eta_{Ki}},\ B_{ij} = \sum_{n=1}^{2} \frac{G_{Ki}}{\eta_{Ki}} C_{ij}^{n} \tag{5.2.73}$$

式中：C_{ij}^{n} 表示 2 个 Kelvin 体各自产生的黏弹性变形占总黏弹性变形的比例，表示为：

$$C_{ij}^{n} = \frac{\varepsilon_{ij}^{ve,n}}{\varepsilon_{ij}^{ve,1} + \varepsilon_{ij}^{ve,2}} \tag{5.2.74}$$

因此，在 CRPVIS 子程序中进行坝体混凝土广义 Kelvin 模型的二次开发时，主要包括两步：①根据上一迭代步结束后的总黏弹性变形，按照式(5.2.74)计算 2 个开尔文体各自产生的黏弹性变形占总黏弹性变形的比例；②按式(5.2.73)计算总黏弹性应变率中的参数，并将其传递给 Marc 主程序，进而由主程序计算本时段的黏弹性应变增量。

(2) 用户子程序 CRPLAW 可用于定义黏性应变增量，故黏弹性和黏弹塑性本构模型均可基于该子程序进行二次开发。对于坝体混凝土的广义 Kelvin 模型，在 CRPLAW 子程序中需要将总黏弹性应变作为全局变量，然后直接按照式(5.2.65)计算本时段内的黏弹性应变增量，并将其传递给 Marc 主程序即可。而对于坝基岩体的黏弹塑性本构模型，在 CRPLAW 子程序中进行二次开发时主要包括三步。

Step 1 根据 Marc 主程序传递过来的当前时刻应力状态，按照式(5.2.45)计算该单元积分点的屈服接近度 YAI，并根据材料黏弹性和黏塑性蠕变阈值屈服接近度 YAI_{s1} 和 YAI_{s2}，以及加速蠕变阈值 $\bar{\varepsilon}_{vp}^{equ}$，判断此处材料目前所处的蠕变阶段，当 $YAI < YAI_{s1}$ 时，表示此阶段无黏性变形产生，直接返回 Marc 主程序；否则，需要执行后续两步。

Step 2 当 $YAI_{s1} \leqslant YAI < YAI_{s2}$ 时，此时仅有黏弹性变形，则直接按照式(5.2.64)计算时段内的黏弹性应变增量；当 $YAI \geqslant YAI_{s2}$ 时，此时坝基岩体将产生不可恢复的黏塑性变形，本时段内的黏塑性应变增量则按照式(5.2.70)进行计算，需要注意的是，当累积

等效黏塑性应变 $\bar{\varepsilon}_{vp} \geqslant \bar{\varepsilon}_{vp}^{equ}$ 时，还需要对黏塑性体中的黏滞系数进行调整。

Step 3 将 CRPLAW 子程序中计算的本时段内黏弹性和黏塑性应变增量传递给 Marc 主程序，并将累积黏弹性应变和累积黏塑性应变传递给子程序中定义的全局变量，以便用于下一增量步中。

3.4 特高拱坝变形固有时变效应数值分析流程

特高拱坝施工周期长达数年，并伴随着分期蓄水，其变形固有时变效应的发展规律较为复杂，主要包括坝体自重和水压荷载引起的时效变形。由于变形监测仪器安装之前的大坝变形未知，需要结合大坝施工、蓄水以及变形监测仪器的安装情况，重点研究位移监测系统安装之后的大坝固有时效变形，主要思路如下。

Step 1 根据大坝变形监测系统的安装情况，拟定合理的大坝变形固有时变效应研究的初始时刻。通常而言，垂线监测系统精度高，受干扰较小，一般多选择垂线监测系统布置完好之后、水库开始蓄水时作为初始时刻。

Step 2 结合初始时刻之后坝体混凝土浇筑和库水位变化的实际情况，通过三维黏弹塑性有限元进行数值仿真模拟。初始时刻之前已浇筑坝体混凝土的自重和上游水压荷载，按照总浇筑历时，可分级简化模拟建坝和前期蓄水的加载过程，各级之间的时间间隔参照实际浇筑和前期蓄水情况而定，并将其作为初始应力；在此基础上，进行初始时刻之后的荷载步分析，计算时间间隔取为 1 d，上游水压荷载与当日实测库水位对应，以坝体温度计当日测值生成的温度场相对封拱温度场的变化量作为当日温度荷载。

Step 3 相同荷载工况下，黏弹塑性有限元计算变形量中扣除弹性有限元计算变形量，所得变形量即为实际荷载变化情况下大坝的固有时效变形。

第三节　特高拱坝变形时变效应数学模型分析方法

特高拱坝变形时变效应的研究结果表明，大坝变形时变效应主要包括两部分，分别是由材料流变特性引起的变形固有时变效应和由材料性能演变导致结构性能变化后引起的变形时变效应。因此，在针对大坝结构变形性态转异识别而建立变形监控模型和监控指标时，需要以上述两种变形时变效应为基本出发点。特高拱坝实际时效变形在蓄水及运行初期发展较快，后期在大坝荷载变化过程中存在着可恢复部分，在建立变形监控模型时，需要对变形时效分量做出合理的预测。对于长期服役过程中材料性能演变而引起的变形时变效应，由于在此过程中大坝结构性能的变化导致坝体变形规律发生改变，特别是弹性范畴内测点之间变形关联性的改变，可以将反映大坝整体性能的多测点之间的变形关联性作为分析对象，以此来评价长期服役过程中特高拱坝结构性能的变化。

下面根据坝体混凝土和坝基岩体的蠕变方程，导出特高拱坝时效变形的状态方程，由此建立特高拱坝变形的状态空间模型。为分析特高拱坝空间整体变形性态，研究特高拱坝梁挠曲线、水平拱曲线及拱面的变化规律，分别建立特高拱坝变形多测点小波分量整体协整监控模型和空间主成分分量整体监控模型，并利用测点之间变形关联性的改变来评价特高拱坝由于时变效应引起的整体结构性能变化。

1　特高拱坝变形状态空间模型

由于筑坝材料的不均匀性和离散性，材料流变特性引起的特高拱坝时效变形的形成机理变得十分复杂，既难以给出明确的理论计算公式，也无法直接监测，故时效变形属于不可监测量，只能间接地从实测总变形中分离出来。如根据筑坝材料变形时间效应与大坝荷载的关系，研究混凝土坝时效变形的发展规律，并将其表示成时间的某种函数，再通过确定性模型、混合模型或统计模型将其分离出来。

坝体混凝土和坝基岩体在卸载后，已产生的蠕变中有一部分具有可恢复性，在往复加卸载情况下，其蠕变曲线是一个递增与递减相结合的变动过程。对于实际运行的大坝，其上游库水位是一个升降变化过程，最大变幅取决于水库兴利调节的需求，进而大坝承受的水压荷载可分为两部分：一是死水位对应的水压力，在特高拱坝长期运行过程中保持不变；二是死水位与最高水位之间的水压力，是一种往复变化荷载。因此，考虑到主要荷载中水压和温度荷载的变化性，特高拱坝运行过程中实际的时效变形也是一个在某一基值附近的增减变动过程，包括不可恢复项和可恢复项，其中不可恢复项在蓄水及运行初期发展较快，之后趋于收敛，表现为时效变形中的基值部分，可仅表示成时间的函数；而可恢复项则随着荷载的变化而变化，且由于实际荷载变化的复杂性，采用周期性函数描述可恢复时效变形时，不能完全合理地解释大坝变形规律，需要进一步研究从特高拱坝实测变形中分离时效变形的方法。

状态空间模型由 Kalman 于 1960 年首次提出，主要通过状态方程来描述系统状态变量随时间的演化，并用观测方程来描述可观测量与状态变量之间的内在关系，其核心思想主要包括：①引入能描述系统特征演变的状态变量，一般具有不可观测性；②建立能够反映系统状态从上一时刻到当前时刻的变化规律的状态方程，以描述系统状态变量的演变；③建立能传递状态信息的观测方程，以描述观测信息和状态信息之间的联系。根据上述思想，将特高拱坝时效变形作为状态变量，通过状态方程首先对下一时刻的时效变形进行预估，在监测获得下一时刻的总变形之后，再通过观测方程对其进行修正，从而通过建立特高拱坝变形的状态空间模型来分离变形时效分量，模型结构框架如图 5.3.1 所示。

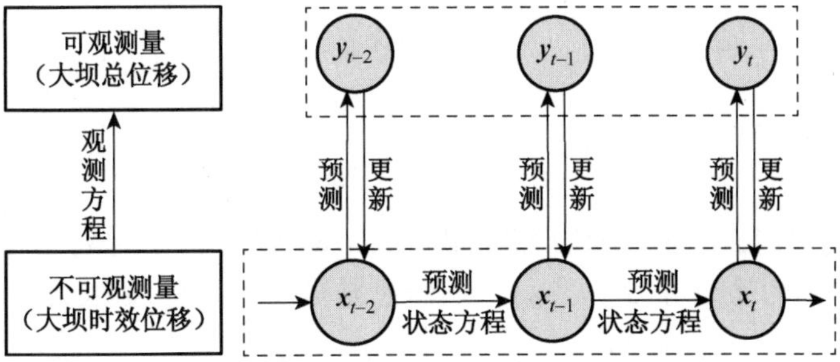

图 5.3.1　特高拱坝变形状态空间模型示意图

状态空间模型由状态方程和观测方程组成，可表示成线性或非线性的，对于随机离散系统可表示为：

$$\begin{cases}\text{状态方程}: \boldsymbol{x}_t = \boldsymbol{f}_t(\boldsymbol{x}_{t-1}, \boldsymbol{e}_{t-1}, \boldsymbol{\theta}) \\ \text{观测方程}: \boldsymbol{y}_t = \boldsymbol{g}_t(\boldsymbol{x}_t, \boldsymbol{u}_t, \boldsymbol{w}_t, \boldsymbol{\theta})\end{cases} \tag{5.3.1}$$

式中：$\boldsymbol{x}_t = [x_t^1, x_t^2, \cdots, x_t^p]^{\mathrm{T}}$ 为系统状态向量，通常假定其服从一阶自回归过程；$\boldsymbol{y}_t = [y_t^1, y_t^2, \cdots, y_t^q]^{\mathrm{T}}$ 为观测向量；$\boldsymbol{u}_t = [u_t^1, u_t^2, \cdots, u_t^r]^{\mathrm{T}}$ 为已知的系统输入向量，或称之为驱动力向量；$\boldsymbol{e}_t$ 和 $\boldsymbol{w}_t$ 为零均值的随机高斯扰动向量，方差分别为 $\boldsymbol{R}_t$ 和 $\boldsymbol{Q}_t$，两者相互独立，分别表示系统状态噪声和观测噪声；$\boldsymbol{\theta}$ 是模型静态参数；$\boldsymbol{f}_t$ 和 $\boldsymbol{g}_t$ 分别是状态方程函数和观测方程函数。

当采用线性状态空间模型时，模型结构如下：

$$\begin{cases}\text{状态方程}: \boldsymbol{x}_t = \boldsymbol{A}_t \boldsymbol{x}_{t-1} + \boldsymbol{e}_{t-1} \\ \text{观测方程}: \boldsymbol{y}_t = \boldsymbol{B}_t \boldsymbol{x}_t + \boldsymbol{C}_t \boldsymbol{u}_t + \boldsymbol{w}_t\end{cases} \tag{5.3.2}$$

式中：$\boldsymbol{A}_t$，$\boldsymbol{B}_t$ 和 $\boldsymbol{C}_t$ 为待求解的系数矩阵，其中驱动力向量 $\boldsymbol{u}_t$ 仅影响可观测量 $\boldsymbol{y}_t$ 中的确定性成份。因此，系数矩阵 $\boldsymbol{C}_t$ 可以通过理论推导进行显式求解，并且认为 $\boldsymbol{C}_t$ 是不随时间变化的常系数矩阵。

1.1　特高拱坝时效变形的状态方程

特高拱坝时效变形是综合了坝体和坝基中除水压和温度等主要影响因素之外的所有变形，如坝基岩体及软弱结构面的蠕变、坝体混凝土的徐变和坝体开裂导致的不可逆变形等，其中材料流变特性（包含流变力学性能演变的影响）是其最主要的成因。下面分别就坝体混凝土徐变和坝基岩体蠕变来研究特高拱坝时效变形的状态方程。

(1) 就坝体混凝土徐变而言，采用朱伯芳院士提出的 8 参数徐变度公式：

$$C(t, \tau) = (x_1 + x_2\tau^{-x_3})[1 - \exp^{-x_4(t-\tau)}] + (x_5 + x_6\tau^{-x_7})[1 - \exp^{-x_8(t-\tau)}] \tag{5.3.3}$$

式(5.3.3)可转换表述为：

$$C(t, \tau) = C_1(t, \tau) + C_2(t, \tau) = \phi_1(\tau)[1 - \exp^{-\gamma_1(t-\tau)}] + \phi_2(\tau)[1 - \exp^{-\gamma_2(t-\tau)}] \tag{5.3.4}$$

则 $t_{n+1} = t_n + \Delta t_n$ 时刻的徐变度可表述为：

$$\begin{cases} C(t_{n+1}, \tau) = C_1(t_{n+1}, \tau) + C_2(t_{n+1}, \tau) \\ C_1(t_{n+1}, \tau) = C_1(t_n, \tau) + \phi_1(\tau)\exp^{-\gamma_1(t_n-\tau)}(1 - \exp^{-\gamma_1\Delta t_n}) \\ C_2(t_{n+1}, \tau) = C_2(t_n, \tau) + \phi_2(\tau)\exp^{-\gamma_2(t_n-\tau)}(1 - \exp^{-\gamma_2\Delta t_n}) \end{cases} \tag{5.3.5}$$

由式(5.3.5)可以看出，当加载龄期 τ 确定时，常应力下 t_{n+1} 时刻，坝体混凝土的徐变可以表示为 t_n 时刻的徐变再加上一常数项，特别是当时间间隔 Δt 取为定值时，则有：

$$\frac{C_1(t_{n+1}, \tau) - C_1(t_n, \tau)}{C_1(t_n, \tau) - C_1(t_{n-1}, \tau)} = \frac{\phi_1(\tau)\exp^{-\gamma_1(t_n-\tau)}(1 - \exp^{-\gamma_1\Delta t_n})}{\phi_1(\tau)\exp^{-\gamma_1(t_{n-1}-\tau)}(1 - \exp^{-\gamma_1\Delta t_n})} = \exp^{-\Delta t} \tag{5.3.6}$$

在估计 t_{n+1} 时刻的徐变时，$C_1(t_n, \tau) - C_1(t_{n-1}, \tau)$ 为已知值，并且在时间间隔 Δt 取值较小时，可近似认为 $\Delta\hat{C}_1(t_{n+1}) = C_1(t_{n+1}, \tau) - C_1(t_n, \tau) \approx C_1(t_n, \tau) - C_1(t_{n-1}, \tau)$，故在初

步预估 t_{n+1} 时刻坝体混凝土的徐变时，有：

$$C(t_{n+1},\tau)=C(t_n,\tau)+\Delta C(t_{n+1})\approx 2C(t_n,\tau)-C(t_{n-1},\tau) \tag{5.3.7}$$

（2）岩土工程中，常用 Burgers 模型来描述岩体及软弱结构面的蠕变，在恒定应力作用下，其蠕变方程为：

$$\varepsilon(t)=\frac{\sigma}{E_M}+\frac{\sigma}{\eta_M}t+\frac{\sigma}{E_K}(1-\exp^{-\frac{E_K}{\eta_K}t}) \tag{5.3.8}$$

式中：E_M 和 E_K 分别为瞬时弹性模量和延迟弹性模量；η_M 和 η_K 为黏滞系数。

则 $t_{n+1}=t_n+\Delta t_n$ 时刻的蠕变变形为：

$$\varepsilon_{t_{n+1}}=\frac{\sigma}{E_M}+\frac{\sigma}{\eta_M}t_{n+1}+\frac{\sigma}{E_K}(1-\exp^{-\frac{E_K}{\eta_K}t_{n+1}})=\varepsilon_{t_n}+\frac{\sigma}{\eta_M}\Delta t_n+\frac{\sigma}{E_K}\exp^{-\frac{E_K}{\eta_K}t_n}(1-\exp^{-\frac{E_K}{\eta_K}\Delta t_n}) \tag{5.3.9}$$

对于特定系统，式(5.3.9)中的系数为定值，在时间间隔 Δt 较小的情况下，对 $\varepsilon_{t_{n+1}}$ 进行初步预测时，可近似认为 $\Delta\varepsilon_{t_{n+1}}=\varepsilon_{t_{n+1}}-\varepsilon_{t_n}\approx\varepsilon_{t_n}-\varepsilon_{t_{n-1}}$，有：

$$\varepsilon_{t_{n+1}}=2\varepsilon_{t_n}-\varepsilon_{t_{n-1}} \tag{5.3.10}$$

由式(5.3.7)和式(5.3.10)可以看出，对于荷载和材料流变特性已知的特定系统，混凝土徐变和基岩蠕变在当前时刻的理论值均可由上一时刻推导而来。因此，主要由坝体混凝土徐变和坝基岩体蠕变所导致的系统状态变化过程，在 t 时刻的状态包含了过去所有的信息，仅用当前状态即可预估出系统状态的今后发展状况，即系统状态具有一阶马尔科夫性质，可描述为：

$$x_{t+1}\sim p_\theta(x_{t+1}\mid x_{0:t})=p_\theta(x_{t+1}\mid x_t) \tag{5.3.11}$$

式中：$p_\theta(x)$ 表示由 θ 参数化的一簇概率密度函数；$p_\theta(x_{t+1}\mid x_t)$ 表示系统在 $t+1$ 时刻的状态可完全由 t 时刻的状态预估出。

综上，作为特高拱坝结构性态转异评价指标之一的变形时效分量，可用状态空间模型中的状态方程来描述，参照坝体混凝土和坝基岩体时效变形的发展规律，特高拱坝时效变形的状态方程可表述为：

$$\delta_{\theta,t+1}=2\delta_{\theta,t}-\delta_{\theta,t-1} \tag{5.3.12}$$

利用上式可首先对当前时刻的大坝时效变形进行预估，并在获得当前时刻总变形监测值之后，结合水压和温度等影响因子，可建立特高拱坝变形的状态空间模型，进而通过模型中的观测方程对初步预估的时效分量进行修正，以便合理地从总监测变形量中将其分离出来。

1.2　变形状态空间模型建模方法

在实际工程中，通常涉及两类估计问题：参数估计和状态估计，其中参数估计主要是针对模型结构已知的系统来确定模型中全部或部分参数，如大坝变形监控模型中的统计模型、混合模型和确定性模型等，在建模之前已根据效应量的影响因素选定模型因子；而状态估计主要是用来估计系统中部分或全部的状态变量，研究系统状态变量随时间的演化，如时间序列分析中的自回归滑动平均模型等。状态空间模型在估计系统状态的同时，将估计出来的系统状态引入到描述系统效应量的观测方程中，可以同时实现对模型参数和系统状态的估计，比较适合特高拱坝等复杂系统。

1.2.1 特高拱坝变形状态空间模型的构建

坝体混凝土和坝基岩体都具有流变特性，导致蓄水后大坝产生较明显的时效变形，并且存在可恢复时效变形。为了得到实际荷载变化情况下的大坝时效变形，将混合模型和状态空间模型相结合来建立特高拱坝的变形监控模型。

Step 1 建立坝体有限元计算位移与上游库水深之间的关系：

$$\delta'_H = \sum_{i=1}^{n} a_i H^i \tag{5.3.13}$$

Step 2 建立特高拱坝变形混合模型。特高拱坝时效变形发展较快的蓄水及运行初期，坝体内部混凝土仍处于水化散热阶段，导致坝体温度变形不完全符合周期性函数所描述的变化规律。而当坝体内部埋设有大量温度计时，可选用实测温度来建立坝体温度变形因子，考虑到温度计数目较多，且相邻部位温度计测值具有一定的相关性，可首先对能反映坝体温度场的众多温度计测值提取主成分，再将提取的温度主成分 T_{pc} 作为温度变形因子。时效分量则初步采用指数函数来描述，对于由此造成的误差，则在 Step 3 中对其进行修正。因此，建立的变形混合模型可表示为：

$$\delta = \delta_H + \delta_T + \delta_\theta = X\delta'_H + \sum_{j=1}^{m} b_j T_{pcj} + C(1 - \mathrm{e}^{-rt}) \tag{5.3.14}$$

式中：X 为水压分量调整系数；$n = 4$(拱坝)；$m = 1$ 或 2；t 为监测日距起测日的累积天数。

Step 3 建立式(5.3.2)所示的特高拱坝变形状态空间模型。结合式(5.3.12)，将变形时效分量的当前值 $\delta_{\theta,t}$ 和上一时刻值 $\delta_{\theta,t-1}$ 分别作为状态变量；另外，考虑到特高拱坝结构性能变化对变形水压分量和温度分量的影响，对上述混合模型中的水压分量和温度分量分别乘以一个调整系数，记为 a_H 和 a_T，并将其作为状态变量。

因此，在建立特高拱坝变形状态空间模型时，式(5.3.2)所示模型中各参量分别为：$\boldsymbol{x}_t = [a_{H,t}, a_{T,t}, \delta_{\theta,t}, \delta_{\theta,t-1}]^{\mathrm{T}}$；单测点模型中，$\boldsymbol{y}_t$ 仅包含一个测点的监测序列 $\{y_t\}$；系统状态转移矩阵 $\boldsymbol{A}_t = \begin{bmatrix} 1 & 0 & 0 & 0 \\ 0 & 1 & 0 & 0 \\ 0 & 0 & 2 & -1 \\ 0 & 0 & 1 & 0 \end{bmatrix}$；$\boldsymbol{B}_t = [\delta_{H,t}, \delta_{T,t}, 1, 0]$；$\boldsymbol{C}_t = 0$；$\boldsymbol{u}_t = 0$。

1.2.2 特高拱坝变形状态空间模型的实现

通过状态方程和观测方程，状态空间模型为从特高拱坝总变形监测量中分离其时效变形提供了模型框架，然而如何根据这一模型框架从已知的监测数据中挖掘出时效变形未知量，则需要进行统计推断，并构造相应的算法进行求解。

在线性高斯假设条件下，随机变量可以用均值和方差进行描述，对于一个已知在 s 时刻分布条件的时间状态变量 $\boldsymbol{x}_t$，其均值和方差分别为：

$$\boldsymbol{x}_{t|s} = E(\boldsymbol{x}_t)\mid_{t=s} \tag{5.3.15}$$

$$\boldsymbol{P}_{t|s} = E[(\boldsymbol{x}_t - \boldsymbol{\mu}_s)^2]\mid_{t=s} \tag{5.3.16}$$

式中：E 为期望算子；$\boldsymbol{x}_{t|s}$ 和 $\boldsymbol{P}_{t|s}$ 中的下标表示此均值和方差是根据 s 时刻的分布条件所确定的，当 $s=t-1$ 时，$\boldsymbol{x}_{t|t-1}$ 和 $\boldsymbol{P}_{t|t-1}$ 分别表示状态向量 $\boldsymbol{x}_t$ 当前时刻前一步的均值和方差，在高斯误差假设下，$\boldsymbol{x}_{t|t-1}$ 是 $\boldsymbol{x}_t$ 在当前时刻的最小均方误差估计值。

状态空间模型的目标是根据已知的 t 时刻之前的可观测量 $\boldsymbol{y}_{1:t-1}$ 来估计系统状态变量 $\boldsymbol{x}$ 在 t 时刻的值，而实现估计所需的部分信息包含在后验概率密度 $p(\boldsymbol{x}_t \mid \boldsymbol{y}_{1:t})$ 中。因此，实际估计时，可先使用模型中的状态方程来预测状态的先验概率密度，再利用最新获取的观测值对其进行修正，进而得到状态变量的后验概率密度。Kalman 滤波算法是一种线性无偏、以误差方差最小为准则的估计算法，采用递推的方式更新估计值，不需要对前期数据进行存储和再处理，可有效地节省存储空间和减少计算时间。本节研究过程中，采用 Kalman 滤波算法来建立混凝土坝变形状态空间模型，其建模过程主要分为两步。

(1) 根据当前时刻之前的观测信息，由状态方程对状态变量的当前值进行预测：

$$\boldsymbol{x}_{t|t-1} = E[\boldsymbol{x}_t \mid \boldsymbol{y}_{1:t-1}] = \boldsymbol{A}_t\boldsymbol{x}_{t-1} \tag{5.3.17}$$

$$\boldsymbol{P}_{t|t-1} = E[(\boldsymbol{x}_t - \boldsymbol{x}_{t|t-1})(\boldsymbol{x}_t - \boldsymbol{x}_{t|t-1})^{\mathrm{T}} \mid \boldsymbol{y}_{1:t-1}] = \boldsymbol{A}_t\boldsymbol{P}_{t-1}\boldsymbol{A}_t^{\mathrm{T}} + \boldsymbol{R}_t \tag{5.3.18}$$

此时，根据状态变量的预测值 $\boldsymbol{x}_{t|t-1}$，可由观测方程得到测值 $\boldsymbol{y}_t$ 的基于线性最小均方误差的当前时刻预测值：

$$\hat{\boldsymbol{y}}_t = \boldsymbol{y}_{t|t-1} = E[\boldsymbol{y}_t \mid \boldsymbol{x}_{t|t-1}] = \boldsymbol{B}_t\boldsymbol{x}_{t|t-1} + \boldsymbol{C}_t\boldsymbol{u}_t \tag{5.3.19}$$

则实测值的预测误差为：

$$\hat{\boldsymbol{\varepsilon}}_t = \boldsymbol{y}_t - \hat{\boldsymbol{y}}_t = \boldsymbol{y}_t - \boldsymbol{B}_t\boldsymbol{x}_{t|t-1} - \boldsymbol{C}_t\boldsymbol{u}_t \tag{5.3.20}$$

将实测值预测误差的方差定义为：

$$\boldsymbol{F}_t = Var(\hat{\boldsymbol{\varepsilon}}_t) = \boldsymbol{B}_t\boldsymbol{P}_{t|t-1}\boldsymbol{B}_t^{\mathrm{T}} + \boldsymbol{Q}_t \tag{5.3.21}$$

造成这一误差的原因是状态变量的预测值 $\boldsymbol{x}_{t|t-1}$ 和实测值 $\boldsymbol{y}_t$ 都可能存在误差。为了得到更加准确的 t 时刻系统状态 $\boldsymbol{x}_t$，可以利用实测值的预测误差 $\hat{\boldsymbol{\varepsilon}}_t$ 对上述系统状态变量的预测值 $\boldsymbol{x}_{t|t-1}$ 进行修正。

(2) 在获得当前时刻实测值 $\boldsymbol{y}_t$ 后，需要对状态方程预测出的 $\boldsymbol{x}_t$ 的均值和方差进行更新修正，其目标是使修正后的系统状态预测值的误差方差最小，修正后的状态变量为：

$$\boldsymbol{x}_t = E[\boldsymbol{x}_t \mid \boldsymbol{y}_{1:t}] = \boldsymbol{x}_{t|t-1} + \boldsymbol{P}_{t|t-1}\boldsymbol{B}_t^{\mathrm{T}}\boldsymbol{F}_t^{-1}(\boldsymbol{y}_t - \boldsymbol{B}_t\boldsymbol{x}_{t|t-1} - \boldsymbol{C}_t\boldsymbol{u}_t) \tag{5.3.22}$$

$$\boldsymbol{P}_t = E[(\boldsymbol{x}_t - \boldsymbol{x}_{t|t-1})(\boldsymbol{x}_t - \boldsymbol{x}_t)^{\mathrm{T}} \mid \boldsymbol{y}_{1:t}] = \boldsymbol{P}_{t|t-1} - \boldsymbol{P}_{t|t-1}\boldsymbol{B}_t^{\mathrm{T}}\boldsymbol{F}_t^{-1}\boldsymbol{B}_t\boldsymbol{P}_{t|t-1} \tag{5.3.23}$$

式(5.3.17)和式(5.3.18)为 Kalman 滤波算法中的预测方程，式(5.3.22)和式(5.3.23)为更新方程。只要给出变形状态空间模型中定义的状态变量 $\boldsymbol{x}$ 的初值(均值 $\boldsymbol{x}_0$ 和方差 $\boldsymbol{P}_0$)，系数矩阵 $\boldsymbol{A}_t$，$\boldsymbol{B}_t$ 和 $\boldsymbol{C}_t$，以及各时刻的驱动力向量 $\boldsymbol{u}_t$ 和测点监测位移 $\boldsymbol{y}_t$，就可

以逐步迭代求解出特高拱坝时效变形在各时刻的最优估计值。基于 Kalman 滤波算法建立特高拱坝变形状态空间模型的实现流程如图 5.3.2 所示。

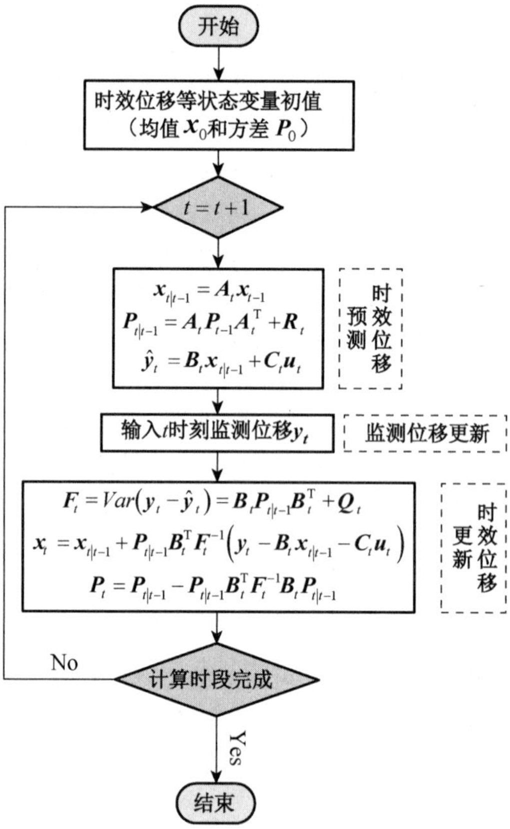

图 5.3.2 基于 Kalman 滤波算法建立特高拱坝变形状态空间模型的实现流程

1.3 基于状态空间模型的特高拱坝变形安全状况诊断标准

通过状态空间模型分离出来的特高拱坝时效变形 δ_θ 综合反映了除水压分量和温度分量之外的所有变形，主要包含两部分：筑坝材料固有流变特性引起的大坝固有时效变形，以及材料流变力学性能演变引起的变形时变效应，并且这两种时效变形均由不可恢复项和可恢复项组成，其中可恢复项随着荷载的变化而变化，而不可恢复项反映了大坝变形的趋势性变化，是衡量大坝结构安全的重要指标。因此，可对状态空间模型分离出来的总时效变形 δ_θ 进行小波分解，并将其中与大坝荷载变化具有相似变化周期的高频分量作为可恢复项 $\delta_{\theta 2}$，而总时效变形小波分解后的低频分量则是不可恢复时效变形 $\delta_{\theta 1}$，然后通过 $\delta_{\theta 1}$，按照图 5.3.3 所示不可恢复时效变形的变化规律来诊断大坝变形安全状况。

(1) $\delta_{\theta 1}$ 呈收敛趋势，如图 5.3.3(a)所示，即：

$$\frac{\mathrm{d}\delta_{\theta 1}}{\mathrm{d}t}\neq 0,\ \frac{\mathrm{d}^2\delta_{\theta 1}}{\mathrm{d}t^2}<0 \tag{5.3.24}$$

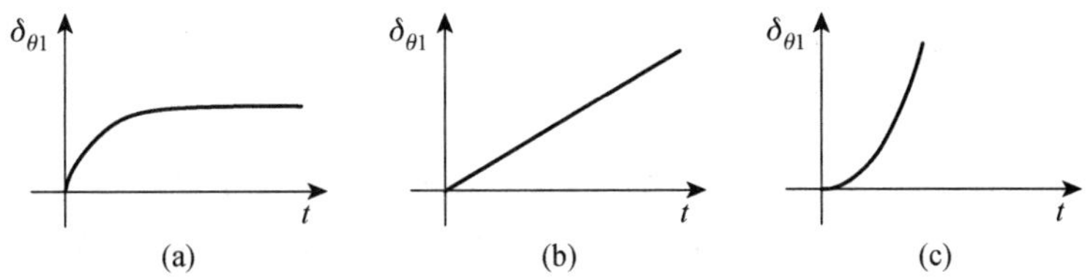

图 5.3.3　不可恢复时效变形的变化规律

表明不可恢复时效变形在初期减速率增长，随着时间的推移，此变形分量逐渐趋于某一收敛值，如果检测尚未发现危及大坝结构安全的隐患病害，则可推断大坝变形规律基本正常。

(2) $\delta_{\theta 1}$ 呈线性增大趋势，如图 5.3.3(b)所示，即：

$$\frac{d\delta_{\theta 1}}{dt} > 0, \ \frac{d^2\delta_{\theta 1}}{dt^2} = 0 \tag{5.3.25}$$

表明不可恢复时效变形等速增长，变形规律处于异常状态，需关注后期发展状况。

(3) $\delta_{\theta 1}$ 呈加速增大趋势，如图 5.3.3(c)所示，即：

$$\frac{d\delta_{\theta 1}}{dt} > 0, \ \frac{d^2\delta_{\theta 1}}{dt^2} > 0 \tag{5.3.26}$$

表明不可恢复时效变形加速增长，变形规律处于险情状态，需立即检查大坝运行状况，并采取相应的工程或非工程措施。

1.4　实例分析

某特高拱坝最大坝高 294.5 m，该工程主要经历了 5 次蓄水，前两次蓄水时，坝体尚未浇筑完成，2010 年 6 月坝体完成全部混凝土浇筑和横缝灌浆之后，库水位经过 3 次升降由 1 166 m 抬高至正常蓄水位 1 240 m。坝体内部布置了多条垂线以监测大坝变形，以最高的 22# 坝段坝顶处的径向位移为例，选取 2010 年 7 月 15 日坝体完建之后的高水位蓄水阶段变形监测资料，建立变形状态空间模型。

首先通过有限元法计算不同水深下的坝体位移，得到 22# 坝段坝顶径向位移随库水深的变化关系如图 5.3.4 所示，水压分量表达式为：

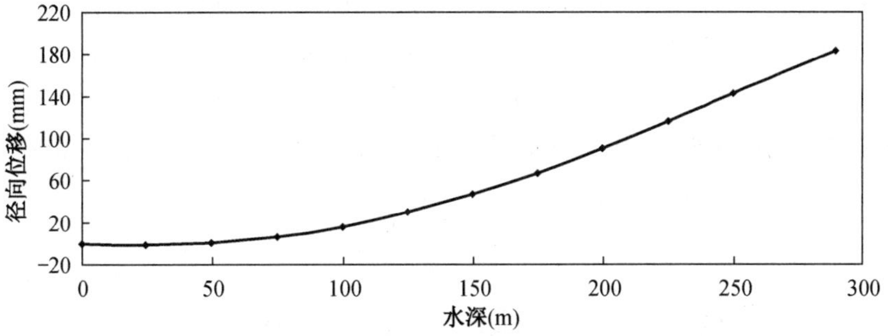

图 5.3.4　22# 坝段坝顶垂线测点径向位移与库水深关系曲线

$$\delta_H = -0.1054H + 0.0022H^2 + 7.4297\times10^{-6}H^3 - 2.0882\times10^{-8}H^4 \tag{5.3.27}$$

该拱坝坝体内部埋设有大量的温度计，其中22#坝段从建基面至坝顶共布置有13个温度监测高程，每一高程沿上下游方向布设5～6支温度计，选用坝体实测温度资料来建立温度变形因子。分析中，对测值较连续的共计45支温度计测值提取了主成分，其中前4个温度计测值主成分的累积贡献率已达88.6%，故选用这4个温度计测值主成分作为变形温度分量的因子，其过程线如图5.3.5所示。

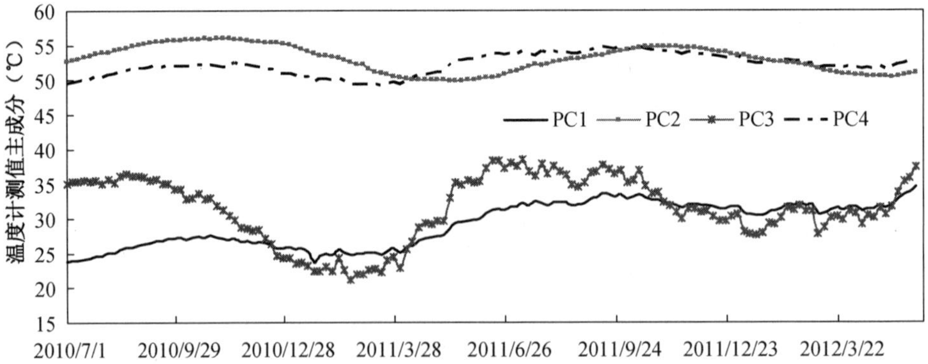

图5.3.5 坝体温度计测值提取的温度主成分时间序列

据此，建立的变形混合模型如式(5.3.28)所示，模型的复相关系数为0.95，剩余均方差为5.92 mm，分离出来的水压分量、温度分量和时效分量如图5.3.6所示。

$$\begin{aligned}\delta =& 0.8521(-0.1054H + 0.0022H^2 + 7.4297\times10^{-6}H^3 \\ &- 2.0882\times10^{-8}H^4) + 0.6337T_{pc1} - 0.561T_{pc2} - 0.3195T_{pc3} \\ &- 1.7373T_{pc4} + 3.2864[1-\exp(-0.05247t)]\end{aligned} \tag{5.3.28}$$

通过滤波算法建立变形状态空间模型时，如果给定的各状态变量初值偏差较大，会造成计算误差较大，甚至是计算结果发散。研究过程中，针对所建变形状态空间模型的具体形式，系统状态变量初值取为 $\boldsymbol{x}_0 = [1,\ 1,\ 0,\ 0]^{\mathrm{T}}$，其原因在于：系统状态向量中的前两个变量主要是分别用来对混合模型中的水压分量和温度分量进行调整，由于混合模型的物理概念较明确，将其初值定为1，并且在滤波过程中应保证其值始终在1附近；后两个变量均为时效位移，建模选用的是相对位移(以建模时段的第一天为基准)，故直接将其设置为0。状态变量初始方差 $\boldsymbol{P}_0$ 在取值时，遵循状态变量初值 $\boldsymbol{x}_0$ 越接近真实值，$\boldsymbol{P}_0$ 越接近于0，取 $\boldsymbol{P}_0 = [1^{-4}\,0\,0\,0,\ 0\,1^{-4}\,0\,0,\ 0\,0\,1^{-4},\ 0\,0\,0\,1^{-4}]$；对于系统噪声方差 $\boldsymbol{R}$，如果认为状态方程的预测值较准确，则取 $\boldsymbol{R}$ 相对小一些，在反复试算的情况下(滤波结果不发散，且 a_t^H 和 a_t^{T} 在1附近变化)，取为 $\boldsymbol{R} = [1^{-3}\,0\,0\,0,\ 0\,1^{-4}\,0\,0,\ 0\,0\,1^{-2}\,0,\ 0\,0\,0\,1^{-2}]$；观测噪声方差按照混合模型的剩余均方差来确定，一般可取其平方作为 $\boldsymbol{Q}$，这里取 $\boldsymbol{Q} = 5.92^2 = 35.05$。

由 $t=1$ 开始，按照Kalman滤波算法进行递推，通过状态空间模型分离得到的水压分量、温度分量和时效分量如图5.3.7所示，与图5.3.6中混合模型分离得到的时效位移

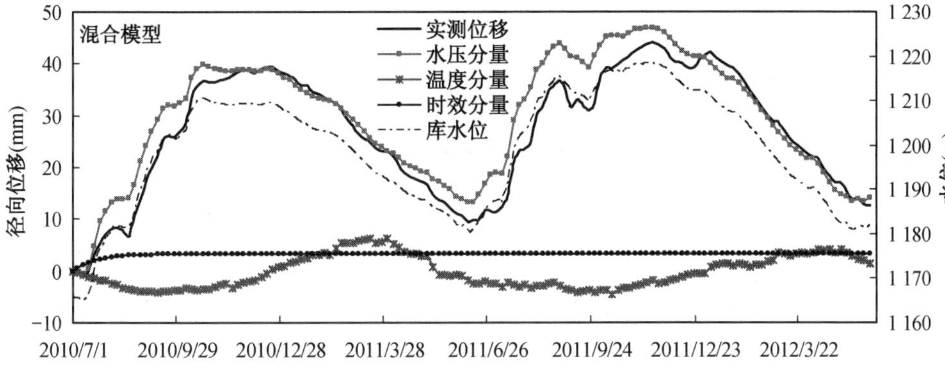

图 5.3.6　22# 坝段坝顶垂线测点径向位移混合模型分量分离结果

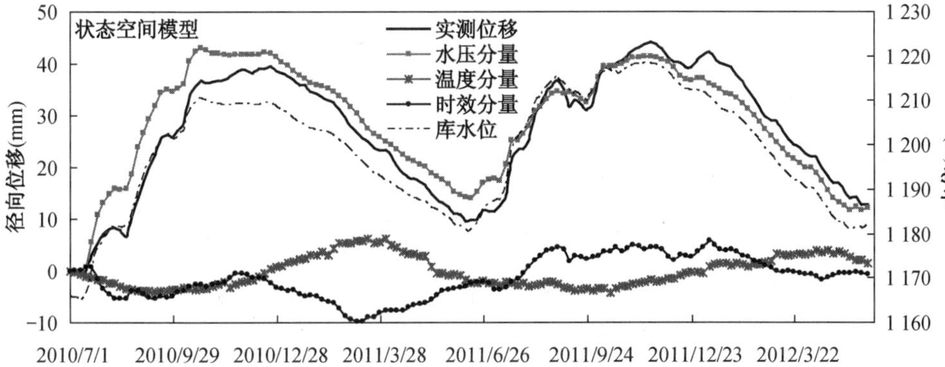

图 5.3.7　22# 坝段坝顶垂线测点径向位移状态空间模型分量分离结果

相比，状态空间模型分离出来的时效位移是一个递增与递减曲线的组合，除了不可恢复的趋势性时效位移外，还包含随大坝主要荷载变化而变化的可恢复时效位移，且时效位移的变化滞后于此阶段主要变化荷载中库水位的变化，与黏弹性变形的滞后效应相吻合。因此，通过状态空间模型得到的时效位移较好地解释了库水位下降时坝体混凝土和坝基岩体部分蠕变恢复的规律。另外，由于该坝目前处于蓄水后运行初期，其趋势性时效位移还在变化，应继续关注大坝后期时效位移的变化趋势。

2　特高拱坝变形空间整体监控模型

环境因素影响下材料性能演变引起的结构性能变化对特高拱坝变形时变效应的影响研究表明，结构性能变化过程中大坝的整体性发生了变化，导致坝体不同部位之间的变形关联性随之改变。在根据变形监测资料研究大坝安全性时，需要选择能反映特高拱坝空间整体变形性态的监控分析对象，如梁挠曲线、水平拱曲线和拱坝空间曲面等。下面分别从特高混凝土拱坝变形的关联性和整体性出发，建立相应的变形监控模型，在关联性分析方面，主要利用测点之间弹性变形关联性的改变来识别坝体局部或整体结构性能的变化；在整体性分析方面，由于单测点监控模型已难以全面反映特高拱坝的变形性态，需要对众多监测效应量进行融合以得到能反映大坝整体变形规律的综合效应量，并利用此变形综合量的监控模型和时效分量来识别大坝结构性能变化或其他因素引起的监测异常现象。特高拱坝变形空间整体监控模型的结构如图 5.3.8 所示。

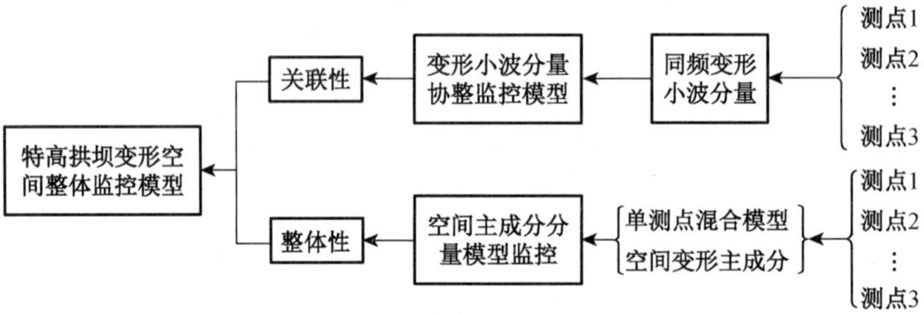

图 5.3.8　特高拱坝变形的空间整体监控模型结构

2.1　基于小波多分辨分析的特高拱坝变形协整监控模型

不同环境因素下混凝土老化的力学性能试验研究表明，坝体混凝土的弹性模量和强度将随着老化程度的加剧而降低，反映到坝体结构上则表现为整体刚度的下降。另外，异常荷载作用下坝体混凝土出现开裂或者其他局部损伤后，将导致坝体结构性能和变形性态发生变化。下面基于小波多分辨分析和协整理论，首先对特高拱坝坝体不同部位的变形监测序列进行相同尺度下的小波分解，然后选择能反映坝体结构变形性态转异的一系列监测点，如梁挠曲线或水平拱曲线上的位移监测点等，对所选的系列点建立同一分解层下变形小波分量间的长期均衡关系，通过后续时段内该系列点能否保持此均衡关系来识别由坝体混凝土老化所造成的大坝结构性能变化。

协整理论最早被 Engle 和 Granger 于 1987 年提出，其核心思想为：多个非平稳时间序列的线性组合可能成为平稳时间序列，这种线性组合称为协整方程，反映变量之间的长期均衡关系。目前，协整理论已被引入到结构安全监控中，通过结构某些特征量之间长期均衡关系的改变来反映结构损伤或其他异常状况。

一组时间序列 $\boldsymbol{Y}=\{\boldsymbol{y}_1,\ \boldsymbol{y}_2,\ \cdots,\ \boldsymbol{y}_m\}$，存在长期均衡关系的条件为其线性组合后所得的残差余量序列是平稳时间序列，这种线性组合所反映的比例关系称为协整向量，建立协整模型的过程实际上是找到协整向量并使余量 $\boldsymbol{\varepsilon}$ 平稳的过程，即：

$$\boldsymbol{\varepsilon}=\beta_1\boldsymbol{y}_1+\beta_2\boldsymbol{y}_2+\cdots+\beta_m\boldsymbol{y}_m \tag{5.3.29}$$

式中：$\boldsymbol{\varepsilon}$ 为余量序列；$[\beta_1,\ \beta_2,\ \cdots,\ \beta_m]$ 为长期均衡关系中的协整向量。

值得注意的是，建立多变量之间的协整方程时，要求所有的变量具有相同的单整阶数，其中单整阶数的定义为：如果非平稳时间序列 y_t 经过 d 阶差分之后，$\Delta^d y_t=\Delta(\Delta^{d-1}y_t)$，变成平稳时间序列，则 y_t 为 d 阶单整，记为 $y_t\sim I(d)$。很明显，对于平稳时间序列而言，无需进行差分，就满足平稳性要求，属于 0 阶单整，即 $I(0)$。关于时间序列的平稳性检验，常用方法为单位根检验（Augmented Dickey-Fuller，ADF），通过检验其自回归模型中特征方程的特征根与单位圆的关系，来判别该时间序列的平稳性。

对于多变量的协整检验方法主要分为两种：一是基于回归系数的协整检验，如 Johansen

检验；另一种是基于回归残差的检验，如 Engle-Granger 检验（简称 EG 检验）。这里选用 EG 检验，主要分为两步：

Step 1　建立多变量之间的线性回归方程：

$$\boldsymbol{y}_1 = \beta_2 \boldsymbol{y}_2 + \beta_3 \boldsymbol{y}_3 + \cdots + \beta_m \boldsymbol{y}_m + \boldsymbol{\varepsilon} \tag{5.3.30}$$

Step 2　检验残差序列 $\boldsymbol{\varepsilon}$ 的平稳性，如果残差序列是平稳的，则多变量时间序列 $\boldsymbol{Y} = \{\boldsymbol{y}_1, \boldsymbol{y}_2, \cdots, \boldsymbol{y}_m\}$ 之间存在协整关系，相应的协整向量为 $[1, -\beta_2, -\beta_3, \cdots, -\beta_m]$，协整余量为 $\boldsymbol{\varepsilon}$；反之则不存在协整关系。

2.1.1　特高拱坝变形多测点小波分量整体协整监控模型

特高拱坝在正常状态下，坝体各部位的变形不是孤立的，而是存在一定的关联性，特别是在弹性变形范畴内，这种关联性较明确，而当结构出现局部损伤、整体性能退化、或者某个测点测值出现非结构因素导致的监测异常等现象时，这种关联性将会发生改变。因此，可以合理地选择一系列坝体变形测点，通过测点之间变形关联性的改变来评价大坝的安全性。由坝高对拱坝变形空间整体性的影响研究表明，特高坝中上部较单薄，且受坝基和岸坡的约束作用较小，对荷载和结构性能的变化较敏感，在异常荷载或者坝体老化过程中，更容易出现与坝体其他部位变形关联性的转变。

特高拱坝在正常运行状况下，其变形场具有空间连续性，可以参照工程力学中梁挠曲线和水平拱径向变形曲线，推导出特高拱坝位移场的空间分布模型：

$$\begin{aligned}\delta = &\sum_{k=0}^{3(4)} \sum_{l,\, m,\, n=0}^{3} A_{klmn} H^k x^l y^m z^n + \sum_{j,\, k=0}^{1} \sum_{l,\, m,\, n=0}^{3} B_{jklmn} \sin \frac{2\pi jt}{365} \cdot \\ &\cos \frac{2\pi jt}{365} x^l y^m z^n + \sum_{j,\, k=0}^{1} \sum_{l,\, m,\, n=0}^{3} C_{jklmn} \theta_j \ln \theta_k x^l y^m z^n\end{aligned} \tag{5.3.31}$$

针对特高拱坝坝体某条梁或者某一高程拱圈而言，上述模型可表示为：

$$\delta_{梁} = \sum_{k=0}^{3(4)} \sum_{n=0}^{3} A_{kn} H^k z^n + \sum_{j,\, k=0}^{1} \sum_{n=0}^{3} B_{jkn} \sin \frac{2\pi jt}{365} \cdot \cos \frac{2\pi jt}{365} z^n + \sum_{j,\, k=0}^{1} \sum_{n=0}^{3} C_{jkn} \theta_j \ln \theta_k z^n \tag{5.3.32}$$

$$\begin{aligned}\delta_{拱} = &\sum_{k=0}^{3(4)} \sum_{l,\, m=0}^{3} A_{klm} H^k x^l y^m + \sum_{j,\, k=0}^{1} \sum_{l,\, m=0}^{3} B_{jklm} \sin \frac{2\pi jt}{365} \cdot \cos \frac{2\pi jt}{365} x^l y^m \\ &+ \sum_{j,\, k=0}^{1} \sum_{l,\, m=0}^{3} C_{jklmn} \theta_j \ln \theta_k x^l y^m\end{aligned} \tag{5.3.33}$$

对于特高拱坝某条梁或者某一高程拱圈的位移监测点系列而言，式(5.3.31)—式(5.3.33)中关于坐标 (x, y, z) 的函数因子是确定的，相同荷载工况下，坝体不同部位测点位移中水压分量和温度分量所示的变形弹性分量仅与其坐标有关。因此，可根据坝体位移实测系列中弹性变形分量之间长期均衡关系的改变来反映大坝结构性能的变化。

综上，将协整理论用于特高拱坝变形安全监控时，可选择能反映坝体变形转异且关联性较强的一系列测点，并对大坝正常运行状况下各测点的变形监测序列进行小波分解，然后检验相同小波分解层下该系列测点的同层高频分量间是否存在协整关系，进而建立变形协整方程。当后期大坝出现结构损伤或其他异常情况时，该测点系列间的协整关系将发生变化，原有的协整系数将不再满足要求，进而导致通过该协整方程得到的协整余量明显偏离前期值。对于后期运行中某一时刻的变形监测数据 $\boldsymbol{Y}=\{\boldsymbol{y}_1',\ \boldsymbol{y}_2',\ \cdots,\ \boldsymbol{y}_m'\}$，将其代入协整方程，并计算协整余量 $\boldsymbol{\varepsilon}'$：

$$\boldsymbol{\varepsilon}'=\boldsymbol{y}_1'-\beta_2\boldsymbol{y}_2'-\beta_3\boldsymbol{y}_3'-\cdots-\beta_m\boldsymbol{y}_m' \tag{5.3.34}$$

根据大坝安全监控领域中常用的 3S 准则，如果 $|\boldsymbol{\varepsilon}'|>3S$（$S$ 为协整余量 $\boldsymbol{\varepsilon}'$ 的标准差），则认为所选测点之间的变形协整关系发生改变，如果后续时段变形测值连续出现此现象，则意味着坝体可能出现异常，需要查清原因。

2.1.2　实例分析

某混凝土拱坝最大坝高 155 m，以该坝为例，研究建立变形多测点小波分量整体协整监控模型的实现方法。选取的两组测点系列分别为拱冠梁剖面和坝体 2 150 m 高程上的垂线测点，如图 5.3.9 所示，变形量为坝体相对建基面的径向位移。

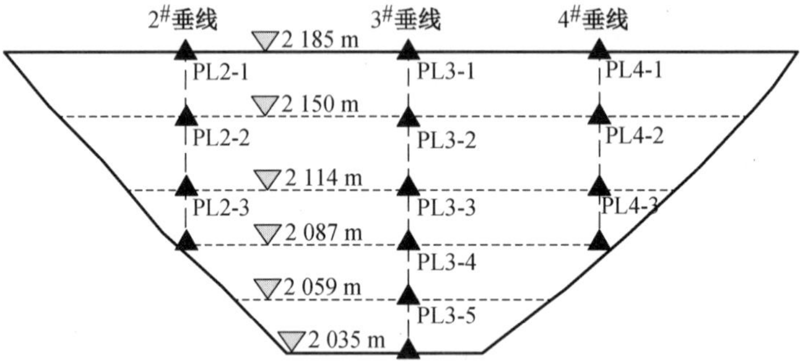

图 5.3.9　坝体正垂线监测系统

首先对两组变形测点系列中各测点位移时间序列进行 6 层小波分解。该坝运行过程中库水位基本保持不变，位移变化主要是由环境温度变化所引起，故选用小波分解后各层高频分量中周期性较明显的分量来建立协整方程，本次选用第 4，5，6 层，拱冠梁测点系列和 2 150 m 高程测点系列各自的位移高频分量分别如图 5.3.10 和图 5.3.11 所示。

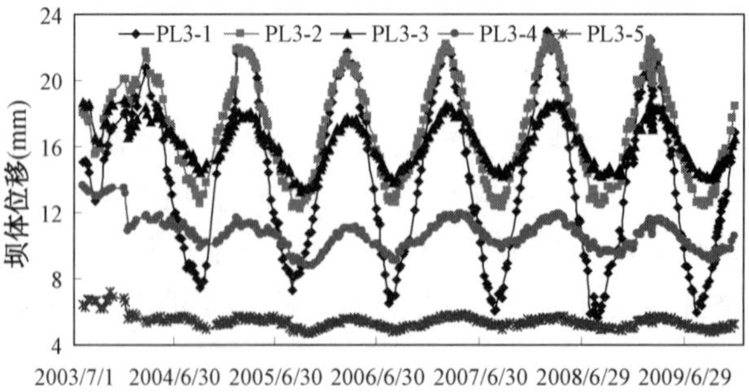

(a) 总位移时间序列

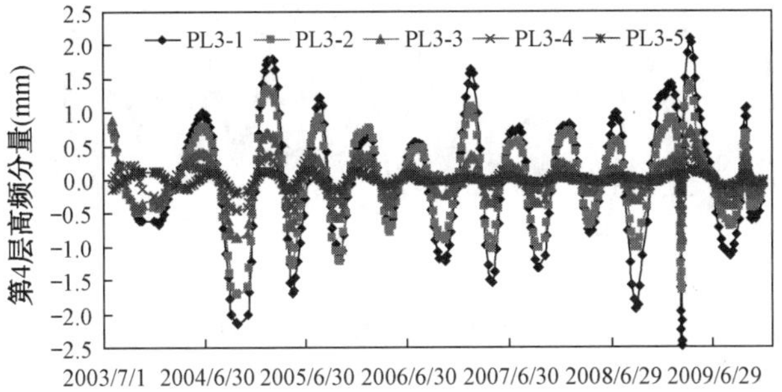

(b) 小波分解第 4 层高频分量

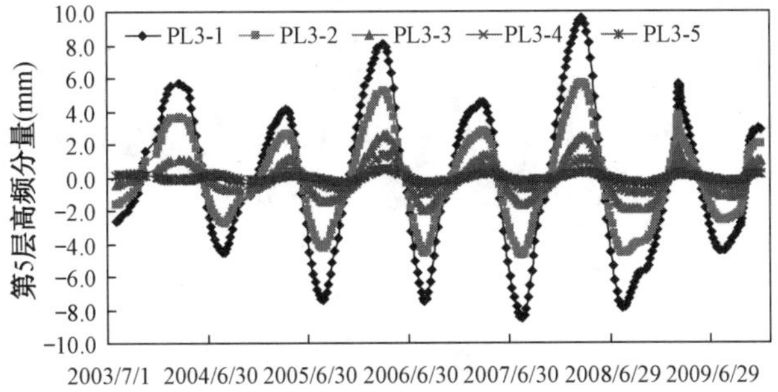

(c) 小波分解第 5 层高频分量

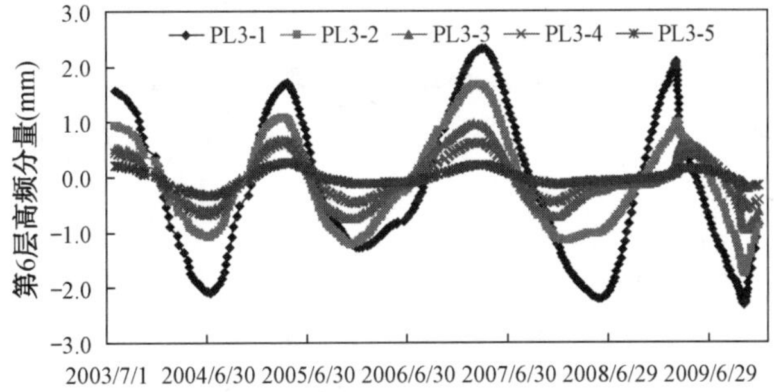

(d) 小波分解第 6 层高频分量

图 5.3.10　拱冠梁剖面垂线测点系列各位移分量

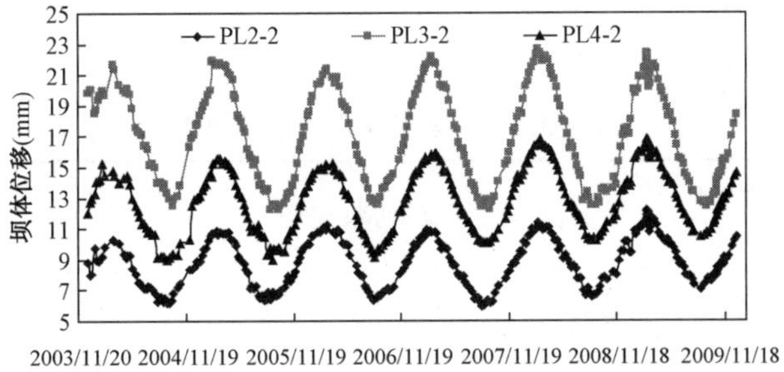

(a) 总位移时间序列

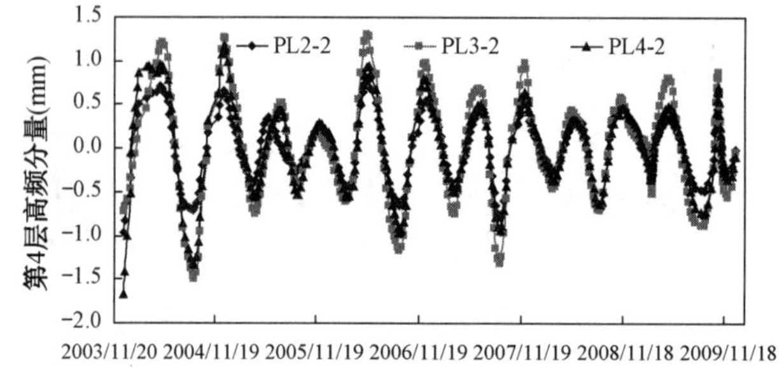

(b) 小波分解第 4 层高频分量

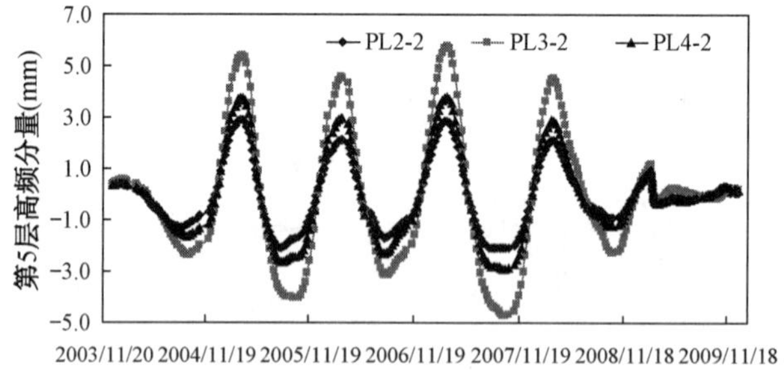

(c) 小波分解第 5 层高频分量

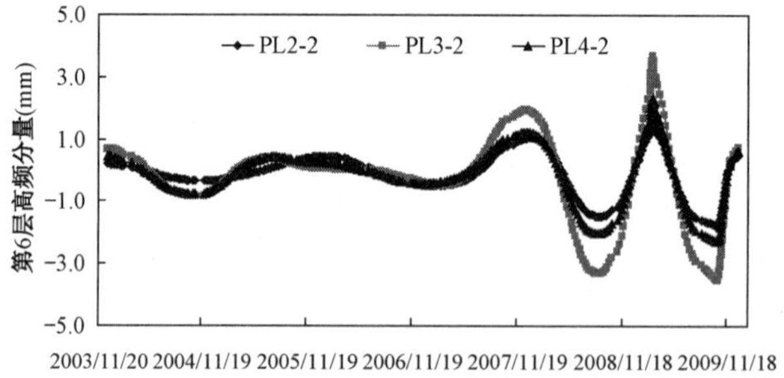

(d) 小波分解第 6 层高频分量

图 5.3.11 坝体 2 150 m 高程垂线测点系列各位移分量

协整检验后，建立的各层变形协整模型和相应的控制标准如表 5.3.1 所示，模型复相关系数均大于 0.9，表明模型精度较高，以模型协整余量建立的 3S 准则可用于大坝后期整体结构性能变化的识别，其中拱冠梁剖面垂线测点系列第 5 高频分量间的协整余量及控制标准如图 5.3.12 所示。

表 5.3.1 测点分量间的协整模型

测点序列	高频分量层数	测点分量间的协整模型	复相关系数 R	3S 控制标准(mm)
拱冠梁剖面垂线测点	第 4 层	PL3-1−1.585 1×PL3-2+0.438 7×PL3-3−0.170 5×PL3-4+0.700 4×PL3-5=0	0.97	0.49
	第 5 层	PL3-1−2.801 5×PL3-2+3.701 4×PL3-3−1.116 3×PL3-4−3.057 5×PL3-5=0	0.99	0.47

续表

测点序列	高频分量层数	测点分量间的协整模型	复相关系数 R	3S 控制标准(mm)
拱冠梁剖面垂线测点	第 6 层	PL3-1－2.776 1×PL3-2＋3.513 7×PL3-3－0.586 0×PL3-4－2.627 7×PL3-5＝0	0.99	0.10
2150 m 高程垂线测点	第 4 层	PL3-2－0.443 4×PL2-2－0.836 7×PL4-2＝0	0.92	0.50
	第 5 层	PL3-2＋0.719 7×PL2-2－2.048 7×PL4-2＝0	0.99	0.85
	第 6 层	PL3-2＋0.054 0×PL2-2－1.573 1×PL4-2＝0	0.99	0.53

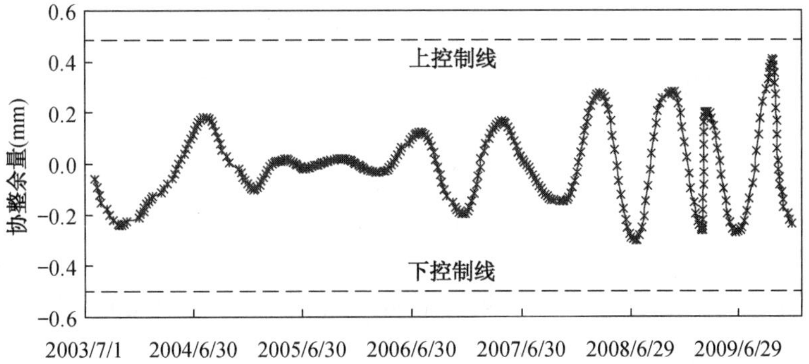

图 5.3.12　拱冠梁剖面垂线测点系列第 5 高频分量间的协整余量及控制标准

2.2　特高拱坝变形空间主成分分量整体监控模型

目前,大坝安全监测仪器种类多、自动化程度高,伴随而来的问题就在于对这些海量存在的监测数据缺乏有效的分析处理,监测数据分析能力的不足严重制约了监测系统在大坝安全监控中的优势发挥。与此同时,大坝中布设的众多监测仪器,将产生大量的冗余数据,其原因在于:首先是坝体不同部位的相同监测量之间存在着一定的相关性,如同一坝段不同高程上的垂线监测点和坝体同一高程上左右岸之间的表面变形监测点等;其次是同一监测位置附近布置有不同的仪器来监测同一效应量,尽管各仪器的工作原理和起始监测日期可能不同,但工程实践表明,这些监测数据之间同样存在着一定的相关性。针对此问题,下面首先采用高维数据空间降维中常用的主成分分析法,在保证原始信息丢失最少的情况下,对变形场监测数据进行降维压缩,形成能反映大坝整体变形规律的主成分综合效应量,然后对各变形综合量建立混合模型,并利用模型分离出来的时效分量判别大坝时效变形的整体变化规律。

2.2.1　空间变形场多效应量的数据融合技术

对特高拱坝变形场监测数据进行融合的基本思想就在于通过对效应量 $\boldsymbol{X}=\{x_1, x_2, \cdots, x_m\}$ 进行线性组合生成新的效应量 $\boldsymbol{Z}=\{z_1, z_2, \cdots, z_n\}$,然后选用其中少数几个互不相关的综合效应量来代替原始信息,并且在转换过程中要求丢失的信息最少,即:

$$\begin{cases} z_1 = p_{11}x_1 + p_{12}x_2 + \cdots + p_{1m}x_m \\ z_2 = p_{21}x_1 + p_{22}x_2 + \cdots + p_{2m}x_m \\ \quad \vdots \\ z_n = p_{n1}x_1 + p_{n2}x_2 + \cdots + p_{nm}x_m \end{cases} \tag{5.3.35}$$

式中：$\{z_i\}$ 和 $\{x_j\}$ 均为时间序列；p_{ij} 为线性组合系数($i=1, 2, \cdots, n$; $j=1, 2, \cdots, m$)。

对新建立的变形综合量 $\boldsymbol{Z}$,必须满足两个条件：①$\boldsymbol{Z}$ 中任意两个变量 z_i 和 $z_j(i \neq j)$ 互不相关；② 各线性组合的方差满足从 z_1 到 z_n 依次减小的倒序排列。数学证明结果表明，拟提取的变形综合量 $\boldsymbol{Z}$ 中的线性组合系数 p_{ij}，为原始变量所构成的相关系数矩阵 $\boldsymbol{R}$ 的各阶特征根 $\lambda_i(i=1, 2, \cdots, m)$ 所对应的特征向量 $\boldsymbol{P}_i = [p_{i1}, p_{i2}, \cdots, p_{im}]$，且特征根与变形综合量的方差相对应，满足依次递减的要求，即：

$$\lambda_1 \geqslant \lambda_2 \geqslant \cdots \geqslant \lambda_m \geqslant 0 \tag{5.3.36}$$

结合特高拱坝变形监测数据的特点，对空间变形场中多效应量进行融合并提取相互独立的综合效应量时，其主要分析步骤如下。

Step 1　根据坝工知识，选择具有关联性且能反映坝体整体性的一系列变形监测点，如拱坝的所有垂线监测点或表面变形监测点等，并剔除各监测点变形实测序列中的粗差，组成原始变量系列 $\boldsymbol{X}$。

Step 2　对原始监测量中的各时间序列进行标准化，以消除测点间变形量级差异所带来的影响，计算标准化之后样本序列的相关系数矩阵 $\boldsymbol{R}$：

$$\boldsymbol{R} = \begin{bmatrix} r_{11} & r_{12} & \cdots & r_{1m} \\ r_{21} & r_{22} & \cdots & r_{2m} \\ \vdots & \vdots & \ddots & \vdots \\ r_{m1} & r_{m2} & \cdots & r_{mm} \end{bmatrix} \tag{5.3.37}$$

式中：r_{ij} 为原始变量 x_i 和 x_j 经标准化之后的变量 x'_i 和 x'_j 之间的相关系数：

$$r_{ij} = \frac{1}{t-1}\sum_{k=1}^{t} x'_{ik}x'_{jk}, \ (i, j = 1, 2, \cdots, m) \tag{5.3.38}$$

式中：t 为变量 x'_i 和 x'_j 的数据总数目。

Step 3　求解相关系数矩阵 $\boldsymbol{R}$ 的特征根 λ_i 和特征向量 $\boldsymbol{p}_i$：

$$(\boldsymbol{R} - \lambda \boldsymbol{I})\boldsymbol{p} = 0 \tag{5.3.39}$$

式中：$\boldsymbol{I}$ 为 m 阶的单位阵。

Step 4　按照重新组合后的各综合量对原始监测数据中所含信息的解释能力，选择一定数目的主成分综合量用以替代原始众多的变形监测量，从而达到数据融合的目的。新构建的主成分综合量各自的解释能力可以用其对应的特征根进行评价，定义第 i 个变形综合量的解释能力 e_i 为：

$$e_i = \lambda_i / \sum_{j=1}^{m} \lambda_j \times 100\% \tag{5.3.40}$$

各变形综合量所对应的特征根是依次减小的，进而对原始信息的解释能力也是依次减弱的，可仅选择解释能力较强的前 n 个变形主成分综合效应量来替代原始的 m 个监测量。确定主成分个数时可采用累积贡献率法，要求 $\sum_{j=1}^{n} e_j$ 达到 85%以上。

Step 5　对于选定的前 n 个主成分，按照式(5.3.35)计算变形场多效应量的主成分综合效应量。

2.2.2　变形场多效应量的空间主成分分量整体监控模型

从特高拱坝变形场多效应量中提取的主成分综合量是各监测效应量的线性组合，可以按照单测点变形监控模型的理论，对提取的各主成分效应量建立监控模型。这样可以减少监控模型的数量而降低虚假警报的出现概率，且新建立的主成分分量监控模型可以反映多测点变形间的整体关系。大坝正常运行时，各变形主成分中原始效应量之间的均衡关系应基本保持不变，而当后期坝体结构性能变化或某处测值出现异常时，此均衡关系将被打破，从而导致主成分量值出现异常。另外，此变形主成分是大坝变形场的综合体现，由其分离出来的时效分量可反映大坝整体时效变形的变化规律。特高拱坝变形多效应量的空间主成分分量整体监控模型的建立方法如下：

$$\delta^{pc}(t) = \delta^{pc}_H + \delta^{pc}_T + \delta^{pc}_\theta = f(H, T, \theta, t) \tag{5.3.41}$$

式中：δ^{pc}，δ^{pc}_H，δ^{pc}_θ 和 δ^{pc}_θ 分别为变形主成分的综合值及其水压、温度和时效分量。

采用统计模型时，变形主成分分量监控模型中的水压分量，可采用与单测点变形监控模型相同的形式，即用水深 H 的 n_1 次多项式进行拟合：

$$\delta^{pc}_H = \sum_{i=1}^{n_1} a_i H^i \tag{5.3.42}$$

式中：a_i 为水压分量拟合系数；拱坝取 $n_1 = 4$。

采用混合模型时，对于所选存在一定关联性的 m 个测点，首先通过线弹性有限元计算不同水深下各测点的变形，然后采用多项式拟合各测点变形和水深之间的关系，即：

$$\hat{\delta}^{\,i}_H = \sum_{j=1}^{n_1} a_{ij} H^j \,(i = 1, 2, \cdots, m) \tag{5.3.43}$$

则第 k 个主成分的水压分量有限元拟合式为：

$$\hat{\delta}^{\,pc(k)}_H = \sum_{j=1}^{n_1} \sum_{i=1}^{m} p_{ki} a_{ij} H^j \tag{5.3.44}$$

式中：$\boldsymbol{p}_k = [p_{k1}, p_{k2}, \cdots, p_{km}]$ 为第 k 个主成分的特征根所对应的特征向量；a_{ij} 为第 i 个测点关于 H^j 的拟合系数。

考虑到坝体混凝土的设计弹性模量与实际值可能不一致，以及坝体结构或材料性能变化等情况，需要对式(5.3.44)进行调整，即：

$$\delta^{pc(k)}_H = H \cdot \hat{\delta}^{\,pc(k)}_H \tag{5.3.45}$$

对于变形主成分分量监控模型中的温度分量和时效分量，采用与单测点监控模型相同的形式，即：

$$\delta_T^{pc}=\sum_{j=1}^{n_2}\left(b_{1j}\sin\frac{2\pi jt}{365}+b_{2j}\cos\frac{2\pi jt}{365}\right) \tag{5.3.46}$$

$$\delta_c^{pc}=c_1\theta+c_2\ln\theta \tag{5.3.47}$$

式中：θ 为监测日 t 至始测日 t_0 的累积天数除以 100。

2.2.3 实例分析

以某特高拱坝坝体垂线监测系统为例，介绍混凝土坝变形空间主成分分量整体监控模型的建立。该拱坝最大坝高 294.5 m，在 4#，9#，15#，19#，22#，25#，29#，35# 和 41# 坝段的各层廊道中（1 014 m，1 054 m，1 100 m，1 150 m 和 1 190 m 高程）分段设置正垂线，并在基础廊道或灌浆廊道内与倒垂线相衔接，以监测坝体的水平位移。结合现有监测资料，选择 9# 至 35# 坝段之间的共 29 个坝体垂线测点，监测资料时段为 2010 年 7 月 1 日至 2013 年 3 月 7 日，为大坝蓄水期，水位从 1 166 m 经三阶段蓄水至正常蓄水位 1 240 m。

对所选择的 29 个正垂线测点，首先对其径向位移时间序列进行数据融合，生成坝体径向变形的综合量，然后根据各综合量对原始监测信息的解释能力，选择少数几个综合量作为变形主成分，并对其建立混合模型，其中变形第一主成分的方差贡献率已达96.54%，故仅变形第一主成分 PC1 即可解释原有 29 个测点的整体信息。

由有限元方法计算得到不同水头 H 作用下的水压分量，并经最优化拟合得到 29 个测点的水压分量影响因子的拟合系数，如表 5.3.2 所示，对应的 PC1 的特征向量见表5.3.2。按照式(5.3.44)即可得到 PC1 的水压分量拟合式，其随水深的变化关系如图 5.3.13 所示，具体表达式如下：

$$\hat{\delta}_H^{pc(1)}=-0.658\,8H+0.009\,3H^2-3.21\times10^{-5}H^3+9.16\times10^{-8}H^4 \tag{5.3.48}$$

表 5.3.2 PC1 主成分特征向量及各测点水压分量各影响因子拟合系数

测点	PC1 特征向量	水压分量各影响因子拟合系数			
		H	H^2	H^3	H^4
P9_2	0.184 0	0.056 4	−0.000 5	1.23E−06	4.72E−09
P9_3	0.180 8	0.048 0	−0.000 6	2.81E−06	−8.41E−10
P15_1	0.187 3	−0.788 3	0.010 9	−5.07E−05	9.32E−08
P15_2	0.188 6	0.130 9	−0.001 3	4.67E−06	7.31E−09
P15_3	0.188 7	0.124 5	−0.001 8	9.45E−06	−6.43E−09
P15_4	0.188 4	0.017 3	−0.000 4	4.45E−06	−4.21E−09
P15_5	0.187 6	−0.008 4	0.000 1	1.42E−06	−1.53E−09
P19_1	0.182 6	−1.169 9	0.016 0	−7.24E−05	1.28E−07
P19_2	0.185 9	0.150 8	−0.001 5	5.66E−06	9.76E−09

续表

测点	PC1 特征向量	水压分量各影响因子拟合系数			
		H	H^2	H^3	H^4
P19_3	0.185 4	0.166 3	−0.002 4	1.38E−05	−1.05E−08
P19_4	0.179 1	−0.001 4	−0.000 3	6.41E−06	−6.69E−09
P19_5	0.176 4	−0.032 4	0.000 4	2.03E−06	−2.86E−09
P22_1	0.187 8	−1.487 0	0.020 2	−8.98E−05	1.54E−07
P22_2	0.188 6	0.240 0	−0.002 9	1.39E−05	−3.31E−09
P22_3	0.187 2	−0.011 7	−0.000 2	7.81E−06	−8.48E−09
P22_4	0.183 0	−0.055 7	0.000 8	2.09E−06	−3.36E−09
P22_5	0.186 6	−0.030 8	0.000 8	3.07E−07	−1.31E−09
P25_1	0.186 6	−1.414 4	0.019 1	−8.57E−05	1.48E−07
P25_2	0.187 8	0.109 6	−0.000 9	3.40E−06	1.41E−08
P25_3	0.187 1	0.155 5	−0.002 3	1.39E−05	−1.01E−08
P25_4	0.185 4	−0.004 6	−0.000 3	7.44E−06	−7.64E−09
P25_5	0.181 4	−0.041 9	0.000 6	2.15E−06	−3.26E−09
P25_6	0.183 6	−0.036 9	0.000 7	−1.23E−07	−5.39E−10
P29_2	0.188 5	0.098 6	−0.000 9	2.70E−06	1.15E−08
P29_3	0.188 6	0.129 2	−0.001 9	1.03E−05	−6.96E−09
P29_4	0.188 2	0.016 0	−0.000 4	5.17E−06	−5.20E−09
P29_5	0.187 1	−0.013 9	0.000 2	1.63E−06	−2.00E−09
P35_2	0.184 7	0.064 7	−0.000 5	7.29E−07	6.98E−09
P35_3	0.187 3	0.037 4	−0.000 5	2.50E−06	−4.43E−11
PC1 有限元水压分量		−0.658 8	0.009 3	−3.21E−05	9.16E−08

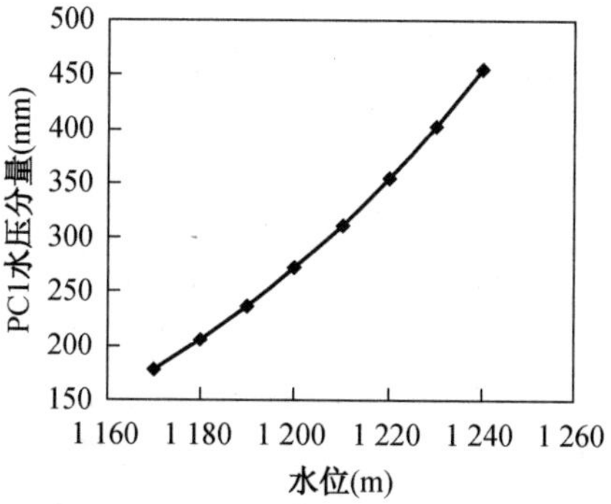

图 5.3.13　多测点径向位移综合量 PC1 中水压分量与库水位之间的关系

对提取的多测点径向位移 PC1 建立混合模型，模型复相关系数为 0.98，拟合均方差 S 为 5.16 mm，水压分量调整系数为 0.85，满足要求。PC1 根据实测位移的计算值及混合模型拟合值如图 5.3.14 所示，分量分离结果如图 5.3.15 所示，可以看出，该拱坝在此阶段的变形变化量主要是水压分量，与该拱坝处于蓄水期且水位变幅较大的情况相吻合。以混合模型预测值与实际值之差在 2 倍标准差（2S）之内作为控制域时，则根据垂线监测系统建立的该拱坝变形主成分分量整体监控模型为：

$$
\begin{aligned}
\delta_{\text{控制值}}^{\text{pc}(1)} = {} & 0.847\,9 \times (-0.658\,8H + 0.009\,3H^2 - 3.21 \times 10^{-5} H^3 + 9.16 \times 10^{-8} H^4) \\
& - 12.565\,3\sin\frac{2\pi t}{365} - 6.533\,0\cos\frac{2\pi t}{365} - 2.182\,8\sin\frac{4\pi t}{365} - 0.470\,5\cos\frac{4\pi t}{365} \\
& + 3.875\,8\theta - 3.679\,3\ln\theta \pm 10.32
\end{aligned}
\tag{5.3.49}
$$

当后期根据此 29 个测点计算得到 PC1，如果超过式（5.3.49）计算得到的控制值，则表明由于监测误差、坝体局部或整体损伤等原因，导致坝体垂线监测数据部分或全部出现异常，从而使这一系列测点不再满足 PC1 中的平衡关系，此时需要结合大坝实际运行情况进行成因分析，以保证大坝安全运行。另外，由于该坝处于运行初期，多测点径向位移 PC1 中分离出来的大坝整体趋势性时效位移还在发展，应加强监测分析。

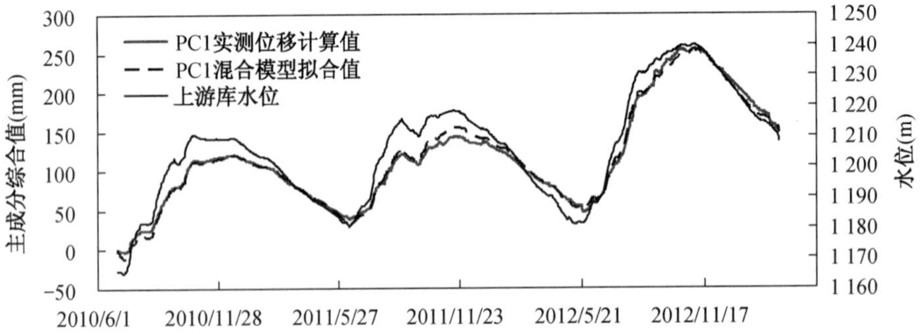

图 5.3.14　多测点径向位移 PC1 计算值及混合模型拟合值

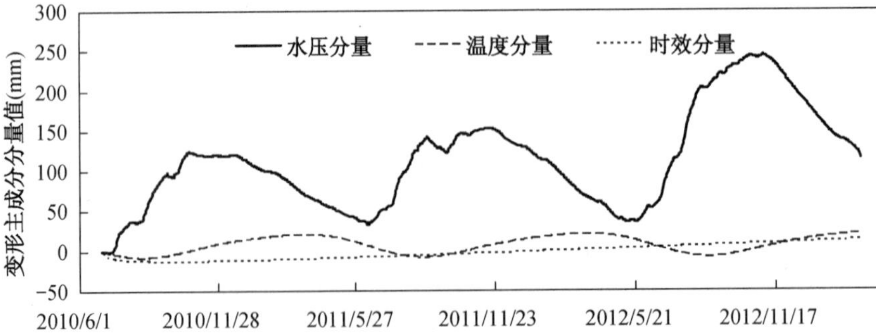

图 5.3.15　多测点径向位移 PC1 的混合模型分量值

第四节　特高拱坝变形时变效应数学优化监控模型

特高拱坝的变形效应量是拱坝在环境与外荷载作用下的性态反映，一方面受外荷载与环境因素的影响，另一方面受拱坝坝体与基础性状的影响。由于特高拱坝的外荷载、工作环境不断变化，必然会造成变形效应量处于不断变化之中。同时，随着服役时间的延长，特高拱坝的各种材料属性亦随时间发生缓慢的变化，进而引起特高拱坝工作性态的变化。因此，在利用特高拱坝变形监测资料建立安全监控模型时，应考虑到拱坝结构自身的时变特性，以便能适时、准确地描述特高拱坝的工作性态。通常，运用数理统计分析方法建立的特高拱坝时变监控模型是由线性和非线性因子组合而成，但由于影响特高拱坝安全的因素复杂，监控模型的因子往往存在变量多重相关性。为此，本节针对偏最小二乘回归方法建立监控模型存在对监测数据最小寻优拟合能力弱的缺陷，常出现明显的欠拟合现象，引入遗传算法对回归模型因子进行优化处理，充分利用其自适应全局优化概率型搜索功能，建立特高拱坝变形时变效应数学优化模型。

1　拱坝变形时变效应常规建模方法

拱坝在水压力、温变、扬压力和泥沙压力等荷载作用下，坝体上任一点都将产生一个位移矢量 $\boldsymbol{\delta}$。根据位移矢量的成因分类，大坝任一点位移 $\boldsymbol{\delta}$ 可分为三个部分：水压分量 $\boldsymbol{\delta}_H$、温度分量 $\boldsymbol{\delta}_T$ 以及时效分量 $\boldsymbol{\delta}_\theta$，即：

$$\boldsymbol{\delta} = \boldsymbol{\delta}_H + \boldsymbol{\delta}_T + \boldsymbol{\delta}_\theta \tag{5.4.1}$$

下面重点研究位移矢量 $\boldsymbol{\delta}$ 的水平分量（即水平位移 δ_x，简称 δ）的因子选择。

（1）水压分量

水压分量是指拱坝在水压荷载及坝体自重作用下，由于库区基岩、坝体和坝基发生变形而引起大坝变形的弹性或可恢复变化部分。受水压荷载的影响，拱坝变形主要受到坝基和库区发生的位移和转角及坝体在水平力作用下发生位移的影响。通过分析研究上述影响因素，拱坝任一监测点由库水压力作用产生的水平位移 δ_H 与坝前水深 H，H^2，H^3，H^4 呈线性关系，即：

$$\delta_H = \sum_{i=0}^{4} a_i H^i \tag{5.4.2}$$

式中：a_i 为系数；H 为坝前水深值。

对某一特定拱坝而言，在一定水压荷载作用下，考虑到泊松比对变形影响较小，可以认为坝体变形主要受到坝体弹性模量 E_c 和坝基变形模量 E_r 影响，表示为：

$$\delta_H = f(E_c, E_r, H) \tag{5.4.3}$$

采用有限元计算得到的水压分量 δ'_H 是在假定坝体弹性模量和坝基变形模量的前提下求得的，即 $\delta'_H = f(E_{c0}, E_{r0}, H)$。而拱坝在服役期间，由于受周围环境的影响，坝体结构性态会发生缓慢的变化，此时实际的弹性模量 E_c 和变形模量 E_r 已发生变化，与计算时采用的结构参数不一致。因此，计算的水压分量 δ'_H 与实际的水压分量 δ_H 有差别，需要对计算的水压分量 δ'_H 进行修正，即：

$$\delta_H = X\delta'_H \tag{5.4.4}$$

式中：X 是反映材料参数发生变化的修正项。

由于材料参数是随时间变化的，因此，修正参数 X 亦是随时间发生变化的，采用时间 t 的多项式函数 $\sum_{k=0}^{p} b_k t^k$ 来无限地逼近，即：

$$X(t) = \sum_{k=0}^{p} b_k t^k \tag{5.4.5}$$

则式(5.4.3)可用以下函数形式：

$$\delta_H(t) = X(t)\delta'_H = \left(\sum_{k=0}^{p} b_k t^k\right)\delta'_H \tag{5.4.6}$$

(2) 温度分量

温度变化是影响拱坝变形性态的主要因素之一，以变形为例，采用积分回归的概念对传统的温度分量进行修正并建立优化模型。在新的温度分量中，包含有周期因子、时间因子和上游水深等：

$$\delta_T(t) = \sum_{i=1}^{h_1}\sum_{j=1}^{m}\left(a_{ij}\sin\frac{2\pi it}{365} + b_{ij}\cos\frac{2\pi it}{365}\right)T^j + \sum_{i=1}^{h_2}\sum_{j=1}^{m} c_{ij}t^i T^j + \sum_{i=1}^{h_3}\sum_{j=1}^{m} d_{ij}H^i T^j \tag{5.4.7}$$

式中：a_{ij}，b_{ij}，c_{ij}，d_{ij} 分别为积分回归系数；t 为监测日至始测日的累计天数；T 为测点处监测日相对于始测日的温度变化值；H 为坝前水深；m，h_1，h_2、h_3 为各影响因子个数。

(3) 时效分量

时效分量综合反映坝体混凝土和岩基的徐变、塑性变形以及岩基地质构造的压缩变形，同时还包括坝体裂缝引起的不可逆位移以及自生体积变形。对于正常运行的拱坝而言，通常情况下变化规律的时效位移 (δ_θ-θ) 为初期变化急剧，后期渐趋稳定。

时效位移的一般数学表达式包括指数函数、双曲函数、多项式、对数函数、线性函数以及指数函数(或对数函数)附加周期项等。影响拱坝时效位移的主要因素是坝体混凝土和坝基岩体的黏性流动，采用时效因子 θ 和 $\ln\theta$ 的线性组合形式则可以较好地描述拱坝材料的流变特性引起的时效位移。即：

$$\delta_\theta = c_1\theta + c_2\ln\theta \tag{5.4.8}$$

式中：$\theta = t/100$，t 为监测日至始测日的天数；c_1，c_2 为系数。

综上所述，拱坝变形时变效应常规模型可以表示为：

$$\begin{aligned}\delta &= \delta_H(t) + \delta_T(t) + \delta_\theta(t) \\ &= \sum_{k=0}^{p} b_k t^k \sum_{i=0}^{4} a_i H^i\end{aligned}$$

$$+\sum_{i=1}^{h_1}\sum_{j=1}^{m}\left(a_{ij}\sin\frac{2\pi it}{365}+b_{ij}\cos\frac{2\pi it}{365}\right)T^j+\sum_{i=1}^{h_2}\sum_{j=1}^{m}c_{ij}t^iT^j+\sum_{i=1}^{h_3}\sum_{j=1}^{m}d_{ij}H^iT^j$$
$$+c_1\theta+c_2\ln\theta \tag{5.4.9}$$

式中：$\delta_H(t)$，$\delta_T(t)$，$\delta_\theta(t)$ 分别指水压分量、温度分量和时效分量，其余符号含义同上。

2　基于 GA-PLSR 算法的特高拱坝变形时变监控模型

偏最小二乘回归（Partial Least Square Regression，PLSR）方法集多元线性回归分析、典型相关分析和主成分分析的基本功能为一体，适用于多因变量对多自变量的线性回归建模，可以有效地解决用普通多元回归无法解决的许多问题，如克服变量多重相关性以及在样本容量小于变量个数的情况下进行回归建模预测分析等。遗传算法（Genetic Algorithm，GA）是借鉴生物进化过程中的遗传规律而产生的一种优化搜索技术，通过遗传操作不断地进行迭代计算，从而逐步逼近问题的最优解。下面在利用偏最小二乘回归建立监控模型的基础上，引入遗传因子对偏回归系数重新评估优化，建立基于遗传偏最小二乘（GA-PLSR）算法的特高拱坝变形时变监控模型。

2.1　偏最小二乘回归分析基本原理和算法

假设在拱坝变形时变监控模型中，存在效应量 $\boldsymbol{y}$（即拱坝某监测点的位移）和影响因子集合 $\boldsymbol{X}=\{x_1,\cdots,x_p\}$，当监测数据总体能够满足高斯-马尔科夫假设条件时，根据最小二乘法，拱坝变形监控模型中的效应量与影响因子存在如下关系：

$$\hat{\boldsymbol{y}}=\boldsymbol{X}(\boldsymbol{X}^{\mathrm{T}}\boldsymbol{X})^{-1}\boldsymbol{X}^{\mathrm{T}}\boldsymbol{Y} \tag{5.4.10}$$

式中：$\hat{\boldsymbol{y}}$ 是效应量 $\boldsymbol{y}$ 的估计量。

从式（5.4.10）可以看出，由于 $\boldsymbol{X}^{\mathrm{T}}\boldsymbol{X}$ 是可逆矩阵，所以当拱坝变形安全监控模型的影响因子集合 $\boldsymbol{X}$ 存在严重的多重相关性时，最小二乘估计就会失效。为了解决这一问题，偏最小二乘回归利用对系统中的数据信息进行分解和筛选的方式，提取对效应量解释性最强的综合变量，辨识系统中的信息与噪音，能够克服影响因子多重相关性在系统建模中的不良作用。

将特高拱坝变形及其影响因子构成两个数据表 $\boldsymbol{Y}=[y]_{n\times1}$ 和 $\boldsymbol{X}=[x_1,x_2,\cdots,x_p]_{n\times p}$，首先在 $\boldsymbol{X}$ 和 $\boldsymbol{Y}$ 中提取成分 $\boldsymbol{t}_1$ 和 $\boldsymbol{u}_1$，为了回归分析的需要，提取成分时需满足：① $\boldsymbol{t}_1$ 和 $\boldsymbol{u}_1$ 应尽可能大地携带 $\boldsymbol{X}$ 和 $\boldsymbol{Y}$ 中的变异信息；② 使 $\boldsymbol{t}_1$ 和 $\boldsymbol{u}_1$ 的相关程度达到最大。

在提取第一个主成分 $\boldsymbol{t}_1$ 和 $\boldsymbol{u}_1$ 之后，开始实施 $\boldsymbol{X}$ 对 $\boldsymbol{t}_1$ 的回归和 $\boldsymbol{Y}$ 对 $\boldsymbol{u}_1$ 的回归。当回归方程达到允许精度时，算法终止；否则，进行第二轮的成分提取，即提取 $\boldsymbol{t}_1$ 解释 $\boldsymbol{X}$ 和 $\boldsymbol{u}_1$ 解释 $\boldsymbol{Y}$ 后的残余信息。如此反复，直到能达到允许精度为止。若最终对 $\boldsymbol{X}$ 共提取了 m 个成分 $\boldsymbol{t}_1,\cdots,\boldsymbol{t}_m$，偏最小二乘回归将通过施行 y_k 对 $\boldsymbol{t}_1,\cdots,\boldsymbol{t}_m$ 的回归，然后再表达成 y_k 关于 $x_1,\cdots,x_p$ 的回归方程，其中 $k=1,2,\cdots,q$，至此通过偏最小二乘回归建立特高拱坝时变监控模型完成。

为了数学推导方便，首先将数据做标准化处理。记 $\boldsymbol{X}_0$ 是影响因子 $\boldsymbol{X}$ 的标准化，$\boldsymbol{Y}_0$ 是

效应量 $\boldsymbol{Y}$ 的标准化，有：

$$\boldsymbol{Y}_0=\frac{\boldsymbol{Y}_i-\bar{\boldsymbol{Y}}}{\boldsymbol{s}_y},i=1,2,\cdots,n \tag{5.4.11}$$

$$\boldsymbol{X}_0=\frac{\boldsymbol{X}_{ij}-\bar{\boldsymbol{X}}_j}{\boldsymbol{s}_j},i=1,2,\cdots,n;j=1,2,\cdots,p \tag{5.4.12}$$

式中：$\bar{\boldsymbol{Y}}$，$\boldsymbol{s}_y$ 分别为 Y 的均值和标准差；$\bar{\boldsymbol{X}}_j$，$\boldsymbol{s}_j$ 分别为第 j 个影响因子的均值和标准差。

(1) 提取 $\boldsymbol{Y}_0$ 中的第一个主成分 $\boldsymbol{u}_1$，$\boldsymbol{u}_1=\boldsymbol{Y}_0\boldsymbol{c}_1$，$\boldsymbol{c}_1$ 是 $\boldsymbol{Y}_0$ 的第一主轴，并且 $\|\boldsymbol{c}_1\|=1$；提取 $\boldsymbol{X}_0$ 中的第一个成分 $\boldsymbol{t}_1$，$\boldsymbol{t}_1=E_0\boldsymbol{w}_1$，$\boldsymbol{w}_1$ 是 $\boldsymbol{X}_0$ 的第一主轴，并且 $\|\boldsymbol{w}_1\|=1$。

根据偏最小二乘回归建模的需要，要求 $\boldsymbol{t}_1$，$\boldsymbol{u}_1$ 分别能够代表 $\boldsymbol{X}$ 与 $\boldsymbol{Y}$ 中的数据变异信息。主成分的提取要求有 $\boldsymbol{t}_1$ 和 $\boldsymbol{u}_1$ 的标准差 $Var(\boldsymbol{t}_1)$，$Var(\boldsymbol{u}_1)$ 趋于最大，$\boldsymbol{t}_1$ 和 $\boldsymbol{u}_1$ 的相关系数 $r(\boldsymbol{t}_1,\boldsymbol{u}_1)$ 趋于最大，即要求 $\boldsymbol{t}_1$ 和 $\boldsymbol{u}_1$ 的协方差达到最大，即：

$$Cov(\boldsymbol{t}_1,\boldsymbol{u}_1)=\sqrt{Var(\boldsymbol{t}_1)Var(\boldsymbol{u}_1)}\,r(\boldsymbol{t}_1,\boldsymbol{u}_1)\rightarrow\max \tag{5.4.13}$$

也即是，在 $\|\boldsymbol{w}_1\|=1$ 和 $\|\boldsymbol{c}_1\|=1$ 的约束条件下，获取 $\boldsymbol{w}_1^{\mathrm{T}}\boldsymbol{X}_0^{\mathrm{T}}\boldsymbol{Y}_0\boldsymbol{c}_1$ 的最大值。采用拉格朗日算法，记：

$$\boldsymbol{s}=\boldsymbol{w}_1^{\mathrm{T}}\boldsymbol{X}_0^{\mathrm{T}}\boldsymbol{Y}_0\boldsymbol{c}-\lambda_1(\boldsymbol{w}_1^{\mathrm{T}}\boldsymbol{w}_1-1)-\lambda_2(\boldsymbol{c}_1^{\mathrm{T}}\boldsymbol{c}_1-1)\rightarrow\max \tag{5.4.14}$$

对 $\boldsymbol{s}$ 分别求关于 $\boldsymbol{w}_1$，$\boldsymbol{c}_1$，λ_1 和 λ_2 的偏导，并令其为零，有：

$$\frac{\partial\boldsymbol{s}}{\partial\boldsymbol{w}_1}=\boldsymbol{X}_0^{\mathrm{T}}\boldsymbol{Y}_0\boldsymbol{c}_1-2\boldsymbol{\lambda}_1\boldsymbol{w}_1=0 \tag{5.4.15}$$

$$\frac{\partial\boldsymbol{s}}{\partial\boldsymbol{c}_1}=\boldsymbol{Y}_0^{\mathrm{T}}\boldsymbol{X}_0\boldsymbol{w}_1-2\boldsymbol{\lambda}_2\boldsymbol{c}_1=0 \tag{5.4.16}$$

$$\frac{\partial\boldsymbol{s}}{\partial\lambda_1}=-(\boldsymbol{w}_1^{\mathrm{T}}\boldsymbol{w}_1-1)=0 \tag{5.4.17}$$

$$\frac{\partial\boldsymbol{s}}{\partial\lambda_2}=-(\boldsymbol{c}_1^{\mathrm{T}}\boldsymbol{c}_1-1)=0 \tag{5.4.18}$$

令 $\theta_1=2\lambda_1=2\lambda_2=\boldsymbol{w}_1^{\mathrm{T}}\boldsymbol{X}_0^{\mathrm{T}}\boldsymbol{Y}_0\boldsymbol{c}_1$，通过推导可得：

$$\boldsymbol{X}_0^{\mathrm{T}}\boldsymbol{Y}_0\boldsymbol{Y}_0^{\mathrm{T}}\boldsymbol{X}_0\boldsymbol{w}_1=\theta_1^2\boldsymbol{w}_1 \tag{5.4.19}$$

$$\boldsymbol{Y}_0^{\mathrm{T}}\boldsymbol{X}_0\boldsymbol{X}_0^{\mathrm{T}}\boldsymbol{Y}_0\boldsymbol{c}_1=\theta_1^2\boldsymbol{c}_1 \tag{5.4.20}$$

可见，矩阵 $\boldsymbol{X}_0^{\mathrm{T}}\boldsymbol{Y}_0\boldsymbol{Y}_0^{\mathrm{T}}\boldsymbol{X}_0$ 的特征值是 θ_1^2，特征向量是 $\boldsymbol{w}_1$。由上可知，θ_1 是优化算法中的目标函数，要求取最大值。所以，矩阵 $\boldsymbol{X}_0^{\mathrm{T}}\boldsymbol{Y}_0\boldsymbol{Y}_0^{\mathrm{T}}\boldsymbol{X}_0$ 的特征值对应的单位特征向量是 $\boldsymbol{w}_1$，矩阵 $\boldsymbol{Y}_0^{\mathrm{T}}\boldsymbol{X}_0\boldsymbol{X}_0^{\mathrm{T}}\boldsymbol{Y}_0$ 的特征值对应的单位特征向量是 $\boldsymbol{c}_1$。

获得主轴 $\boldsymbol{w}_1$ 和 $\boldsymbol{c}_1$ 后，便可得到主成分：

$$\boldsymbol{t}_1=\boldsymbol{X}_0\boldsymbol{w}_1 \tag{5.4.21}$$

$$\boldsymbol{u}_1=\boldsymbol{Y}_0\boldsymbol{c}_1 \tag{5.4.22}$$

然后，分别求 $\boldsymbol{X}_0$ 和 $\boldsymbol{Y}_0$ 对 $\boldsymbol{t}_1$ 的回归方程：

$$\boldsymbol{X}_0 = \boldsymbol{t}_1 \boldsymbol{p}_1^{\mathrm{T}} + \boldsymbol{X}_1 \tag{5.4.23}$$

$$\boldsymbol{Y}_0 = \boldsymbol{t}_1 \boldsymbol{r}_1^{\mathrm{T}} + \boldsymbol{Y}_1 \tag{5.4.24}$$

式中：回归系数 $\boldsymbol{p}_1$，$\boldsymbol{r}_1$ 向量分别为：

$$\boldsymbol{p}_1 = \frac{\boldsymbol{X}_0^{\mathrm{T}} \boldsymbol{t}_1}{\| \boldsymbol{t}_1 \|^2} \tag{5.4.25}$$

$$\boldsymbol{r}_1 = \frac{\boldsymbol{Y}_0^{\mathrm{T}} \boldsymbol{t}_1}{\| \boldsymbol{t}_1 \|^2} \tag{5.4.26}$$

式中：$\boldsymbol{X}_0$，$\boldsymbol{Y}_0$ 分别为两个回归方程的残差矩阵。

(2) 残差矩阵 $\boldsymbol{X}_1$ 和 $\boldsymbol{Y}_1$ 替代 $\boldsymbol{X}_0$ 和 $\boldsymbol{Y}_0$，然后用同样方法求第二主成分 $\boldsymbol{u}_2$ 和 $\boldsymbol{t}_2$ 和第二轴 $\boldsymbol{w}_2$ 和 $\boldsymbol{c}_2$。

(3) 按照上述方法逐步计算下去。最后，对应于矩阵 $\boldsymbol{X}_0$ 的秩是 A，则有：

$$\boldsymbol{X}_0 = \boldsymbol{t}_1 \boldsymbol{p}_1^{\mathrm{T}} + \boldsymbol{t}_2 \boldsymbol{p}_2^{\mathrm{T}} + \cdots + \boldsymbol{t}_A \boldsymbol{p}_A^{\mathrm{T}} \tag{5.4.27}$$

$$\boldsymbol{Y}_0 = \boldsymbol{t}_1 \boldsymbol{r}_1^{\mathrm{T}} + \boldsymbol{t}_2 \boldsymbol{r}_2^{\mathrm{T}} + \cdots + \boldsymbol{t}_A \boldsymbol{r}_A^{\mathrm{T}} + \boldsymbol{Y}_A \tag{5.4.28}$$

式(5.4.28)就是偏最小二乘回归分析得到的模型。

(4) 进行变换处理，将所得方程还原为因变量 $\boldsymbol{Y}$ 对自变量 $\boldsymbol{X}$ 的回归方程。

由上述分析，偏最小二乘回归建模流程如图 5.4.1 所示。

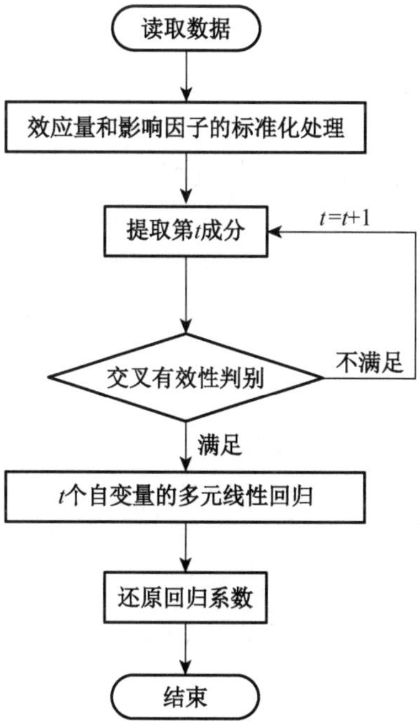

图 5.4.1　偏最小二乘回归建模流程

2.2　基于 GA-PLSR 算法的时变监控模型构建

在采用偏最小二乘回归法初步建立特高拱坝变形监控模型的基础上，保留其回归因子(水位因子、温度因子和时效因子)，将回归系数作为遗传优化计算的决策变量，通过改进遗传算法对回归模型的回归系数进行寻优重估，从而得到回归系数的全局最优解(或相对全局最优解)；用新得到的系数替换原回归模型中的回归系数，再把其代入原模型方程，建立特高拱坝变形的遗传偏最小二乘回归(GA-PLSR)模型。该模型结合偏最小二乘法和遗传算法两种数学方法的优势，达到优化偏最小二乘回归模型的目的，可解决常规模型存在的因子多重相关性干扰和模型欠拟合问题。

基于遗传偏最小二乘算法(GA-PLSR)构建特高拱坝变形时变预警模型流程如图 5.4.2所示。

Step 1　根据偏最小二乘算法构建拱坝变形安全监控初始模型，并将回归系数作为遗传算法中优化方程的决策变量。

Step 2　确定遗传算法中设计变量的编码方式、约束条件和遗传算法中的适应度函数。设计变量采用浮点编码，各决策变量的定义域为约束条件，目标函数为：

$$f(x)=\min f=\sum_{i=1}^{m}(y_{ni}-y_i)^2 \quad (5.4.29)$$

式中：$y_i(i=1, 2, \cdots, m)$为实际结果；y_{ni}为期望结果。

将式(5.4.29)的目标函数 $f(x)$ 转换为个体适应度函数 $F(x)$：

$$F(x)=\frac{1}{1+f(x)} \quad (5.4.30)$$

Step 3 确定算法中的控制参数和运行参数：群体大小 M、个体数量 N、进化中止的代数 T、交叉率 pc 和变异率 pm。

Step 4 初始群体的产生。在各自定义域 $[a_i, b_i]$ 内，对每个个体的决策变量 x_i 进行随机取值：

$$x_{ij}=a_{ij}+(b_{ij}-a_{ij})r \quad (5.4.31)$$

式中：x_{ij} 为第 j 个个体中的第 i 个决策变量；r 为区间 $(0, 1)$ 内的均匀分布随机数；$i=1, 2, 3, \cdots, N$；$j=1, 2, 3, \cdots, N$。

将每次产生的 N 个基因排列成染色体，并采用同样的方法进行 M 次，产生 M 个染色体，至此种群的初始化完成。

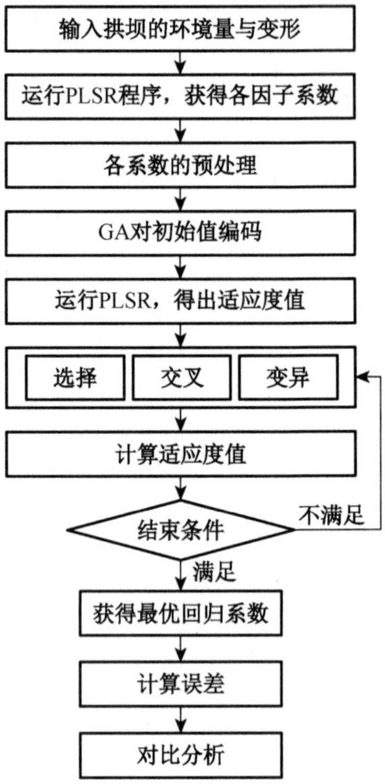

图 5.4.2 GA-PLSR 算法流程

Step 5 选择操作。个体的选择概率是计算群体中个体适应度占总适应度的比例，所占的比例越高，选择概率越大。

Step 6 交叉操作。本模型采用单点交叉算子。

Step 7 变异操作。本模型采用均匀变异算子。

Step 8 重复 Step 5—Step 7 的操作，直到满足终止条件，选择最佳个体作为遗传算法的结果。

Step 9 建立遗传算法的偏最小二乘回归模型，输出结果。

3 特高拱坝变形时变效应演化判据

特高拱坝变形的趋势分量是衡量拱坝安全与否的重要指标，它综合反映了坝体混凝土和基岩徐变或蠕变、基岩节理裂隙等受荷载作用所产生的不可逆变形。对正常运行的拱坝，在蓄水初期或采取某一工程措施后趋势分量在一二年内急剧变化，而后随时间的推移而渐趋稳定，若趋势分量突然增大或急剧变化，表明大坝出现病态，所以趋势分量变化规律(图 5.4.3)在一定程度上能够反映大坝的工作性态。确定特高拱坝趋势分量可采用统计分析法、BP 神经网络法、加权面积法和粗糙隶属度法等，这些方法的精度取决于各因子的选择，带有人为主观因素的不确定性。另外，当水位等影响因子与趋势分量密切相关时，这种相关性会对分离效果产生很大的影响。因此，尚需寻求更有效的提取趋势分量的方法。

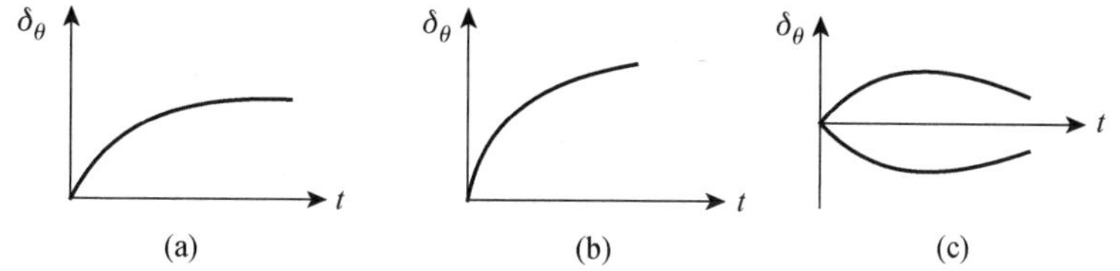

图 5.4.3　趋势分量的变化规律

下面根据随机分量、周期分量和趋势分量三者在变化频率上的特点，借助小波分解方法对变形实测序列进行分解，以得到趋势分量，再根据趋势分量的变化规律评判特高拱坝的安全状况。

3.1　小波变换

设 $f(t)$ 是一个平方可积函数[即 $f(t) \in L^2(R)$]，$\psi(t)$ 为基本小波或母小波，则：

$$W_f(a, b) = \frac{1}{\sqrt{|a|}}\int_{-\infty}^{+\infty} f(t)\, \overline{\psi\left(\frac{t-b}{a}\right)}\mathrm{d}t \tag{5.4.32}$$

称为 $f(t)$ 的小波变换。式中：a 为收缩因子，b 为平移因子。

$\psi_{ab}(t) = \frac{1}{\sqrt{|a|}}\psi\left(\frac{t-b}{a}\right)$是函数 $\psi(\cdot)$ 经过伸缩和平移得到的一族函数，称为小波函数族。这里不但 t 是连续变量，而且 a，b 也是连续变量。因此称为连续的小波变换，简记为 CWT。值得注意的是，$\psi(t)$ 需要满足容许性条件：

$$\int_{-\infty}^{+\infty} \frac{|\hat{\psi}(\omega)|^2}{|\omega|}\mathrm{d}\omega < +\infty \tag{5.4.33}$$

式中：$\hat{\psi}(\omega)$ 表示 Fourier 变换，$\hat{\psi}(\omega) = \int_{-\infty}^{+\infty} \psi(t)\mathrm{e}^{-i\omega t}\mathrm{d}t$。

$\hat{\psi}(\omega)$ 必须具有带通性质，有足够的衰减速度，且 $\psi(t)$ 必是正负交替的震动波形，其均值为 0。即：

$$\int_{-\infty}^{+\infty} \psi(t)\mathrm{d}t = 0 \tag{5.4.34}$$

在实际应用中，信号往往是通过一定时间间隔采样得到的，在分析实际采样信号时，需要对小波基进行离散化处理。一般选择 $a = 2^j$，$b = 2^j k$，j 和 k 均为整数。

3.2　多分辨分析

空间 $L^2(\boldsymbol{R})$ 中的多分辨分析是指 $L^2(\boldsymbol{R})$ 中存在一闭子空间序列$\{\mathbf{V}_j\}_{j\in Z}$，它满足下列条件。

① 单调性：$\mathbf{V}_j \subset \mathbf{V}_{j+1}$，对任意 $j \in \mathbf{Z}$。

② 逼近性：$\bigcup_{j=-\infty}^{+\infty} \boldsymbol{V}_j = L^2(\boldsymbol{R})$，$\bigcap_{j=-\infty}^{+\infty} \boldsymbol{V}_j = \{0\}$，对任意 $j \in \boldsymbol{Z}$。

③ 伸缩性：$f(t) \in \boldsymbol{V}_j \Leftrightarrow f(2t) \in \boldsymbol{V}_{j+1}$。伸缩性体现了尺度的变化、逼近正交小波函数的变化和空间的变化等的一致性。

④ 平移不变性：对任意 $k \in \boldsymbol{Z}$，有 $\varphi(2^{\frac{j}{2}}t) \in \boldsymbol{V}_j \Leftrightarrow \varphi(2^{\frac{j}{2}}t-k) \in \boldsymbol{V}_j$。

⑤ Riesz 基存在性：存在一个函数向量 $\boldsymbol{\varphi}(x) \in \boldsymbol{V}_0$，使得 $\{2^{\frac{j}{2}}\varphi(2^{\frac{j}{2}}x-k), k \in Z\}$ 是 $\boldsymbol{V}_j$ 的 Riesz 基。

若设 $\boldsymbol{W}_j$ 是 $\boldsymbol{V}_j$ 在 $\boldsymbol{V}_{j+1}$ 上的正交补空间，即 $\boldsymbol{V}_{j+1} = \boldsymbol{V}_j \oplus \boldsymbol{W}_j$，并且存在一个函数向量 $\boldsymbol{\varphi}(x)$，使得 $\{2^{\frac{j}{2}}\varphi(2^{\frac{j}{2}}x-k), k \in Z\}$ 是 $\boldsymbol{W}_j$ 上的规范正交基。则有 $\varphi_{j,n}(x) = 2^{\frac{j}{2}}\varphi(2^{\frac{j}{2}}x-k)$。假设 $\boldsymbol{V}_j$ 表示分解中的低频部分 $\boldsymbol{A}_j$，$\boldsymbol{W}_j$ 表示分解中的高频部分 $\boldsymbol{D}_j$，则 $\boldsymbol{W}_j$ 是 $\boldsymbol{V}_j$ 在 $\boldsymbol{V}_{j+1}$ 中的正交补空间，即 $\boldsymbol{V}_j \oplus \boldsymbol{W}_j = \boldsymbol{V}_{j+1}$。显然

$$\boldsymbol{V}_j \oplus \boldsymbol{W}_j \oplus \boldsymbol{W}_{j+1} \oplus \cdots \oplus \boldsymbol{W}_{j+m} = \boldsymbol{V}_{j+m} \tag{5.4.35}$$

则多分辨分析的子空间 $\boldsymbol{V}_0$ 可以用有限个子空间来逼近，即有：

$$\begin{aligned} \boldsymbol{V}_0 = \boldsymbol{V}_1 \oplus \boldsymbol{W}_1 = \boldsymbol{V}_2 \oplus \boldsymbol{W}_2 \oplus \boldsymbol{W}_1 = \\ \cdots = \boldsymbol{V}_N \oplus \boldsymbol{W}_N \oplus \boldsymbol{W}_{N-1} \oplus \cdots \oplus \boldsymbol{W}_2 \oplus \boldsymbol{W}_1 \end{aligned} \tag{5.4.36}$$

3.3 变形时变效应提取及判据

由上述多分辨分析和空间分解理论，$L^2(\boldsymbol{R}) = \sum_{j=-\infty}^{s} \boldsymbol{W}_j \oplus \boldsymbol{V}_s$（$s$ 为任意设定的尺度）。将信号 $f(t) \in L^2(\boldsymbol{R})$ 在空间 $L^2(\boldsymbol{R})$ 中展开，可以得到如下小波级数展开：

$$f(t) = \sum_{k \in Z} a_k^s \varphi_{J,k}(t) + \sum_{j \leqslant s} \sum_{k \in Z} d_k^j \psi_{j,k}(t) \tag{5.4.37}$$

式中：第一项表示尺度 s 上的低频部分，第二项为各分解尺度上的高频部分；a_k^s，d_k^j 分别表示小波变换的系数。

特高拱坝变形实测序列实质上是一个由不同频率成分组成的数字信号时间序列，并受到环境量、监测误差、随机因素等多方面的影响。由于环境量是周期性变化的，由环境量变化影响的部分具有周期性，一般呈年周期（较高频率）变化明显；受到监测误差及随机因素影响的随机部分，表现为高频率（短周期）的颤动；而趋势分量变化部分，则表现为低频率（长周期）的变化。基于上述特高拱坝变形实测序列的频率特性，下面采用小波分析来提取特高拱坝变形测值序列的趋势分量。

假设特高拱坝变形时间序列为 $X(t)$，根据小波多层分解公式（5.4.37），时间序列 $X(t)$ 可分解为：

$$X(t) = A + D \tag{5.4.38}$$

式中：$A = \sum_{k \in Z} a_k^s \varphi_{J,k}(t)$，代表变形监测数据序列中的低频率（长周期）变化；$D = \sum_{j \leqslant s} \sum_{k \in Z} d_k^j \psi_{j,k}(t)$，代表序列中的高频率或较高频率（短周期）变化；研究变形的趋势性变化就是研究序列的低频率部分。

由于确定趋势分量的因子较为复杂，为了便于分析，采用如下式所示的二次曲线来拟合趋势分量的变化规律。

$$f_\theta = a_0 + a_1 t + a_2 t^2 \tag{5.4.39}$$

得到逼近式：

$$\hat{f}_\theta = \hat{a}_0 + \hat{a}_1 t + \hat{a}_2 t^2 \tag{5.4.40}$$

然后对式(5.4.40)分别求一阶导数、二阶导数：

$$\frac{\mathrm{d}\hat{f}_\theta}{\mathrm{d}t} = \hat{a}_1 + 2\hat{a}_2 t \tag{5.4.41}$$

$$\frac{\mathrm{d}^2\hat{f}_\theta}{\mathrm{d}t^2} = 2\hat{a}_2 \tag{5.4.42}$$

由式(5.4.41)及式(5.4.42)，可较容易地分析趋势分量的发展状况，进而判断特高拱坝的安全状况。当 $\hat{a}_2 < 0$，趋势分量变化正常；$\hat{a}_2 = 0$ 为趋势分量变化异常；$\hat{a}_2 > 0$ 为趋势分量出现险情。利用上述趋势分量(低频率)的变化规律，并结合特高拱坝的变形控制值，即可以实现对特高拱坝安全状况的综合判断。

第五节　应 用 实 例

某水电站特高拱坝(简称甲坝)至 2014 年 8 月 24 日已蓄至正常蓄水位 1 880 m，变形监测数据表明，蓄水期间谷幅产生收缩变形，坝体弦长缩短。此外，库水位在 1 880 m 高程附近维持了近 4 个月，坝体和坝基变形仍在增大，坝体坝基也存在一定时效变形。国内已建特高拱坝也有类似现象，比如某特高拱坝于 2012 年 10 月 31 日蓄水至正常蓄水位 1 240 m高程，监测资料表明，在蓄水期和运行期坝体坝基径向向下游变形存在一定时效变形，即大坝有向下游的变形趋势；再如某特高拱坝自有监测资料起至 2014 年累计谷幅变形达到 39.66 mm，至 2015 年谷幅收缩变形仍在发展，其中一个重要影响因素是边坡开挖引起了岩体横河向流变和蓄水对下部岩体扰动引起了基岩蠕变变形。因此，下面在甲坝时效变形时空分析的基础上，应用统计回归模型和小波理论进行坝体、坝基、左右岸坝肩测点时效位移挖掘分析，定量研究特高拱坝施工期、各阶段蓄水期以及水位上升后的稳定期间的坝体和坝基以及坝肩时效变形特性；在此基础上，利用数值模拟技术，研究该坝左岸边坡对坝体时效变形场的影响，并进行大坝时效变形分析。

1　特高拱坝变形特性时空分析

甲坝工程于 2012 年 11 月 3 日导流洞下闸开始首次蓄水，库水位从 1 648.37 m 开始上升，2014 年 8 月 24 日蓄水至 1 880 m，蓄水过程如图 5.5.1 所示。

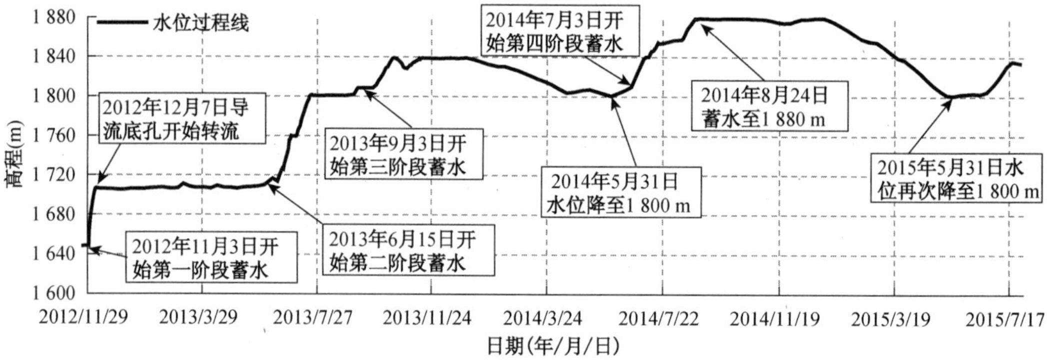

图 5.5.1　甲坝上游库水位变化过程线

1.1　大坝变形特性分析

甲坝在大坝及坝基布置了 10 组垂线，其中左右岸坝基各布置 1 组，左岸垫座布置 1 组，坝体 5# 坝段、9# 坝段、13# 坝段、16# 坝段、19# 坝段和 23# 坝段各布置一组。共计布置 40 条正垂线和 13 条倒垂线，倒垂入基岩深度按坝高的 1/3 左右考虑。垂线系统 1 601 m 高程、1 664 m 高程、1 730 m 高程、1 778 m 高程测点在第一阶段蓄水前安装，1 829 m 高程垂线测点于 2013 年 6 月安装，1 885 m 高程垂线测点于 2013 年 10 月—2014 年 1 月安装。径向位移以向下游为正，向上游为负。具体垂线布置情况如图 5.5.2 所示：

根据甲坝垂线监测系统以及变形监测情况，选取河床 11#，13# 坝段以及左右岸坝肩 PL_L 和 PL_R 测点作为研究对象进行分析，图 5.5.3—图 5.5.4 分别为 11#，13# 坝段径向位移实测过程线，可以得出如下结论。

(1) 导流洞下闸蓄水前，坝体向上游变形，2012 年 11 月 3 日，导流洞下闸蓄水，库水位从 1 648.37 m 开始上升，坝基径向总体向下游位移，低高程坝体向下游位移，但高高程坝体向上游位移。这表明随着坝体浇筑高程的增加，受倒悬影响，坝体逐渐向上游位移；随着导流洞下闸蓄水至 1 710 m 高程，在坝前水头约 130 m 的水推力作用下，坝基继续向下游变形，同时低高程坝体也逐渐向下游变形，但由于坝体封拱后反向荷载作用，高高程处坝体仍向上游有一定位移。

(2) 第二阶段蓄水从 1 712.48 m(2013 年 6 月 15 日)蓄至 1 760.46 m(2013 年 6 月 30 日)期间，坝基径向向下游位移最大增加量为 4.09 mm(13# 坝段 1 601.25 m 高程 $IP_{13\text{-}2}$)，坝体中部向下游位移最大增加量为 5.39 mm(13# 坝段 1 730.25 m 高程)；第三阶段蓄水 1 800 m(2013 年 8 月 28 日)蓄至 1 829 m(2013 年 10 月 8 日)期间，坝基径向向下游最大位移增加量为 2.55 mm(13# 坝段 1 601.25 m 高程 $IP_{13\text{-}2}$)，坝体中部向下游位移最大变化量为 9.77 mm(11# 坝段 1 778.25 m 高程)；第四阶段蓄水至 1 880 m 正常蓄水位(2014 年 8 月 24 日)，坝基向下游变形量逐渐增大，向下游最大位移为 13.02 mm(13# 坝段 1 601.25 m高程 $IP_{13\text{-}2}$)，坝体最大径向位移 39.63 mm(13# 坝段 1 730.25 m 高程 $PL_{13\text{-}4}$)，高水位时(2014 年 11 月 3 日)坝体径向位移分布如图 5.5.5 所示，这种变形分布现象的产生与拱坝受顶拱反向荷载作用有一定关系。

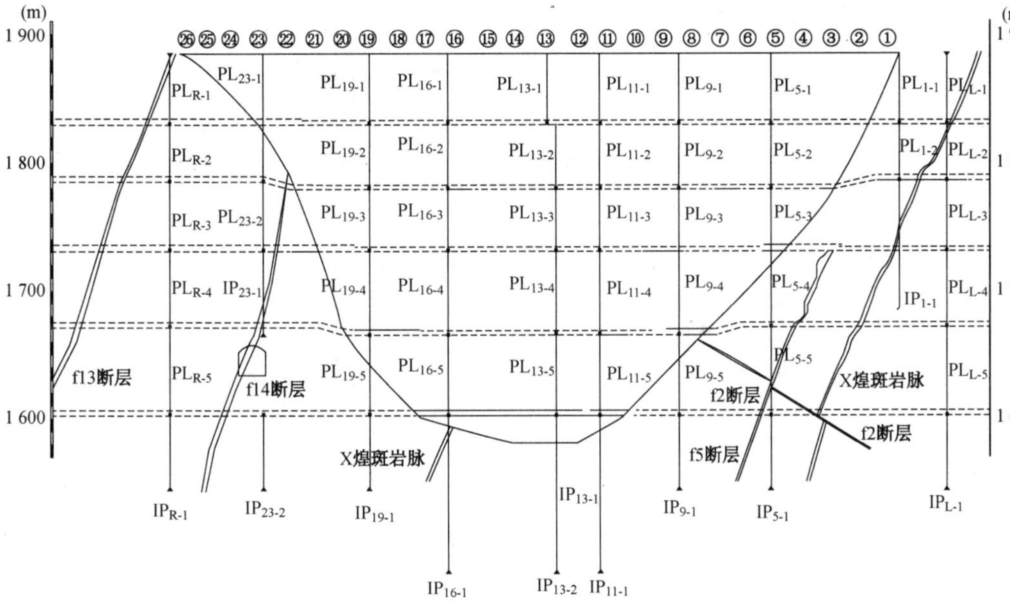

图 5.5.2　大坝垂线布置图

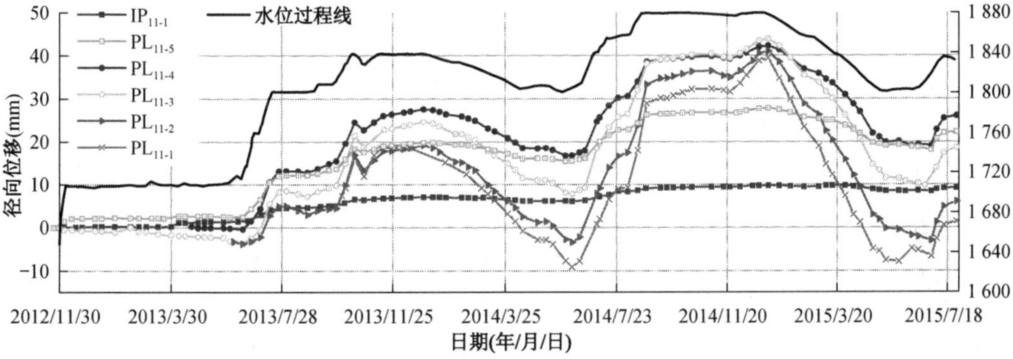

图 5.5.3　11# 坝段径向位移实测过程线

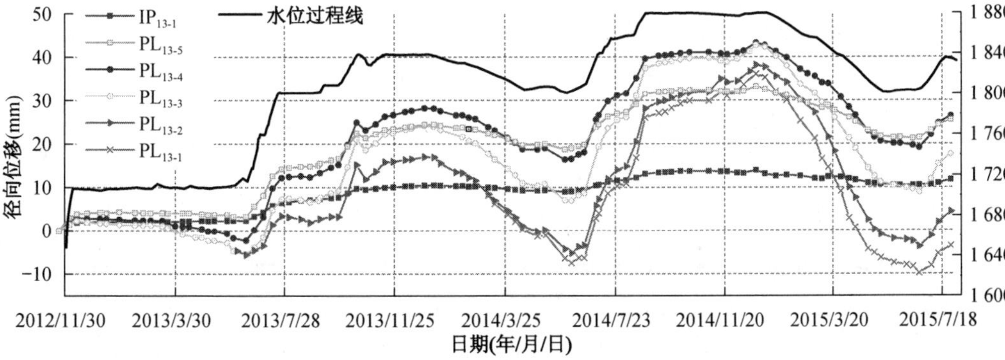

图 5.5.4　13# 坝段径向位移实测过程线

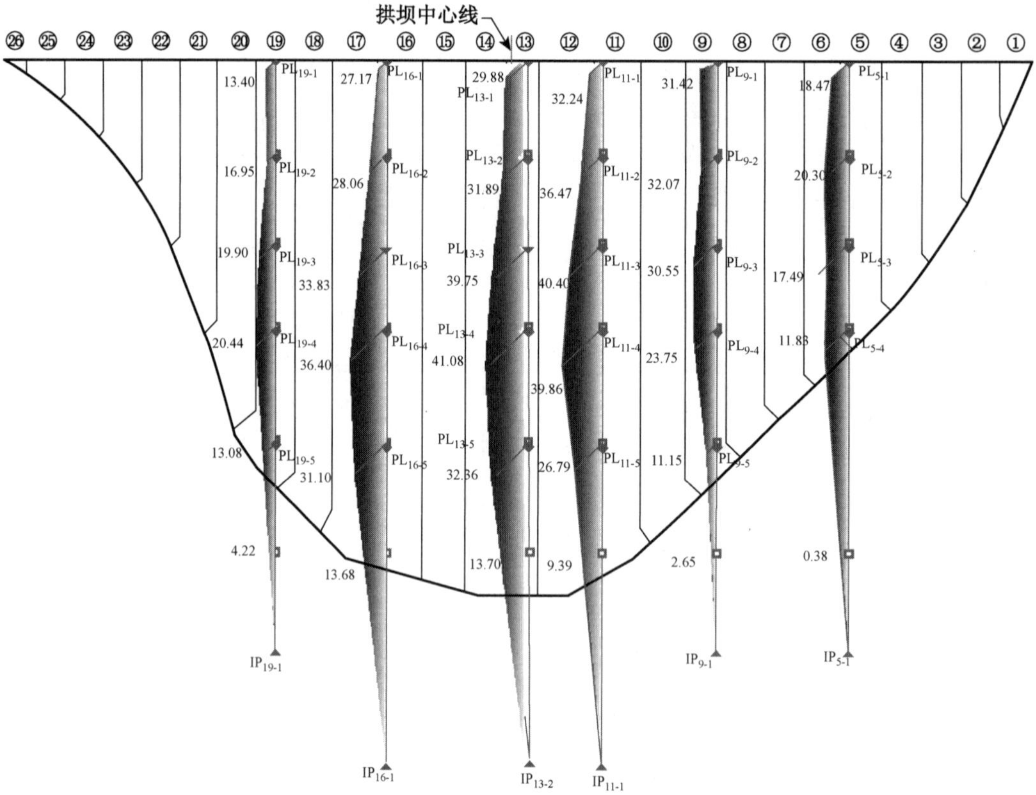

图 5.5.5　甲坝实测径向位移分布图(2014.11.3)

(3) 在各阶段蓄水完成后,库水位有一段稳定时间,但坝体变形呈现向下游缓慢增大趋势,如蓄至正常蓄水位后,水位在 1 880 m 高程左右维持近 4 个月,受温度荷载及时效等因素影响,坝基向下游变形量略有增大,最大位移增量为 0.68 mm(13# 坝段1 601.25 m高程 IP_{13-2}),坝体向下游变形量略有增加,其中左岸及中部坝段变形增加量大于右岸,最大变形增量为 4.53 mm,发生在河床 9# 坝段 1 885.25 m 高程 PL_{9-1},其次为3.79 mm,发生在河床 13# 坝段 1 829.25 m 高程 PL_{13-2}。上述现象表明甲坝坝基、坝体存在一定的时效变形。

(4) 图 5.5.6—图 5.5.7 为甲坝左右岸坝肩径向变形过程线,坝肩径向位移与水位相

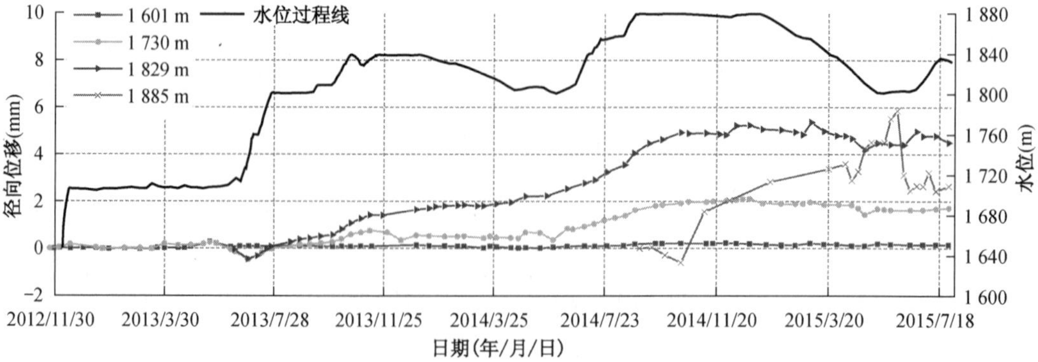

图 5.5.6　左岸坝肩径向位移过程线

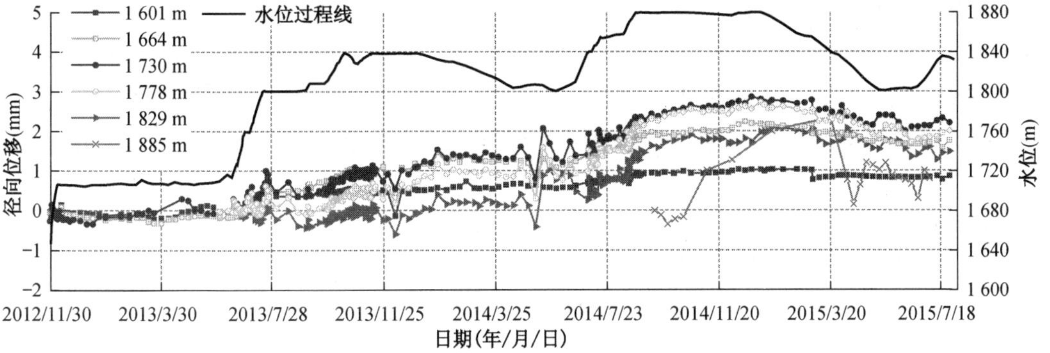

图 5.5.7 右岸坝肩径向位移过程线

关性强，但是水位从 1 840 m 下降至 1 800 m 时，变形反而有缓慢增大趋势，在库水位稳定期间，径向位移仍有一定增加，说明坝肩具有一定的时效变形。

1.2 左岸高边坡深部变形和谷幅变形特性分析

(1) 左岸深部变形特性分析

甲坝左岸主要有 f_2，f_5，f_8 和 f_{42-9} 等断层，SL_{44-1} 等深部裂缝和深部裂隙，以及煌斑岩脉等结构面，左岸岩体特点总体上呈现上软下硬。左岸边坡于 2005 年 9 月开始边坡开挖，截至 2009 年 8 月底左岸边坡开挖与支护施工基本完成。左岸高边坡深部变形采用石墨杆收敛计、平洞测距监测沿平洞深度方向岩体水平变形，测点布置在勘探平洞和排水洞等内，贯穿主要断层和深部拉裂缝。平洞 PD44 位于 1 930 m 高程，监测深度 198 m，共分 6 个测段，测点布置如图 5.5.8 所示。

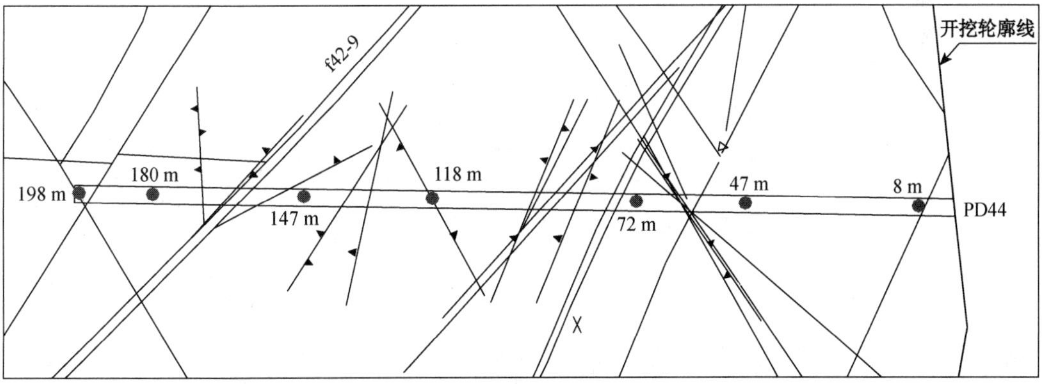

图 5.5.8 PD44 石墨杆收敛计测点布置

图 5.5.9 为 PD44 石墨杆收敛计实测过程线，边坡开挖期变形发展较快，达到 1.66 mm/月，边坡开挖完成后，岩体变形速率减小；蓄水后，边坡变形速率略有增加，蓄水至 1 880 m 高程时，总变形增加较快；水位在正常蓄水位运行时，变形速率也较大，达到 0.76 mm/月；随后水位在 1 800～1 880 m 之间波动，变形速率降低，变形有所减缓。总体

来说，岩体变形主要发生在 0+72 m～0+152 m 之间，从地质上看，该侧段深部拉裂缝发育，在水平深度上具有分带性和相对集中性，并有煌斑岩脉(X)穿过，开挖期岩体变形主要来自卸荷应力调整和时效作用；开挖完成后至蓄水开始阶段，深部变形仍然在增大，变形速率较小，可见应力调整逐渐完成，时效变形也在趋于缓和；蓄水期深部变形与水位相关性不十分显著，但高水位时变形量增加较大，可见水位变化对深部变形有一定影响。

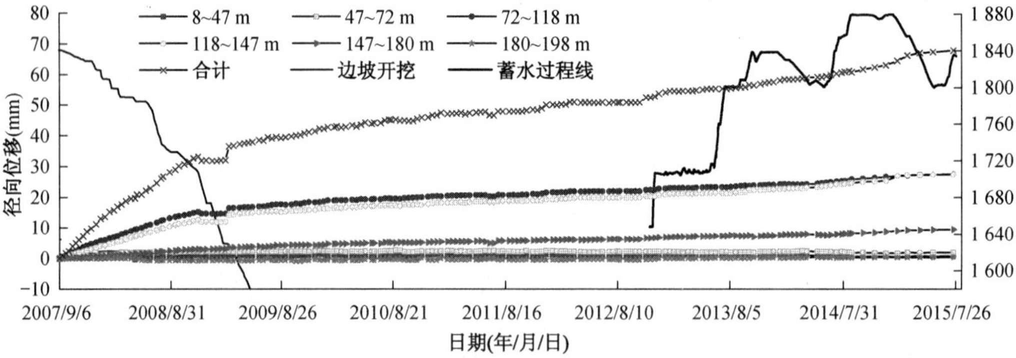

图 5.5.9　PD44 石墨杆收敛计位移过程线

(2) 谷幅变形特性分析

谷幅指库区两岸山体的相对距离，谷幅变形监测用于分析两岸山体变形趋势。甲坝谷幅跨江段测点布置图如图 5.5.10 所示，靠近上游面布置 3 条，下游面布置 8 条，其中

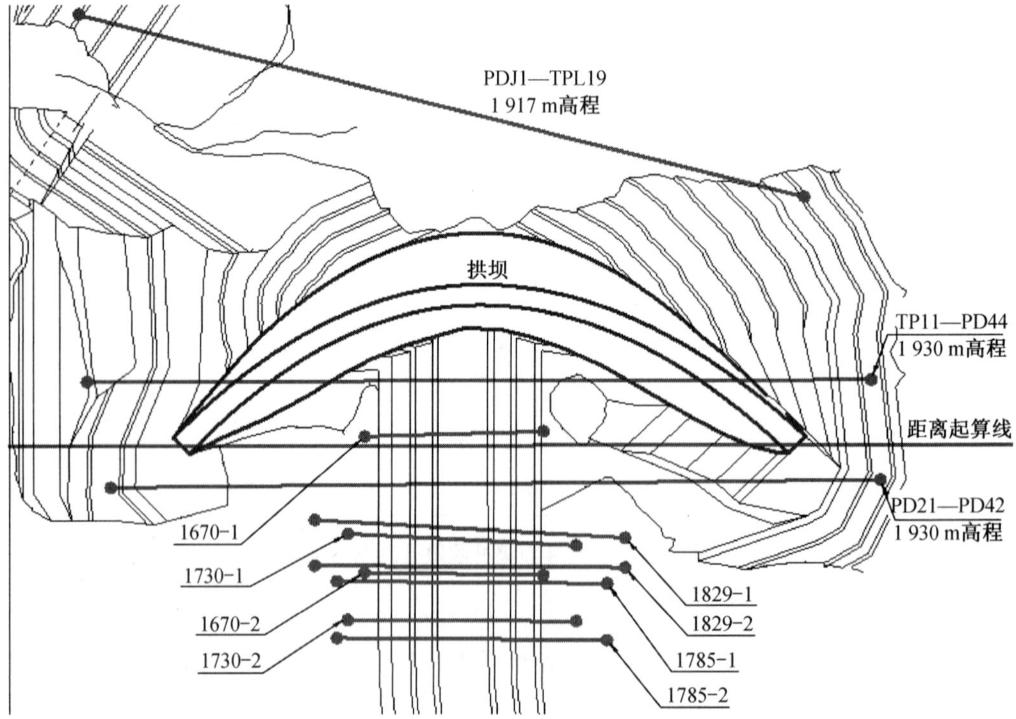

图 5.5.10　谷幅跨江段监测布置图

1 829 m高程以下变形较小，现以 PDJ1—TPL19(1 917 m 高程)、PD21—PD42(1 930 m 高程)、TP11—PD44(1930 m 高程)和 1 829-1(1 829 m 高程)跨江段谷幅线为例进行变形特性分析，位移负值表示缩短。

图 5.5.11 为上游 3 条谷幅线和下游 1 829 m 高程(1829-1 谷幅线)谷幅线随水位变化过程线，整个蓄水阶段谷幅变形收缩，上游 3 条谷幅线与水位相关性强，下游谷幅变形受上游水位影响较小；从谷幅线布置上看，越靠近上游，谷幅收缩量越大；水位维持在正常蓄水位时，4 条谷幅线收缩量略有减小；水位降落阶段，谷幅变形仍持续增大，如第三阶段蓄水后水位从 1 839 m 降至 1 800 m 高程以及第四阶段蓄水后水位从 1 880 m 降至 1 800 m 高程。由于水库初次蓄水期，边坡变形增加较为明显，但水位下降时，变形并不回弹，Muller 认为这种变形不是水荷载引起的弹性变形，而是不可逆的塑性变形，可将其归纳入时效变形。

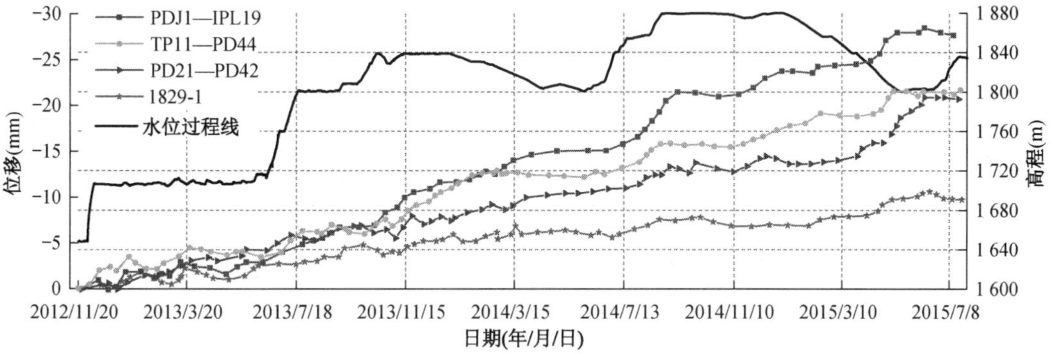

图 5.5.11　谷幅跨江段变形过程线

综上分析，甲坝初蓄期处于弹性工作状态，但包含有一定量的混凝土徐变和基岩蠕变等时变效应。由于坝基存在大量断层和层间挤压错动带，节理裂隙发育，左岸建基面主要由 59.4%Ⅱ级岩体和 39.8%$Ⅲ_1$ 级岩体组成，f_2，f_5，f_8 和 f_{42-9}断层发育，破碎带影响范围较大，地质性状极差；右岸建基面主要由 74.7%的Ⅱ级岩体和 14.8%$Ⅲ_1$ 级岩体组成，f_{13}，f_{14}和 f_{18}断层发育规模较大。结合地质条件可以看出，上述坝体和坝基变形特性和断层以及层间挤压错动带存在极大的关系，而且左岸地质条件差，故变形较大，尤其上部断层横穿抗力体，使得上部结构强度降低。

2　特高拱坝时效变形分析

甲坝在 2014 年 4 月 1 日横缝灌浆完成，经历了第四阶段蓄水和在 1 880 m 水位维持运行以及水位回落至 1 800 m 阶段。2014 年 5 月 31 日和 2015 年 5 月 31 日，库水位均为 1 800 m，坝体温度也相近，将这一时段的变形增量视为时效变形，见表 5.5.1—表 5.5.4，统计了 5#，9#，11#，13#，16#和 19#坝段以及左右岸测点在 2014 年 5 月 31 日和 2015 年 5 月 31 日的径向变形，变形增量范围为 0.12～3.87 mm。

表 5.5.1　5# 和 9# 坝段变形及增量　　单位:mm

	5#						9#					
	IP_{5-1}	PL_{5-5}	PL_{5-4}	PL_{5-3}	PL_{5-2}	PL_{5-1}	IP_{9-1}	PL_{9-5}	PL_{9-4}	PL_{9-3}	PL_{9-2}	PL_{9-1}
2014.5.31	0.59	—	6.69	6.37	1.75	−3.09	1.59	6.50	8.87	3.15	−4.86	−9.39
2015.5.31	0.71	—	9.96	7.96	4.49	−2.32	2.30	7.55	10.23	5.00	−3.42	−10.46
增量	0.12	—	3.27	1.59	2.74	0.77	0.71	1.05	1.36	1.85	1.44	−1.07

表 5.5.2　11# 和 13# 坝段变形及增量　　单位:mm

	11#						13#					
	IP_{11-1}	PL_{11-5}	PL_{11-4}	PL_{11-3}	PL_{11-2}	PL_{11-1}	IP_{13-2}	PL_{13-5}	PL_{13-4}	PL_{13-3}	PL_{13-2}	PL_{13-1}
2014.5.31	6.18	15.41	16.65	8.06	−2.72	−6.37	8.96	18.71	16.53	7.20	−0.84	−2.86
2015.5.31	8.50	19.28	20.07	11.38	−0.49	−7.88	10.53	21.44	20.07	10.42	−1.90	−7.43
增量	2.32	3.87	3.42	3.32	1.78	−1.51	1.57	2.73	3.54	3.22	−1.06	−4.57

表 5.5.3　16# 和 19# 坝段变形及增量　　单位:mm

	16#						19#					
	IP_{16-1}	PL_{16-5}	PL_{16-4}	PL_{16-3}	PL_{16-2}	PL_{16-1}	IP_{19-1}	PL_{19-5}	PL_{19-4}	PL_{19-3}	PL_{19-2}	PL_{19-1}
2014.5.31	9.99	19.45	18.18	11.63	1.04	−1.11	3.20	8.81	11.11	6.85	1.01	−0.81
2015.5.31	12.09	22.38	21.28	13.09	2.95	1.16	3.88	10.87	14.60	10.14	3.72	−0.23
增量	2.1	2.93	3.1	1.46	1.86	2.27	0.68	2.06	3.49	3.29	2.71	0.58

表 5.5.4　左右岸变形及增量　　单位:mm

	左岸			右岸				
	IP_{L-1}	PL_{L-2}	PL_{L-3}	IP_{R-1}	IP_{R-2}	IP_{R-3}	PL_{R-2}	PL_{R-3}
2014.5.31	0.05	2.24	0.36	0.55	0.85	0.77	1.30	1.08
2015.5.31	0.17	4.42	1.64	0.82	2.11	1.75	2.39	1.73
增量	0.12	2.18	1.28	0.27	1.26	0.98	1.09	0.65

为更直观分析甲坝在该时间段坝体及时效变形空间变化特点，绘制图 5.5.12—图 5.5.13，可见坝体径向位移分布相同，变形最大值均发生在 13# 和 16# 坝段 1 650～1 730 m高程附近，靠近左岸高高程坝体向上游变形，坝顶位移最大。图 5.5.13 中增量值包括了坝基时效变形增量，11#，13# 坝段 1 640～1 730 m 高程和 19# 坝段 1 730 m 高程附近时效变形增量较大，最大值达到 3.87 mm，左岸坝段坝顶增量值为负，即时效变形向上游发展；从坝体靠近建基面等值线可以看出，左岸高高程和右岸中高程时效增量较大。

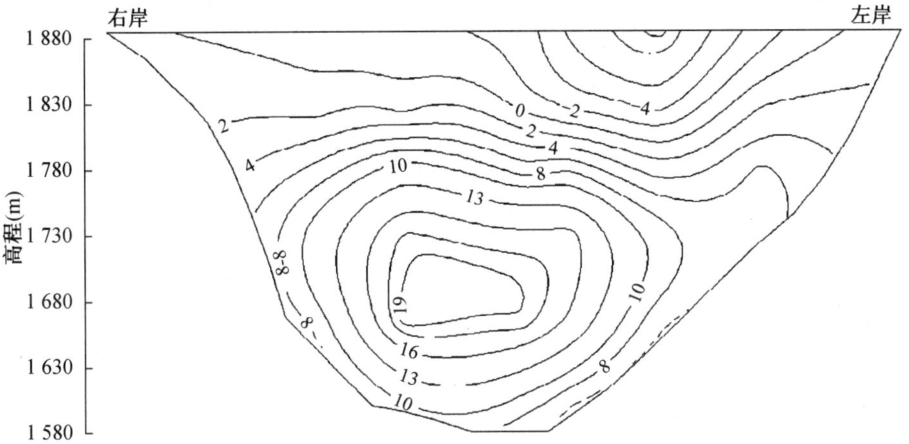

(a) 2014 年 5 月 31 日

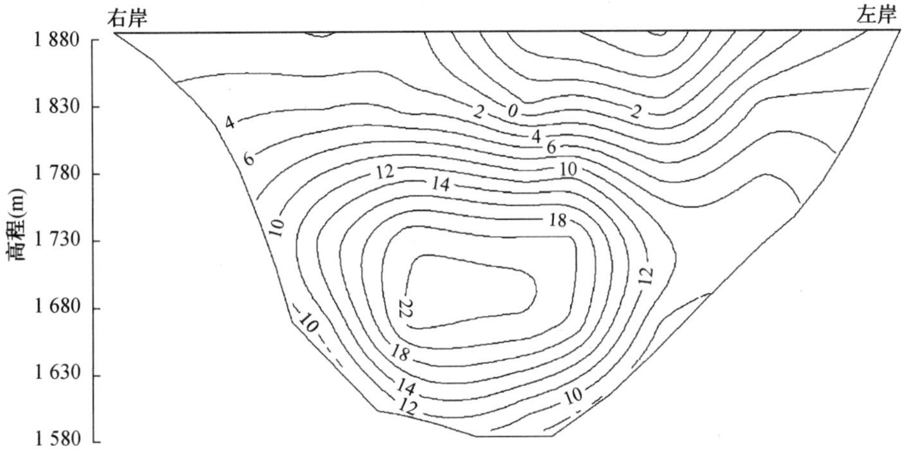

(b) 2015 年 5 月 31 日

图 5.5.12　坝体径向位移分布图

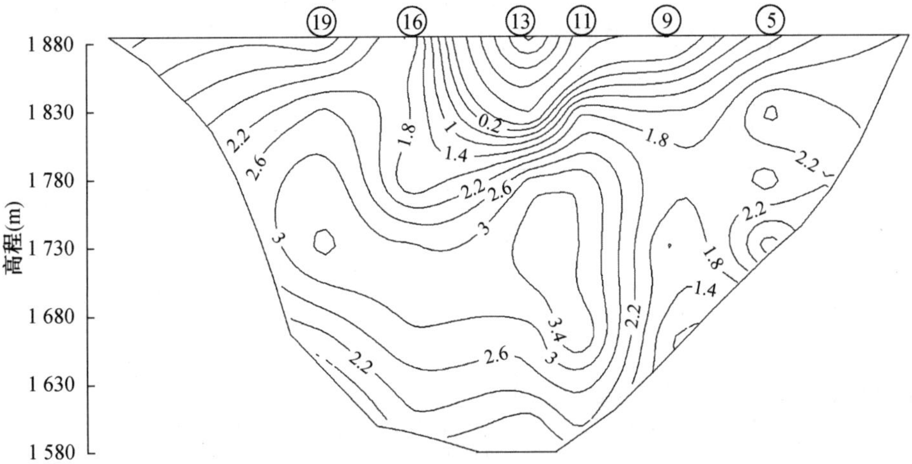

图 5.5.13　1 800 m 水位下坝体时效变形增量分布图

图 5.5.14 为各坝段坝基(1 601 m 高程)和左右岸坝肩时效变形增量图,5[#] 坝段增量较小,为 0.12 mm,最大增量为 11[#] 坝段 2.32 mm;坝肩测点显示两岸高高程时效变形增量较大,底高程增量较小。

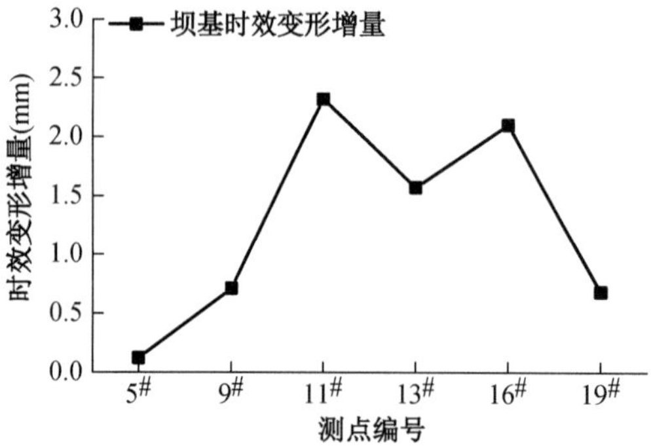

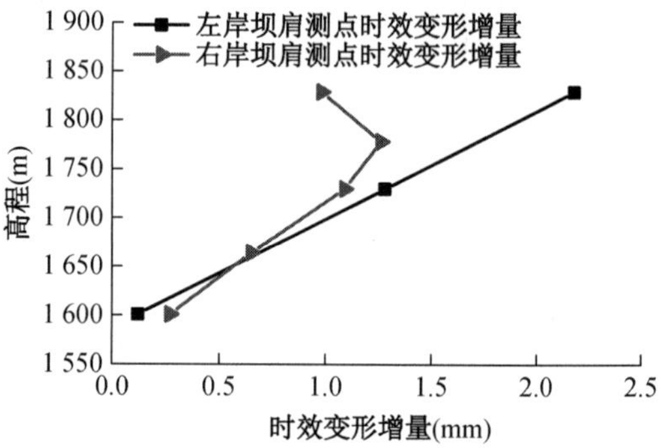

图 5.5.14　1 800 m 水位下坝基和左右岸坝肩时效变形增量图

综上分析可知,甲坝在边坡开挖和蓄水阶段存在一定的时效变形,这种变形特性与甲坝地质环境有关,即源于基岩蠕变、断层闭合和软弱岩体压缩等产生的变形,同时坝体一部分时效变形源于混凝土徐变等。

为进一步分析甲坝时效变形特性,下面采用统计回归模型提取时效变形分量。为便于时空分析,根据该坝库水位变化情况,把库水位变化过程分为 10 个时段,对 13[#] 坝段部分测点在 1 710 m(第 2 时段)、1 800 m(第 4 时段)、1 839 m(第 6 时段)和 1 880 m(第 9 时段)水位稳定期进行分段建模,分析其时效变形特点,分段区间见图 5.5.15,分段时间见表 5.5.5。

以 13[#] 坝段 1 601 m 高程($IP_{13\text{-}2}$)、1 664 m 高程($PL_{13\text{-}5}$)、1 885 m 高程($PL_{13\text{-}1}$)测点为例进行建模,统计模型相关系数均在 0.95 以上。

图 5.5.16 为 3 个测点各水位稳定期时效变形过程线,倒垂测点($IP_{13\text{-}2}$)时效变形值自蓄水以来趋向下游,前期变化较快,后期变化减慢;1 664 m 高程($PL_{13\text{-}5}$)时效变形先往上游发展,至 2013 年 6 月 15 日,向上游发展−0.58 mm,第二阶段蓄水后,时效变形转向下游,水位越高,时效变形越大;坝顶测点($PL_{13\text{-}1}$)在正常蓄水位运行期间,时效变形趋向上游,达到 0.76 mm。

图 5.5.15　库水位变化过程线

表 5.5.5　蓄水过程统计

编号	蓄水阶段	初始水位(m)	终止水位(m)	水位变幅(m)	时间	历时(d)	蓄水平均速率(m/d)
1	第一阶段	1 648.40	1 706.70	58.30	2012.11.30—2012.12.7	7	8.30
2	1 710 m 运行				2012.12.7—2013.6.15	190	
3	第二阶段	1 712.48	1 800.47	87.99	2013.6.15—2013.7.19	34	2.60
4	1 800 m 运行				2013.7.19—2013.8.26	38	
5	第三阶段	1 800.50	1 839.48	39.98	2013.8.26—2013.10.14	49	0.80
6	1 839 m 运行				2013.10.15—2014.1.3	51	
7	水位回落	1 838.30	1 800.78	−37.52	2014.1.4—2014.5.31	148	0.25
8	第四阶段	1 801.15	1 879.28	78.13	2014.6.1—2014.8.23	84	0.93
9	1 880 m 运行				2014.8.24—2014.11.14	82	
10	水位回落	1 880	1 834.28	−45.72	2014.12.25—2015.7.28	215	0.21

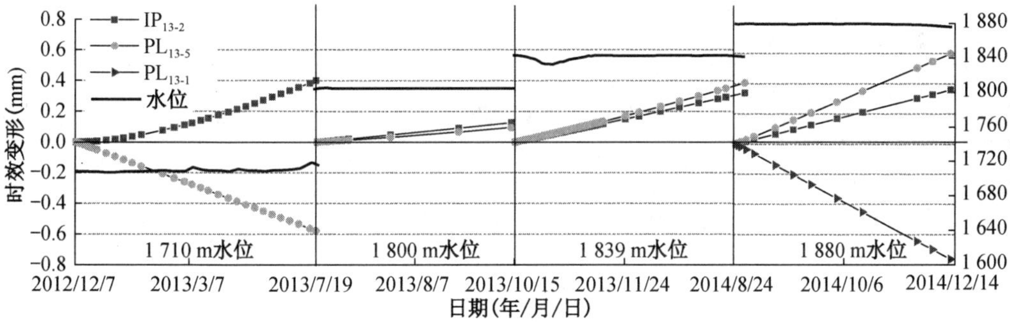

图 5.5.16　13# 坝段部分测点各水位稳定期时效位移过程线

对其他坝段同样采用上述方法进行分段建模，并将各段时效变形值累加作为总时效变形，将基于实测资料的时效变形增量与统计模型分离的时效变形增量归入表 5.5.6～表 5.5.9 中，并绘制坝体时效变形增量位移场等值线图(图 5.5.17)、坝基 1 601 m 高程以及左右岸坝肩时效变形增量对比图(图 5.5.18)。除 9# 和 13# 坝段坝顶测点时效变形增量差值较大外，其余测点与前文分析的时效变形增量相差不大，其变化规律基本一致，坝体时效变形增量较大值分布在 1 640～1 730 m 高程附近，向两岸坝段逐渐减小，部分坝段坝顶测点增量为负值，即时效变形向上游发展，左岸高高程和右岸中高程时效变形增量值较大；坝基(1 601 m 高程)和左右岸坝肩时效变形增量规律也同时空分析结果一致。

表 5.5.6　5# 和 9# 坝段统计模型分离与实测时效变形量对比　　单位：mm

	5#						9#					
	IP_{5-1}	PL_{5-5}	PL_{5-4}	PL_{5-3}	PL_{5-2}	PL_{5-1}	IP_{9-1}	PL_{9-5}	PL_{9-4}	PL_{9-3}	PL_{9-2}	PL_{9-1}
实测	0.12	—	3.27	1.59	2.74	0.77	0.71	1.05	1.36	1.85	1.44	−1.07
统计	0.05	—	2.53	0.56	1.46	0.84	0.8	1.14	1.22	−0.7	−1.47	−4.6
差值	−0.07	—	−0.74	−1.03	−1.28	0.07	0.09	0.09	−0.14	−2.55	−2.91	−3.53

表 5.5.7　11# 和 13# 坝段统计模型分离与实测时效变形量对比　　单位:mm

	11#						13#					
	IP_{11-1}	PL_{11-5}	PL_{11-4}	PL_{11-3}	PL_{11-2}	PL_{11-1}	IP_{13-2}	PL_{13-5}	PL_{13-4}	PL_{13-3}	PL_{13-2}	PL_{13-1}
实测	2.32	3.87	3.42	3.32	1.78	−1.51	1.57	2.73	3.54	3.22	−1.06	−4.57
统计	2.47	3.64	2.43	2.24	1.11	−1.31	1.53	2.53	3.31	2.94	1.02	−2.35
差值	0.15	−0.17	−0.99	−1.08	−0.67	0.2	−0.04	−0.2	−0.17	−0.28	2.08	2.22

表 5.5.8　16# 和 19# 坝段统计模型分离与实测时效变形量对比　　单位:mm

	16#						19#					
	IP_{16-1}	PL_{16-5}	PL_{16-4}	PL_{16-3}	PL_{16-2}	PL_{16-1}	IP_{19-1}	PL_{19-5}	PL_{19-4}	PL_{19-3}	PL_{19-2}	PL_{19-1}
实测	2.1	2.93	3.1	1.46	1.86	2.27	0.68	2.06	3.49	3.29	2.71	0.58
统计	1.9	2.95	2.73	2.34	1.60	2.34	0.72	2.08	3.91	3.44	2.66	0.38
差值	−0.2	−0.08	−0.27	0.88	−0.26	0.07	0.04	0.02	0.42	0.15	−0.05	−0.2

表 5.5.9　左、右岸坝肩统计模型分离与实测时效变形量对比　　单位:mm

	左岸				右岸			
	IP_{L-1}	PL_{L-2}	PL_{L-3}	IP_{R-1}	IP_{R-2}	IP_{R-3}	PL_{R-2}	PL_{R-3}
实测	0.12	2.18	1.28	0.27	1.26	0.98	1.09	0.65
统计	0.09	2.25	1.06	0.3	1.10	0.73	0.9	0.65
差值	−0.03	0.07	−0.18	0.03	−0.16	−0.25	−0.19	0

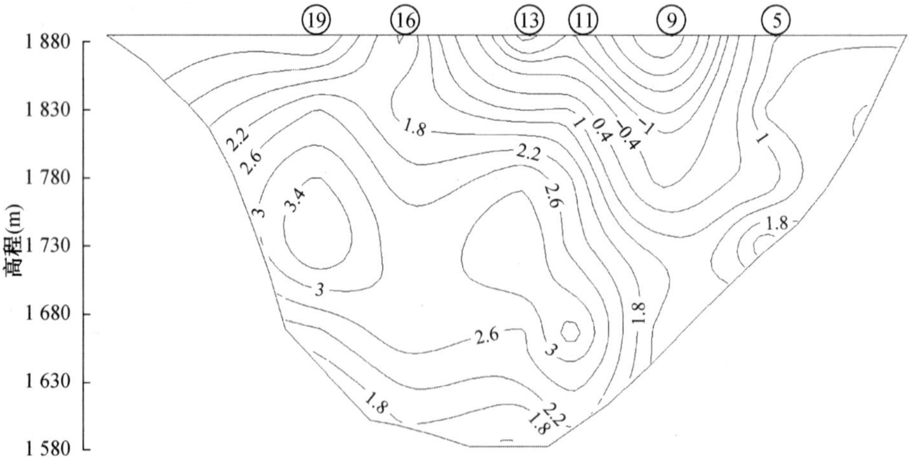

图 5.5.17　统计模型坝体时效变形增量等值线图

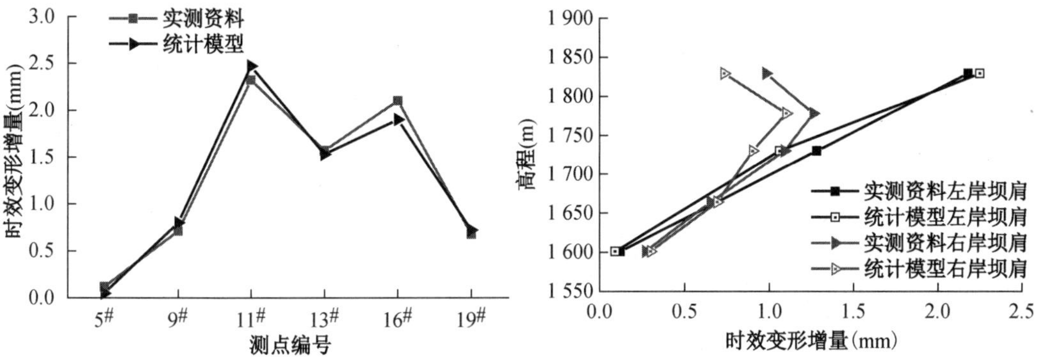

图 5.5.18　坝基时效变形增量对比图

为使上述两种分析方法更具合理性，选择 $PL_{9\text{-}5}$、$PL_{16\text{-}5}$ 和 $PL_{R\text{-}3}$ 三个测点，采用小波变换的方法进行分析，选用 db6 小波进行了 8 层分解，并将分解数据进行重构，得到高频信号、中频信号和低频信号，部分分离结果如图 5.5.19—图 5.5.20 所示。

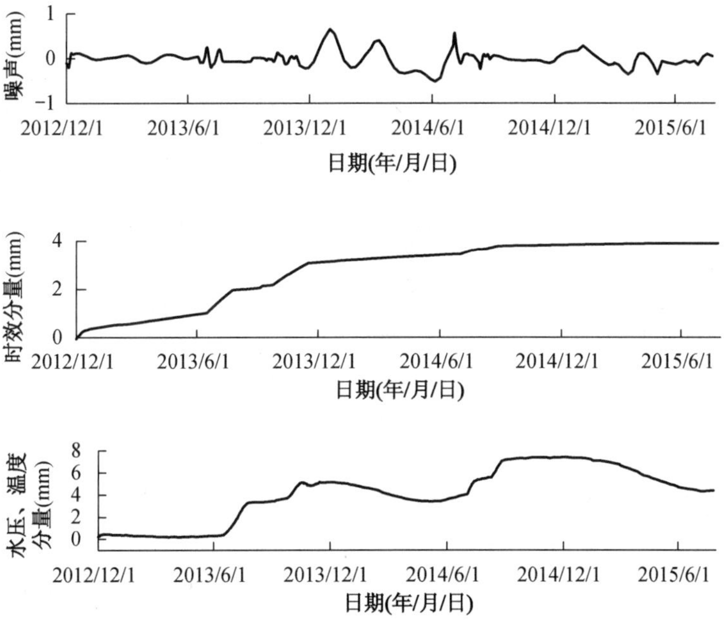

图 5.5.19　$PL_{9\text{-}5}$ 测点小波分解各分量图

图 5.5.19—图 5.5.20 展示了 $PL_{9\text{-}5}$ 和 $PL_{16\text{-}5}$ 测点变形数据分解结果，变形分解为具有高频信息的噪声信号，具有长周期性的时效变形分量和具有年周期性的温度和水压分量。为形成对比，分别对 2014 年 5 月 31 日至 2015 年 5 月 31 日的时效变量增量采用三种方法处理，绘制了图 5.5.21 所示的条形柱状图。统计模型和实测资料分析得到的结果较相近，小波分解得到的时效变形相对偏大，三个测点分别采用三种方法计算得出的时效变形量值相当。

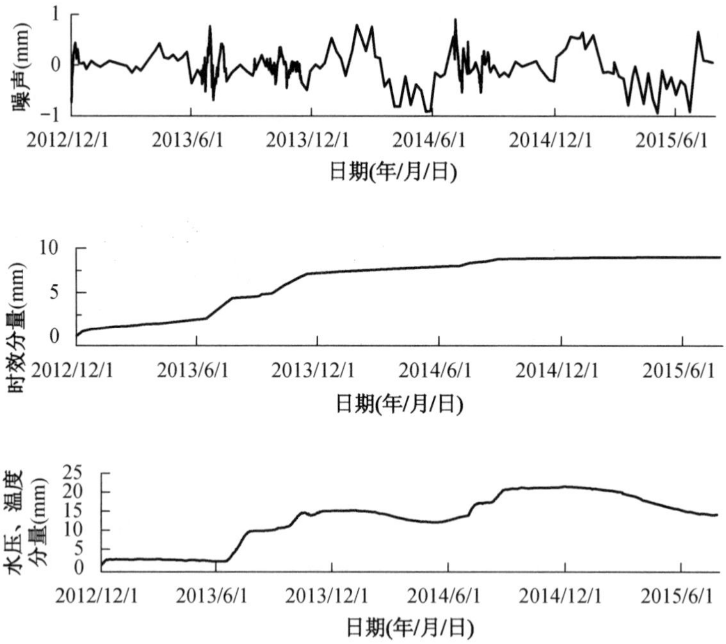

图 5.5.20　PL_{16-5}小波分解各分量图

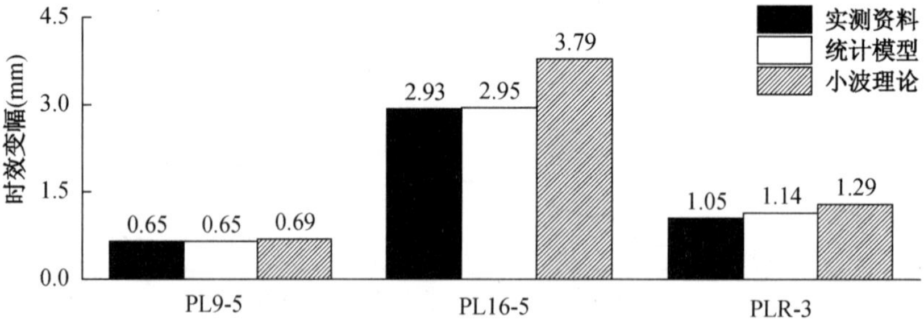

图 5.5.21　1 800 m 水位高程时效变形增量各分析方法对比

3　特高拱坝时效变形模拟分析

目前,针对黏弹性问题主要采用增量法或增量迭代法求解时效变形。ABAQUS、ANSYS、MSC. Marc、清华大学的 TFINE 等大型有限元软件目前在变形和应力计算中广泛应用,软件自身携带有蠕变模块,并且都有一些子程序接口以便用户自行开发蠕变本构模型,其中 ABAQUS 提供了 UMAT 材料子程序接口,用户可以采用 Fortran 语言开发本构模型。这些有限元软件均采用的是有限单元法计算,相比之下,FALC3D 采用的是有限差分法,将微分方程和边界进行离散,采用泰勒级数展开,把求解微分方程问题转化为求解代数方程的问题,能够更好地模拟岩土体的流变问题。此外,FAC3D 提供的蠕变本构模型较多:经典的黏弹性模型、二分量幂定律、伯格斯蠕变模型和摩尔-库伦模型合成的伯格斯蠕变黏塑性模型、WIPP 模型和 Drucker-Prager 模型合成的 WIPP 蠕变黏塑性模型等。

3.1 左岸边坡开挖模拟

甲坝左岸边坡于 2005 年 9 月开始边坡开挖，至 2006 年 12 月完成缆机平台1 960 m 以上边坡开挖；2006 年 10 月开始进行缆机平台至坝顶 1 885 m 之间边坡开挖，至 2007 年 6 月完成坝顶 1 885 m 以上边坡开挖，截至 2009 年 8 月底左岸边坡开挖与支护施工基本完成。相关监测资料及类似工程实例表明：对于地质条件较复杂的水电工程边坡，自开挖期完成，将先后经历开挖卸荷变形期、蓄水边坡变形调整期和长期收敛期。在开挖卸荷期，边坡变形主要由于边坡岩体卸荷应力调整和时效变形产生。在开挖卸荷变形期，可根据边坡开挖期变形资料，采用数值反馈分析方法得到较为准确的边坡岩体流变参数，从而实现对开挖卸荷变形以及低水位运行期边坡变形特征和稳定性的预测。

根据岩体压缩原位蠕变试验成果，左岸边坡砂板岩和大理岩蠕变模型均采用三参数开尔文模型，如图 5.5.22 所示。本节只对甲坝左岸边坡开挖卸荷变形期采用 FLAC3D 有限差分软件进行流变变形计算，为此建立了二维左岸边坡模型，共剖分单元 3 716 个，节点 7 506 个，如图 5.5.23 所示。根据蓄水前边坡实测监测资料，反演得到材料流变参数，具体取值见表 5.5.10。

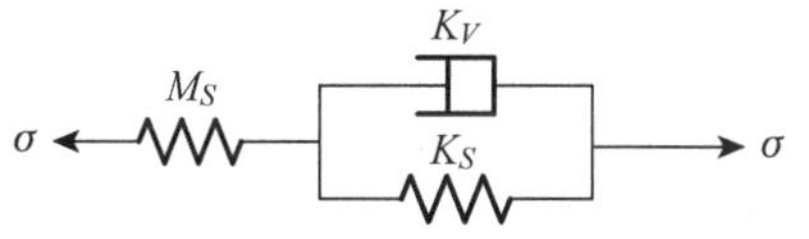

图 5.5.22 三参数开尔文黏弹性本构模型

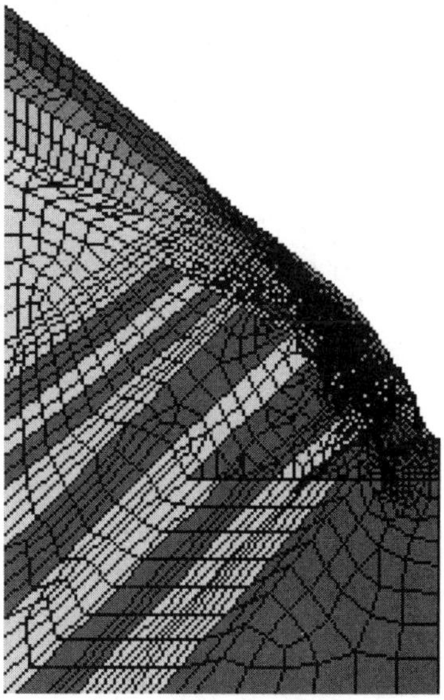

图 5.5.23 甲坝二维边坡模型

表 5.5.10 计算参数

岩体种类	K_S(GPa)	M_S(GPa)	K_V(GPa·d)	υ	γ(kN/m^3)
Ⅱ类岩体	45.50	26.00	138.89	0.23	28.00
Ⅲ$_1$ 类岩体	20.13	11.50	115.74	0.25	27.00
Ⅲ$_2$ 类岩体	11.38	6.50	104.17	0.28	27.00
Ⅳ$_1$	7.55	3.00	46.30	0.30	27.00
Ⅳ$_2$	1.20	1.25	11.57	0.30	27.00

模型考虑边坡开挖后，1 765 m，1795 m，1 828.5 m，1 855 m，1 885 m，1 915 m，1 960 m，1 990 m，2 020 m，2 050 m，2 080 m，2 105 m 高程的横河向时效位移 2009 年 8 月 31 日至 2030 年 8 月 31 日的变形情况，选取 1 765 m，1 885 m，1 990 m，2 105 m 等 4 个高程的时效变形过程线进行分析。

图 5.5.24 和图 5.5.25 展示了 123 d 和 21 年后的时效变形过程线，边坡开挖后一段时间内，岩体横河向时效变形不断增大，呈波浪式上升，至 2009 年年底，最大时效变形为 3.5 mm(1 885 m 高程)，至 2016 年，时效变形开始趋于缓和，至 2030 年时效变形基本稳定，其中 1 885 m 高程发生时效变形 39.67 mm，变形值最大，其次为 1 765 m 高程 38.35 mm，1 990 m 高程为 28.21 mm，2 105 m 高程为 17.66 mm。

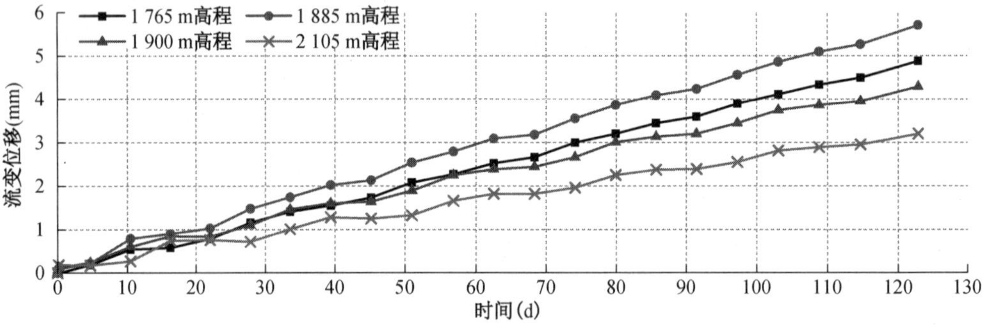

图 5.5.24　至 2009 年 12 月 31 日测点时效变形情况

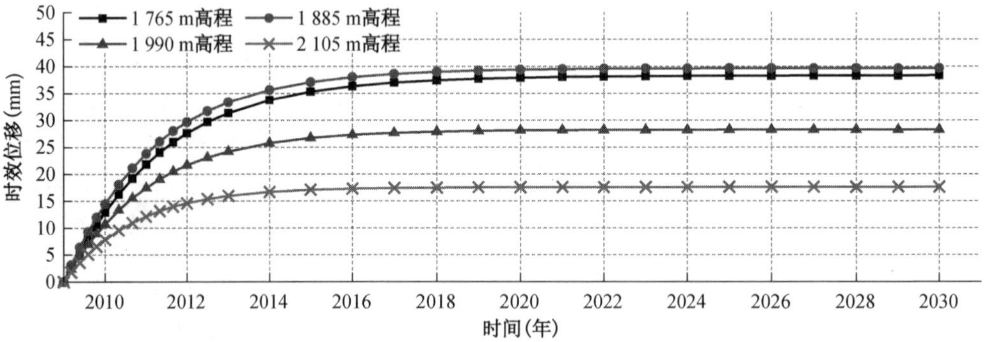

图 5.5.25　至 2030 年 8 月 31 日测点时效变形情况

图 5.5.26—图 5.5.27 展示了边坡开挖 3 个月和 21 年后的时效位移等值线图，边坡

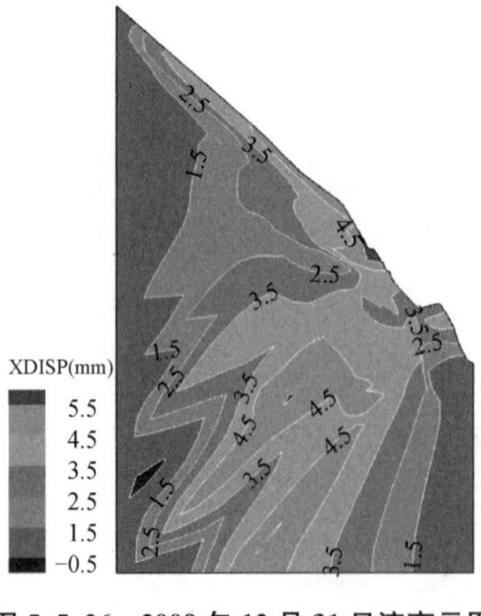

图 5.5.26　2009 年 12 月 31 日流变云图

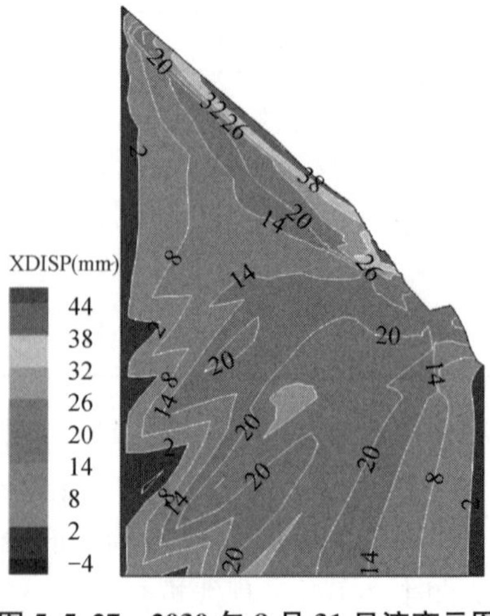

图 5.5.27　2030 年 8 月 31 日流变云图

开挖后，1 885 m 高程附近边坡表面时效变形较大，受边坡开挖后应力释放影响较大。此外，受不同岩体材料特性和地质结构影响，边坡不同岩层处时效变形也不同。

3.2　大坝时效变形模拟

甲坝自 2009 年 10 月 23 日首仓浇筑至 2013 年 12 月 23 日全线浇筑完成，2014 年 4 月 1 日横缝灌浆完成，2014 年 8 月 24 日蓄水至 1 880 m 高程，此后水位在 1 800～1 880 m之间变动。蓄水期时效变形的模拟需要对水位进行拟合，一般采用逐级加载方式，还要考虑坝体浇筑高度的影响。甲坝左岸断层较多且岩性较差，简化考虑，研究该坝在 1 840 m 水位下的变形，分析坝体坝基数值计算得到的时效变形位移场，并分析左岸断层对坝体时效变形场的影响。

(1) 三维模型建立

有限元计算模型如图 5.5.28 所示，模型选取上下游各 1.5 倍坝高，左右选取 1 倍坝高，建基面以下 1 倍坝高，共剖分 257 177 个单元，274 548 个节点，模型考虑了 f_2，f_5，f_8，f_{13}，f_{14}，f_{18}，$f_{42\text{-}9}$断层。

(2) 本构模型选取与参数取值

根据岩体三轴压缩原位蠕变试验以及软弱结构面剪切流变试验资料，综合上述对甲坝坝体坝基变形和时效变形情况分析成果，坝体、坝基均采用三参数开尔文本构模型。简化模型参数取值如表 5.5.11 所示。

(3) 荷载条件

温度荷载采用设计温度，或者温度计监测值，并考虑封拱温度，FALC3D 本身自带温度模块，但是温度模块和蠕变模块不能同时施加，简化考虑可先计算温度荷载作用下的大坝温度场，再以节点力的形式施加温度荷载。水压采用固定水位高程 1 840 m，下游水位高程 1 640 m，计算时间考虑为 3 年(共 1 095 d)。

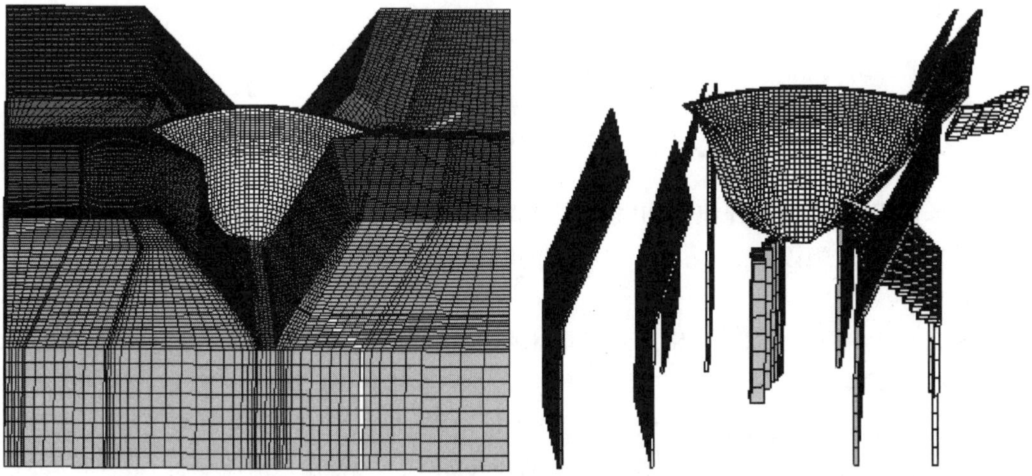

图 5.5.28　甲特高拱坝数值计算三维模型

表 5.5.11　计算参数

岩体种类	K_S(GPa)	M_S(GPa)	K_V(10^8 · GPa · s)	υ	γ(kN/m^3)
右岸	45.5	26.0	12	0.23	2 800
左岸	35.5	26.0	11.7	0.25	2 700
基岩	20.1	11.5	10	0.35	2 600
断层	1.56	0.38	1.6	0.1	0.4
坝体	36.4	16	4	1.00	2 400

(4) 计算处理

由于统计模型采用的数据来源于正倒垂监测数据，监测的大坝的径向位移，而有限元计算得到的是沿坐标方向的位移，因此有必要对计算得到的变形数据进行换算，径向位移指向下游为正。换算关系如下：

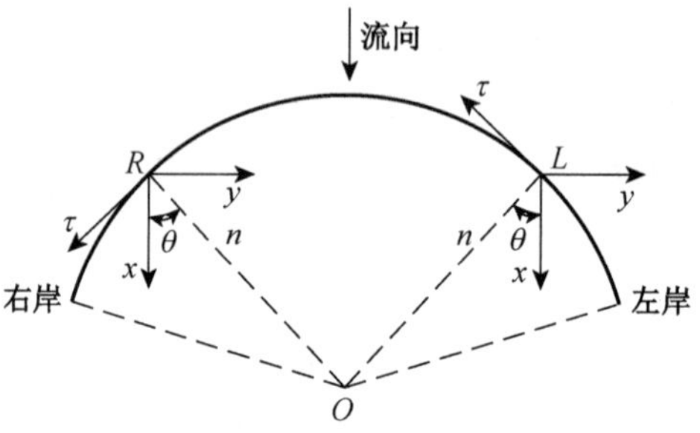

点 R：

$$\left.\begin{aligned} u_n &= u_x\cos\theta - u_y\sin\theta \\ u_\tau &= -u_x\sin\theta - u_y\cos\theta \end{aligned}\right\}$$

点 L：

$$\left.\begin{aligned} u_n &= u_x\cos\theta + u_y\sin\theta \\ u_\tau &= u_x\sin\theta - u_y\cos\theta \end{aligned}\right\}$$

(5) 成果分析

计算过程中，依据工程地质和岩性适当调整了流变参数、坝体弹性模量和坝基变形模量，并提取了 13# 坝段 $PL_{13\text{-}4}$ 和 $PL_{13\text{-}5}$ 测点的时效变形过程线，分析左岸断层对其时效变形的影响。

图 5.5.29—图 5.5.32 分别展示了坝体在有无断层作用下的时效变形场云图和坝体坝基在有无断层影响下的等值线图，左岸断层对坝体时效变形场影响很大，有断层时，坝体靠近左岸时效变形值较大，最大时效位移大致出现在 1 800 m 高程，达到 8 mm，右岸坝肩和左岸 1 600 m 建基面附近呈现向上游的时效变形；若无断层，坝体靠近左岸时效变形值减小，时效变形最大值往拱冠部位移动，最大时效变形值位于坝顶。从等值线图看左岸 f_5 断层对时效变形值影响很大，等值线在此处出现转折。

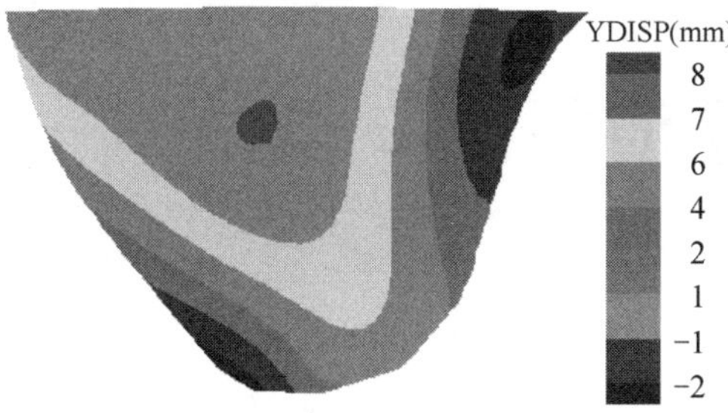

图 5.5.29　考虑断层时的坝体时效变形场云图

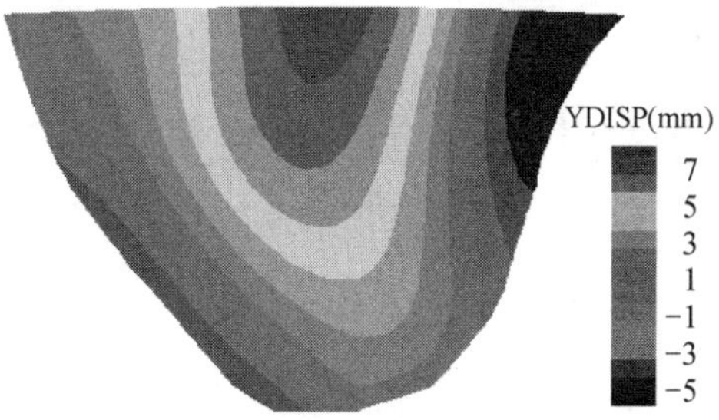

图 5.5.30　完整基岩下坝体时效变形场云图

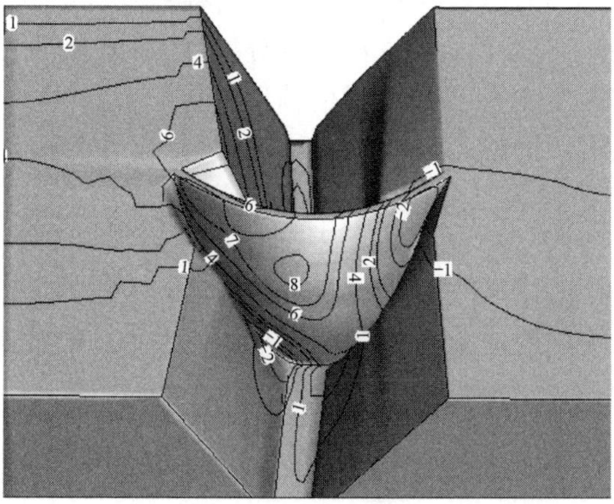

图 5.5.31　断层作用下时效变形等值线图

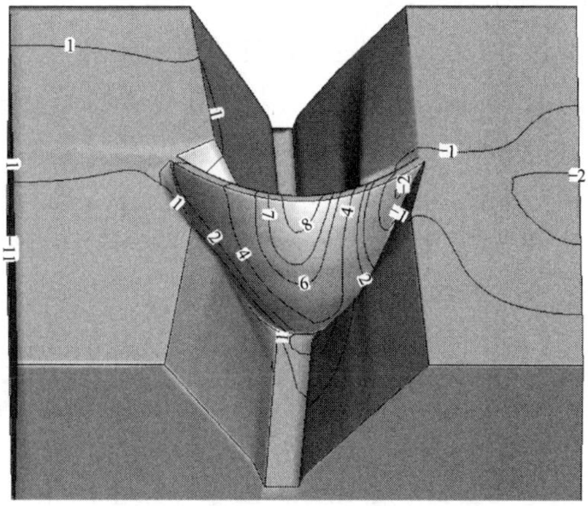

图 5.5.32　完整基岩下时效变形等值线图

为直观分析断层的影响，绘制了 13# 坝段 $PL_{13\text{-}4}$ 和 $PL_{13\text{-}5}$ 测点时效变形过程线图（图 5.5.33），断层作用下，测点时效变形值增大，但变形规律不变。此外，时效变形值前期变形增大较快，一年后开始减缓，渐趋于稳定。

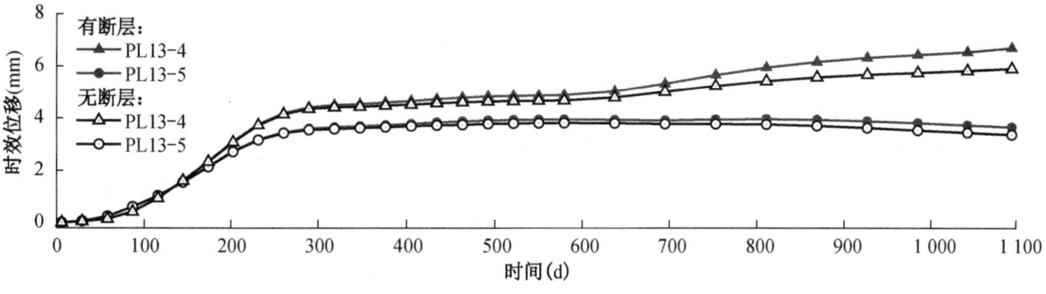

图 5.5.33　有无断层影响下坝体测点时效变形过程线

第六章

特高拱坝变形力学参数反演理论和方法

通常的工程分析是正分析，即给定材料参数和荷载，通过计算求出结构的效应量，如变形、应力等，然后与设计值进行比较，以判断结构是否安全。所谓反分析，是根据大坝施工期和运行期变形、应力等实测资料，反过来推算材料参数及其他源项。从广义上讲，反分析包括两部分内容，即模型识别与参数反演。所谓模型识别，亦称建模，是指对实际工程对象建立优选出的模拟效果最佳的物理力学计算模型。早期一般采用机理建模的方法，即依据工程经验，对调查与试验资料进行分析比较确定具体计算模型，这种方法较为困难。随着反分析技术的发展，把坝体坝基的力学模型与材料参数作为输入量，把效应量作为输出量，通过不断地调整模型，最终达到输出效应量与实际效应量相一致，从而优选出所需要的模型。材料参数反演内涵丰富，包括坝体弹性模量、坝基变形模量、混凝土线膨胀系数、渗透系数以及塑性、流变参数等的反演。

大坝变形是在外界因素作用下的结构实际性态响应，综合反映了材料的物理力学参数的影响。因此，采用变形监测资料反演大坝结构物理力学参数是一种可行且有效的方法。参数反演方法主要有解析法、图解法及数值解法等。数值方法又分为逆解法、统计方法和优化反演法三种。逆解法，是根据有限元法的基本方程推导出监测效应量实测值与待求参数之间的显式方程，由实测值便可以一步求出待求参数，该方法计算速度快，但是仅能应用于求解比较简单的线性问题。统计分析法以贝叶斯(Bayes)法较有代表性，在工程材料参数反演中得到了一定的应用。优化反演方法亦称正算法，是指以目标函数为控制条件，首先给定待反演参数的初始解进行正分析，然后以正分析的结果为依据，通过一定的数学优化方法搜索出下一个解，如此反复运算，直到目标函数满足给定尺度下的精度为止。该类方法不需要反求未知量，而直接采用优化算法，且具有多参数优化反演功能，计算精度较高，已应用于求解各种线性或者非线性问题的参数反演，可以预见，随着计算机技术与优化算法的快速发展，其在实际反演分析中应用将会更加普遍。常用的优化方法有黄金分割法、单纯形法、复合形法和梯度优化方法等，黄金分割法收敛速度极慢，对于大型三维问题尤其是非线性问题，实用性略显不足；单纯形法一般只适用于无约束优化问题，附加的约束条件往往会破坏单纯形的自由结构，影响优化收敛的速度；复合形法虽然可以应用于待约束的非线性优化问题，但由于其仅仅利用了反射手段，故收敛速度较为缓慢；梯度优化法虽然比直接搜索方法收敛速度快，但其需要计算误差函数对于待求参数的偏导数，实现起来有一定的难度。

对长期服役的特高拱坝而言，坝体与坝基的材料特性参数(如坝体混凝土的弹性模量和基岩变形模量)具有典型的时变特征。在荷载作用和环境影响下，材料性能将发生较大的变化，进而导致大坝结构性态的改变。因此，确定这些参数的演化过程对分析和评价特高拱坝安全性态有着十分重要的作用。

第一节　特高拱坝材料特性参数反演分析模型

反演材料特性参数的方法主要包括逆解法和优化法。逆解法通常包括常规反演分析法和基于混合模型的反演分析法两种。常规反演分析法是利用数学模型分离出测点变形的水压分量，以及利用有限元计算水压荷载所产生的测点变形，反演实际参数；基于混合模型的反演分析需要建立在测点变形的混合模型基础上，利用事先假定的结构计算参数和水压分量的调整系数来反演实际参数。实际应用中，传统的优化法存在结果依赖于初值的选取，难以进行多参数优化及优化结果易陷入局部极值等缺点。近年来，各种人工智能算法不断被引入到参数反演中，优化法以其普适性得到了更广泛的应用。为此，下面以拱坝弹性模量反演为例，用神经网络与遗传算法相结合来解决该类复杂的非线性映射问题。另外，如何合理地选用反演资源（监测点位置、数目以及效应量测值序列等），从而提高反演精度和速度，亦是一个重要的问题，需要从灵敏度的角度研究监测点位置的优选等。

1　坝体弹性模量和岩基变形模量常规反演方法

在弹性工作范围内，大坝、基岩和库盘的平衡方程中，其整体劲度矩阵为：

$$[K]=\sum_{e_j\in\Omega_1}[C]_{e_j}^{\mathrm{T}}[K]_{e_j}[C]_{e_j}+\sum_{e_j\in\Omega_2}[C]_{e_j}^{\mathrm{T}}[K]_{e_j}[C]_{e_j}+\sum_{e_j\in\Omega_3}[C]_{e_j}^{\mathrm{T}}[K]_{e_j}[C]_{e_j}\tag{6.1.1}$$

其中

$$[K]_{e_j}=\iiint\limits_{\Omega_j}[B]^{\mathrm{T}}[D][B]\mathrm{d}\Omega=E\iiint\limits_{\Omega_j}[B]^{\mathrm{T}}f(\mu)[B]\mathrm{d}\Omega=E[\bar{K}]_{ej}$$

若假定 Ω_1，Ω_2，Ω_3 分别为坝体、坝基及库盘所在区域，则有

$$E=\begin{cases}E_c & e_j\in\Omega_1\\ E_r & e_j\in\Omega_2\\ E_b & e_j\in\Omega_3\end{cases}\tag{6.1.2}$$

若令 $R_1=E_r/E_c$，$R_2=E_b/E_c$，则有

$$\begin{aligned}[K]&=E_c\sum_{e_j\in\Omega_1}[C]_{e_j}^{\mathrm{T}}[K]_{e_j}[C]_{e_j}+R_1\sum_{e_j\in\Omega_2}[C]_{e_j}^{\mathrm{T}}[K]_{e_j}[C]_{e_j}+R_2\sum_{e_j\in\Omega_3}[C]_{e_j}^{\mathrm{T}}[K]_{e_j}[C]_{e_j}\\&=F[E_c,E_r/E_c,\ E_b/E_c,\ f(\mu_c),\ f(\mu_r),\ f(\mu_b),\ L,\ S]\end{aligned}\tag{6.1.3}$$

式中：E_c，E_r，E_b 分别为坝体的弹性模量、坝基和库盘的变形模量；μ_c，μ_r，μ_b 分别为坝

体、坝基及库盘岩基的泊松比；$f(\mu_c)$，$f(\mu_r)$，$f(\mu_b)$ 分别为与坝体、坝基及库盘的泊松比有关的变量；L，S 分别反映计算区域单元尺寸及所受约束的影响。

由式(6.1.3)可知，劲度矩阵[K]受 E_c，E_r/E_c，E_b/E_c 以及 $f(\mu_c)$，$f(\mu_r)$，$f(\mu_b)$ 和 L，S 的影响。对于已知的结构，L，S 已确定，泊松比 μ 对[K]和位移 δ 影响小，因此[K]主要受 E_c，E_r/E_c，E_b/E_c 的影响，由此推得坝体和岩基位移也主要受 E_c，E_r/E_c，E_b/E_c 的影响。

由上分析，在反演 E_c，E_r 时，应将垂线所得变形监测成果分为坝体变形、坝基变形及库盘变形三部分考虑。下面以坝体内任一点 A 的变形为例做详细分析(图 6.1.1)，由于难以表示 A 点空间位移受三个区域变形影响，所以图中所示的是一根梁剖面在库水作用下顺河向位移所受坝体、坝基和库盘变形的影响示意图。

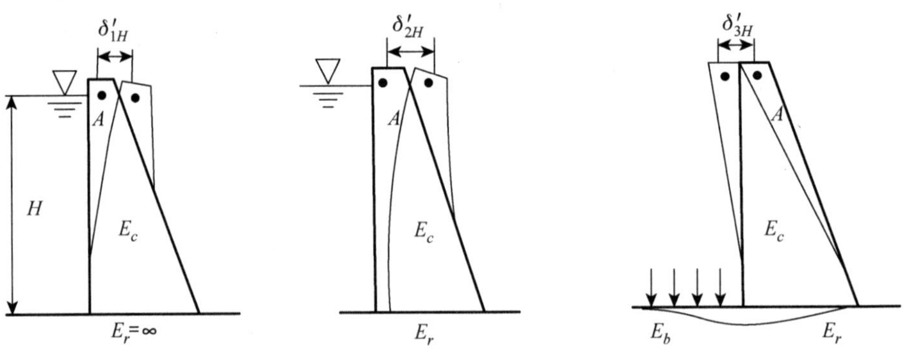

(a) 坝体变形影响　(b) 坝体和坝基变形影响　(c) 库盘变形影响

图 6.1.1　δ'_{1H}，δ'_{2H}，δ'_{3H} 示意图

在水荷载作用下，假设 E_c，E_r/E_c，E_b/E_c，利用有限元法计算得到 A 点产生的位移为 $\delta'_H = f'_1(H,\ x,\ y,\ z)$，坝体自身变形引起 A 点位移为 $\delta'_{1H} = F[f(H),\ f(x,\ y,\ z)]$；坝基变形引起 A 点的位移为 $\delta'_{2H} = G[f(H),\ f(x,\ y,\ z)]$；库盘变形引起 A 点的位移 $\delta'_{3H} = W[f(H),\ f(x,\ y,\ z)]$，则

$$\begin{aligned}\delta'_H &= f'_1[f(H),\ f(x,\ y,\ z)] = \delta'_{1H} + \delta'_{2H} + \delta'_{3H} \\ &= F[f(H),\ f(x,\ y,\ z)] + G[f(H),\ f(x,\ y,\ z)] + W[f(H),\ f(x,\ y,\ z)]\end{aligned} \tag{6.1.4}$$

式中：δ'_{1H}，δ'_{2H}，δ'_{3H} 的含义及其数值分析模拟过程如图 6.1.1 所示，其中 δ'_{2H} 为假定 E_c，E_r/E_c 值，且 $E_b/E_c = \infty$ 的 A 点位移。

(1) δ_{1H} 的求解

假设 $E_c = E_{c_0}$，$E_r/E_c = \infty$，$E_b/E_c = \infty$，利用有限元法(或其他工程力学计算方法)求得在多组水压 $H_i(i = 1,2,3,\cdots,m)$ 作用下，任一点 A 的位移 δ'_{1H} 为

$$\delta'_{1H} = F[f(H), f(x,\ y,\ z)] \tag{6.1.5}$$

因 δ'_{1H} 的求解是在假设坝体弹性模量下进行的，故 δ'_{1H} 不能代表实际坝体位移 δ'_{1H}，需进行修正，即

$$\delta_{1H} = X\delta'_{1H} \tag{6.1.6}$$

不难证明，水压分量 δ_{1H} 与坝体弹模 E_c 成反比，由此可推得

$$\delta_{1H} \propto \frac{1}{E_c},\ \delta'_{1H} \propto \frac{1}{E_{c0}} \tag{6.1.7}$$

因此，$X = E_{c0}/E_c$。

(2) δ_{2H} 的求解

假设 $R_0 = E_{r0}/E_{c0}$ 为实际值，在水压荷载作用下，任一点 A 的位移为 δ'_{2H}，令 $\delta''_{2H} = \delta'_{2H} - \delta'_{1H}$，类似于求解 δ_{1H}，可得

$$\delta''_{2H} = G[f(H),\ f(x,\ y,\ z)] \tag{6.1.8}$$

由于 δ''_{2H} 是在假设 R_0 为实际值下求得的，故 δ''_{2H} 并不等于实际位移 δ_{2H}，需进行修正，即

$$\delta_{2H} = Y\delta''_{2H} \tag{6.1.9}$$

式中：$Y = R_0/R$，$R_0 = E_{r0}/E_{c0}$，$R = E_r/E_c$。

(3) δ_{3H} 的求解

假定 $S_0 = E_{b0}/E_{c0}$，在水压荷载作用下，库盘变形引起的任一点 A 的位移为 δ'_{3H}，类同 δ'_{1H}，δ'_{2H} 的推导，求得

$$\delta'_{3H} = W[f(H),\ f(x,\ y,\ z)] \tag{6.1.10}$$

由于假设了 S_0，故需对 δ'_{3H} 进行修正，才能得出库盘变形引起的实际坝体位移 δ_{3H}，即

$$\delta_{3H} = Z\delta'_{3H} \tag{6.1.11}$$

式中：$Z = S_0/S$，$S_0 = E_{b0}/E_{c0}$，$S = E_b/E_c$。

由式(6.1.6)、式(6.1.9)、式(6.1.11) 可得到在水压荷载作用下 A 点位移 δ_H 为

$$\begin{aligned}\delta_H &= f_1(H,\ x,\ y,\ z)\\ &= XF[f(H),\ f(x,\ y,\ z)] + YG[f(H),\ f(x,\ y,\ z)] + ZW[f(H),\ f(x,\ y,\ z)]\\ &= X\sum_{i=0}^{m_1}\sum_{l,\ m,\ n=0}^{m_3} A_{1ilmn}H^i x^l y^m z^n + Y\sum_{i=0}^{m_1}\sum_{l,\ m,\ n=0}^{m_3} A_{2ilmn}H^i x^l y^m z^n +\\ &\quad Z\sum_{i=0}^{m_1}\sum_{l,m,n=0}^{m_3} A_{3ilmn}H^i x^l y^m z^n\end{aligned} \tag{6.1.12}$$

式中：A_{1ilmn}，A_{2ilmn}，A_{3ilmn} 可利用有限元计算结果，采用最小二乘法得到。

对于边施工、边蓄水的大坝，在初始蓄水阶段，水深 H 和时效 θ 呈密切相关。因而利用一般的数学模型很难反演坝体和坝基岩基的变形模量，下面讨论在这种情况下变形模量的反演方法。

大坝和岩基在水压和温度等荷载作用下，产生弹性变形 δ_e[包括水压分量 $f_1(H,\ x,\ y,\ z)$、温度分量 $f_2(T,\ x,\ y,\ z)$ 和不可逆位移 δ_f，即时效分量 $f_3(\theta,\ x,\ y,\ z)$]。在线弹性范围内，$f_1(H,\ x,\ y,\ z)$ 与坝体弹性模量、坝基和库盘岩基变形模量有关；$f_2(T,\ x, y,\ z)$ 与线膨胀系数 α_c 有关。因而，E_c，E_r 可以用水压分量来反演，反演坝基岩基变形模量 E_r 的

公式为

$$\delta - f_2(T, x, y, z) - \varepsilon - f_3(\theta, x, y, z) - \delta_{3H} = X\delta'_{2H} \tag{6.1.13}$$

反演坝体混凝土弹性模量 E_c 的公式为

$$\delta - f_2(T, x, y, z) - \varepsilon - f_3(\theta, x, y, z) - \delta_{2H} = X\delta'_{1H} \tag{6.1.14}$$

式中：δ 为坝体或坝基的实测位移值；$f_2(T, x, y, z)$ 为温度分量，大量试验结果表明：混凝土 α_c 变化较小，因此 $f_2(T, x, y, z)$ 可用有限元计算得到；$f_3(\theta, x, y, z)$ 为时效分量；δ_{2H} 为在水压力作用下，坝基和库盘变形所引起测点处的位移；δ_{3H} 为在水压力作用下，库盘变形引起的测点位移；δ'_{2H} 为用三维有限元计算水压作用下坝基变形引起的测点位移；δ'_{1H} 为用三维有限元计算水压作用产生的坝体自身变形引起的位移；X 为调整参数，$X = E_{c0}/E_c$（或 E_{r0}/E_r）。

由于 $f_2(T, x, y, z)$ 仅与 α_c 有关，可通过结构计算将其独立分离；残差 ε 可用数学模型求得；δ_{3H} 可用反演的库盘分区变形模量值，经有限元计算得到。利用式(6.1.13)首先进行迭代计算直至 $(X_i - X_{i-1})/X \leqslant 5\%$（$X_i$ 为第 i 次迭代得到的调整参数），一般迭代 2～3 次可满足要求。由式(6.1.13)求得 X 后，可求得岩基变形模量的反演值 E_r；由反演得到的 E_r 和库盘岩基分区变形模量 E_n[$n = 1, 2, \cdots, M$(区域数)]，用有限元计算出 δ'_{2H}，然后用式(6.1.14)进行迭代计算，直至 $(X_i - X_{i-1})/X \leqslant 5\%$，由此求得坝体弹性模量的反演值 E_c。

2 参数优化反演的基本原理和算法

2.1 基本原理

参数优化反演是指以目标函数为控制条件，首先给定待反演参数 X 的初始解 X_0 进行正分析，然后以正分析的结果为依据，通过一定的数学优化方法如单纯形、复合形以及遗传算法等搜索出下一个解，如此反复运算，直到目标函数满足给定尺度下的精度为止。因此，在进行拱坝材料力学参数的优化反演时，首先需要确定目标函数，通常将反演设计方案中的材料参数与计算所得的材料参数的残差加权平方和作为目标函数，即：

$$F(\boldsymbol{X}) = \sum_{i=1}^{m_1}\sum_{j=1}^{n_1} w_{ij}(\delta'_{ij} - \delta_{ij})^2 \qquad \boldsymbol{X} \in \boldsymbol{\Omega} \tag{6.1.15}$$

式中：$\boldsymbol{X}$ 为待识别材料参数矢量，$\boldsymbol{X} = \{E_c, \mu_c, E_r, \mu_r\}$，其中 E_c，μ_c 为混凝土弹性模量和泊松比，E_r，μ_r 为基岩弹性模量和泊松比；m_1 为测点数；n_1 为测点 i 监测次数；w_{ij} 为权重，其值大小用于反映测点的重要性和量测精度；δ'_{ij} 为在待反演参数 $\boldsymbol{X}$ 下，采用有限元法计算出的各位移分量；δ_{ij} 为通过所建立位移监控模型分离出的实测值分量；$\boldsymbol{\Omega}$ 为待反演参数 $\boldsymbol{X}$ 的取值范围，通常依据工程经验及现场试验给出，即：

$$a_i \leqslant x_i \leqslant b_i \tag{6.1.16}$$

式中：a_i，b_i 分别为第 i 个参数 x_i 的最小值和最大值。

优化反演的最终目的是获得使 $F(\boldsymbol{X})$ 的值(即残差加权平方和)最小时的材料参数。从式(6.1.16)可以看出,要想获得计算位移值 δ'_{ij} 就需要进行正演分析。对于弹性参数反演而言,δ'_{ij} 是计算荷载、边界条件、材料参数等的函数,显然,$F(\boldsymbol{X})$ 亦应该是实测值以及这些因素的函数,即:

$$F(\boldsymbol{X}) = F(\boldsymbol{E}, \boldsymbol{\mu}, \boldsymbol{P}, \boldsymbol{\Gamma}, \boldsymbol{\Delta}, \boldsymbol{\delta}_i^m) \tag{6.1.17}$$

式中:$\boldsymbol{\mu}$, $\boldsymbol{E}$ 分别为模型不同分区的泊松比与弹性模量,假设 m 为模型材料分区数量,则 $\boldsymbol{E} = [E_1 \quad E_2 \quad \cdots \quad E_m]^{\mathrm{T}}$, $\boldsymbol{\mu} = [\mu_1 \quad \mu_2 \quad \cdots \quad \mu_m]^T$;$\boldsymbol{\Gamma}$ 为作用于模型上的总约束条件;$\boldsymbol{P}$ 为模型上的总荷载;$\boldsymbol{\delta}_i^m$ 为测点 i 的监测位移;$\boldsymbol{\Delta}$ 为模型中其他因素的综合。

针对给定的计算模型,视 $\boldsymbol{P}$, $\boldsymbol{\Gamma}$, $\boldsymbol{\Delta}$ 等因素为不变量。根据式(6.1.17)可以看出,对于给定的模型以及监测资料,函数中 $\boldsymbol{P}$, $\boldsymbol{\Gamma}$, $\boldsymbol{\Delta}$, $\boldsymbol{\delta}_i^m$ 可以视为常量,又由于泊松比 $\boldsymbol{\mu}$ 对位移影响很小且变化不大,$\boldsymbol{\mu}$ 也可以视为常量,所以式(6.1.17)仅为分区模型 $\boldsymbol{E}$ 的连续函数。

确定了目标函数后,参数的反演问题就转变为求解最优化问题,即在满足约束条件的前提下,求出能够使优化反演目标函数达到极小值的参数组合,即求 $\boldsymbol{X} = [x_1, x_2, \cdots, x_n]^{\mathrm{T}}$,使得满足约束条件 $a_i \leqslant x_i \leqslant b_i$, $F = F(\boldsymbol{X}) \rightarrow \min$。

通常优化反分析法不能直接求解,而是要通过正分析法进行反复试算,最终得到参数约束范围内的最优解。求解过程中,须选取合适的方法对参数进行寻优。下面利用遗传神经网络模型,在结构分析的基础上,结合变形监测数据,提出弹性模量反演分析方法。

2.2　反演算法

在传统的 BP 学习算法中,隐层节点个数、学习次数以及初始值的选取等都是人为指定的,带有一定的主观性,并不能适时停止网络训练,获得最佳的网络输出。为了取得较理想的反演结果,下面采用验证误差的学习算法确定 BP 神经网络的隐层节点个数和学习次数,并采用遗传算法对 BP 神经网络的初始权值和阈值进行优化。

(1) 优化神经网络的拓扑结构

验证误差的学习算法从寻找最佳隐层节点个数以及最佳学习次数角度出发,根据给定问题,自动合理地计算出隐层节点的个数及在此基础之上的最佳学习次数。在计算过程中,首先将学习数据分为两个子集:训练样本和验证样本。在固定学习次数和学习率的前提下,设计仅含单个隐层的 BP 神经网络,将训练样本输入,并利用传统的 BP 算法训练网络,同时计算得出验证样本的误差和误差调整量,利用这两个参数来决定是否删除或增加一个隐层节点。当隐层节点个数确定后,在固定网络结构和学习率的前提下,根据同样的思路试求最佳学习次数。根据已有研究成果,隐层的初始节点数可用下列经验公式推求:

$$s = \sqrt{0.43m + 0.12n^2 + 2.54m + 0.77n + 0.35} + 0.51 \tag{6.1.18}$$

式中:n 为输出层单元节点个数;m 为输入层单元节点个数。

隐层节点个数由式(6.1.18)确定,可能会出现过拟合现象,故将寻优范围扩大为经验节点数的两倍左右,通过计算验证数据的预测均方差,寻找隐层节点数的最优值。同理,固定所得到的隐层节点个数，多次训练 BP 神经网络，计算比较验证数据的预测均方差，找到训练次数的最优值。

（2）优化神经网络的初始权值

引入遗传算法进一步优化随机产生的 BP 神经网络的初始权值，以期获得鲁棒性好、抗噪能力强的网络结构，从而避免网络的过拟合问题。①对初始权值构造初始种群，种群根据适应度函数数值进行优良种群的选择，适应度值小的种群被淘汰，从而形成新一代种群；②依据交叉率 P_c 对新一代种群进行个体交叉，以产生具备优良信息的新个体，避免个体的早熟；③对新一代种群进行适应度计算，直至最优适应度，这时也就找到了最优的初始权值，再利用得到的最优权值进行 BP 网络计算。

（3）材料参数的反演优化算法

利用上述改进的神经网络反演材料力学参数实质上是一种非线性优化过程。设计反演参数的 BP 神经网络，以基于结构正分析的拱坝变形作为输入值，以材料参数样本作为输出值，形成一个由一组权系数相连的多层网络。通过迭代运算，根据网络系统输出与目标的差值，反复调整各层权值，直至网络系统误差达到所需的误差精度为止。最后将原型监测资料输入 BP 神经网络，通过网络回忆，得到拱坝实际的材料参数。具体算法流程见图 6.1.2。

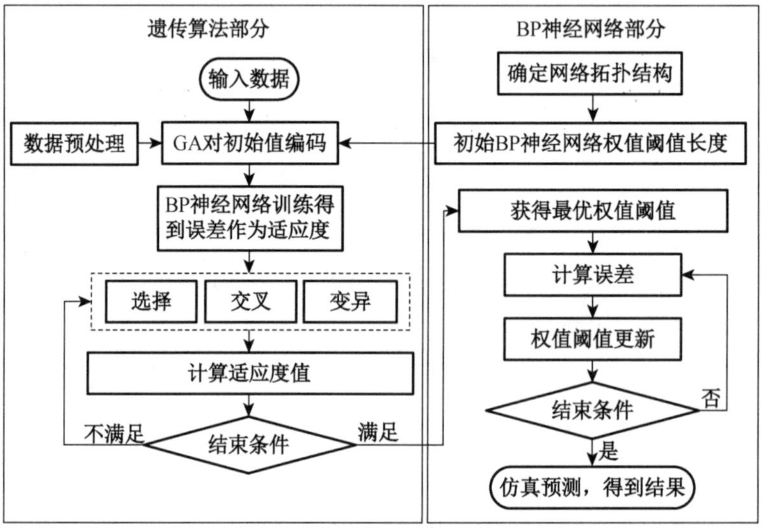

图 6.1.2 GA-BP 算法流程

3 反演方案优化设计

通过上文参数反演的基本原理和算法可知，优化反演弹性模量首先需要进行特高拱坝结构计算。由于特高拱坝坝址区地质条件复杂，单纯反演一个参数并不能完全反映坝体与坝基各个部位的每一细节。因此，需要将其进行分区，用多个弹性模量反映各部位概化后的综合模量。反演方案的优化设计就是将上述多个弹性模量进行参数组合，通过某种优化设计的数学方法选择多组弹性模量的组合方案。换句话说，就是寻求一种优良的反演方案设计特高拱坝的弹性模量。下面采用均匀设计理论来优化设计特高拱坝弹性模量组合方案,用较少的参数组合方案获得相对比较高精度的反演成果,提高反演效率。

传统的优化设计理论有正交设计方法,其特点是使参数值在其各自的范围内排列得"均匀分散,整齐可比"。但是该方法的参数组合需要比较多的方案才能使参数反演结果准确可靠。均匀设计是在正交设计的基础上改进而得出的一种新的优化设计方法,它将正交设计特点中的"整齐可比"去掉,保留"均匀分散"这个特点,可以用较少的反演方案求得较准确的反演值,从而减小了正分析过程的计算量。

均匀设计方法的数学基础是数论,通过将数论与多元统计相结合的方法,精心设计了一套表格,称为均匀设计表。每一个均匀设计表都有一个代号 $U_n(q^s)$,其中"U" 表示均匀设计,n 表示要做 n 次试验,q 表示每个因素有 q 个水平;s 表示均匀设计表有 s 列。这里选择均匀设计表 $U_{16}(16^{12})$,见表 6.1.1,该表说明反演弹性模量需要 16 种参数组合,且最多可以反演 12 个模量。

表 6.1.1　均匀设计表 $U_{16}(16^{12})$

试验号	1	2	3	4	5	6	7	8	9	10	11	12
1	1	2	4	5	6	8	9	10	13	14	15	16
2	2	4	8	10	12	16	1	3	9	11	13	15
3	3	6	12	15	1	7	10	13	5	8	11	14
4	4	8	16	3	7	15	2	6	1	5	9	13
5	5	10	3	8	13	6	11	16	14	2	7	12
6	6	12	7	13	2	14	3	9	10	16	5	11
7	7	14	11	1	8	5	12	2	6	13	3	10
8	8	16	15	6	14	13	4	12	2	10	1	9
9	9	1	2	11	3	4	13	5	15	7	16	8
10	10	3	6	16	9	12	5	15	11	4	14	7
11	11	5	10	4	15	3	14	8	7	1	12	6
12	12	7	14	9	4	11	6	1	3	15	10	5
13	13	9	1	14	10	2	15	11	16	12	8	4
14	14	11	5	2	16	10	7	4	12	9	6	3
15	15	13	9	7	5	1	16	14	8	6	4	2
16	16	15	13	12	11	9	8	7	4	3	2	1

与均匀设计表相对应的还有一个使用表,该表指出如何从设计表中选择适当的列(这些列反映了参数的均匀分布情况),以及这些所组成的参数方案的均匀度。选用方法可以依据各种不同的均匀性度量原则来获得。表 6.1.2 给出了均匀设计表 $U_{16}(16^{12})$ 的使用表。从表 6.1.2 可以看到,若是两个因素,应选用 1,8 两列来安排参数组合;若有三个因素,应选用 1,4,6 这三列;若有四个因素,应选用 1,4,5,6 这四列安排参数组合等。

表 6.1.2　均匀设计表 $U_{16}(16^{12})$ 的使用表

因素个数	列号							D
2	1	8						0.090 8
3	1	4	6					0.126 2
4	1	4	5	6				0.170 5
5	1	4	5	6	9			0.207
6	1	3	5	8	10	11		0.251 8
7	1	2	3	6	9	11	12	0.276 9

注：D 表示均匀度的偏差，偏差值越小，表示均匀度越好。

由于均匀设计表任意两列之间不一定平等，使用均匀设计一般不宜随意挑选列，而应当选择均匀性比较好的列。具体设计时，应按使用表的推荐去选择相应的列。使用表可在均匀设计时确定如何选列来安排相应的因素。均匀设计时，只有遵循使用表的规定，才能达到较好的效果。

4　测点优选

特高拱坝弹性模量的反演需要建立在监测数据的基础上。由于坝体布设了相当数量的监测点，而每个监测点都可以提供监测数据。下面研究在特高拱坝弹性模量反演过程中，在现有监测点的情况下，如何选择优良的监测点以提高参数反演的精度和效率。

4.1　测点优选的基本原则

一个好的采样点应该具备：高质量的效应量监测信息、较高的参数灵敏度、对参数反演计算结果的数值稳定性有利等基本条件。

（1）高质量的效应量监测信息

在实际的监测过程中，对于同一大小的量测误差水平，效应量 h 越大，就越有利于得到较高的监测信噪比 h/ε（ε 为监测误差），这会使得参数反演结果更为可靠。

（2）高质量的参数灵敏度值信息

监测效应量对材料参数的灵敏度越大，说明待求材料参数的微小变化将会引起监测效应量的较大变化，监测效应量能够足够大地体现待求参数的微小变化。这一性质对于像大坝这样材料参数随时间缓慢变化的反演分析是有利的，在这些测点处，更能反演得到结构在各种工况下的实际工作性态，对结构的性态分析、安全评价更有利。

（3）对参数反演计算结果的数值稳定性有利

解决参数反演结果的数值稳定性是解决定解问题适定性的一个重要方面。研究表明，对于同一误差水平的数据噪音，选择不同位置的测点，参数反演解的数值稳定性往往不同。对于一定的噪音水平，好的测点能够给参数反演结果带来更好的数值稳定性，这就要求参数反演结果对监测误差不能太敏感。因此，当采用这些点进行力学参数反演时，即使效应量存在一定的量测误差，也可以相对比较可靠地反演得到这些参数，减少参数的波动变化,保证反演结果的稳定性。

4.2　测点优选方法

以上述监测点位置优选的三条基本原则为主线,应用灵敏度分析方法解决参数反演所采用的测点优选问题。所谓的灵敏度是指由于待反演参数的变化引起计算位移变化的大小,即 $\partial \boldsymbol{u}/\partial x$($\boldsymbol{u}$ 为计算位移值,x 为材料参数),也即是位移对材料参数依赖程度的大小。参数反演时,应尽可能选择灵敏度大的测点,以提高参数的可识别程度。

对于特高拱坝这样复杂的系统,材料参数灵敏度 $\partial \boldsymbol{u}/\partial x$ 的求解较为困难。因此,采用人工神经网络来实现材料参数灵敏度的智能化计算:借用有限元的正分析结果,将模型参数作为输入变量,将坝体效应量作为输出变量,通过神经网络的学习训练,利用输出变量对输入变量的偏导数来表示监测效应量对模型参数的灵敏度。

采用具有一个隐层的神经网络,输入层(n 个单元)、隐层(s 个单位) 和输出层(m 个单元) 的映射关系为:

输入层　$$O_1 = I_1 \tag{6.1.19}$$

隐层　$$I_2 = w_1 O_1 \qquad O_2 = f_1(I_2 + b_1) = f_1(w_1 O_1 + b_1) \tag{6.1.20}$$

输出层　$$I_3 = w_2 O_2 \qquad O_3 = f_2(I_3 + b_2) = f_2(w_2 O_2 + b_2) \tag{6.1.21}$$

式中:I_i, O_i 分别表示各层的输入和输出;w_1, w_2 分别为两个连接权重;b_1, b_2 分别为隐层和输出层的偏置向量;f_1, f_2 隐层和输出层的激活函数。显然,式(6.1.21) 为连续可微函数。网络输出 O_3 对网络输入 I_1 的偏导数为:

$$\frac{\partial O_3}{\partial I_1} = \frac{\partial O_3}{\partial I_3} \times \frac{\partial I_3}{\partial O_2} \times \frac{\partial O_2}{\partial I_2} \times \frac{\partial I_2}{\partial O_1} \times \frac{\partial O_1}{\partial I_1} = \frac{\partial O_3}{\partial I_3} \times w_2 \times \frac{\partial O_2}{\partial I_2} \times w_1 \tag{6.1.22}$$

经偏导数求解,可以得出:

$$\frac{\partial O_3}{\partial I_1} = diag\left(\frac{\partial O_{3,1}}{\partial I_{3,1}}, \frac{\partial O_{3,2}}{\partial I_{3,2}}, \cdots, \frac{\partial O_{3,m}}{\partial I_{3,m}}\right) \times w_2 \times diag\left(\frac{\partial O_{2,1}}{\partial I_{2,1}}, \frac{\partial O_{2,2}}{\partial I_{2,2}}, \cdots, \frac{\partial O_{2,s}}{\partial I_{2,s}}\right) \times w_1 \tag{6.1.23}$$

隐层和输出层的激活函数均采用对数 S 型函数,即

$$f_1(x) = f_2(x) = \frac{1}{1 + \exp(-x)} \tag{6.1.24}$$

且

$$f_1'(x) = [1 - f(x)]f(x) \tag{6.1.25}$$

将式(6.1.25)代入式(6.1.23),可以得到神经网络中系统输出(测点)对系统输入(材料参数)的灵敏度为:

$$\begin{aligned} \frac{\partial O_3}{\partial I_1} = {} & diag[(1 - O_{3,1})O_{3,1}, (1 - O_{3,2})O_{3,2}, \cdots, (1 - O_{3,m})O_{3,m}] \times w_2 \times \\ & diag[(1 - O_{2,1})O_{2,1}, (1 - O_{2,2})O_{2,2}, \cdots, (1 - O_{2,s})O_{2,s}] \times w_1 \end{aligned} \tag{6.1.26}$$

可以看出,基于神经网络的灵敏度求解方法形式简单且统一,不论原系统的非线性程度多强,都可以采用上述方法方便地计算出效应量对材料参数的灵敏度。

Step1 依照均匀设计理论,设计待反演的参数样本。

Step2 建立坝体与坝基的有限元分析模型,选取正常蓄水位工况,将 Step1 生成的材料参数样本以及设计状态下的材料参数输入有限元模型中,计算拱坝的变形值,并作为 BP 网络的输出值。

Step3 将材料参数样本输入神经网络进行学习训练。

Step4 利用收敛后的网络,采用设计状态下的材料参数和变形值,按式(6.1.26)计算得到坝体位移对材料参数的灵敏度,据此进行反演参数所需测点的优选。

5 材料特性参数演化模型

由前述分析可知,特高拱坝在服役期间,经历了各种荷载工况,其坝体与坝基的材料参数会随时间而改变,可表示为时间函数 $E_c(t)$, $E_r(t)$ 等。为了求得材料参数的时变过程,将变形实测资料分为若干段,建立各自的数学模型。分段原则为:①至少要分 4 段或 4 段以上,使反演材料参数不少于 4 个,由此得到时变模型;②每段资料的时间序列要大于 3 年,对各段变形监测资料建立数学监控模型,并分离出水压分量。

利用变形实测资料反演材料力学参数时,测点和水位的选择通常有两种方式:①一组水位和多个测点,②多组水位和一个测点。为了能准确地反演坝体与坝基的力学参数,本节采用前者。考虑到对实测位移进行分析时,采用的都是相对位移,并且利用遗传偏最小二乘建立的模型分离实测位移的各个分量时,相对值可以避免回归模型常数项的影响,故采用坝体位移的各分量相对值进行材料参数的反分析。在研究过程中,将改进的遗传神经网络与有限元计算软件相结合,充分利用软件丰富和完善的单元库、材料模型库、高效的求解器以及扩展程序接口等功能,计算水压作用下的拱坝位移场。

针对反演坝体弹性模量与坝基变形模量的问题,其具体计算过程如下:

Step1 首先将实测资料分成连续的 n 段,建立各个时段的数学模型,并分离出各自的水压分量;

Step2 采用均匀设计理论选择待反演的参数样本(即坝体的弹性模量和坝基的变形模量);

Step3 建立坝体与坝基的有限元分析模型,将 Step2 生成的参数样本输入有限元模型中,且选取各个时段内具有代表性的水位,计算该水位下的水压分量,并取水压分量的相对值;

Step4 利用 Step1 中的水压分量的模型,计算 Step3 中特定水位下的水压分量,并取水压分量的相对值;

Step5 建立遗传神经网络,将 Step3 中的水压分量相对值作为网络的输入值,将相应的参数样本作为网络的输出值;

Step6 训练遗传神经网络;

Step7 分别将 Step4 中的各个时段水压分量相对值输入训练好的遗传神经网络,网络输出即为所需反演的参数值;

Step8　绘制材料参数的时变过程线，拟合建立材料参数的演化模型，并进行检验、评价反分析结果。

第二节　特高拱坝结构计算参数的优化反演

1　基于改进目标函数的参数优化反演方法

1.1　参数优化反演的目标函数

根据上一节分析，建立合适的目标函数是优化反演方法的关键环节之一，这里主要对目标函数的建立做简要介绍。目前，常用的目标函数有两种：常规最小二乘目标函数与加权最小二乘目标函数。常规最小二乘参数估计是最早被应用的参数估计方法，也是被用于参数优化反演的主要方法，其特点是，在获得参数估计值时不需要任何统计假设，所以该方法得到广泛应用。常规最小二乘参数优化反演的思想就是，找到一组参数，使得在该组参数取值情况下，使计算出结构响应的计算值与实测值之间误差的平方和最小。从优化算法的概念可以看出，该类方法需要反复甚至是大量的正演计算，随着计算精度要求越来越高，计算规模越来越大，单次正演计算本身便会耗费较多机时，这样一来，整个优化反演过程的计算成本也将大大增加，计算效率自然会很低，有必要对其进行改进。众所周知，优化反演算法中正演计算最终目的是为了获得目标函数的值，或者说正是由于计算目标函数值的需要才进行正演计算的，所以不妨从目标函数的构造方法入手来改进优化算法，既能较好地提高反演计算效率，节省计算成本，同时计算精度亦有保证。

设 $\boldsymbol{A}^c(\boldsymbol{X})$ 为结构计算响应量，$\boldsymbol{X}=[x_1,x_2,\cdots,x_n]$ 为结构材料参数，$\boldsymbol{A}^m$ 为实测效应量，则材料参数优化反演的常规最小二乘法的目标函数可以写为：

$$O(\boldsymbol{X})=[\boldsymbol{A}^c(\boldsymbol{X})-\boldsymbol{A}^m]^{\mathrm{T}}[\boldsymbol{A}^c(\boldsymbol{X})-\boldsymbol{A}^m]=\sum_{i=1}^{m}(a_i^c-a_i^m)^2 \tag{6.2.1}$$

式中：m 为实测资料的总测次数；a_i^c 为测点 i 的结构计算响应量；a_i^m 为测点 i 的实测结构响应量。

式(6.2.1)对待估参数 $\boldsymbol{X}$ 的偏导函数表达式为：

$$\frac{\partial O(\boldsymbol{X})}{\partial \boldsymbol{X}}=2\sum_{i=1}^{m}(a_i^c-a_i^m)\frac{\partial a_i^c}{\partial \boldsymbol{X}} \tag{6.2.2}$$

如果令偏导数为零，便使得目标函数值最小，从而得出在该目标函数值取最小时所对应的参数估计值。

加权最小二乘目标函数，不同于常规目标函数仅将所有结构响应实测值和计算值误差的平方和进行简单地累加，同时考虑了各测点结构响应与实测值对于待反演参数的有效性。对待反演的参数而言，由于测点布置和测量精度的不同，相应不同点的结构响应与实测值在该参数反演过程中所起的作用是不同的，贡献程度有大有小。有必要在前述最小二乘法目标函数的基础上，考虑实测资料对反演参数的敏感性，也就是进行材料参数的加权优化反演。事实上，恰当地引入权系数，往往可以提高计算收敛的速度。考虑加权效应时，材料参数优化反演的目标函数可以写为：

$$O(\boldsymbol{X}) = [\boldsymbol{A}^c(\boldsymbol{X}) - \boldsymbol{A}^m]^{\mathrm{T}}\boldsymbol{W}[\boldsymbol{A}^c(\boldsymbol{X}) - \boldsymbol{A}^m] = \sum_{i=1}^{m} w_1 (a_i^c - a_i^m)^2 \tag{6.2.3}$$

关于目标函数中权系数矩阵 $\boldsymbol{W}$ 如何取值问题，已有诸多相关研究成果。

（1）对于不同位置的待反演材料参数，距待反演的位置越近，其监测效应量实测值对其反演结果的影响越大；而距待反演的位置越远，其影响越小。这样对于距待反演位置较近点的测点实测值，取其权较大（如取为 0.9），从而突出其影响；而对于距待反演位置较远点的测点实测值，取其权较小（如取为 0.5 以下），从而降低其对待反演位置参数反演的影响。

（2）假设权系数矩阵 $\boldsymbol{W}$ 为 $\boldsymbol{A}^m$ 协方差矩阵的逆，该方法实际上是从监测误差的角度出发，认为通过取实测值协方差矩阵的逆作为误差矩阵，可以减小误差较大的实测值对反演结果的影响，而增大误差较小的实测值对反演结果的影响，从而提高反演结果的可信度。

（3）选择各测点实测资料的权系数：

$$w_i = \frac{1/d_i}{\sqrt{\sum_{j=1}^{m}(1/d_j)^2}} \tag{6.2.4}$$

式中：d_i 为测点位置 i 到待估材料参数中心点位置的距离。

在研究参数反演问题时，可引入测点实测资料对参数的敏感系数，权系数为：

$$w_i = \frac{\max\limits_j\{|\partial H_i/\partial x_j|\}}{\sum_{i=1}^{n}\max\limits_j\{|\partial H_i/\partial x_j|\}} \tag{6.2.5}$$

式中：$j = 1,2,\cdots,m$；H_i 为实测资料的拟合函数；$\partial H_i/\partial x_j$ 为 H_i 对参数 x_j 的敏感系数。

采用该形式的权系数可最大限度地利用敏感性好的实测资料，改善了反演问题的适定性，同时也利用了敏感性较差的实测资料，增加了实测资料的数量，防止因实测资料过少而导致反演结果较大程度的失真。

1.2　线性单参数和多参数快速优化反演方法

对于物理力学参数的优化反演问题归结为如下问题：定义待反演参数为待定变量 $\boldsymbol{X}$，使其在满足一定的约束条件前提下，使目标函数 $O(\boldsymbol{X})$ 取极小值。当建立了目标函数 $O(\boldsymbol{X})$ 后，上述的反演问题实际上就转化为最优化问题的求解。这一优化反演过程一般不能直接求解，而需采用以正分析为基础的反复优化试算，最终得到一个最优值，是一个多参数单目标或者多目标的最优化过程。因此，下面将参数反演问题与各种优化算法相结合进行求解，分别提出单个变形模量反演、多个变形模量反演的快速优化反演方法，该方法同样可以推广到其他如渗透系数反演计算中。

1.2.1　基于改进目标函数的单参数快速反演方法

传统优化算法常用的目标函数形式如下：

$$\dot{Q} = \sum_{i=1}^{N} (\boldsymbol{\delta}_i - \boldsymbol{\delta}_i^m)^2 \tag{6.2.6}$$

式中：N 为测点数；$\boldsymbol{\delta}_i$ 为测点的计算位移；$\boldsymbol{\delta}_i^{\ m}$ 为实测位移；$\dot{Q}$ 为计算值与实测值残差平方和。

优化反演的最终目的是获得使 $\dot{Q}$ 的值即残差平方和为最小时的材料参数，从式(6.2.6)可以看出，要想获得计算位移值 δ_i 就需要进行正演分析。对于线性参数反演，δ_i 是材料参数、边界条件、计算荷载等的函数，即：

$$\delta_i = f(\boldsymbol{E},\boldsymbol{\mu},\boldsymbol{P},\boldsymbol{\Gamma},\boldsymbol{\Delta}) \tag{6.2.7}$$

式中：$\boldsymbol{E}$，$\boldsymbol{\mu}$ 分别代表模型的变形模量与泊松比；$\boldsymbol{P}$ 代表作用于模型上的总荷载；$\boldsymbol{\Gamma}$ 为模型上的总约束条件；$\boldsymbol{\Delta}$ 为模型中其他因素的综合。对于给定的计算模型如有限元模型，$\boldsymbol{P}$，$\boldsymbol{\Gamma}$，$\boldsymbol{\Delta}$ 三项因素视为不变量。

显然，$\dot{Q}$ 也应该是上述因素与实测值的函数，即：

$$\dot{Q} = F(\boldsymbol{E},\ \boldsymbol{\mu},\ \boldsymbol{P},\ \boldsymbol{\Gamma},\ \boldsymbol{\Delta},\ \boldsymbol{\delta}_i^m) \tag{6.2.8}$$

从式(6.2.8)可以看出，对于给定的模型以及监测资料，函数中 $\boldsymbol{P}$，$\boldsymbol{\Gamma}$，$\boldsymbol{\Delta}$，$\boldsymbol{\delta}_i^m$ 可视为常量；又由于泊松比变化不大，$\boldsymbol{\mu}$ 也可以视为常量，所以式(6.2.8)仅为模型材料 $\boldsymbol{E}$ 的连续函数。设模型综合变形模量的初始值为 $\boldsymbol{E}_0$，将函数 F 在初始值处进行 n 级泰勒展开为：

$$F(\boldsymbol{E}_j) = \dot{Q} \approx Q = F(\boldsymbol{E}_0) + F'(\boldsymbol{E}_0)(\boldsymbol{E}-\boldsymbol{E}_0)^2 + \frac{F''(\boldsymbol{E}_0)}{2!}(\boldsymbol{E}-\boldsymbol{E}_0)^2 + \cdots + \frac{F^{(n)}(\boldsymbol{E}_0)}{n!}(\boldsymbol{E}-\boldsymbol{E}_0)^n \tag{6.2.9}$$

上式即为传统目标函数的改进形式，其中 n 的取值依据计算精度及工程实际情况而定。下面推导改进目标函数的求解过程。

令 $Q_0 = F(\boldsymbol{E}_0)$，$Q_1 = F'(\boldsymbol{E}_0)(\boldsymbol{E}-\boldsymbol{E}_0)$，…，$Q_n = \dfrac{F^{(n)}(\boldsymbol{E}_0)}{n!}(\boldsymbol{E}-\boldsymbol{E}_0)^n$，分别推求 Q_0，Q_1，…，Q_n 的表达式。$F(\boldsymbol{E}_0)$ 代表取初始参数时的残差平方和，由式(6.2.6)可得到：

$$Q_0 = \sum_{i=1}^{N} [\boldsymbol{\delta}_i(\boldsymbol{E}_0) - \boldsymbol{\delta}_i^m]^2 \tag{6.2.10}$$

在各向同性介质模型中，整个结构的平衡方程为：

$$[K][\delta] = [R] \tag{6.2.11}$$

其中，

$$[K] = \sum_{e\in\Omega} [c]_e^{\mathrm{T}} \cdot [k]_e \cdot [c]_e \tag{6.2.12}$$

式中：$[k]_e$，$[c]_e$ 分别为单元 e 的劲度矩阵与劲度转换矩阵。

$$[k]_e = \iiint [B]^{\mathrm{T}}[D][B]\mathrm{d}\Omega_e = Eg(\mu,[B]) \tag{6.2.13}$$

式中：$[D]$ 为单元的弹性矩阵，$[D] = Eh(\mu)$，$h(\mu)$ 为常量矩阵；$[B]$ 为单元几何特性矩阵，$g(\mu,[B]) = \iiint [B]^{\mathrm{T}}h(\mu)[B]\mathrm{d}\Omega_e$，对于已剖分好的网格模型而言，$[B]$、$g(\mu,[B])$ 均为常量矩阵。

再将式(6.2.13)代入式(6.2.12)，可以得到：

$$[K] = \sum_{e\in\Omega}[c]_e^{\mathrm{T}} \cdot Eg(\mu,[B]) \cdot [c]_e = EG(\mu) \tag{6.2.14}$$

式中：$G(\mu) = \sum_{e\in\Omega}[c]_e^{\mathrm{T}}g(\mu)[c]_e$。

再将式(6.2.14)代入式(6.2.11)，且两边同时求在初始解 E_0 处的一阶导数，可以得到：

$$G(\mu)\delta(E)\big|_{E=E_0} + [EG(\mu)\delta'(E)]\big|_{E=E_0} = 0 \tag{6.2.15}$$

所以，

$$\delta'(E_0) = -[E_0G(\mu)]^{-1} \cdot G(\mu)\delta(E_0) = \frac{1}{E_0} \cdot M \tag{6.2.16}$$

式中：$M = \delta(E_0) \neq 0$，$\delta(E_0)$ 为初始材料参数为 E_0 时结构的位移量，由有限元计算可以得到；$\delta'(E_0)$ 为结构位移一阶导数在 E_0 处的值，其他符号意义同前。

对式(6.2.16)再次求导，可以得到结构位移在 E_0 处的二阶导数为：

$$\delta''(E_0) = \frac{2}{E_0^2} \cdot M = (-2)\frac{1}{E_0}\delta'(E_0) \tag{6.2.17}$$

依次类推，可以得到 n 阶导数有如下递推公式为：

$$\delta^{(n)}(E_0) = (-n)\frac{1}{E_0}\delta^{(n-1)}(E_0) \tag{6.2.18}$$

利用式(6.2.6)和式(6.2.8)可以推求出函数 F 在 E_0 处各阶导数值的求解表达式。

一阶导数为：

$$F'(E_0) = 2\sum_{i=1}^{N}\{[\delta_i(E_0) - \delta_i^m]\delta_i'(E_0)\} \tag{6.2.19}$$

当 $n = 2k(k = 1,2,\cdots)$ 时，

$$\begin{aligned} F^{(n)}(E_0) = 2\sum_{i=1}^{N}\{&a_1\delta_i'(E_0)\delta_i^{(n-1)}(E_0) + a_2\delta_i''(E_0)\delta_i^{(n-2)}(E_0) + \cdots \\ &+ a_{n/2}\delta_i^{(n/2)}(E_0)\delta_i^{(n/2)}(E_0) + [\delta_i(E_0) - \delta_i^m]\delta_i^{(n)}(E_0)\} \end{aligned} \tag{6.2.20}$$

当 $n = 2k+1(k = 1,2,\cdots)$ 时，

$$\begin{aligned} F^{(n)}(E_0) = 2\sum_{i=1}^{N}\{&a_1\delta_i'(E_0)\delta_i^{(n-1)}(E_0) + a_2\delta_i''(E_0)\delta_i^{(n-2)}(E_0) + \cdots \\ &+ a_{(n-1)/2}\delta_i^{((n-1)/2)}(E_0)\delta_i^{((n+1)/2)}(E_0) + [\delta_i(E_0) - \delta_i^m]\delta_i^{(n)}(E_0)\} \end{aligned} \tag{6.2.21}$$

式(6.2.20)与式(6.2.21)中，a_i 为进导系数，在此推导了10阶以内的进导系数的值，其中 $a_1 = n$，其他 $a_i[i = 2, \cdots, n/2$ 或 $(n-1)/2]$ 各值如表6.2.1所示。式(6.2.19)—式(6.2.21)中各阶导数的值完全可以由式(6.2.16)—式(6.2.18)计算得到。进而，将式(6.2.19)—式(6.2.21)代入式(6.2.9)，就可以得出改进的目标函数计算表达式。

表6.2.1　进导系数表

阶数＼参数	a_1	a_2	a_3	a_4	a_5
1	/	/	/	/	/
2	1	/	/	/	/
3	3	/	/	/	/
4	3	4	/	/	/
5	10	5	/	/	/
6	10	15	6	/	/
7	35	21	7	/	/
8	35	56	28	8	/
9	126	84	36	9	/
10	126	210	120	45	10

从以上的推导过程可以看出，目标函数改进形式中，$F(E_0)$ 及其各阶导数的值仅与初始弹模 E_0 有关，而与优化产生的参数无关，并且通过式(6.2.19)—式(6.2.21)完全确定。因此，把式(6.2.9)作为优化计算的目标函数时，只需要正演计算一次，而后面的优化迭代过程仅仅计算 $(E-E_0)^n$ 即可求出目标函数的值，实现优化反演计算，计算效率从而得到提高。

将改进后的目标函数与传统遗传算法相结合，可以开发出高效的优化反演程序。为此，遗传算法需要做如下两个方面的改进：初始值 E_0 的设定和适应度函数的构建。初始值 E_0 的选取对计算结果精度、迭代次数、计算收敛速度等具有较为重要影响，应慎重考虑。对于遗传算法，可以取随机初始化种群中个体的平均值，即：

$$E_0 = \frac{1}{N}\sum_{i=1}^{N} E_i \tag{6.2.22}$$

式中：N 为种群规模即种群中个体数量；E_i 为种群中的个体。

由上分析，设计遗传优化算法的适应度函数如下：

$$\begin{aligned} S &= Y - Q \\ &= Y - \left[F(E_0) + F'(E_0)(E-E_0) + \frac{F''(E_0)}{2!}(E-E_0)^2 + \cdots + \frac{F^{(n)}(E_0)}{n!}(E-E_0)^n\right] \end{aligned} \tag{6.2.23}$$

式中:Y 为正数,其值与 Q 相比要足够大,可依据具体情况而定。

上式中 $F(E_0)$ 及其各阶导数的值按前文方法求解,而借助遗传操作产生的新个体 E,只需要进行简单的代数运算$(E-E_0)^n$,就可以得到该个体的适应度,而不需要再通过正演计算获得。图 6.2.1 给出了基于改进目标函数的单个变形模量的遗传优化反演算法流程。

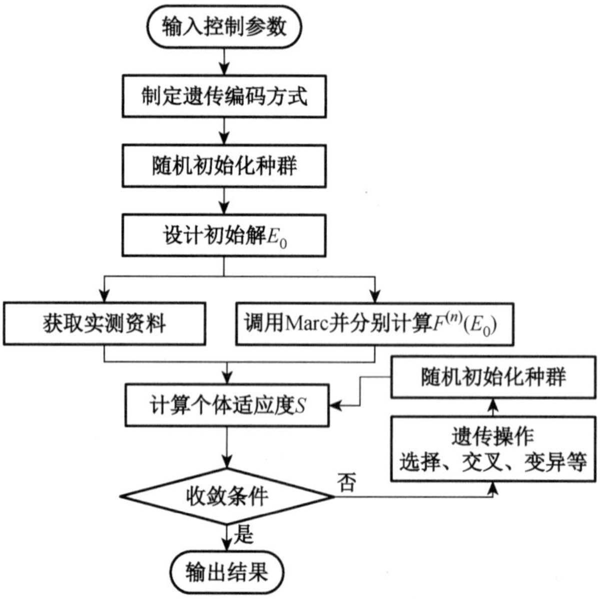

图 6.2.1 基于目标函数改进形式的遗传反演算法流程

该程序与 Marc 软件联合开发。将图 6.2.1 与传统遗传反演算法相比较可以看出,基于目标函数改进形式算法的迭代循环体并未包括调用有限元正演计算部分,而只需在循环之前正演计算一次即可,大大节约计算机时,提高了计算效率。

1.2.2 基于改进目标函数的多参数快速反演方法

多个变形模量反演与单个变形模量反演思路相同,只是目标函数的改进形式需要适当调整。首先式(6.2.8) 中的材料参数为向量形式,即:$\boldsymbol{E}=[E_1 \quad E_2 \quad \cdots \quad E_m]^{\mathrm{T}}$,$\boldsymbol{\mu}=[\mu_1 \quad \mu_2 \quad \cdots \quad \mu_m]^{\mathrm{T}}$,$\boldsymbol{E}$,$\boldsymbol{\mu}$ 分别为模型不同分区的弹性模量与泊松比,假设模型材料分区数量 m,同样假设材料的泊松比为常量。此时,目标函数在初始值处的展开形式为:

$$
\begin{aligned}
Q &= Q_0+Q_1+Q_2+\cdots+Q_n = \\
& F(\boldsymbol{E}_0)+\nabla F(\boldsymbol{E})^{\mathrm{T}}\big|_{\boldsymbol{E}=\boldsymbol{E}_0}(\boldsymbol{E}-\boldsymbol{E}_0)+\frac{1}{2!}(\boldsymbol{E}-\boldsymbol{E}_0)^{\mathrm{T}}\nabla^2 F(\boldsymbol{E})\big|_{\boldsymbol{E}=\boldsymbol{E}_0}(\boldsymbol{E}-\boldsymbol{E}_0)+\cdots+Q_n
\end{aligned}
\tag{6.2.24}
$$

式中:$\boldsymbol{E}_0=[E_{10} \ \cdots \ E_{j0} \ \cdots \ E_{m0}]^{\mathrm{T}}$($j$ 为材料分区号$\boldsymbol{\Omega}_j$,$j=1,\cdots,m$)为模型中各个分区弹性模量的初始值;其他各项表达式为:

$$
Q_0=F(\boldsymbol{E}_0) \tag{6.2.25}
$$

$$
Q_1=\nabla F(\boldsymbol{E})^{\mathrm{T}}\big|_{\boldsymbol{E}=\boldsymbol{E}_0}(\boldsymbol{E}-\boldsymbol{E}_0) \tag{6.2.26}
$$

$$Q_2 = \frac{1}{2!}(\boldsymbol{E} - \boldsymbol{E}_0)^{\mathrm{T}} \nabla^2 F(\boldsymbol{E})|_{\boldsymbol{E}=\boldsymbol{E}_0}(\boldsymbol{E} - \boldsymbol{E}_0) \tag{6.2.27}$$

$$Q_n = \frac{1}{n!}\left[(\boldsymbol{E} - \boldsymbol{E}_0)^{\mathrm{T}} \cdot \left(\frac{\partial}{\partial \boldsymbol{E}_1} \frac{\partial}{\partial \boldsymbol{E}_2} \cdots \frac{\partial}{\partial \boldsymbol{E}_m}\right)^{\mathrm{T}}\right]^n F(\boldsymbol{E})|_{\boldsymbol{E}=\boldsymbol{E}_0} \tag{6.2.28}$$

$$\nabla F(\boldsymbol{E}) = \left[\frac{\partial F(\boldsymbol{E})}{\partial \boldsymbol{E}_1} \frac{\partial F(\boldsymbol{E})}{\partial \boldsymbol{E}_2} \cdots \frac{\partial F(\boldsymbol{E})}{\partial \boldsymbol{E}_m}\right]^{\mathrm{T}} \tag{6.2.29}$$

$$\nabla^2 F(\boldsymbol{E}) = \begin{bmatrix} \frac{\partial^2 F(\boldsymbol{E})}{\partial \boldsymbol{E}_1^2} & \frac{\partial^2 F(\boldsymbol{E})}{\partial \boldsymbol{E}_1 \partial \boldsymbol{E}_2} \cdots & \frac{\partial^2 F(E)}{\partial E_1 \partial \boldsymbol{E}_m} \\ \frac{\partial^2 F(\boldsymbol{E})}{\partial \boldsymbol{E}_2 \partial \boldsymbol{E}_1} & \frac{\partial^2 F(\boldsymbol{E})}{\partial \boldsymbol{E}_2^2} \cdots & \frac{\partial^2 F(\boldsymbol{E})}{\partial \boldsymbol{E}_2 \partial \boldsymbol{E}_m} \\ \vdots & \vdots & \vdots \\ \frac{\partial^2 F(\boldsymbol{E})}{\partial \boldsymbol{E}_m \partial \boldsymbol{E}_1} & \frac{\partial^2 F(\boldsymbol{E})}{\partial \boldsymbol{E}_m \partial \boldsymbol{E}_2} \cdots & \frac{\partial^2 F(\boldsymbol{E})}{\partial \boldsymbol{E}_m^2} \end{bmatrix} \tag{6.2.30}$$

依据计算精度及工程实际情况确定 n 的值。一般来讲,取前三项即可满足计算精度。下面推求前三项的具体求解表达式。

$F(\boldsymbol{E}_0)$ 代表材料取初始参数时的残差平方和,可以得到:

$$Q_0 = \sum_{i=1}^{N}[\boldsymbol{\delta}_i(\boldsymbol{E}_0) - \boldsymbol{\delta}_i^m]^2 \tag{6.2.31}$$

在多介质线性模型中,整个结构的平衡方程为:

$$[K][\delta] = [R] \tag{6.2.32}$$

其中,

$$[K] = \sum_{j=1}^{m}\sum_{e\in\Omega_j}[c]_{ej}^{\mathrm{T}} \cdot [k]_{ej} \cdot [c]_{ej} \tag{6.2.33}$$

式中:$[k]_{ej}$,$[c]_{ej}$ 分别为单元ej 的劲度矩阵与劲度转换矩阵;$[K]$ 为整体劲度矩阵;$[\delta]$ 为结点位移列阵;$[R]$ 为荷载列阵。

$$[k]_{ej} = \iiint [B]^{\mathrm{T}}[D]_j[B]\mathrm{d}\Omega_{ej} = E_j g_j(\mu_j, [B]) \tag{6.2.34}$$

式中:$[D]_j$ 为单元的弹性矩阵,$[D]_j = E_j h_j(\mu_j)$,$h_j(\mu_j)$ 为常量矩阵;$[B]$ 为单元几何特性矩阵,$g_j(\mu_j, [B]) = \iiint [B]^{\mathrm{T}} h_j(\mu_j)[B]\mathrm{d}\boldsymbol{\Omega}_{ej}$,对于已剖分好的网格模型而言,$[B]$,$g_j(\mu_j, [B])$ 均为常量矩阵。

再将式(6.2.34)代入式(6.2.33)可以得到:

$$[K] = \sum_{j=1}^{m}\sum_{e\in\Omega_j}[c]_{ej}^{\mathrm{T}} \cdot E_j g_j(\mu_j, [B]) \cdot [c]_{ej} = \sum_{j=1}^{m} E_j G_j(\mu_j) \tag{6.2.35}$$

式中:$G_j(\mu_j) = \sum_{e\in\Omega_j}[c]_{ej}^{\mathrm{T}} g_j(\mu_j)[c]_{ej}$。

再将式(6.2.35)代入式(6.2.32),且两边同时求在初始解处的一阶偏导数,可以得到:

$$\left.\frac{\partial \boldsymbol{\delta}(\boldsymbol{E})}{\partial \boldsymbol{E}_j}\right|_{\boldsymbol{E}=\boldsymbol{E}_0}=-\left[\sum_{j=1}^{m} E_{j0} G_j(\mu_j)\right]^{-1} \cdot G_j(\mu_j) \cdot \boldsymbol{\delta}(\boldsymbol{E}_0) \tag{6.2.36}$$

式中:$\boldsymbol{\delta}(\boldsymbol{E}_0)$ 为初始材料参数为 $\boldsymbol{E}_0$ 时的结构位移向量,由有限元计算可以得到;$\left.\frac{\partial \boldsymbol{\delta}(\boldsymbol{E})}{\partial \boldsymbol{E}_j}\right|_{\boldsymbol{E}=\boldsymbol{E}_0}$ 为结构位移一阶导数在 $\boldsymbol{E}_0$ 处的值,其他符号意义同前。

对式(6.2.36)再次求导,可以得到结构位移在 $\boldsymbol{E}_0$ 处的二阶导数为:

$$\begin{aligned}\left.\frac{\partial^2 \boldsymbol{\delta}(\boldsymbol{E})}{\partial \boldsymbol{E}_j^2}\right|_{\boldsymbol{E}=\boldsymbol{E}_0}&=-2\left[\sum_{j=1}^{m} E_{j0} G_j(\mu_j)\right]^{-1} \cdot G_j(\mu_j) \cdot \frac{\partial \boldsymbol{\delta}(\boldsymbol{E})}{\partial \boldsymbol{E}_j}\\&=2\left[\sum_{j=1}^{m} E_{j0} G_j(\mu_j)\right]^{-2} \cdot G_j^2(\mu_j) \cdot \boldsymbol{\delta}(\boldsymbol{E}_0)\end{aligned} \tag{6.2.37}$$

$$\begin{aligned}\left.\frac{\partial^2 \boldsymbol{\delta}(\boldsymbol{E})}{\partial \boldsymbol{E}_j \partial \boldsymbol{E}_i}\right|_{\boldsymbol{E}=\boldsymbol{E}_0}&=(-2)\left[\sum_{j=1}^{m} E_{j0} G_j(\mu_j)\right]^{-1} \cdot G_i(\mu_i) \cdot \frac{\partial \boldsymbol{\delta}(\boldsymbol{E})}{\partial \boldsymbol{E}_j}\\&=2\left[\sum_{j=1}^{m} E_{j0} G_j(\mu_j)\right]^{-2} \cdot G_j(\mu_j) \cdot G_i(\mu_i) \cdot \boldsymbol{\delta}(\boldsymbol{E}_0)\end{aligned} \tag{6.2.38}$$

进而可以推求出函数 F 在 $\boldsymbol{E}_0$ 处偏导数值的表达式。

一阶偏导数为

$$\left.\frac{\partial F(\boldsymbol{E})}{\partial \boldsymbol{E}_j}\right|_{\boldsymbol{E}=\boldsymbol{E}_0}=2\sum_{i=1}^{N}\left\{\left[\boldsymbol{\delta}_i(\boldsymbol{E}_0)-\boldsymbol{\delta}_i^m\right]\frac{\partial \boldsymbol{\delta}_i(\boldsymbol{E}_0)}{\partial \boldsymbol{E}_j}\right\} \tag{6.2.39}$$

二阶偏导数为

$$\left.\frac{\partial^2 F(\boldsymbol{E})}{\partial \boldsymbol{E}_j^2}\right|_{\boldsymbol{E}=\boldsymbol{E}_0}=2\sum_{i=1}^{N}\left\{\left[\frac{\partial \boldsymbol{\delta}_i(\boldsymbol{E}_0)}{\partial \boldsymbol{E}_j}\right]^2+\left[\boldsymbol{\delta}_i(\boldsymbol{E}_0)-\boldsymbol{\delta}_i^m\right]\frac{\partial^2 \boldsymbol{\delta}_i(\boldsymbol{E}_0)}{\partial \boldsymbol{E}_j^2}\right\} \tag{6.2.40}$$

$$\left.\frac{\partial^2 F(\boldsymbol{E})}{\partial \boldsymbol{E}_j \partial \boldsymbol{E}_i}\right|_{\boldsymbol{E}=\boldsymbol{E}_0}=2\sum_{i=1}^{N}\left\{\frac{\partial \boldsymbol{\delta}_i(\boldsymbol{E}_0)}{\partial \boldsymbol{E}_j} \cdot \frac{\partial \boldsymbol{\delta}_i(\boldsymbol{E}_0)}{\partial \boldsymbol{E}_i}+\left[\boldsymbol{\delta}_i(\boldsymbol{E}_0)-\boldsymbol{\delta}_i^m\right]\frac{\partial^2 \boldsymbol{\delta}_i(\boldsymbol{E}_0)}{\partial \boldsymbol{E}_j \partial \boldsymbol{E}_i}\right\} \tag{6.2.41}$$

式(6.2.39)—式(6.2.41)中各阶导数的值完全可以由式(6.2.36)—式(6.2.38)计算得到。进而,将式(6.2.39)—式(6.2.41)代入式(6.2.24),就可以得出线性多参数反演的目标函数改进形式的近似计算表达式。

从以上的推导过程可以看出,目标函数改进形式中,$F(\boldsymbol{E}_0)$ 及其各阶导数的值仅与初始模量 $\boldsymbol{E}_0$ 有关,而与优化产生的参数无关,并且通过式(6.2.39)—式(6.2.41)完全确定。因此,把式(6.2.24)作为优化计算的目标函数时,只需要正演计算一次,而后面的优化迭代过程也只需更新迭代计算($\boldsymbol{E}-\boldsymbol{E}_0$),即可求出目标函数的值,实现优化反演计算,计算效率也必将得到提高。同样结合传统的遗传优化算法,开发出线性多参数优化反演方法,其流程图与图 6.2.1 类似,这里不再赘述。不仅如此,改进后的目标函数亦可以与其他优化算法相结合,开发出高效的优化反演程序,达到节约机时的效果。初始解 $\boldsymbol{E}_0$ 对于整个优化反演计算至关重要,应根据不同的优化方法以及具体情况慎重而定。

2　基于支持向量机的多测点分区联合反演方法

特高拱坝筑坝混凝土材料受到水泥硬化、混凝土徐变等因素的影响，材料的强度和弹性模量均呈现出单调增长，且增长速度逐渐趋向于收敛。而根据有限元数值模拟计算的平衡方程，在线弹性范围内，结构的变形与弹性模量变化总体呈反比例关系。因此，根据特高拱坝蓄水过程与坝体变形之间的关系，利用有限元方法反演大坝的力学参数，对于分析大坝运行能力具有较大的工程应用价值。特高拱坝坝体通常设有多个材料分区，大坝内部设有多组垂线，因此，特高拱坝运行能力分析模型力学参数的反演分析是多测点分区优化反演问题，与常规的反演相比，需要开展敏感性分析，寻找不同区域力学参数对大坝分区变形影响的主控因素，提升反演结果的可靠性；同时研究新的求解反演问题的优化算法，提升反演分析的效率。

2.1　特高拱坝材料分区力学参数反演

特高拱坝垂线实测位移是坝体混凝土、坝基和库盘基岩变形的叠加效应，在结构数值模拟计算时，拱坝水平位移的变化受三个区域力学参数的影响十分明显。下面结合某特高拱坝河床 13# 坝段材料分区和垂线设置来研究特高拱坝坝体与坝基力学参数反演的方法，尤其是坝体力学参数的多测点分区联合反演方法。

特高拱坝坝体设有多个混凝土分区，混凝土的标号等级是根据结构应力分布和坝内孔口布置等设定，同时考虑地震时拱坝应力、基础强约束区的需要设置的。以某特高拱坝为例(图 6.2.2)，3#—22# 坝段的建基面附近区域及河床坝段 1 778.0 m 高程以上区域采用 180 d 抗压强度标准值 40.0 MPa 的 A 区混凝土；两岸 1#，2#，23#—26# 坝段建基面附近区域，河床坝段 1 778.0 m 高程以下的非约束区采用 180 d 抗压强度标准值35.0 MPa的 B 区混凝土；其他两岸 1 778.0 m 高程以上区域采用 180 d 抗压强度标准值 30.0 MPa 的 C 区混凝土。坝体水平位移的垂线系统也是按照廊道高程为台阶分组设置的。

以该坝 13# 坝段设置的垂线为例，正垂线悬挂点分别设置在坝顶、1 829.25 m、1 778.25 m、1 730.25 m、1 664.25 m 高程检查廊道内，倒垂线悬挂点设置在 1 601.25 m 高程基础廊道内。因此，针对该工程，式(6.1.1)转化为：

$$[K_0] = \alpha \boldsymbol{E}_A + \beta \boldsymbol{E}_B + \gamma \boldsymbol{E}_C \tag{6.2.42}$$

式中：$\alpha = \sum\limits_{e_j \in \boldsymbol{\Omega_A}} [C]_{e_j}^{\mathrm{T}} [\bar{k}_0]_{e_j} [C]_{e_j}$，$\beta = \sum\limits_{e_j \in \boldsymbol{\Omega_B}} [C]_{e_j}^{\mathrm{T}} [\bar{k}_0]_{e_j} [C]_{e_j}$，$\gamma = \sum\limits_{e_j \in \boldsymbol{\Omega_C}} [C]_{e_j}^{\mathrm{T}} [\bar{k}_0]_{e_j} [C]_{e_j}$。

由此可得，特高拱坝坝体分区弹性模量反演的计算式为：

$$(\boldsymbol{E}_A + a\boldsymbol{E}_B + b\boldsymbol{E}_C)\boldsymbol{\delta}_H = (E_{A0} + aE_{B0} + bE_{C0})\boldsymbol{\delta}'_H \tag{6.2.43}$$

式中：E_{A0}，E_{B0} 和 E_{C0} 分别为假定的 A,B 和 C 区混凝土弹模；$a = \beta/\alpha$；$b = \gamma/\alpha$。

利用特高拱坝垂线变形反演材料力学参数的第一步是由坝基倒垂线监测资料反演确定坝基岩体力学参数。特高拱坝的坝基倒垂线监测深部悬挂点到坝基附近浮筒的相对位移，倒垂悬挂的深度可达到 100 m 左右，当倒垂线悬挂点足够深时，可以看做是坝基的绝对位移。利用倒垂的位移监测资料，可由常规方法反演倒垂所在部位坝基的变形模量。

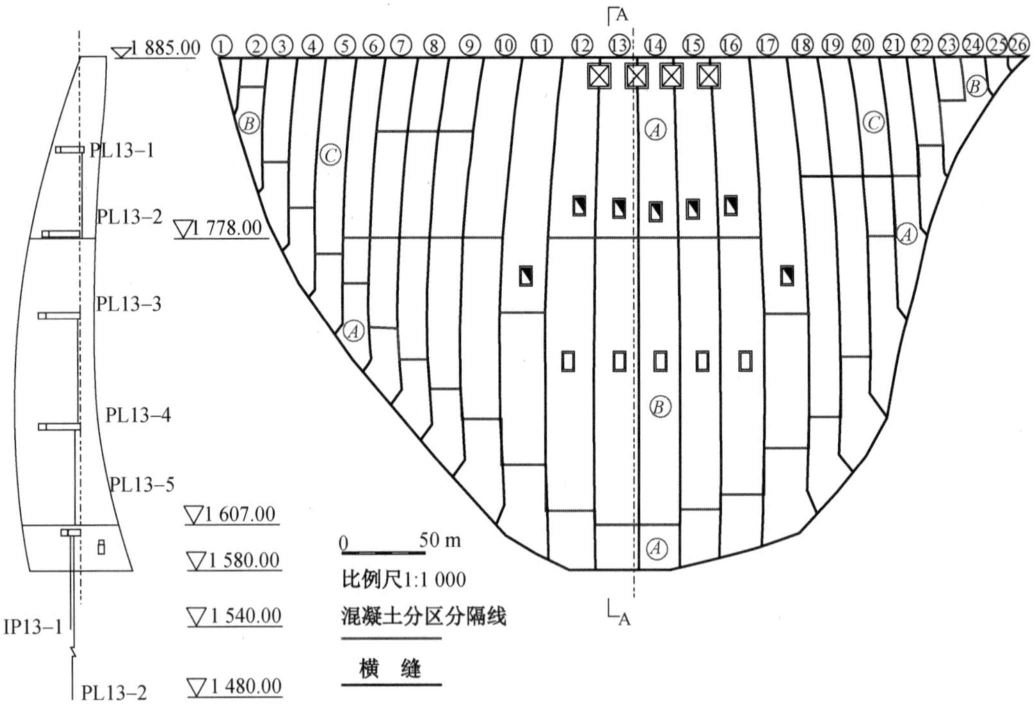

图 6.2.2 某拱坝混凝土分区与 13# 坝段垂线组布置图

特高拱坝的河床坝段均布设有倒垂线，同时沿坝基深度方向布设有多点位移计，若坝基岩体有多个分区，则分别利用各倒垂线和多点位移计的相对位移值反演坝基岩体的变形模量。

利用特高拱坝垂线变形反演材料力学参数的第二步是由坝体垂线监测资料反演确定坝体混凝土分区力学参数。以图 6.2.3 坝顶 A 点为例，其水压力作用下的变形是由水压引起的坝体变形 δ_1、坝基转动引起的坝体变形 δ_2 和坝基剪切引起的坝体变形 δ_3 三部分组成。为反演坝体力学参数，在计算时，需要分别从垂线实测资料的水压分量 δ_H 和有限元计算的水压变形 δ'_H 中分离坝基转动引起的坝体变形和坝基剪切引起的坝体变形，得到所需的第一部分的坝体变形，由此进行坝体力学参数的反演。

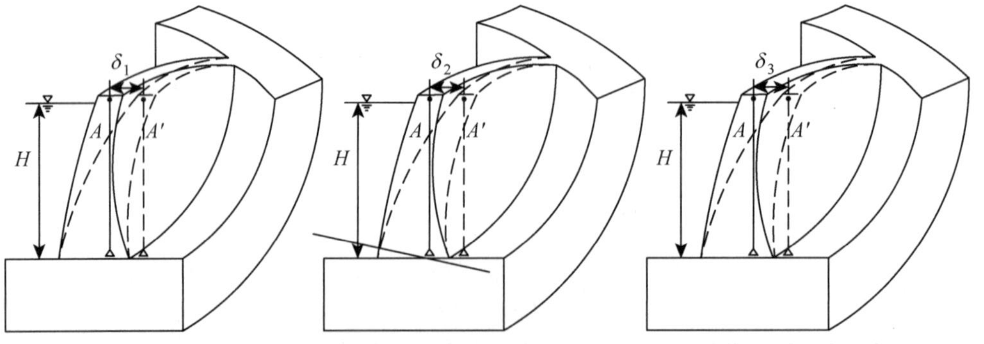

(a) 水压引起的坝体变形δ_1　(b) 坝基转动引起的坝体变形δ_2　(c) 坝基剪切引起的坝体变形δ_3

图 6.2.3 库水引起的坝顶垂线位移分量图

因此，利用常规方法反演坝体力学参数的计算式转化为：

$$(E_A + aE_B + bE_C)\delta_H = (E_{A0} + aE_{B0} + bE_{C0})\frac{\delta'_H - \delta'_2 - \delta'_3}{\delta_H - \delta_2} \tag{6.2.44}$$

式中：δ'_H为假定力学参数下用有限元计算水压作用下的A点位移，δ_H为利用监控模型分离的A点正垂线实测位移的水压分量，δ'_2和δ_2分别为坝基转角引起的A点计算位移和实测位移，δ'_3为坝基剪切引起的有限元计算位移。

坝基转角引起的A点实测位移是库水作用在库盘引起拱坝向上游倒悬，以及库水作用于坝体引起拱坝向下游倾斜位移的叠加。为简化计算，假定这两种作用引起的坝踵到坝趾的变形是均匀变化的，一般来讲，这种假定能够满足工程精度要求。则坝基转角引起的A点位移分量δ_2可表示为：

$$\delta_2 = h_d \arctan\frac{v_u - v_d}{B} \tag{6.2.45}$$

式中：h_d为计算段坝高；v_u和v_d分别为坝踵和坝趾的垂直位移，可分别由坝踵多点位移计和坝趾位移监测值确定。

特高拱坝坝体内部设有多组垂线，各垂线的实测变形可采用δ_{ij}来表示，其中$i(i=1,2,\cdots,m)$表示垂线所在的坝段，$j(j=1,2,\cdots,n)$表示从坝顶起算的垂线序号。此处，若一个坝段布置两组垂线，则平差处理为一组。与各垂线变形相对应的两点间相对变形的数值计算结果采用δ'_{ij}来表示。由于拱坝具有受力状态自行调整的能力，采用式(6.2.44)反演特高拱坝坝体弹性模量时，还需要进一步提取对分区混凝土弹模敏感的垂线组，并在有限元模型中提取相对应的相对位移，来提高反演结果的准确性。

垂线组的敏感性分析采用有限元数值模拟方法确定，首先选定几个蓄水台阶对应的特征水位$H_k(k=1,2,\cdots,l)$，然后分别计算各特征水位作用下各垂线悬挂点到重锤之间的相对位移增量矩阵$\boldsymbol{A}_k=[\delta'_{ijk}]_{m\times n}$，再从实测资料中分离各特征水位下第$i$个坝段第$j$条垂线的位移增量矩阵$\boldsymbol{B}_k=[\delta_{ijk}]_{m\times n}$，通过位移增量矩阵之间的相似性确定垂线的敏感性。各垂线对反演问题的贡献量权重为：

$$\omega_{ij} = \frac{|\delta_{ijk} - \lambda\delta'_{ijk}|^{-1}}{\sum_{i=1}^{m}\sum_{j=1}^{n}|\delta_{ijk} - \lambda\delta'_{ijk}|^{-1}} \tag{6.2.46}$$

式中：λ由最小拟合误差$Q=\min\sum_{k=1}^{l}\sum_{i=1}^{m}\sum_{j=1}^{n}(\delta_{ijk}-\lambda\delta'_{ijk})^2$确定。

2.2　多测点材料分区优化反演方法

2.2.1　基于支持向量回归的多测点分区优化反演方法

特高拱坝坝体弹性模量和坝基变形模量反演可归纳为以下优化问题：

$$Var[\boldsymbol{E}_k(t)] = \min\sum_{i=1}^{m}\sum_{j=1}^{n}\omega_{ij}\,[\delta_{ij}(t) - \delta'_{ij}(t)]^2 \tag{6.2.47}$$

式中：E_k为待识别坝体各区混凝土弹性模量和坝基变形模量，包括E_{Ci}和E_{Bi}；m和n分别为悬挂垂线的坝段数和该坝段垂线组的分段数；ω_{ij} 为单测点位移的权重；δ'_{ij} 为采用有限元法计算出的位移分量；δ_{ij} 为实测位移的水压分量；t 为时间，考虑力学参数变化过程。

下面采用支持向量机(Support Vector Machine，SVM)求解上述 $\boldsymbol{E}_k$ 与 δ'_{ij} 间的最优化问题。考虑到有限元计算位移与混凝土分区模量之间的非线性关系，设 $\boldsymbol{X}_i(i=1,2,\cdots,n)$ 为影响因素集，即各相对位移计算值的输入序列，y_i 为反演效应量的输出序列，则特高拱坝各分区模量反演的分布样本集$(\boldsymbol{X}_i,y_i)(i=1,2,\cdots,n)$服从函数空间 $\boldsymbol{R}^l\times\boldsymbol{R}$ 上的特定分布 $F(x,y)$，$x\in\boldsymbol{R}^l$，$y\in\boldsymbol{R}$。则采用支持向量机思想，运用非线性变换 $\phi(\cdot)$，将影响因素集从输入空间映射到高维特征空间，寻找最优分类超平面函数 $f(x)=\boldsymbol{w}^{\mathrm{T}}\phi(x)+b$ 来拟合影响因素 $\boldsymbol{X}$ 和效应量 y 之间的关系，得到反演问题的最优化支持向量集模型为：

$$
\begin{cases}
\min R(\boldsymbol{w},\ \xi)=\dfrac{1}{2}\boldsymbol{w}^{\mathrm{T}}\boldsymbol{w}+C\sum\limits_{i=1}^{n}\xi_i \\
\mathrm{S.}\,t.\quad y_i[\boldsymbol{w}^{\mathrm{T}}\phi(x_i)+b]\geqslant 1 \\
\xi_i\geqslant 0\quad i=1,2,\cdots,n
\end{cases}
\tag{6.2.48}
$$

式中：R 表示最优化问题的风险函数；$\boldsymbol{w}=[\boldsymbol{w}_1,\ \boldsymbol{w}_2,\ \cdots,\ \boldsymbol{w}_l]^{\mathrm{T}}$ 为各影响因素的权向量；$C>0$ 为惩罚参数，描述经验风险和模型复杂度之间的折中；ξ_i 为松弛变量；$\sum\limits_{i=1}^{n}\xi_i$ 表示效应量监测数据点对分类理想条件的偏离程度；$\phi(x)$ 为输入空间到高维特征空间的映射函数；b 为反映偏置的常数项。

根据优化理论和 Wolfe 对偶技术，将式(6.2.48)的风险期望最小化问题转化为对偶问题，采用拉格朗日乘子法在函数鞍点处寻求最优解，同时定义不敏感损失函数 $L(y,f)=L(|y-f|_{\varepsilon})$ 来增强算法的鲁棒性和稀疏性，得到如下不等式约束下的二次规划求解问题：

$$
\begin{cases}
\max:-\varepsilon\sum\limits_{i=1}^{n}(\alpha_i+\alpha_i^*)+\sum\limits_{i=1}^{n}y_i(\alpha_i^*-\alpha_i)-\dfrac{1}{2}\sum\limits_{i=1}^{n}\sum\limits_{j=1}^{n}(\alpha_i^*-\alpha_i)(\alpha_j^*-\alpha_j)K(x_i-x_j) \\
\mathrm{S.\ t.}\quad \sum\limits_{i=1}^{n}(\alpha_i^*-\alpha_i)=0\quad \alpha_i,\alpha_i^*\in[0,C]
\end{cases}
\tag{6.2.49}
$$

式中：$\boldsymbol{\alpha}=[\alpha_1,\ \alpha_2,\ \cdots,\ \alpha_n]^{\mathrm{T}}$ 为拉格朗日乘子；$f(x_i)$ 和 $f(x_j)$ 为非线性变换函数；$\alpha_i^*(i=1,\ 2,\ \cdots,\ n)$ 为与 α_i 对应的拉格朗日乘子，且满足 $\alpha_i^*\alpha_i=0$，仅当 $\alpha_i^*\neq\alpha_i$ 对应的数据样本点被定义为支持向量。

上述非线性问题的求解思路为通过引入核函数，将低维输入样本映射到高维空间，并将非线性支持向量回归转化为线性问题，构造最优超平面求解。根据泛函理论，满足 mercer 条件 $K(x_i,\ x_j)=f(x_i)f(x_j)$ 的内积函数 $K(x_i,\ x_j)$ 即为寻找的核函数。这里选用径向基 RBF 核函数来求解该问题：

$$K(x_i, x_j) = \exp(-|x_i - x_j|^2/2\sigma^2) \tag{6.2.50}$$

2.2.2　支持向量建模参数的粒子群引力搜索优化方法

能否获取式(6.2.48)问题最优解的关键在于选取合适的径向基核函数宽度 σ 和惩罚参数 C,此处引入一种粒子群引力搜索迭代方法来逼近两个参数的最优解。将参数 σ 和 C 对应的解看作是一组在求解空间移动的粒子,求解的优化程度看作是粒子的质量,则求解中希望粒子遵循空间运动学规律朝向质量最大的位置移动。在每一步迭代中,粒子移动的位置、速度和加速度都要更新,即：

$$\begin{aligned}
x_i^d(k+1) &= x_i^d(k) + v_i^d(k+1)\\
v_i^d(k+1) &= v_i^d(k) + a_i^d(k)\\
a_i^d(k) &= F_i^d(k)/M_i(k)\\
F_i^d(k) &= \sum_{j\in \mathbf{N}, i\neq j} \frac{G_0 \times M_i(k) \times M_j(k)}{[x_i^d(k) - x_j^d(k)]^2}
\end{aligned} \tag{6.2.51}$$

式中：$x_i^d(k)$，$v_i^d(k)$ 和 $a_i^d(k)$ 分别为第 k 代粒子 i 在 d 维空间的位置、速度和加速度；$M_i(k)$ 和 $F_i^d(k)$ 分别表示第 k 代粒子的质量和空间所受引力的大小；G_0 为迭代的引力常数。

为考虑粒子的记忆性,引入粒子群算法中粒子进化计算的思想来提升迭代速度,则速度更新公式变换为：

$$v_i^d(k+1) = \omega v_i^d(k) + c_1 \times r \times [x_i^d(best) - x_i^d(k)] + c_2 \times r \times [x_g^d(best) - x_i^d(k)] \tag{6.2.52}$$

式中：ω 为惯性因子；c_1 和 c_2 分别为加速因子；$x_i^d(best)$ 为粒子 i 在 k 次迭代过程中找到的个体最优位置；$x_g^d(best)$ 为第 k 次迭代时所有粒子中全局最优位置。

2.2.3　多测点分区优化反演的实现方法

多测点分区优化反演方法在构建初始样本训练集的基础上,对训练集进行动态更新,并不断学习训练,以建立反映特高拱坝分区模量与多测点实测位移之间的复杂非线性关系的最优反演模型,通过输入分离后的多垂线测点实测位移,可反演特高拱坝材料各分区模量,其主要实现流程如图 6.2.4 所示,反演步骤如下。

Step1　建立拱坝各垂线组实测位移与环境量之间的数学分析模型,然后分离垂线位移的水压分量,再进一步分离库盘变形和坝基剪切变形产生的垂线位移量。

Step2　考虑特高拱坝坝体混凝土,坝基岩体、置换体、裂隙、断层、软弱结构面等工程材料和结构分区,建立拱坝三维有限元模型,然后由地质勘探成果或由倒垂线和多点位移计监测资料反演得到坝基力学参数。

Step3　根据坝体混凝土分区特点,确定待反演弹性模量参数组 E_A，E_B 和 E_C 各自的取值范围,然后由正交试验设计方法构造待反演参数组合。

Step4　分离各垂线位移相对应的有限元计算位移值,并进行垂线敏感性分析,确定各垂线位移对反演问题的贡献量,然后选取主要贡献因子构造 SVM 回归建模的学习样

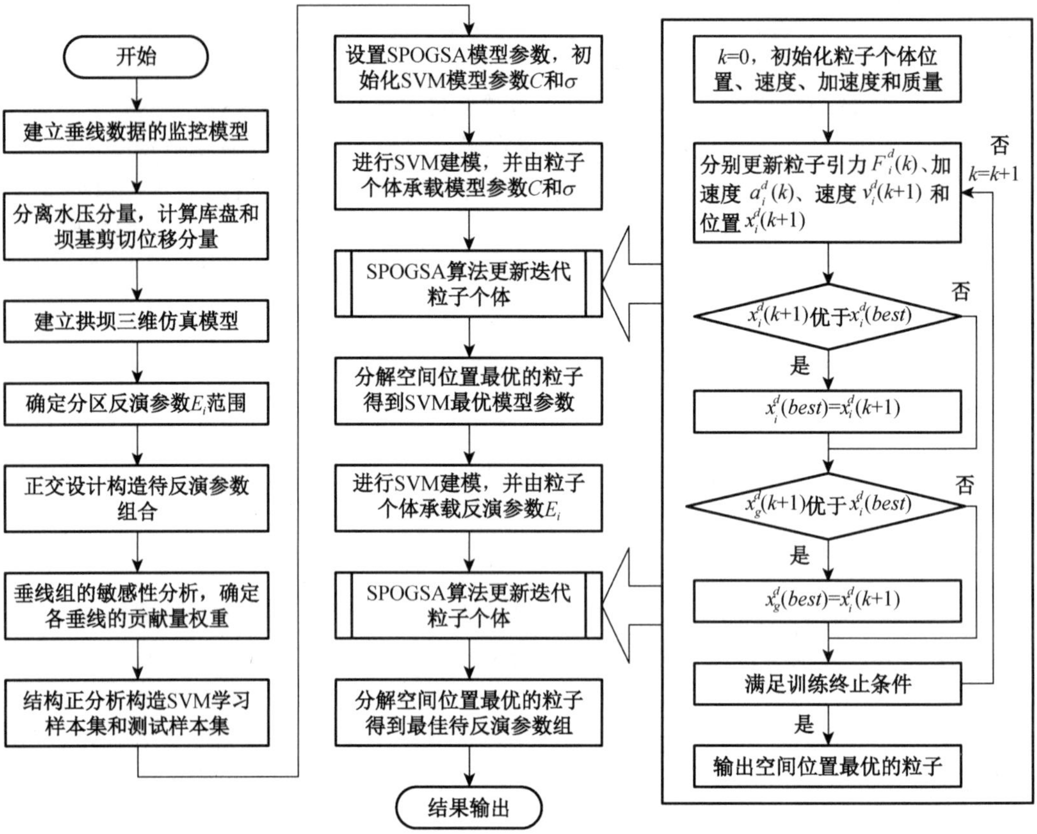

图 6.2.4　特高拱坝分区力学参数优化反演流程

本集和测试样本集。

Step5　将 SVM 模型的径向基核函数参数 σ 和惩罚参数 C 承载到空间粒子个体上，采用式(6.2.51)和式(6.2.52)，调用粒子群引力搜索迭代方法，迭代粒子个体的最优空间位置，然后将该粒子分解，得到 SVM 分析模型的最优参数。

Step6　将待反演参数组 E_A，E_B 和 E_C 承载至空间粒子个体上，调用粒子群引力搜索迭代方法，迭代粒子个体的最优空间位置，将该粒子分解，得到最优的待反演参数组。

第三节　考虑时变效应的特高拱坝流变力学参数反演

岩体和混凝土的物理力学参数不仅受其非均质和内在缺陷的影响，并且随自然环境、荷载条件、尺寸效应和工程结构特性等因素的变化而不同。特高拱坝在巨大水推力作用下，坝体混凝土和坝基岩体将面临高应力水平，而室内或现场试验所得到的岩体和混凝土的物理力学参数具有一定的局限性，需要根据特高拱坝在实际运行环境中所呈现出来的变形状况，对其工程影响范围内岩体和混凝土的物理力学参数进行反演，并反馈于工程的设计、施工和运行，以便准确掌控大坝安全状况。

1　特高拱坝变形固有时变效应分离方法

特高拱坝流变力学参数优化反演是以有限元计算时效变形和实测变形中时效分量之间的误差最小为目标函数，故流变力学参数反演过程中的一项重要任务就是从实测总变形中分离出由筑坝材料流变特性引起的大坝固有时效变形。由于垂线监测系统布置在坝体内部的竖井、竖管或预留孔中，直接测量不同高程上两测点的相对水平位移，受干扰较小，精度高，故选用垂线监测系统所测得的坝体坝基水平位移，建立相应的监控模型，进行时效位移的分离，并将其用于流变力学参数优化反演中。

在反演所用监测资料时段方面，由于加载初期坝体混凝土和坝基岩体的蠕变发展较快，为准确反演其流变力学参数，监测资料所选时段应尽可能地接近加载初始日期。特高拱坝一般多采用分期蓄水，初期蓄水之后，坝体混凝土继续浇筑，此阶段坝体尚未完建，变形影响机理较复杂，后期坝体混凝土浇筑至顶部并全部封拱灌浆之后再蓄水至正常蓄水位。考虑到初期蓄水时，坝体混凝土弹性模量和强度随龄期变化较大，而大坝完建之后的蓄水过程中，坝体混凝土已经有较长的龄期，力学参数变化相对较小，故将反演中所用监测资料的初始时刻选为坝体完建之后的初始蓄水日。

以坝体完建之后开始蓄水作为反演资料初始日期时，坝体自重的影响仅表现为自重所引起的时效变形，将其与水压等其他荷载所引起的时效变形统一纳入时效分量，后期主要的变化荷载为库水压力和温度荷载。因此，将坝体和坝基的变形按影响因素分解为水压分量 δ_H、温度分量 δ_T 和时效分量 δ_θ，即：

$$\delta = \delta_H + \delta_T + \delta_\theta \tag{6.3.1}$$

（1）水压分量

在建立大坝变形水压分量时，首先根据基岩和坝体混凝土弹性模量等参数的设计值，利用弹性有限元计算出不同水深 H 下的坝体变形量 δ'_H，然后用多项式拟合，即：

$$\delta'_H = \sum_{i=1}^{n} a_i H^i \tag{6.3.2}$$

式中：a_i 为拟合系数；H 为水深；n 为最高幂次，重力坝 $n=3$，拱坝 $n=4$。

考虑到计算时所用坝体混凝土和基岩的弹性模量等设计参数与实际值可能有差异，引入调整系数 X，对有限元计算所得水压分量进行调整，即：

$$\delta_H = X\delta'_H = X\sum_{i=1}^{n} a_i H^i \tag{6.3.3}$$

（2）温度分量

由于坝体混凝土和坝基岩体的热膨胀性，温度场的变化将导致混凝土坝产生温度变形。对于固有时效变形发展较快的蓄水及运行初期，坝体尚未形成稳定温度场，而为满足施工期温控防裂要求，多在典型坝段内布置一定数量的温度计，将各温度计测值作为温度变形因子，即：

$$\delta_T = \sum_{i=1}^{m} b_i T_i \tag{6.3.4}$$

式中：b_i 为拟合系数；T_i 为第 i 支温度计的测值；m 为温度计的数目。

特高拱坝坝体布置的温度计数目庞大，且不同部位温度计测值之间存在一定的相关性，直接采用所有的温度计测值作为回归因子时，会导致模型中温度因子过多，进而由于因子之间更加复杂的相关性而影响模型的解释能力。主成分分析(Principal Component Analysis，PCA)是在保证原始数据信息丢失最少的情况下，将原来众多具有一定相关性的变量重新组合成新的少数几个相互无关的综合变量来代替原始变量。因此，首先采用 PCA 对众多的温度计测值进行降维处理，提取其中的主成分，然后将提取的坝体温度计测值主成分作为温度变形因子，即：

$$\delta_T = \sum_{i=1}^{p} b_i P_i^T \tag{6.3.5}$$

式中：b_i 为拟合系数；P_i^T 为提取的第 i 个坝体温度主成分；p 为所选择的主成分个数，一般要求选取的主成分对原始数据的累积解释率达到 85% 以上。

(3) 时效分量

对于时效分量，在大坝蓄水期及运行初期发展较快，随着服役时间的推移而逐渐趋于稳定。另外，徐变试验表明，坝体混凝土和坝基岩体在卸载之后存在可恢复徐变，而大坝运行过程中，上游库水位和坝体温度场是不断变化的，并且有些工程水位变幅较大，卸载效应明显，故时效变形中存在可恢复成分。考虑到库水位和坝体温度场变化具有一定的周期性，将时效变形分为两部分：一是不可恢复部分，随时间增大后逐渐趋于稳定，用指数函数表示；二是时效变形中的可恢复项，随着荷载的变化而变化，可用与主要荷载变化周期相同的周期性函数表示。时效分量表示为：

$$\delta_\theta = C(1-\mathrm{e}^{rt}) + \sum_{n=1}^{m}\left(C_n \sin\frac{2\pi nt}{365} + K_n \cos\frac{2\pi nt}{365}\right) \tag{6.3.6}$$

式中：C，r，C_n，K_n 为拟合系数；m 为周期性函数所取的个数。

综上，坝体完工蓄水之后的位移监控模型为：

$$\delta = X\sum_{i=1}^{n} a_i H^i + \sum_{i=1}^{p} b_i p_i^T + C(1-\mathrm{e}^{rt}) + \sum_{n=1}^{m}\left(C_n \sin\frac{2\pi nt}{365} + K_n \cos\frac{2\pi nt}{365}\right) \tag{6.3.7}$$

采用式(6.3.7)所示的监控模型，以坝体完建之后开始蓄水作为初始时刻，选择合理的变形监测资料，建立监控模型，分离出固有时效变形，进而将其用于流变力学参数优化反演目标函数中。

2 基于 SVM 的特高拱坝流变力学参数反演

对于特高拱坝等复杂工程，基于数值模拟的反分析是一种较理想的方法。下面将优化反分析和试验设计法相结合，利用试验设计法生成待反演参数的不同组合以用于数值模拟正分析，进而生成 SVM 的训练样本，通过 SVM 建立坝体固有时效变形计算值与待反演流变力学参数之间的非线性映射关系而取代优化反演时的有限元计算。在试验设计方法方面，正交试验设计法具有均匀分散性和整齐可比性两大特点，可通过最少安排因素水平数的平方个试验而获取最佳参数，故采用正交试验设计法来生成待反演参数的样本组合。基于SVM的特高拱坝力学参数反演流程如图6.3.1所示，其主要反演过程如下。

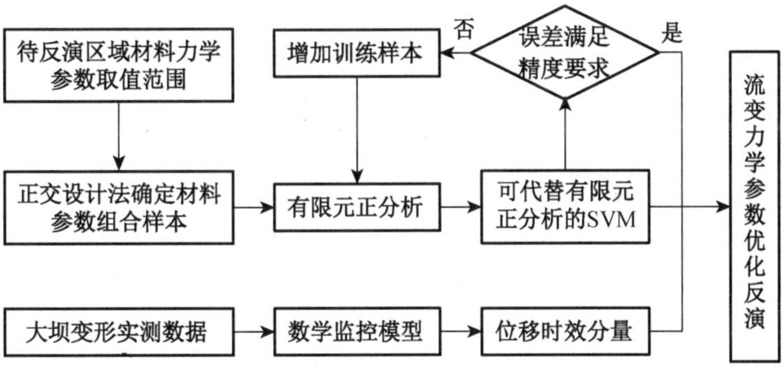

图6.3.1　基于支持向量机的流变力学参数反演流程

Step1　根据室内试验初步拟定出待反演区域材料的参数取值范围，采用正交试验设计方法，拟定出不同的参数组合情况。

Step2　对每组参数组合，以选定的监测资料初始时刻为基准，将该基准时刻之前坝体已承受的荷载作为初始荷载，根据后期库水位和坝体温度场的实际变化情况，采用黏弹性或黏塑性有限元进行数值模拟，计算测点的时效位移。

Step3　将Step2中的材料参数组合及其对应的测点 t_j 时刻的计算时效位移作为SVM的训练样本，对支持向量机的参数进行优化，建立 t_j 时刻测点时效位移和待反演区域流变力学参数之间的非线性映射关系；重复进行，分别优化建立 n 个SVM(n 为同一测点上用于反演的时间点数)，以便对计算时段内用于最终反演的关键时刻的时效位移进行预测，从而减少有限元计算量。

Step4　根据测点实测位移中分离出来的水压分量，反演瞬时弹性模量；以计算时效位移和实测位移中分离出来的时效分量两者之间的总误差平方和最小为目标函数，利用Step3中训练好的 n 个SVM代替有限元计算，优化反演出该区域的流变力学参数，相应的目标函数为：

$$F(p_1,p_2,\cdots,p_k)=\sum_{i=1}^{n}w_i\sum_{j=1}^{n}[SVM_{ij}(p_1,p_2,\cdots,p_k)-\delta_{ij}^{\theta}]^2 \qquad (6.3.8)$$

式中：p_k 为待反演的第 k 个参数；w_i 为第 i 个测点的权重；$SVM_{ij}(p_1,p_2,\cdots,p_k)$ 为一组材料参数组合下，根据训练好的SVM得到的第 i 个测点在 t_j 时刻的时效位移计算值；δ_{ij}^{θ} 为第 i 个测点在 t_j 时刻的监测位移时效分量分离值。

式(6.3.8)在求解时，需要给出一定的约束条件，对于坝基岩体和坝体混凝土的流变力学参数反演，可根据地质勘探资料和坝体混凝土的分区及试验资料，给出各分区设计参数的取值范围：

$$a_t \leqslant p_t \leqslant b_t \qquad t = 1,2,\cdots,k \tag{6.3.9}$$

式中：a_t，b_t 分别为第 t 个待反演参数 p_t 的下限值和上限值。

3　应用实例

考虑到实际大坝工程地质条件和应力状况的复杂性，重点研究坝体混凝土徐变引起的固有时变效应，对其仅考虑坝体的黏性变形，而忽略坝基的黏性变形，并通过坝体的相对变形来反演坝体混凝土的黏弹性力学参数。

3.1　坝体固有时变效应规律分析

某特高拱坝最大坝高 294.5 m，为混凝土双曲拱坝，有限元模型如图 6.3.2 所示。2010 年 6 月完成全部坝体混凝土浇筑和横缝封拱灌浆后，开始从 1 166 m 水位蓄水至正常蓄水位 1 240 m。由于坝体混凝土浇筑、封拱灌浆和蓄水过程较复杂，导致坝体应力历史难以确定，这对大坝时效变形将产生明显影响，故在反演坝体混凝土流变力学参数之前，首先参照同标号混凝土的流变力学参数，结合该坝实际库水位的变化过程，模拟分析其固有时效变形的发展规律。

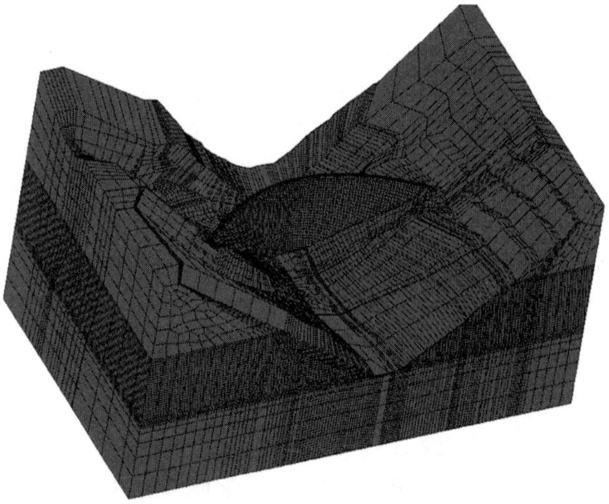

图 6.3.2　拱坝有限元模型

坝体混凝土标号为 C40，弹性模量采用前期反演值 27.2 GPa。根据徐变试验，并参照其他类似工程，采用 2 个 Kelvin 体的广义开尔文模型描述坝体混凝土的黏弹性变形时，延迟弹性模量分别取为 80 GPa 和 66.7 GPa，黏滞系数分别取为 2.66×10^2 GPa · d 和 1.33×10^4 GPa · d。

为研究蓄水后库水位变化情况下坝体时效变形的演变规律，假定 2 种计算工况：结合实际蓄水和坝顶垂线初始监测情况，两种工况下均首先分级施加坝体自重和 1 166 m 水位以前的上游库水压力，将其作为初始应力场。分别按两种假定的水位进行分析，计算时间间隔为 1 d，上游水压力与当日实测库水位对应；工况 1 蓄水至 1 240 m 水位后，假定库水位保持不变；工况 2 蓄水至 1 240 m 水位之后，假定库水位在 1 180 m 和 1 240 m 水位之间年周期性循环。变形时效分量的计算方法为：各荷载工况下，扣除初值后，黏弹性计算结果扣除弹性变形分量即为坝体混凝土徐变引起的固有时效变形，两种工况下的拱冠梁坝顶径向时效位移如图 6.3.3 所示。

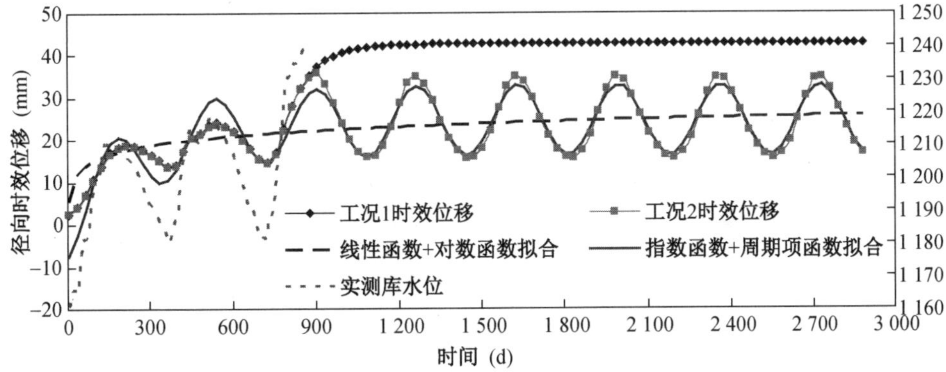

图 6.3.3　不同库水位工况下拱冠梁坝顶径向位移时效分量

从图 6.3.3 可以看出，坝体混凝土在黏弹性情况下，蓄水过程中坝体时效变形的发展滞后于库水位变化，并且在库水位下降过程中，时效变形具有可恢复性；假定在蓄水至 1 240 m 水位后保持不变的情况下，坝顶径向时效位移继续增大，由 35.32 mm 增加至 42.77 mm；假定库水位在 1 180 m 至 1 240 m 之间年周期性循环时，坝顶径向时效位移整体变化趋势与统计模型中使用线性函数加对数函数型表达式（$c_1\theta+c_2\ln\theta$）所描述的规律相一致。实际运行中，库水位均在兴利调节范围内升降变化，故统计模型中使用（$c_1\theta+c_2\ln\theta$）表达式所分离出来的时效变形，仅是实际时效变形的趋势性变化部分，没有反映出时效变形中的可恢复部分；当采用指数函数附加周期项描述工况 2 中的时效变形时，可较好地反映出时效变形中的可恢复部分，相应的变形时效分量为：

$$\delta_\theta = 24.61(1-e^{-0.0039t})+1.56\sin\frac{2\pi t}{365}-8.18\cos\frac{2\pi t}{365}$$

两种水位变化工况下，拱冠梁径向时效位移变化量如图 6.3.4 所示，坝顶拱曲线的径向和拱向时效位移变化量分别如图 6.3.5 和图 6.3.6 所示，其中工况 1 的时效位移变化量是相对第 880 d 首次蓄水至 1 240 m 水位时的位移而言，之后库水位保持不变；工况 2 的时效位移变化量是相对第 55 d 首次蓄水至 1 180 m 水位时的位移而言，后期库水位周期性变化过程中，每次降至 1 180 m。从图中可以看出，由坝体混凝土徐变所导致的大坝固有时效变形，在加载初期发展较快，恒载情况下 1 年左右发展至最终收敛值，水位周期性循环情况下，时效变形达到收敛值时所需时间较长，与荷载变化情况有关；坝体中上部高程拱圈中部径向时效位移发展较大，最大值出现在拱冠梁坝顶处，工况 1 相对首次蓄至 1 240 m 水位时，最大径向时效位移增加 7.5 mm 左右；坝顶拱向时效位移最大值出现在左右岸1/4拱处，蓄水至 1 240 m 水位保持不变的情况下，左、右岸最大拱向时效位移分别增加3 mm和3.7 mm左右。

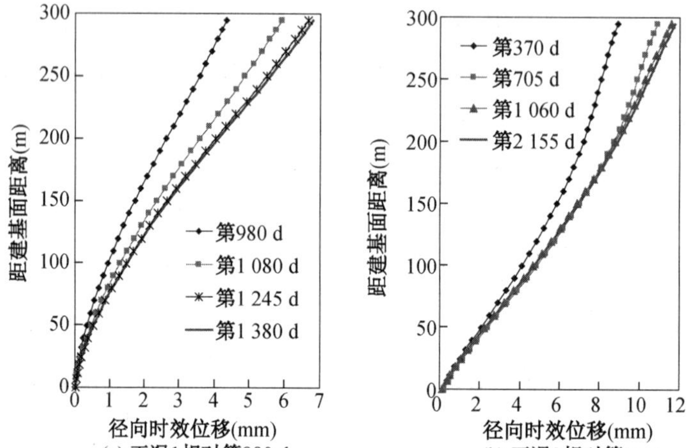

(a) 工况1相对第880 d　　(b) 工况2相对第55 d

图 6.3.4　两种工况下拱冠梁径向时效位移变化量

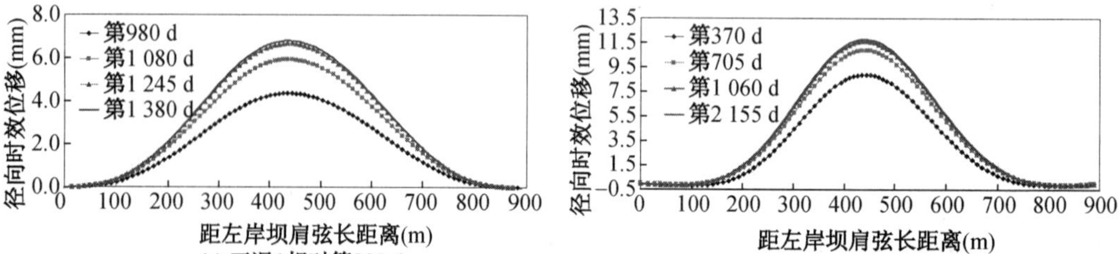

(a) 工况1相对第880 d　　(b) 工况2相对第55 d

图 6.3.5　两种工况下坝顶拱曲线径向时效位移变化量

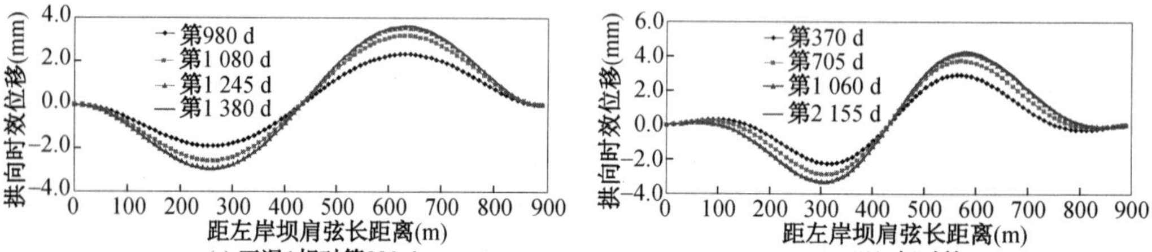

(a) 工况1相对第880 d　　(b) 工况2相对第55 d

图 6.3.6　两种工况下坝顶拱曲线拱向时效位移变化量

工况 1 中，坝体上游面相对首次蓄水至 1 240 m 水位时的时效位移发展过程如图 6.3.7所示，整体表现为向下游和两岸的变形趋势，保持 1 240 m 水位不变的情况下，坝体各部位的径向和拱向时效位移逐渐增大至最终收敛值；坝体左、右岸时效位移发展规律基本一致，各高程最大径向时效位移均出现在拱冠梁附近，最大拱向时效位移均出现在左、右岸 1/4 拱处，但左岸坝体拱向时效位移略大于右岸坝体。

3.2　坝体混凝土黏弹性力学参数反演

采用不同元件个数的广义 Kelvin 模型拟合坝体混凝土的徐变曲线，结果表明采用多

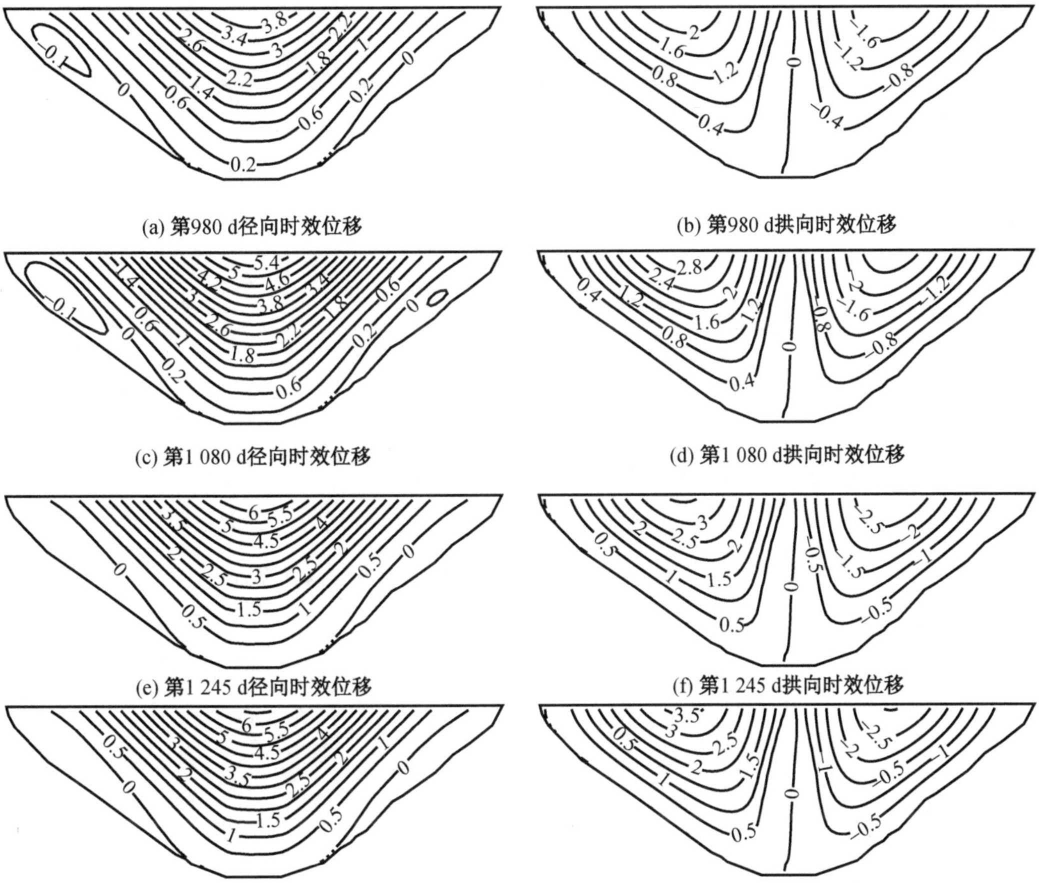

(a) 第980 d径向时效位移　　(b) 第980 d拱向时效位移

(c) 第1 080 d径向时效位移　　(d) 第1 080 d拱向时效位移

(e) 第1 245 d径向时效位移　　(f) 第1 245 d拱向时效位移

(g) 第1 380 d径向时效位移　　(h) 第1 380 d拱向时效位移

图 6.3.7　工况 1 中相对第 880 d 首次蓄水至 1 240 m 水位时坝体上游面时效位移变化量(单位:mm)

个 Kelvin 体的串联模型时,能更加精确地描述坝体混凝土的徐变过程,而徐变的最终收敛值不受此影响,并且包含不同数目 Kelvin 体的广义 Kelvin 模型之间的参数可以相互转换。因此,考虑到反演参数较多时,可能出现解答不唯一的实际情况,选用单 Kelvin 体描述坝体混凝土的徐变,并反演其中的延迟弹性模量和黏滞系数。

蓄水后大坝正常运行过程中,由于前期水位较低,坝体自重在此阶段将产生较大的时效变形,故在反演坝体流变力学参数时,选择的时段为 2012 年 5 月 21 日至 2013 年 1 月 31 日,在此之前大坝已经高水位运行 2 年左右。通过建立拱冠梁坝顶径向位移的统计模型,分离出来的各位移分量如图 6.3.8 所示。待反演参数取值范围为:延迟弹性模量 $E_k \in [40\ \text{GPa}, 60\ \text{GPa}]$,开尔文体黏滞系数 $\eta_k \in [2\times10^3\ \text{GPa}\cdot\text{d}, 5\times10^3\ \text{GPa}\cdot\text{d}]$,计算时每种参数均分为 5 级,共 125 种材料参数组合,通过黏弹性有限元计算坝体不同时刻的时效位移,得到 SVM 的训练样本。优化反演时,从所选时段初始时刻开始,每隔 10 d 选取一个时效位移分离值和计算值来计算目标函数以进行优化反演,共 22 个时间点。

利用 2012 年 5 月 21 日至 2013 年 1 月 31 日期间的拱冠梁坝顶径向位移监测资料,优化反演得到坝体混凝土单 Kelvin 体中的黏弹性力学参数为:延迟弹性模量 $E_k =$

55.2 GPa，黏滞系数 $\eta_k = 3.2 \times 10^3$ GPa·d。根据反演得到的黏弹性参数，计算得到的拱冠梁坝顶径向相对时效位移（相对本时段初）的演变过程如图 6.3.8 所示，与混合模型分离出来的时效分量基本相同，表明可以使用单 Kelvin 体描述坝体混凝土的黏弹性变形，且反演的流变参数能反映实际情况。

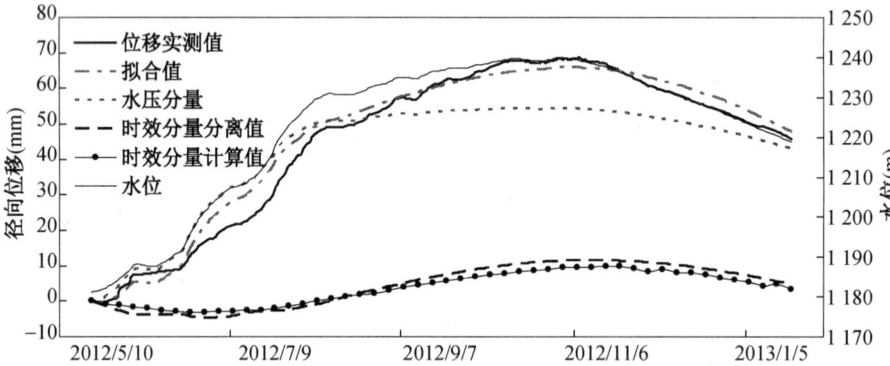

图 6.3.8　拱冠梁坝顶径向位移时效分量分离值及计算值

第七章

特高拱坝变形安全控制值拟定理论和方法

为了保证特高拱坝的安全运行，需要根据拱坝工作机制，结合实测资料，研究并拟定特高拱坝安全控制值。但是，特高拱坝本身结构的变异性、荷载和所处环境的不确定性、内外影响因素因果关系的复杂性，以及对特高拱坝隐患发展机理认识的局限性等，给拟定控制值带来极大的困难。下面在分析特高拱坝变形特征的基础上，研究特高拱坝一级、二级和三级变形控制值拟定方法，并介绍基于最大熵理论的变形控制值拟定方法。

第一节　特高拱坝变形特征

特高拱坝为超静定结构，其渐进变形与转异破坏过程较为复杂(图 4.3.2)。根据混凝土坝安全检查实施细则，大坝的安全状态一般分为三个状态：正常、异常和险情。因此，可以把特高拱坝变形安全预报控制值划分为一级、二级、三级，其中坝体线弹性与准线弹性工作阶段作为一级控制，弹塑性工作阶段作为二级控制，最后的破坏失稳阶段作为三级控制。

一级控制的力学定义：在荷载作用下，坝体任一点的应力均未超过材料的比例极限，坝踵区拉应力小于允许值，坝体处于黏弹性工作阶段；或坝踵区小范围开裂，应力重新调整，下游区压应力增加，坝趾区压应力达到材料的比例极限，应力与应变基本维持在线弹性范围内，坝体处于准黏弹性工作阶段。此时，大坝处于一级控制状态，对应的该级变形预报控制值(δ_1)则是大坝从正常运行状态过渡到异常运行状态的分界点。

二级控制的力学定义：随着荷载的增加或材料参数的变化，裂缝区扩展，下游区压应力增加，坝体部分区域出现压剪屈服或压碎屈服，结构进入屈服状态，变形有显著的增加，应力与应变开始呈非线性，坝体处于黏弹塑性工作阶段。此时，大坝处于二级控制状态，对应的该级变形预报控制值(δ_2)则是大坝从异常运行状态过渡到险情运行状态的分界点。

三级控制的力学定义：随着作用荷载的继续增加或材料参数的继续变化，当荷载超过坝体屈服变形所对应的荷载时，大坝的变形急剧增加，裂缝大范围扩展，屈服区及压碎区也急剧增大，大坝呈现大变形状态，当荷载再增加达到结构破坏极限时，结构完全失效破坏，大坝丧失了继续承载的能力。上述坝体达到极限破坏状态时的变形量即为变形三级预报控制值(δ_3)，大坝变形一旦达到三级预报控制值，认为大坝即将发生破坏，三级控制状态在大坝运行中决不允许出现。

地质条件良好的拱坝，其失稳破坏主要是由于坝体混凝土拉裂及压剪屈服区的大面积分布而导致的。锦屏一级和小湾等国内特高拱坝的地质力学模型试验表明，超载情况下，拱坝的渐进破坏过程为：坝踵最先受拉开裂，开裂区随着荷载的增大而增大，进而导致坝体中低高程部位尤其是坝趾由于压应力过大而发生压剪屈服；随着荷载的继续增大，压剪或张拉破坏区开始沿建基面向坝面扩展，坝体下游面中上部开始出现水平向裂缝而削弱梁效应，若荷载进一步增大，此区域将同时出现竖向裂缝而削弱拱效应，并且屈服区沿左右岸和上下游方向逐渐贯通整个坝体，最终导致事故的发生。因此，特高拱坝变形性态的发生是一个非线性的过程，其原因包括内因和外因：内因是指由拱坝自身结构变化影响变形的部分，如混凝土的老化、基岩蠕变等，使得大坝材料的力学性质发生变化；外因是指由外部环境影响变形的部分，如特大洪水、强烈地震、剧烈温升或温降，使得拱坝变形发生异常变化，在变形过程线上表现为突然上升或突然下降。

建立特高拱坝变形预报控制值时，应以监测资料为基本依据，利用强度或应变、稳定、抗裂等作为控制条件，采用不同荷载组合来估计，即：

$$R - F \geqslant 0 \tag{7.1.1}$$

上式即为建立变形预报控制值的总体准则。R 为不同工作阶段的抗力，对强度条件而言，为不同工作阶段的抗拉、抗压强度；对于稳定条件而言，为不同工作阶段的抗滑力；对于抗裂条件而言，就是断裂韧度。F 为不同荷载组合下的效应量，对强度条件而言，为拉应力或压应力；对于稳定条件而言，为滑动力；对于抗裂条件而言，就是应力强度因子。满足上述不同工作阶段的极限状态方程的变形值即为大坝变形的各级预报控制值。

第二节　特高拱坝一级变形控制值拟定方法

根据特高拱坝一级控制的力学定义，当大坝处于一级控制状态时，大坝及坝基一般呈黏弹性工作状态，在建立该级预报控制值时，大坝应满足如下的强度和稳定条件，即特高拱坝一级变形预报控制值的拟定准则为：

$$\delta_1 = f\left(\sigma_t \leqslant \sigma_{et}, \sigma_c \leqslant \sigma_{ec}, K = \frac{R}{S} \geqslant [K], G\right) \tag{7.2.1}$$

式中：σ_t，σ_c 为实际的拉、压应力；σ_{et}，σ_{ec} 为抗拉、压弹性极限强度；K 为实际的稳定安全系数；$[K]$ 为容许的安全系数；G 为大坝重要性系数，代表大坝的级别。

1　相关计算分析模型

时效位移是分析和评价大坝安全状况的重要依据之一，当其突然变大或者急剧变化时，就预示着大坝或者坝基出现了病态症状，用常规分析方法难以对时效进行力学模拟。因此，下面选取合适的坝体混凝土和坝基岩体的黏弹性本构模型进行模拟，计算参数根据实测资料经反演计算确定，对于尚无实测资料的大坝，则可以按照材料参数的设计值事先建立一个“初级”指标，待以后再做修正。

1.1　黏弹性变形计算模型

大坝与坝基存在着随时间变化的不可逆变形，即时效变形，是分析与评价大坝安全状况的重要依据之一。混凝土与岩体即便是在较低的应力水平作用下，也会发生徐变变形，即总应变 ε 包括弹性应变 ε_e 与徐变应变 ε_c 两部分，$\varepsilon=\varepsilon_e+\varepsilon_c$。混凝土的徐变变形在总变形中占有较大的比重，对结构应力也有显著影响。

(1) 坝体混凝土徐变特性

根据工程材料室内试验与现场试验，混凝土在承受荷载之后，首先产生线弹性瞬时应变 ε_e；然后，随着时间逐渐增加，产生徐变 ε_c。但是，徐变随时间不会无限增大，通常会有一个极限(图 7.2.1)。

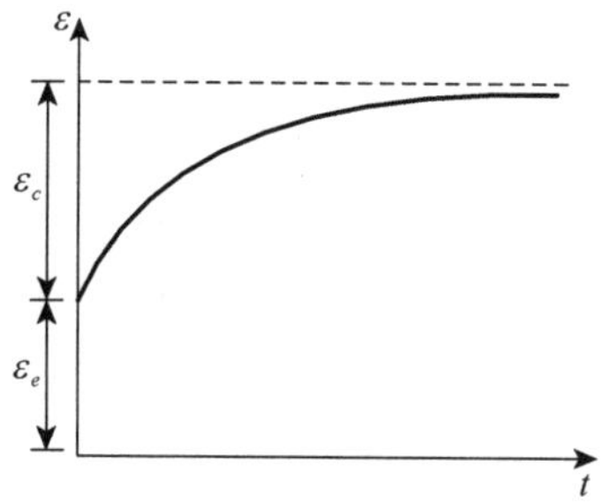

图 7.2.1　混凝土徐变示意图

一般认为，混凝土徐变由硬化水泥浆体黏弹性、浆体与集料之间塑性性质复合作用引起，而集料的徐变相对微小。随时间延长，硬化水泥浆体中凝胶体的黏度增加，相对体积减小，结晶体增加，从而使徐变变形变得越来越困难，因而徐变速度逐渐减小，并最终趋于停止。

在任意时刻 t，混凝土单向应力状态下的总应变为：

$$\varepsilon=\varepsilon_e+\varepsilon_c(t)=\frac{\sigma}{E}+\sigma\cdot C(t,\tau) \tag{7.2.2}$$

式中：τ 为加载龄期；t 为计算时刻；$C(t,\tau)=C[1-e^{-\lambda(t-\tau)}]$ 为徐变度，其表示 $\sigma=1$ 情况下，从时刻 τ 到时刻 t 之间的徐变变形量，由它来描述材料的徐变特性，加载越早，即 τ 越小，徐变度越大；C 为徐变总量；λ 为徐变发展的速度。对于混凝土材料而言，$C(t,\tau)$ 不仅是 $(t-\tau)$ 的函数，而且还是 t 与 τ 的函数。

从图 7.2.1 可以看出，加载瞬间徐变为零，且徐变增长率随时间减少。国内外关于徐变研究成果较多，通过对大量实验资料进行分析，总结出混凝土的徐变规律。例如 Straub 和 Shank 用幂函数表示混凝土徐变度，Ross 用双曲线表示混凝土徐变度，用幂函数或双曲线函数表示徐变度的计算公式中包含的参数少，但拟合效果差；美国垦务局建议用对数函数表示混凝土徐变度，计算公式与试验资料符合得比较好，但这种公式应用于有限单元法时，计算过程中必须把各单元的应力历史全部记录下来，计算工作量大；朱伯芳院士用复合幂指数函数表示混凝土徐变度，尽管公式中包含的参数较多，但与试验资料符合得比较好，且应用于有限单元法时，利用指数函数的特点，不必记录应力历史，应用较广泛。

对于由黏弹性变形导致的徐变，采用朱伯芳院士提出的徐变度 $c(t,\tau)$ 计算公式：

$$c(t,\tau)=\sum_{j=1}^{n}\Phi_j(\tau)[1-e^{-r_j(t-\tau)}] \tag{7.2.3}$$

式中：$\Phi_j(\tau)=x_{j1}+\frac{x_{j2}}{\tau^{x_{j3}}}$，$x_{j1}$，$x_{j2}$，$x_{j3}$，$r_j(j=1,2,\cdots,n)$ 为待定参数，可以根据实测资料拟合确定，通常 n 取 2 即可满足精度要求，这些参数也可以通过反演分析计算获得。

假设在荷载增量 $[\Delta P_n]$ 作用下产生的应变增量为 $[\Delta\varepsilon_n]$，其包括三部分：弹性应变增量$[\Delta\varepsilon_n^e]$、徐变应变增量$[\Delta\varepsilon_n^c]$和温度应变增量$[\Delta\varepsilon_n^T]$，即：

$$[\Delta\varepsilon_n]=[\Delta\varepsilon_n^e]+[\Delta\varepsilon_n^c]+[\Delta\varepsilon_n^T] \tag{7.2.4}$$

① 弹性应变增量$[\Delta\varepsilon_n^e]$

一般情况下，混凝土的弹性模量随着龄期增加而变大，即弹性模量$E(t)$是龄期t的函数，可用如下双曲线函数表示：

$$E(t)=\frac{E_0 t}{A+t} \tag{7.2.5}$$

式中：E_0，A为待定系数，由试验资料确定。

假定在Δt_n时间内，弹性模量$E(t)$按线性变化，并以时段中点的弹性模量代替该时段的弹性模量，则在该时段内的弹性应变增量可计算如下：

$$[\Delta\varepsilon_n^e]=\frac{1}{E(t_{n-1}+0.5\Delta t_n)}\cdot[C]\cdot[\Delta\sigma_n] \tag{7.2.6}$$

式中：$[C]=\begin{bmatrix}1 & -u & -u & 0 & 0 & 0\\ -u & 1 & -u & 0 & 0 & 0\\ -u & -u & 1 & 0 & 0 & 0\\ 0 & 0 & 0 & 2(1+u) & 0 & 0\\ 0 & 0 & 0 & 0 & 2(1+u) & 0\\ 0 & 0 & 0 & 0 & 0 & 2(1+u)\end{bmatrix}$。

② 徐变应变增量$[\Delta\varepsilon_n^c]$

为了导出复杂应力状态下徐变增量的表达式，在满足工程精度的前提下，假设同一种材料为各向同性的均质材料；徐变变形的泊松比与弹性变形的泊松比相等，且为常量，徐变变形符合叠加原理。设在每一时段Δt内应力呈线性变化，从t_0开始受力，由线弹性徐变理论可推得复杂应力状态下的徐变应变增量：

$$[\Delta\varepsilon_n^c]=[\eta_n]+q_n[C]\cdot[\Delta\sigma_n] \tag{7.2.7}$$

式中：$[\eta_n]=\sum_{j=1}^{m}(1-e^{-r_j\Delta t_n})[w_{jn}]$，$[w_{jn}]=[w_{j,n-1}]e^{-r_j\Delta t_{n-1}}+[C]\cdot[\Delta\sigma_{n-1}]\Phi_j(t_{n-2}+0.5\Delta t_{n-1})e^{-0.5r_j\Delta t_{n-1}}[w_{j1}]=[C]\cdot[\Delta\sigma_0]\cdot\Phi_j(t_0)$，$q_n=c(t_n,t_{n-1}+0.5\Delta t_n)$。

③ 温度应变增量$[\Delta\varepsilon_n^T]$

设第n时段的温度增量为ΔT_n，α为线膨胀系数，则在该时段内的温度应变增量：

$$[\Delta\varepsilon_n^T]=[\alpha\Delta T\quad \alpha\Delta T\quad \alpha\Delta T\quad 0\quad 0\quad 0]^{\mathrm{T}} \tag{7.2.8}$$

由以上各式可得到：

$$[\Delta\sigma_n]=[D_n]\cdot[\Delta\varepsilon_n^e]=[D_n]\cdot([\Delta\varepsilon_n]-[\Delta\varepsilon_n^c]-[\Delta\varepsilon_n^{\mathrm{T}}]) \tag{7.2.9}$$

式中：$[D_n]$为弹性矩阵，$[D_n]=E(t_{n-1}+0.5\Delta t_n)[C]^{-1}$。

对小变形情况，由有限元理论可知：

$$[\Delta\varepsilon_n] = [B] \cdot [\Delta\delta_n] \tag{7.2.10}$$

式中：$[\Delta\delta_n]$ 是位移增量列阵；$[B]$ 是几何矩阵。

整理后得到：

$$[\Delta\sigma_n] = [\bar{D}_n] \cdot ([B] \cdot [\Delta\sigma_n] - [\eta_n] - [\Delta\varepsilon_n^T]) \tag{7.2.11}$$

式中：$[\bar{D}_n] = ([I] + q_n[D_n][C])^{-1}[D_n] = \dfrac{[D_n]}{1 + q_n E(t_{n-1} + 0.5t_n)}$，其中$[I]$是单位矩阵。

在有限元分析中，平衡方程可表示为：

$$\int [B]^{\mathrm{T}}[\hat{\Delta}\sigma_n]\mathrm{d}V = [\Delta P_n] \tag{7.2.12}$$

从而得到基本方程：

$$[K_n] \cdot [\Delta\delta_n] = [\Delta P_n] + [\Delta P_n^c] + [\Delta P_n^{\mathrm{T}}] \tag{7.2.13}$$

式中：$[K_n] = \int [B]^{\mathrm{T}}[\bar{D}_n] \cdot [B]\mathrm{d}V$ 为结构的刚度矩阵，$[\Delta P_n{}^c] = \int [B]^{\mathrm{T}}[\bar{D}_n] \cdot [\eta_n]\mathrm{d}V$ 为徐变变形产生的等效荷载增量列阵，$[\Delta P_n^{\mathrm{T}}] = \int [B]^{\mathrm{T}}[\bar{D}_n] \cdot [\Delta\varepsilon_n^T]\mathrm{d}V$ 为温度变形产生的等效荷载增量列阵。

上式即为徐变力学的基本方程，由式(7.2.13)求得位移增量$[\Delta\delta_n]$后，代入式(7.2.7)、式(7.2.10)、式(7.2.11)即可求出黏性应变增量$[\Delta\varepsilon_n^c]$、应变增量$[\Delta\varepsilon_n]$和应力增量$[\Delta\sigma_n]$，而计算出混凝土徐变变形增量后，可将徐变变形作为初始应变来考虑。

(2) 基岩的蠕变特性

特高拱坝坝基具有蠕变特性，图 5.1.5 是典型的岩石蠕变曲线，即在恒定应力的条件下，基岩的变形会随时间延续而逐渐增大，基岩的蠕变对高拱坝坝体和地基的变形和应力有显著的影响。从图 5.1.5 可以看出，与混凝土不同的是，该曲线由四段组成：OA 为瞬时弹性应变段，$\varepsilon_0 = \sigma/E_0$；$AB$ 为蠕变过渡段，该阶段应变 $\varepsilon_1(t)$ 不断增加而应变速率逐渐减慢；BC 为蠕变的稳定增长阶段，该段应变率最小，且近乎常数V；CD 为蠕变不稳定发展阶段，应变 $\varepsilon_3(t)$ 加速增长至破坏的加速蠕变段，应变率陡增，并意味着材料破坏的来临。因此，描绘岩石蠕变的全过程表示如下：

$$\varepsilon(t) = \varepsilon_0 + \varepsilon_1(t) + Vt + \varepsilon_3(t) \tag{7.2.14}$$

要模拟岩体蠕变的全过程是很困难的，通常根据岩石的特性，用不同的流变模型模拟。在一定的荷载作用下，基岩随时间变化的流变特性表现在以下几个方面：①蠕变：在恒值应力持续作用下，岩体变形随时间增长而不断发展的过程；②应力松弛：在常值应变水平下，岩体应力随时间延长而呈现衰减变化的过程；③长期强度：强度随时间延长而持续有限降低或增加，并逐渐趋于一个稳定收敛的限定值；④弹性后效和滞后效应：加荷时继瞬时弹性变形产生之后，仍有部分变形随时间增长而产生，因为这部分变形属于可恢复的，且在恢复时也需要一定的时间，这部分变形仍属于弹性变形范畴，这种加荷过程中变形随时间的增长现象称为滞后效应，卸荷后变形随时间的逐渐恢复称为弹性后效，可以统称为黏滞效应。在岩体流变四个方面属性中,岩体蠕变与工程设计施工的关系最为密切,这一方面的研究工作也最具重要性和工程实用价值。

1.2 黏弹性本构模型

(1) 常见基本模型

常用的计算模型主要包括经验模型、组合模型等,其中组合模型是弹性元件(Hooke体)、黏性元件(Newton 体)和塑性元件(Saint-Venant 体)以不同方式组合而成的模型,该模型理论研究与实际应用较为广泛。常见的有 Maxwell 模型、Kelvin 模型、广义 Kelvin 模型以及 Burgers 模型等,其中 Maxwell 模型与 Kelvin 模型是两种基本流变模型。

Maxwell 模型由一个弹性元件 E_M 与一个黏性元件 η_M 串联组成;Kelvin 模型是由一个弹性元件 E_K 与一个黏性元件 η_K 并联组成,如图 7.2.2 所示。

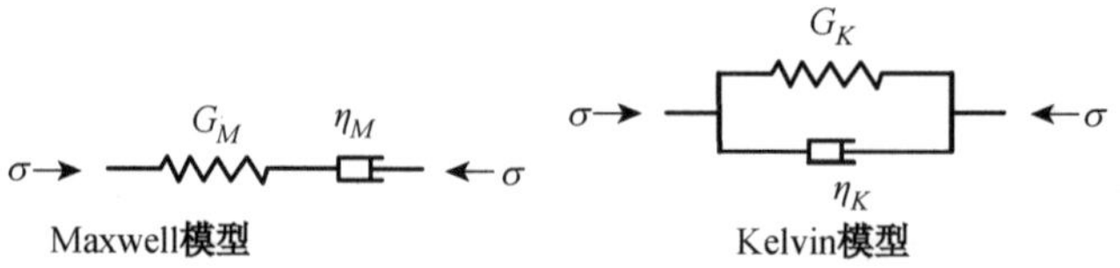

图 7.2.2 两种基本流变模型

在三维应力状态下,Maxwell 模型和 Kelvin 模型的本构关系均可分为两部分:其一是球应力的弹性本构关系,其二是偏应力的黏性本构关系。一般认为,黏性变形只有剪切变形,而无体积变形。因此,球应变张量只是球应力张量的函数,与时间无关,可用胡克定律描述。

对于偏应力的黏性本构关系,Maxwell 模型表示为:

$$\frac{1}{2G_M}\frac{\mathrm{d}s_{ij}}{\mathrm{d}t}+\frac{1}{2\eta_M}s_{ij}=\frac{\mathrm{d}e_{ij,M}}{\mathrm{d}t} \tag{7.2.15}$$

式中:G_M, η_M 为弹性剪切模量和剪切黏滞系数$\left[G=\dfrac{E}{2(1+\mu)}\right]$; s_{ij} 为偏应力张量,$s_{ij}=\sigma_{ij}-\sigma_m\delta_{ij}$, σ_{ij} 为应力张量,σ_m 为平均球应力,$\sigma_m=\dfrac{1}{3}\sigma_{ii}$, δ_{ij} 为 Kronecker-delta 函数;$e_{ij,M}$ 为 Maxwell 模型的偏应变张量,$e_{ij,M}=\varepsilon_{ij,M}-\varepsilon_{mM}\delta_{ij}$, $\varepsilon_{ij,M}$ 为 Maxwell 模型的应变张量,$\varepsilon_{mM}=\dfrac{1}{3}\varepsilon_{ii,M}$。

求解上式可以得到:

$$e_{ij,M}=e_{ij,0M}+\frac{1}{2G_M}\int_{t_0}^{t}\dot{s}_{ij}\,\mathrm{d}t+\frac{1}{2\eta_M}\int_{t_0}^{t}s_{ij}\,\mathrm{d}t \tag{7.2.16}$$

式中:$e_{ij,0M}$ 为 $t=t_0$ 时,Maxwell 模型的初始偏应变。

Kelvin 模型偏应力的黏性本构关系可以表示为:

$$s_{ij}=2G_K e_{ij,K}+2\eta_K\frac{\mathrm{d}e_{ij,K}}{\mathrm{d}t} \tag{7.2.17}$$

式中：G_K，η_K 为弹性延迟剪切模量和剪切黏滞系数；$e_{ij,K}$ 为 Kelvin 模型的偏应变张量，$e_{ij,K}=\varepsilon_{ij,K}-\varepsilon_{mK}\delta_{ij}$，$\varepsilon_{ij,K}$ 为 Kelvin 模型的应变张量，$\varepsilon_{mK}=\frac{1}{3}\varepsilon_{ii,K}$；其他符号意义同前。

同样求解上式可以得出：

$$e_{ij,K}=\left\{e_{ij,0K}+\frac{1}{2\eta_K}\int_{t_0}^{t}s_{ij}\exp\left[\frac{G_K}{\eta_K}(t-t_0)\right]\mathrm{d}t\right\}\exp\left[-\frac{G_K}{\eta_K}(t-t_0)\right] \tag{7.2.18}$$

式中：$e_{ij,0K}$ 为 $t=t_0$ 时，Kelvin 模型的初始偏应变。

(2) 坝体的黏弹性本构模型

根据以上混凝土的徐变力学分析以及工程试验资料可知，坝体混凝土的变形包括瞬时弹性变形和黏性变形两部分。为此，采用 2 个 Kelvin 模型串联而成的广义 Kelvin 模型来描述坝体变形的时间效应，如图 7.2.3 所示。

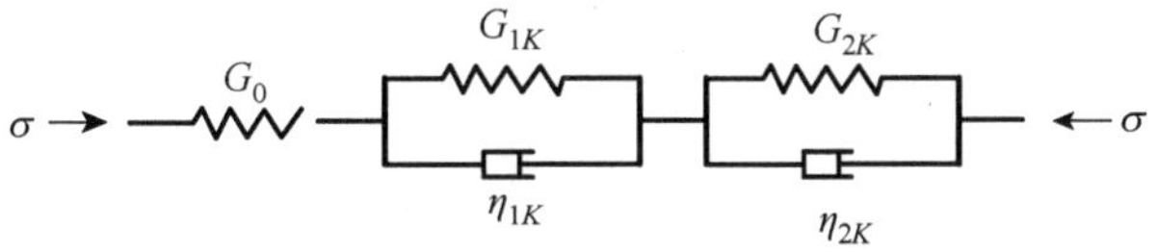

图 7.2.3　广义 Kelvin 模型示意图(n=2)

由于该模型是弹性元件与 n 个 Kelvin 模型串联，所以总应变是初始弹性应变与各个 Kelvin 模型的应变之和。由式(7.2.18)可得广义 Kelvin 模型的偏应变为：

$$e_{ij}=\frac{s_{ij}}{2G_0}+\sum_{k=1}^{2}\left(e_{ij,0k}+\frac{1}{2\eta_{kK}}\int_{t_0}^{t}s_{ij}\exp\left\{\frac{G_{kK}}{\eta_{kK}}(t-t_0)\right\}\mathrm{d}t\right)\exp\left[-\frac{G_{kK}}{\eta_{kK}}(t-t_0)\right] \tag{7.2.19}$$

特殊情况下，当 $s_{ij}=s_{ij0}$ 为常量时，$\dot{s}_{ij}=0$，则上式变为：

$$e_{ij}=\frac{s_{ij0}}{2G_0}+\sum_{k=1}^{2}\left(e_{ij,0k}\exp\left[-\frac{G_{kK}}{\eta_{kK}}(t-t_0)\right]+\frac{s_{ij0}}{2G_{kK}}\left\{1-\exp\left[-\frac{G_{kK}}{\eta_{kK}}(t-t_0)\right]\right\}\right) \tag{7.2.20}$$

(3) 基岩的黏弹性本构模型

基岩受力变形的时间效应，可用 Burgers 模型来描述，该模型由一个 Maxwell 模型和一个 Kelvin 模型串联而成，如图 7.2.4 所示。

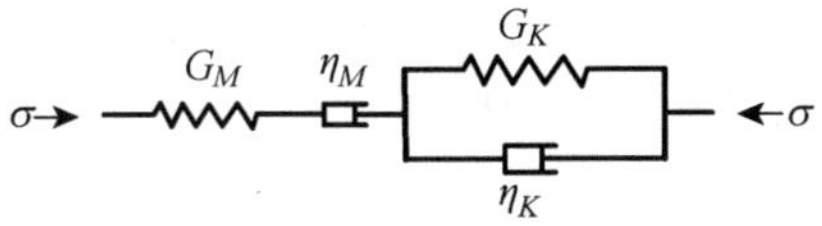

图 7.2.4　Burgers 模型示意图

由于 Burgers 模型是由一个 Maxwell 模型和一个 Kelvin 模型串联而成，因此，取两个模型偏应变之和，即可得到 Burgers 模型的总应变：

$$\begin{aligned}e_{ij}=&\left\{e_{ij,0K}+\frac{1}{2\eta_K}\int_{t_0}^{t}s_{ij}\exp\left[\frac{G_K}{\eta_K}(t-t_0)\right]\mathrm{d}t\right\}\exp\left[-\frac{G_K}{\eta_K}(t-t_0)\right]\\&+e_{ij,0M}+\frac{1}{2G_M}\int_{t_0}^{t}\dot{s}_{ij}\,\mathrm{d}t+\frac{1}{2\eta_M}\int_{t_0}^{t}\dot{s}_{ij}\,\mathrm{d}t\end{aligned} \tag{7.2.21}$$

特殊情况下，当 $s_{ij}=s_{ij0}$ 为常量时，$\dot{s}_{ij}=0$，则上式变为：

$$e_{ij}=e_{ij,0K}\exp\left[-\frac{G_K}{\eta_K}(t-t_0)\right]+\frac{s_{ij0}}{2G_K}\left\{1-\exp\left[-\frac{G_K}{\eta_K}(t-t_0)\right]\right\}+e_{ij,0M}+\frac{s_{ij0}}{2\eta_M}(t-t_0) \tag{7.2.22}$$

(4) 黏性应变增量

由于泊松比随时间的变化较小，可以认为黏性变形的泊松比近似等于瞬时弹性变形的泊松比。为了计算方便，将剪切模量及黏滞系数改用拉伸或压缩模量以及相应的黏滞系数，偏应力张量 s_{ij} 和偏应变张量 e_{ij} 也改为应力分量$[\sigma]$和应变分量$[\varepsilon]$，则对式(7.2.17)和式(7.2.19)稍作修改，可获得黏性应变增量的计算公式。

设 t_0 时刻，Kelvin 模型的黏性应变为$[\varepsilon_{v,kK}]_{t_0}$，Maxwell 模型的黏性应变为$[\varepsilon_{v,M}]_{t_0}$。令 $t=t_0+\Delta t$，并在 Δt 增量时间内，应力保持不变，则由式(7.2.17)可得在 Δt 时间内广义 Kelvin 模型的黏性应变增量为：

$$[\Delta\varepsilon_v]_t=\sum_{k=1}^{2}\left[1-\exp\left(-\frac{E_{kK}}{\eta_{kK}}\Delta t\right)\right]\left(\frac{1}{E_{kK}}[C][\sigma]-[\varepsilon_{v,kK}]_{t_0}\right) \tag{7.2.23}$$

式中：E_{kK}，η_{kK} 分别为拉伸或压缩模量和黏滞系数；$[C]$为

$$[C]=\begin{bmatrix}1 & -\mu & -\mu & 0 & 0 & 0\\ -\mu & 1 & -\mu & 0 & 0 & 0\\ -\mu & -\mu & 1 & 0 & 0 & 0\\ 0 & 0 & 0 & 2(1+\mu) & 0 & 0\\ 0 & 0 & 0 & 0 & 2(1+\mu) & 0\\ 0 & 0 & 0 & 0 & 0 & 2(1+\mu)\end{bmatrix}$$

由式(7.2.23)可得在 Δt 时间内 Burgers 模型的黏性应变增量为

$$[\Delta\varepsilon_v]_t=\left[1-\exp\left(-\frac{E_K}{\eta_K}\Delta t\right)\right]\left(\frac{1}{E_K}[C][\sigma]-[\varepsilon_{v,K}]_{t_0}\right)+\frac{\Delta t}{\eta_M}[C][\sigma] \tag{7.2.24}$$

式中：E_K，η_K，η_M 分别为拉伸(压缩或剪切)模量和黏滞系数；$[C]$ 为泊松比矩阵，其表达式同前。

1.3 黏弹性有限元解法——增量初应变法

有限元单元法计算黏性应变增量一般有显式解法、隐式解法等，其中显式解法又称初应变法，该法程序流程清晰明了，编制简单，所占用计算机内存较小。同时考虑到非线性问题求解的收敛问题，计算过程宜采用增量方式。综上，采用增量迭代初应变法。

按位移求解时，非线性有限元法的基本平衡方程为：

$$[K][\delta]=[R] \tag{7.2.25}$$

式中：$[K]$ 为整体劲度矩阵；$[\delta]$ 为结点位移列阵；$[R]$ 为结点荷载列阵。

将总应变增量$[\mathrm{d}\varepsilon]$ 看作是由弹性应变增量$[\mathrm{d}\varepsilon_e]$ 和初始应变增量$[\mathrm{d}\varepsilon_0]$ 两部分组成，

即：

$$[d\varepsilon]=[d\varepsilon_e]+[d\varepsilon_0] \tag{7.2.26}$$

式中：$[d\varepsilon]=[d\varepsilon_x \quad d\varepsilon_y \quad d\varepsilon_z \quad d\varepsilon_{xy} \quad d\varepsilon_{yz} \quad d\varepsilon_{zx}]^T$。

则增量形式的非线性应力应变关系可表示为：

$$[d\sigma]=[D]([d\varepsilon]-[d\varepsilon_0]) \tag{7.2.27}$$

式中：$[d\sigma]$ 为应力增量，$[d\sigma]=[d\sigma_x \quad d\sigma_y \quad d\sigma_z \quad d\sigma_{xy} \quad d\sigma_{yz} \quad d\sigma_{zx}]^T$；$[D]$ 为弹性矩阵。

由基本平衡方程的线性近似，可得增量初应变法的基本平衡方程为：

$$[K][\Delta\delta]=[\Delta R]+[\Delta R_0] \tag{7.2.28}$$

式中：$[\Delta\delta]$为结点位移增量列阵；$[\Delta R]$为结点荷载增量列阵；$[\Delta R_0]$为初应变的等效结点荷载列阵，可由下式计算：

$$[\Delta R_0]=\sum_e^{NE}\int_{\Omega^e}[B]^T[D][\Delta\varepsilon_0]d\boldsymbol{\Omega}^e \tag{7.2.29}$$

式中：NE 为单元数；$[B]$ 为几何矩阵；$\boldsymbol{\Omega}^e$ 为单元区域。

由于$[\Delta R_0]$与应力增量$[\Delta\sigma]$有关，而$[\Delta\sigma]$本身又是未知量，故式(7.2.28)必须通过迭代求解。第 n 级荷载增量的迭代公式为：

$$[K][\Delta\delta]_n^i=[\Delta R]_n+[\Delta R_0]_n^{i-1} \tag{7.2.30}$$

式中：i 为迭代次数。

对任意一级增量荷载，初应变法的迭代过程如下：

Step1　令 $i=1$，$[\Delta\varepsilon_0]_n^0=0$，$[\Delta R_0]_n^0=0$；

Step2　由式(7.2.30)求解位移增量 $[\Delta\delta]_n^i$；

Step3　由 $[\Delta\delta]_n^i$ 计算$[\Delta\varepsilon_0]_n^i$，并计算$[\Delta R_0]_n^i$；

Step4　判别所有单元的 $[\Delta\varepsilon_0]_n^i$ 是否满足精度要求，若满足要求，则转 Step6，否则转 Step5；

Step5　$i=i+1$，转回 Step2；

Step6　$[\delta]_n=[\delta]_{n-1}+[\Delta\delta]_n^i$，$[\sigma]_n=[\sigma]_{n-1}+[\Delta\sigma]_n^i$；

Step7　进行下一级荷载的计算。

据上述原理，三维黏弹性有限元程序流程如图 7.2.5 所示。

1.4　温度应力场计算模型

众所周知，温度荷载是拱坝的主要荷载之一，当内部温度或外部环境发生变化时，混凝土材料的热胀冷缩性质将会导致坝体自身的变形，又由于这种变形受到来自坝基或者坝体自身的约束，将会产生应力。为了更好地研究温度荷载对变形的影响，必须正确分析温度变化规律以及温度变形场。

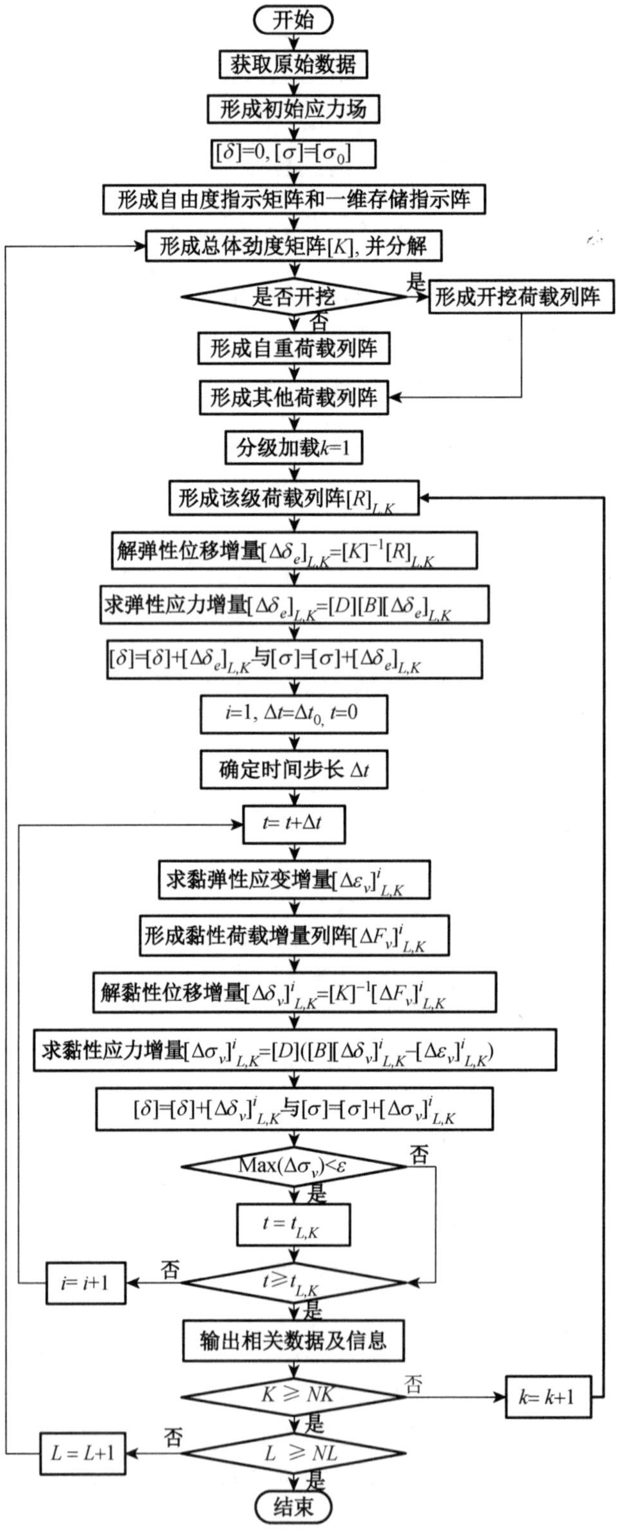

图 7.2.5 黏弹性有限元计算程序流程图

外界热量传入坝体或坝体内部热量的流出，都与坝体混凝土的热物理性能及几何特性有关。混凝土坝内部，其结构是由水泥浆、骨料及孔隙等组成的，骨料与水泥浆不仅弹性模量不同，而且对温度变化、湿度变化的变形特性也不相同。在混凝土凝固过程中，由于水泥浆体中的收缩应变，两者界面上发生应力集中，并产生微裂纹。从微观结构的非均质性出发考虑，混凝土在物理力学性质上不是连续体，故混凝土的热传导性能比较差，即在传热过程中有较高的热阻，具有较好的隔热效果。

影响混凝土的导热系数和比热等热力学参数性质的主要因素是：骨料种类、骨料用量、混凝土的含水状态，而混凝土的龄期与水灰比则对混凝土的热力学参数影响较小。混凝土坝在施工期和投入运用以后，其温度不断发生变化。影响温度变化的因素除了混凝土热物理性能这个内在因素外，还有施工因素和外部边界条件的变化，比如气温、水温、日照以及地温等。

坝体三维非稳定温度场 $T(x, y, z, t)$ 应满足下列偏微分方程：

$$\frac{\partial T}{\partial t} = a\left(\frac{\partial^2 T}{\partial x^2} + \frac{\partial^2 T}{\partial y^2} + \frac{\partial^2 T}{\partial z^2}\right) + \frac{\partial \theta}{\partial t} \tag{7.2.31}$$

式中：$\partial T/\partial t$ 为温度随时间的变化率；a 为导温系数，其表达式为 $a = \lambda/(c\rho)$，这里 λ 为导热系数，c 为比热，ρ 为密度；θ 为混凝土的绝热温升。

根据混凝土水化热和温度场随时间变化规律，可将混凝土坝温度场分为以下三种类型：①非稳定温度场，$\partial T/\partial t \neq 0$，$\partial \theta/\partial t \neq 0$，此时存在水泥水化热等内部热源，坝体温度随时间继续变化，属于非稳定温度场；②准稳定温度场，$\partial T/\partial t \neq 0$，$\partial \theta/\partial t = 0$，水泥水化热放热作用基本结束，混凝土冷却到最终温度，坝体内无热源存在，温度场主要随外界环境的影响而改变；③稳定温度场，混凝土完全冷却并且所有边界条件不变，温度场恒定而不再随时间变化，$\partial T/\partial t = 0$，$\partial \theta/\partial t = 0$。

欲求上述方程的解必须要有一定的定解条件，非稳定热传导问题包括初始条件与边界条件，初始条件是指初始时刻物体内部的温度分布状况；边界条件是指物体的几何形状以及周围介质与物体表面相互作用的规律。对于稳定温度场的导热问题，由于温度变化与时间无关，所以只存在边界条件，无初始条件。边界条件大体上分为四类：①第一类边界条件，该条件给出了物体表面任意瞬时的温度分布，即物体表面温度是时间的已知函数，$T_S(t) = f(t)$（S 为物体边界，t 为时间），当大坝有上游水温、下游气温等实测资料时，属于该类边界条件；②第二类边界条件，该条件给出了物体表面上每点法向热流密度，即已知法向热流密度关于时间的函数，即 $q_S(t) = f(t)$（q：物体表面法向任意时刻的热流密度）；③第三类边界条件，该条件假定经过物体表面的热流量，与物体表面温度和气温之差成正比，即 $q_S(t) = \beta[T_S(t) - T_a(t)]$（$\beta$ 为热交换系数，近似计算可取为常数，其表达式为 $\beta=\lambda/l$，其中 λ 为流体导热系数，l 为边界黏滞层厚度，与固体表面的粗糙度、流体的黏滞性以及流速有关）；④第四类边界条件，该条件给出了已知物体与相互接触的另一个物体以导热方式进行热交换的情况。此外，依据分析问题的实际情况还有许多其他形式的边界条件，实际分析中，常把较为复杂的边界条件做适当简化。

在大坝运行期正常情况下，坝体温度场一般为准稳定温度场，其热传导方程为：

$$\frac{\partial T}{\partial t}=a\left(\frac{\partial^2 T}{\partial x^2}+\frac{\partial^2 T}{\partial y^2}+\frac{\partial^2 T}{\partial z^2}\right) \tag{7.2.32}$$

令坝体内部各点的温度变化为 T,坝体各向同性且均匀,热膨胀系数为 α_c,则坝体内各点的应变分量可表示为:

$$[\varepsilon^T]=[\varepsilon_x^T \quad \varepsilon_y^T \quad \varepsilon_z^T \quad \gamma_{xy}^T \quad \gamma_{yz}^T \quad \gamma_{zx}^T]^{\mathrm{T}}=T[\alpha_c \quad \alpha_c \quad \alpha_c \quad 0 \quad 0 \quad 0]^{\mathrm{T}} \tag{7.2.33}$$

设由应力产生的应变为$[\varepsilon]=[\varepsilon_x \quad \varepsilon_y \quad \varepsilon_z \quad \gamma_{xy} \quad \gamma_{yz} \quad \gamma_{zx}]^{\mathrm{T}}$,则有限元方程中的节点力与节点位移为:

$$\begin{aligned}[F]^e &= \iiint_e [B]^{\mathrm{T}}[D]([\varepsilon]-[\varepsilon^T])\mathrm{d}x\mathrm{d}y\mathrm{d}z \\ &= \iiint_e [B]^{\mathrm{T}}[D][\varepsilon]\mathrm{d}x\mathrm{d}y\mathrm{d}z-\iiint_e [B]^{\mathrm{T}}[D][\varepsilon^T]\mathrm{d}x\mathrm{d}y\mathrm{d}z \\ &= [k]^e[\delta]^e-\iiint_e [B]^{\mathrm{T}}[D][\varepsilon^T]\mathrm{d}x\mathrm{d}y\mathrm{d}z\end{aligned} \tag{7.2.34}$$

式中:$\iiint_e [B]^{\mathrm{T}}[D][\varepsilon^T]\mathrm{d}x\mathrm{d}y\mathrm{d}z$ 为由于温度变化引起的等效节点荷载,用该等效节点荷载代替实际节点荷载,求出的节点位移便是温度荷载作用产生的节点位移,而温度荷载引起的应力为:

$$\begin{aligned}[\sigma] &= [D][\varepsilon]-[D][\varepsilon^T]=[D]\cdot[B][\delta]^e-[D][\varepsilon^T] \\ &= [S][\delta]^e-[D]T[\alpha_c \quad \alpha_c \quad \alpha_c \quad 0 \quad 0 \quad 0]^{\mathrm{T}}\end{aligned} \tag{7.2.35}$$

1.5 坝体超载准则

由于混凝土的破坏主要取决于应变,在有限元计算中由于应变结果较应力计算结果相对精确,所以采用最大主应变准则,这样更加符合材料本身的破坏机理,最大主应变可由下式计算得到:

$$\varepsilon_1=\frac{2}{\sqrt{3}}\sqrt{J'_2}\sin\left(\theta+\frac{2}{3}\pi\right)+\frac{1}{3}I'_1\leqslant\varepsilon_0 \tag{7.2.36}$$

式中:ε_1 为最大主应变;$I'_1=\varepsilon_{ii}(i=1\sim3)$ 为应变张量第一不变量;$J'_2=\frac{1}{2}e_{ij}e_{ij}(i,j=1\sim3)$ 为应变偏量第二不变量;$\theta=\frac{1}{3}\arcsin\left(-\frac{3\sqrt{3}J'_3}{2\sqrt{J'^3_2}}\right)$,$|\theta|\leqslant60°$;$J'_3=\frac{1}{3}e_{ij}e_{jk}e_{kl}(i,j,k=1\sim3)$ 为应变偏量第三不变量;ε_0 为坝体混凝土弹性极限抗拉应变能力。

混凝土的抗拉强度比抗压强度要小很多,一般前者只有后者的 1/8～1/12 大,故当最

大主应变 ε_1 达到混凝土极限抗拉应变能力时，即满足开裂条件，停止加载。这里取

$$\varepsilon_0 = C_t f_c / E = f_t / E \tag{7.2.37}$$

式中：f_t 为材料抗拉强度；f_c 为材料的抗压强度；C_t 为拉压强度比；E 为材料的弹性模量。

在用上式求解时，位移是隐函数，无法直接求解，需要利用应力及位移与荷载组合的显示关系来推求。

2　一级变形控制值建立方法

大坝变形主要受水压、温变以及时效的影响，其中水压是大坝的主要荷载，对于水压分量应慎重考虑。在超载分析计算的基础上，引入大坝重要性系数概念，重要性系数的意义在于体现出不同大坝的重要性原则，针对不同级别的大坝，需要通过重要性系数对计算获得的预报控制值进行修正。

当大坝处于一级控制状态时候，大坝结构性态属于线弹性范畴，因而大坝变形测点处的一级控制值 δ_1 可表示为水压、温变、时效三个分量之和，即：

$$\begin{aligned}\delta_1 &= f\left(\sigma_t \leqslant \sigma_{et},\ \sigma_c \leqslant \sigma_{ec},\ K = \frac{R}{S} \geqslant [K],\ G\right) = \delta_H + \delta_T + \delta_\theta \\ &= \delta_H(H,\ k_1,\ G) + \delta_T(\Delta T) + \delta_\theta(\theta)\end{aligned} \tag{7.2.38}$$

式中：δ_H 为水压分量；δ_T 为温度分量；δ_θ 为时效分量；H 为水压荷载；k_1 为水压超载系数；G 为大坝重要性系数。计算抗力 R 时，c，f 值为现场试验峰值的小值平均值；计算滑动力 S 时，荷载组合采用设计荷载组合工况。

综上，特高拱坝一级变形预报控制值建立步骤如下。

Step1　采用三维有限元计算出不同水位、不同超载系数情况下的一系列坝体位移计算结果，并求出大坝的超载系数 k_1；

Step2　根据大坝的技术指标（主要是坝高和平均宽高比），由重要性分布表确定相应的重要性系数；

Step3　对应于超载系数，并且经大坝重要性系数修正的坝体综合变形量即为水压分量估计值 $\delta_H = \delta H / G$；

Step4　温度分量采用三维有限元计算，温度工况采用极限温度荷载；

Step5　时效分量的估计需借助大坝黏弹性有限元计算分析，采用本节 1.2 中黏弹性本构关系，计算大坝不同时间的黏性变形，最后建立时效变形分量的表达式 $\delta_\theta = c_0 + c_1\theta + c_2 \ln \theta$（$c_0$，$c_1$，$c_2$ 为时效因子回归系数；θ 为监测日到起测日累计天数除以 100）；

Step6　把水压、温变及时效三者分量相加，即得大坝的一级变形预报控制值。

此外，对于特高拱坝及其坝基联合作用体来讲，坝基内部岩体的初始应力对坝体坝基应力与变形等结构行为有着不容忽视的作用，尤其是坝基黏性变形，计算分析中应考虑坝基初始地应力场的影响。

第三节　特高拱坝二级变形控制值拟定方法

特高拱坝二级控制值对于大坝运行状态的控制具有至关重要意义，一旦进入二级控制状态，运行管理部门就应当提高控制级别，并采取相应的控制措施和手段。

1　特高拱坝二级变形控制值拟定准则

对于中低拱坝，一般取坝体实际压应力 σ_{st} 不大于抗压屈服强度 σ_s，即 $\sigma_{st} \leqslant \sigma_s$ 作为二级控制值的应力控制标准，但这对于特高拱坝是不合适的。一般拱坝运行过程中，如果坝体上游面发生了局部开裂，下游面局部应力达到了混凝土的极限承受能力，进而发生压或压剪破坏，坝体本身可以进行应力释放和转移重新达到稳定，自我调整的裕度较大，整个坝体仍然是安全的。特高拱坝坝体所承受的总体应力水平较高，压应力储备较小，坝体一旦开裂、局部发生受压受剪屈服，坝体自身的调整便极有可能造成坝体应力普遍超限，朝着更加恶化的方向发展，进而导致大坝破坏。因此，考虑到特高拱坝的坝体应力水平高，工作环境复杂，为了控制坝体应力发生调整的情况下仍然是安全的，避免高应力水平导致坝体破坏的发生，在建立准则中，应把坝体混凝土实际抗压屈服强度适当降低。因此，采用修正后的抗压屈服强度作为建立变形控制值的控制标准之一，即以 $\sigma_{st} \leqslant \sigma_s'$ 作为特高拱坝屈服应力控制标准，其中 σ_s' 为修正抗压屈服强度。

拱坝坝踵开裂控制是设计过程中需要考虑的重要内容，根据拱坝建设运行实践来看，绝大多数拱坝在坝踵部位会产生不同程度的裂缝，这种裂缝影响通常是局部的，但严重的也可能会威胁到大坝的安全。局部性裂缝危害性一般不大，即便发展构成周边缝，也不致立即危害坝的安全，这是因为拱坝是高次超静定结构，局部的开裂是结构放松约束、调整内力以适应外荷变化的正常反应，将会重新达到稳定状态。但是，这种裂缝究竟发展到何种程度，才不致影响拱坝的安全呢？目前，不论从试验角度或是理论模拟角度来讲，这仍然是个悬而未解的问题。

坝踵开裂的危害性主要体现在以下两个方面：①破坏坝体的整体性，造成大坝抵抗外荷载的总体能力降低；②缝面浸水将会给大坝带来“新的荷载”，使坝体发生水力劈裂、加剧坝体或坝基的渗漏。这里把前者称为一次危害，把后者称为二次危害，以上两种危害将会降低坝基抗滑抗剪能力，进而对大坝上滑稳定性、坝体抗倾覆能力等造成不利影响。坝踵裂缝造成不良影响的最为典型的例子是奥地利的科恩布赖拱坝（Kolnbrein）事故。在坝踵开裂和扩展导致的众多危害中，造成防渗帷幕的破坏所带来的后果最为严重。

因此，在建立特高拱坝二级变形控制值的时候，必须把坝踵开裂及其范围作为控制标准之一。采用开裂深度(b_c)与防渗帷幕距离上游坝面距离(b)的比值的最大值作为控制参量。定义 $k_c = b_c/b$，且以 $\max(k_c)$ 值不大于 1，即 $\max(k_c) \leqslant 1$ 作为控制标准。对于一般的拱坝来讲，可把 $\max(k_c) \leqslant 1$ 的要求作为标准；但是对于特高拱坝而言，为了安全起见，应该保留一定的安全裕度，即以 $\max(k_c) \leqslant \phi$(ϕ 为一个小于 1 的正实数) 作为特高拱坝的开裂控制标准。

除此之外，大坝还需要满足相应的稳定准则，即临界稳定条件的要求，以及体现出大坝的重要程度。

综上，特高拱坝二级变形控制值的建立准则可以定义为：

$$\delta_2 = f[\sigma_{\text{实}} \leqslant \sigma_s',\ \max(k_c) \leqslant \phi,\ R \geqslant S,\ G] \tag{7.3.1}$$

式中：σ_s'为修正的抗压屈服强度，可以定义其为$\sigma_s' = \sigma_s / k$，σ_s为坝体混凝土真实抗压屈服强度，k为折减系数；$k_c = b_c / b$，b_c为坝踵开裂深度，b为防渗帷幕距离上游坝面的距离；ϕ为小于 1 的正实数；G为大坝重要性系数。

在计算抗滑力R时，c，f应选用野外试验的屈服值，并经专家讨论确定；计算S时，荷载工况宜选用大坝运行的最不利荷载工况组合。

采用保留安全裕度的控制标准，使得建立的变形控制值具有一定的保守性，即偏小，这样做是合理的，因为特高拱坝一方面应力水平高，另一方面坝体工作环境复杂，变形预报控制值适当减小，对坝体安全有利，且不会对大坝运行的效益产生过大的负面影响。

2 相关计算分析模型

2.1 坝体与坝基黏弹塑性分析模型

(1) 坝体与坝基黏弹塑本构关系

据工程实践经验以及实测资料，塑性变形并不是瞬间完成的，而是在瞬时变形之后，仍然会有随着时间延长而继续发展。对于坝体与坝基的黏弹塑性变形的模拟，下面分别采用具有塑性强化的弹—黏弹—黏弹塑性的 8 参数和 7 参数黏弹塑性模型，其中坝体 8 参数模型由萨瓦拉(Sawaragi)模型与广义开尔文(Kelvin)模型串联而成，坝基 7 参数模型采用萨瓦拉模型与伯格斯(Burgers)模型串联模型，分别如图 7.3.1、图 7.3.2 所示。

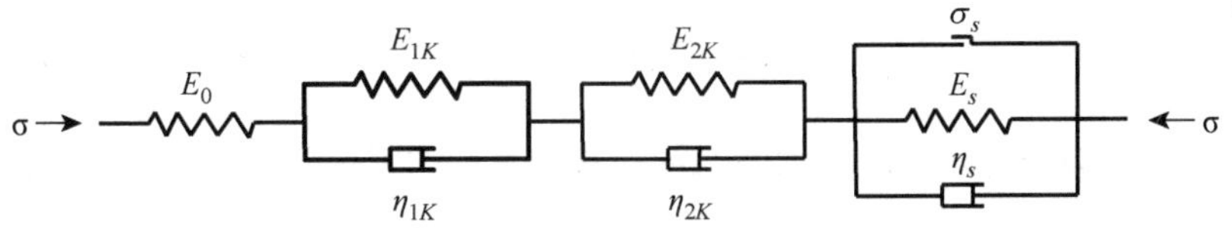

图 7.3.1 坝体弹—黏弹—黏弹塑性 8 参数模型

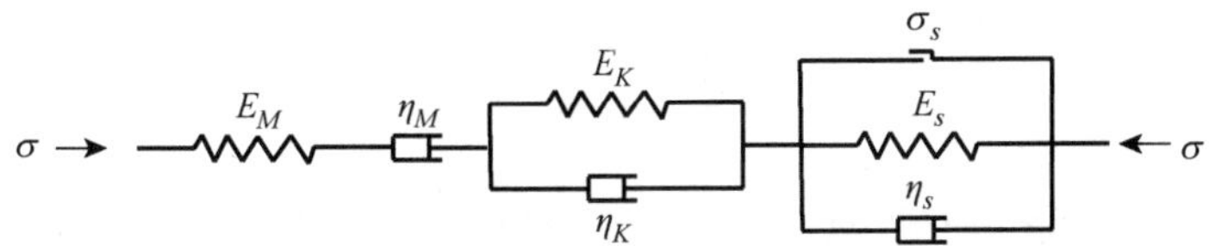

图 7.3.2 坝基弹—黏弹—黏弹塑性 7 参数模型

上述模型中，σ_s为屈服应力；E_s为塑性强化模量；η_s为塑性黏滞系数；E_0，E_{1K}，E_{2K}，η_{1K}，η_{2K}及E_M，E_K，η_M，η_K等参数意义与前相同。

由于上述模型均为串联，所以总应变应该等于各部分应变之和，即：

$$[\varepsilon]_t = [\varepsilon_e] + [\varepsilon_{ve}]_t + [\varepsilon_{vp}]_t \tag{7.3.2}$$

式中：$[\varepsilon_{ve}]_t$ 为 t 时刻的黏弹性应变；$[\varepsilon_{vp}]_t$ 为 t 时刻的黏塑性应变。

由上述模型可以知，当坝体或者坝基岩体应力状态尚未满足初始屈服条件时，模型并不产生黏塑性应变，其总应变便是广义开尔文模型或伯格斯模型的黏弹性应变；而一旦应力状态达到了初始屈服状态以后，模型除了产生黏弹性应变以外，还将产生黏塑性应变。

在一维应力状态下，当 $\sigma > \sigma_s$ 时，萨瓦拉模型的本构方程为：

$$\sigma = \sigma_s + E_s\varepsilon_{vp} + \eta_s \frac{\mathrm{d}\varepsilon_{vp}}{\mathrm{d}t} \tag{7.3.3}$$

上式为一阶线性常微分方程，其求解表达式为：

$$\varepsilon_{vp}(t) = \exp\left(-\frac{E_s}{\eta_s}t\right)\left[\int_{t_0}^{t} \frac{\sigma - \sigma_s}{\eta_s}\exp\left[\frac{E_s}{\eta_s}t\right]\mathrm{d}t + C_v\right] \tag{7.3.4}$$

式中：C_v 为积分常数，可由初始条件确定。

当 $t = t_0$ 时，$\varepsilon_{vp}(t) = \varepsilon_{vp}(t_0)$，则由式(7.3.4)可以得到：

$$\varepsilon_{vp}(t) = \varepsilon_{vp}(t_0)\exp\left[-\frac{E_s}{\eta_s}(t - t_0)\right] + \exp\left(-\frac{E_s}{\eta_s}t\right)\int_{t_0}^{t} \frac{\sigma - \sigma_s}{\eta_s}\exp\left(\frac{E_s}{\eta_s}t\right)\mathrm{d}t \tag{7.3.5}$$

对于黏性增量初应变迭代法，在 $t_0 \to t(= t_0 + \Delta t)$ 时间内，应力 σ 保持为常量，则式(7.3.5)改写为：

$$\varepsilon_{vp}(t) = \varepsilon_{vp}(t_0)\exp\left(-\frac{E_s}{\eta_s}\Delta t\right) + \frac{\sigma - \sigma_s}{E_s}\left[1 - \exp\left(-\frac{E_s}{\eta_s}\Delta t\right)\right] \tag{7.3.6}$$

而在复杂应力状态下，萨瓦拉模型应变增量表达式可推广为：

$$[\varepsilon_{vp}]_t = [\varepsilon_{vp}]_{t_0}\exp\left(-\frac{E_s}{\eta_s}\Delta t\right) + \frac{1}{E_s}H\left(\frac{F}{F_0}\right)\frac{\partial Q}{\partial[\sigma]}\left[1 - \exp\left(-\frac{E_s}{\eta_s}\Delta t\right)\right] \tag{7.3.7}$$

式中：F 为屈服函数，F_0 为使系数无因次的任意值；Q 为塑性势函数，采用相关联流动法则的时候，$Q = F$；$H\left(\frac{F}{F_0}\right)$ 为 Heaviside 函数，定义为：

$$H\left(\frac{F}{F_0}\right) = \begin{cases} 0 & F \leqslant 0 \\ \dfrac{F}{F_0} & F > 0 \end{cases} \tag{7.3.8}$$

若塑性势函数和后继加载函数相一致，并与初始屈服面或破坏面的形状相似，且加载面可以平移，同时也可以等向扩张(这里采用四参数屈服准则)，则：

$$\begin{aligned}\frac{\partial Q}{\partial[\sigma]} = &\left[\frac{A}{\rho(\varepsilon_p^I)} + \frac{B}{2\sqrt{J_2}} + \frac{C\cos\theta}{\sqrt{3J_2}} - \frac{3CJ_3}{2J_2^2(4\cos^2\theta - 1)}\right]\frac{\partial J_2}{\partial[\sigma]} \\ &+ \frac{C}{J_2(4\cos^2\theta - 1)}\frac{\partial J_3}{\partial[\sigma]} + \left(\frac{1}{3}C + D\right)\frac{\partial I_1}{\partial[\sigma]}\end{aligned} \tag{7.3.9}$$

式中：θ 为 Lode 角，$|\theta|\leqslant 60°$；

$$\frac{\partial J_2}{\partial[\sigma]}=[s_x \quad s_y \quad s_z \quad 2\tau_{xy} \quad 2\tau_{yz} \quad 2\tau_{xz}]^{\mathrm{T}} \tag{7.3.10}$$

$$\frac{\partial J_3}{\partial[\sigma]}=\begin{Bmatrix} s_y s_z-\tau_{yz}{}^2 \\ s_z s_x-\tau_{xz}{}^2 \\ s_x s_y-\tau_{xy}{}^2 \\ 2(\tau_{xz}\tau_{yz}-s_z\tau_{xy}) \\ 2(\tau_{xy}\tau_{xz}-s_x\tau_{yz}) \\ 2(\tau_{yz}\tau_{xy}-s_y\tau_{xz}) \end{Bmatrix}+\frac{J_2}{3}\begin{Bmatrix}1\\1\\1\\0\\0\\0\end{Bmatrix} \tag{7.3.11}$$

$$\frac{\partial I_1}{\partial[\sigma]}=[1 \quad 1 \quad 1 \quad 0 \quad 0 \quad 0]^{\mathrm{T}} \tag{7.3.12}$$

式中：s_{ij} 为偏应力张量。

在特殊的应力状态下，式(7.3.9)需要做一修正，当 $|\theta|=60°$ 时，则有：

$$\frac{\partial Q}{\partial[\sigma]}=\left(\frac{A}{\rho(\varepsilon_p^I)}+\frac{B}{2\sqrt{J_2}}+\frac{C\cos\theta}{\sqrt{3J_2}}\right)\frac{\partial J_2}{\partial[\sigma]}+\left(\frac{1}{3}C+D\right)\frac{\partial I_1}{\partial[\sigma]} \tag{7.3.13}$$

(2) 复杂应力状态下黏性应变增量

设在 Δt 时间内，应力状态保持不变，则由式(7.3.7)可得 Δt 时段末的黏塑性应变增量为：

$$[\Delta\varepsilon_{vp}]_t=\left[\frac{1}{E_s}H\left(\frac{F}{F_0}\right)\frac{\partial Q}{\partial[\sigma]}-[\Delta\varepsilon_{vp}]_{t_0}\right]\left[1-\exp\left(-\frac{E_s}{\eta_s}\Delta t\right)\right] \tag{7.3.14}$$

因此，当屈服函数 $F\leqslant 0$ 时，Δt 时间内的黏性应变增量就是广义开尔文模型或伯格斯模型的黏弹性应变增量；当屈服函数 $F>0$ 时，Δt 时间内的黏性应变将不仅包括广义开尔文模型或伯格斯模型的黏弹性应变增量，而且还包括萨瓦拉模型的黏塑性应变增量。即：

$$[\Delta\varepsilon_v]_t=\begin{cases}[\Delta\varepsilon_{ve}]_t & F\leqslant 0\\ [\Delta\varepsilon_{ve}]_t+[\Delta\varepsilon_{vp}]_t & F>0\end{cases} \tag{7.3.15}$$

(3) 破坏准则

在众多破坏准则中，四参数破坏准则不仅可以反映混凝土的塑性，还可以较好地反映混凝土的脆性，其表达式为：

$$f(\rho,\ r,\ \theta)=ar^2+(\alpha\cos\theta+\beta)r+b\rho-1=0 \tag{7.3.16}$$

式中：$\rho=\frac{1}{\sqrt{3}}I_1$，$r=\sqrt{2J_2}$，$\theta=\arccos\left(\frac{\sqrt{3}}{2}\frac{S_1}{\sqrt{J_2}}\right)$，$|\theta|\leqslant 60°$；$S_1$ 为最大主偏应力，$S_1=\sigma_1-\frac{1}{3}I_1$，这里 $\sigma_1>\sigma_2>\sigma_3$；$I_1$ 为第一应力不变量，$I_1=\sigma_1+\sigma_2+\sigma_3$；$J_2$ 为第二偏应力不变量，$J_2=\frac{1}{6}[(\sigma_1-\sigma_2)^2+(\sigma_2-\sigma_3)^2+(\sigma_3-\sigma_1)^2]$；$\alpha$，$\beta$ 为正参数，$\alpha+\beta=1$；a，b

为参数。

上式亦可以用应力及应力偏量不变量表示如下：

$$A\frac{J_2}{R_C^2}+B\frac{\sqrt{J_2}}{R_C}+C\frac{\sigma_1}{R_C}+D\frac{I_1}{R_C}-1=0 \tag{7.3.17}$$

式中：A, B, C, D 为材料参数，由试验或者工程类比确定；R_C 为单轴抗压强度；σ_1 为最大主应力，并规定拉应力为正，压应力为负。

根据二级变形预报控制值的建立准则，要求对材料的抗压强度做一修正，所以这里取经折减后的单轴抗压强度作为破坏准则的材料强度，即 $R'_C=R_C/k$。

坝基岩体的脆塑破坏特性可以视为与混凝土基本相似，因而混凝土的四参数破坏准则也适用于坝基岩体。由于具有四个可调的参数，选择适当的 A, B, C, D 值，便可以较好地实现对坝基岩体特性的反映。四参数破坏准则反映了静水压力项 I_1、偏应力项 J_2 及 $\sqrt{J_2}$ 对强度的影响，还反映了第一主应力 σ_1 对强度的影响。因此，可以认为四参数破坏准则可以把脆性破坏和塑性破坏统一地表达出来，是适合混凝土及基岩受力特性的较为理想的准则。

(4) 初始屈服准则

假设材料的初始屈服准则与破坏准则的函数形式相同，且材料常数也保持不变，只是将单轴抗压强度 R_C 用屈服强度 f_C 代替。屈服强度 f_C 可近似地取为：

$$f_C=(0.3\sim 0.6)R_C \tag{7.3.18}$$

精确的 f_C 值可从单轴压缩试验的应力-应变关系曲线上获得。同样根据二级变形预报控制值的要求，这里仍然用修正的 R'_C 代替实际的 R_C。

(5) 破坏应力迁移

在某一增量荷载的作用下，根据四参数破坏准则，有可能计算出某些单元处于破坏状态，此时便需要进行单元破坏时的应力迁移分析计算。对单元破坏应力迁移的迭代计算采用变 K^P 法，该法既保持了常劲度法的优点，又具有变劲度法收敛好的特征。

变 K^P 法的主要思想是：在迭代过程中，把本级荷载作用下材料性质视为变化量，即塑性矩阵 $[D^P]$ 是变化的。弹塑性变劲度有限元法的控制方程为：

$$[K(\delta)][\Delta\delta]=[\Delta R] \tag{7.3.19}$$

式中：δ 为模型节点位移，$[\Delta\delta]$, $[\Delta R]$ 分别为位移与荷载增量。

可将上式改写为：

$$[K^e][\Delta\bar{\delta}]=[\Delta R^p] \tag{7.3.20}$$

$$[\Delta R^p]=[K^p]([\Delta\delta^e]+[\Delta\bar{\delta}]) \tag{7.3.21}$$

式中：$[K^e]$ 为本级荷载下的弹性劲度矩阵；$[\Delta\bar{\delta}]$ 为结构部分破坏后的附加位移增量；$[\Delta R^p]$ 为破坏修正荷载；$[K^p]$ 为结构部分破坏后劲度矩阵的修正值；$[\Delta\delta^e]$ 为虚拟弹性位移增量，由下式计算得到：

$$[\Delta\delta^e]=[K^e]^{-1}[\Delta R] \tag{7.3.22}$$

实际上，在某一增量荷载作用下，岩体中可能出现过渡破坏的单元，也就是说在某一应力增量$[\Delta\sigma]^e$ 的作用下，单元有可能从弹性状态或塑性状态发生破坏，即破坏函数 $f([\sigma]^e+[\Delta\sigma]^e)>0$。这时需要先确定初始破坏点，即求出比例因子 r_f，使得 $f([\sigma]^e+r_f[\Delta\sigma]^e)=0$。而 r_f 可以通过弦位迭代法求得，为方便起见，r_f 也可以对破坏函数值 f 进行线性内插得到，即：

$$r_f=\frac{-f_i}{f_{i+1}-f_i} \tag{7.3.23}$$

式中：f_i，f_{i+1} 分别为破坏前后的破坏函数值。

在确定比例因子 r_f 后，再进行破坏时的应力释放，并将释放应力转化为等效节点荷载，即：

$$[\Delta R^P]_1^e=\int_{\Omega^e}[B]^{\mathrm{T}}[\sigma]_r\mathrm{d}\boldsymbol{\Omega}^e \tag{7.3.24}$$

式中：$[\sigma]_r$ 为释放应力，由下式计算：

$$[\sigma]_r=[A][\sigma'_{ck}]+(\beta-1)[A][\sigma'_{ch}] \tag{7.3.25}$$

式中：$[A]$ 为主应力坐标系与整体坐标系之间的变换矩阵，$[\sigma'_{ck}]$为开裂释放应力，$[\sigma'_{ck}]=[\sigma'_x\quad 0\quad 0\quad \tau'_{xy}\quad 0\quad \tau'_{xz}]^{\mathrm{T}}$；$\{\sigma'_{ch}\}$为压碎释放应力，$[\sigma'_{ch}]=[0\quad \sigma'_y\quad \sigma'_z\quad 0\quad \tau'_{yz}\quad 0]^{\mathrm{T}}$；$\beta$ 为开裂压碎比例系数，按下式确定：

$$\beta=\begin{cases}1 & \alpha<1\\ \alpha & 1\leqslant\alpha\leqslant\dfrac{1+v}{1-2v}\\ 2 & \alpha>\dfrac{1+v}{1-2v}\end{cases} \tag{7.3.26}$$

假如应力释放前主应力σ_1，σ_2，σ_3 的方向余弦分别为l_1，m_1，n_1，l_2，m_2，n_2，l_3，m_3，n_3，则变换矩阵$[A]$ 为：

$$[A]=\begin{bmatrix} {l_1}^2 & {l_2}^2 & {l_3}^2 & 2l_1l_2 & 2l_2l_3 & 2l_3l_1\\ {m_1}^2 & {m_2}^2 & {m_3}^2 & 2m_1m_2 & 2m_2m_3 & 2m_3m_1\\ {n_1}^2 & {n_2}^2 & {n_3}^2 & 2n_1n_2 & 2n_2n_3 & 2n_3n_1\\ l_1m_1 & l_2m_2 & l_3m_3 & l_1m_2+l_2m_1 & l_2m_3+l_3m_2 & l_1m_3+l_3m_1\\ m_1n_1 & m_2n_2 & m_3n_3 & m_1n_2+m_2n_1 & m_2n_3+m_3n_2 & m_1n_3+m_3n_1\\ l_1n_1 & l_2n_2 & l_3n_3 & n_1l_2+n_2l_1 & n_2l_3+n_3l_2 & n_1l_3+n_3l_1 \end{bmatrix} \tag{7.3.27}$$

最后还要进行破坏后的结构劲度修正，并由式(7.3.21) 计算劲度修正荷载$[\Delta R^P]_2^e$。这样单元发生过渡破坏时，破坏修正荷载为：

$$[\Delta R^P]=[\Delta R^P]_1+[\Delta R^P]_2 \tag{7.3.28}$$

应力迁移迭代计算的收敛准则是：

$$\frac{\|[\Delta\bar{\delta}]_i\|}{\|[\Delta\delta^e]+[\Delta\bar{\delta}]_i\|}<TOL \tag{7.3.29}$$

式中：$[\Delta\bar{\delta}]_i$ 为第 i 次迭代的修正位移增量；TOL 为给定的精度。

综上，对于每次应力增量（包括黏弹黏塑性应力增量），当某些单元发生破坏时，应力迁移的计算过程如下。

Step1 $i=0$，由式(7.3.22)计算弹性位移增量$[\Delta\delta^e]$，由此解得$[\Delta\sigma^e]$，同时令$[\Delta\bar{\delta}]_0=0$，$[\Delta\sigma]_0=[\Delta\sigma^e]$；

Step2 $i=i+1$，对每个单元循环，计算单元试探应力$[\sigma_t]_i^e=[\sigma]^e+[\Delta\sigma]_{i-1}^e$，并由$[\sigma_t]_i^e$ 计算破坏函数值 f_i，按下面三种情况讨论：

当 $f_i<0$，则该单元$[\Delta R^P]^e=0$；

当 $f_i\geqslant 0$ 且 $f_{i-1}<0$，则该单元$[\Delta R^P]^e=[\Delta R^P]_1^e+[\Delta R^P]_2^e$；

当 $f_i\geqslant 0$ 且 $f_{i-1}\geqslant 0$，则该单元$[\Delta R^P]^e=[\Delta R^P]_2^e$；

对全部单元累加，形成破坏荷载$[\Delta R^P]$；

Step3 由式(7.3.20)求解修正节点位移增量$[\Delta\bar{\delta}]_i$；

Step4 精度判别，当式(7.3.29)满足时转 Step6，否则转 Step5；

Step5 对位移增量修正，$[\Delta\delta]_i=[\Delta\delta^e]+[\Delta\bar{\delta}]_i$，计算应力增量$[\Delta\sigma]_i$，转 Step2；

Step6 应力迁移迭代结束，继续下面的计算。

上述应力迁移的迭代过程有可能出现发散的情况，即式(7.3.29)恒不能满足，这时整个结构全部破坏。因此，上述迭代需规定终止迭代的最大次数，一般采用 $i_{\max}=10$。

(6) 增量初应变法

黏弹塑性问题的增量初应变法，其计算过程与前文黏弹性问题相似，其主要计算步骤如下。

Step1 对荷载级循环，形成每级荷载的荷载增量列阵，并按加载次数逐次施加；

Step2 计算每次加载的瞬时弹性位移增量，并进行单元破坏判别，若有单元发生破坏，则进行应力迁移迭代计算，并修正瞬时弹性位移增量；

Step3 计算当前时刻的总应力，应包括岩体内的初始地应力，按屈服函数式判别每一个单元，分别按黏弹性（对未进入屈服的单元）或黏弹塑性（对已进入屈服的单元）应变增量计算公式算出下一时步（$t\rightarrow t+\Delta t$）的黏性应变增量，并转化为黏性荷载增量；

Step4 求解该时步的黏性位移增量，并进行单元破坏判别，若有单元发生破坏，则进行应力迁移迭代计算，并修正该时步的黏性位移增量；

Step5 计算 $t+\Delta t$ 时刻的总应力，并进行稳定判别，即屈服函数 $F\rightarrow 0$，应力变化 $\Delta\sigma\rightarrow 0$；若不满足稳定条件，且未达到下次加载的时间，则转向 Step3，否则转向 Step2；

Step6 计算完各级荷载，并满足计算稳定条件或达到终止时间，则终止计算。

2.2 坝踵开裂裂缝分析模型

拱坝虽有较高的整体稳定性，但是其抗裂性能却较差，不少拱坝会在坝踵附近最大拉应力处产生裂缝。虽然拱坝具有二次甚至多次自身应力调整能力，但是对于特高拱坝来讲，由于其总体应力水平较高，运行环境复杂，抗压强度安全储备较小，一旦局部开裂，应力重新分布，就可能造成应力普遍超限，从而导致坝体破坏。瑞士的佐伊齐尔（Zeuier）双曲拱坝，因地基大范围沉陷而导致坝体严重开裂，裂缝呈周边缝形式；奥地利的科恩布赖拱坝，首次蓄水即在坝踵附近出现一长约 160 m 的水平裂缝。裂缝不仅降低了大坝整体结构性能，削弱了坝体抗剪能力，甚至破坏了坝体和坝基的防渗效果。

混凝土最重要的特征之一就是抗拉强度低，在比压应力低得多的拉应力作用下便会开裂，导致结构刚度降低，促使结构进入非线性工作状态。混凝土拉裂破坏以裂纹逐渐连为一体直至结构最终断开为特征，通常假设开裂形成是一个脆断过程，拉伸荷载方向上的强度在这种裂纹形成后骤然趋于零。混凝土这种脆性断裂时的骤然应变软化特征，使得局部应力水平的突然变化，裂纹扩展和随后的应力重分布对混凝土结构的基本性质有重要影响。此外，这种因裂纹扩展导致的极端应变软化特性，给任何非线性解法附加了严格的条件。裂缝一旦形成，通常假设裂纹垂直方向不能承受拉伸应力（没有强度），并且在此方向上材料的刚度降至可忽略的值，基本为零（不能抵抗变形）。但是，平行于裂纹方向的材料仍然具有单轴或双轴承载力。尽管裂纹可能在垂直方向上张开，但是当有平行裂纹的运动趋势时，裂纹里面仍然可能咬合。这取决于裂纹面的构造以及维持开裂面接触的约束力。对于普通混凝土，生成的裂纹面为粗糙面。此外，如果在临近未开裂的混凝土沿开裂面提供一些约束，阻止碎片分离，那么这个粗糙面可以传递一些剪力，这一现象便是“骨料咬合”效应。对于高强混凝土，水泥浆的强度可能接近骨料强度，裂纹不再围绕骨料产生，而直接穿透骨料，开裂面变得更加光滑，高强混凝土开裂后的性质可能有显著的改变。

常用的混凝土断裂发展准则有最大主应力准则、最大主应变准则以及断裂力学中应力强度因子的判据。前两者是比较通用的准则，当主应力或主应变超过混凝土的极限值时，假设裂纹发生在与主应力或主应变方向正交的平面内，对所有后来的加载而言，这一裂纹方向是固定的。随着断裂力学的不断发展和在实际工程中的应用，应力强度因子判据显得更加合理，有取代前两种的趋势。

裂缝发生发展过程的合理、有效模拟始终是有限元分析的关键问题。对于用有限元法分析混凝土的开裂问题，现有几种不同的模式来处理，如模糊裂缝模式、离散裂缝模式以及断裂力学模式，正如前面所述，各种模式的实用性随着计算机技术的不断发展，在不同的时期，有其各自的优缺点。如果需要了解全部的荷载位移性质，那么模糊开裂模拟可能是较佳的选择；如果对结构局部性质感兴趣，则可使用离散开裂模拟；对于断裂力学为合适工具的特殊问题，建议采用断裂模型。模糊开裂模拟假设开裂的混凝土保持连续，即裂纹是以连续的“模糊”方式出现。不是把开裂表示成单条离散裂纹，而是用无限多条平行的裂隙穿过开裂的混凝土单元的效应来表示。假设这些平行裂隙形成于垂直最大主应力或主应变方向的平面内，在初始裂纹产生后，假设开裂混凝土为正交各向异性或横向各向同性，且材料的主轴之一指向开裂方向。但是该裂缝模型对于裂缝的间距和宽度较难直接计算，裂缝作用或开裂范围等受到单元大小的影响较大。离散开裂模拟通常用邻接单元在节点处的位移不连续来表示，这种方法难以克服预定的有限元网格强加的节点位置限定的缺点。虽然在某种程度上可以通过重新确定单元节点进行调整，但随着离散开裂模型中裂纹的形成而产生的局部改变，节点的重新确定破坏了结构刚度矩阵中的窄带分布，从而大大增加了求解所需的计算工作量。

鉴于裂缝模型计算分析的困难性和复杂性，这里作以下简化：①在计算中，不再模拟坝踵混凝土的开裂过程，而是根据工程经验，判断出坝踵开裂大体位置，并在分析模型中事先布置好裂缝，即假设坝踵已经包含裂缝；②根据变形控制值建立准则的要求，坝踵裂缝的深度控制范围满足条件 $\max(k_c) \leqslant 0.8$；③混凝土受拉性能差，尤其是高强度混凝土，在发生断裂时呈脆性断裂现象，裂缝尖端处为小范围屈服，故在判断裂缝是否满足扩展准则的时候，采用较为成熟的线弹性断裂力学准则。

2.2.1 坝踵裂缝发展判据

考虑到坝体混凝土受拉断裂时，常常表现为弹脆性，尤其是强度较高的混凝土发生断裂的时候，其应力水平往往低于其屈服应力，而且目前来讲弹塑性断裂判据也不尽完善，故仍然采用应力强度因子作为坝踵开裂是否发展的判据。

(1) 裂缝的断裂判据与扩展准则

坝体实际断裂裂纹形式往往是Ⅰ型、Ⅱ型、Ⅲ型复合式情况，需要复合情况下的断裂准则，并且该复合断裂准则要确定综合的相当参数，这里采用应变能密度因子准则。应变能密度因子准则由薛昌明于 1974 提出，是在以裂纹尖端为圆心的圆周上比较应变能密度，简称 S 准则。该准则不仅可以作为断裂判据，而且还可以对裂纹扩展方向做出判断。基本假设：① 裂纹扩展方向，裂缝扩展朝着应变能密度因子 S 值最小方向或者沿体积膨胀能密度最大的方向，即 $\partial S/\partial\theta = 0, \partial S^2/\partial\theta^2 > 0$，并据此确定出开裂角 θ_0；② 裂纹失稳扩展判断，当裂缝尖端的 $S_{\min}$ 达到材料的临界值 S_{cr}，裂缝便开始扩展，即 $S_{\min} \geqslant S_{cr}$，其中 S_{cr} 是一个材料常数，可通过试验或者工程经验取得。

S 准则中，计算 S 值的表达式为：

$$S = a_{11}K_{\mathrm{I}}^2 + 2a_{12}K_{\mathrm{I}}K_{\mathrm{II}} + a_{22}K_{\mathrm{II}}^2 + a_3 3K_{\mathrm{III}}^2 \tag{7.3.30}$$

式中：$a_{11} = \frac{1}{16\pi G}[(3-4\mu-\cos\theta)(1+\cos\theta)]$；$a_{12} = \frac{1}{16\pi G}\{2\sin\theta[\cos\theta-(1-2\mu)]\}$；$a_{22} = \frac{1}{16\pi G}[4(1-\mu)(1-\cos\theta)+(1+\cos\theta)(3\cos\theta-1)]$；$a_{33} = \frac{1}{4\pi G}$；$K_{\mathrm{I}}, K_{\mathrm{II}}, K_{\mathrm{III}}$ 分别为Ⅰ型、Ⅱ型、Ⅲ型裂纹的应力强度因子；G 为剪切模量；μ 为泊松比；θ 的意义如图 7.3.3 所示，其中极坐标的原点位于裂缝尖端处，该坐标为局部坐标，z' 轴垂直 $x'y'$ 面向外。

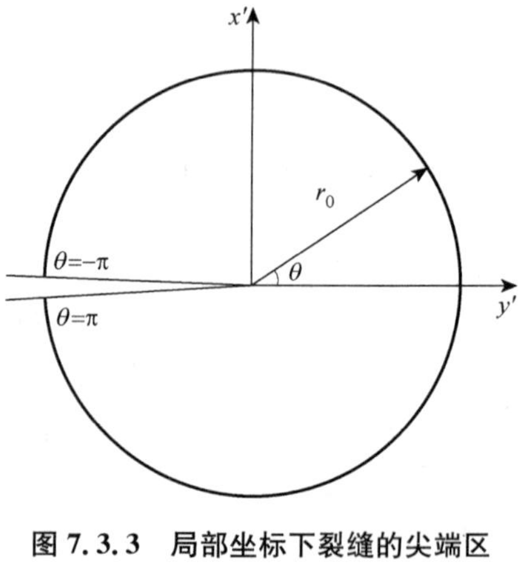

图 7.3.3 局部坐标下裂缝的尖端区

注：裂缝要垂直 x' 轴，因为 U_i' 表示垂直裂缝的方向的位移，而其与 x' 轴方向一致。

(2) 应力强度因子的计算

应力强度因子的计算方法有很多，大致上有理论计算方法与试验方法两种，前者又包括 Westergaard 应力函数法、复变应力函数法、积分变换法、位错模型法、Green 函数法、叠加方法、边界配位法、应力集中法、交替法以及有限元法等，前六种是解析方法，后面几种是数值近似计算方法，这里采用有限元计算方法。

在有限元计算结果中，由于位移的精度通常好于应力的精度，故采用位移分量按照断裂力学理论计算应力强度因子。根据 Williams 位移展开式，推导出应力强度因子的公式为：

$$\begin{cases} K_{\mathrm{I}} = \lim\limits_{r\to 0}\left[\dfrac{\sqrt{2\pi}E}{4(1-\mu^2)}\cdot\dfrac{U_i'}{\sqrt{r_i}}\right] \\ K_{\mathrm{II}} = \lim\limits_{r\to 0}\left[\dfrac{\sqrt{2\pi}E}{4(1-\mu^2)}\cdot\dfrac{V_i'}{\sqrt{r_i}}\right] \\ K_{\mathrm{III}} = \lim\limits_{r\to 0}\left[\dfrac{\sqrt{2\pi}E}{4(1-\mu^2)}\cdot\dfrac{W_i'}{\sqrt{r_i}}\right] \end{cases} \tag{7.3.31}$$

式中：K_{I}，K_{II} 和 K_{III} 分别为 Ⅰ 型、Ⅱ 型和 Ⅲ 型应力强度因子；E 为材料的弹性模量；μ 为泊松比；U_i'，V_i'，W_i' 分别为裂缝缝岸上节点 i 在垂直裂缝面方向、沿裂缝面滑开方向以及沿缝面撕开方向的三个位移分量；r_i 为节点 i 距离裂缝尖端的距离。

一般情况下，上述缝岸第 i 点的位移 $[U' \quad V' \quad W']_i^{\mathrm{T}}$，并不是其在整体坐标系下的位移分量 $[U \quad V \quad W]_i^{\mathrm{T}}$，需要通过转换矩阵来表达：

$$[U' \quad V' \quad W']_i^{\mathrm{T}} = [T]\cdot[U \quad V \quad W]_i^{\mathrm{T}} \tag{7.3.32}$$

在利用式(7.3.31)计算应力强度因子时，根据实际工程的复杂度，可以分别采用两种求解模式求解，即外推法与奇异单元法。

外推法，基于不具有奇异性单元缝岸上 n 个点的应力强度因子，采用最小二乘法外推得到尖端处的 K_{I}，K_{II}，K_{III}，其具体计算公式如下：

$$K_{\mathrm{I}} = \frac{\sqrt{2\pi}E}{4n(1-\mu^2)}\left[\sum_{j=1}^{n}\frac{U_j'-U_0'}{\sqrt{r_j}} - \frac{n\sum\limits_{j=1}^{n}\sqrt{r_j}\,(U_j'-U_0') - \sum\limits_{j=1}^{n}r_j\sum\limits_{j=1}^{n}\dfrac{(U_j'-U_0')}{\sqrt{r_j}}}{n\sum\limits_{j=1}^{n}r_j^2 - \left(\sum\limits_{j=1}^{n}r_j\right)^2}\right] \tag{7.3.33}$$

$$K_{\mathrm{II}} = \frac{\sqrt{2\pi}E}{4n(1-\mu^2)}\left[\sum_{j=1}^{n}\frac{V_j'-V_0'}{\sqrt{r_j}} - \frac{n\sum\limits_{j=1}^{n}\sqrt{r_j}\,(V_j'-V_0') - \sum\limits_{j=1}^{n}r_j\sum\limits_{j=1}^{n}\dfrac{(V_j'-V_0')}{\sqrt{r_j}}}{n\sum\limits_{j=1}^{n}r_j^2 - \left(\sum\limits_{j=1}^{n}r_j\right)^2}\right] \tag{7.3.34}$$

$$K_{\mathrm{III}} = \frac{\sqrt{2\pi}E}{4n(1-\mu^2)}\left[\sum_{j=1}^{n}\frac{W_j'-W_0'}{\sqrt{r_j}} - \frac{n\sum\limits_{j=1}^{n}\sqrt{r_j}\,(W_j'-W_0') - \sum\limits_{j=1}^{n}r_j\sum\limits_{j=1}^{n}\dfrac{(W_j'-W_0')}{\sqrt{r_j}}}{n\sum\limits_{j=1}^{n}r_j^2 - \left(\sum\limits_{j=1}^{n}r_j\right)^2}\right] \tag{7.3.35}$$

式中：U_0'，V_0'，W_0' 为局部坐标下，裂缝尖端处的位移分量；n 为外推法选取的计算点数，一般可取 6 个点以内。

奇异单元法，该法利用缝岸处具有奇异性单元边上三个节点，在局部坐标下的位移分量 U'，V'，W' 来计算三个应力强度因子，其具体计算公式如下：

$$K_{\mathrm{I}} = \frac{\sqrt{2\pi}E}{4(1-\mu^2)}\frac{1}{\sqrt{l}}[4U'(2)-U'(3)-3U'(1)] \tag{7.3.36}$$

$$K_{\mathrm{II}} = \frac{\sqrt{2\pi}E}{4(1-\mu^2)}\frac{1}{\sqrt{l}}[4V'(2)-V'(3)-3V'(1)] \tag{7.3.37}$$

$$K_{\mathrm{III}} = \frac{\sqrt{2\pi}E}{4(1-\mu^2)}\frac{1}{\sqrt{l}}[4W'(2)-W'(3)-3W'(1)] \tag{7.3.38}$$

式中：(1)、(2)、(3)分别为奇异单元边上首、中、末三个节点的位置；l 为单元的边长，最内层单元可取 0.005 a，其后每层单元边长较内层可增加一倍；a 为有效缝长，对于中心裂缝其为裂纹长度的一半，对于单边裂纹其为实际长度。

此外，采用外推法计算强度因子时，最外层点距离裂缝尖端距离不宜太远，r_n 一般不超过 0.06 a。

(3) 缝端奇异性单元群以及裂缝的几何描述假设

带有宏观裂缝的空间结构，在其裂缝尖端处的应力应变状态具有 $r^{-1/2}$ 奇异性。因此，对于缝端的单元模式应满足特殊的要求：①所构造的单元也具有应力应变的奇异性；②满足与外界区域常规单元的协调性要求，同时还应该具有一定的计算精度。为此，需要在裂缝尖端建立特殊的单元群即奇异性单元群。

缝端奇异性单元群由奇异等参单元与过渡等参单元组成，单元群的中心始终与裂缝面尖端重合，并选择蜕化的五面体单元作为奇异单元，布置在裂缝尖端周围，再经过若干层常规过渡单元，与外界单元相连接，如图 7.3.4 所示。

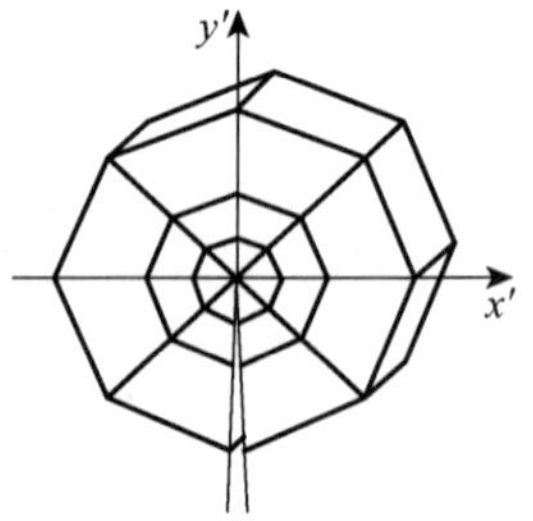

图 7.3.4 局部坐标下裂缝尖端区奇异性单元群(注：z' 轴垂直 $x'y'$ 面向外)

实践证明，只要在沿着裂缝面尖端的射线方向，改变奇异单元和过渡单元四条射线边上节点的位置，便可以保证沿尖端射线方向应力产生上述奇异性，而且缝端单元群奇异性中心刚好落在裂缝面的尖端。边上节点移动位置由下式决定：

$$\begin{cases} r_m = \dfrac{r_n + 3r_l}{4} & \text{奇异单元} \\ r_m = \dfrac{(\sqrt{r_n}+\sqrt{r_l})^2}{4} & \text{过渡单元} \end{cases} \tag{7.3.39}$$

式中：r_m 为射线边上中节点至缝端的距离；r_n，r_l 分别为射线边上首末节点至缝端的距离。

2.2.2 坝踵裂缝接触计算模型

发生接触的物体之间不仅会有力的传递发生，而且往往会产生相对位移等非连续变形，如相对错动、开裂闭合等，这时接触面两侧的物体将不再保持为一个连续变形的整体。

在这种情况下，如果仍然视其为连续介质的话，必定会产生较大误差，甚至是严重失真。接触问题的突出特征便是非线性性质，主要表现有：接触面和接触力及其大小变化、材料的非线性、变形过程中可能的几何非线性等，这样使得不论是哪种接触类型的问题分析均变得非常困难，而且不论是从数学理论描述、本构模型确定还是求解方法上，接触问题的研究仍然存在着不足。

针对工程上裂缝的特性，现已提出了许多力学模型进行接缝的模拟。按照处理裂缝问题的出发点不同，大体上可以分为三类：①连续介质模型，通过采用特殊单元来模拟接缝，将接触问题反过来转化为连续介质力学范畴，常见的有薄层单元、接触面单元，如链杆单元、无厚度单元及摩擦接触单元等；②非连续介质模型，该法不要求计算模型满足位移连续条件，主要用于岩体结构分析，常见的有数值流形元法、无单元法等；③接触模型，该方法能够把握问题的本质，模拟效果更加符合实际，其求解方法也较多，但是主要还是应用在小范围的接触问题。这些接缝模型各有所长，同时也有各自的局限性。由于接缝问题本质上属于接触问题，理应采用接触模型进行模拟。再则，接触模型的力学概念明确，模拟精度较高，逐渐成为研究热点，而且由于发生接触的两个物体必需满足无穿透约束条件，所以对接触问题的研究主要集中在对无穿透约束条件的施加。计算开始时刻，水压荷载较小，坝体在自重的作用下处于黏结状态，此时需要控制接触体在接触面上不发生穿透；随着水压的逐步增大，靠近上游的裂缝可能会张开，且裂缝一旦张开即认为不再闭合，而靠近下游的裂缝可能会发生相对滑移。因此，对于坝踵裂缝的力学模拟需要满足：能够控制接触体之间不发生穿透，能模拟单元之间的相对滑移，能模拟接触面的张开度等。可以看出，坝踵裂缝的力学行为实质上就是物体的接触行为，这里采用接触分析方法进行分析，以期能更好地模拟裂缝的黏结、张开和滑移等结构力学行为。

接触分析的基本微分方程

$$\begin{cases}\sigma_{ij,j}+P_i=0\\ e_{ij}=\dfrac{1}{2}(u_{i,j}+u_{j,i})\\ \sigma_{ij}=d_{ijkl}(\bar{\sigma})e_{kl}\end{cases}\tag{7.3.40}$$

$$u_i=\bar{u}_i\tag{7.3.41}$$

$$\sigma_{ij}n_j=\bar{T}_i\tag{7.3.42}$$

$$\begin{cases}\sigma_n^0+\sigma_n=0\\ u_n^2-u_n^1+\delta_n^0\geqslant 0\\ (\sigma_n^0+\sigma_n)(u_n^2-u_n^1+\delta_n^0)=0\\ SIGN(\sigma_\tau^0+\sigma_\tau)(\sigma_\tau^0+\sigma_\tau)+f(\sigma_n^0+\sigma_n)\leqslant 0\\ SIGN(\sigma_\tau^0+\sigma_\tau)(u_\tau^1+u_\tau^2)\leqslant 0\\ [SIGN(\sigma_\tau^0+\sigma_\tau)(\sigma_\tau^0+\sigma_\tau)+f(\sigma_n^0+\sigma_n)](u_\tau^1+u_\tau^2)=0\end{cases}\tag{7.3.43}$$

以上各式中：u_i，e_{ij}，σ_{ij}，P_i，$\bar{T}_i$，$\bar{u}_i$ 分别为位移、应变、应力、体力、面力以及位移增

量；σ_n，σ_τ 分别为法向和切向应力增量；σ_n^0，σ_τ^0 分别为法向和切向应力的初始量；$\bar{\sigma}$ 为某增量荷载作用下的应力全量，等于初始量与增量之和；δ_n^0 为初始间隙的法向分量；f 为两个接触体之间的摩擦系数；u^1，u^2 两接触体的位移增量；式(7.3.40)代表考察体系的定义域；式(7.3.41)为给定的位移边界；式(7.3.42)为给定的面力边界；式(7.3.43)为可能的接触边界，其中第一式表示界面不抗拉条件，第二式表示界面位移的不穿透非嵌入条件，第三式表示上两式的互补条件，第四式表示表示库仑型的摩擦接触条件，第五式表示界面的相对滑移方向和切向互逆的条件，第六式表示上两式的互补条件。

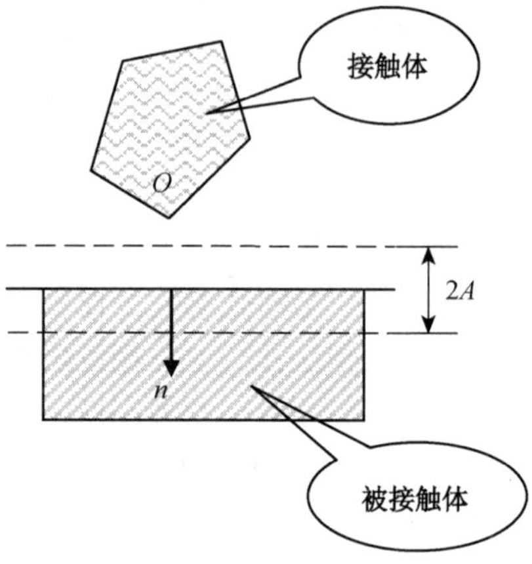

图 7.3.5　接触容限示意图

直观上来讲，接触物体的某一部分位于或者紧贴在被接触的物体上时，即认为发生接触，但是在数值计算过程中，要精确地描述这种接触的发生是困难的，必须通过接触容限的概念来解决这个问题，如图 7.3.5 所示。

由于产生接触的两个物体之间在接触面上必须满足无穿透约束条件，所以对接触问题的研究主要是无穿透约束条件的施加。引入接触容限概念 $D(D=2A)$，那么满足无穿透约束的接触条件为：

$$\Delta \boldsymbol{u} \cdot \boldsymbol{n} = u_n^1 - u_n^2 + \delta_n \leqslant D \tag{7.3.44}$$

式中：$\Delta \boldsymbol{u}$ 为两个物体的相对位移；$\boldsymbol{n}$ 为单位法向量；δ_n 为初始接触间隙；D 为接触容限。

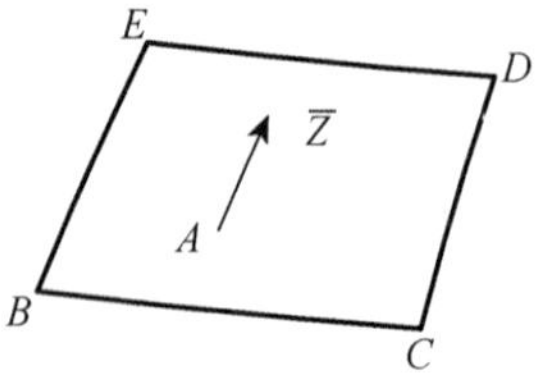

图 7.3.6　接触多点约束示意图

当接触点对的相对位移满足上式的时候，便认为两接触体在该接触点对处发生接触，此时需要施加接触所需要的运动约束和节点力，比如法向无相对运动、切向可滑动、法向压力及切向摩擦力。

接触体之间的非穿透接触约束通过在局部坐标系下施加多点约束来实现，如图 7.3.6 所示。

当两个接触物体满足式(7.3.44)之后，则可以建立如下多点约束关系：

$$\begin{aligned}\Delta \bar{w}_A = &\frac{1}{4}(1-\xi_A)(1-\eta_A)\Delta \bar{w}_B + \frac{1}{4}(1+\xi_A)(1-\eta_A)\Delta \bar{w}_C + \\ &\frac{1}{4}(1+\xi_A)(1+\eta_A)\Delta \bar{w}_D + \frac{1}{4}(1-\xi_A)(1+\eta_A)\Delta \bar{w}_E\end{aligned} \tag{7.3.45}$$

式中：$\bar{w}$ 为接触面 $BCDE$ 法向 $\bar{z}$ 的位移分量；ξ，η 分别为接触面 $BCDE$ 等参单元的自然坐标。

当考虑接触体之间的滑动时，必须对由此产生的摩擦力进行数值模拟。由于摩擦是一种非常复杂的物理力学现象，摩擦力的大小与接触面的粗糙度、硬度、湿度、法向力大小以及相对滑移速度等特性有关，摩擦系数的变化规律难以琢磨，给计算分析过程增加了很大工作量。现被广泛运用的理想简化模型是滑动库仑摩擦模型，其表达式为：

$$\sigma_{fr} \leqslant -\mu\sigma_n \bar{\tau} \tag{7.3.46}$$

式中：σ_{fr} 为接触面上切向摩擦应力；μ 为摩擦系数；σ_n 为接触位置的法向应力；$\bar{\tau}$ 为相对滑动速度方向上的切向单位向量。

$$\bar{\tau} = \frac{v_r}{\bar{v}_r} \tag{7.3.47}$$

式中：v_r 为相对滑动速度向量。

式(7.3.47)写成节点合力的形式为：

$$f_\tau \leqslant \mu f_n \cdot \bar{\tau} \tag{7.3.48}$$

式中：f_τ 为剪切力；f_n 为法向反作用力。

由于相对滑动方向不定，摩擦力将会随着 v_r 或者 Δu 的值产生阶梯函数状的突变，如图 7.3.7 所示。

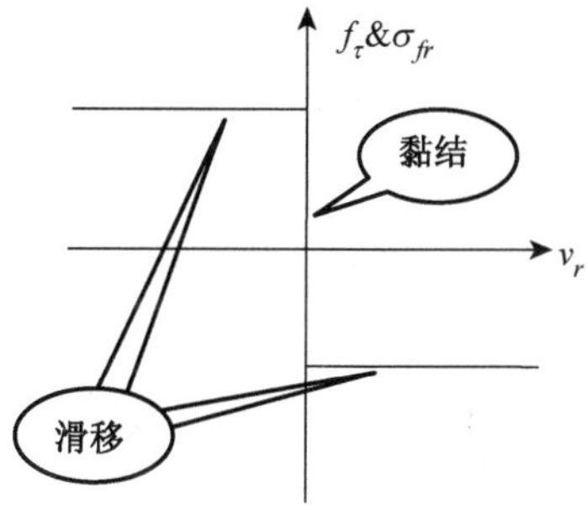

图 7.3.7　静动摩擦力突变示意图

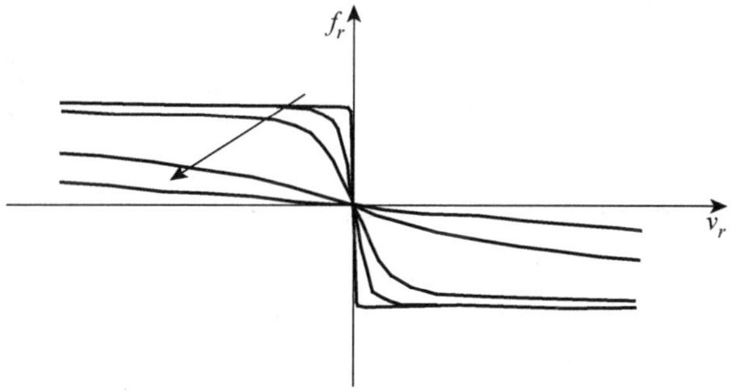

图 7.3.8　黏结与滑动近似模型示意图

注：顺着箭头指示方向，各条曲线的临界值 $r_{v_{cri}}$ 依次为 0.01，0.1，1，10 和 100。

突变函数在数值计算中有着诸多不便之处，如突变处不连续、不可微等，往往会导致计算十分困难，为此采用下面的修正模型以期避免这种不连续现象(图 7.3.8)。

$$\sigma_{fr} \leqslant -\mu\sigma_n \frac{2}{\pi}\arctan\left(\frac{v_r}{r_{v_{cri}}}\right) \cdot \bar{\tau} \tag{7.3.49}$$

式中：$r_{v_{cri}}$ 为发生滑动时接触体之间的临界相对速度，它的大小决定这个数学模型与实际呈阶梯状的摩擦力的接近程度。太大的 $r_{v_{cri}}$ 将会使有效摩擦力数值降低，但迭代相对容易收敛；而太小的 $r_{v_{cri}}$，虽然能够较好地模拟静摩擦与滑动摩擦之间的突变，但会引起求解的收敛性很差。实际分析中，可采用接触面平均相对滑动速度的 1% ～ 10% 作为临界相对速度。

假设接触体两个子系统结构的位移增量列阵为 $\mathbf{V}_1$，$\mathbf{V}_2$，那么接触迭代分析的有限元控制方程为：

$$\begin{cases}\boldsymbol{K}_1\boldsymbol{V}_1=\boldsymbol{F}_{L1}+\boldsymbol{F}_{C1}\\ \boldsymbol{K}_2\boldsymbol{V}_2=\boldsymbol{F}_{L2}+\boldsymbol{F}_{C2}\end{cases} \tag{7.3.50}$$

式中：$\boldsymbol{F}_{C1}$，$\boldsymbol{F}_{C2}$ 分别为两个接触体之间的接触力，包括法向力和剪切力；$\boldsymbol{F}_{L1}$，$\boldsymbol{F}_{L2}$ 分别为两个接触体子系统外荷载增量引起的等效节点荷载。

由于接触体之间将随着外荷载的变化而处于黏结、滑移和张开等不连续变化状态，必须要通过反复迭代才能得到接触体系的收敛解。为了提高计算效率，有必要将上式简化为仅包含接触面上未知位移和未知力的接触方程，这需要分别对接触体系的子系统进行凝聚，如将子系统 1 的控制方程展开为：

$$\begin{bmatrix}\boldsymbol{K}_{11} & \boldsymbol{K}_{1a}\\ \boldsymbol{K}_{a1} & \boldsymbol{K}_{aa}\end{bmatrix}\begin{Bmatrix}\boldsymbol{V}_1\\ \boldsymbol{V}_a\end{Bmatrix}=\begin{Bmatrix}\boldsymbol{F}_1\\ \boldsymbol{F}_a\end{Bmatrix}+\begin{Bmatrix}\boldsymbol{F}_{c1}\\ 0\end{Bmatrix} \tag{7.3.51}$$

式中：下标 1 表示子系统 1 中接触面上相关的量；下标 a 表示非接触面上的量。

在消除未知量 $\boldsymbol{V}_a$ 之后，便可以得到只含 $\boldsymbol{V}_1$ 的方程，同理也可以将子系统 2 的控制方程改写成只含 $\boldsymbol{V}_2$ 的方程。于是可以得到式(7.3.51)的关于接触面未知量的同解方程：

$$\begin{bmatrix}\boldsymbol{K}_{11} & 0\\ 0 & \boldsymbol{K}_{22}\end{bmatrix}\begin{Bmatrix}\boldsymbol{V}_1\\ \boldsymbol{V}_2\end{Bmatrix}=\begin{Bmatrix}\boldsymbol{f}_1+\boldsymbol{F}_{c1}\\ \boldsymbol{f}_2+\boldsymbol{F}_{c2}\end{Bmatrix} \tag{7.3.52}$$

式中：$\boldsymbol{K}_{11}=\boldsymbol{K}_{11}-\boldsymbol{K}_{1a}\boldsymbol{K}_{aa}^{-1}\boldsymbol{K}_{a1}$，$\boldsymbol{K}_{22}=\boldsymbol{K}_{22}-K_{2b}\boldsymbol{K}_{bb}^{-1}\boldsymbol{K}_{b2}$，$\boldsymbol{f}_1=\boldsymbol{F}_1-\boldsymbol{F}_a^{\mathrm{T}}K_{aa}^{-1}\boldsymbol{K}_{a1}$，$\boldsymbol{f}_2=\boldsymbol{F}_2-\boldsymbol{F}_a^{\mathrm{T}}\boldsymbol{K}_{aa}^{-1}\boldsymbol{K}_{a2}$。

从上述几个方程可以看出，每对接触点对有 6 个独立方程，但是含有 6 个位移分量和 3 个接触力 $\boldsymbol{F}_{cn}$，$\boldsymbol{F}_{c\tau 1}$ 和 $\boldsymbol{F}_{c\tau 2}$。注意到接触边界上的接触点对可能出现摩擦滑移、张开以及闭合等状态，这恰好又提供了三个独立补充方程。这样一来，基本方程的数目等于未知数的数目，方程可以求解。

接触边界各种状态所提供的三个独立补充方程如下。

(1) 连续状态，此时界面上相对位移均为零，即：

$$\begin{cases}\boldsymbol{V}_n=0\\ \boldsymbol{V}_{\tau_i}=0\end{cases}(i=1,\ 2) \tag{7.3.53}$$

该约束条件可以通过在局部坐标系下的法向和切向分别施加多点约束来实现。

(2) 滑移状态，此时界面上无法向相对位移，仅有切向滑动位移，同时存在切向力，即：

$$\begin{cases}\boldsymbol{V}_n=0\\ (\boldsymbol{F}_{c\tau}^{0}+\boldsymbol{F}_{c\tau}^{(k+1)})_i=(\boldsymbol{F}_{c\tau}^{0}+\boldsymbol{F}_{c\tau}^{(k+1)})_s\cdot\cos(S,\tau_i)\end{cases}(i=1,2) \tag{7.3.54}$$

式中：S 为由第 k 次迭代结果计算得到的滑移方向，且有 $(\boldsymbol{F}_{c\tau}^{0}+\boldsymbol{F}_{c\tau}^{(k+1)})_s=\mu(\boldsymbol{F}_{cn}^{0}+\boldsymbol{F}_{cn}^{(k)})$，该滑移条件也可通过局部坐标中施加法向多点约束，切向施加摩擦力来实现。

(3) 张开状态，此时界面为自由面，不存在接触力，即：

$$\begin{cases} \boldsymbol{F}_n^0 + \boldsymbol{F}_n = 0 \\ \boldsymbol{F}_{\tau i}^0 + \boldsymbol{F}_{\tau i} = 0 \qquad (i = 1,2) \end{cases} \tag{7.3.55}$$

通过反复迭代，不断修改接触约束条件，最终得到满足工程精度的数值解答为止。当问题中包含多个独立接触边界时候，只需要将上述两个子系统的求解格式推广到多个系统接触问题即可。

综上，接触迭代算法的流程如图 7.3.9 所示。

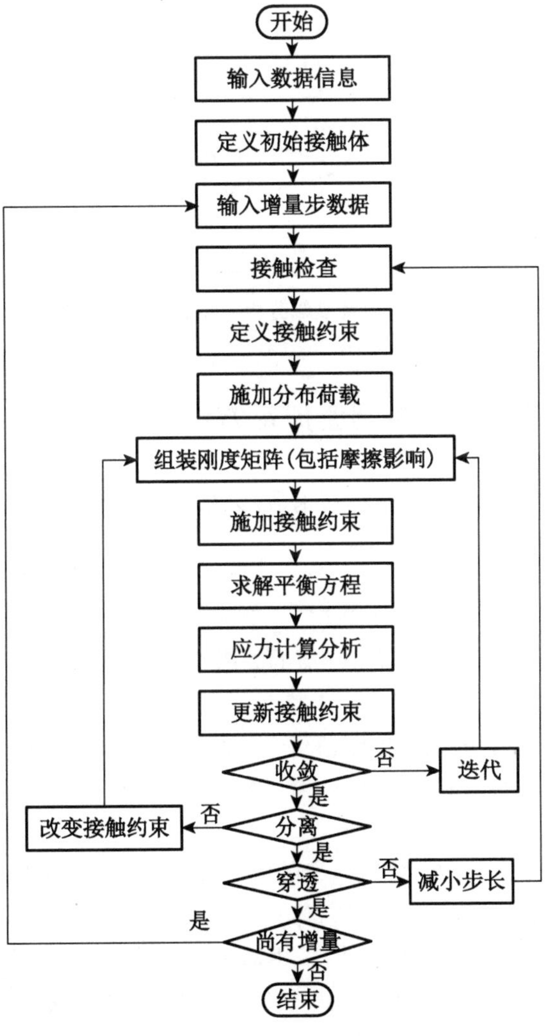

图 7.3.9　接触算法流程

2.3　基于裂缝接触分析的黏弹塑分析模型

二级控制值的建立，不仅需要对大坝进行黏弹塑性分析，而且还要考虑坝踵开裂接触的影响，计算过程较为复杂。在程序设计过程中，只需要在的每一级荷载增量(包括真实分析时间)末尾增加一次接触分析即可，其流程如图 7.3.10 所示。

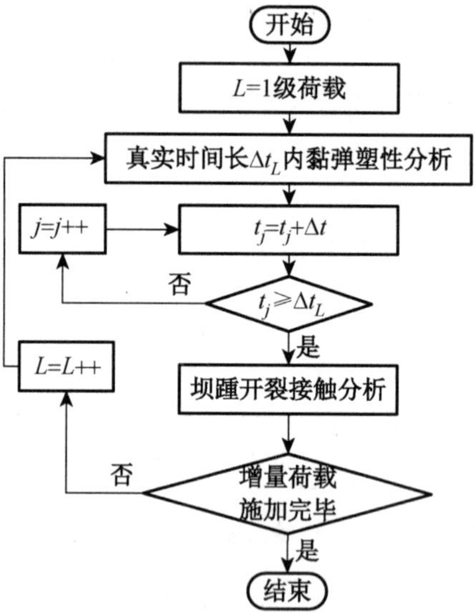

图 7.3.10　基于裂缝接触分析的黏弹塑性模拟计算流程

3　特高拱坝二级变形控制值拟定方法

在利用式(7.3.1)求解时，位移是隐函数，无法直接求解，需要利用强度、稳定以及裂缝与荷载组合的显式关系来推求，即：

$$\delta_2 = f[\max(k_c) \leqslant \phi,\ \sigma_{st} \leqslant \sigma_s',\ R \geqslant S] = f(\Omega_2) \tag{7.3.56}$$

计算抗力 R 时，c，f 值为野外试验峰值的屈服值；计算滑动力 S 时，荷载组合采用大坝运行过程中最不利荷载组合工况 Ω_2。

综上，特高拱坝二级变形预报控制值建立步骤如下。

Step1　根据大坝的设计以及运行环境，确定出最不利荷载工况组合，其中包括缝面水压力；

Step2　根据工程经验，确定坝踵开裂的大体位置，建立包含坝踵裂缝奇异性单元群的有限元分析模型，并对坝体强度值进行修正；

Step3　以式(7.3.1)作为约束条件，采用基于裂缝接触分析的黏弹塑性有限元程序，计算大坝在最不利荷载工况下的变形，并求出裂缝临界扩展超载系数 k_2，其中为求出徐变变形，当水压荷载为对应的不利工况时，要持续工作一定长时间；

Step4　根据大坝的技术指标，主要是坝高和平均宽高比，由重要性系数表达式确定相应的重要性系数；

Step5　对应于裂缝临界扩展超载系数，并且经重要性系数修正的坝体综合变形量即为非时效分量估计值 $\delta_H = \delta_H'/G$。

第四节　考虑时变效应的特高拱坝三级变形控制值拟定方法

对于超静定结构的特高拱坝，其渐进破坏过程如图 7.4.1 所示。特高拱坝变形影响因素可主要归结为水压、温度和时效三个方面，其中水压荷载产生的变形在总变形中占相当大的比例，在遭遇特大地震或者库岸滑坡进而引发的溃坝过程中，都将产生巨大的动水压力。因此，为了得到拱坝上述变形过程中的三个转异特征点，选用增大水压荷载的方式来研究拱坝荷载和变形之间的非线性关系。运行期坝体温度荷载变化较规律，主要是随环境温度的年周期性变化，且各年温度极值较为接近，考虑到温升时拱坝向上游变形，温降时拱坝向下游变形，可以将拱坝整体温度最高和最低时的温度变形分别作为高温期和低温期的温度变形控制指标。时效变形方面，其包含的不可恢复项和可恢复项则分别随着大坝服役时间和荷载而变化，比较好的做法是通过黏弹塑性有限元方法进行大坝实际运行状况下时效变形的量化分析，然后采用某种时间函数对其拟合，并将其用于大坝后期的变形控制。

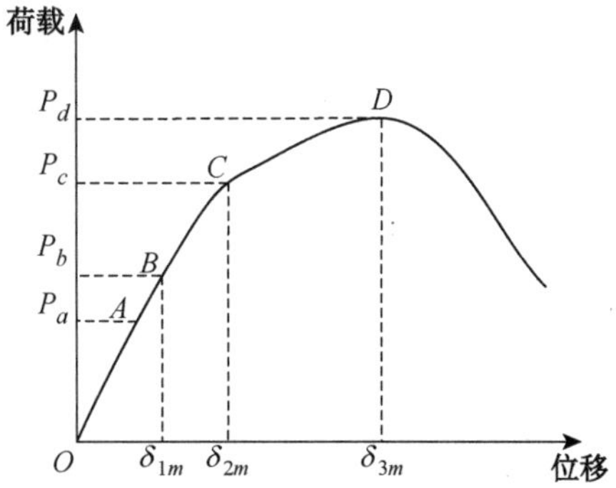

图 7.4.1　变形过程及转异特征

在拟定特高拱坝变形三级控制值时，根据相关力学定义，主要从水压、温变和时效三个方面进行确定，综合运用结构分析法和数学模型理论，建立如式(7.4.1)和式(7.4.2)所示的变形控制值分析模型，并考虑时变效应，确定后期运行过程中的变形三级控制值。

高温期：

$$\begin{Bmatrix}\delta_{1m}\\ \delta_{2m}\\ \delta_{3m}\end{Bmatrix}=\begin{Bmatrix}\delta_{1H}\\ \delta_{2H}\\ \delta_{3H}\end{Bmatrix}+\max(\delta_T)+C(1-\mathrm{e}^{-rt})+\sum_{i=1}^{m}\left(D_i\sin\frac{2\pi it}{365}+K_i\cos\frac{2\pi it}{365}\right) \tag{7.4.1}$$

低温期：

$$\begin{Bmatrix}\delta_{1m}\\ \delta_{2m}\\ \delta_{3m}\end{Bmatrix}=\begin{Bmatrix}\delta_{1H}\\ \delta_{2H}\\ \delta_{3H}\end{Bmatrix}+\min(\delta_T)+C(1-\mathrm{e}^{-rt})+\sum_{i=1}^{m}\left(D_i\sin\frac{2\pi it}{365}+K_i\cos\frac{2\pi it}{365}\right) \tag{7.4.2}$$

式中：δ_{1m}，δ_{2m} 和 δ_{3m} 可分别作为三级控制指标中的第一级、第二级和第三级变形控制值；δ_{1H}，δ_{2H} 和 δ_{3H} 分别为坝体水压荷载和变形关系中三个特征点对应的变形；$\max(\delta_T)$ 和 $\min(\delta_T)$ 分别为拱坝整体温度最高和最低时的温度变形；C，r，D_i 和 K_i 为有限元计算时效变形 δ_θ 中的拟合系数。

1 特高拱坝三级变形控制值拟定方法

在拟定特高拱坝变形控制指标时,需要对其渐进破坏过程进行模拟,以便使拱坝达到图 7.4.1 所示变形过程中的各特征阶段。目前主要采用抬高上游水位或者加大水容重来增大外荷载,直到大坝失稳破坏,以研究结构承受超常荷载作用的能力。通过超载法可以较好地模拟今后可能出现的地震和库岸滑坡所产生的巨大水推力等异常外部环境荷载作用下的拱坝失稳破坏过程,工程界中常用的超载方法为水容重超载法。

表 7.4.1 给出了某 160 m 高的混凝土坝按照规范计算所得的静水压力、地震动水压力和地震惯性力,并根据不同地震峰值加速度下的总荷载计算得到水容重超载系数,从表中可以看出,当峰值加速度为 0.56g 时,等效的水容重超载系数达到了 1.73。

表 7.4.1 某混凝土坝不同地震峰值加速度对应的等效水容重超载系数

地震峰值加速度	0.1g	0.2g	0.4g	0.56g
静水压力 P_S(10^7N)	11.6			
地震动水压力 P_{Ds}(10^7N)	0.38	0.76	1.51	2.12
地震惯性力 P_{Dg}(10^7N)	1.13	2.26	4.51	6.32
水容重超载系数 $k=(P_S+P_{Ds}+P_{Dg})/P_S$	1.13	1.26	1.52	1.73

注:g 为重力加速度;计算静水压力时上游正常蓄水位对应的水深为 154 m。

针对特高拱坝渐进破坏过程中的典型特征,部分学者在通过超载法研究拱坝安全性时,提出了三个关键性控制标准:①帷幕安全控制标准 k_1,定义为拱冠梁剖面坝踵塑性屈服区扩展至帷幕轴线时的水荷载超载系数,在此之前,拱坝处于正常工作状态;②结构转异控制标准 k_2,定义为坝体混凝土屈服体积比突变时的超载系数,此时坝体混凝土屈服区将逐渐由建基面扩展至整个坝体,屈服区开始大面积发展并贯通坝体;③极限状态控制标准 k_3,定义为坝体位移突变时的超载系数,此时由于坝体混凝土的大面积屈服,大量发展的裂缝削弱了拱和梁的联合承载能力,导致拱坝变形急剧发展而失稳破坏。因此,可以根据上述超载过程中的三个关键控制标准,拟定拱坝变形三级控制值中的水压分量 δ_{1H},δ_{2H} 和 δ_{3H}。

特高拱坝在长期服役过程中,筑坝混凝土材料性能的演变将影响大坝抵御变形的能力,不同服役年龄时,大坝渐进破坏过程中的变形转异特征以及时效变形发展规律都可能会发生变化。在拟定拱坝变形控制指标时,需要考虑筑坝材料性能演变所引起的大坝结构性能变化。综上,建立考虑时变效应的特高拱坝变形三级控制值具体步骤如下。

Step1 利用近期变形监测资料,反演坝体混凝土当前状况下各分区的等效弹性模量 E_t,并根据其初始值 E_0,将各分区坝体混凝土的损伤度表示为 $D=(E_0-E_t)/E_0$。

Step2 调整得到坝体混凝土当前阶段的黏聚力 $c_t=(1-D)c_0$ 和摩擦角 $\varphi_t=(1-D)\varphi_0$,其中 c_0 和 φ_0 为初始值;然后利用调整后的弹性模量、黏聚力和摩擦角,采用水容重超载法,在正常蓄水位情况下进行拱坝三维弹塑性有限元超载分析,根据上述拱坝的三个超载安全控制标准,得到三个特征超载系数 k_1, k_2 和 k_3,将其对应的变形值分别作为三级控制值中的水压分量值。

Step3　对于变形控制指标中的温度分量,由于温度荷载对拱坝变形影响较大,并且特高拱坝中一般布设有大量的温度计,可以根据坝体温度监测资料,拟定坝体运行期的实测高温和低温温度场,然后通过有限元计算坝体的温度变形,并将其作为变形控制指标中的温度分量。

Step4　对于变形控制值中的时效分量,则首先根据前文流变本构模型,进行实际荷载变化情况下时效变形的量化分析;然后结合主要荷载变化的周期性,采用指数函数加周期性函数对有限元计算所得时效变形进行拟合,并据此拟定变形控制值中的时效分量。

2　特高拱坝变形控制值的拟定标准

根据特高拱坝变形过程,确立特高拱坝变形控制值的拟定标准为:

当

$$\delta_{1m} \leqslant \delta_m < \delta_{2m},\ \frac{\mathrm{d}^2\delta_\theta}{\mathrm{d}t^2} = 0 \tag{7.4.3}$$

时,变形为异常,即特高拱坝处于弹塑性或黏弹塑性阶段,可能出现的最不利状况为坝踵附近存在局部小范围的开裂破坏,但尚未延伸至大坝的防渗体系,检测发现可能有结构的隐患病害,则结构为病态。

当

$$\delta_{2m} \leqslant \delta_m < \delta_{3m},\ \frac{\mathrm{d}^2\delta_\theta}{\mathrm{d}t^2} > 0,\ \frac{\mathrm{d}^3\delta_\theta}{\mathrm{d}t^3} < 0 \tag{7.4.4}$$

时,变形为险情,即特高拱坝处于塑性或黏塑性阶段,坝体混凝土出现了大量集中分布的屈服区,现场检查和检测可以发现坝体存在大量危及结构安全的隐患病害,则结构处于险情。

当

$$\delta_m = \delta_{3m},\frac{\mathrm{d}^3\delta_\theta}{\mathrm{d}t^3} = 0 \tag{7.4.5}$$

时,特高拱坝处于大变形阶段,则结构已丧失继续承载的能力,极有可能失事破坏。

式(7.4.3)—式(7.4.5)中:δ_m 为重点和关键部位(或坝段)的坝顶或坝基水平位移的预测最大值;δ_{1m}, δ_{2m}, δ_{3m} 分别为相应的变形控制值,其中 δ_{1m} 用黏弹性模型及其有限元方法拟定,δ_{2m} 用小变形的黏弹塑性模型及其有限元拟定,δ_{3m} 用大变形黏弹塑性模型及其有限元法拟定。

3　应用实例

下边以某特高拱坝为例,对其建立考虑时变效应的变形三级控制值。首先利用蓄水期的坝体变形监测资料，通过混合模型进行坝体混凝土等效弹性模量的反演，反演值为27.2 GPa，与设计值较为接近，在此阶段研究其超载渐进破坏过程中的变形转异特征时，抗剪断参数中的黏聚力和摩擦角直接取为设计值。

在模拟坝体浇筑及分期封拱蓄水至正常蓄水位之后，以增大水容重的形式逐渐加大坝体上游面水压力进行超载分析。超载起始阶段为研究坝踵屈服深度扩展至帷幕中心线时的超载系数，以0.2倍的水容重为间隔，对1.0倍至2.0倍之间的超载过程进行模拟；之后以0.5倍的水容重为间隔，超载直至有限元迭代计算不收敛，此时超载系数K为8.5。拱冠梁剖面坝踵相对屈服深度（相对此处坝体厚度）与超载系数之间的关系如图7.4.2所示，可以看出，当水容重超载系数K达到1.4时，坝踵屈服区达到帷幕中心线位置（相对屈服深度为0.31），可认为该拱坝的帷幕安全超载系数$k_1 = 1.4$。

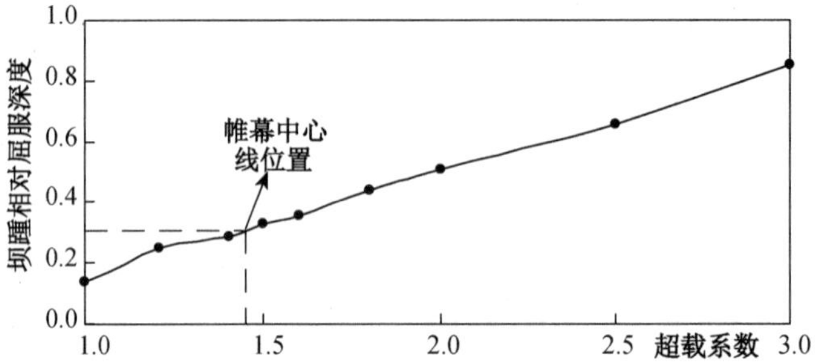

图7.4.2 坝踵屈服区相对深度与超载系数关系曲线

超载过程中，坝体混凝土的屈服体积比（屈服区混凝土占坝体总体积的百分比）随超载系数的变化如图7.4.3所示，屈服体积比在超载系数为2.0附近时开始明显增大，故坝体结构转异超载安全系数定为$k_2 = 2.0$。

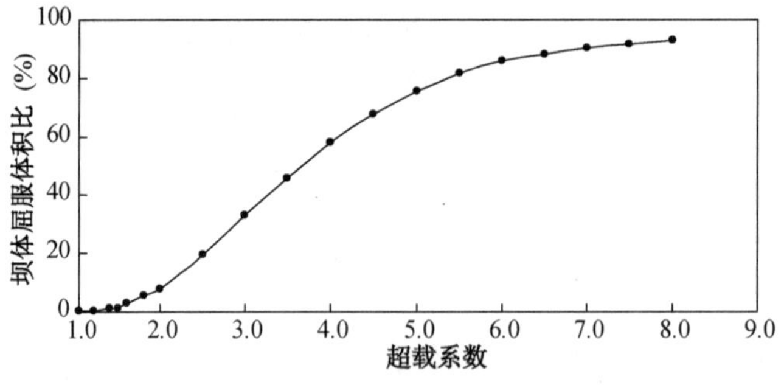

图7.4.3 坝体屈服体积比与超载系数关系曲线

拱冠梁剖面不同高程径向位移与超载系数之间的关系如图7.4.4所示，坝体其他部位的变化规律与此类似。从图7.4.4中可以看出，在超载系数K达到4.0之前，坝体各部位的径向位移与超载系数基本呈线性关系；当K大于4.0之后，坝体位移开始非线性增加，故该拱坝的极限状态超载安全系数$k_3 = 4.0$。

基于上述分析，在拟定该拱坝变形三级控制指标中的水压分量时，所对应的水容重超载系数依次为：$k_1 = 1.4$，$k_2 = 2.0$和$k_3 = 4.0$，以22#坝段坝顶为例，其径向位移三级

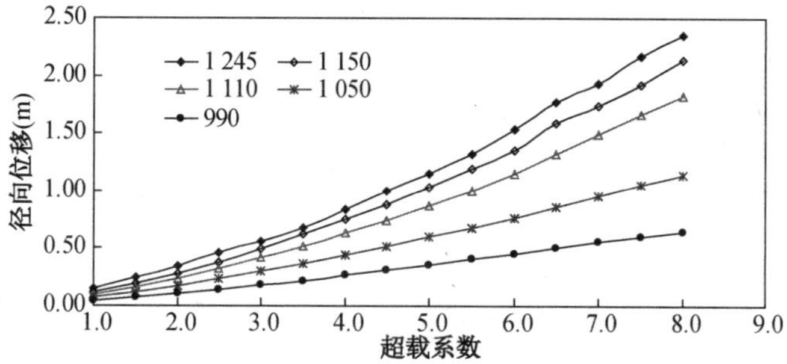

图 7.4.4　拱冠梁剖面不同高程上径向位移与超载系数关系曲线

控制值中的水压分量值依次为 23.2 cm，33.9 cm 和 83.3 cm。

对于变形控制指标中的温度分量，由于坝体仍处于水泥水化散热期，坝内温度较高，并且局部坝段温度仍呈上升趋势，大坝尚未形成准稳定温度场。因此，首先根据坝体不同高程布置的温度计的实测值，以坝体封拱温度为基准，计算坝体实测高温和低温荷载，然后通过有限元计算现阶段变形控制值中的温度分量。坝体当前实测温度荷载如表 7.4.2 所示，可以看出，坝体各高程相对封拱温度的平均温度变化均为正值，表明目前大坝在实测高温期和低温期均处于温升状态。实测高温期和低温期 22# 坝段坝顶垂线测点的径向温度位移分别为－5.3 cm 和－4.0 cm，即大坝目前整体表现为向上游方向的温度变形，低温期向上游温度变形减小。

表 7.4.2　拱坝实测温度荷载

高程(m)	平均温度变化(℃)		等效线性温差(℃)	
	实测高温	实测低温	实测高温	实测低温
1 245	6.91	6.43	1.05	1.63
1 210	7.17	5.92	4.51	1.18
1 170	7.63	5.83	7.14	3.72
1 130	5.80	5.21	9.53	8.77
1 090	6.69	5.84	10.28	8.78
1 050	9.56	8.81	7.12	3.75
1 010	9.66	9.28	2.27	1.56
970	8.34	8.31	－1.38	－0.93
965	8.45	8.37	－1.84	－1.39
950.5	8.98	8.75	－2.57	－2.05

对于该拱坝变形控制指标中的时效分量，结合库水位和坝体温度场的实际变化情况，在黏弹塑性有限元数值模拟基础上，采用指数函数加周期性函数对数值模拟得到的 22# 坝段坝顶径向时效位移进行拟合，则该测点变形控制指标中的时效分量表达式为：

$$\delta_\theta = 2.46(1-\mathrm{e}^{-0.0039t}) + 0.16\sin\frac{2\pi t}{365} - 0.82\cos\frac{2\pi t}{365} \tag{7.4.6}$$

综上，该特高拱坝 22[#] 坝段坝顶垂线测点的径向位移三级控制值为：水压分量＋温度分量＋时效分量，如表 7.4.3 所示。值得注意的是，该变形三级控制值是根据当前物理力学参数和实测温度场而拟定的，在后期服役过程中，应根据实际运行环境的改变，定期对其进行调整。

表 7.4.3　22[#] 坝段坝顶径向位移三级控制值(单位：cm)

指标等级	水压分量	温度分量		时效分量	控制指标	
		高温期	低温期		高温期	低温期
一级 δ_{1m}	23.2				17.9＋δ_θ	19.2＋δ_θ
二级 δ_{2m}	33.9	−5.3	−4.0	$\delta_\theta = 2.46(1-\mathrm{e}^{-0.0039t}) + 0.16\sin\frac{2\pi t}{365} - 0.82\cos\frac{2\pi t}{365}$	28.6＋δ_θ	29.9＋δ_θ
三级 δ_{3m}	83.3				78.0＋δ_θ	79.3＋δ_θ

第五节　特高拱坝变形控制值的最大熵理论拟定方法

1　特高拱坝变形特性演化过程中的信息熵

特高拱坝结构在损伤演化过程中应力应变状态十分复杂，具有不确定性，因而简单地以应力或应变大小作为判据是不合适的。应力场、位移场都是矢量场，用其作为判断准则难免顾此失彼。能量是一个综合量，既考虑了应力的影响，也反映了变形的贡献，同时它还是一个标量，便于直接判别。比如混凝土裂缝的扩展是由其中潜在的各种缺陷引起的，实际上就是微裂缝萌生、扩展、贯通，直到产生宏观裂缝的过程(图 7.5.1)。

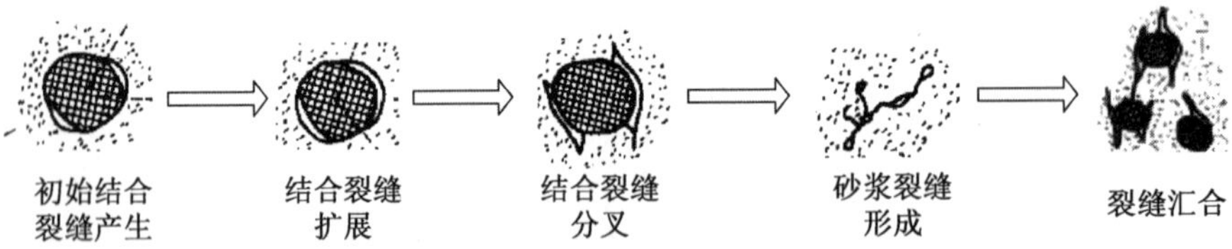

图 7.5.1　混凝土微观裂缝演变过程

在裂缝发展演化过程中，始终不断地与外界交换着物质和能量，其变形破坏是能量耗散与能量释放的综合结果。能量耗散使混凝土结构产生损伤，致使其性能劣化，能量释放则是引发裂缝失稳扩展的内在原因。能量是一个能够贯穿不同层次的通用物理量，服从能量守恒及转化定律，遵守热力学第二定律及叠加原理。在分析特高拱坝变形特性演化过程中，应用能量概念可以综合考虑应力场和位移场的变化情况，这要比仅考虑单个因素更为全面，更为接近实际情况。

在特定的外荷载条件下，系统外部环境提供的能量与系统的内能达到一种动态平衡，结构将处于某一定态。相应于不同的外荷载条件，其所处定态的内能也不同。近年来，有学者运用耗散结构理论、熵理论成功地分析了岩体及混凝土结构在整体变形破坏过程中的耗散机制及熵变机理，取得了较好的效果。

1.1　熵的基本概念及性质

"熵"这个词是克劳修斯(Clausius)首创的，表述热传导的不可逆性。对于只有热接触的封闭系统，一个微过程的熵变 $\mathrm{d}S$ 满足 Clausius 不等式：

$$\mathrm{d}S \geqslant \frac{\mathrm{d}Q}{T} \tag{7.5.1}$$

这一关系式给出了系统宏观变量温度 T、热量 Q 与熵 S 之间的联系。等号对可逆过程成立，不等号对不可逆过程而言，T 是系统吸收外界热量时的温度。对于孤立系统，系统和外界无热量交换，即 $\mathrm{d}Q = 0$，式(7.5.1)变为：

$$\mathrm{d}S \geqslant 0 \tag{7.5.2}$$

它表示孤立系统中的任何一不可逆过程的发生都将导致熵增加。也就是说，对于不可逆过程，它总是沿着熵增加的单一方向进行，最终达到平衡态，使熵增加到它的最大值，这就是熵增加原理。

众所周知，热量是能量传递(或转换)的一种表现，而能量是由很小的能量子组成的，在其传递(或转换)的过程中，能量子的分布会越来越松散而无序。这就是 Clausius 热力学熵的物理意义。熵这一概念的引入，使对不可逆过程的单向性有了定量的描述，不可逆过程总是沿着从非均匀态向均匀态使熵增加的单一方向进行的。热力学系统宏观状态的均匀程度在微观上反映了分子运动的杂乱程度，即反映了分子运动方式的可能性多少。系统的宏观状态越均匀，它的微观分子热运动越混乱，这种热运动的混乱程度代表着系统状态的无序程度。也就是说，系统的非均匀宏观状态的无序程度越低，对应的熵值也越低，而均匀宏观状态的无序程度越大，对应的熵值也越大。所以系统的熵值和系统状态的无序度存在着一一对应关系，这种关系首先由波尔兹曼(Boltzmann)建立，称为波尔兹曼原理(Boltzmann Theory)：

$$S = k_B \ln \omega \tag{7.5.3}$$

式中：ω 为系统宏观状态的热力学几率；k_B 为波尔兹曼常数。

Boltzmann 原理揭示了熵的本质，对于孤立系统，一切可逆过程都是使系统由一种几率小的状态变到一种几率大的状态，即一切不可逆过程都会使无序增加。平衡态是最无序的状态，也是几率最大的状态，自然界总是争取实现这一状态。

上述有关熵的理论都是基于 Clausius 定义的熵，可以把它称为热力学熵。Shannon 创立信息论时，在信息论中是以熵作为平均信息量的度量，通常把 Shannon 定义的熵称为信息熵。信息熵和热力学熵有着本质的联系，在研究对象等方面又存在一定的差别。Shannon 当时突破"信息量"这一关键概念的思路是："能否定义一个量，这个量在某种意义上能度量作为这个过程所'产生'的信息是多少，或者更理想一点，所产生的信息速率是多少。”他把信息量作为信息论的中心概念，在这个思想指导下，利用马尔可夫(Markov)过程的统计特征，即它的“熵”来表征信源的特性。根据Shannon的表述，设某种事务具有n种独立的可能结果(或称状态)：x_1, x_2, …, x_n，每个状态出现的概率分别为$p(x_1)$, $p(x_2)$, …, $p(x_n)$，且有：

$$\sum_{i=1}^{n} p(x_i) = 1 \tag{7.5.4}$$

则定义信息熵为：

$$H(x) = -\sum_{i=1}^{n} p_i \ln p_i \tag{7.5.5}$$

式中：p_i为信息源中信号x_i出现的概率；$H(x)$表征了信息量的大小，是一个系统状态不确定性的量度。

对于连续型随机变量，熵由下式定义：

$$H(x) = -\int_R f(x)\ln f(x)\mathrm{d}x \tag{7.5.6}$$

式中：$f(x)$为连续型随机变量x的分布密度函数。

一般而言，用物理学方法描述的自然界的客观规律主要使用的是可逆性语言。而这并非是一切客观自发过程的事实，因为它们既忽略了系统内部的层次结构，又简化了系统与外部环境的相互关系。19世纪关于进化的思想和随机统计方法引入物理学后，出现了一个不可逆过程的普适判据，这就是熵的概念和熵增加定理。Shannon提出的信息熵独立于热力学熵的概念，可视为热力学熵概念的扩展，在这个扩展中熵不必与热力学过程相联系，也不必与分子运动相联系，而其中最本质的东西是它给“状态”以更广泛的涵义：这个状态可以是热力学的，也可以不是热力学的。信息熵作为描述信息源状态的一种特征量仍然保持有“状态函数”的性质，它应当具有状态函数所具有的一切特点。信息熵的基本性质如下。

(1) 非负性：

$$H(P) = H_n(p_1, p_2, \cdots, p_n) \geqslant 0 \tag{7.5.7}$$

(2) 对称性：

$$H_n(p_1, p_2, \cdots, p_n) = H_n(p_2, p_1, \cdots, p_n) = \cdots = H_n(p_{k(1)}, p_{k(2)}, \cdots, p_{k(n)}) \tag{7.5.8}$$

(3) 扩展性：随机变量X有n种取值，如果增加一种取值，只要第$n+1$种取值的概率趋近于零，即$\varepsilon \to 0$，而其他概率不改变，则其熵相等，这就是熵函数的总体平均性。

$$H_n(p_1, p_2, \cdots, p_n) = \lim_{\varepsilon \to 0} H_{n+1}(p_2, p_1, \cdots, p_n, p_{n+1}) \tag{7.5.9}$$

(4) 确定性：只要信源符号表中第一个信号的出现概率为1，信息熵就等于零，即

$$H(0,1) = H_n(1,0,\cdots,0) = 0 \tag{7.5.10}$$

(5) 可加性：$H(X\cdot Y)$ 表示 X,Y 的联合熵，当 X 与 Y 统计独立时，有

$$H(X\cdot Y)=H(X)+H(Y) \tag{7.5.11}$$

(6) 强可加性：以 $H(Y|X)$ 表示已知 X 条件下 Y 的条件熵，则有

$$H(X\cdot Y)=H(X)+H(Y|X) \tag{7.5.12}$$

同样有

$$H(X\cdot Y)=H(Y)+H(X|Y) \tag{7.5.13}$$

(7) 递增性：

$$\begin{aligned}H_n(p_1,\ p_2,\ \cdots,\ p_n)=H_{n-1}[(p_1+p_2),\ p_3,\ \cdots,\ p_n]\\ +(p_1+p_2)H_2(\frac{p_1}{p_1+p_2},\ \frac{p_2}{p_1+p_2})\end{aligned} \tag{7.5.14}$$

递增性表明：如果能将某一事件(发生概率 p) 分解为二，其条件概率分别为$(1-q)=p_1/p,\ q=p_2/p$，由于分解不确定性增加，增加的熵为 $pH_2(1-q,\ q)$。

(8) 极值性：

$$H(X)=H_n(p_1,\ p_2,\ \cdots,\ p_n)\leqslant-\ln n \tag{7.5.15}$$

当且仅当 $p_i=1/n(i=1,2,\cdots,n)$ 时，其中等号成立，即等概率场的熵最大。

(9) 条件熵小于无条件熵：

$$H(Y|X)\leqslant H(Y) \tag{7.5.16}$$

由此可得

$$H(X\cdot Y)=H(X)+H(Y|X)\leqslant H(X)+H(Y) \tag{7.5.17}$$

1.2　特高拱坝结构信息熵计算方法

特高拱坝是开放的系统，通过水的循环、热的交换、风化、剥蚀、卸荷等作用和外界进行物质与能量交换。应力集中产生的能量积累和应力释放导致的能量耗散，表明结构和外界进行着能量交换。混凝土的实际变形具有随时间变化的非单值、不确定及加速等现象，都是其非线性的具体表现。若变形系统内部各部分相互作用仅仅是线性的，则只能造成系统性能的衰退，因为此时状态只能是无限增长或衰减的极端均匀情况。事物相互依存的非线性表现在相互约束、相互反馈上，有了非线性才有形态的多样性：定态、周期状态、非周期状态、局部的复杂结构等。从微观上看，在一定的边界条件下，结构内部物质本身的微观变形对结构的变形有阻碍作用；或者在一定的边界条件下，某些变形机制消除前者的阻止作用使变形继续下去。

耗散结构论(Dissipative Structure Theory)是由比利时 Prigogine 于 20 世纪 70 年代创立的，用以研究系统在远离平衡的条件下，由于其内部的非线性相互作用，而发生从无序热力学分支向耗散结构分支转化，并形成一种稳定的有序结构的现象。有序结构都是大量微观粒子杂乱无章的无序运动产生的，是它们在一定的外界条件下自发地形成的有

组织行为,所以有时把耗散结构也称为自组织。该理论强调当一个体系接近平衡时,原有的结构就会趋于消亡,只有当体系远离平衡时才能产生新的有序结构。有序结构的产生不但需要外界条件的维持,也需要内部条件的存在。外界条件是必要条件,内部条件是充分条件。自组织形成的自发性就是强调的内部条件。它指出一个远离平衡态的开放系统,通过不断地与外界交换物质和能量,当外界条件的变化达到一定阈值时,可能从原有的无序状态转变为一种在时间上、空间上或功能上的有序状态。正是由于这种状态靠外界的能量和负熵的输入来维持,故称为"耗散结构"。处于耗散结构状态的系统称为耗散结构系统。一个耗散结构的形成和维持至少需要三个条件:一是系统必须是开放系统;二是系统必须处于远离平衡的非线性区;三是系统中必须有某些非线性动力学过程。一个耗散结构的形成,不仅与系统的结构和功能有关,而且与系统的随机涨落也有密切联系。

熵是耗散结构理论的核心概念,是描述复杂系统有序度或能量分布均匀性的一个优秀物理量。熵可以表示系统所处状态是否稳定及系统变化的方向。能量分布越均匀,熵越大;反之,熵越小。准脆性材料在承受外部载荷时,由于非均匀性导致了应力集中,即材料内存在应力梯度。应力集中的地方储能多,应力集中的周围储能少,能量分布呈现出不均匀性,也就是说材料内部存在能量梯度。根据系统熵增原理,系统会自发地向能量分布均匀发展变化,即系统会自发从能量高的地方释放一部分能量,以减弱外部加载造成的能量不均匀。形成裂缝和小的微破裂区就是系统释放能量的最佳方式。随着系统能量的释放,材料内发生应力重新分布,其本质上是能量的重分布,从而缓解能量分布的集中程度。脆性材料相对均匀,受外部荷载时,应力集中只局限于材料内部的少量缺陷处,缺陷处以外范围的能量分布较为均匀。

由以上分析可知,特高拱坝长期运行过程伴随着系统内能量分布状态的变化。因而,可以从能量分布状态的角度分析其变形演化规律。由于熵原理把统计力学视作建立在不完全知识基础上的统计推断,而不是物理理论,不涉及种种物理假设,它在处理不可逆过程和非平衡态问题时有其内在的优越性。因而,可以通过熵来综合反映系统内应变能分布的无序程度,描述其在外荷载作用下的变化规律。

在进行有限元模拟计算时,设在拓扑形式、边界条件和作用荷载给定的 n 个单元的结构中,其第 i 个单元具有的应变能为 $q_i(i=1,2,\cdots,n)$:

$$q_i(k)=\int_{v_i}\sigma_{ij}\varepsilon_{ij}\,\mathrm{d}v_i \tag{7.5.18}$$

式中:σ_{ij},ε_{ij} 分别为单元的应力和应变;v_i 为第 i 单元的体积。

将所有单元的应变能 $q_i(k)$ 迭加,则系统的总应变能 Q 为:

$$Q=\sum_{i=1}^{n}q_i \tag{7.5.19}$$

令

$$\lambda_i=\frac{q_i}{Q}(i=1,\ 2,\ \cdots,\ n) \tag{7.5.20}$$

从而有:

$$\sum_{i=1}^{n}\lambda_i = 1,\ \lambda_i \geqslant 0 \quad (i = 1,\ 2,\ \cdots,\ n) \tag{7.5.21}$$

显然，新引入的物理量$\lambda_i \geqslant 0(i = 1,\ 2,\ \cdots,\ n)$，具有完备性和非负性，其力学含义表示第$i$个单元的应变能在总应变能中所占的份额，即$\lambda_i \geqslant 0(i = 1,\ 2,\ \cdots,\ n)$。为了综合反映不同结构应变能的分布状况，定义结构的信息熵函数H为：

$$H = -\sum_{i=1}^{n}\lambda_i \ln \lambda_i \tag{7.5.22}$$

结构的信息熵H为具有单个峰值的上凸函数，且仅当诸单元的应变能彼此相等时：即当$\lambda_i = 1/n(i = 1, 2, \cdots, n)$，结构的熵$H$达到最大值。能量发散程度称为能量的散逸度，可以将特高拱坝结构信息熵作为系统能量散逸度的度量。系统能量集中程度越高，越不均匀，系统的熵值就越小；反之，系统能量集中程度越低，其熵值就越大。能量达到均匀分布状态时，系统的熵值达到最大值。

2　基于最大熵-极值理论的变形控制值拟定方法

特高拱坝变形控制值拟定的主要任务是根据已经历荷载的抵御能力，来评估和预测抵御可能发生荷载的能力，从而确定在各荷载组合下特高拱坝变形极值。通常在采用典型小概率法拟定控制值时，以大量的数据样本和已知的概率分布为基础，将监测效应量作为随机变量，根据典型监测量的小子样分布情况来识别其母体的分布类型。一般采用A-D法或K-S法进行检验，这些方法都是把随机变量的实测数据套到一个常用的较为合适的理论分布函数上，然后通过对经验分布函数和假设的理论分布函数的检验来确定拒绝或接受此假设。针对这种情况，下面应用最大熵原理，提出在无需事先假设分布类型的情况下，直接根据各基本随机变量的数字特征值构建精度较高的概率密度函数的方法。此外，在资料年限较短的情况下，样本少、抽样误差大，每年仅极值参与统计计算，摒弃年内发生的其他量值，从全序列来看，有些量值要远大于其他年份的极值，抛弃这些样本来拟定一定失事概率下的控制值显然是不太合理的。因此，鉴于极值理论主要研究随机序列中极端值的分布特征，而控制值的拟定也主要考虑效应量的极端值情况，利用极值理论可以实现对控制值的拟定。

2.1　空间变形熵构建

设有n个监测点的m次测值，x_{ij}为第i个测点的第j个测值，则其初始化数据矩阵为$\boldsymbol{X} = [x_{ij}]_{m\times n}$，标准化后的实测矩阵为$\boldsymbol{Y} = [y_{ij}]_{m\times n}$，则第$i$项指标的信息熵为：

$$e_i = -k\sum_{j=1}^{m} g_{ij} \ln g_{ij} (j = 1,\ 2,\ \cdots,\ n) \tag{7.5.23}$$

式中：y_{ij}，g_{ij}可由下式给出：

$$y_{ij} = \frac{x_{ij} - x_{i\min}}{x_{i\max} - x_{i\min}} \tag{7.5.24}$$

$$g_{ij}=\frac{y_{ij}}{\sum_{j=1}^{m}y_{ij}} \tag{7.5.25}$$

考虑到若 $g_{ij}=0$，则 $\ln g_{ij}$ 无意义，因此 g_{ij} 的表达式修正如下：

$$g_{ij}=(1+y_{ij})/\sum_{j=1}^{m}(1+y_{ij}) \tag{7.5.26}$$

式(7.5.23)中的 k 与各监测点的样本测值有关，当各监测点的有序度为0时，其熵值最大，即 $e=1$。m 个样本无序分布时，$g_{ij}=1/m$，则：

$$e=-\sum_{i=1}^{m}\frac{1}{m}\ln\frac{1}{m}=k\sum_{i=1}^{m}\frac{1}{m}\ln m=k\ln m=1 \tag{7.5.27}$$

因此，有 $k=1/\ln m$，当信息熵完全无序时，某项指标的效用值取决于信息熵 e_i 与1的差值 H_i：$H_i=1-e_i$。当某测点指标的信息效用值越大时，则其在所有测点中的重要性就越大，即其在各测点中所占的权重也越大，故信息效用值与权重具有同一概念。由此可得到各个测点指标的权重表达式如下：

$$w_i=\frac{H_i}{\sum_{i=1}^{n}H_i}=\frac{1-e_i}{\sum_{i=1}^{n}(1-e_i)}=\frac{1-e_i}{n-\sum_{i=1}^{n}e_i} \tag{7.5.28}$$

式中：$0\leqslant w_i\leqslant 1$，$\sum_{i=1}^{n}w_i=1$，各个指标的权重向量为 $\boldsymbol{W}=[w_1, w_1, \cdots, w_n]$。

需要注意的是，式(7.5.28)中当熵 $e_i\rightarrow 1$ 其值相差不大时，所得到的权重结果却会相差甚大，如当熵值取[0.998 76, 0.997 45, 0.996 32]时，权重为[0.166,0.3414,0.4926]，这是不合理的。基于此，提出改进的熵权公式如下：

$$w_i=\frac{\exp(\sum_{t=1}^{n}e_t+1-e_i)-\exp(e_i)}{\sum_{l=1}^{n}\left[\exp(\sum_{t=1}^{n}e_t+1-e_l)-\exp(e_l)\right]} \tag{7.5.29}$$

式中：$0\leqslant w_i\leqslant 1$，$\sum_{i=1}^{n}w_i=1$。各个指标的权重向量 $\boldsymbol{W}=[w_1, w_1, \cdots, w_n]$。

由式(7.5.29)求得各测点的熵权后，则由信息熵的概念，所有测点的权重分布熵为：

$$S_w=-\sum_{i=1}^{n}w_i\ln w_i \tag{7.5.30}$$

空间变形熵由各测点的变形熵及其权重综合确定，故受到单测点变形熵及各单测点所占的权重的影响。

对每个测点可以定义一个有序度。符号规定：拱坝变形以向下游为正、向上游为负，测点 i 的第 j 个变形值的有序度 u_{ij} 如下。

1）变形为正时，单测点有序度如下：

$$u_{ij} = F(x_{ij}) = \int_{-\infty}^{x_{ij}} f_i(\zeta)\mathrm{d}\zeta \tag{7.5.31}$$

2）变形为负时，单测点有序度如下：

$$u_{ij} = F(x_{ij}) = \int_{x_{ij}}^{+\infty} f_i(\zeta)\mathrm{d}\zeta \tag{7.5.32}$$

式中：$f_i(\zeta)$ 为测点 i 的概率密度函数，可以由最大熵理论给出。

根据式(7.5.31)—式(7.5.32)可知：变形偏离初始状态越大，u_{ij} 越大，表示有序度越高；变形越接近初始状态时，u_{ij} 越小，表示有序度越低。

由信息熵的定义，测点 x_{ij} 的变形熵如下：

$$S_i^j = -[u_{ij}\ln u_{ij} + (1-u_{ij})\ln(1-u_{ij})] = -\sum_{v=1}^{2} u_{ij}^v \ln u_{ij}^v \tag{7.5.33}$$

式中：$u_{ij}^1 = u_{ij}$，$u_{ij}^2 = 1 - u_{ij}$，分别代表有序度、无序度。

不难得出 $u_{ij}^1 + u_{ij}^2 = 1$，即有序度和无序度之和为1，有序度增大，无序度减小，反之亦然。

由以上求得的有序度、无序度、单测点变形熵和各测点的权重，可以推求多测点空间变形熵公式。第 i 个测点的第 j 个测值的有序度对空间变形熵的贡献为 $w_i u_{ij}^1$，第 i 个测点的第 j 个测值的无序度对空间变形熵的贡献为 $w_i u_{ij}^2$，故多测点空间信息熵的表达式如下：

$$S^j = -\sum_{i=1}^{n}\sum_{v=1}^{2} w_i u_{ij}^v \ln(w_i u_{ij}^v) = -\sum_{i=1}^{n}\sum_{v=1}^{2} w_i u_{ij}^v \ln w_i - \sum_{i=1}^{n}\sum_{v=1}^{2} w_i u_{ij}^v \ln u_{ij}^v \tag{7.5.34}$$

对上述两项做如下推导：

$$-\sum_{i=1}^{n}\sum_{v=1}^{2} w_i u_{ij}^v \ln w_i = -\sum_{i=1}^{n} w_i \ln w_i \sum_{v=1}^{2} u_{ij}^v = -\sum_{i=1}^{n} w_i \ln w_i = S_w^j \tag{7.5.35}$$

$$-\sum_{i=1}^{n}\sum_{v=1}^{2} w_i u_{ij}^v \ln u_{ij}^v = -\sum_{i=1}^{n} w_i \sum_{v=1}^{2} u_{ij}^v \ln u_{ij}^v = \sum_{i=1}^{n} w_i S_i^j \tag{7.5.36}$$

联立式(7.5.34)—式(7.5.36)可得：

$$S^j = S_w^j + \sum_{i=1}^{n} w_i S_i^j \tag{7.5.37}$$

由式(7.5.37)可知，多测点空间变形熵由两部分构成，一部分为各测点的权重分布熵，另一部分为各测点变形熵的加权平均值。

2.2　最大熵概率密度函数

根据最大熵原理可知，最小偏差的概率分布是使熵 $H(x)$ 在根据已知样本数据信息的一些约束条件下达到最大值的分布：

$$\max \quad H(x) = -\int_{\boldsymbol{R}} f(x)\ln f(x)\mathrm{d}x \tag{7.5.38}$$

$$\int_{\boldsymbol{R}} f(x)\mathrm{d}x = 1 \tag{7.5.39}$$

$$\int_{\boldsymbol{R}} x^i f(x)\mathrm{d}x = \mu_i \quad (i = 1,\ 2,\ \cdots,\ n) \tag{7.5.40}$$

式中：$\boldsymbol{R}$ 为积分空间；$\mu_i(i=1,\ \cdots,\ n)$ 为随机变量 X 的第 i 阶原点矩，可由样本计算得出：$\mu_i = \dfrac{1}{n}\sum_{i=1}^{n} x_i^2$，$n$ 是所用矩的阶数。

为计算方便，式(7.5.39)和式(7.5.40)可以合并成如下：

$$\int_{\boldsymbol{R}} x^i f(x)\mathrm{d}x = \mu_i \quad (i = 0,\ 1,\ \cdots,\ n) \tag{7.5.41}$$

式中：$\mu_0 = 1$。

通过调整 $f(x)$ 来使得熵 $H(x)$ 达到最大值，采用拉格朗日乘子法来解决此问题，相应的拉格朗日函数为：

$$L = H(x) + (\lambda_0 + 1)\left[\int_R f(x)\mathrm{d}x - 1\right] + \sum_{i=1}^{n}\lambda_i\left[\int_R x^i f(x)\mathrm{d}x - \mu_i\right] \tag{7.5.42}$$

式中：$\lambda_i(i = 0,1,\cdots,n)$ 为拉格朗日系数，也叫拉格朗日乘子。

令 $\partial L/\partial f(x) = 0$，有

$$-\int_{\boldsymbol{R}}[\ln f(x) + 1]\mathrm{d}x + (\lambda_0 + 1)\int_{\boldsymbol{R}} dx + \sum_{i=1}^{n}\lambda_i\int_{\boldsymbol{R}} x^i\mathrm{d}x = 0 \tag{7.5.43}$$

可解得：

$$f(x) = \exp\left(\sum_{i=0}^{n}\lambda_i x^i\right) \tag{7.5.44}$$

式(7.5.44)就是最大熵概率密度函数的解析形式，其中有 $(n+1)$ 个未知的拉格朗日系数 $\lambda_i(i = 0,1,\cdots,n)$，可以解以下 $(n+1)$ 个非线性方程组：

$$G_i(\lambda) = \int_{\boldsymbol{R}} x^i \exp\left(\sum_{i=0}^{n}\lambda_i x^i\right)\mathrm{d}x = \mu_i \quad i = 0,\ 1,\ \cdots,\ n \tag{7.5.45}$$

可用牛顿迭代法求解此非线性方程组。首先假定 λ 的初始迭代值 λ^0，将式(7.5.45)在 λ^0 处一阶泰勒展开：

$$G_i(\lambda) \cong G_i(\lambda^0) + (\lambda - \lambda^0)\left[gradG_i(\lambda)\right]_{(\lambda=\lambda_0)} = \mu_i \quad i = 0,\ 1,\ \cdots,\ n \tag{7.5.46}$$

记 $\tau = \lambda - \lambda_0$，$\boldsymbol{v} = [\mu_0 - G_0(\lambda^0),\ \mu_1 - G_1(\lambda^0),\ \cdots,\ \mu_n - G_n(\lambda^0)]^{\mathrm{T}}$，

$$G = g_{ik} = \left[\frac{\partial G_i(\lambda)}{\partial \lambda_k}\right]_{(\lambda=\lambda_0)} = \int_{\boldsymbol{R}} x^i x^k \exp\left(\sum_{i=0}^{n}\lambda_i x^i\right)\mathrm{d}x = G_{i+k}(\lambda) i,\ k = 0,\ 1,\ \cdots,\ n$$

则式(7.5.46)可简记为：

$$\boldsymbol{G\tau} = \boldsymbol{v} \tag{7.5.47}$$

解出 τ 后，新的迭代点为 $\lambda = \lambda_0 + \tau$。如此反复迭代计算，直到收敛为止($\tau$ 小于一给定

值，如 0.000 1）。

上述积分很难用解析法求解，需要借助数值积分方法。先对概率密度函数 $f(x)$ 的积分域进行处理，考虑到该函数两端尾部很“细”，可以进行“截尾”处理，即忽略 $f(x)$ 在两端尾部$(-\infty, a]$和$[b, +\infty)$上的积分值，而用有限域$[a, b]$内的积分值近似代替无限域$(-\infty, +\infty)$上的积分值。只要积分域$[a,b]$取得足够大，这种近似处理的误差就会比较小。例如，对于正态分布的随机变量 x，若$[a, b]$取为$[\mu_1-3\sigma, \mu_1+3\sigma]$（$\mu_1$ 为一阶原点矩，也即数学期望，σ 为标准差），近似处理的误差小于 0.27%。考虑到 x 的分布实际可能是偏态的，此处保守地取$[a, b]$为$[\mu_1-5\sigma, \mu_1+5\sigma]$。

最大熵概率密度函数的求解算法如图 7.5.2 所示，具体步骤如下。

Step1　根据已知样本数据，计算出样本的各阶原点矩 $\mu_i(i=0,1,\cdots,n)$ 和标准差 σ（采用无偏估计），从而确定积分域的上下界$[\mu_1-5\sigma, \mu_1+5\sigma]$；

Step2　确定迭代初始值 λ^0；

Step3　用自编 Matlab 程序计算矩阵 $\boldsymbol{G}$ 和 $\boldsymbol{v}$；

Step4　解方程式（7.5.47），求得 τ；

Step5　判断是否满足 $|\tau|<\varepsilon$，ε 可假定为 0.000 1；

Step6　否：计算新的迭代点 $\lambda=\lambda^0+\tau$，返回步骤 Step2；

Step7　是：输出结果 $(\lambda_0, \lambda_1, \cdots, \lambda_n)$ 的值；

Step8　根据式（7.5.44）计算概率密度函数 $f(x)$。

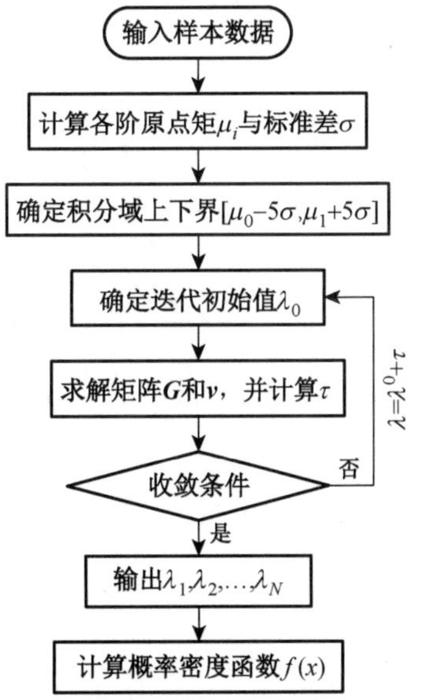

图 7.5.2　最大熵概率密度函数求解算法流程

2.3　控制值的极值理论拟定方法

极值理论主要包括分块样本极大值模型（BMM）以及阈顶点模型（POT），其中 BMM 模型是依据某一标准将随机监测序列划分成若干无交集的区域，然后在每个区域选取最大值组成极值样本序列，按其分布进行参数拟合的模型；POT 模型则是依据监测数据按照某准则选择合适的阈值，对超过阈值的数据序列研究并建立新的分布函数的模型。

2.3.1 BMM 模型

假设特高拱坝变形的多年监测序列为 $\{X_1, X_2, \cdots, X_n\}$，总体分布设为未知的某分布 $F(x)$，以年或其他标准，对变形监测值进行分块，假设得到 n 块，则得到 n 个监测极大值序列 $\{x_{m1}, x_{m2}, \cdots, x_{mn}\}$，$m$ 表示该块中的数据个数。设 $X = x_{mi}$，则极大值分布函数满足：

$$F_{\max}(X) = P(X \leqslant x) = G_{\zeta,\mu,\sigma}(x) \tag{7.5.48}$$

式中：$G_{\xi,\mu,\sigma}(x)$ 为广义极值分布函数（GEV），包含了 Frechet 分布、Weibull 分布、Gumbel 分布，其表达式为：

$$G_{\xi,\mu,\sigma}(x) = \begin{cases} \exp\left[-\left(1+\xi\dfrac{x-\mu}{\sigma}\right)^{-1/\xi}\right] & \xi \neq 0 \\ \exp\left[-\exp\left(-\dfrac{x-\mu}{\sigma}\right)\right] & \xi = 0 \end{cases} \tag{7.5.49}$$

$G_{\xi,\mu,\sigma}(x)$ 函数概率密度函数为：

$$G_{\xi,\mu,\sigma}{}'(x) = \begin{cases} \dfrac{1}{\sigma}\left(1+\xi\dfrac{x-u}{\sigma}\right)^{-1-\frac{1}{\xi}} \mathrm{e}^{-\left[1+\xi\left(\frac{x-u}{\sigma}\right)\right]^{-\frac{1}{\xi}}} & \xi \neq 0 \\ \dfrac{1}{\sigma}\mathrm{e}^{-\left(\frac{x-u}{\sigma}\right)-\exp\left(-\frac{x-u}{\sigma}\right)} & \xi = 0 \end{cases} \tag{7.5.50}$$

式中：ξ 为形状参数；u 为位置参数；σ 为尺度参数。

结合给定的变形监测序列 $\{X_1, X_2, \cdots, X_n\}$，利用 BMM 方法得到各区间极大值组成的序列 $\{x_{m1}, x_{m2}, \cdots, x_{mn}\}$ 后，即可得到其对数似然函数为：

$$L(\xi,\mu,\sigma) = \sum_{i=1}^{n} \ln G_{\xi,\mu,\sigma}(x)$$

$$= \begin{cases} -n\ln\sigma - \left(1+\dfrac{1}{\xi}\right)\sum\limits_{i=1}^{n}\ln\left(1+\xi\dfrac{x_i-u}{\sigma}\right) - \sum\limits_{i=1}^{n}\left(1+\xi\dfrac{x_i-u}{\sigma}\right)^{-\frac{1}{\xi}} & \xi \neq 0 \\ -n\ln\sigma - \sum\limits_{i=1}^{n}\left(\dfrac{x_i-u}{\sigma}\right) - \sum\limits_{i=1}^{n}\exp\left(-\dfrac{x_i-u}{\sigma}\right) & \xi = 0 \end{cases} \tag{7.5.51}$$

2.3.2 POT 模型

假设特高拱坝变形监测序列为 $\{x_1, x_2, \cdots, x_n\}$，共 n 个数据，其总体分布函数为 $F(x)$，u 为依据某准则选取的充分大的阈值，大于 u 的样本个数为 N_u 个。若 $x_i > u$，则称 x_i 为超阈值，相应的 $y_i = x_i - u$ 为超出量，则变形测值中大于阈值 u 的超出量 $y_i(i = 1, 2, \cdots, N_u)$ 的分布服从条件超额分布函数，即：

$$F_u(y) = P(x-u \leqslant y \mid x > u) \quad 0 \leqslant y \leqslant x_F \tag{7.5.52}$$

式中：$x_F \leqslant \infty$ 为 F 的右端点，x 为超阈值。

依据条件概率函数，式(7.5.52)等价于：

$$F_u(y)=\frac{F(u+y)-F(u)}{1-F(u)}=\frac{F(x)-F(u)}{1-F(u)} \tag{7.5.53}$$

则总体分布函数可以表示为：$F(x)=F_u(y)\cdot[1-F(u)]+F(u)$，$x>u$，$0\leqslant y\leqslant x_F$。

根据 Pickands-Balkema-de Haan 定理，当所选择的阈值 u 充分大时，超额分布函数 $F_u(y)$ 逼近广义帕累托分布(GPD)，即：

$$\lim_{u\to x_F}\sup_{0\leqslant x\leqslant x_F-u}|F_u(y)-G_{\zeta,\sigma}(y)|=0 \tag{7.5.54}$$

则

$$F_u(y)\approx G_{\zeta,\sigma}(y)\begin{cases}1-\left(1+\dfrac{\zeta}{\sigma}y\right) & \zeta\neq 0\\ 1-\mathrm{e}^{-y/\sigma} & \zeta=0\end{cases} \tag{7.5.55}$$

式中：ξ 为形状参数，u 为位置参数，$\sigma>0$ 为尺度参数；当 $\xi\geqslant 0$ 时，$y\geqslant 0$；当 $\xi<0$ 时，$0\leqslant y\leqslant -\sigma/\xi$。

GPD 分布概率密度函数为：

$$G_{\xi,\sigma}{}'(y)=\begin{cases}\dfrac{1}{\sigma}\left(1+\dfrac{\xi}{\sigma}y\right)^{-\left(1+\frac{1}{\xi}\right)} & \xi\neq 0\\ \dfrac{1}{\sigma}\mathrm{e}^{-\frac{y}{\sigma}} & \xi=0\end{cases} \tag{7.5.56}$$

如果有了特高拱坝变形监测序列 $\{x_1, x_2, \cdots, x_n\}$，则可通过上述方法得到相应的对数似然函数，即：

$$L(\zeta,\sigma\mid y)=\begin{cases}-n\ln\sigma-\left(1+\dfrac{1}{\zeta}\right)\sum\limits_{i=1}^{n}\ln\left(1+\dfrac{\zeta}{\sigma}y_i\right) & \zeta\neq 0\\ n\ln\sigma-\dfrac{1}{\sigma}\sum\limits_{i=1}^{n}y_i & \zeta=0\end{cases} \tag{7.5.57}$$

2.3.3　控制值拟定方法

下面利用似然函数自编程序，结合特高拱坝变形实测数据，得到相应参数，提出基于 BMM 模型和 POT 模型的控制值拟定方法。

(1) BMM 模型参数估计与控制值拟定

BMM 模型参数的估计通常有矩估计法、最大似然估计法和概率加权矩估计法，一般利用给定的效应量测值序列结合标准的最优化算法获得最大似然估计值 ξ，σ，μ，确定广义极值函数后，通过推导得到 x 的分布反函数：

$$x=\begin{cases}u-\dfrac{\sigma}{\xi}\{1-[-\ln G_{\xi,\mu,\sigma}(x)]^{-\xi}\} & \xi\neq 0\\ u-\sigma\ln[-\ln G_{\xi,\mu,\sigma}(x)] & \xi=0\end{cases} \tag{7.5.58}$$

令 $P(X \leqslant x) = P$，联合式(7.5.58)，则上式可写成：

$$x = \begin{cases} u - \dfrac{\sigma}{\zeta}[1 - (-\ln P)^{-\zeta}] & \zeta \neq 0 \\ u - \sigma \ln(-\ln P) & \zeta = 0 \end{cases} \tag{7.5.59}$$

假定特高拱坝变形极值为 x_m，当 $X_i > x_m$ 时即为大坝有失事危险，结合大坝重要性，确定失效概率为 P_a（一般1%～5%），相应概率可以表示为：

$$P_a = 1 - P(X_i \leqslant x_m) \tag{7.5.60}$$

则：

$$x = \begin{cases} u - \dfrac{\sigma}{\zeta}[1 - \ln(1 - P_a)]^{-\zeta} & \zeta \neq 0 \\ u - \sigma \ln[-\ln(1 - P_a)] & \zeta = 0 \end{cases} \tag{7.5.61}$$

因为总体样本被分成 n 份，分块数 n 也会影响到 $\hat{x}_m$ 的估计值，由 $F_{\max}(x) = F^n(x)$，得极大值序列的 x_m 的估计值 $\hat{x}_m$ 表达式为：

$$\hat{x}_m = \begin{cases} u - \dfrac{\sigma}{\zeta}\{1 - [n\ln(1 - P_a)]^{\zeta}\} & \zeta \neq 0 \\ u - \sigma \ln[-n\ln(1 - P_a)] & \zeta = 0 \end{cases} \tag{7.5.62}$$

(2) POT 模型参数估计与控制值拟定

从 POT 模型的计算过程看，只需要确定形状参数 ξ，位置参数 u，尺度参数 σ，就可以通过反推得到变形测值序列的总体分布函数 $F(x)$，但是阈值 u 的选取至关重要，过大则会使超过阈值的数据减少，最后计算的分布函数方差增大，过小则会导致分布函数的收敛性难以得到保证。目前阈值的选取主要有超均值函数图法、Hill 图法和峰度法，这里采用超均值函数图法确定阈值。超均值函数的表达式为：

$$e_n(u) = E(x - u \mid x > u) \tag{7.5.63}$$

若 $x > u$ 时的分布函数服从 GPD 分布，则超均值函数是线性变化的，其表达式为：

$$e_n(u) = \frac{\sigma + \xi u}{1 - \xi} \quad \xi < 1 \tag{7.5.64}$$

由上式得到超均值函数对阈值 u 是线性变化的，且斜率大于 0。利用此性质，根据变形监测序列，可定义超均值函数：

$$e_n(u) = \frac{\sum_{i=1}^{N_u}(x_i - u)}{N_u} = \frac{\sum_{i=1}^{N_u} x_i - N_u u}{N_u} \quad x_i > u \tag{7.5.65}$$

描绘 $[u, e_n(u)]$ 函数图像，当图像开始上升时，其意义是数据来自广义 Pareto 分布，当图像下降时，说明数据产生于尾部分布，上升时的临界值即为所需的阈值 u。u 确定后，就可通过变形测值序列 $\{x_1, x_2, \cdots, x_n\}$，利用最大似然估计法得到参数 σ，ξ 的估计值。

得到上述参数后，就可以采用历史模拟法，用 $\dfrac{n-N_u}{n}$ 近似函数 $F(u)$，得到：

$$F(x)=F_u(y)\cdot[1-F(u)]+F(u)=\begin{cases}1-\dfrac{N_u}{n}\left[1+\dfrac{\zeta}{\sigma}(x-u)\right]^{-1/\zeta} & \zeta\neq 0\\ 1-\dfrac{N_u}{n}\left[\mathrm{e}^{-(x-u)/\sigma}\right] & \zeta=0\end{cases}$$

(7.5.66)

对其求导，得到 $F^{-1}(x)=f(x)$。同样假定变形极值为 x_m，测值超过 x_m 时，即大坝有失事危险，相应概率可以表示为：

$$P(x>x_m)=\int_{x_m}^{\infty}f(x)\mathrm{d}x \tag{7.5.67}$$

最后结合特高拱坝工程的安全级别和重要性，确定失效概率 P_a，从而得到 x_m 的估计值：

$$\hat{x}=\begin{cases}u+\dfrac{\sigma}{\xi}\left(\dfrac{n}{N_u}P_a-1\right) & \xi\neq 0\\ u-\sigma\ln\left(\dfrac{n}{N_u}P_a\right) & \xi=0\end{cases} \tag{7.5.68}$$

3　应用实例

仍以第五章第五节某特高拱坝为例，由于左岸边坡存在 f_2，f_5，f_8，f_{42-9} 等多个断层，同时右岸边坡也存在 f_{13}，f_{14}，f_{18} 等断层，自开挖完成后，左岸边坡持续变形一直未收敛。由于特高拱坝及两岸山体结构超高、跨度大，尤其是不同部位的约束条件、材料性质及荷载作用的多样性，利用变形来有效反映特高拱坝工作性态，合理拟定特高拱坝变形监控控制值，对其长期安全运行具有重要意义。然而，传统方法针对“点”来拟定大坝变形安全控制值无法充分反映拱坝空间变形特性，难以满足实际工程需要。因此，下面建立基于最大熵理论的空间变形模型，拟定变形安全控制值，据此从宏观上整体把握大坝的变形性态。基于熵理论的空间变形安全控制值拟定过程如图 7.5.3 所示。

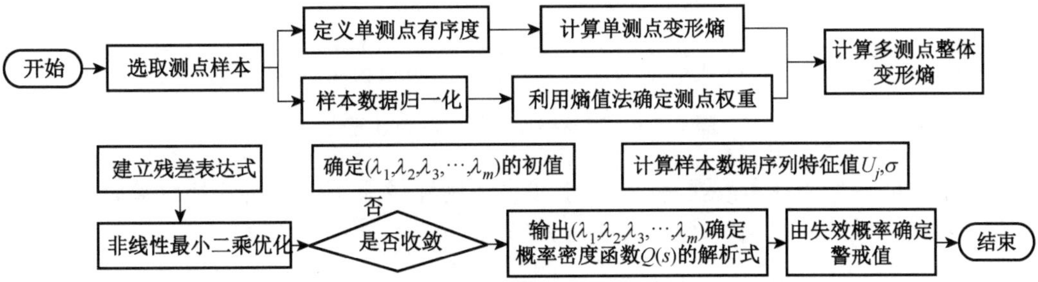

图 7.5.3　基于熵理论的变形安全控制值拟定过程

选取特高拱坝施工期及蓄水期正倒垂线变形测值为样本，计算出各测点在此期间不同监测时段的熵权，其中 13# 坝段垂线测点熵权见表 7.5.1。由计算结果可知，由于受到坝体混凝土浇筑和水库分期蓄水的影响，各垂线测点权重并不是固定不变的，也即是在受到外荷载及时效等因素影响下，各测点熵权处于不稳定状态。

表 7.5.1　13# 坝段垂线测点熵权

监测时段划分	库水位	PL13-1	PL13-2	PL13-3	PL13-4	PL13-5
2012/11/03—2012/12/07	上升	/	/	0.462	0.314	0.224
2012/12/08—2013/06/15	稳定	/	/	0.439	0.342	0.219
2013/06/16—2013/07/25	上升	/	0.302	0.295	0.204	0.199
2013/07/25—2013/09/03	稳定	/	0.309	0.272	0.211	0.208
2013/09/04—2013/10/20	上升	/	0.291	0.298	0.206	0.205
2013/10/21—2014/01/18	稳定	/	0.296	0.249	0.213	0.242
2014/01/19—2014/05/31	下降	/	0.352	0.206	0.223	0.219
2014/06/01—2014/08/24	上升	0.213	0.240	0.194	0.199	0.154
2014/08/25—2015/01/15	稳定	0.165	0.169	0.238	0.213	0.215
2015/01/16—2015/05/14	下降	0.213	0.230	0.194	0.199	0.164
2015/05/15—2015/06/25	稳定	0.204	0.209	0.211	0.181	0.195
2015/06/26—2015/07/28	上升	0.211	0.219	0.238	0.145	0.187

通过上述分析，鉴于该特高拱坝于 2013 年 12 月底封顶，利用封顶后的大坝垂线实测数据，求得单测点变形熵，据此得到特高拱坝空间变形熵如图 7.5.4 所示，可以看出，库水位变化和特高拱坝空间变形熵有显著相关性。

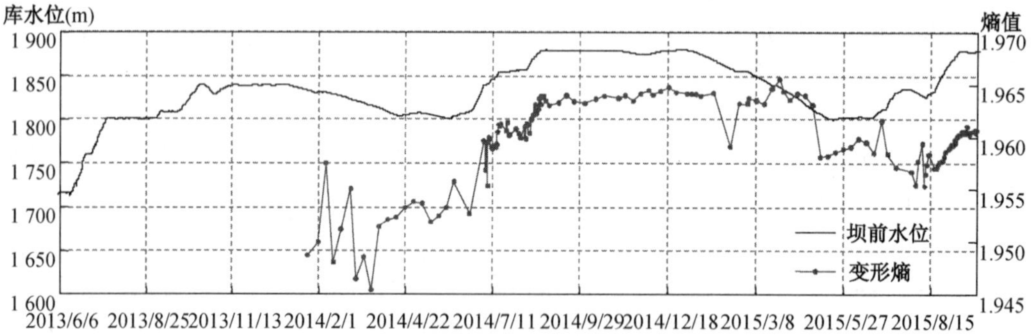

图 7.5.4　特高拱坝空间变形熵过程线

根据空间变形熵样本数据，在 Matlab 平台编制程序，取前四阶原点矩计算，积分函数采用高精度的“quadgk”函数，初始迭代值为(0, 0, 0, 0)，程序代码如下。

d(1)=quadgk(@(s)s. * exp(λ_1. * s+λ_2. * s. ^2+λ_3. * s. ^3+λ_4. * s. ^4),a,b)/quadgk(@(s)exp(λ_1. * s+λ_2. * s. ^2+λ_3. * s. ^3+λ_4. * s. ^4), a, b)-U1;

d(2)=quadgk(@(s)s. ^2. * exp(λ_1. * s+λ_2. * s. ^2+λ_3. * s. ^3+λ_4. * s. ^4),a,b)/quadgk(@(s)exp(λ_1. * s+λ_2. * s. ^2+ λ_3. * s. ^3+λ_4. * s. ^4), a, b)-U2;

d(3)=quadgk(@(s)s.^3.*exp(λ1.*s+λ2.*s.^2+λ3.*s.^3+λ4.*s.^4),a,b)/quadgk(@(s)exp(λ1.*s+λ2.*s.^2+ λ3.*s.^3+λ4.*s.^4), a, b)-U3;

d(4)=quadgk(@(s)s.^4.*exp(λ1.*s+λ2.*s.^2+λ3.*s.^3+λ4.*s.^4),a,b)/quadgk(@(s)exp(λ1.*s+λ2.*s.^2+ λ3.*s.^3+λ4.*s.^4), a, b)-U4;

经计算得到误差平方和 $d < 10^{-6}$，此时由最大熵理论求得熵最大时的概率密度函数如下。

$$Q(s) = \exp(-407.0363 + 1073.2641\,s - 1057.2193s^2 + 460.8981s^3 - 74.9581s^4) \tag{7.5.69}$$

绘制函数图像如图 7.5.5 所示，空间变形熵概率密度函数并不呈标准的正态分布，因此最大熵理论不事先假定其为正态分布比小概率法精度更高。

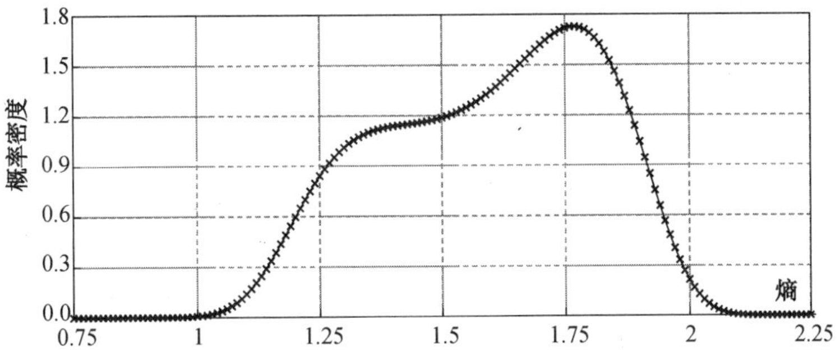

图 7.5.5　空间变形熵概率密度函数曲线

令 s_m 为监测效应量的极值，当 $s > s_m$ 时，大坝变形将出现异常。s_m 的大小可根据结构重要性拟定的变形出现异常的概率 P_α 来确定，P_α 一般取 1% ～ 5%，由于该高拱坝属于大Ⅰ型工程，将 P_α 定为 1%，则 s_m 由下式确定：

$$P(s > s_m) = P_\alpha = \int_{s_m}^{\infty} Q(s)\,\mathrm{d}s \tag{7.5.70}$$

由此得到该特高拱坝空间变形熵的控制值为 1.989。由图 7.5.5 可知，现有监测数据构成的空间变形熵未超出该控制值。通过上述分析可知，利用最大熵理论确定概率密度函数可以最大限度地利用已有监测数据，同时最大熵理论并不事先假定监测数据的概率分布类型，因而精度更高。在此基础上，利用似然函数自编程序，结合特高拱坝变形实测数据，得到相应参数，进行基于 BMM 模型和 POT 模型的控制值拟定，典型测点控制值拟定结果如图 7.5.6 所示，并依据 1 年后的大坝垂线径向位移监测资料，对拟定的正常蓄水位下的大坝径向变形控制值进行验证。可以看出，扣除监测误差影响外，变形测值基本在控制值上下限以内，表明坝体变形处于可控范围。

可见，由于 POT 模型不需要对总体分布进行假定，具有超越样本的估计和预测能力，但阈值的选取会影响到方差及其他参数，但是 BMM 模型只选取区间样本极值，易造成信息流失，尤其在样本短缺的情况下，其精度大幅降低，指标偏大。此外，BMM 模型和 POT 模型共同之处在于两者均侧重尾部分布，而特高拱坝变形监测数据通常是截尾的，因此应用极值理论能较好地拟合测值分布及拟定控制值。

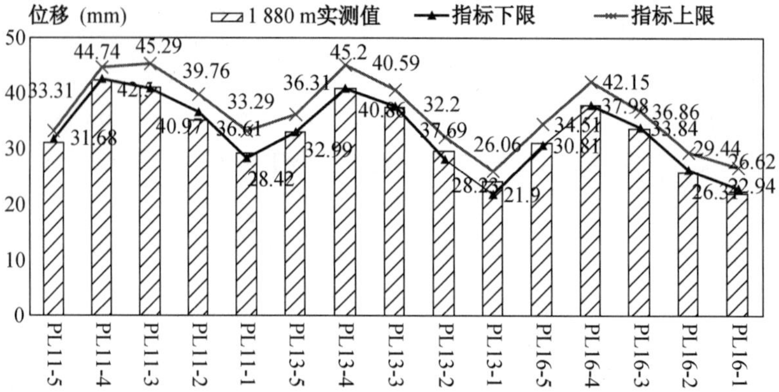

图 7.5.6　大坝径向位移实测值与控制值对比图

第八章

特高拱坝变形性态预警理论和方法

第一节　特高拱坝变形性态预警结构体系

1　预警逻辑结构

特高拱坝变形性态预警体系，从工程结构部位看，包括坝基、坝体、近坝库区等；从评价信息来源看，包括从设计、施工到运行的全过程信息及现场检查、原位监测信息等。因此，特高拱坝变形性态预警体系显现出多层次、多目标的特点，是一个内在关系极其庞杂且理论含量十分丰富的逻辑体系。要全面地反应大坝警情的各个方面，预警体系就要有合理的逻辑分析结构，而这个逻辑分析结构实际上就是对应于特定对象“特高拱坝变形性态预警”而建立的一个理论解释。

系统科学是特高拱坝变形性态预警理论的基础。美国贝尔公司的 A. D. Hall 于 1969 年提出的系统工程三维结构图，为解决规模宏大、结构复杂、因素众多的大系统问题提供了一个统一的思想方法和技术路线。把三维结构图引入到特高拱坝变形性态预警的物理模型构建中，便有如图 8.1.1 所示的预警系统逻辑三维结构图。它包括时间维、逻辑维和知识维。

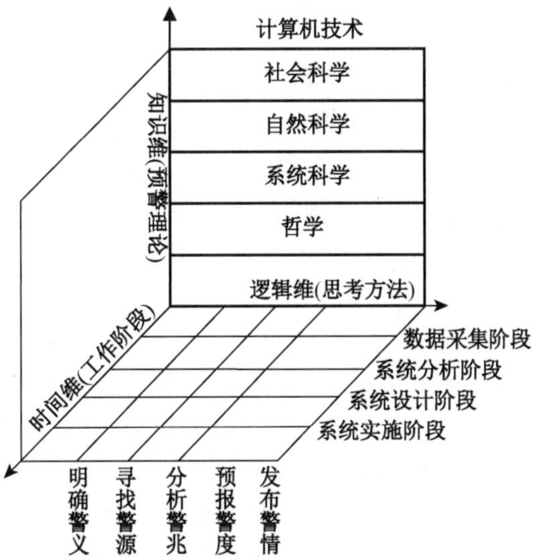

图 8.1.1　预警系统三维逻辑结构图

如果仅考虑预警结构图的逻辑维，则可以得到如图 8.1.2 所示的预警原理一维过程图，其中明确警义（即确定研究对象和警素的划分）是前提，是预警研究的基础；寻找警源是预警过程的逻辑起点，是排除警患的基础；分析警兆（即关联因素的分析）是预报警度的基础，预报警度是发布或排除警情的根据，而发布或排除警情则是预警的目标所在。特高拱坝变形性态预警逻辑实质上是结果→原因→结果分析的具体体现过程。

根据预警系统三维逻辑结构图 8.1.1，特高拱坝变形性态预警具有以下要素。

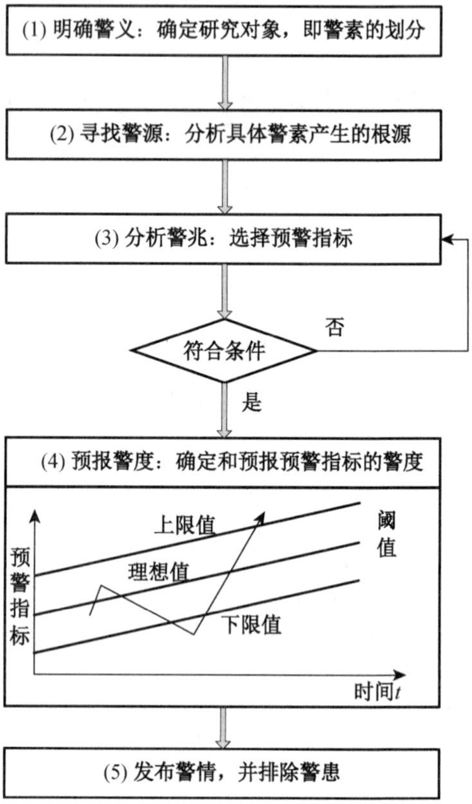

图 8.1.2　预警系统一维过程示意图

(1) 警情　警情指事物发展过程中出现的异常情况，即特高拱坝运行过程中已存在或将来可能出现的危险因素发展到一定程度时的外部形态表现，也就是出现对大坝正常性态不利的现象与问题。根据表现特征，警情可以有多种分类，如根据警情之间的因果关系可以分为先行警情与滞后警情，根据产生机制可以分为内部警情和外部警情等。警情通常用与不利影响相关联的指标(警限)来表示，当实际数值超过特定区间，则表明警情出现。

(2) 警源　警源指警情产生的根源，是警情的策源地，即特高拱坝在运行过程中已存在或潜伏着的“病兆”。警源有来自坝体与坝基自身因素的，如坝型、坝体材料、坝基性质等；有来自坝体与坝基系统外部输入的，如洪水、地震、山体滑坡等；也有来自大坝运行管理的各种人为因素等。

(3) 警义　警义是预警的起点，指在系统发展过程中表现警情的含义，可以从警素和警度两个方面来考察。所谓警素是指构成警情的要素，即系统出现了什么样的警情。在特高拱坝变形性态预警中，警素是指坝体与坝基尤其是软弱结构的力学状态等。所谓警度是指警情所处的状态，即它具有的严重程度。如警度可指坝体与坝基尤其是软弱结构的 5 种具体的力学状态，即线弹性、小变形弹塑性、弹塑性、大变形塑性和破坏；也可根据吴中如院士提出的大坝运行状况的 5 级安全评价等级“正常、基本正常、病变、病重、险情”将相对应的警情划分为无警、轻警、中警、重警、强警 5 个警度，在预警信号上分别以绿色、蓝色、黄色、橙色、红色表示。特高拱坝变形性态预警就是要对大坝性态变化过程中行将出现的“危险点”或“危险区”做出预先估计，并及时发出警报，从而为管理、控制和决策提供依据。这种“危险点”或“危险区”作为系统发展过程中的异常情况，在预警科学中称为警素，警素的严重程度(即“危险点”或“危险区”的危险程度)就相应地称作警度。

(4) 警兆　警情在孕育过程中先行暴露出来的现象为警兆。在特高拱坝变形性态预警中，所谓警兆就是大坝变形随时间变化的序列数据的动态特征。如果说警源是警情产生的原因，那么警兆就是警源演变成警情的外部表现，分析警兆及其所在预警区间的位置便可预测警情。

(5) 警限　警限是警情由量变转化为质变的临界点，反映到指标上，就是各个指标变量值。警限不仅可以作为警情有无的分界线，由于从警源产生警情的过程包含着警情的孕育、发展、暴发等若干阶段，警限也是对这些阶段之间度的判断，即可以是警情严重程度的等级分界线，如可根据大坝力学状态的转异（线弹性、小变形弹塑性、大变形弹塑性、塑性和破坏）过程构建 5 级预警监控指标等。

2　预警系统结构

参与警情分析的诸要素中，警源、警兆、警限、警义等都存在着相应的不确定性问题，故特高拱坝变形性态预警的警情诊断是十分复杂的，比如预警评价指标的不完备性以及诊断结果的模糊性等。指标的不完备性主要是由于对特高拱坝变形性态影响因素的未确知性造成的；结果的模糊性主要是由于诊断方法的模糊性造成的。因此，下面建立特高拱坝变形性态预警系统结构，以提高预警效率。

2.1　预警系统总体构架

预警系统是通过监测、检测和巡查等手段获取大坝结构安全运行状态数据信息，以数据库或数据仓库中大量信息数据为对象，提供综合信息和预测信息，应用联机分析处理技术提供多维数据分析信息，应用数据挖掘技术提供所获取的知识，共同为特高拱坝变形性态问题诊断和预警提供决策的综合系统。

总的来说，预警系统包括三个主体（图 8.1.3），第一是模型库系统和数据库系统的结构，为结构病变问题诊断和决策提供定量分析（模型计算）的辅助决策信息；第二主体为数据仓库和 OLAP 联机分析处理，它从数据仓库中提供反映大量数据内在本质的综合数据和信息；第三主体为知识库、推理机和数据挖掘的结合，数据挖掘从数据库和数据仓库中挖掘知识并丰富知识库，知识库和推理机为系统提供诊断和决策方式。根据该系统总体构架，通过系统初步设计、详细设计、编制各部件程序及系统集成四个步骤，进行预警系统开发，如图 8.1.4 所示。

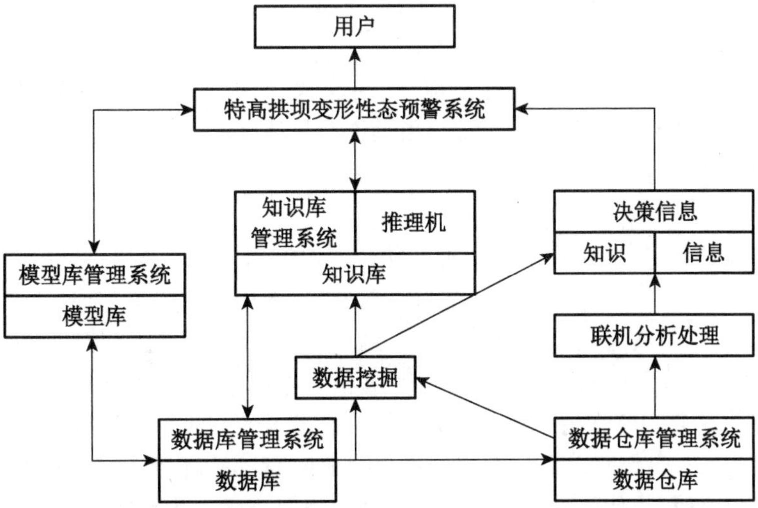

图 8.1.3　预警系统总体构架

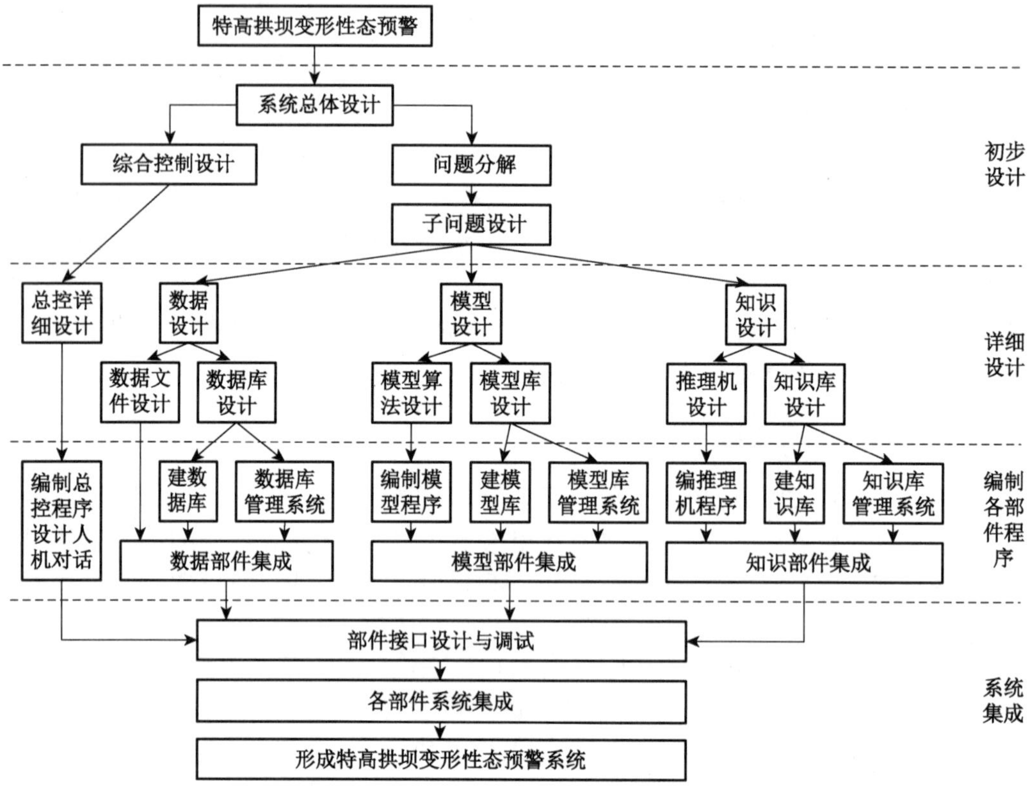

图 8.1.4　预警系统总体开发流程

2.2　预警系统功能构建

预警系统的基本工作内容为寻找警源、识别警兆、分析警情和预报警度。警源是警情产生的根源,即特高拱坝及其基础的结构病变等隐患;警兆是特高拱坝变形性态发生异常变化导致警情发生前出现的先兆;警情是特高拱坝已经存在或将来可能出现的异常现象或险情。因此,根据特高拱坝变形性态预警系统的总体构架和结构病变预警内容,设计系统的主要功能包括警兆识别功能、警情分析功能和警情发布功能,其中警兆识别功能和警情分析功能是本系统的核心部分。

(1) 警兆识别

警兆是特高拱坝隐患缺陷发生异常变化,导致警情发生前出现的先兆。特高拱坝变形性态预警系统中,结构病变的识别通过监测系统和现场检测等来完成。一方面,通过监测系统获取大坝运行实时数据,利用上下游水位、气温、混凝土温度等环境量和效应量的相关性分析,确定大坝运行过程中各影响因素相互作用情况,通过监测数据异常变化规律、特征工况下异常值等监测序列动态波动特征来发现特高拱坝结构病变现象,并分析其形成原因;另一方面,针对实时监测提供的结构病变信息,通过现场检测方法准确寻找,如综合应用超声波层析成像法、相控阵超声法、结构动力分析法等无损检测方法进行坝体质量隐患缺陷和坝基深部缺陷等结构病变辨识,得到结构病变的状态特征。

特高拱坝结构预警的警兆识别是从海量数据与信息中挖掘搜寻结构病变踪迹的过程，因此，为提升警兆识别效率，可嵌入多种空间数据挖掘分析方法(图 8.1.5)。在进行警兆辨识数据的挖掘分析时，系统首先从实时监测数据库和现场巡视、检测信息库中提取效应量及其影响因素属性集，通过各类空间数据挖掘分析方法获得大坝结构性态的有效信息，并入有效信息数据库。

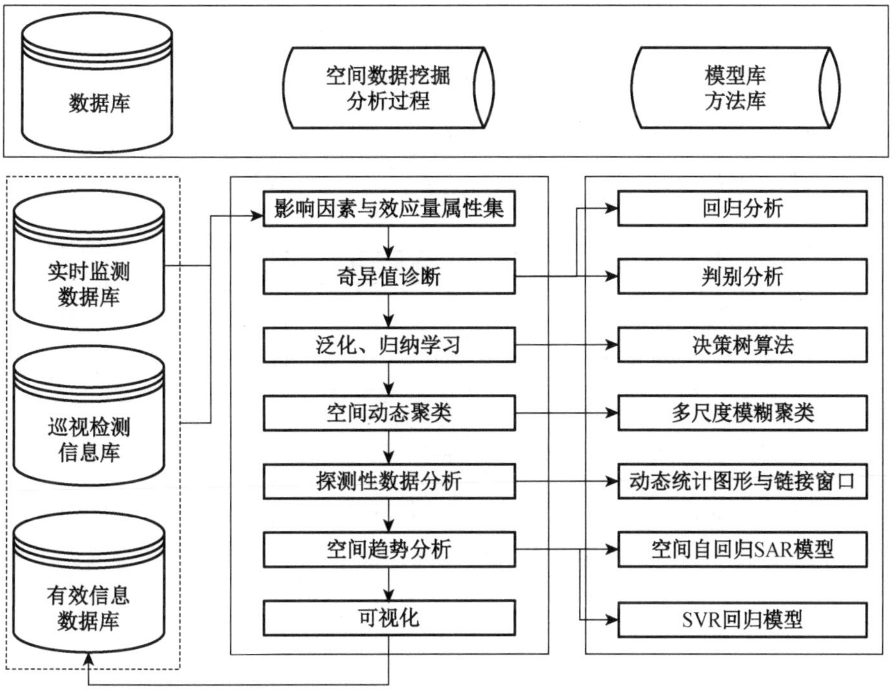

图 8.1.5　特高拱坝多源信息空间数据挖掘分析流程

空间数据挖掘分析总体可归纳为三个步骤：数据准备、数据挖掘和知识发现、数据挖掘后处理。数据准备阶段包括先验知识获取、目标数据集清理与简化、生成影响因素域效应量的目标属性集；数据挖掘后处理阶段包括有效信息的可视化、解释、评价和应用；数据挖掘和知识发现为核心阶段，主要工作为在空间的关联、特征、分类、回归、聚类、函数依赖等特定的规则中搜索感兴趣的知识。警兆识别的空间数据挖掘分析包括奇异值诊断、泛化归纳学习、空间动态聚类分析、探测性数据分析和空间趋势分析，具体方法可细化为回归分析法、判别分析法、决策树算法、多尺度模糊聚类法、动态统计图形与链接窗口技术、空间自回归模型等。

(2) 警情分析

特高拱坝结构预警的警情分析，由重点或关键断面监测量的预警模型及其评价方法实现，主要利用监测数据建立效应量与影响因素间的数值模型，如确定性模型、时空模型、神经网络模型等，分析特高拱坝结构性态是否发生病变转异。上述过程涉及的分析模型、监测仪器和测点众多，可嵌入多种分析结果的并行融合分析模块，以保障警情分析结论的可靠性。图 8.1.6 为并行信息融合分析思想下的特高拱坝结构病变预警系统的警情分析流程，在进行并行分布式信息融合时，需要结合众多模式识别方法，如 N-P 准则、最小损失准备判决、证据理论等。对于特高拱坝结构预警系统的警情分析过程，利用并行信息融合方法实现警情综合分析任务，可满足用户对系统预警可靠性的要求。

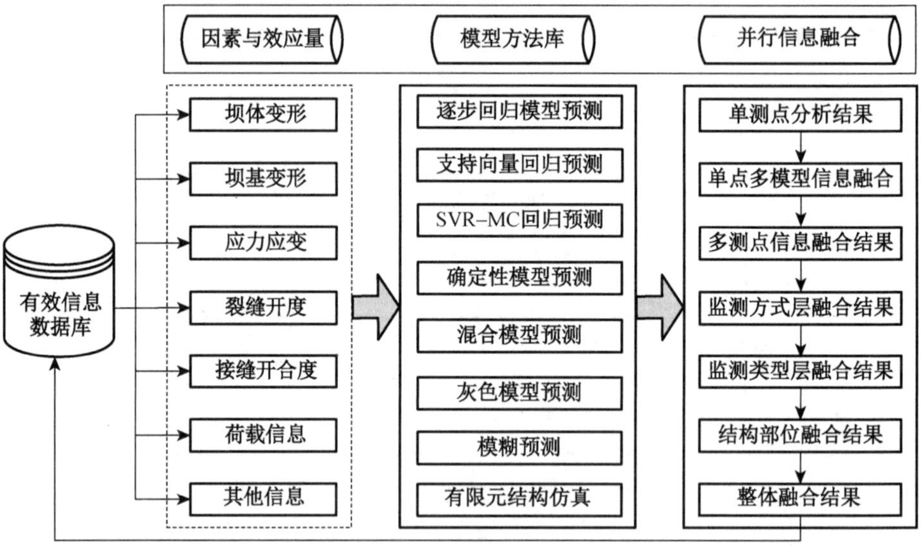

图 8.1.6　特高拱坝多源并行信息融合分析流程

在上述功能结构的基础上，可以建立特高拱坝结构预警系统外部操作和内部运算的逻辑关系，如图 8.1.7 所示。预警系统的外部操作部分主要提供用户选择警情分析方法、

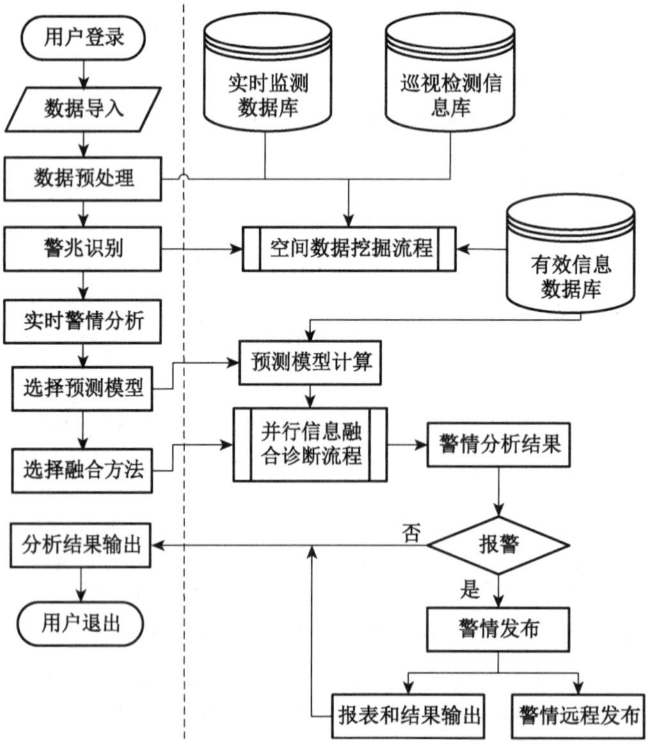

图 8.1.7　特高拱坝变形性态预警系统内部逻辑关系

空间数据挖掘算法和并行信息融合诊断算法。内部运算部分主要依照外部用户选择实现警兆识别、空间数据挖掘、警情分析、并行信息融合诊断、警情发布以及数据存储和输出功能。

第二节　特高拱坝变形性态预警指标拟定方法

特高拱坝变形性态预警是一个涉及多种因素的多指标、多层次复杂问题，包括构建预警指标体系、研究预警指标评价集的划分以及考虑多种影响因素和变形效应量间关系的预警指标拟定等方面。科学合理的预警指标体系能够将特高拱坝变形性态的预警问题层次化、条理化，避免预警信息的重复和冗余；划分合理的预警指标评价集能够确保预警结果的准确性、统一性，便于预警结果的对比及综合；有效的预警指标拟定方法确保了特高拱坝变形性态预警过程及预警结论的有效性。因此，下面以特高拱坝变形性态预警为目标，建立集合监测类型、监测方式、测点及影响因素的预警指标体系；针对影响因素的随机性、模糊性等特点，构建预警指标评价集的区间划分方法。同时，考虑到特高拱坝在长期服役过程中坝体及坝基运行性态受到诸多因素的共同影响，这些大坝变形性态的信息具有不确定性，甚至无法有效获得，需要从随机性、模糊性的角度出发，研究非确定性预警指标的拟定方法，提出引入模糊随机性的非确定性预警指标和基于最大熵的变形能预警指标。此外，对特高拱坝变形性态预警一般基于单测点信息，对于多测点形成的具有时空分布关系的变形性态预警研究较少，故需要提出多维概率空间下的时空变形联合预警指标和基于主成分理论的变形相关性联合预警指标的拟定方法。

1　预警指标体系及划分方法

1.1　预警指标体系

预警指标是定量化研究特高拱坝变形性态的基础，预警指标的选择会影响到特高拱坝变形性态预警结论的准确性。预警指标应当能从某个角度体现特高拱坝的变形性态，多个预警指标之间应当有明确的界限，避免预警信息的重叠和预警结果的冲突。因此，在构建特高拱坝变形性态预警指标体系时，将其划分为如图 8.2.1 所示的层次体系进行分析。

(1) 监测类型层：将特高拱坝变形划分为不同的监测类型，利用不同监测类型的变形监测数据，从多个角度对大坝变形性态进行分析。由于监测类型不同，不同监测类型下的预警指标具有明确的界限，每种预警指标用于特高拱坝某个方面的变形性态预警。

(2) 测点层：包含多个测点集合，每个测点集合包含了为获取某点(或部位及结构断面)变形信息而埋设的所有同类型测点。这一层是进行特高拱坝变形性态预警的数据来源，在构建基于多测点信息的联合预警指标时，需要对同部位的测点集合数据进行分析。

(3) 影响因素层：这一层是影响特高拱坝变形性态的各种因素集合，在构建特高拱坝变形性态预警指标和预警方法之前，需要对这一层的变形影响因素进行挖掘，并考虑主要

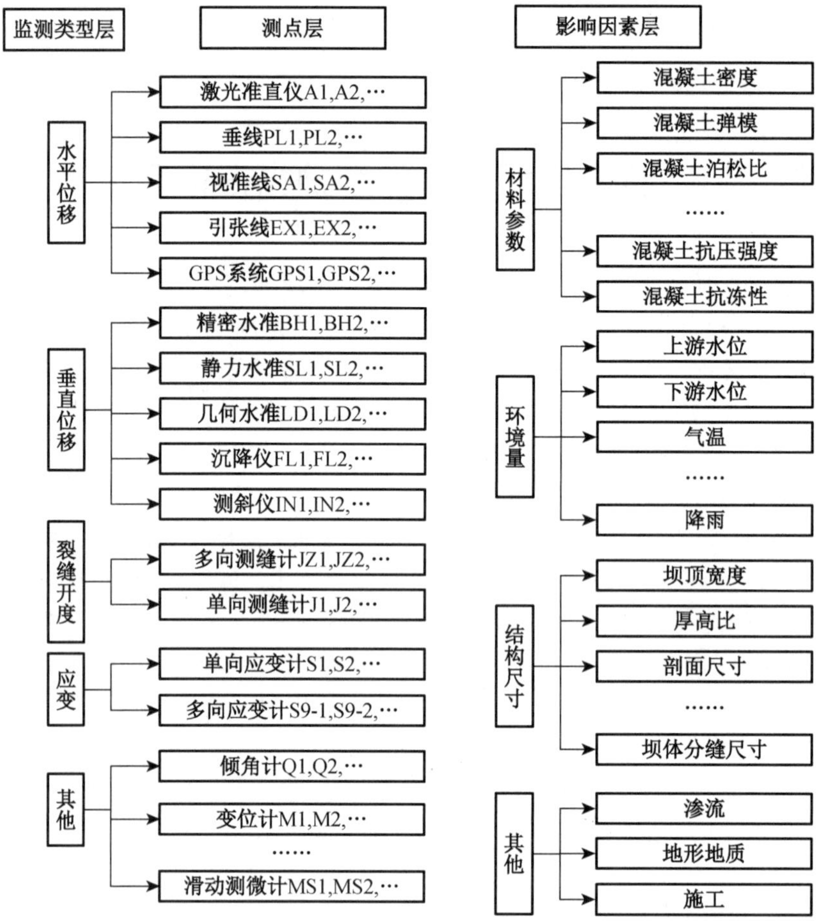

图 8.2.1　特高拱坝变形性态预警指标体系及相关因素

影响因素，建立有效的变形性态预警指标和预警方法。

1.2　预警指标评价集区间划分

除了考虑预警指标及其多层次的相互关系外，在运用不同预警方法得到预警值时，还需要建立对应不同预警值的预警评价集，按照预警值对应获得预警评价结果。设预警值为 u，预警评价集为 $\boldsymbol{U}$，通常 $\boldsymbol{U}$ 可划分为两级或多级，即：

$$\begin{cases}\boldsymbol{U}=[\boldsymbol{U}_1,\boldsymbol{U}_2]=[\text{正常},\text{异常}]\\ \boldsymbol{U}=[\boldsymbol{U}_1,\boldsymbol{U}_2,\cdots,\boldsymbol{U}_n]=[\text{正常},\text{基本正常},\cdots\cdots,\text{异常}]\end{cases}\tag{8.2.1}$$

为了能够将预警评价集 $\boldsymbol{U}$ 有效地对应特高拱坝变形性态的不同阶段，应当慎重考虑预警值和评价集的对应关系，并合理划分预警值变化范围。

(1) 基于随机性的预警指标区间划分

特高拱坝变形受到诸多因素的共同作用与影响，这些因素具有随机不确定的特点。例如，坝体混凝土材料的弹性模量等参数与基岩的变形模量、凝聚力、内摩擦角等参数具有明显的空间变异性，可视为具有空间分布的随机变量；荷载因素中，降雨和气温等变化都受到气候变化的影响，也具有较强的随机性。

由于特高拱坝变形受到多种随机性因素的影响，变形预警值也具有一定的随机性。若变形 δ 服从均值为 μ、标准差为 σ 的正态分布，记为 $\delta \sim N(\mu, \sigma^2)$，其概率密度函数为：

$$f(\delta)=\frac{1}{\sqrt{2\pi}\sigma}\mathrm{e}^{-\frac{(x-\mu)^2}{2\sigma^2}},\ -\infty<\delta<\infty \tag{8.2.2}$$

对于给定的显著性水平 α，有变形 $\delta_{0.5\alpha}$ 及 $\delta_{1-0.5\alpha}$，当变形为 δ 时，$\delta\in[\delta_{0.5\alpha}, \delta_{1-0.5\alpha}]$ 的概率为：

$$P_\alpha(\delta)=\int_{\delta_{0.5\alpha}}^{\delta_{1-0.5\alpha}}\frac{1}{\sqrt{2\pi}\sigma}\mathrm{e}^{-\frac{(x-\mu)^2}{2\sigma^2}}\mathrm{d}\delta=1-\alpha \tag{8.2.3}$$

则变形 $\delta_{0.5\alpha}$ 及 $\delta_{1-0.5\alpha}$ 可作为在显著性水平 α 下预警指标的区间划分点，如图 8.2.2 所示。

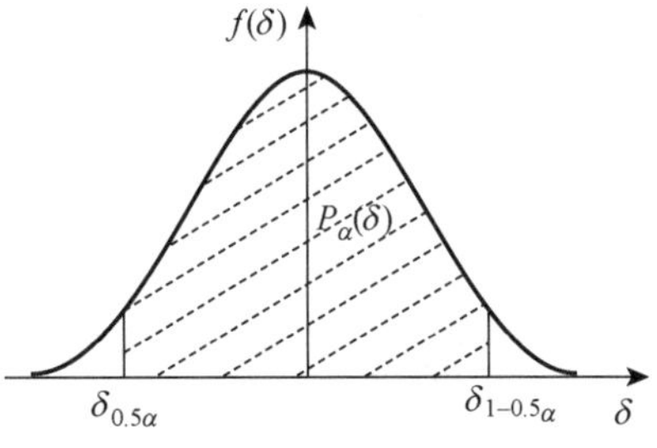

图 8.2.2　随机正态分布

如果选择显著性水平 $\alpha_1=1-95.46\%$ 和 $\alpha_2=1-99.73\%$，则对应变形值 δ 正态分布概率密度函数的 $\mu\pm2\sigma$ 和 $\mu\pm3\sigma$ 范围，据此将特高拱坝变形性态预警值 δ 划分为三个区间：

$$\begin{cases}\boldsymbol{U}=[\boldsymbol{U}_1, \boldsymbol{U}_2, \boldsymbol{U}_3]=[\text{正常,基本正常,异常}]\\ \boldsymbol{U}_1=[\mu-2\sigma, \mu+2\sigma]\\ \boldsymbol{U}_2=[\mu-3\sigma, \mu-2\sigma)\cup(\mu+2\sigma, \mu+3\sigma]\\ \boldsymbol{U}_3=(-\infty, \mu-3\sigma)\cup(\mu+3\sigma, +\infty)\end{cases} \tag{8.2.4}$$

(2) 基于模糊性的预警指标区间划分

由于水利工程是一门实践性很强的学科，在长期的工程建设中积累了大量的专家知识和工程经验，这些知识和经验是一类模糊信息。在进行特高拱坝变形性态预警时，通常需要参考专家的知识和经验，得到一些参数的大致范围。因此，变形性态预警指标也具有一定的模糊性，这种模糊性可用隶属函数表示。

根据模糊集理论，若 $\exists x_0\in\boldsymbol{R}$，使 $A(x_0)=1$，且对 $\forall a\in[0, 1]$，A_a 为闭区间，则称 A 为模糊数，A 的隶属函数定义为：

$$A(x)=\begin{cases}F_A^L(x) & (a_1\leqslant x<a_2)\\ 1 & (a_2\leqslant x<a_3)\\ F_A^R(x) & (a_3\leqslant x<a_4)\end{cases} \tag{8.2.5}$$

式中：$F_A^L(x)$ 为 $A(x)$ 的左分支，是 x 的单调递增函数；右分支 $F_A^R(x)$ 是 x 的单调递减函数。

工程上常用三角模糊数，模糊隶属度函数为：

$$k(x)=\begin{cases}\dfrac{1}{b}x+\dfrac{b-a}{b} & x\in[a-b,\ a)\\ -\dfrac{1}{b}x+\dfrac{b+a}{b} & x\in[a,\ a+b]\end{cases} \tag{8.2.6}$$

假设变形性态预警指标具有模糊性，且为三角模糊数，如图 8.2.3 所示，横坐标表示变形量 x，纵坐标为变形量 x 的模糊隶属度值 $k(x)$，其最大隶属度值为 $k(a)=1$，则可建立引入模糊性的变形性态预警指标评价集区间划分方法。

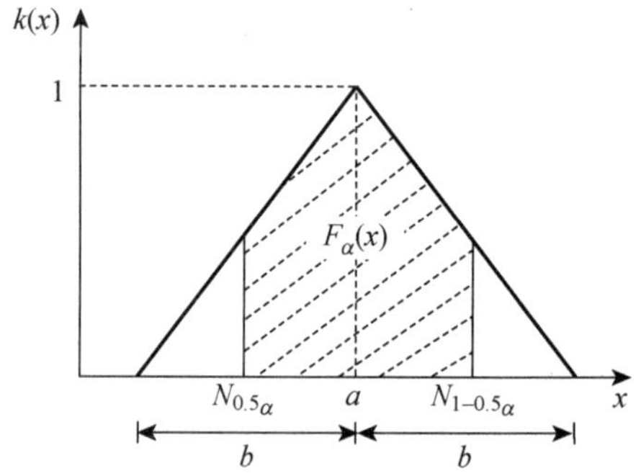

图 8.2.3　三角模糊数等效积分区间

为了获得与前述随机性预警指标评价集区间划分相当的预警结果，对三角模糊函数建立等效积分区间。若取显著性水平为 α，有变形值 $N_{0.5\alpha}$ 及 $N_{1-0.5\alpha}$，则三角模糊函数等效积分区间为 $[N_{0.5\alpha},\ N_{1-0.5\alpha}]$，变形量 $x\in[N_{0.5\alpha},\ N_{1-0.5\alpha}]$ 的三角模糊函数面积积分值为：

$$F_{\alpha}(x)=\int_{N_{0.5\alpha}}^{N_{1-0.5\alpha}}k(x)\mathrm{d}x=b(1-\alpha) \tag{8.2.7}$$

则图 8.2.3 中，积分下限 $N_{0.5\alpha}$ 和上限 $N_{1-0.5\alpha}$ 与显著性水平 α 的关系为：

$$\begin{cases}N_{0.5\alpha}=a-b(1-\sqrt{\alpha})\\ N_{1-0.5\alpha}=a+b(1-\sqrt{\alpha})\end{cases} \tag{8.2.8}$$

选择显著性水平 $\alpha_1=1-95.46\%$ 和 $\alpha_2=1-99.73\%$，将变形性态预警指标划分为三个区间，得到与式(8.2.4)对应的模糊预警指标评价集区间，即：

$$\begin{cases}\boldsymbol{U}=[\boldsymbol{U}_1,\ \boldsymbol{U}_2,\ \boldsymbol{U}_3]=[\text{正常},\text{基本正常},\text{异常}]\\ \boldsymbol{U}_1=[N_{0.5\alpha_1},\ N_{1-0.5\alpha_1}]\\ \boldsymbol{U}_2=[N_{0.5\alpha_2},\ N_{0.5\alpha_1})\cup(N_{1-0.5\alpha_1},\ N_{1-0.5\alpha_2}]\\ \boldsymbol{U}_3=(a-b,N_{0.5\alpha_2})\cup(N_{1-0.5\alpha_2},\ a+b)\end{cases} \tag{8.2.9}$$

式中：$[N_{0.5\alpha_1},\ N_{1-0.5\alpha_1}]$ 为显著性水平取 α_1 时，对应的三角模糊函数积分区间；$[N_{0.5\alpha_2},\ N_{1-0.5\alpha_2}]$ 为显著性水平取 α_2 时，对应的三角模糊函数积分区间。

2　基于不确定性信息的预警指标拟定方法

2.1　基于模糊随机性的非确定性预警指标

特高拱坝受到诸多内外因素的影响，对这些因素(荷载、抗力、材料参数等)获得的知识或信息都有可能是不确定的。通常将这些不确定的信息完全视为随机变量，利用采样和数理统计等方法获得其概率特征。但随着对这些因素的进一步深入研究，发现有些参数通常是未知的或难以客观度量的，只能通过专家根据工程经验给予描述，这便导致了工程参数模糊不确定性。当相关参数既具有模糊性又具有随机性时，则需要建立能够融合这两种特征的变形性态预警指标。

（1）模糊函数的概率化

由于模糊性和随机性是信息的两种特性，依据信息论中关于信息是可以度量的基本思想，可以用信息熵来表征信息的总体特征。在系统总的信息熵不变原则下，可将不确定性变量（模糊变量或模糊随机变量）转化为随机变量，这样模糊随机因素可近似变为等效的随机变量。

具有模糊性的信息称为“模糊信息”，度量模糊信息的熵称为模糊熵，定义为：

$$G=-\int_{y}\{f(y)\ln f(y)+[1-f(y)]\ln[1-f(y)]\}\mathrm{d}y \tag{8.2.10}$$

式中：$f(y)$ 为模糊变量的 y 的隶属度函数。

按照对熵的定义，模糊熵的另一种形式可表示为：

$$G'(y)=-\int_{y}f'(y)\ln f'(y)\mathrm{d}y \tag{8.2.11}$$

式中：$f'(y)$ 为隶属度函数 $f(y)$ 的归一化形式，即：

$$f'(y)=f(y)/\int_{y}f(y)\mathrm{d}y \tag{8.2.12}$$

式(8.2.12)的形式使隶属度归一化值 $f'(y)$ 具有与随机变量概率密度函数类似的归一性，即：

$$\int_{y}f'(y)=1 \tag{8.2.13}$$

通过上述分析可知，由于熵是对参数信息不确定性的度量，从这个角度看，概率熵和模糊熵无实质区别，都是表示信息不确定性的程度。因此，下面研究并提出基于模糊熵和概率熵的变形影响因素模糊函数的概率化方法。

将影响特高拱坝变形的材料参数或荷载因素取值视为变量 x，当这个不确定性变量 x 既具有随机性又具有模糊性时，假设其模糊性用三角模糊函数表示，如式(8.2.6)所示，变量 x 的隶属度值为 $k(x)$，则其模糊熵可表示为：

$$\begin{aligned}G(x)&=-\int_{\boldsymbol{R}}\left\{\frac{k(x)}{b}\ln\left[\frac{k(x)}{b}\right]\right\}\mathrm{d}x\\&=-\int_{a-b}^{a}\left\{\frac{k(x)}{b}\ln\left[\frac{k(x)}{b}\right]\right\}\mathrm{d}x-\int_{a}^{a+b}\left\{\frac{k(x)}{b}\ln\left[\frac{k(x)}{b}\right]\right\}\mathrm{d}x\end{aligned} \tag{8.2.14}$$

考虑变量 x 的随机性，若 x 服从均值为 μ、标准差为 σ 的正态分布，记为 $x\sim N(\mu,\sigma^2)$，则其概率熵可表示为：

$$\begin{aligned}H(x)&=-\int_{-\infty}^{\infty}f(x)\mathrm{d}x\\&=-\int_{-\infty}^{\infty}\frac{1}{\sqrt{2\pi}\sigma}\mathrm{e}^{-\frac{(x-\mu)^2}{2\sigma^2}}\mathrm{d}x\end{aligned} \tag{8.2.15}$$

将材料参数或荷载因素变量 x 的模糊熵和概率熵结合在一起，作为该因素不确定性的联合熵值：

$$E = H(x) + G(x) \tag{8.2.16}$$

式中：$H(x)$ 为材料参数或荷载因素随机性对应的概率熵；$G(x)$ 为材料参数或荷载因素模糊性对应的模糊熵。

在获得 E 的条件下，可以将这个变量 x 转换为等效的随机变量，转换原则是随机变量的熵 H_e 等于原变量的联合熵，即：

$$H_e = E \tag{8.2.17}$$

由于正态分布是大坝安全监测数据中常见的随机变量分布形式，可将不确定性变量 x 转换为等效正态随机变量。若经等效转换后成为正态随机变量 y，y 的均值为 $\bar{y}$，标准差为 σ_y，概率密度函数表示为 $f(y)$，则等效正态随机变量 y 的均值 $\bar{y}$ 等于隶属函数值为 1 时的材料参数或荷载的模糊变量值。y 的概率熵为：

$$H_e = -\int_{\boldsymbol{R}} f(y)\ln f(y)\mathrm{d}y = \ln(\sqrt{2\pi e}\sigma) \tag{8.2.18}$$

y 的标准差为：

$$\sigma_y = \frac{1}{\sqrt{2\pi}}\mathrm{e}^{H_e - 0.5} \tag{8.2.19}$$

材料参数或荷载的等效正态随机变量 y 的概率密度函数为：

$$f(y) = \frac{1}{\sqrt{2\pi}\sigma}\mathrm{e}^{-\frac{1}{2}\left(\frac{y-\bar{y}}{\sigma_y}\right)^2} \tag{8.2.20}$$

(2) 变形性态的非确定性预警指标

在特高拱坝材料参数或荷载的模糊随机性已被转换为随机性的基础上，可采用随机有限元方法，计算当材料参数或荷载具有模糊随机性时的大坝变形。下面利用蒙特卡洛随机有限元，研究拟定变形性态非确定性预警指标的方法。

令材料参数或荷载取值为随机变量 x，按均匀分布产生随机数，再按各随机变量 x 的不同分布类型做变换，求得适合随机变量分布规律的一系列随机数。若随机变量 x 的概率分布函数为 $F(\cdot)$，由于 $F(\cdot)$ 是在[0, 1]上取值单调递增的连续函数，其逆函数 $F^{-1}(\cdot)$ 在[0,1]上有定义。令 v 为[0, 1]上均匀分布的随机变量，有：

$$P[F^{-1}(v) \leqslant x] = P[v \leqslant F(x)] \tag{8.2.21}$$

则随机变量 x 可表示为：

$$x = F^{-1}(v) \tag{8.2.22}$$

因此，为了获得随机变量 x 的随机数，可以首先产生均匀分布的随机数，并用逆函数 $F^{-1}(v)$ 计算材料参数或荷载的随机变量值。

计算时使用混合同余法产生随机数，其递推公式为：

$$\begin{cases} y_{i+1} = ay_i + b \\ x_{i+1} = y_{i+1} \bmod m \end{cases} \tag{8.2.23}$$

式中：a 为正整数，称为乘子；b 为非负整数，称为增量；y_i 称为种子，且 $0 \leqslant y_i \leqslant m$；$m$ 为模数，同时也是随机数序列的长度；mod 为取余运算。

对于初始值 y_1，按照式(8.2.23)得到一个序列$\{x_1, x_2, \cdots, x_n\}$，若需要$[a, b]$上的均匀分布数据，可以由下式

$$u_i = a + (b-a)\frac{x_i}{m-1},\ i = 1, 2, \cdots, n \tag{8.2.24}$$

得到。通常模数 m 的值越大，随机数 u 的均匀性越好。

在获得每个随机变量对应的随机数 $\{u\} = \{u_1, u_2, \cdots, u_n\}$ 后，将各个随机变量的随机数$\{u\}$ 逐一代入有限元方程求解。经过有限元计算得到的特高拱坝变形$\{\delta\}$ 是具有统计意义的随机分布数据，即对应$\{u\}$ 得到$\{\delta\} = \{\delta_1, \delta_2, \cdots, \delta_n\}$。

为了确保特高拱坝变形性态预警指标的有效性，首先选择历史监测数据序列中较为不利荷载组合时段的变形资料，建立大坝变形的混合模型。水压分量利用随机有限元计算，引入材料参数或荷载因素的模糊随机性数据 $\{u\}$，得到 m 个水头 H_1—H_m 下大坝某点变形的计算值，可表示为：

$$\boldsymbol{D}_\delta = \begin{bmatrix} \delta_{11} & \delta_{12} & \cdots & \delta_{1n} \\ \delta_{21} & \delta_{22} & \cdots & \delta_{2n} \\ \cdots & \cdots & \cdots & \cdots \\ \delta_{m1} & \delta_{m2} & \cdots & \delta_{mn} \end{bmatrix} \tag{8.2.25}$$

式中：每一行的值为对应同一水头下 n 个不同材料参数或荷载因素随机数值的大坝变形值，每一列的值为对应 m 个水头下同一材料参数或荷载因素随机数值的大坝变形值。

当材料参数或荷载因素随机数取值为 u_i 时，可利用这 m 个水头和变形数据建立变形量 $\delta^{(i)}$ 和水头 H 的拟合关系：

$$\delta^{(i)} = \sum_{j=0}^{k} a_j H^j,\ i = 1, 2, \cdots, n \tag{8.2.26}$$

式中：a_j 为拟合系数，拱坝 $k = 4$。

在计算出拟合系数 a_j 的基础上，得到材料参数或荷载因素随机数取值为 u_i 时，大坝变形的混合模型表达式为：

$$\begin{aligned} \hat{\delta}^{(i)} &= \delta_H + \delta_T + \delta_\theta \\ &= C\sum_{j=0}^{m} a_j H^j + \delta_T + \delta_\theta \end{aligned} \tag{8.2.27}$$

式中：δ_T 为温度分量；δ_θ 为时效分量；δ_H 为水压分量；C 为混合模型中水压分量的调整系数；a_j 为式(8.2.26)计算得到的拟合系数值。

对式(8.2.27)进行最小二乘拟合，得到大坝变形的拟合值 $\hat{\delta}^{(i)}$。按照上述方法，可计

算对应随机数$\{u\}=\{u_1, u_2, \cdots, u_n\}$的大坝变形的拟合值$\{\hat{\delta}\}=\{\hat{\delta}^{(1)}, \hat{\delta}^{(2)}, \cdots, \hat{\delta}^{(n)}\}$，大坝变形实测值$\{\delta\}$和拟合值的$\{\hat{\delta}\}$差值为：

$$\Delta\delta=\frac{1}{n}\sum_{i=1}^{n}(\delta-\hat{\delta}^{(i)}) \tag{8.2.28}$$

$\Delta\delta$为考虑材料参数或荷载因素的模糊随机性时，变形实测值与拟合值的差值，可将$\Delta\delta$作为大坝变形性态的非确定性预警指标，按照式(8.2.4)建立随机预警指标评价集，并对大坝变形性态进行预警分析。

2.2 基于最大熵的变形能预警指标

众所周知，特高拱坝在变形演变（正常、劣化、恶化及破坏）过程中所处的状态不同。图7.4.1表示了拱坝在荷载逐级增加下的大坝渐进破坏过程中，荷载和变形变化过程线。在这个过程中，当荷载P较小，拱坝最初处于线弹性或准线弹性工作阶段（图7.4.1中OA和AB段），荷载和大坝变形基本维持在线性范围内，结构变形能线性增长；荷载P逐步增大时，拱坝进入屈服变形阶段，甚至达到破坏阶段，结构变形能也从线性增长逐步变为非线性增长。由于拱坝变形能增长过程对应大坝变形性态的不同阶段，故下面研究拱坝变形性态的变形能预警指标拟定方法。

(1) 变形能和变形能熵

特高拱坝受到外在荷载作用，大坝某一单元受到$\Delta\sigma$应力增量时，对应产生$\Delta\varepsilon$的应变增量，如图8.2.5所示，其变形能密度u的计算公式为：

$$u=\int\sigma\mathrm{d}\varepsilon \tag{8.2.29}$$

特高拱坝某一单元的变形能U_e有以下积分形式：

$$U_e=\int_v u\mathrm{d}v \tag{8.2.30}$$

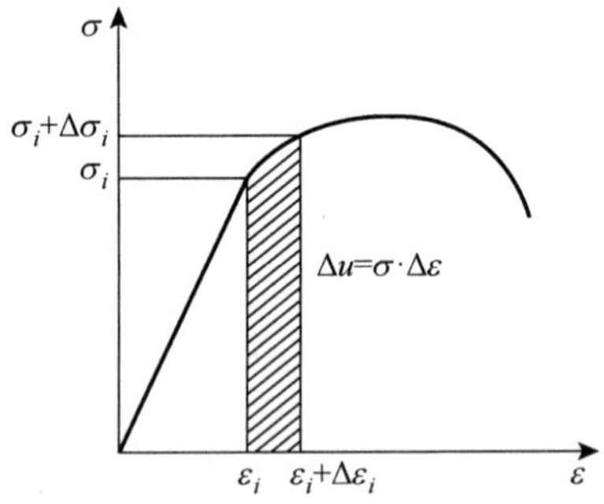

图8.2.4 变形能的计算

式中：v为单元e的体积。

令特高拱坝第i个单元的变形能为U_i，则整个大坝系统中的变形能是各单元变形能之和，表示为：

$$Q=\sum_{i=1}^{n}U_i \tag{8.2.31}$$

对变形能归一化，得到：

$$q_i=\frac{U_i}{Q},\ i=1,\ 2,\ \cdots,\ n \tag{8.2.32}$$

式中：q_i表示特高拱坝第i个单元的变形能占整个系统变形能的比重，$\sum_{i=1}^{n}q_i=1(i=1, 2, \cdots, n)$。

为了反映特高拱坝不同变形性态下，大坝结构变形能在不同单元的分布状况，这里将变形能转化为熵的形式，得到大坝变形能熵 H 为：

$$H = -\sum_{i=1}^{n} q_i \ln q_i \tag{8.2.33}$$

如果有实测资料，则可以计算某测点部位的变形能。首先将多向应变计组（七向或九向应变计组）监测的应变数据进行转换，获得空间上的 3 个主应力，分别为：第一主应力 σ_1，第二主应力 σ_2 和第三主应力 σ_3，得到测点所处部位的变形能密度 s，即：

$$s = \frac{1}{2}(\sigma_1 \varepsilon_1 + \sigma_2 \varepsilon_2 + \sigma_3 \varepsilon_3) \tag{8.2.34}$$

若某部位布置有较多的应变计组测点，则能近似得到该局部区域变形能的熵。假设各测点处混凝土的影响范围体积为 v_i，对应测点部位的变形能密度为 s_i，得到变形能 U_i 为：

$$U_i = v_i s_i \tag{8.2.35}$$

当多个测点的布置间距相等，可认为测点的影响范围均分该局部区域，若均分为 n 部分，且各部分体积相等，得到变形能的归一化值 q_i 为：

$$q_i = \frac{U_i}{\sum_{j=1}^{n} U_j} = \frac{v_i s_i}{\sum_{j=1}^{n} v_j s_j},\ i = 1,\ 2,\ \cdots,\ n \tag{8.2.36}$$

在此基础上，可根据式（8.2.33）得到混凝土坝在此部位的变形能熵 H。

在特高拱坝变形性态演变过程中，变形能熵 H 刻画了大坝能量的散逸程度。当大坝处于线弹性阶段时，大坝系统能量较低，大坝系统的变形能熵也较小；当大坝处于屈服阶段时，大坝系统能量较高，变形能熵值逐步增大；由于变形能熵 H 是具有单个峰值的上凸函数，当大坝某部位各单元的变形能彼此相等，即 $q_i = 1/n$ 时，大坝此部位变形能熵达到整体最大值，此部位变形性态开始进入劣化甚至恶化阶段。

由以上分析知，在拟定特高拱坝变形能预警指标时，需要研究大坝能量的逸散程度，即分析变形能熵值的变化。因此，下面利用最大熵原理，研究建立特高拱坝变形能预警指标的方法。

（2）变形能预警指标

基于变形实测资料，选择不利荷载组合时特高拱坝关键部位的应变计监测数据 ε_{mi}，按照式（8.2.33）计算关键部位局部的变形能后，获得变形能熵值，用 E_{mi} 表示，E_{mi} 为随机变量，则在分析时段内，获得一批子样，由此可以得到一个样本：

$$\{E\} = \{E_{m1},\ E_{m2},\ \cdots,\ E_{mn}\} \tag{8.2.37}$$

通常将 $\{E\}$ 视为一个样本空间，需要计算变形能熵的概率分布。针对这个问题，最大熵原理指出，在通过部分样本数据推断其概率分布时，必须选择熵最大的概率分布。熵最大保证了由于数据不足而做的人为假定（人为添加信息）最少，从而所获得的解最合乎自然，偏差最小，因而是较为客观的。

基于上述分析知，大坝变形能熵值最优的概率分布，是在已知变形能熵值样本数据信息的一些约束条件下，使 $H(x)$ 达到最大值的分布，即：

$$\max H(x) = -\int_{\boldsymbol{R}} f(x) \ln f(x) \mathrm{d}x \tag{8.2.38}$$

对应的约束条件为：

$$\begin{cases} \int_{\boldsymbol{R}} f(x) \mathrm{d}x = 1 \\ \int_{\boldsymbol{R}} x^i f(x) \mathrm{d}x = \mu_i,\ i = 1,\ 2,\ \cdots,\ N \end{cases} \tag{8.2.39}$$

式中：$\boldsymbol{R}$ 为积分空间；N 为阶数；x 为样本数据；$\mu_i (i = 1,\ 2,\ \cdots,\ N)$ 为样本数据的第 i 阶原点矩。

利用特高拱坝变形监测数据计算得到变形能熵样本数据 $\{E\}$，若样本数量为 n，可建立离散化的最大熵函数，即：

$$\max H(E) = -\sum_{i=1}^{n} p_i \ln p_i \tag{8.2.40}$$

按照式(8.2.39)得到约束条件为：

$$\begin{cases} \sum_{i=1}^{n} p_i = 1 \quad p_i \in [0,\ 1] \\ \sum_{i=1}^{n} E_{mi}^{k} p_i = \mu_k,\ k < n \end{cases} \tag{8.2.41}$$

式中：p_i 为变形能熵 E 取值为 E_{mi} 的概率；μ_k 为大坝变形能熵值样本数据的 k 阶原点矩，表示变形能熵 E_{mi} 的离散程度，通常前 4 阶矩就能够描述大坝变形能熵的基本特性。

最大熵的求解，一般通过调整式(8.2.38)中 $f(x)$，使得熵 $H(x)$ 达到最大值。可采用拉格朗日乘子法来求解，拉格朗日函数如下：

$$L = H(x) + (\lambda_0 + 1)\left[\int_{\boldsymbol{R}} f(x) \mathrm{d}x - 1\right] + \sum_{i=1}^{N} \lambda_i \left[\int_{\boldsymbol{R}} x^i f(x) \mathrm{d}x - \mu_i\right] \tag{8.2.42}$$

式中：$\lambda_i (i = 1,\ 2,\ \cdots,\ N)$ 为拉格朗日乘子。

令 $\partial L / \partial f(x) = 0$，有：

$$\int_{\boldsymbol{R}} [\ln f(x) + 1] \mathrm{d}x + (\lambda_0 + 1) \int_{\boldsymbol{R}} \mathrm{d}x + \sum_{i=1}^{N} \lambda_i \int_{\boldsymbol{R}} x^i \mathrm{d}x = 0 \tag{8.2.43}$$

上述公式通常选择数值积分法计算，对于正态分布的随机变量 x，考虑到随机变量概率密度函数 $f(x)$ 一般具有两端尾部很"细"的特点，可以进行"截尾"处理，即用 $f(x)$ 在有限区域$[a,\ b]$内的积分值近似代替无限区域$[-\infty,\ +\infty]$上积分值，并忽略两端$[-\infty,\ a)$ 和$(b,\ +\infty]$上的积分值，只要$[a,\ b]$的范围足够大，由此近似处理产生的误差将很小。若 μ 为均值，σ 为标准差，选择积分域为$[\mu - 3\sigma,\ \mu + 3\sigma]$(对应显著性水平 $\alpha = 1 - 99.73\%$)，其计算误差约为 0.27%。为了使误差小于 0.27%，可选择$[\mu - 4\sigma,\ \mu + 4\sigma]$或$[\mu$

$-5\sigma,\ \mu+5\sigma]$ 的积分区域进行积分计算，得到最大熵概率密度函数的解析形式：

$$f(x)=\exp(\sum_{i=0}^{N}\lambda_i x^i)=\exp(\lambda_0+\sum_{i=1}^{N}\lambda_i x^i) \tag{8.2.44}$$

按照上述方法，对离散化的特高拱坝变形能熵 $\{E\}$，得到其分布函数的解析形式，当特高拱坝某部位变形能熵 $E=h$ 时，对应的概率密度函数值为：

$$f(E=h)=\exp(\lambda_0+\sum_{j=1}^{N}\lambda_j h^j) \tag{8.2.45}$$

这里将变形能熵 E 作为特高拱坝变形性态的预警指标，若 E 为正态分布，表示为 $E\sim(\bar{E},\ \sigma_E^2)$，可按式(8.2.4)建立预警指标评价集，对大坝变形性态进行预警分析。

3　基于多测点信息的预警指标拟定方法

如果特高拱坝变形性态预警指标只利用单个测点的信息，建立数学模型并进行大坝变形性态的预警较为方便。但其结果有局限性，当单个测点的信息受到未知因素的干扰时，很难判断预警结果的有效性。因此，在可能条件下，宜尽量对有互相联系的测点群建立多点的预警指标。例如，对于一条正倒垂线，可以建立包括所有测点的联合预警指标。这类指标获得的结果更具有代表性，可减少个别测点局部变动或监测误差带来的干扰，且可在更大的空间范围内对大坝的变形性态做出诊断。

3.1　时空变形联合预警指标

为了得到特高拱坝变形在空间上的变化状态，或为了避免在大坝长期运行监测过程中个别测点的失效导致监测数据缺失，通常会在大坝的某些重要结构部位或断面埋设同类型的多个甚至冗余的变形测点。通常，在获得这些测点实测数据后，可以依据置信区间估计法建立预警评判区间，对单个测点或多个测点进行预警分析。但是，对单测点的预警结果容易受到各种未知因素的干扰，准确性较低；而对多个测点进行分别预警，又会出现预警结果不一致的现象。因此，下面研究利用多测点变形监测信息进行联合预警的原理，建立多维概率空间上变形性态联合预警指标。

(1) 时空变形联合预警原理

由于多测点变形监测数据在时间上是同步获取的，可以依据小概率法，对 m 个测点变形监测数据建立 m 维空间上的概率密度函数，并对应显著性水平 α 实现大坝变形性态的联合预警。大坝变形性态的联合预警相对于分别预警具有更好的评判准确性。例如，同时对具有相关性的 m 个测点变形数据进行分析，令某次监测得到的 m 个测点变形数据为 $\boldsymbol{x}=[x_1,\ x_2,\ \cdots,\ x_m]^{\mathrm{T}}$。当 $\boldsymbol{x}$ 服从 m 元正态分布，则 m 个测点数据在 m 维空间上的概率密度函数表示为：

$$f(\boldsymbol{x})=\frac{1}{(\sqrt{2\pi})^m\sqrt{|\boldsymbol{\Sigma}|}}\exp\left[-\frac{1}{2}(\boldsymbol{x}-\boldsymbol{\mu})^{\mathrm{T}}\boldsymbol{\Sigma}^{-1}(\boldsymbol{x}-\boldsymbol{\mu})\right] \tag{8.2.46}$$

式中：$\boldsymbol{\mu}=[\mu_1, \cdots, \mu_m]^{\mathrm{T}}$ 为 $\boldsymbol{x}$ 的均值向量；$|\boldsymbol{\Sigma}|$ 为 $\boldsymbol{x}$ 协防差矩阵 $\boldsymbol{\Sigma}$ 的行列式，也可表示为 $\det(\boldsymbol{\Sigma})$。

若取对应的显著性水平为 α，得到：

$$\underset{1\ 2}{\iint}\cdots\underset{m}{\int} f(x)\,\mathrm{d}x_1\,\mathrm{d}x_2\cdots\mathrm{d}x_m = 1-\alpha \tag{8.2.47}$$

式(8.2.47)中的积分域为利用 m 个变形测点数据进行联合诊断，且诊断结果为正常的区域，令其为 $\boldsymbol{D}_\alpha$。

基于正态分布的对称性，可知在正常区域 $\boldsymbol{D}_\alpha$ 边界上的概率密度值处处相等，取为常数 ε_α，且 ε_α 与 α 对应，令：

$$f(x)=\varepsilon_\alpha \tag{8.2.48}$$

得到：

$$(\boldsymbol{x}-\boldsymbol{\mu})^{\mathrm{T}}\boldsymbol{\Sigma}^{-1}(\boldsymbol{x}-\boldsymbol{\mu})=\boldsymbol{\Sigma}'_\alpha \tag{8.2.49}$$

式中：ε'_α 为与 ε_α 和 α 对应的常数；$(\boldsymbol{x}-\boldsymbol{\mu})^{\mathrm{T}}\boldsymbol{\Sigma}^{-1}(\boldsymbol{x}-\boldsymbol{\mu})$ 是向量 $(\boldsymbol{x}-\boldsymbol{\mu})$ 的二次式。

在多测点变形数据的 m 维概率空间上，对应式(8.2.49)得到预警结果为正常的区域为 $\boldsymbol{D}_\alpha$，表示空间上的超椭球，对于二维空间则为图 8.2.5 中的椭圆，同时，若 m 个变形数据有相关性，则椭圆长轴和坐标轴之间有一定夹角。联合多测点变形信息，得到的大坝变形性态正常预警区域为椭球，但是对这些变形数据进行各自预警时，在相同显著性水平 α 下，将各自预警为正常的区域合并，其合并区域通常为超长方形，对于二维空间则为长方形，如图 8.2.5 所示，其上限、下限值分别为 u_1，d_1 和 u_2，d_2。分析图 8.2.5 中 p_1，p_2 两点，从分别预警的角度看 p_1 和 p_2 都是在各自的长方形区域内，判别为正常；但在联合预警时，p_1，p_2 在二维空间上的交点 p_{1-2} 则超出了正常区域，位于椭圆之外。

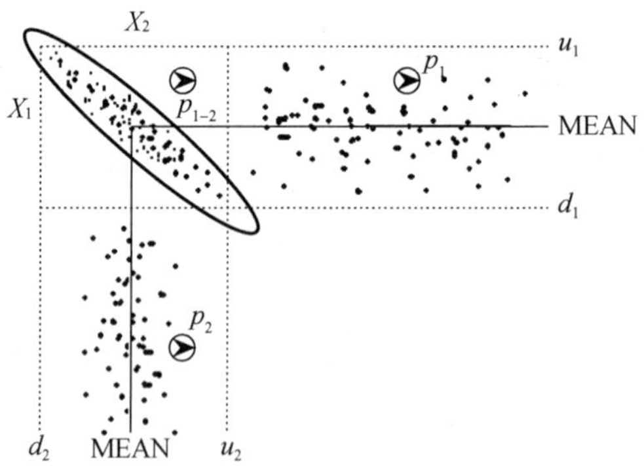

图 8.2.5　联合预警指标控制区域

进一步可知，利用 m 个测点变形数据进行大坝变形性态的预警，若显著性水平为 α，联合预警的置信度为 $(1-\alpha)$，其误判概率为 α；分别预警时，其置信度为 $(1-\alpha)^m$，误判概率为 $[1-(1-\alpha)^m]$。两者并不相等，且 $[1-(1-\alpha^m)]\geqslant\alpha$，若分别预警，即使结果都为正常，仍有可能产生误判，预警结果准确性也相对较低。

(2) 时空变形联合预警指标

建立时空变形联合预警指标，首先需要利用特高拱坝变形的时空分布模型获得空间上多测点变形的预测值，而后建立变形实测值和预测值的残差在多维概率空间上的联合分布，最后建立多测点变形的联合预警指标。

大坝在荷载作用下所产生的变形场是矢量场，在小变形范围内，可以按其成因分为三个部分：水压分量、温度分量和时效分量，表示为：

$$\begin{aligned}\delta(\delta_x, \delta_y, \delta_z) &= f(H, T, \theta, x, y, z)\\ &= f_1(H, x, y, z) + f_2(T, x, y, z) + f_3(\theta, x, y, z)\end{aligned} \tag{8.2.50}$$

式中：$f_1(H, x, y, z)$ 为水压分量；H 为水头；(x, y, z) 为变形测点的空间坐标；$f_2(T, x, y, z)$ 为温度分量；T 为温度；$f_3(\theta, x, y, z)$ 为时效分量；θ 为时间。

将水压分量的表达式经多元幂级数展开，略去高次项，得到：

$$\begin{aligned}f_1(H, x, y, z) &= f_1[g_1(H), J(x, y, z)]\\ &= f_1\left(\sum_{i=0}^{3(4)} a_i H^i, \sum_{l=0}^{3}\sum_{m=0}^{3}\sum_{n=0}^{3} a_{lmn} x^l y^m z^n\right)\\ &= \sum_{k=0}^{3(4)} \sum_{l, m, n=0}^{3} H^k a_{lmn} x^l y^m z^n\end{aligned} \tag{8.2.51}$$

式中：a_{lmn} 为水压分量的拟合系数；重力坝 k 最大取 3，拱坝 k 最大取 4。

对于运行多年的大坝，其温度分量可用复合型周期项作为因子，其表达式为：

$$f_2(T, x, y, z) = \sum_{j, k=0}^{1} \sum_{l, m, n=0}^{3} B_{jklmn} \sin\frac{2\pi jt}{365} \cos\frac{2\pi kt}{365} x^l y^m z^n \tag{8.2.52}$$

式中：B_{jklmn} 为温度分量的拟合系数；温度因子一般取年为周期。

若选择时间的一次项 θ 和对数项 $\ln\theta$ 作为因子，得到大坝变形时效分量的具体表达式为：

$$f_3(\theta, x, y, z) = \sum_{j, k=0}^{1} \sum_{l, m, n=0}^{3} C_{jklmn} \theta_j \ln\theta_k x^l y^m z^n \tag{8.2.53}$$

式中：C_{jklmn} 为时效分量的拟合系数。

将水压分量、温度分量和时效分量代入式(8.2.50)得到特高拱坝变形时空分布模型为：

$$\begin{aligned}\delta = &\sum_{k=0}^{3(4)} \sum_{l, m, n=0}^{3} H^k a_{lmn} x^l y^m z^n + \sum_{j, k=0}^{1} \sum_{l, m, n=0}^{3} B_{jklmn} \sin\frac{2\pi jt}{365} \cos\frac{2\pi kt}{365} x^l y^m z^n\\ &+ \sum_{j, k=0}^{1} \sum_{l, m, n=0}^{3} C_{jklmn} \theta_j \ln\theta_k x^l y^m z^n\end{aligned} \tag{8.2.54}$$

选择特高拱坝某部位的 m 个变形测点，利用时空分布模型，分别计算大坝在不利荷载作用下变形实测值 x 与预测值 $\hat{x}$ 的差值 $\Delta x = x - \hat{x}$，对应 m 个测点有：

$$\Delta\boldsymbol{X} = \begin{bmatrix} x_1(t_1) - \hat{x}_1(t_1) & x_2(t_1) - \hat{x}_2(t_1) & \cdots & x_m(t_1) - \hat{x}_m(t_1)\\ x_1(t_2) - \hat{x}_1(t_2) & x_2(t_2) - \hat{x}_2(t_2) & \cdots & x_m(t_2) - \hat{x}_m(t_2)\\ \cdots & \cdots & \cdots & \cdots\\ x_1(t_n) - \hat{x}_1(t_n) & x_2(t_n) - \hat{x}_2(t_n) & \cdots & x_m(t_n) - \hat{x}_m(t_n)\end{bmatrix} \tag{8.2.55}$$

式中：n 为变形监测次数。

如果将 $\Delta\boldsymbol{X}$ 中每一列变形差值向量视为样本集合，可以建立基于 m 维概率分布的联合预警指标。对于 m 个变形测点将式(8.2.55)改写为：

$$\Delta\boldsymbol{X}=\begin{bmatrix}\boldsymbol{x}(t_1)-\hat{\boldsymbol{x}}(t_1)\\ \boldsymbol{x}(t_2)-\hat{\boldsymbol{x}}(t_2)\\ \cdots\cdots\\ \boldsymbol{x}(t_n)-\hat{\boldsymbol{x}}(t_n)\end{bmatrix} \tag{8.2.56}$$

式中：$\boldsymbol{x}(t_1)-\hat{\boldsymbol{x}}(t_1)=[x_1(t_1)-\hat{x}_1(t_1),\ x_2(t_1)-\hat{x}_2(t_1),\ \cdots,\ x_m(t_1)-\hat{x}_m(t_1)]$。

按照典型小概率理论，取显著性水平 α，得到对应 m 维空间的超椭球形多测点变形置信区 $\boldsymbol{D}_\alpha$。这里将式(8.2.49)中的多测点变形协方差矩阵 $\boldsymbol{\Sigma}$ 做特征值分解，得到特征向量 $\mathbf{V}$ 和特征值矩阵 $\boldsymbol{B}$，有：

$$\boldsymbol{\Sigma}\mathbf{V}=\mathbf{V}\boldsymbol{B} \tag{8.2.57}$$

转换得到：

$$\boldsymbol{\Sigma}^{-1}=\mathbf{V}^{\mathrm{T}}\boldsymbol{B}^{-1}\mathbf{V} \tag{8.2.58}$$

代入式(8.2.49)，有：

$$(\boldsymbol{x}-\boldsymbol{\mu})^{\mathrm{T}}\mathbf{V}^{\mathrm{T}}\boldsymbol{B}^{-1}\mathbf{V}(\boldsymbol{x}-\boldsymbol{\mu})=\varepsilon'_\alpha \tag{8.2.59}$$

对上式做变量代换，令 $\boldsymbol{y}=\mathbf{V}(\boldsymbol{x}-\boldsymbol{\mu})$，$r_\alpha{}^2=\varepsilon'_\alpha$ 得到：

$$\boldsymbol{y}^{\mathrm{T}}\boldsymbol{B}^{-1}\boldsymbol{y}=r_\alpha{}^2 \tag{8.2.60}$$

若对两个测点变形监测数据建立变形的联合预警指标，即在二维概率分布空间下，$\boldsymbol{y}$ 是包含两个元素的列向量 $\boldsymbol{y}=[y_1,y_2]^{\mathrm{T}}$，$\boldsymbol{B}$ 为对角阵，两个对角线元素分别为 d_1 和 d_2，则可得到两个变形测点的联合预警区域，为椭圆方程：

$$\frac{y_1^2}{d_1}+\frac{y_2^2}{d_2}=r_\alpha{}^2 \tag{8.2.61}$$

对应的二维空间分布如图 8.2.6(a)所示，大坝变形性态预警为正常的区域为边界等概率密度的椭圆，即图 8.2.6(b)中二维分布曲面上的平截面区域。基于两个测点变形信息进行大坝变形性态预警，首先获得这两个变形测点最新监测数据，计算大坝变形实测值与预测值的差值向量 $\Delta\boldsymbol{x}=[\Delta x_1,\ \Delta x_2]=[x_1-\hat{x}_1,\ x_2-\hat{x}_2]$。若将特高拱坝变形性态划分为正常和异常两种类型，当 $\Delta\boldsymbol{x}\in\boldsymbol{D}_\alpha$ 时，预警结果为正常，具体评判公式为：

$$\begin{cases}\dfrac{(x_1-\hat{x}_1)^2}{d_1}+\dfrac{(x_2-\hat{x}_2)^2}{d_2}\leqslant r_\alpha{}^2,\ \text{正常}\\[2ex] \dfrac{(x_1-\hat{x}_1)^2}{d_1}+\dfrac{(x_2-\hat{x}_2)^2}{d_2}>r_\alpha{}^2,\ \text{异常}\end{cases} \tag{8.2.62}$$

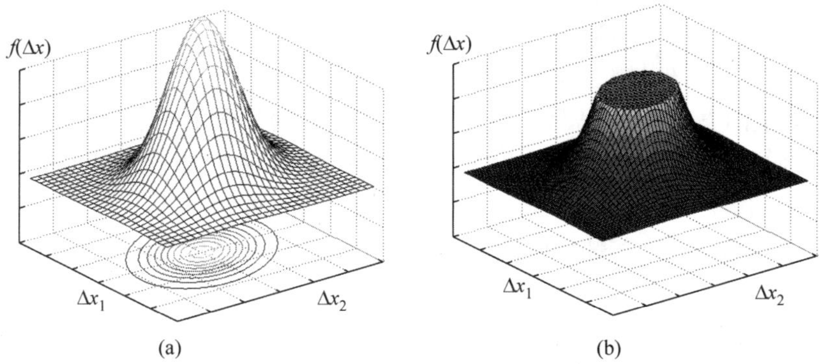

图 8.2.6　变形性态联合预警置信区域

3.2　变形相关性联合预警指标

特高拱坝可以视为处于多种影响因素下的动态系统，在通常状态下，其变形性态处于稳态，同时伴随随机因素的影响产生随机波动，这些随机波动在获取的变形监测数据上体现为噪音。当出现未知因素引起大坝变形性态的异常变化时，一般会在大坝变形的多个方面体现出来，即体现为变形信息多方面的异常。因此，可以通过分析多测点变形的相互关系，实现特高拱坝变形性态联合预警。下面基于主成分理论，研究同类型多测点变形相关信息的提取方法，对提取到的变形相关信息，建立变形相关性联合预警指标。

(1) 变形相关性主成分提取方法

变形相关性联合预警需要基于大坝变形监测数据的相关性，这里引入主成分理论来获得变形的相关性信息，其主要原理是寻找大坝变形数据相互正交的投影轴，使大坝变形数据在投影轴上的方差最大，变形数据的大部分信息被集中到少数几个投影轴上。

对具有变形相关性的测点 x_1 和 x_2，进行 N 次监测，将变形监测数据投影在以 x_1 和 x_2 测值为坐标轴的二维空间中。由于两列数据之间有一定相关性，二维空间中的点大多落在一条直线附近，所有 N 个点的分布大致形成一个椭圆区域，如图 8.2.7 所示。将二维空间坐标系正交旋转一个角度 θ，在椭圆长轴方向取坐标轴 u_1，短轴方向取坐标轴 u_2，则旋转公式为：

$$\begin{cases} u_{1j} = x_{1j}\cos\theta + x_{2j}\sin\theta \\ u_{2j} = x_{1j}(-\sin\theta) + x_{2j}\cos\theta \end{cases} \tag{8.2.63}$$

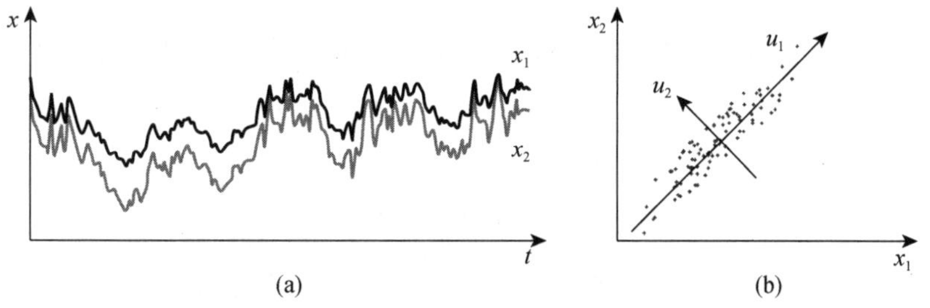

图 8.2.7　变形数据二维空间主成分示意图

式中：$j=1, 2, \cdots, N$；旋转公式写成矩阵形式为：$\boldsymbol{Y}=\boldsymbol{UX}$，$\boldsymbol{U}$ 为坐标旋转变换矩阵，是正交变换矩阵，有 $\boldsymbol{U}^{\mathrm{T}}=\boldsymbol{U}^{-1}$，$\boldsymbol{UU}^{\mathrm{T}}=\boldsymbol{I}$。

由图 8.2.7 可知，经过变换后，二维平面上变形数据 N 个点的方差大部分都归结在 u_1 轴上，u_2 轴上的方差较小。若将这些变形数据空间点的分布用一个维度来表示，只有选择 u_1 这个方向，原始变形数据信息的损失量是最小的。可将 u_1 方向上的变形数据信息称为多测点变形的第一分量信息，代表大坝变形数据大部分的相关性，u_2 方向上变形数据信息为第二分量信息。当 m 个测点变形数据具有相关性时，可以建立多维空间的正交变换，分离 m 个方向上原始变形监测数据信息。

对具有相关性的 m 个变形测点进行 n 次监测，令变形监测数据矩阵 $\boldsymbol{X}$ 为：

$$\boldsymbol{X}=\begin{bmatrix} x_1(t_1) & x_2(t_1) & \cdots & x_m(t_1) \\ x_1(t_2) & x_2(t_2) & \cdots & x_m(t_2) \\ \cdots & \cdots & \cdots & \cdots \\ x_1(t_n) & x_2(t_n) & \cdots & x_m(t_n) \end{bmatrix} \tag{8.2.64}$$

为了避免变形监测数据变化范围不同对分析结果产生影响，对变形监测数据进行归一化处理，第 t_j 次变形监测数据的归一化向量 $\boldsymbol{x}(t_j)$ 为：

$$\boldsymbol{x}(t_j)=[x_1(t_j)-\bar{x}_1, \cdots, x_i(t_j)-\bar{x}_i, \cdots, x_m(t_j)-\bar{x}_m]^{\mathrm{T}} \tag{8.2.65}$$

式中：$\bar{x}_i$ 为第 i 列数据的均值，$\bar{x}_i=\sum_{j=1}^{n}x_i(t_j)/n$。

得到变形监测数据的 $m\times m$ 相关矩阵 $\boldsymbol{R}$：

$$\boldsymbol{R}=\sum_{j=1}^{m}\boldsymbol{x}(t_j)\boldsymbol{x}(t_j)^{\mathrm{T}} \tag{8.2.66}$$

计算变形数据相关矩阵 $\boldsymbol{R}$ 的特征值 λ 和特征向量 $\boldsymbol{v}_i$，一般满足：

$$(\boldsymbol{R}-\lambda_i\boldsymbol{I})\boldsymbol{v}_i=0, \ i=1, 2, \cdots, m \tag{8.2.67}$$

式中：$\boldsymbol{I}$ 为 $m\times m$ 的单位矩阵。

由于变形数据相关矩阵 $\boldsymbol{R}$ 正定，存在矩阵 $\boldsymbol{R}$ 的 m 个实特征值 λ_i 和对应的 m 个实特征向量 $\boldsymbol{v}_i$。降序排列特征值 $\lambda_1>\lambda_2>\cdots>\lambda_m>0$，则可将变形监测数据矩阵 $\boldsymbol{X}$ 表示为：

$$\begin{aligned}\boldsymbol{U}&=\boldsymbol{XV}^{\mathrm{T}}\\&=[X\boldsymbol{v}_1\ X\boldsymbol{v}_2\ \cdots\ X\boldsymbol{v}_m]\end{aligned} \tag{8.2.68}$$

用矩阵 $\boldsymbol{U}$ 来表示变形监测数据矩阵 $\boldsymbol{X}$，即将变形数据矩阵 $\boldsymbol{X}$ 分解为 m 个向量的外积之和，表示为：

$$\begin{aligned}X&=\boldsymbol{U}(\boldsymbol{V}^{\mathrm{T}})^{-1}\\&=\boldsymbol{t}_1\boldsymbol{p}_1^{\mathrm{T}}+\boldsymbol{t}_2\boldsymbol{p}_2^{\mathrm{T}}+\cdots+\boldsymbol{t}_m\boldsymbol{p}_m^{\mathrm{T}}\end{aligned} \tag{8.2.69}$$

式中：$\boldsymbol{t}_i$ 为 $\boldsymbol{U}$ 的分量，代表了原始坐标空间变换后的各个方向；$\boldsymbol{p}_i$ 为原始变形数据信息在各个方向上的投影值。

由于变形监测数据矩阵 $\boldsymbol{X}$ 内部数据存在一定程度的相关性，$\boldsymbol{X}$ 包含的变形信息主要体现在前 L 个方向量上，后 $m-L$ 个方向主要包含了噪声等随机因素。通过计算向量 $\boldsymbol{p}_i$ 模的累计方差百分比可以确定有效分量的个数 L，即：

$$CPV(m)=\left(\frac{\sum_{i=1}^{L}||\boldsymbol{p}_i||}{\sum_{i=1}^{m}||\boldsymbol{p}_i||}\right)\cdot 100\% \tag{8.2.70}$$

式中：$CPV(m)$ 为累计方差百分比值，通常要事先选取 $CPV(m)$ 的阈值 c，当 $CPV(m)$ 大于阈值 c 时，得到前 L 个分量作为变形数据的主要信息，一般 c 需达到 70%～90%。

在得到 L 的基础上，可将变形监测数据矩阵 $\boldsymbol{X}$ 改写成两部分之和的形式：

$$\begin{aligned}\boldsymbol{X}&=\boldsymbol{t}_1\boldsymbol{p}_1^{\mathrm{T}}+\cdots+\boldsymbol{t}_L\boldsymbol{p}_L^{\mathrm{T}}+\boldsymbol{t}_{L+1}\boldsymbol{p}_{L+1}^{\mathrm{T}}+\cdots+\boldsymbol{t}_m\boldsymbol{p}_m^{\mathrm{T}}\\&=\sum_{i=1}^{L}\boldsymbol{t}_i\boldsymbol{p}_i^{\mathrm{T}}+\sum_{i=L+1}^{m}\boldsymbol{t}_i\boldsymbol{p}_i^{\mathrm{T}}\\&=\boldsymbol{X}_L+\boldsymbol{X}_e\end{aligned} \tag{8.2.71}$$

式中：$\boldsymbol{X}_L$ 部分代表 m 个测点变形数据的主要信息，这部分具有较强的相关性，相当于图 8.2.8 中 u_1 方向的变形数据信息；$\boldsymbol{X}_e$ 则代表 m 个测点变形数据离散甚至不相关的部分，相当于图 8.2.8 中 u_2 方向的变形数据信息。

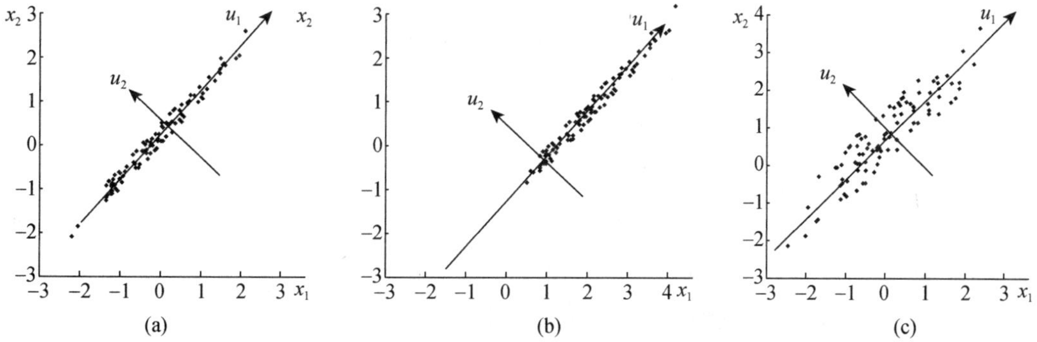

图 8.2.8　变形数据二维空间主成分变化

(2) 变形相关性联合预警指标

下面将基于多测点变形信息的联合预警分为两个部分进行分析。

① 当变形监测数据的离散性部分 $\boldsymbol{X}_e$ 变大，而相关性部分 $\boldsymbol{X}_L$ 不变，对应二维空间变化情况相当于图 8.2.8 中(a) 到(c) 的变化过程，变形数据点的离散性增大，u_2 方向数据的方差增大，多个测点变形数据之间相关性降低。如果将这些变形测点所属部位视为一个整体，则此部位的变形性态通常具有统一的变化趋势，若变形的相关性突然降低，则可判断个别测点埋设部位出现未知因素的干扰，在确保监测仪器正常的条件下，可认为变形测点所处局部的变形性态出现异常。

② 当变形监测数据的相关性部分 $\boldsymbol{X}_L$ 产生过大变化，而离散性部分 $\boldsymbol{X}_e$ 不变，对应二维空间的变化情况相当于图 8.2.8 中(a) 到(b) 的变化过程，变形监测数据的离散性不变，但

在 u_1 方向变形数据的均值产生过大变化，说明原始变形监测数据整体产生了变化，则可认为此部位变形性态整体出现异常。

基于以上分析，下面利用 $\boldsymbol{X}_L$ 和 $\boldsymbol{X}_e$ 建立特高拱坝变形性态预警指标。

（1）多测点变形监测数据均值变化预警指标

利用时空分布模型，计算 m 个测点变形的预测值，形成变形监测数据列向量 $\hat{\boldsymbol{x}}=[\hat{x}_1, \hat{x}_2, \cdots, \hat{x}_m]^{\mathrm{T}}$，对应的变形实测数据为 $\boldsymbol{x}=[x_1, x_2, \cdots, x_m]^{\mathrm{T}}$。对 $\hat{\boldsymbol{x}}$ 和 $\boldsymbol{x}$ 进行空间坐标变换，获得变换空间中前 L 个维度方向上的变形相关性分量 $\hat{\boldsymbol{x}}_L=[\hat{x}_1^L, \hat{x}_2^L, \cdots, \hat{x}_L^L]^{\mathrm{T}}$ 和 $\boldsymbol{x}_L=[x_1^L, x_2^L, \cdots, x_L^L]^{\mathrm{T}}$。计算 $\hat{\boldsymbol{x}}_L$ 和 $\boldsymbol{x}_L$ 的均值 $\bar{\hat{x}}_L$ 和 $\bar{x}_L$，并得到差值 E_X，将 E_X 作为变形性态的预警指标，有：

$$
\begin{aligned}
E_X &= E(\boldsymbol{x}_L)-E(\hat{\boldsymbol{x}}_L) \\
&= \frac{1}{L}\sum_{i=1}^{L} x_i^L-\frac{1}{L}\sum_{i=1}^{L}\hat{x}_i^L \\
&= \frac{1}{L}\sum_{i=1}^{L}(x_i^L-\hat{x}_i^L)
\end{aligned} \tag{8.2.72}
$$

式中：E_X 表示变形实测数据与预测数据在前 L 个维度方向上均值的偏离程度；$E(\cdot)$ 表示均值运算。

在此基础上，计算大坝在经历各种荷载作用下的 E_X 值，按照典型小概率理论，视 E_X 为随机变量，若为正态分布 $E_X \sim N(\mu_E, {\sigma_E}^2)$，可按照式(8.2.4)建立预警指标评价集：

$$
\begin{cases}
\boldsymbol{U}=[\boldsymbol{U}_1, \boldsymbol{U}_2, \boldsymbol{U}_3]=[\text{正常,基本正常,异常}] \\
\boldsymbol{U}_1=[\mu_E-2\sigma_E, \mu_E+2\sigma_E] \\
\boldsymbol{U}_2=[\mu_E-3\sigma_E, \mu_E-2\sigma_E) \cup (\mu_E+2\sigma_E, \mu_E+3\sigma_E] \\
\boldsymbol{U}_3=(-\infty, \mu_E-3\sigma_E) \cup (\mu_E+3\sigma_E, +\infty)
\end{cases} \tag{8.2.73}
$$

预警分析时，取 m 个变形测点最新数据 $\boldsymbol{x}=[x_1, x_2, \cdots, x_m]$，计算 L 维空间上变形数据差值向量的均值 E'_X，按照式(8.2.73)进行诊断分析。

（2）多测点变形监测数据方差变化预警指标

与变形监测数据均值变化的预警指标拟定方法类似，对 m 个测点的变形预测数据向量 $\hat{\boldsymbol{x}}=[\hat{x}_1, \hat{x}_2, \cdots, \hat{x}_m]^{\mathrm{T}}$ 和实测数据向量 $\boldsymbol{x}=[x_1, x_2, \cdots, x_m]^{\mathrm{T}}$ 进行空间坐标变换，获得空间变换中后 $m-L$ 个维度方向上的大坝变形数据分量 $\boldsymbol{x}_e=[x_{L+1}^e, x_{L+2}^e, \cdots, \boldsymbol{x}_m^e]^{\mathrm{T}}$ 和 $\hat{\boldsymbol{x}}_e=[\hat{x}_{L+1}^e, \hat{x}_{L+2}^e, \cdots, \hat{x}_m^e]^{\mathrm{T}}$。计算其方差 x'_e 和 $\hat{x}'_e$，并得到 x'_e 和 $\hat{x}'_e$ 的差值 V_X，将 V_X 作为预警指标，有：

$$
\begin{aligned}
V_X &= Var(\boldsymbol{x}_e)-Var(\hat{\boldsymbol{x}}_e) \\
&= x'_e-\hat{x}'_e
\end{aligned} \tag{8.2.74}
$$

式中：V_X 代表了变形实测数据与预测数据在后 $m-L$ 个维度方向上方差的偏离程度；$Var(\cdot)$ 表示方差运算。

在此基础上，计算大坝在经历各种荷载作用下的 V_X 值，按照典型小概率法，视 V_X 为随机变量，若为正态分布 $V_X \sim N(\mu_V, {\sigma_V}^2)$，建立对应的预警指标评价集，即：

$$\begin{cases} \boldsymbol{U} = [\boldsymbol{U}_1, \boldsymbol{U}_2, \boldsymbol{U}_3] = [\text{正常}, \text{基本正常}, \text{异常}] \\ \boldsymbol{U}_1 = [\mu_V - 2\sigma_V, \mu_V + 2\sigma_V] \\ \boldsymbol{U}_2 = [\mu_V - 3\sigma_V, \mu_V - 2\sigma_V) \cup (\mu_V + 2\sigma_V, \mu_V + 3\sigma_V] \\ \boldsymbol{U}_3 = (-\infty, \mu_V - 3\sigma_V) \cup (\mu_V + 3\sigma_V, +\infty) \end{cases} \tag{8.2.75}$$

预警分析时，取 m 个测点最新数据 $\boldsymbol{x} = [x_1, x_2, \cdots, x_m]$，计算 $m-L$ 维空间上的大坝变形数据 V_X 值，进行预警。

4　应用实例

4.1　模糊随机预警指标

某水电站工程位于黄河上游，属大（Ⅰ）型一等工程。工程以发电为主，兼顾灌溉，大坝为混凝土拱坝，坝顶全长 408.6 m，最大坝高为 155.0 m，坝顶基本宽度 8 m，实际结构宽度 10～21 m，最大底宽 45 m。大坝及基础埋设了大量的监测仪器，监测项目主要有坝体水平位移、垂直位移、扬压力、渗漏量、绕坝渗流以及边坡位移、谷幅弦长、基础多点位移计和渗压计、应力应变计（组）、测缝计、温度计等。坝体混凝土和坝基基岩视为各向同性材料，拟定坝体及坝基的材料力学参数见表 8.2.1。

表 8.2.1　坝体及坝基材料参数

建模区域	密度 ρ (kg/m³)	弹性模量 E (10^4 MPa)	泊松比 μ
坝体	2 400	2.291	0.167
岩基	2 700	1.5	0.22

考虑大坝材料参数的模糊性，假设坝体弹性模量的数值为三角模糊数，隶属函数如式（8.2.6）所示。模糊函数隶属度 $k=1$ 时，坝体弹性模量取值 a 为 2.291×10^4 MPa，b 假定为 0.5×10^4 MPa，隶属度函数表示为：

$$k(x) = \begin{cases} \dfrac{1}{0.5}x + \dfrac{0.5-2.291}{0.5} = 2x - 3.582 \\ -\dfrac{1}{0.5}x + \dfrac{0.5+2.291}{0.5} = 5.582 - 2x \end{cases} \tag{8.2.76}$$

按照式（8.2.14），得到坝体弹性模量的模糊熵为：

$$G = -\int_R \left\{ \frac{k(x)}{b} \ln\left[\frac{k(x)}{b}\right] \right\} dx = 0.029\ 1 \tag{8.2.77}$$

式中：x 的积分区间 $\boldsymbol{R}$ 为 $(a-b, a+b) = (1.791\times10^4, 2.791\times10^4)$。

考虑到大坝材料参数的随机性，若坝体弹性模量满足正态分布 $E \sim N(\mu, \sigma^2)$，取 $\mu = 2.291\times10^4$ MPa，$\sigma = 0.3\times10^4$ MPa，按照式（8.2.15）得到坝体弹性模量的随机熵：

$$H = -\int_{R} f(x)\ln f(x)\mathrm{d}x = 0.271 \tag{8.2.78}$$

在此基础上，得到联合熵 $H_e = G + H = 0.3001$，按照式(8.2.19)得到具有模糊随机性的坝体弹性模量的标准差 σ 为 0.327×10^4 MPa。由于模糊函数为三角型，隶属度为 1 所对应的值与随机变量均值相等，则其等效均值为 $m = 2.291 \times 10^4$ MPa。模糊随机变量的概率密度函数为：

$$f(x) = \frac{1}{\sqrt{2\pi}\sigma} \mathrm{e}^{-0.5\left(\frac{x-m}{\sigma}\right)^2} = 1.22\mathrm{e}^{-\frac{(x-2.291)^2}{0.2138}} \tag{8.2.79}$$

在获得坝体弹性模量的模糊随机概率分布后，分析坝体弹性模量具有不确定性时，水压对大坝变形的影响。首先建立有限元模型，有限元模型模拟了两岸山体形态，并选取坝体开挖面以下约 3 倍坝高，坝上游约 2 倍坝高及坝下游约 4 倍坝高，两岸坝肩左右各约 1.5 倍坝高的范围内建立有限元模型。模型主要由八节点六面体等参单元和部分五面体及四面体单元组成，如图 8.2.9 所示。

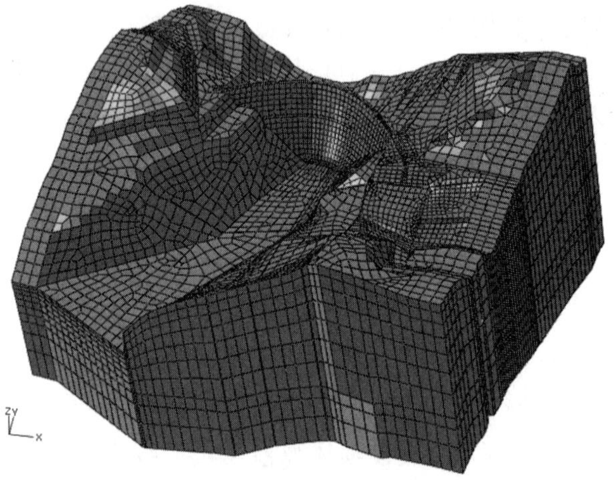

图 8.2.9　大坝有限元模型

基于弹性模量的概率分布，得到坝体弹性模量的不同值 $\{u\} = \{u_1, u_2, \cdots, u_n\}$，当坝体弹性模量为 $u_i \in \{u\}$，选取上游水位 2 180 m，2 170 m，2 140 m，2 110 m，2 080 m，用三维有限元计算坝体水平位移值，得到水压分量 δ_H，并按照 $\delta_H = \sum_{i=1}^{4} a_i H^i$ 进行最小二乘拟合，得到水压分量拟合系数 a_i 见表 8.2.2。

在此基础上，建立混合模型，并利用最小二乘拟合，水压因子取至水头 H 的 4 次方，由于大坝内部温度监测缺失较多，温度因子选择多组谐波因子来表示，时效选择线性项及对数项，水压分量的调整系数为 X，按照式(8.2.27)得到大坝位移的混合模型，其中水压分量使用随机有限元计算。

对应坝体弹性模量为 $\{u\} = \{u_1, u_2, \cdots, u_n\}$ 时大坝变形的拟合值为 $\{\hat{\delta}\} = \{\hat{\delta}^{(1)}, \hat{\delta}^{(2)}, \cdots, \hat{\delta}^{(n)}\}$，按照式(8.2.28)计算实测值和拟合值的差值 $\Delta\delta$，并获得残差 $\Delta\delta$ 数据的统

表 8.2.2　水压分量拟合系数

测点高程(m)	拟合系数			
	a_1	a_2	a_3	a_4
2 185	−0.000 8	1.00E−05	−1.00E−07	4.00E−10
2 150	0.000 4	−6.00E−06	5.00E−08	−6.00E−11
2 114	0.000 1	−3.00E−06	4.00E−08	−1.00E−10
2 087	1.00E−05	−2.00E−07	2.00E−08	−6.00E−11
2 059	1.00E−04	−9.00E−07	2.00E−08	−5.00E−11
2 035	0.000 1	−1.00E−06	1.00E−08	−4.00E−11

计特征，计算得到残差的均值为 $\mu_\Delta = 1.55$ mm，标准差 $\sigma_\Delta = 0.35$ mm，按照式(8.2.4)得到利用诊断指标 $\Delta\delta$ 评判大坝变形性态为正常的区间为[14.8 mm，16.2 mm]，基本正常的区间为[14.45 mm，14.8 mm]和[16.2 mm，16.55 mm]。

4.2　变形相关性联合预警指标

选取第二章的工程实例，利用大坝水平位移的 6 个测点数据进行联合诊断。变形监测数据表示为 $x_1 - x_6$，首先对这些数据进行主成分分析，时段选择 2006—2010 年，得到 6 个主分量对应的贡献率如图 8.2.10 所示，特征值及累计贡献率值见表 8.2.3。第一主分量 PC1 能够代表原始数据 84.6%的变化特征，第二主分量 PC2 能够代表原始数据11.3%的变化特征。第一和第二主分量的累积贡献率达到 95.8%(超过 80%)。

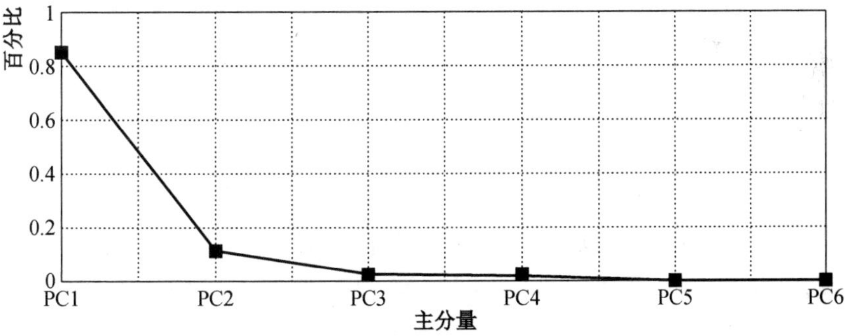

图 8.2.10　变形数据各主分量累积贡献率

表 8.2.3　特征值及贡献率数据

主分量 / 贡献率	PC1	PC2	PC3	PC4	PC5	PC6
特征值	4.59	0.217	0.063	1.3E−10	2.9E−12	2.6E−14
贡献率(%)	84.6	11.3	3.15	0.5	1.64E−14	3.54E−15
累积贡献率(%)	84.6	95.8	99.05	99.5	99.9	1

主分量的因子荷载数据见表 8.2.4,第一主分量 PC1 主要代表了 x_1, x_2, x_5 和 x_6 的变化特征,第二主分量 PC2 主要代表了 x_3, x_4 的变化特征,PC1 和 PC2 包含了 6 个测点数据的主要信息,第三主分量 PC3 对 6 个测点数据的影响相对 PC1 和 PC2 来说已经很小了。图 8.2.11 显示了 PC1—PC6 各个方向上变形数据信息的变化,PC1 对应的变形数据变化更为明显,PC2 相对较小,其他几个方向的变化量逐渐减小。

表 8.2.4 大坝变形数据主分量荷载数值 单位:mm

主分量＼测点	x_1	x_2	x_3	x_4	x_5	x_6
PC1	−0.44	0.17	0.43	−0.61	−0.44	0.17
PC2	0.75	0.45	0.22	−0.28	−0.09	−0.30
PC3	0.40	−0.73	−0.17	−0.25	−0.44	0.17

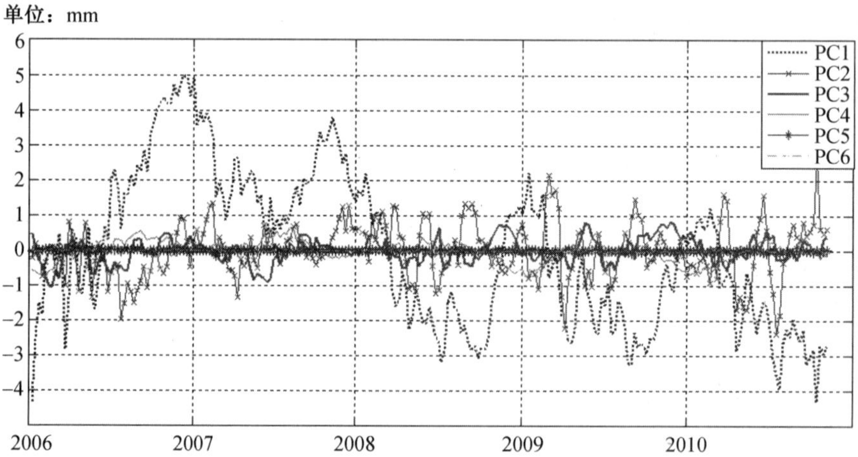

图 8.2.11 大坝变形数据各主分量过程线

基于 2006—2008 年的数据,建立统计模型获得对应实测数据的预测值,并按照式(8.2.72)和式(8.2.73)计算指标的 E_X 和 V_X 值。若将评价集分为正常和异常两个区间,且令变形性态为正常的指标范围为[$\mu-3\sigma$, $\mu+3\sigma$],在得到 E_X 的均值为 $\mu_E=0.413$,方差 $\sigma_E=0.112$ 的基础上,大坝变形性态评判为正常时,对应的指标区间为[0.077, 0.749], V_X 的均值为 $\mu_V=0.202$,方差为 $\sigma_V=0.04$,大坝变形性态评判为正常的区间为[0.082, 0.322]。重点对 2009 年 9 月份的水平位移数据进行诊断,在 9 月 11 日 —9 月 30 日 E_X 和 V_X 出现较大变化,如图 8.2.12 和图 8.2.13 所示,在这个时段 E_X 值未超过正常区间,由于 E_X 表现实测变形数据与预测数据残差矩阵的均值变化,因此可以判断此部位变形性态的整体变化正常。方差指标 V_X 在 9 月 21 日达到较高点,大坝变形性态进入异常区间。由于 V_X 表征多个测点变形数据的相关性变化,可知在变形实测数据{x_1, x_2, …, x_6} 中有几个测点数据与整体的相关性产生了较大的变化,使得 V_X 值在某些时刻点超出正常区间,对应测点部位的变形性态为异常。

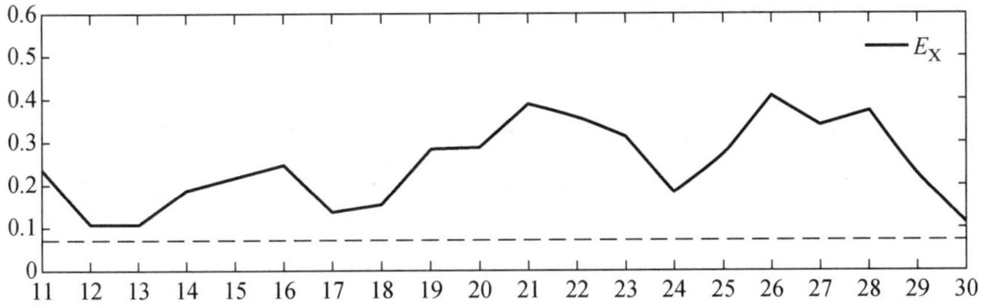

图 8.2.12　均值指标 E_X 及指标区间

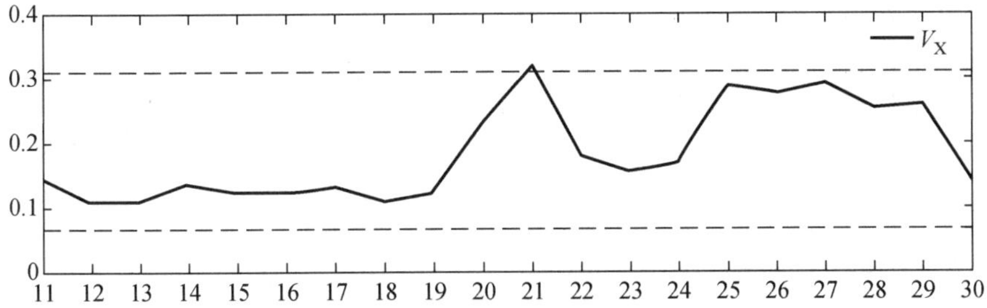

图 8.2.13　方差指标 V_X 及指标区间

第三节　特高拱坝变形性态综合诊断预警方法

特高拱坝整体的变形性态受到多个分部位的影响，并在某些部位相对较强地显现出来。通常，利用单测点和多测点变形数据信息，获得的大坝变形性态预警结果仍属于局部变形性态预警结果。为了获得对大坝整体变形性态更为综合的预警结论，需要建立能够综合多测点、多部位预警的有效方法。此外，由于特高拱坝变形性态具有随时间变化的特征，变形性态综合预警结论也需要能够体现出这种时变的特点。为此，下面首先构建特高拱坝变形性态综合预警体系，将整个体系划分为自下而上的四个递阶层，并提出各层之间的结构关系；其次，基于贝叶斯网络原理，建立底层（网络层）的动态网络推理诊断方法，实现变形有效信息的实时导入、网络层变形性态预警结果动态更新和动态推理的目的；在此基础上，提出预警体系中各层元素局部预警结果的融合权重计算方法，构建底层到顶层的多层递阶融合预警方法，实现特高拱坝变形性态的综合预警。

1　特高拱坝变形性态综合诊断预警体系

要获得特高拱坝变形性态的综合诊断预警结果，需要深入研究与其变形相关的各要素之间的关系，并形成合理的结构体系。从空间上考虑，特高拱坝整体是由坝体、坝基及近坝库区等多个部位组成；从预警逻辑过程考虑，变形性态预警过程包括变形性态有效信息提取、变形影响因素挖掘、预警指标拟定、局部预警结果的获得以及综合多部位结果形成整体预警结论这五个步骤。考虑到这是一个复杂的多层次分析过程,下面提出一种递阶层次的特高拱坝变形性态综合预警体系(图 8.3.1),形成对整个预警过程的剖析和抽象。预警体系自下而上分为四个递阶层,分别为:网络层、监测类型层、部位层及整体层,同一层中的元素具有相同的等级,上下相邻两层元素之间具有整体和部分的关系,各层的主要内容和相邻层之间的关系如下。

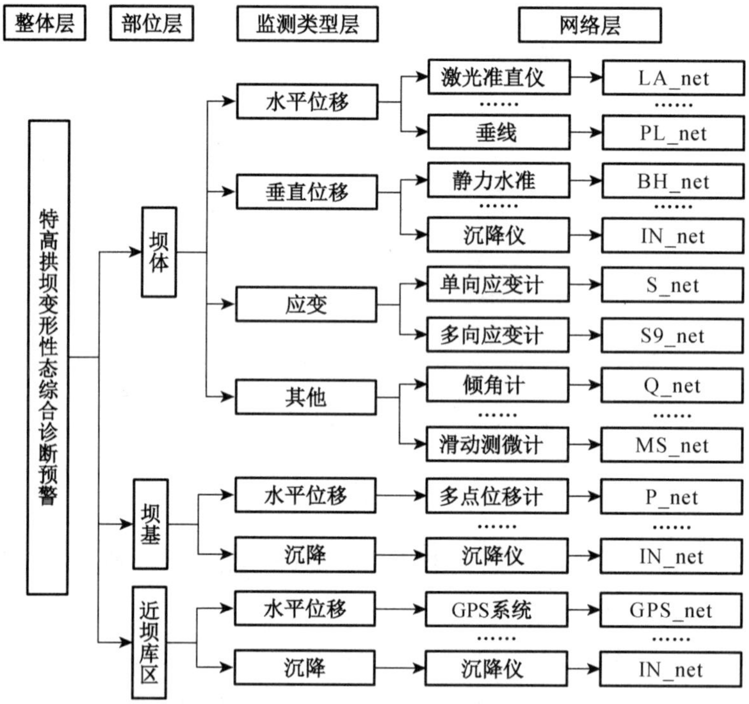

图 8.3.1 特高拱坝变形性态综合诊断预警多层结构示意图

(1) 网络层:基于贝叶斯网络理论,构建大坝变形性态预警网络,该网络能实现对变形性态的动态网络推理预警分析。由图 8.3.1 知,可以对某垂线监测系统得到的变形信息(表示为 PL1, PL2 等)进行预警分析,并将每个测点的预警结果连接形成预警网络(表示为 PL_net)。大坝变形性态的多个预警网络(如激光准直监测的水平位移预警网络 LA_net、静力水准监测的垂直位移预警网络 BH_net、沉降仪监测的坝基沉降预警网络 IN_net 等)形成网络层。

(2) 监测类型层:表示不同的监测项目,与预警指标体系中的监测类型层一致。

(3) 部位层:包含坝体、坝基和近坝库区,并可进一步细分为更多的关键部位和断面,部位层的预警结论是从网络层向上,将各层局部诊断结果进行递阶融合得到。

(4) 整体层:整体层的对象为特高拱坝整体的变形性态,通过网络层的推理预警及各层的融合预警,得到特高拱坝整体变形性态预警结论。

综合上述四层形成的预警体系,可建立网络层的动态网络推理预警方法和网络层到整体层的递阶融合预警方法。

2　动态网络推理及递阶融合预警

2.1　变形性态动态网络推理预警方法

网络层是特高拱坝变形性态综合诊断预警体系的基础，是将各类变形有效信息转换成局部变形性态预警结果的底层分析过程。依据前述研究成果，利用各种变形性态预警方法可以获得针对单测点变形信息的分析结果，令其为 x。由于变形监测数据是实时获取的，故变形性态预警结果 x 只能代表相应时刻的大坝变形性态。同时，由于受到不断变化的外在环境和内在诸多时变因素的影响，大坝变形性态具有时变性，分析单测点在多个时段 $\{t_1 \sim t_2, t_2 \sim t_3, \cdots, t_{m-1} \sim t_m\}$ 的变形监测数据，得到一系列结果 $\{x_1, x_2, \cdots, x_m\}$，将这个随时间变化的分析结果视为一个变量，称为诊断变量 $X(t) = \{x_1, x_2, \cdots, x_m\}$。对同部位同类 n 个测点的变形数据进行诊断，得到多个诊断变量 $X_1(t), X_2(t), \cdots, X_n(t)$，集成这些诊断变量形成单个诊断网络 $net = \{X_1(t), X_2(t), \cdots, X_n(t)\}$。

构建变形性态底层预警网络 net，是为了实现基于实时变形监测信息的动态推理预警。为此，引入贝叶斯网络理论，提出特高拱坝变形性态预警网络的构建、变形性态诊断变量 $X(t)$ 的动态更新及网络 net 内诊断变量间的推理方法。

2.1.1　贝叶斯网络理论

贝叶斯网络是一种概率网络，它是基于概率推理的图形化网络，其概率推理过程能够通过一些变量的信息来获取其他变量的概率信息，适用于解决复杂系统的不确定性和关联性问题。贝叶斯网主要基于贝叶斯理论，通过制定一组条件概率集合来表示变量的分布。例如，对随机变量集 $\boldsymbol{X} = \{X_1, X_2, \cdots, X_n\}$，$X_i \in \boldsymbol{X}$，贝叶斯网络 N 由网络结构 S 和概率分布 p 组成，简记为：

$$N = < S, p > \tag{8.3.1}$$

S 是一个有向无环图，节点对应 $\boldsymbol{X}$ 中的随机变量，每条弧表示一个依赖关系。

图 8.3.2 显示了由 5 个随机变量组成的贝叶斯网络。令这 5 个随机变量为 $\boldsymbol{X} = \{X_1, X_2, \cdots, X_5\}$，其中 X_1 是根节点，X_1 的子节点为 X_2 和 X_3，X_2 和 X_3 是 X_4 的父节点，在变量集合 $\boldsymbol{X}$ 上的联合条件概率值为：

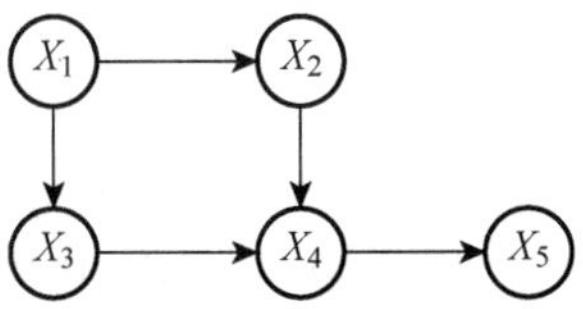

图 8.3.2　5 节点贝叶斯网络

$$\begin{aligned} p(\boldsymbol{X}) &= \prod_{i=1}^{n} p[X_i \mid pa(x_i)] \\ &= p(X_1)p(X_2 \mid X_1)p(X_3 \mid X_1)p(X_4 \mid X_2, X_3)p(X_5 \mid X_4) \end{aligned} \tag{8.3.2}$$

已知 $p(X_1)$ 及条件概率时，正向推理获得子节点的概率 $p(X_5)$ 为：

$$\begin{aligned} p(X_5) &= [p(X_1)p(X_2 \mid X_1)p(X_4 \mid X_2) + p(X_1)p(X_3 \mid X_1)p(X_4 \mid X_3)]p(X_5 \mid X_4) \\ &= [p(X_2 \mid X_1)p(X_4 \mid X_2) + p(X_3 \mid X_1)p(X_4 \mid X_3)]p(X_1)p(X_5 \mid X_4) \end{aligned} \tag{8.3.3}$$

同理,已知 $p(X_2)$ 及条件概率,反向推理获得根节点的概率 $p(X_1 \mid X_2)$ 为:

$$p(X_1 \mid X_2) = \frac{p(X_1)p(X_2 \mid X_1)}{p(X_1)p(X_2 \mid X_1) + p(X_1)p(X_3 \mid X_1)} \tag{8.3.4}$$

由上述分析知,贝叶斯网络是由多个节点和链接组成的,链接表现节点间的概率关系,已知节点值和链接的概率值,可以推理得到子节点值或父节点值。若将大坝变形性态诊断变量 $\boldsymbol{X}$ 视为贝叶斯网络中的节点值,并建立诊断变量之间的链接关系,形成类似于贝叶斯网络的结构形式,则可实现变形性态底层诊断网络的推理诊断。

2.1.2　变形性态诊断网络构建

大坝变形性态诊断变量 $\boldsymbol{X}$ 为贝叶斯网络的节点值,然而不同诊断变量间的概率关系需要通过某种有效的方法获得。由于网络节点间的概率关系实际体现的是多个诊断变量 $\boldsymbol{X}$ 对大坝变形性态诊断评判的相关性,故可以通过分析诊断变量 $\boldsymbol{X}$ 的相关性来获得概率值,实现诊断变量 $\boldsymbol{X}$ 的链接,据此构建整个变形性态诊断网络。

考虑到诊断变量 $\boldsymbol{X}$ 给出的是变形性态的量化诊断信息,多个诊断变量形成的诊断网络 $\boldsymbol{net} = \{X_1, \cdots, X_n\}$,则是基于不同的变形监测数据给出的更为充分的量化诊断信息。因此,可以利用信息熵分析诊断信息的相关性,获得大坝变形性态诊断变量间的概率关系,下面研究诊断变量间概率的具体计算方法。

(1) 变形性态诊断变量信息熵度量

当两个诊断变量 $(\boldsymbol{X}, \boldsymbol{Y})$ 服从联合概率分布 $P(a_i, b_j)$ 时,则可以用联合熵 $H(\boldsymbol{XY})$ 度量其不确定性,表示为:

$$H(\boldsymbol{XY}) = -\sum_{i=1}^{m}\sum_{j=1}^{n} P(a_i, b_j)\ln P(a_i, b_j) \tag{8.3.5}$$

式中:a_i 为变形性态诊断变量 $\boldsymbol{X}$ 的取值,有 m 种;b_j 为变形性态诊断变量 $\boldsymbol{Y}$ 的取值,有 n 种。

若知诊断变量 $\boldsymbol{X}$ 确定条件下变量 $\boldsymbol{Y}$ 的分布,则可得到诊断变量的条件熵 $H(\boldsymbol{Y} \mid \boldsymbol{X})$:

$$H(\boldsymbol{Y} \mid \boldsymbol{X}) = -\sum_{i=1}^{m}\sum_{j=1}^{n} P(a_i, b_j)\ln P(b_j \mid a_i) \tag{8.3.6}$$

由式(8.3.6)知,诊断变量条件熵 $H(\boldsymbol{Y} \mid \boldsymbol{X})$ 表明已知一个变量的情况下,对另一变量不确定性的度量,即 $H(\boldsymbol{Y} \mid \boldsymbol{X})$ 为已知诊断结果 $\boldsymbol{X}$ 后,另一诊断结果 $\boldsymbol{Y}$ 尚存在的平均不确定性。由于诊断结果 $\boldsymbol{X}$ 已知后,对诊断结果 $\boldsymbol{Y}$ 的不确定性减少了,可以定义这种不确定性的减少量,称之为诊断变量的平均互信息 $I(\boldsymbol{X}, \boldsymbol{Y})$,即:

$$I(\boldsymbol{X}, \boldsymbol{Y}) = H(\boldsymbol{X}) - H(\boldsymbol{X} \mid \boldsymbol{Y}) \tag{8.3.7}$$

(2) 变形性态诊断变量间的概率计算

前文对诊断变量建立联合熵 $H(\boldsymbol{XY})$、条件熵 $H(\boldsymbol{Y} \mid \boldsymbol{X})$ 和平均互信息 $I(\boldsymbol{X}, \boldsymbol{Y})$,它们分别给出变形性态诊断结果不确定性的度量,以及这一不确定性减少量的度量,其关系如图 8.3.3 所示。

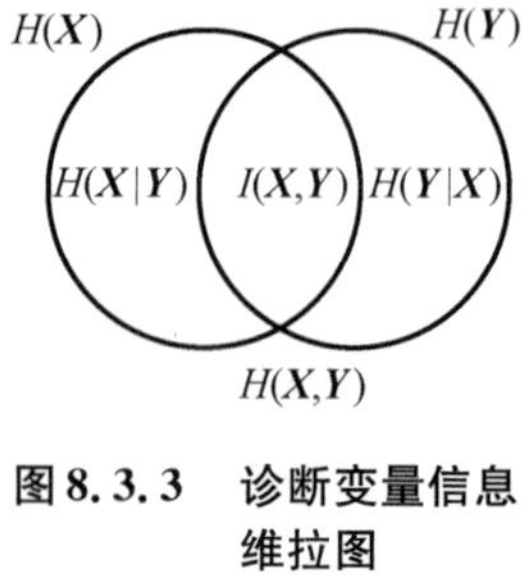

图 8.3.3　诊断变量信息维拉图

基于上述定义，选择变形性态诊断网络 $\boldsymbol{net} = \{X_1, X_2, \cdots, X_m\}$，若有诊断变量 $X_i \in \boldsymbol{net}$ 及 $X_j \in \boldsymbol{net}$，可得到变形性态诊断变量的熵关联性测度，即：

$$R_s = \frac{I(X_i, X_j)}{S} = \frac{I(X_i, X_j)}{\min[H(X_i), H(X_j)]} \tag{8.3.8}$$

式中：由于 $0 \leqslant I(X_i, X_j) \leqslant S$，可知 $0 \leqslant R_s \leqslant 1$；$X_i$ 与 X_j 的关联性越大，R_s 越大；当 X_i 已知，X_j 也完全确定，此时 $R_s = 1$；X_i 与 X_j 的关联性越小，R_s 越小；若 X_i 与 X_j 不相关，即互相独立时，$R_s = 0$。

在此基础上，得到诊断网络 $\boldsymbol{net}$ 中诊断变量间的关联性测度矩阵，对于 m 个诊断变量，有：

$$\boldsymbol{R} = \begin{bmatrix} R_{11} & R_{21} & \cdots & R_{m1} \\ R_{12} & R_{22} & \cdots & R_{m2} \\ \cdots & \cdots & \cdots & \cdots \\ R_{1m} & R_{2m} & \cdots & R_{mm} \end{bmatrix} \tag{8.3.9}$$

由熵关联性测度定义可知，R_{ii} 表示诊断网络 $\boldsymbol{net}$ 中 X_i 与自身的熵关联性，有 $R_{ii} = \max\{R_{i1}, R_{i2}, \cdots, R_{im}\}$。将变形性态诊断变量的关联性测度转换成概率值，对应 X_i 和 X_j 间的关联度，有：

$$\begin{cases} p_{ij} = \dfrac{R_{ij}}{R_{ii}} \\ p_{ji} = \dfrac{R_{ij}}{R_{jj}} \end{cases} \tag{8.3.10}$$

从而得到变形性态诊断变量 $\boldsymbol{X}$ 间的概率关系矩阵，对于 m 个诊断变量，有：

$$\boldsymbol{P} = \begin{bmatrix} 1 & p_{21} & \cdots & p_{i1} & \cdots & p_{m1} \\ p_{12} & 1 & \cdots & p_{i2} & \cdots & p_{m2} \\ \cdots & \cdots & \cdots & \cdots & \cdots & \cdots \\ p_{1m} & p_{2m} & \cdots & p_{im} & \cdots & 1 \end{bmatrix} \tag{8.3.11}$$

式中：p_{im} 表示诊断变量 X_i 相对 X_m 的概率值；X_i 相对自身的概率值为 1。

按照上述方法，获得诊断变量节点值 X_i 和节点间概率关系矩阵 $\boldsymbol{P}$ 后，大坝变形性态的诊断网络便可以构建起来。

2.1.3　变形性态诊断变量的动态更新方法

在特高拱坝变形性态的网络推理诊断过程中，首先利用历史变形监测数据的诊断结果构建变形性态诊断网络，然后实时地纳入最新的变形监测数据进行诊断分析，并将变形性态诊断结果融入诊断网络中，以确保诊断网络对变形性态诊断的实时性。这个过程面临着如何对变形性态诊断网络节点和节点概率值进行更新的问题。

由于变形性态诊断网络的数据更新是基于历史诊断结果和最新诊断结果，假设需要更新的大坝变形性态诊断结果为 θ，则问题转化为对 θ 的贝叶斯估计，据此可建立基于贝叶斯估计的诊断变量动态更新方法。

假设 θ 的先验知识为一个概率分布 $p(\theta)$，将新获得的变形监测数据对诊断结果的影响用似然函数 $L(\theta \mid D)$ 来表示，可将先验分布 $p(\theta)$ 和似然函数 $L(\theta \mid D)$ 联合，得到 θ 的后验分布，即变形性态实时诊断结果 θ 的贝叶斯估计值，其计算式为：

$$p(\theta \mid D)=\frac{p(\theta)L(\theta \mid D)}{p(D)} \tag{8.3.12}$$

由于贝叶斯估计中描述的是离散变量之间的关系，若假设 θ 的先验分布为狄利克雷(Dirichle)分布，对大坝变形性态诊断结果有 k 个取值的情况，其 k 个值 $\theta=\theta_1$，…，θ_k 对应的先验分布为 k 维的狄利克雷分布，即：

$$p(\theta)=Dir(\theta \mid a_1,\cdots,a_k)=\frac{\Gamma(a)}{\prod_{i=1}^{k}\Gamma(a_i)}\prod_{i=1}^{k}\theta_i^{a_i-1} \tag{8.3.13}$$

式中：令 a_1，…，a_k 为狄利克雷分布的 k 个超参数，对应变形性态的 k 种可能诊断结果。

若令 h 和 t 代表变形性态的两种可能状态，即正常和异常两种状态，则取 $k=2$，Nh 和 Nt 为将变形性态评判为正常和异常这两种状态的诊断评判次数，式(8.3.13)简化为 $p(\theta)=Dir(\theta \mid a_h,a_t)$，即：

$$p(\theta)=Dir(\theta \mid a_h,a_t)=\frac{\Gamma(a_h+a_t)}{\Gamma(a_h)\Gamma(a_t)}\theta^{a_h-1}(1-\theta)^{a_t-1} \tag{8.3.14}$$

假设先验知识 $p(\theta)$ 来源于历时变形监测数据的诊断结果，其中 a_h 次诊断分析将变形性态评判为 h 状态，a_t 次诊断分析将变形性态评判为 t 状态。贝叶斯估计将最新诊断结果和历史诊断结果归类，得到 $p(\theta \mid D)$ 的分布为 $Dir(\theta \mid Nh+a_h, Nt+a_t)$，并得到将变形性态诊断评判为 h 状态的概率为：

$$\begin{aligned}
p(\theta_{N+1}=h \mid D) &= \int p(\theta_{N+1}=h \mid D)\mathrm{d}\theta \\
&= \int \theta p(\theta \mid D)\mathrm{d}\theta=\frac{\Gamma(Nh+Nt+a_h+a_t)}{\Gamma(Nh+a_h)\Gamma(Nt+a_t)}\int \theta^{Nh+a_h-1}(1-\theta)^{Nt+a_t-1}\mathrm{d}\theta \\
&= \frac{Nh+a_h}{Nh+Nt+a_h+a_t} \\
&= \frac{Nh+a_h}{N+a}
\end{aligned} \tag{8.3.15}$$

式中：N 和 a 为变形性态诊断分析次数。

这里，称 $p(\theta_{N+1}=h \mid D)$ 为第 $N+1$ 次将变形性态诊断评判为 h 状态的完全贝叶斯估计。如图 8.3.4 所示(X 为诊断变量值，p 为诊断变量的分布)，当变形监测数据很少时，少量的诊断结果较难表现大坝变形的真实性态，随着变形监测数据的不断采集和多次诊断分析，诊断网络节点值和链接概率值会不断更新，变形性态诊断网络也愈加能体现变形性态的实时情况，诊断结果的可靠性也逐步提高。

2.1.4　变形性态网络推理诊断方法

在构建了变形性态诊断网络，并确保诊断网络能表现大坝实时变形性态的基础上，可

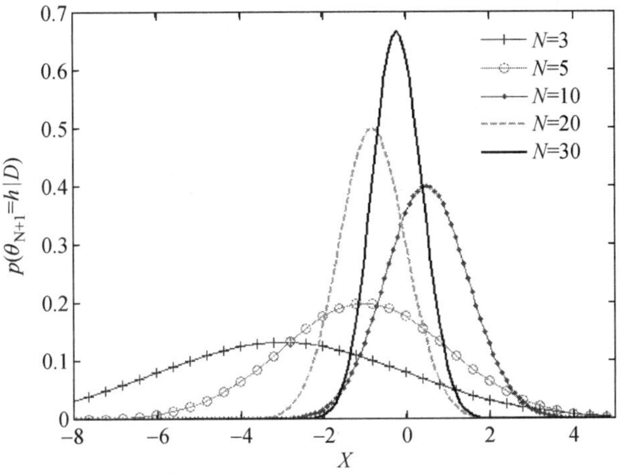

图 8.3.4　特高拱坝变形性态诊断网络中诊断结果的动态变化

以实现网络层的变形性态推理诊断。简化表示的变形性态诊断网络结构如图 8.3.5 所示，诊断网络由 6 个诊断变量链接而成。

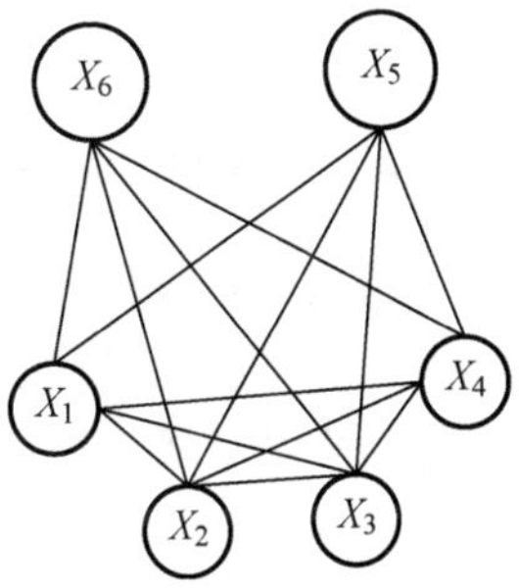

图 8.3.5　6 节点诊断网络

对照图 8.3.5，下面提出两种推理形式。

(1) 识别推理。由已知推求未知，即已知某些因素的状态，寻求相关联因素的未知状态。例如，若 X_5 或 X_6 节点对变形性态诊断为异常，可以推理计算 $X_1 \sim X_4$ 节点大坝变形性态诊断结果也趋向异常的概率。

(2) 支持推理。通过分析相关因素的状态，来支持或校核已知因素的状态。即当 X_2 节点大坝变形性态诊断结果已知，分析相临节点(X_1，X_3 或 X_5)的变形性态诊断结果，从而评估 X_2 节点给出的变形性态诊断结果的准确性。

由上述分析知，变形性态推理诊断能够推理得到可能的变形性态诊断结果，或评估已知变形性态诊断结果的准确性，并将其以概率的形式表示。在此基础上，可实现网络层的网络推理诊断。

简单起见，首先假设变形性态诊断结果分为正常和异常两类，即 $\boldsymbol{U} = [\boldsymbol{U}_1, \boldsymbol{U}_2] = [$正常，异常$]$，且 $\boldsymbol{U}_1 = [-V, V]$，$\boldsymbol{U}_2 = (-\infty, -V) \cup (V, +\infty)$，诊断指标值为 X，则诊断评判如下：

$$\begin{cases} |X| \geqslant V & \text{异常} \\ |X| < V & \text{正常} \end{cases} \tag{8.3.16}$$

当诊断网络 ***net*** 中多个节点诊断结果已知时，推理获得与这些节点链接的其他节点的诊断变量推理值。诊断节点 j 对节点 i 的推理值为：

$$X_{ji} = p_{ji} \frac{X_i}{X_j} \tag{8.3.17}$$

式中：X_i，X_j 为诊断网络 ***net*** 中节点 i，j 的大坝变形性态诊断变量；p_{ji} 为概率值。

在此基础上，将诊断网络 ***net*** 中全部n个节点对节点i的推理值进行综合，得到综合推理值Q_i：

$$Q_i = \sum_{k=1}^{n} X_{ki} = \sum_{k=1}^{n} p_{ki} \frac{X_i}{X_k} \tag{8.3.18}$$

Q_i和X_i都是诊断网络中节点i的诊断变量，X_i表示节点i自身给出的诊断变量；Q_i则表示相关节点群体对节点i的变形性态进行推理获得的诊断变量。两类诊断变量从不同角度反映了节点i的诊断结果，当两类诊断变量值一致或相近时，说明诊断网络 ***net*** 的推理诊断过程正确；若两类诊断变量值相反或相差较大，则说明此节点诊断结果处于正常和异常间的过渡状态，将两者联合表示得到诊断变量融合值s：

$$\begin{cases} s = \dfrac{1}{2}\left(\left|\dfrac{Q}{V}\right| + \left|\dfrac{X}{V}\right| \right) \\ \text{若 } Q \text{ 和 } X \text{ 诊断结果不一致时，令 } s = 1 \end{cases} \tag{8.3.19}$$

式中：若Q和X对变形性态的诊断结果都为异常，$s > 1$；若Q和X对变形性态的诊断结果都为正常，$0 \leqslant s < 1$。

2.2 变形性态多层递阶融合诊断方法

特高拱坝变形监测系统布置时，通常对多个关键部位和结构断面埋设多组变形监测测点，故对同部位同类变形监测数据可建立一个诊断网络。对于不同部位不同监测类型可得到多个诊断网络，由于诊断数据的来源部位不同，诊断网络结构不相同，对各部位变形性态的诊断结果也不同。为了获得特高拱坝变形性态的综合诊断结论，需要将网络层的诊断结果向上层融合。为了确保这种融合的有效性，下面构建基于诊断决策重要性的判断矩阵融合方法，实现变形性态的多层递阶融合诊断。

令特高拱坝变形性态综合诊断体系中同一层各元素诊断结果之间的判断矩阵为：

$$\boldsymbol{D} = \begin{pmatrix} a_{11} & a_{12} & \cdots & a_{1l} \\ a_{21} & \cdots a_{22} & \cdots & a_{2l} \\ \cdots & \cdots & a_{ij} & \cdots \\ a_{l1} & a_{l2} & \cdots & a_{ll} \end{pmatrix} \tag{8.3.20}$$

式中：a_{ij}表示某层元素i给出的大坝变形性态诊断决策相对于元素j给出的诊断决策的重要程度，将a_{ij}做为本层变形性态诊断结果向更高一层进行融合的权值。

融合诊断首先从网络层开始，网络层变形性态融合值向监测类型层进行融合，获得监测类型层各元素的变形性态诊断融合值；而后，监测类型层诊断融合值向更高一层进行融合，直至大坝整体层，整个过程即为变形性态的多层递阶融合诊断。由于网络层处于最底层，其诊断结果随最新监测数据的输入产生动态更新，会影响到上层每个元素的诊断结果。在整个融合诊断过程中，由于初始诊断有效信息较少，诊断结果相对变化较大，在随后的过程中，随着有效信息的不断获取，从网络层到整体层的诊断融合值变化逐步趋于稳定。针对诊断体系中诊断结果动态变化的特征，各层的判断矩阵 $\boldsymbol{D}$ 也应当是随着时间不断变化的。

2.2.1 考虑不确定性的融合权重计算方法

对处于变形监测类型层的某个元素 c,假设其在网络层对应的变形性态诊断网络集合为 $\boldsymbol{N}=\{\boldsymbol{net}_1, \boldsymbol{net}_2, \cdots, \boldsymbol{net}_i, \cdots, \boldsymbol{net}_l\}$,诊断网络 $\boldsymbol{net}_i$ 的节点集合为 $\boldsymbol{P}=\{p_1, \cdots, p_j, \cdots, p_m\}$。在 t 时刻,得到节点 p_j 的变形性态诊断变量融合值 $s_{ij}^{(t)}$,诊断网络 $\boldsymbol{net}_i$ 的所有融合值为 $\boldsymbol{S}_i^{(t)}=\{s_{i1}^{(t)}, s_{i2}^{(t)}, \cdots, s_{im}^{(t)}\}$,$\boldsymbol{S}_i^{(t)}$ 综合体现了诊断网络 $\boldsymbol{net}_i$ 对于元素 c 的融合诊断结果。由于诊断网络结构不同,各个节点诊断变量值也不相同,故可以分析诊断变量变化的时变特征和整体特征,建立判断矩阵 $\boldsymbol{D}$ 的融合权重算法。

(1) 诊断变量的时变特征

由于诊断变量具有时变性,当有效信息逐渐增多时,综合诊断体系中各层的诊断结果愈加精确,诊断变量的不确定程度降低,并趋于相同,可以度量诊断变量时变过程中的不确定性。这里借用熵理论来度量这种不确定性,令大坝变形性态诊断分析时刻为 $t=1, 2, 3, \cdots, T$,诊断网络 $\boldsymbol{net}_i$ 中节点 k 的诊断变量的时变不确定性为:

$$C_k=-\sum_{t=1}^{T} s_{ik}^{(t)} \ln s_{ik}^{(t)} \tag{8.3.21}$$

式中:C_k 为节点 k 在 $1\sim T$ 时段内诊断变量的不确定程度;$s_{ik}^{(t)}$ 为 t 时刻网络 $\boldsymbol{net}_i$ 中节点 k 的诊断变量值。

在获得 C_k 的基础上,得到诊断网络 $\boldsymbol{net}_i$ 中所有节点诊断变量的时变不确定性平均程度:

$$C_{Ei}=\frac{1}{m}\sum_{k=1}^{m} C_k \tag{8.3.22}$$

式中:C_{Ei} 为诊断网络 $\boldsymbol{net}_i$ 中诊断变量的时变不确定性;m 为网络 $\boldsymbol{net}_i$ 节点总数目。

(2) 诊断变量的整体变化特征

若诊断网络各节点给出的诊断结果越相近,则诊断变量值的离散程度越小,说明诊断结果更加可靠,更为可信。因此,对于诊断融合值 $s_{ij}{}^{(t)}$,有:

$$C_i^{(t)}=-\sum_{j=1}^{m} s_{ij}^{(t)} \ln s_{ij}^{(t)} \tag{8.3.23}$$

式中:$C_i^{(t)}$ 为诊断网络 $\boldsymbol{net}_i$ 的诊断变量在 t 时刻的整体不确定度。当 C_i 较小时,说明此诊断变量不确定性程度低,在向上层融合时,应该给予较大的权重。

则在 $1\sim T$ 时段内,整体不确定度的均值 C_{Ci} 为:

$$C_{Ci}=\frac{1}{T}\sum_{t=1}^{T} C_i^{(t)} \tag{8.3.24}$$

(3) 变形性态诊断体系各层诊断融合权重

依据诊断变量时变特性和整体变化特征,定义诊断结果的相对重要程度,则在 $1\sim T$ 时段内诊断网络 $\boldsymbol{net}_i$ 相对诊断网络 $\boldsymbol{net}_i$ 诊断结果的相对重要程度为:

$$a_{ij}^{(T)} = \left(\frac{1}{C_{Oi}C_{Ei}}\right) / \left(\frac{1}{C_{Oj}C_{Ej}}\right) = \frac{C_{Oj}C_{Ej}}{C_{Oi}C_{Ei}} \tag{8.3.25}$$

式中：$C_{Oi}C_{Ei}$ 表示 $\boldsymbol{net}_i$ 给出的诊断变量的综合不确定性。

对应获得综合诊断体系网络层的动态判断矩阵为：

$$\boldsymbol{D}^{(T)} = \begin{pmatrix} a_{11}^{(T)} & a_{12}^{(T)} & \cdots & a_{1l}^{(T)} \\ a_{21}^{(T)} & a_{22}^{(T)} & \cdots & a_{2l}^{(T)} \\ \cdots & \cdots & \cdots & \cdots \\ a_{l1}^{(T)} & a_{l2}^{(T)} & \cdots & a_{ll}^{(T)} \end{pmatrix} \tag{8.3.26}$$

在获得动态判断矩阵 $\boldsymbol{D}^{(T)}$ 的基础上，为了方便比较综合诊断体系中同层元素对上一层的影响程度，将动态判断矩阵进行归一化处理，获得融合权重值为：

$$W_i^{(T)} = \frac{\sum_{j=1}^{l} a_{ij}^{(T)}}{\sum_{j=1}^{l}\sum_{i=1}^{l} a_{ij}^{(T)}} \tag{8.3.27}$$

式中：$\sum_{j=1}^{l} a_{ij}^{(T)}$ 为元素 i 相对同层其他元素的相对重要程度之和；$W_i^{(T)}$ 代表元素 i 诊断结果对上一层的影响权重；l 为此层元素的个数。

2.2.2　特高拱坝整体变形性态融合诊断

特高拱坝整体变形性态诊断结果的计算，基于推理诊断和融合诊断两个过程。首先对关键部位或断面按照不同监测项目和监测方式分类，建立多个诊断网络 $\boldsymbol{net}$。在 $1 \sim T$ 时段，对此部位逐层进行融合诊断，得到诊断融合值 $QZ^{(T)}$ 为：

$$QZ^{(T)} = \sum_{l=1}^{L} W_l^{(T)} \left\{ \sum_{n=1}^{N} \left[W_{ln}^{(T)} \left(\frac{1}{M} \sum_{m=1}^{M} s_{lnm}^{(T)} \right) \right] \right\} \tag{8.3.28}$$

式中：对应此部位的监测类型层、网络层元素个数分别为 L，N，权重分别为 $W_l^{(T)}$，$W_{ln}^{(T)}$，权重可由式(8.3.27)计算得到；$s_{lnm}^{(T)}$ 为对应监测类型层第 l 个元素的诊断网络 $\boldsymbol{net}_n$ 中变形性态节点 m 的诊断融合值，可由式(8.3.19)计算得到；$\boldsymbol{net}_n$ 中共有 M 个节点。

当特高拱坝被划分为 D 个部位时，对每个部位的变形性态进行诊断，并得到此部位诊断融合值 $QZ^{(T)}$，将每个部位的诊断结果排序，有：

$$QZ_1^{(T)} > QZ_2^{(T)} > \cdots > 1 > \cdots > QZ_D^{(T)} \tag{8.3.29}$$

当 $QZ^{(T)} > 1$，说明所属部位的变形性态诊断为异常。对排序结果中融合值 $QZ^{(T)}$ 相对较大的几个部位，对其变形性态应当予以重点的关注。

为了得到特高拱坝整体变形性态综合诊断结果，将 D 个部位的诊断结果进一步融合，获得具有时变特性的特高拱坝整体变形性态诊断结果，即：

$$Z(T) = \sum_{d=1}^{D} W_d^{(T)} QZ_d^{(T)} \tag{8.3.30}$$

式中：部位层融合权重为 $W_d^{(T)}$；$QZ_d^{(T)}$ 为第 d 个部位诊断结果。

3　系统实现技术

为了能够有效利用大量变形性态有效信息，同时方便快捷地实现特高拱坝变形性态的诊断，在前述研究的基础上，结合计算机科学、数据库技术、数据管理及智能分析等方法理论，构建面向用户需求的特高拱坝变形性态诊断功能体系，并开发特高拱坝变形性态诊断系统。下面分别说明特高拱坝变形性态诊断系统的目标和设计原则、诊断系统的诊断分析方式和诊断流程、诊断系统的结构及主要功能。

3.1　系统目标和设计原则

特高拱坝变形性态综合诊断的分析过程涉及数据的分类、统计分析、诊断推理等，是一个量化、归类、分析和综合的过程，整个分析体系功能多样、结构复杂。为了实现快速有效地对特高拱坝变形性态进行综合诊断，这里以用户的功能需求为最终目的，首先确立系统的目标和设计原则。

（1）变形性态诊断系统目标

① 利用前述研究成果，建立变形性态诊断系统的基本原型和框架。

② 变形性态诊断系统对数据源没有特殊要求，即变形性态的相关数据信息可以源于各种类型的数据库、文件、表格，并允许多种数据源的综合使用。

③ 特高拱坝变形性态诊断系统应尽可能独立于所属的操作系统和硬件平台。

④ 特高拱坝变形性态诊断系统尽可能接近用户实际需求，提供多种分析方法和输入输出的操作接口，从多个角度得到大坝变形性态诊断结果，并展现给用户。

（2）基于用户需求的诊断系统设计原则

① 用户友好性需求。用户对软件使用的一个重要需求是用户友好性，良好的界面才能便于用户操作，使用户更加倾向于使用。因此，系统提供可视化界面，实现大坝变形性态相关信息显示、诊断数据处理分析等功能。

② 快速分析处理的需求。在大量数据激增的情况下，用户通常需要诊断系统能够快速处理，减少用户等待时间。因此，要求诊断系统能够对实时监测获取的动态数据设置缓冲，以保证分析的快速。

③ 操作指示性需求。面对不熟悉系统操作流程的用户，需要诊断系统对于用户的输入和操作错误给予恰当提示，并能够指定明显的操作流程，以防止误操作。

④ 软件模块化需求。模块化是指按照软件的功能将待开发的大型系统分解成若干个较小的、相对独立的，但又相互关联的模块。单个模块能够完成用户对诊断系统某一方面功能的需求，多个模块之间进行信息的传递，满足用户的综合需求。

⑤ 信息的安全性需求。信息安全性指大坝变形性态相关信息在诊断系统运行过程中受到保护，不因偶然或者恶意的操作而遭到破坏、更改、泄露。安全性主要包括信息的保密性、真实性、完整性、未授权拷贝和随意修改的可能。对于对数据有保密需要的用户，信息的安全性不可忽视。

⑥ 诊断系统容错性需求。容错性是指大坝变形性态诊断系统在运行过程中能够即

刻面对发生的未知错误,并从错误中恢复的能力,良好的容错性保证了用户对系统便捷易用性的需求。

3.2 系统并行诊断方式和动态诊断流程

在对特高拱坝整体变形性态进行综合诊断时,需要能够对大坝多部位的变形性态进行同步诊断,要求系统拥有并行诊断的能力。此外,特高拱坝变形性态综合诊断结果的获取基于最新的变形性态有效信息,需要系统能够进行动态的诊断分析。为此,下面提出基于多 Agents 技术的并行诊断方式,实现特高拱坝多部位变形性态的并行诊断,同时提出 SKDD 动态诊断模型,获得大坝变形性态的时变诊断结果。

(1) 基于多 Agents 技术的并行诊断方式

多 Agents 技术是设计和开发并行软件系统的方法。在并行软件系统中,一些自主的 Agent 子系统通过协作完成某些任务或实现某些计算目标。在特高拱坝变形性态诊断系统中,利用多 Agents 技术实现系统综合诊断任务的协同整体求解,以满足用户对系统并行分析的要求。

在特高拱坝变形性态诊断系统中,设定每一个 Agent 子系统负责大坝某个部位变形性态的诊断任务,每个 Agent 子系统均有子系统的代号、所需算法模型、对应操作和运行的步骤等。例如,在进行变形性态并行诊断分析时,建立某坝段变形的 Agent 子系统,设定其所需的变形监测数据来源和有效信息提取算法。此外,为了得到此部位变形性态的诊断结果,还要定义操作集合,包括有效信息提取、模式映射分析、影响因素挖掘、诊断分析等多个操作步骤,并按照一定顺序形成一系列的运算步骤。通常,该操作集合可以形成十分复杂的树状结构,称为 Agent 并行诊断树结构,如图 8.3.6 所示。这里将第一条操作的结果视为初始点,初始点的每个后续点(子任务)又可以分解成一组子目标,如此进行下去,直到最基本的"叶子"状结构。在这个结构中,每个空心的圆圈表示一个子任务或一个点,每个点都附有一个分析函数,分支的数目表示子任务的个数,实心点则表示不可分解的底层子任务。

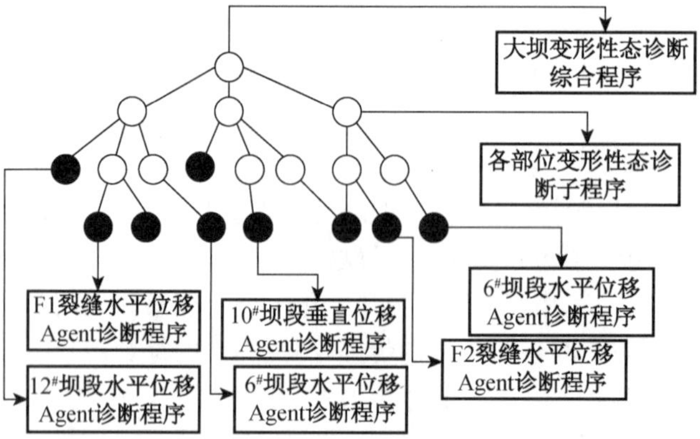

图 8.3.6 Agent 并行诊断树结构

(2) 基于 SKDD 模型的大坝变形性态动态诊断流程

KDD(Knowledge Discovery in Databases)是多步骤的数据分析过程,分为变形数据

信息获取、变形性态有效信息的处理、变形影响因素挖掘及变形性态诊断分析等多个阶段。不同阶段使用不同的分析算法，每个阶段的输出结果作为下一阶段的输入数据，如图 8.3.7 所示。

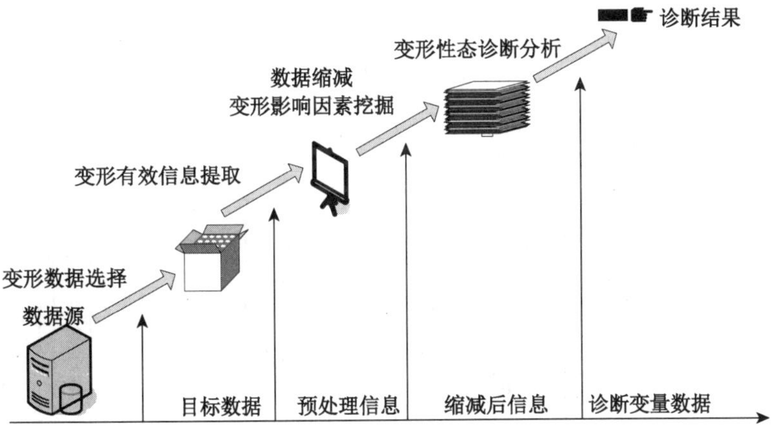

图 8.3.7　特高拱坝变形性态 KDD 动态诊断流程

由于诊断系统需要输入实时的变形监测数据有效信息用于诊断分析，且推理诊断结果和融合诊断结果是时变的，通常要进行多次循环诊断，每次循环都使诊断问题更加清晰，诊断结果也更加准确，并符合特高拱坝变形性态的实际情况。由图 8.3.7 可知，单个 KDD 诊断流程显然无法完成这个任务，这里对其进行改进，将 KDD 视为子过程，提出螺旋式上升的多级 KDD 诊断流程，如图 8.3.8 所示。整个诊断过程通过实时变形数据的更新、诊断网络参数的更新及诊断结果的不断修正，实现大坝变形性态诊断分析任务清晰化、算法参数准确化的目的。整个诊断流程呈现出螺旋式上升的状态，图 8.3.8 为特高拱坝变形性态 SKDD 诊断流程。

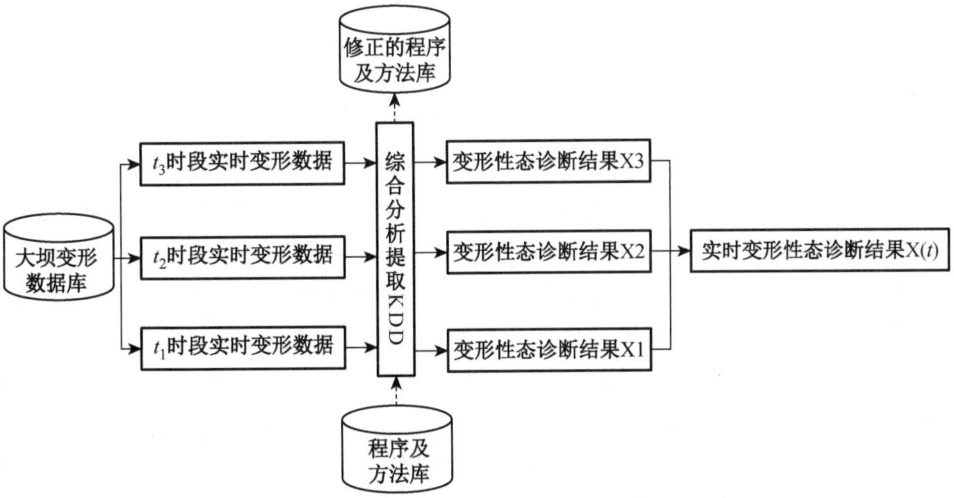

图 8.3.8　特高拱坝变形性态 SKDD 诊断流程

3.3 系统结构及功能

基于前述特高拱坝变形性态综合诊断预警体系，结合多 Agents 并行诊断方式和 SKDD 动态诊断流程，开发特高拱坝变形性态诊断系统，功能结构如图 8.3.9 所示，

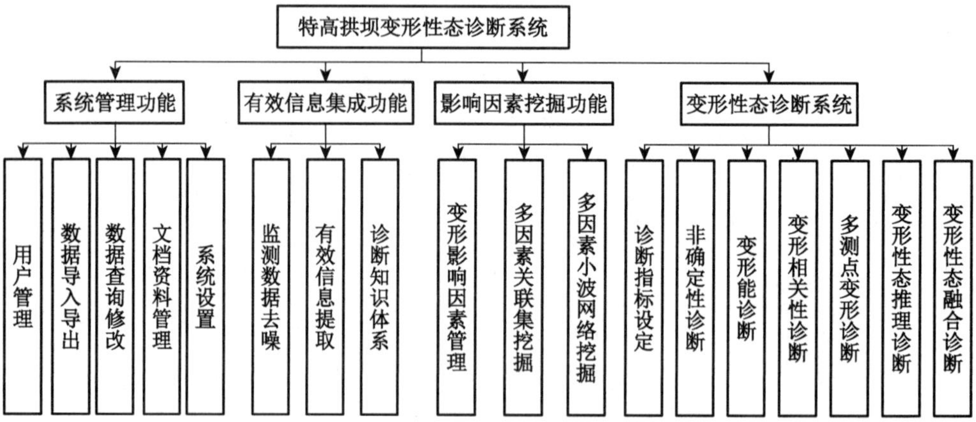

图 8.3.9 特高拱坝变形性态诊断系统功能结构

该系统主要包括系统管理功能、有效信息集成功能、影响因素挖掘功能和变形性态诊断功能，其中系统管理属于基础功能，用于实现不同用户的登录及操作的日志管理、变形相关信息的导入导出、变形性态诊断结果的查询修改、变形性态诊断相关文档资料信息的管理和其他的一些基本设置。有效信息集成功能、影响因素挖掘功能和变形性态诊断功能是系统的主要功能。下面从系统的内部运行流程和外部用户操作界面两个方面来详细说明这三大功能。

3.3.1 系统内部分析流程

系统的三大功能串联形成内部分析流程，诊断过程中，系统从图形文字报告信息库、实时监测数据库获取原始信息，从程序及方法库调用分析子程序，将诊断结果存入有效信息库。

(1) 变形性态有效信息集成分析流程

变形性态有效信息集成功能内部的分析流程如图 8.3.10 所示。分析流程共三个步骤 step1—step3，分析中使用到程序及方法库、图形文字报告信息库、实时监测数据库和有效信息库这四个数据库。有效信息集成分析时，系统首先采集变形性态实时信息，存入图形文字报告信息库和实时监测数据库；然后对实时采集得到的变形监测信息进行边缘特征去噪(step1)、多维空间的有效信息提取(step2)，得到和大坝变形相关的各类有效监测信息；在此基础上，将有效监测信息和变形性态诊断相关的图形、文字报告信息联合建立有效信息的特征矩阵，并经过特征空间映射和分类实现有效信息的集成，将集成后的有效信息存入有效信息库。之后，在有效信息库中对集成得到的监测数据、图形、文字报告信息建立有效信息的索引表，形成变形性态诊断的知识体系(step3)。在上述分析操作的同时，系统在每个子分析步中调用程序及方法库里的程序算法，包括小波分解算法、模极大值识别算法、动态弯曲距离算法、分类算法等。

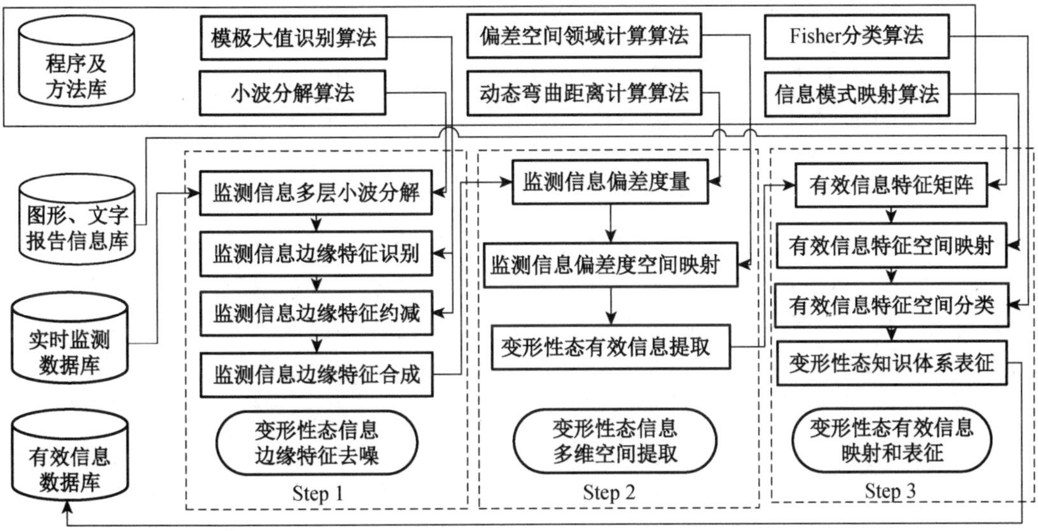

图 8.3.10　特高拱坝变形性态有效信息集成分析流程

(2) 变形影响因素挖掘分析流程

特高拱坝变形影响因素挖掘分析流程如图 8.3.11 所示。此分析流程有两个并联分析步骤 step4-1 和 step4-2,分析中使用到有效信息库和程序及方法库。

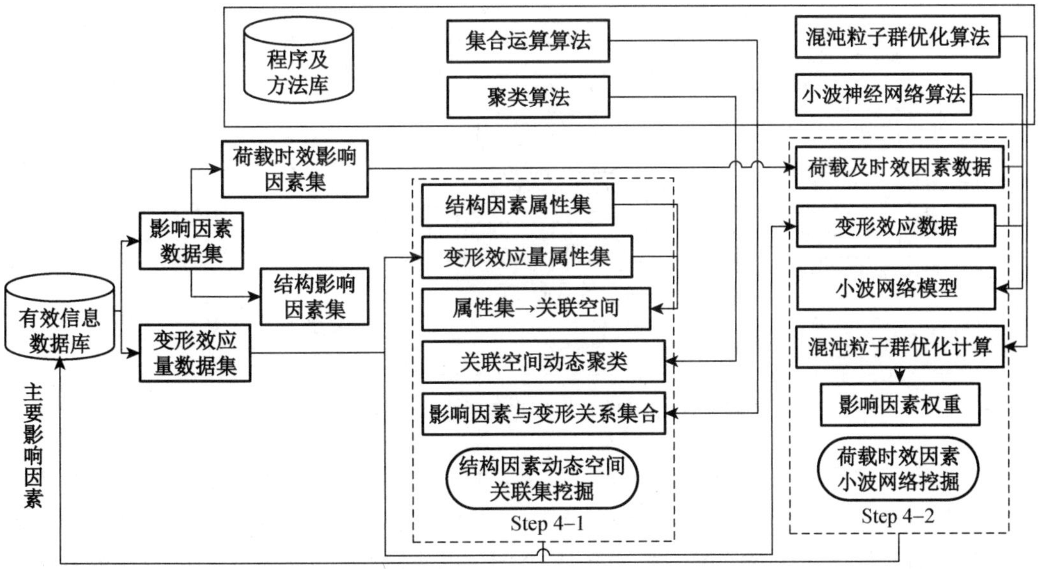

图 8.3.11　特高拱坝变形影响因素挖掘分析流程

变形影响因素挖掘分析时,系统首先从有效信息库中提取影响因素数据集(包括荷载及时效影响因素集、结构影响因素集)、变形效应量数据集。系统使用 step4-1(结构因素动态空间关联集挖掘)分析步骤,对结构因素和变形效应量建立属性数据和关联空间,实现关联空间的动态划分和集合运算,获得对变形效应量最具影响的结构因素集合。系统还可使用 step4-2(荷载、时效因素混沌小波网络挖掘)分析步骤,对荷载及时效因素和变形效应量建立小波网络关系,并进行混沌优化计算得到荷载及时效因素对变形效应量的影响权重。在完成分析步骤 step4-1 和 step4-2 后,分析结果被存入有效信息库。在上述分析操作的同时,系统在每个子分析步中调用程序及方法库里的程序算法,包括集合运算算法、聚类算法、混沌粒子群优化算法等。

(3) 变形性态综合诊断分析流程

特高拱坝变形性态综合诊断分析流程如图 8.3.12 所示。此分析流程有两个分析步骤 step5 和 step6,分析中使用到有效信息库和程序及方法库。在用户设置好诊断所需要的诊断数据类型后,系统基于诊断指标体系从有效信息库中提取所需要的变形性态有效信息,选择多种诊断指标对变形数据信息进行诊断分析(step5),得到测点级的诊断结果。在此基础上,系统首先连接测点级诊断结果,构建变形性态诊断网络,实现推理诊断。其次综合网络层、监测类型层和部位层实现融合诊断,最终得到各部位的诊断结论和整体诊断结论(step6)。于此同时,系统在每个子分析步中调用程序及方法库里的程序算法,包括回归分析算法、模糊随机熵计算算法、主成分分析算法和融合计算算法等。

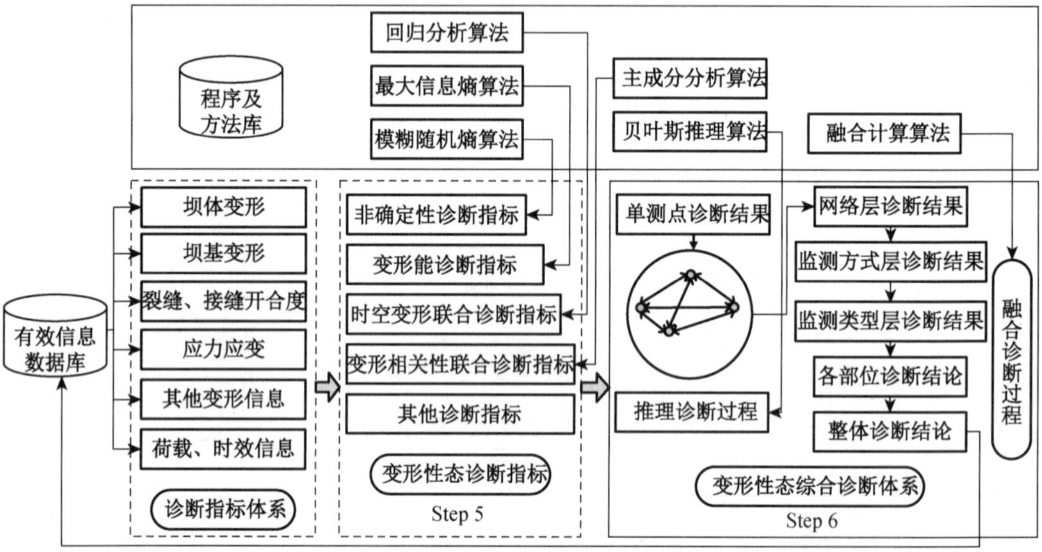

图 8.3.12 特高拱坝变形性态综合诊断流程

在综合上述三大主要分析流程的基础上,可以建立特高拱坝变形性态诊断系统内部运算和外部操作的逻辑关系,如图 8.3.13 所示。诊断系统的内部运算部分主要是依照外部用户的选择实现变形性态有效信息集成、影响因素挖掘、综合诊断运算以及诊断数据的提取和保存。诊断系统用户操作部分主要是选择信息集成方法、挖掘方法和诊断方法,并按照系统提示查看和确认诊断分析结果。

3.3.2 系统外部用户操作界面

以便于用户操作和查看为目的,特高拱坝变形性态诊断系统外部用户界面被分为用户管理、数据管理、多因素分析、诊断分析、推理融合诊断、参数设置、帮助和退出等用户操作界面。

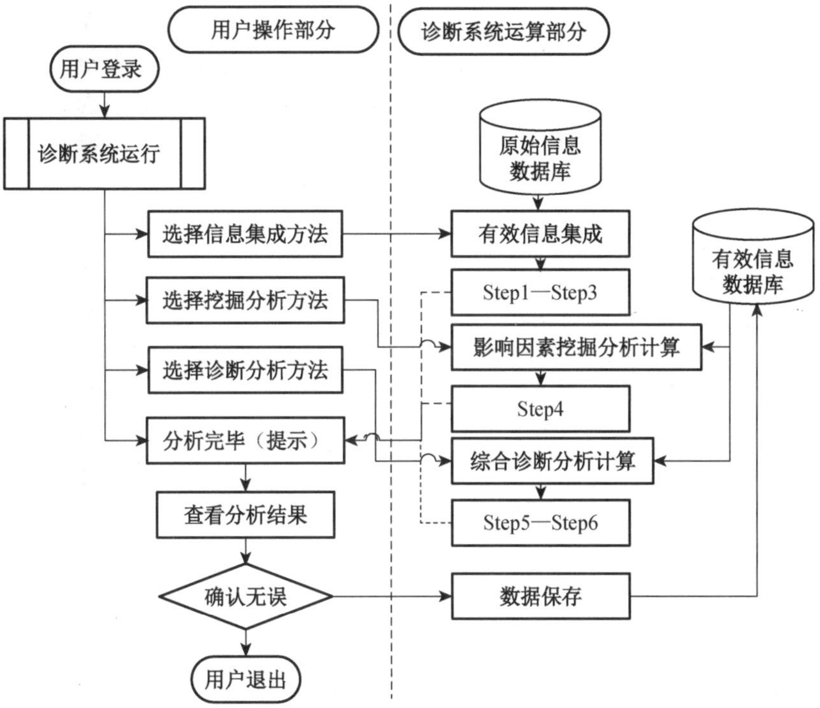

图 8.3.13　特高拱坝变形性态诊断系统逻辑关系图

（1）系统主界面

系统主界面包括用户管理、数据管理、多因素分析、诊断分析、推理融合诊断及参数设定等选项，其中数据管理用于监测数据的输入、输出及数据处理；多因素分析用于分析挖掘变形性态的多种影响因素；诊断分析和推理融合诊断是整个系统的核心功能模块，用于特高拱坝变形性态的诊断分析。系统主界面窗体如图 8.3.14 所示。

图 8.3.14　系统主界面

(2) 监测数据处理界面

监测数据处理界面用于特高拱坝各种数据的处理分析，包括监测数据去噪分析、大坝变形性态有效信息提取分析等。窗体左侧可以按照测点编号及测点属性选择需要处理的数据，数据处理完毕，可导出有效的数据信息。监测数据处理界面如图 8.3.15 所示。

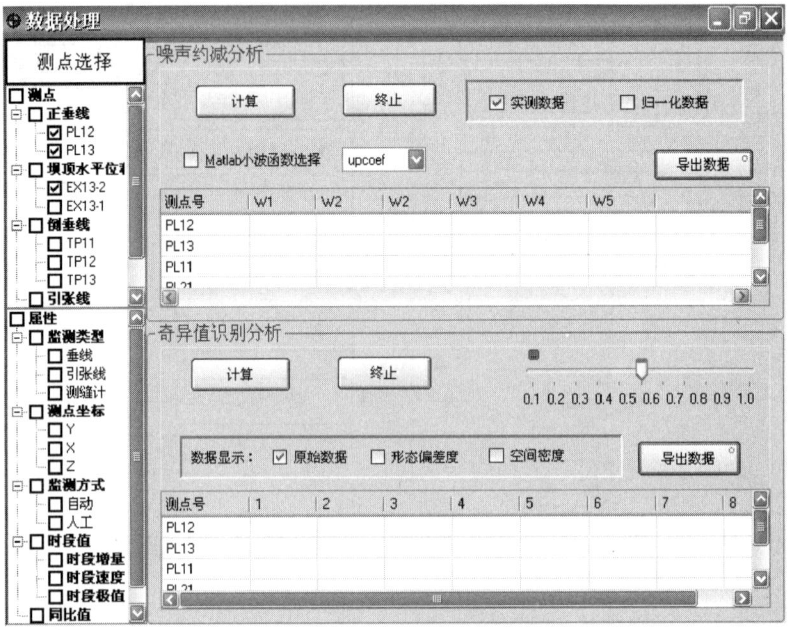

图 8.3.15 特高拱坝变形性态诊断系统数据处理窗体

(3) 多因素分析界面

多因素分析界面用于特高拱坝变形影响因素的挖掘分析，可选择环境量因素并进行小波神经网络挖掘分析，或者选择其他结构因素，在设定参数后实现动态空间关联集挖掘分析。多因素分析界面如图 8.3.16 所示。

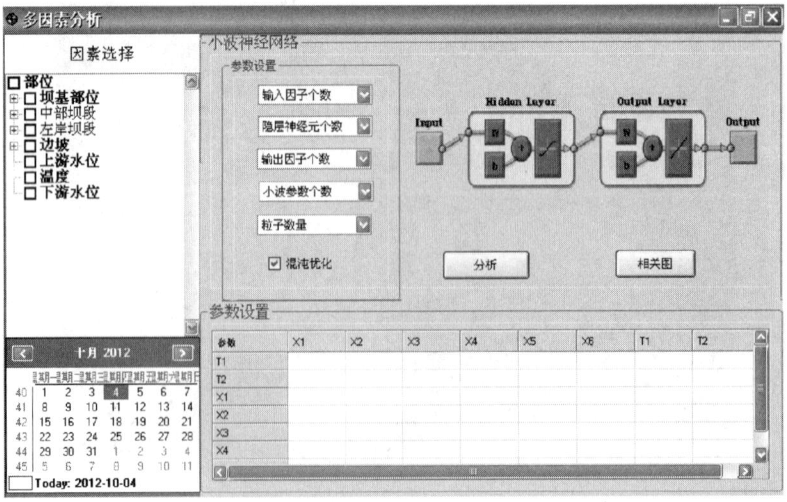

图 8.3.16 特高拱坝变形性态诊断系统影响因素分析窗体

（4）诊断分析界面

诊断分析界面用于特高拱坝变形性态的诊断，诊断方法包括模糊随机诊断、大坝变形性态时空分布联合诊断及变形相关性联合诊断等方法。在诊断分析之前需要进行诊断指标设定，以确保诊断结果的准确性。变形相关性诊断需要进行主成分分析，可以选择累积贡献率的百分比，查看分析获得的荷载矩阵、特征向量和主分量向量等信息。诊断分析界面如图 8.3.17 所示。

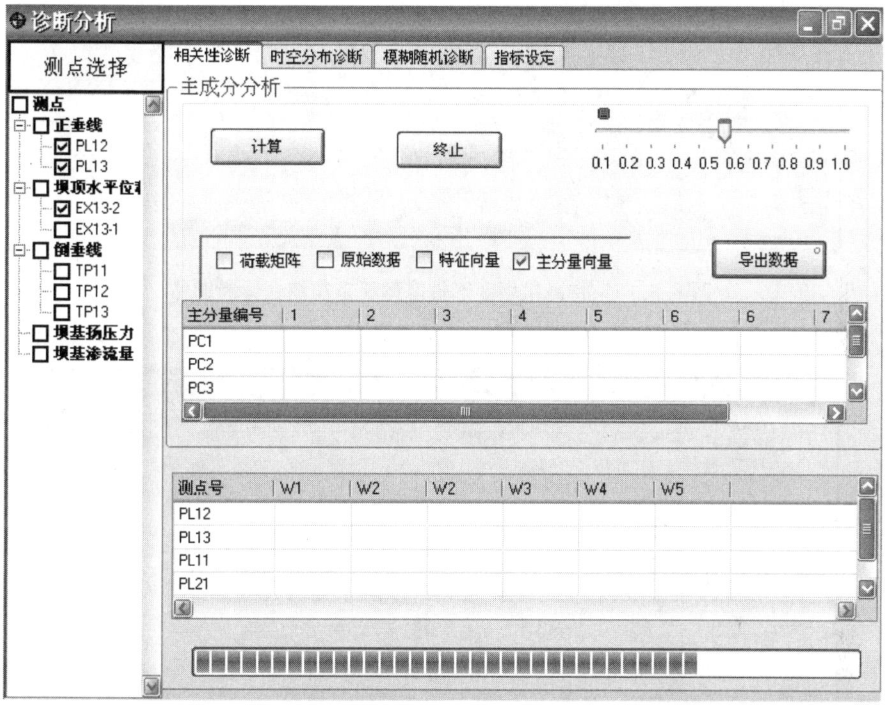

图 8.3.17　特高拱坝变形性态诊断系统诊断分析窗体

（5）推理及融合诊断界面

网络推理及融合诊断界面用于大坝变形性态的动态网络推理诊断和递阶融合诊断，可选择对应多个部位的子网络和管理子网络的 Agent 分析子程序，实现网络推理及融合诊断分析。可以查看和修改诊断网络的节点诊断变量值及节点链接的概率参数值，网络推理及融合诊断界面如图 8.3.18 所示。

（6）参数查询修改界面

参数查询修改界面应用于特高拱坝变形性态诊断系统的所有数据。对某些异常数据能够人工修正，对一些较为关心的参数可以实时查看，并导出数据用于进一步的分析，如图 8.3.19 所示。

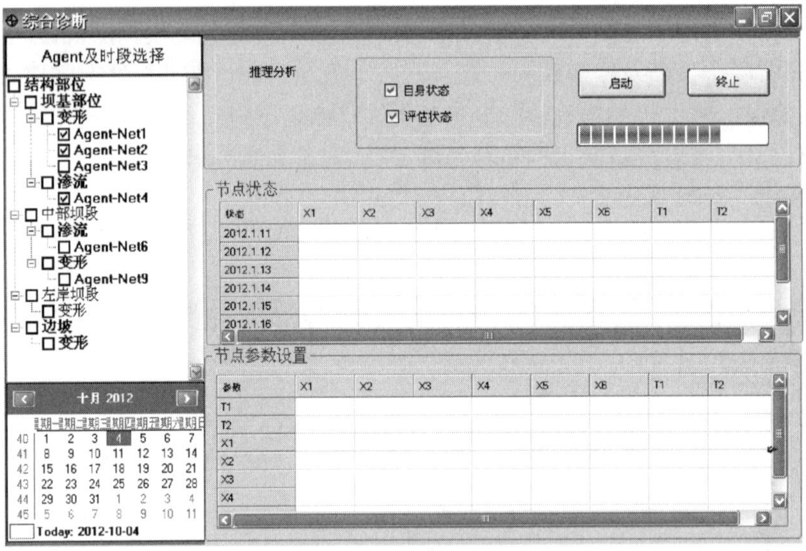

图 8.3.18　特高拱坝变形性态诊断系统综合诊断窗体

图 8.3.19　特高拱坝变形性态诊断系统参数查询及修改窗体

第四节　特高拱坝变形性态可视化预警方法

特高拱坝变形监测信息是大坝变形性态的直观反映，为了实时掌握特高拱坝实际变形性态，往往安装数量众多、分布广泛的变形监测仪器设备。这些监测点的位置、角度等安装信息多采用图纸和手册进行表达，导致无法对大坝、附属水工建筑物及地形地貌等有直观形象的认识，很难从时空多角度逼近大坝工作状态。同时，采集的大坝变形信息多以数字、图表以及简单的平面 CAD 形式描述，现场运行和维护人员难以对若干监测点测值灵活地查询和对比，导致对各测点变形分析缺乏有机的联系。更为重要的是，难以将抽象表达的变形监测值与大坝状态直接联系起来，不利于快速掌握大坝整体变形性态。尤其在大坝运行状态出现异常时，传统以文字、数字或二维图表为主的显示方式，使监测人员难以对变形异常部位有直观的了解，很难及时认清大坝复杂的变形性态。以上问题是大坝现场实际需求与研究现状之间最突出的几个矛盾。

特高拱坝变形监测信息的集成和直观展示是表达大坝变形性态的重要手段，为了全面直观地展示特高拱坝整体变形的时空特征，利用变形监测信息实时、高效、准确地判断大坝变形性态，运用 C++高级编程语言和 OpenGL 图形库，结合某特高拱坝实际工程，对大坝物理结构进行三维全景建模。采用图形、图像、3D 模型等可视化技术将大坝实时变形信息直观表达，并实现大坝变形动态过程的交互模拟。在前文研究的基础上，提出变形分区面板分析模型的可视化建模方法，拟定大坝变形监控指标，建立变形性态可视化预警方法，为直观展示特高拱坝的变形性态、及时发现变形异常部位，以及辅助相关领导及专家准确决策奠定基础。

1　特高拱坝三维全景模型构建

构建特高拱坝三维全景模型需要直观反映特高拱坝坝体、坝基、库盘及周边环境等三维物体，其关键在于较准确地描述工程现场三维全景的复杂曲线和曲面，为此调用 OpenGL 对上述图形的绘制函数进行表达。

1.1　OpenGL 主要功能

OpenGL 是独立于窗口系统和操作系统的开放式图形软件包，基于 OpenGL 开发的应用程序在各种平台间移植都十分方便；通过与 Visual C++的紧密连接实现三维建模的有关计算和图形算法，可保证算法的正确性和可靠性。它具有以下七大功能。

(1) 建模：OpenGL 图形库中提供了基本几何元素（如点、线、多边形等）和复杂三维结构（如球、锥、多面体等）的曲线、曲面绘制函数。

(2) 变换：OpenGL 图形库中的变换方法有利于节省运算时间，提高三维图形的显示速度，主要包括基本变换（平移、旋转、缩放、镜像）和投影变换（平行投影、透视投影）两种变换。

(3) 颜色模式设置：OpenGL 中包括 RGB 和颜色索引（Color Index）两种颜色模式。

(4) 光照和材质设置：OpenGL 的光照模式有自发光（Emitted Light）、环境光（Ambient Light）、高光（Specular Light）和漫反射光（Diffuse Light）；采用红蓝绿分量的反射率来表示材质，人眼看到的场景中物体颜色是光照的红蓝绿分量与材质的红绿蓝分量反射率相乘得到的。

(5) 纹理映射：OpenGL 纹理映射有助于还原物体表面细节，形象表达三维逼真的结构。

(6) 位图显示和图象增强：该功能提供基本的像素读写和拷贝，同时，在图像优化增强方面，还提供了融合、抗锯齿（反走样）和雾化等多种特殊图象效果处理手段，从而增强仿真结构的显示效果，更具真实感。

(7) 双缓存动画(Double Buffering):双缓存包括前台和后台缓存,后台缓存主要负责场景的计算、画面的生成,后台缓存绘制好的画面通过前台缓存进行展示。

Open GL 架构过程如图 8.4.1 所示。

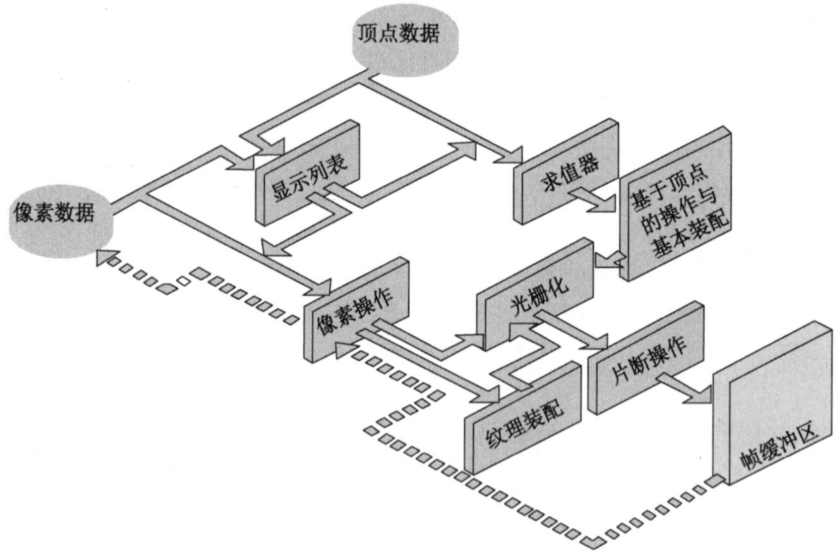

图 8.4.1　OpenGL 架构过程示意图

在 OpenGL 图形绘制函数表达的基础上,下面通过对 openGL 的功能及实现技术的研究和分析,重点研究特高拱坝可视化建模的关键技术。

1.2　特高拱坝可视化建模技术

大坝可视化建模技术是一种基于大坝及附属建筑物图形,利用渲染技术直观展现工程三维全景的建模方法。建模过程中,需要对大坝结构和物理特征进行研究,以三维图形和虚拟环境模拟的方式将原来用数字图表形式表示的数据、理论知识和不能用数据表示的现场及内部场景展示出来,可以对结构进行"全方位透视功能",提供直观、形象的监测信息。这样提高了信息的可理解性,可使用户实时掌握大坝的动态发展过程,直观地表达大坝运行状态,实现远程系统化,给人展示一种"亲临现场"的感觉。可以通过鼠标等操作对象与系统进行交互,显示大坝现场各种设备及零部件的运行状态监测信息、健康状况等相关信息。

基于 OpenGL 的特高拱坝三维可视化建模构架如图 8.4.2 所示:收集原始数据并录入数据库,通过坐标变换、数据插值、数据分类、颜色及不透明度计算等数据处理之后,结合特高拱坝实际工程情况,形成规则的表达特高拱坝结构特征、大坝部位物理属性的空间数据并储存在数据库中,然后通过调用 OpenGL 图形绘制函数,进行大坝主要结构的光照属性、环境变量等参数设置,并采用图形库中基本几何图元构造大坝数据模型,随后通过模型的几何、投影、裁剪、视口等多种变换计算,实现逼真显示大坝三维结构。

根据上述建模构架,结合特高拱坝实际工程情况,建立特高拱坝三维全景模型主要包括坝体结构及附属水工建筑物可视化建模和数字特性建模,其建模流程如图 8.4.3 所示。

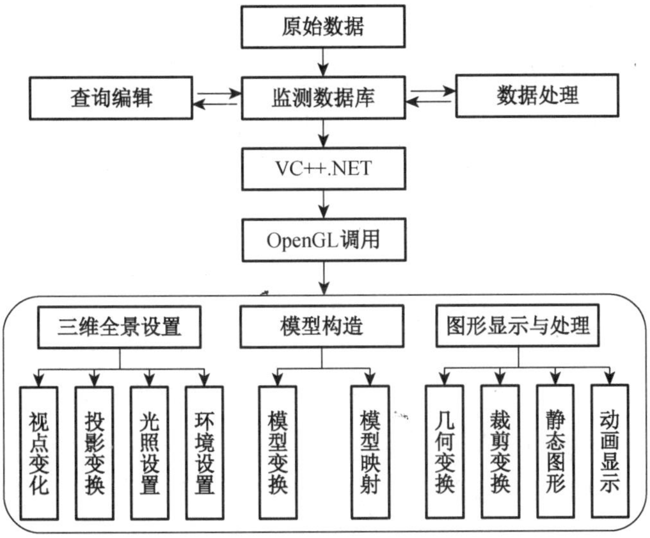

图 8.4.2　基于 OpenGL 的特高拱坝三维全景可视化构架

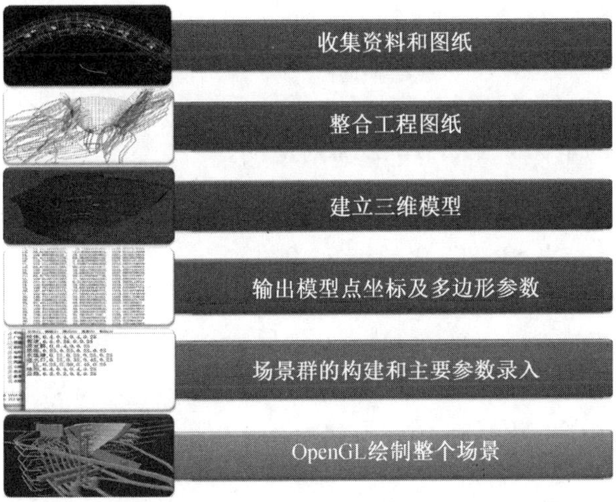

图 8.4.3　特高拱坝三维全景模型建模基本流程

首先，需要收集大量的工程设计图纸，真实的特高拱坝及附属水工建筑物几何特性和物理属性信息繁杂，为了逼真地反映坝体主要结构及周边地形地貌，还需收集基础地质缺陷资料以及处理方法等工程概况信息，同时将建筑物的尺寸、基本地质条件等关键参数整合备用。然后，根据工程设计图纸建立工程场景中各部分的三维模型，调用 OpenGL 建立所需三维场景的几何描述，并将它们输入计算机，同时输出模型点坐标及图形参数，最后将各部分建筑物模型进行装配，组装成特高拱坝三维全景可视化整体模型。

在整个三维全景模型的构建中，如何使现实中的特高拱坝在计算机上生成连续色调的真实感三维图形，关键需完成以下几个基本步骤。

Step1　采用数学方法建立特高拱坝三维全景的几何描述，并将它们输入计算机，场景的几何描述直接影响到图形的准确和图形绘制的工作量，选择合理有效的数据表示和输入手段极其重要。这里采用 OPenGL 三维图形函数库从指定顶点开始进行图像处理，到最后把像素值写入帧缓存，其流程如图 8.4.4 所示。

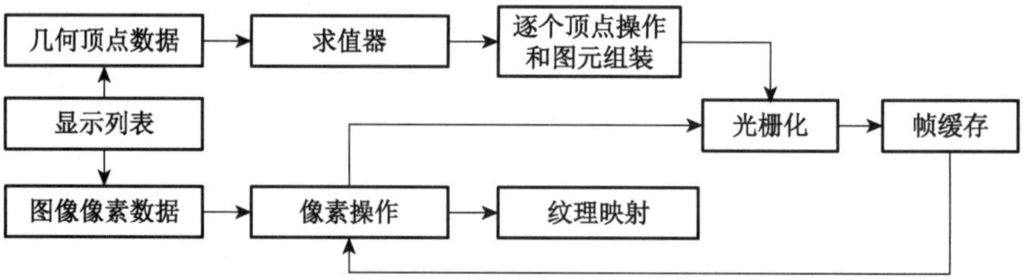

图 8.4.4　OpenGL 显示三维图形流程

Step2　图形显示过程中，为了合适地显示建筑物的大小、位置和方向，必须通过正射投影和透视投影两种投影方式以保证每个结构和部位都能以最优的视角展现在用户面前。因此，在特高拱坝三维全景模型构建过程中，需要通过特征点坐标旋转和平移实现建筑物信息的虚拟场景转换，如图 8.4.5 所示。假设坝体某结构中心坐标为 $P(x,\ y,\ z)$，绕 y 轴旋转 θ 角和经坐标平移(D_x，D_y，D_z) 后，得到利于用户观察的坐标 $P'(X,\ Y,\ Z)$，对应的坐标变换矩阵为：

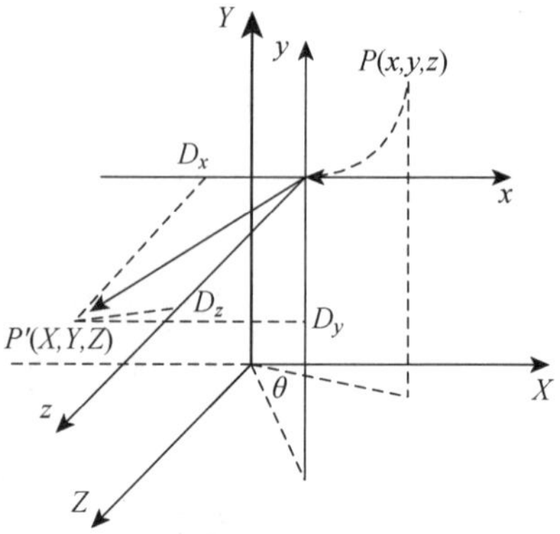

图 8.4.5　虚拟场景视角智能转换示意图

$$\begin{bmatrix} X \\ Y \\ Z \\ 1 \end{bmatrix} = \begin{bmatrix} 1 & 0 & 0 & D_x \\ 0 & 1 & 0 & D_y \\ 0 & 0 & 1 & D_z \\ 0 & 0 & 0 & 1 \end{bmatrix} \begin{bmatrix} \cos\theta & 0 & \sin\theta & 0 \\ 0 & 1 & 0 & 0 \\ -\sin\theta & 0 & \cos\theta & 0 \\ 0 & 0 & 0 & 1 \end{bmatrix} \begin{bmatrix} x \\ y \\ z \\ 1 \end{bmatrix} \tag{8.4.1}$$

将坐标变换矩阵输入到结构信息表达程序中，即可实现整体模型的虚拟场景视角转换。

Step3　选择三维全景模型中的所有可见面，根据实际工程情况和监测管理的需求，使用隐藏面消除算法将视域之外或被其他物体遮挡的不可见面消去。这里采用属于物理空间算法的深度缓冲法进行消隐处理，首先保存一个二维阵列(称 Z-buffer)存储计算机帧缓冲中当前显示像素的深度，然后对比每一部分的深度与 Z-buffer 中存储的像素深度，当某一部分比当前存储的像素更近，则将被写入帧存，Z-buffer 中存储的也将更新。OpenGL 中调用 auxInitDisplay(GL_DisPIay DEPTH |…) 指定使用深度缓冲；使用 glEnable(GL_DEPTH_TEST)激活深度缓冲；在绘制场景之前，用命令 glFrustum 清理深度缓冲。

Step4　要保证大坝三维全景模型连续色调的真实感，需要根据基于光学物理的光照明模型计算可见面投射到观察者眼中的光亮度大小和色彩组成，并将它转换成适合图形设备的颜色值，从而确定投影画面上每一像素的颜色。接着通过明暗处理模型确定画面上每一个面的颜色，最终生成图形。OpenGL 的简化光照模型中包括：辐射光(Emitted Lisht)、环境光(Ambient Light)、漫射光(Diffuse Light)和镜面光(speeular Light)。为了增加大坝及附属建筑物的真实感，可以使用下面的函数定义光源：

void glLight{if}[v](GLenum light, GLenum pname, TYPE param)；

并可按照如下函数启动和取消光源。

glEnable(GL_LIGHTING)；//启用光照

glDisable(GL_LIGHTING)；//取消光照

1.3　大坝建筑物建模及装配

利用上述特高拱坝可视化建模技术，实现特高拱坝三维全景模型建模分为主要结构可视化建模(单元建模)和结构整体可视化模型的装配两个步骤。下面研究特高拱坝各部分主要结构可视化模型的建模技术。

(1) 主要结构可视化建模

主要结构可视化建模是根据特高拱坝的几何尺寸信息、结构层次以及物理属性等，分别建立各部分的可视化模型，具体层次及模型内容见表 8.4.1。

表 8.4.1　系统模型导航分层结构

层次	内　　容	层次	内　　容
坝体	显示坝体主体结构	进水口	水电站进水口主体
垫座	拱肩与边坡邻接处	厂区	水电站机组设备及管道布置
廊道	坝体内部及周边廊道	公路	坝体及周边所有公路布置
洞室	周边所开挖洞室群	地形	大坝及周边 360°实景全貌
水垫塘	下游近坝区水垫塘		

建筑物主体结构及内部各附属建筑物可视化模型见图 8.4.6—图 8.4.9，对整体结构以拆装树形式在页面左侧进行展示，利用消隐技术可对选中部位(结构体)隐藏操作，进而显示建筑物内部结构，实现不去现场也可观察建筑物内部结构的功能，如图 8.4.7 所示，可对坝体内部所有廊道结构进行查询。

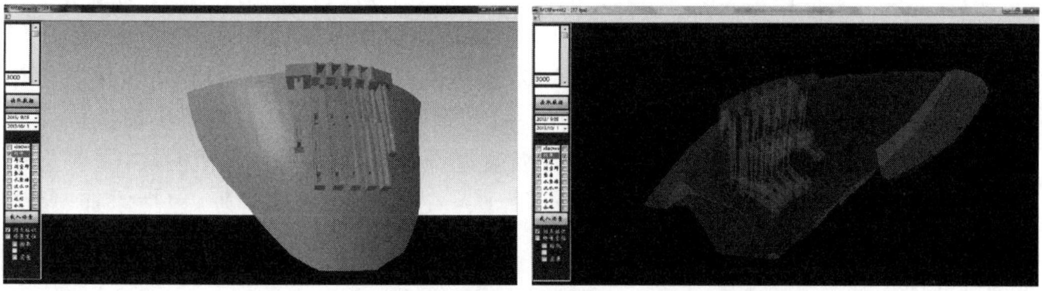

图 8.4.6　拱坝主体结构及垫座 3D 可视化模型

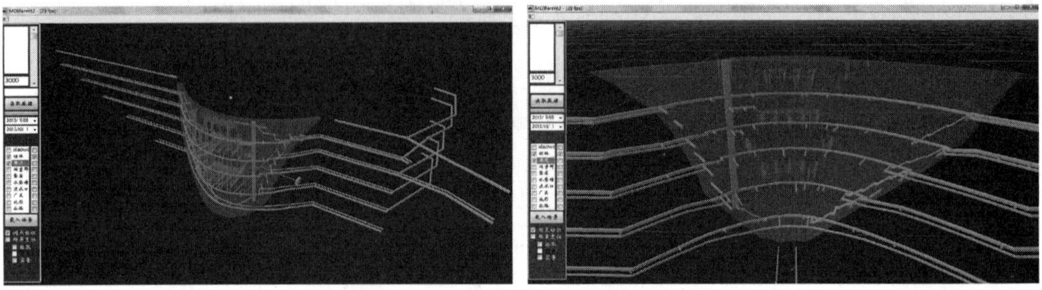

图 8.4.7　拱坝内部及周边廊道 3D 可视化模型

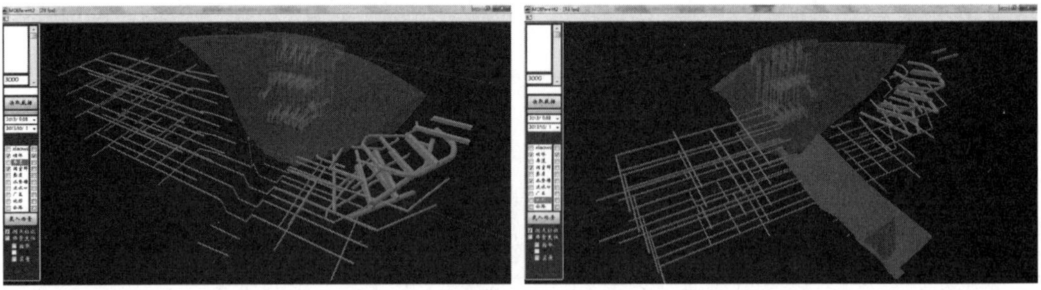

图 8.4.8　拱坝周边洞室群及水垫塘 3D 可视化模型

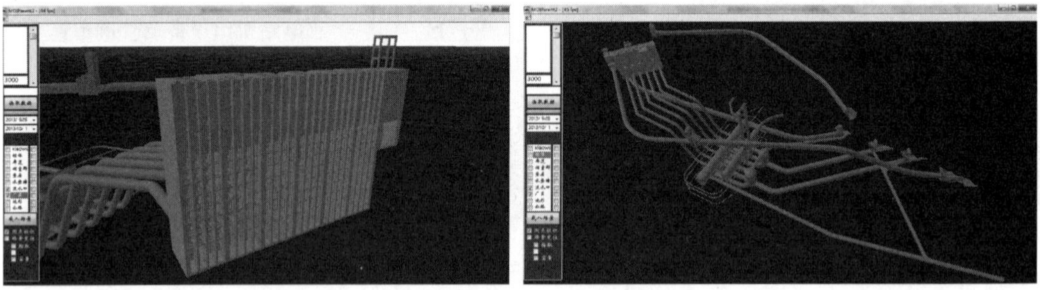

图 8.4.9　拱坝进水口及水电厂区 3D 可视化模型

垂线监测是大坝变形性态监测的主要手段，根据坝体内实际监测点埋设情况，对全坝段正倒垂线进行了可视化建模，不仅可以各种任意缩放和旋转，还可以从各种视图角度进行选择性观看（包括多视图、剖视图等），坝体垂线监测模型三维可视化展示如图 8.4.10 所示。实际不同工程上的监测仪器数目众多，仪器类别、监测目标、安装位置及角度均相差较大。同时，随着特高拱坝服役时间的推移，若干监测项目的仪器需要更新换代。为此，需要为坝体、边坡及库盘监测仪器的升级改造开发相应的测点管理模块，主要用于对各类监测仪器名称、参数及监测信息处理算法等进行实时更新管理，包括添加、修改及删除等操作。此外，还可对测点布置坐标、分布情况、测点信息查询等一系列基本信息进行管理。

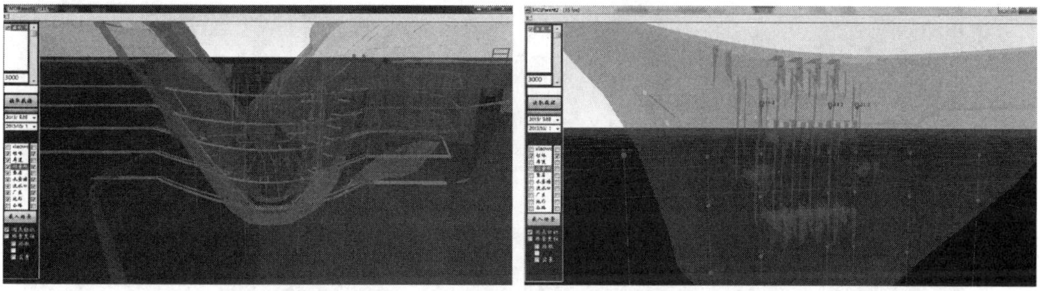

图 8.4.10　坝体垂线监测模型三维可视化

(2) 整体可视化模型的装配

在上述主要结构可视化建模的基础上，将各主要结构进行整体可视化模型装配，即在对象真实物理结构基础上，结合建筑物结构内部层次进行装配，如图 8.4.11 所示。另外，封装过程中，需要将模型的数字特性进行必要的存储，主要包括坝体结构及附属水工建筑物数字特性，以便后续建模分析。

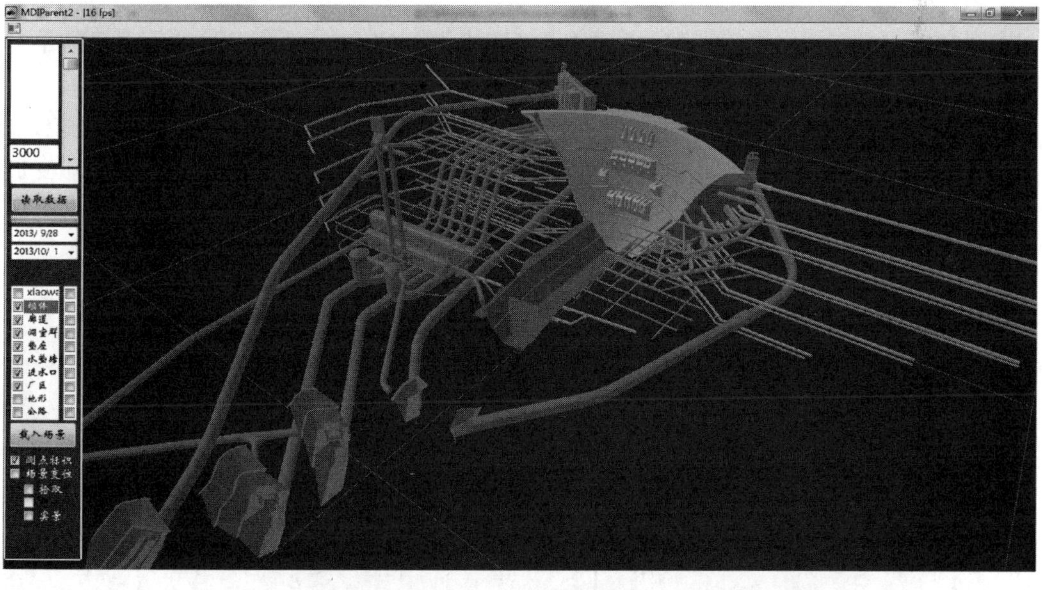

图 8.4.11　特高拱坝主体结构及附属建筑物 3D 可视化组装模型

实际特高拱坝运行受周边约束条件、环境因素等影响较为显著，三维全景模型需要考虑周边地形地貌及库盘，因此全景地形可视化建模也是必要组成部分。基于真实地形数据进行建模，采用数字地形模型(Digital Terrain Mode, DTM)，该模型不仅包括地表的高程数据，还有地表的平均坡度、高程、坡向等其他数据。对规则网格地形图的高程值进行采样就可得到 DTM 数据，获得的高程数据与真实的遥感纹理图像数据是一致的。通过对数据的纹理映射、实时渲染以及必要的简化生成地形地貌三维模型，如图 8.4.12 所示。

另外，由于地形地貌、库区环境等场景的原始图像清晰度不高，轮廓相对模糊，故需要进行图像的降噪处理与增强，其中图像的降噪处理主要是对图像进行平滑或滤波处理，经

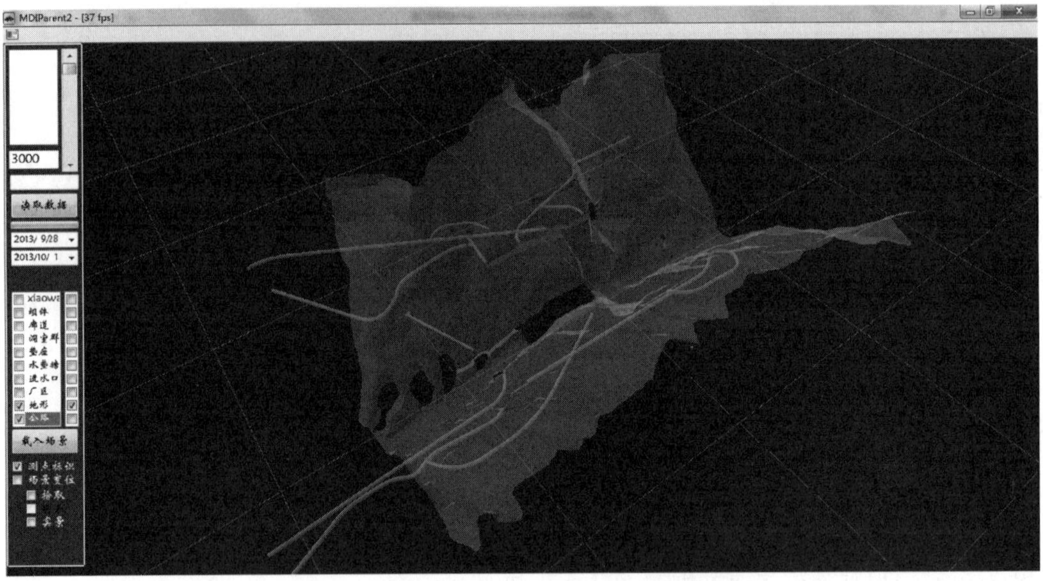

图 8.4.12　特高拱坝库区数字地形可视化模型

过滤波降噪处理后,去除了图像采集和传输过程中产生的噪声,图像增强的主要目的是突出图像中被模糊化的细节信息,尤其是边界,表现为图像上灰度突变部分,锐化过程可以使灰度反差更强。采用上述方法可以完整地模拟大坝周围边坡、公路、复杂地形地貌,如图 8.4.13 所示,此外隐藏在边坡内部所埋设的监测设备,可以为综合分析特高拱坝变形的性态提供必要信息。

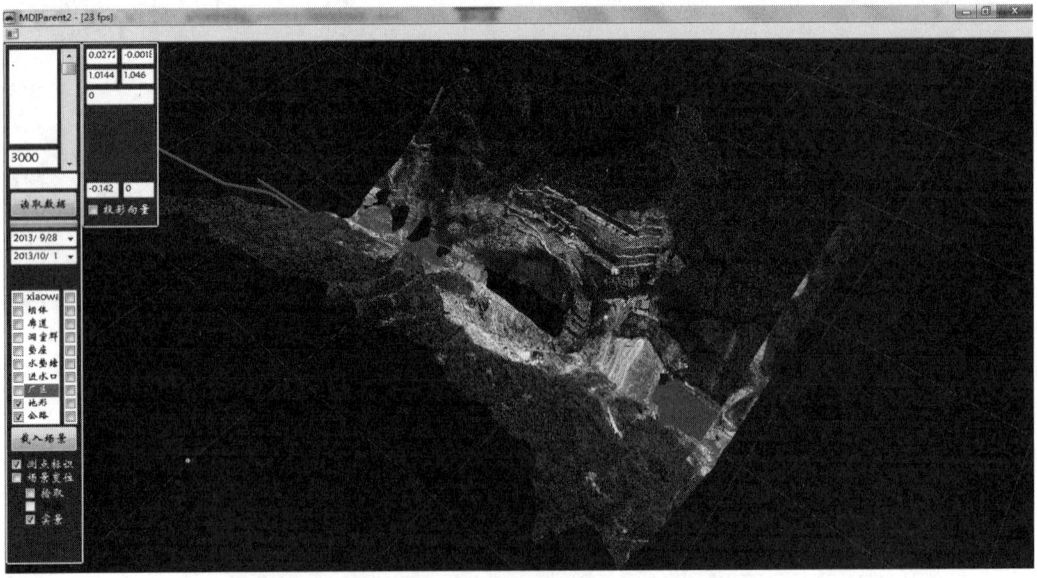

图 8.4.13　特高拱坝周边地形全貌可视化模型

基于可视化技术的特高拱坝三维全景模型如图 8.4.14 所示,使整个工程由二维平面图纸、图表和文字转变到可视化全景模型,提高了工程信息的检索效率,加强了认识学习效果，并且有效消除了个体理解上的差异，使用户对大坝的真实场景具有一定的认知性。而对大坝变形性态的全面掌握还需要将坝体的变形信息与可视化模型联系起来，传统关于大坝变形性态的表达形式多以模拟数字或图表的形式显示为主，通常因为监测点分布广、数量多，使得各测点之间状态显示缺乏有机的联系，现场运行和维护人员难以对若干监测点灵活地查询和对比，缺乏对坝体内部关联性及整体变形状态进行监测和分析。更为重要的是，对数字和抽象的表达与对应的建筑物物理属性难以衔接起来。为了弥补可用性、理解性和直观表达性等方面的缺点，下面利用特高拱坝的变形信息研究特高拱坝变形性态可视化的方法。

图 8.4.14　特高拱坝三维实景系统可视化整体模型

2　特高拱坝变形信息集成显示

以特高拱坝三维全景可视化模型为基础，建立大坝各单元结构的运行模型，在计算机上进行虚拟表达，并通过实时采集的监测数据来驱动可视化模型，对大坝变形性态进行模拟，其流程如图 8.4.15 所示。这样给用户以现场真实场景的效果，提高了变形监测信息的可理解性，同时也避免了用户分析时多处查看监测数据的麻烦，提高了用户的监测与分析的工作效率。

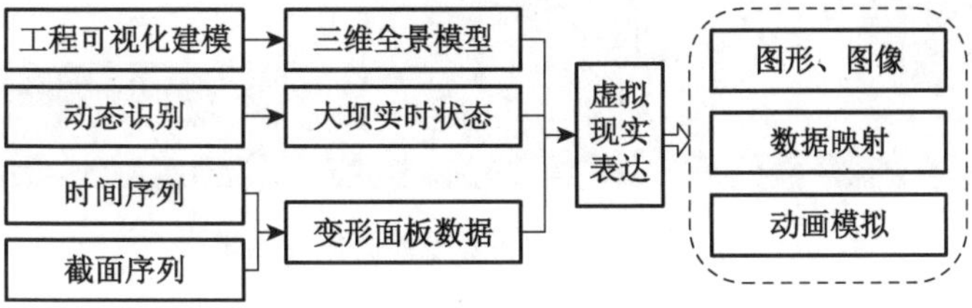

图 8.4.15　大坝变形性态可视化表达流程

2.1 变形性态图形、图像显示

大坝变形性态主要靠监测设备的实测数据来表达，对于采集的实时监测数据应该能够方便实时地展现在用户面前，包括提供某个监测点的测值和采集时间，还能够直观地展现出测点在坝体上的空间位置和安装角度等物理信息。图 8.4.16 为坝体垂线监测信息查询和对比展示。

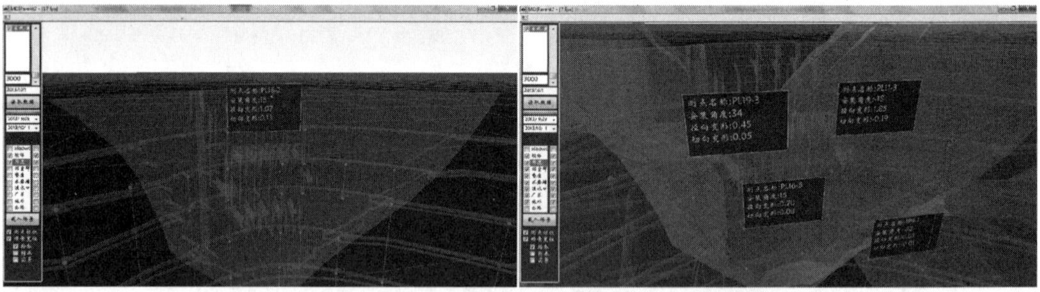

图 8.4.16 坝体垂线监测信息查询和对比展示

监测仪器的实测时间序列是反映特高拱坝的最直观、可靠资料，也是拱坝整体工作性态分析及隐患识别的基础。因此，为了将大坝全面的监测信息及时整理备份、上报主管部门，根据监测需求，设计了数据管理模块，可以对所有监测仪器采集到的实测数据进行读取、整编、特征值统计、查询及输出展示等，并且可以将监测项目、测点、时间区间、监测信息、分析结果等直接生成指定格式文件，如 Word 报表、Excel 报表等多种数据形式，同时还能以图表形式展现在屏幕，如图 8.4.17 所示。

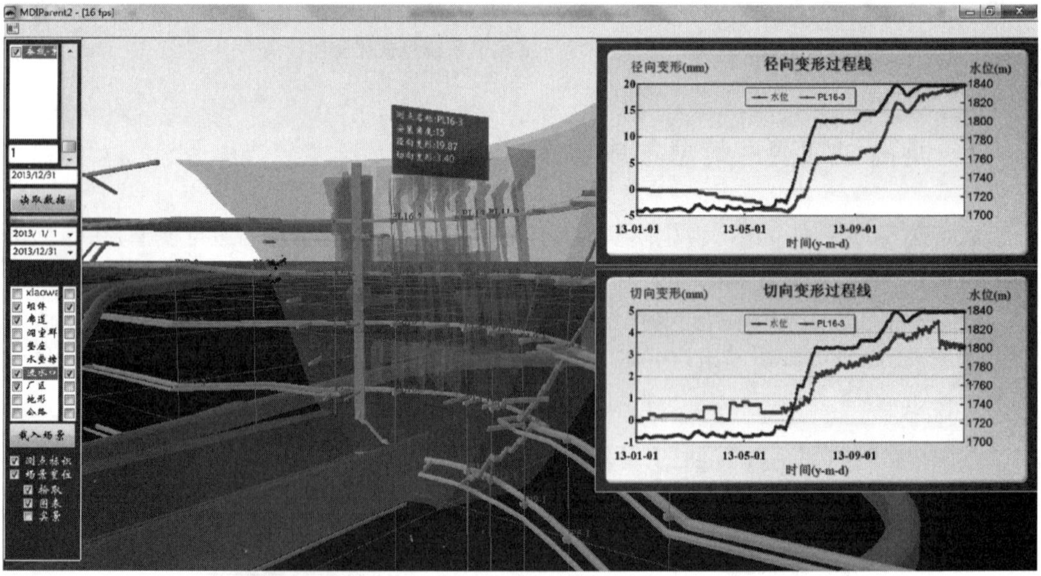

图 8.4.17 库水位及垂线测值过程线

对现场采集的数据及时进行异常诊断，很难靠选取单一测点或者单一时段的监测数据分析得到，如果能集成显示任意测点任意时段的监测序列，无疑可以更加及时地掌握数据的异常性，并同时提供与该测点相关的环境量、测值过程线、特征值、模型分量以及建模的剩余标准差、复相关系数等信息，使用户更加直观地查看变形性态的发展趋势。图 8.4.18 为库水位及垂线测值过程线。

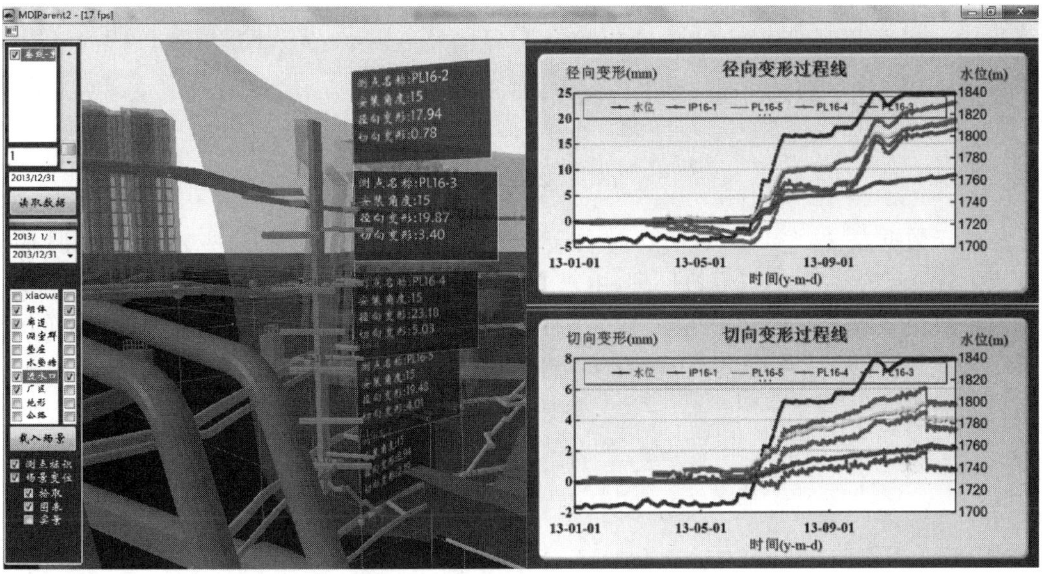

图 8.4.18　库水位及多测点测值过程线

将上述变形信息运用图形显示和图像算法（如基于几何和图像的混合式实时图形绘制技术）手段，以大坝可视化模型为基础，对显示在计算机上的图形图像进行优化，即解决重构后三维实体的表面光滑度问题，使用 B 条插值曲面来实现轮廓线的三维重构。具体算法如下。

（1）确定参数方向并选取参数

对于收集的矩形阵列数据点 $q_{ij}(i=0,1,\cdots,r;\ j=0,1,\cdots,s)$，若矩阵每行（或列）的数据点都属于一个平面域，可根据各行（或列）数据点通过插值计算得到该截面曲线，共有 $s+1$ 个横向截面，设横向参数线方向为 u，纵向参数线方向为 v。

（2）确定节点矢量

根据以上设定的参数方向 u 和 v，通过对数据点 $q_{ij}(i=0,1,\cdots,r;\ j=0,1,\cdots,s)$ 进行平均规范积累弦长参数化，得到数据点 q_{ij} 的参数值 $(\tilde{u}_i,\tilde{v}_j)(i=0,1,\cdots,r;\ j=0,1,\cdots,s)$，则双三次 B 样条插值曲面方程可以表示为：

$$P(u,v)=\sum_{i=0}^{m}\sum_{j=0}^{n}d_{ij}N_{i,3}(u)N_{j,3}(v),\ 0\leqslant u,v\leqslant 1 \tag{8.4.2}$$

该曲面的定义域为 $u\in[u_3,u_{m+1}]=[0,1]$，$v\in[v_3,v_{n+1}]=[0,1]$，横向和纵向的节点矢量分别为 $\boldsymbol{U}=[u_0,u_1,\cdots,u_{m+4}]$，$\boldsymbol{V}=[v_0,v_1,\cdots,v_{n+4}]$，其中 $m=r+2$，$n=s+2$，$N_{i,3}(u)$，$N_{j,3}(v)$ 为三次 B 样条基函数，由此节点对应于数据点的参数值为：

$$(u_i,v_j)=(\tilde{u}_{i-3},\tilde{v}_{j-3}),\ (i=3,4,\cdots,m+1;\ j=3,4,\cdots,n+1) \tag{8.4.3}$$

(3) 反算控制点

式(8.4.2)曲面方程可改写为:

$$P(u, v)=\sum_{i=0}^{m}\sum_{j=0}^{n}d_{ij}N_{i,3}(u)N_{j,3}(v)=\sum_{i=0}^{m}c_i(v)N_{i,3}(u) \tag{8.4.4}$$

式中:$m+1$ 条控制曲线 $c_i(v)=\sum_{j=0}^{n}d_{ij}N_{j,3}(v)(i=0, 1, \cdots, m)$ 上参数为 v_j 的 $m+1$ 个点就是位于曲面上的截面曲线式的控制点,即:

$$p(u, v_j)=\sum_{i=0}^{m}c_i(v_j)N_{j,3}(u) \tag{8.4.5}$$

由于数据点 $q_{ij}(i=0, 1, \cdots, r)$ 位于该截面曲线上,可以反算这些数据点得到控制顶点 $c_i(v_j)(i=0, 1, \cdots, m)$。同理,由以上三步计算也可得到其他控制顶点,当下标 j 取遍 v 参数定义域$[v_3, v_{n+1}]$内全部节点下标时,即反算出 $s+1=n-1$ 条截面曲线上的全部控制顶点 $c_i(v_j)(i=0, 1, \cdots, m; j=3, 4, \cdots, n+1)$,这些控制顶点分别位于 $m+1$ 条控制曲线上

$$c_i(v)=\sum_{j=0}^{n}d_{ij}N_{j,3}(v)(i=0, 1, \cdots, m) \tag{8.4.6}$$

确定第 i 条控制曲线,依次代入 $v_j(j=3, 4, \cdots, n+1)$,可以计算得到位于该控制曲线上的所有控制顶点。将控制点 $c_i(v_j)(j=3, 4, \cdots, n+1)$ 视作曲线上的数据点,可反算出插值曲面的第 i 行的控制顶点 $d_{ij}(j=0, 1, \cdots, n)$。继续重复上述过程,可反算出B样条插值曲面的全部控制顶点,即 $m+1$ 条控制曲线的控制顶点 $d_{ij}(i=0, 1, \cdots, m; j=0, 1, \cdots, n)$。

采用上述方法,针对坝体变形的轮廓及曲面进行处理,可以实现大坝变形性态的可视化展示,使用户可以选取任意时刻的坝体变形状态,从任意角度进行全方位查看,如图8.4.19所示坝体实际变形性态。在变形性态可视化的基础上,为了全过程展现大坝动态变形过程,下面基于动画模拟技术,研究并实现特高拱坝变形动态过程模拟。

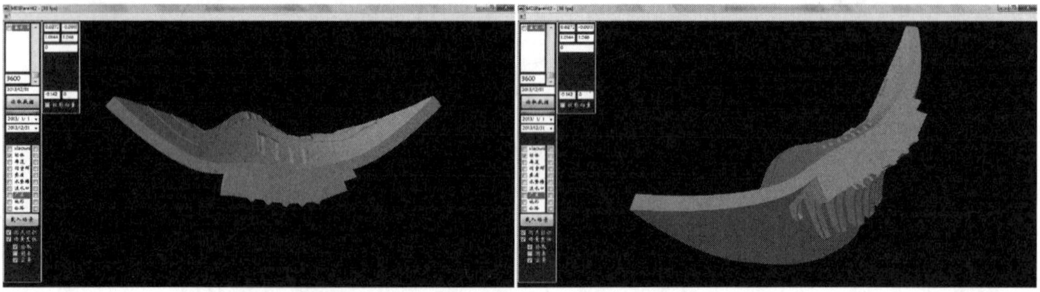

图 8.4.19 坝体实际变形形态图像显示

2.2 变形动态过程模拟

变形动态过程模拟包括变形交互式动态模拟和动画展示,其中交互式动态模拟即可

以选择和控制模拟变形的起始时间、变形部位、观看视角等,其流程如图 8.4.20 所示。根据变形监测数据进行场景变位显示,具有直观、形象、易于理解的独特作用,可以全视角清晰看到坝体各个部分随时间的变形形态、动态发展过程等。

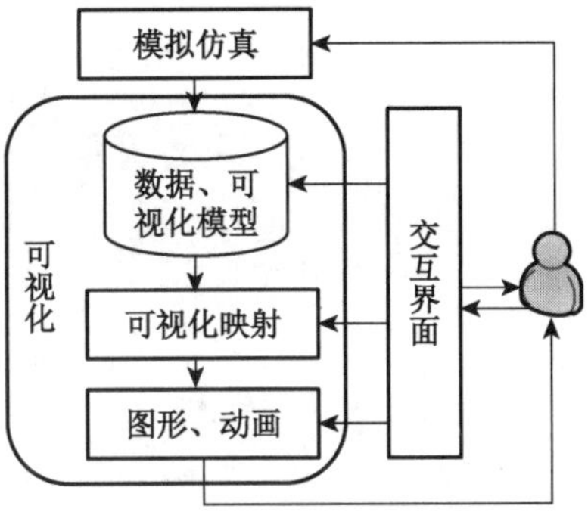

图 8.4.20　变形动态交互式模拟流程示意图

此外,还可将大坝整体变形的全过程动画显示,其流程如图 8.4.21 所示,可将整个流程设为作业函数 $F(p)$,由 n 个关键作业 $f_n(p)$ 组成:

$$F(p) = k_1 f_1(p) + k_2 f_2(p) + \cdots k_n f_n(p) \quad (8.4.7)$$

式中:$k_1, k_2, \cdots k_n \in (0, 1)$ 为各关键作业中 $f_n(p)$ 的权重系数,$f_n(p)$ 与具体功能实现有关。

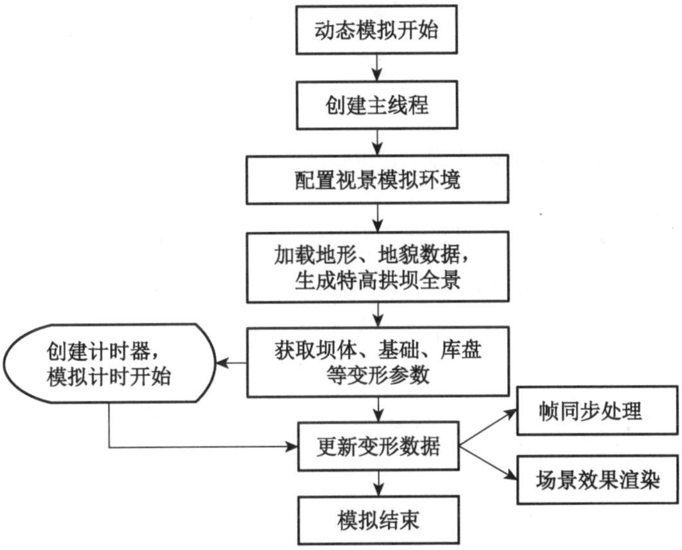

图 8.4.21　特高拱坝变形动画模拟流程

运用上述可视化技术,按照一定的时间顺序和逻辑顺序,可以实现特高拱坝变形的交互式动态模拟和动画模拟显示,如图 8.4.22 和图 8.4.23 所示。

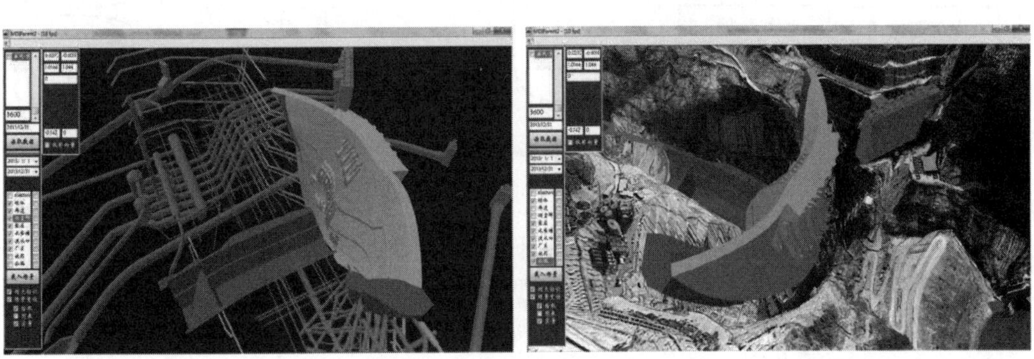

图 8.4.22　特高拱坝变形交互式动态过程模拟显示

图 8.4.23　坝体整体结构变形动态过程动画模拟显示

3　特高拱坝变形面板数据可视化分析

在上述特高拱坝变形信息集成显示的基础上，进一步对特高拱坝变形性态的面板信息进行对比分析，建立变形面板数据可视化分析方法，其框架如图 8.4.24 所示。由于面板数据包含时间序列和截面序列两个维度，故分别从纵向对比和横向对比两个角度对特高拱坝变形性态进行可视化分析。

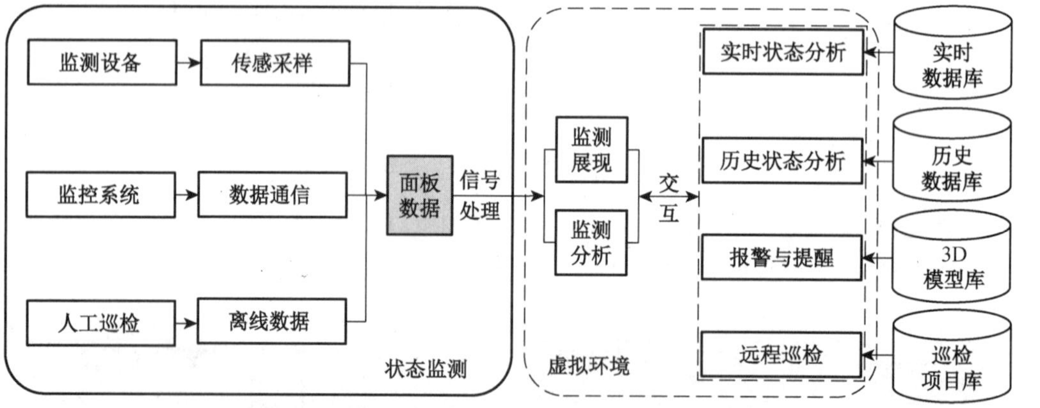

图 8.4.24　特高拱坝变形面板数据可视化分析框架

(1) 纵向对比分析即变化趋势分析，在给定时间范围内自动搜索监测序列，对所选时间序列进行多次分段检验，判断出序列发生平稳性改变的时刻，根据监测值总体变化趋势及不同显著性水平下的检验结果，推断坝体变形性态是否发生改变，如：通过分析某一测点监测序列在不同时间段内，测值的数值范围、变化速率、变化趋势来推断坝体该部位的变形是否发生异常变化。

(2) 横向对比分析是在监测序列预处理的基础上，根据大坝整体变形规律对不同时段的坝体进行分区，利用不同的分区结果检测出属性发生改变的测点，对比分析坝体发生改变的测点，可以直观掌握大坝整体的变形规律，了解变形发生改变的部位，结合现场检测、专家诊断等判断坝体状态是否发生变化。

3.1　变形平稳性识别及可视化分区

特高拱坝变形监测数据中隐含了结构调整变化的影响，准确描述结构变化的动态过程是监测信息有效分析的前提。为了保证特高拱坝坝体变形面板数据建模的真实性，在可视化建模前，需要对监测序列进行一系列检验，具体流程如下。

(1) 启动面板数据多源信息分析模块，选择面板数据分析的起止时间，如图 8.4.25 所示。这里集成了常用的 IPS 检验和 LLC 检验两种面板单位根检验方法，可以随意选择任意一种方法进行检验，根据得到的检验结果 P-value 值与设定的显著性水平(工程上通常为 1%或 5%)比较来判断是否为平稳序列，同时可得到坝体全部变形监测序列及库水位的过程线，如图 8.4.26 所示。

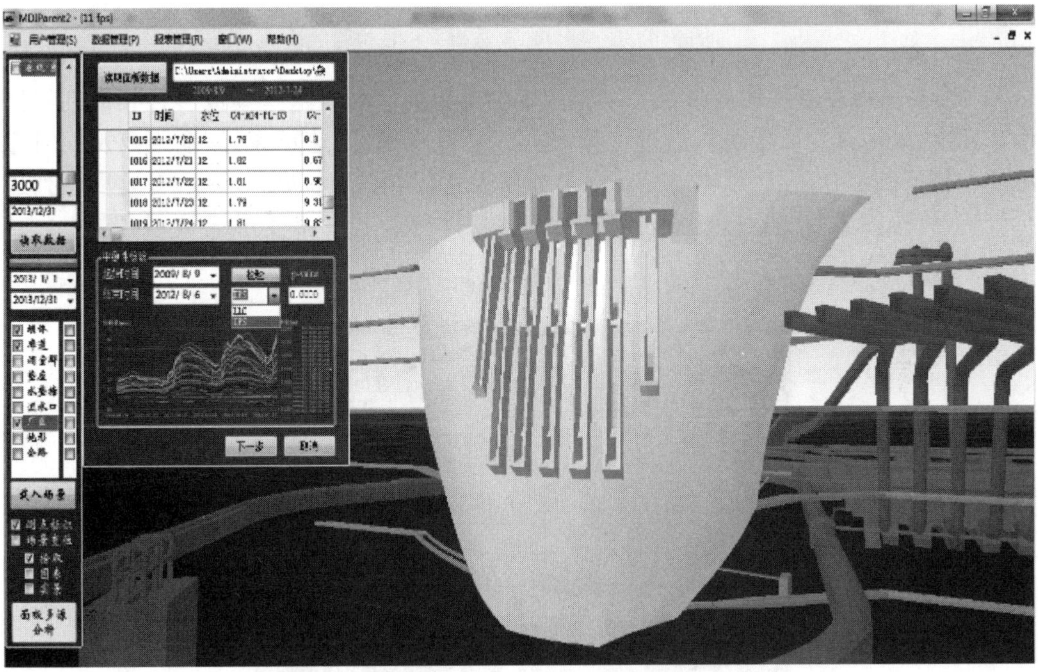

图 8.4.25　面板数据多源信息分析

(2) 检验结果可以得到所选时间段内的监测序列是否平稳，若是平稳序列，则可以继续下一步操作，若不满足平稳假设，则需要重新选择起止时间进行检验，直至检验结果为平稳，此过程可以大致判断出大坝整体变形动态过程中的几个“转折点”。

为了进一步确定坝体哪些部位或区域发生了“转折”，以便进一步通过现场检测、专家分析等来判断坝体的真实工作性态，需要根据前文的坝体动态分区方法，针对若干个平稳时间段内的坝体变形进行分区。根据坝体测点在不同时段所属区域情况，寻找出现“转

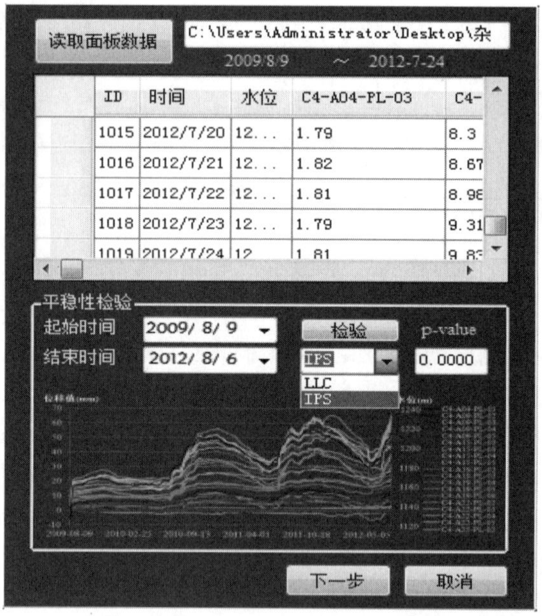

图 8.4.26　坝体监测数据平稳性检验

折”的测点，从而判断坝体变形性态发生改变的部位或区域。这里集成多种相似性指标度量标准，统一采用欧氏距离进行计算，包括：绝对距离、增速距离、波动距离及同时考虑三种特征的综合距离，根据选定的分类方法及指标，可以自动对坝体所有监测序列进行计算，将全坝段监测点分为若干类，同时将坝体分为若干个变形区域，如图 8.4.27 所示。

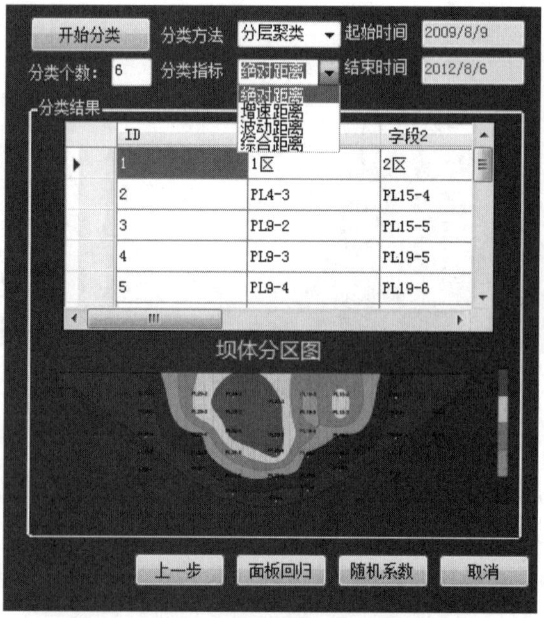

图 8.4.27　特高拱坝变形动态分区计算

3.2　变形面板数据可视化建模

在上述特高拱坝变形动态分区的基础上，对坝体每个变形区域建立相应的面板分析模型。建模时可以选用变截距模型和变系数模型，变截距模型又可分为固定效应模型和随机效应模型，可通过面板数据检验来进行识别。系统提供两种常用模型设定检验方法如图 8.4.28 所示，分别为 Hausman 检验和 LM 检验。根据检验结果 P-value 值与设定的显著性水平比较，可以判断面板数据建模形式，进而选择相应的建模方法。

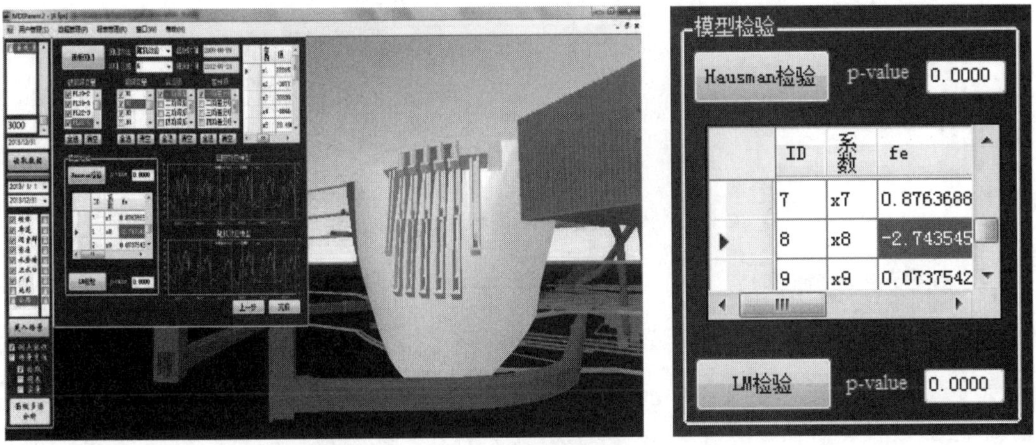

图 8.4.28　变截距模型设定型式检验

(1) 变形分区变截距面板数据可视化建模

采用面板数据建模时考虑工程实际情况可以引入多阶滞后项和差分项，得到的面板模型具有较强的解释能力，更贴合大坝实际变形性态。用户选择完模型形式及模型参数后便可进行面板分析计算，可以输出各参数的拟合系数、复相关系数及相应的拟合过程线，如图 8.4.29 所示。

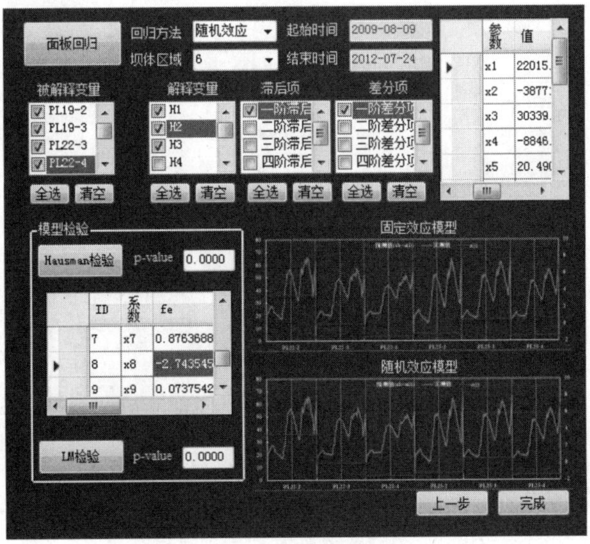

图 8.4.29　变截距面板模型建模分析

（2）变形分区变系数面板数据可视化建模

根据前文建立的分区变系数面板模型，系统集成了固定系数模型和随机系数模型，其计算过程与变截距操作流程基本相似，进行完相应的检验和变量选择后即可启动变系数建模分析，如图 8.4.30 所示。

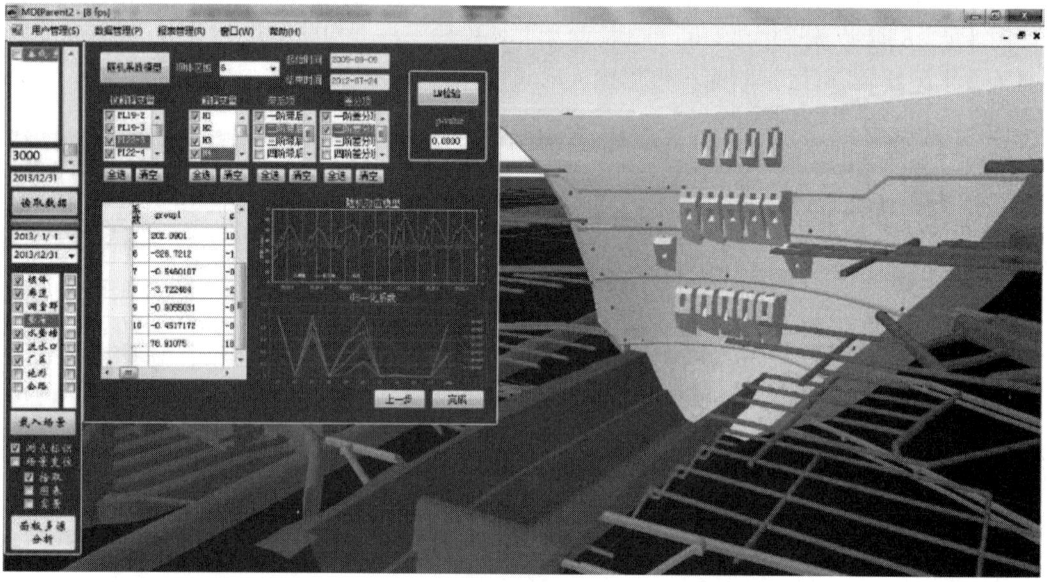

图 8.4.30　变系数模型设定形式检验

通过面板变系数模型可视化分析，可以得到各解释变量的拟合系数、复相关系数以及模型拟合过程线，同时得到分离的残差序列，如图 8.4.31 所示，这有助于掌握不同测点位置大坝变形的主要影响因素及各自的影响程度。

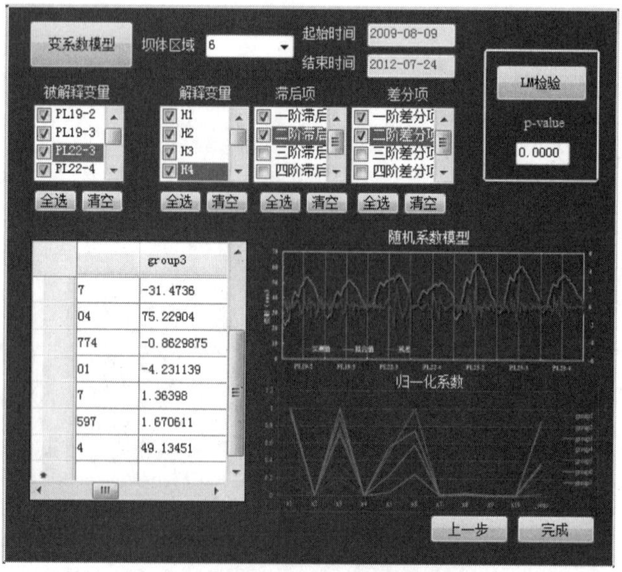

图 8.4.31　变系数面板模型建模分析

3.3　变形状态可视化预警

通过坝体变形面板数据的可视化分析，并结合大坝有限元计算成果，可以确定各监测项目的多级预警值，录入并存储在数据库作为预警标准，对比当前监测值，即可以实时了解大坝的变形状态。下面首先研究如何确定变形状态的预警标准。

(1) 变形监测预警标准

假设 σ_t 和 $\hat{\sigma}$ 分别为大坝运行状态监测值及模型计算值，当监测值 σ_t 在模型计算值 $\hat{\sigma}$ 的 2 倍标准差 S 的范围内，即

$$|\sigma_t - \hat{\sigma}| \leqslant 2S \tag{8.4.8}$$

时，则坝体结构运行正常；当 $|\sigma_t - \hat{\sigma}|$ 大于 $2S$，而在 $3S$ 范围内，即

$$2S < |\sigma_t - \hat{\sigma}| \leqslant 3S \tag{8.4.9}$$

时，此时需对坝体进一步跟踪监测，重点关注发生状态改变的部位。若测值无系统变化，则大坝工作正常，否则即为疑点；当 $|\sigma_t - \hat{\sigma}|$ 超出 $3S$ 时，即

$$|\sigma_t - \hat{\sigma}| > 3S \tag{8.4.10}$$

时，可以认为监测值异常，应紧急报警提醒，需采取相应措施保证大坝结构运行安全。

系统内设的异常状态包括报警级和保护级异常，状态 σ_t 所属范围与坝体运行状态间的对应关系如表 8.4.2 所示。

表 8.4.2　大坝变形监测值 σ_t 所属范围与大坝运行状态间的对应关系

序号	变形监测值所属区间	大坝运行状态
1	$\|\sigma_t - \hat{\sigma}\| \leqslant 2S$	正常
2	$2S < \|\sigma_t - \hat{\sigma}\| \leqslant 3S$	跟踪分析
3	$\|\sigma_t - \hat{\sigma}\| > 3S$	报警级异常

(2) 变形状态预警显示

当大坝变形实时监测值对比上述预警标准出现异常时，系统会自动预警提示，变形预警显示分为两类：状态醒目提醒和状态颜色报警。

① 变形信息醒目提示。依据变形实时监测值及面板数据可视化分析，将测点变形超出正常阈值范围的监测值进行醒目提示，将该测点的变形信息予以“红旗”显示，如图 8.4.32 所示，便于用户“一目了然”获取预警信息。

② 坝体颜色突出显示。对实时变形状态进行大坝颜色突出显示，可以让用户以熟悉、自然和直观的形式掌握大坝运行状态。这里采用颜色映射方案，结合棒图显示技术，以自然和直观的形式在虚拟环境中对实时状态进行表达，并予以实时预警。工程实际中，一般用红绿蓝 RGB 分量表示颜色，如图 8.4.33 所示，则颜色映射方案可以表示为：

$$f(v) = [f_R(v),\ f_G(v),\ f_B(v)] \tag{8.4.11}$$

式中：v 为映射数值，通常取实际数据归一化到[0, 1] 区间的结果；$f_R(v)$，$f_G(v)$，$f_B(v)$

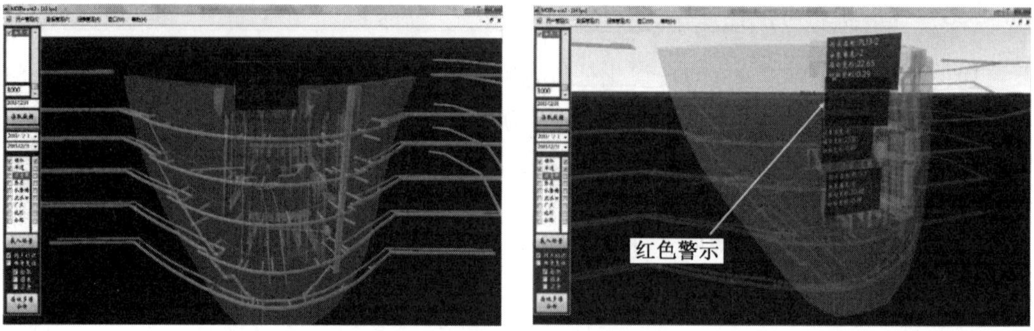

图 8.4.32　坝体实时状态预警数据显示

分别为与 v 对应的颜色分量,可采用类似"JET"的色彩映射方案——温度色彩映射方案。

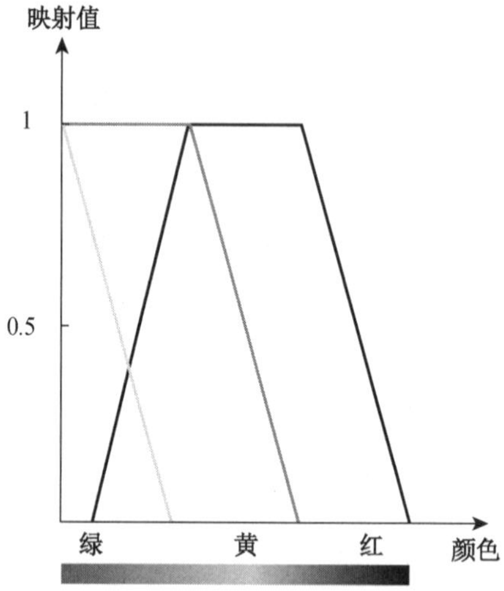

图 8.4.33　色彩映射方案示意图

基于上述方案可以实现坝体颜色的突出显示,如图 8.4.34 所示,在大坝日常运行时,变形监测值正常的部位显示为绿色;变形监测值处于预警范围内的部位显示为黄色,提示用户此位置需要关注;而当变形监测值处于报警范围内的部位则显示为红色,提醒用户重点关注此位置并做相应的检查。

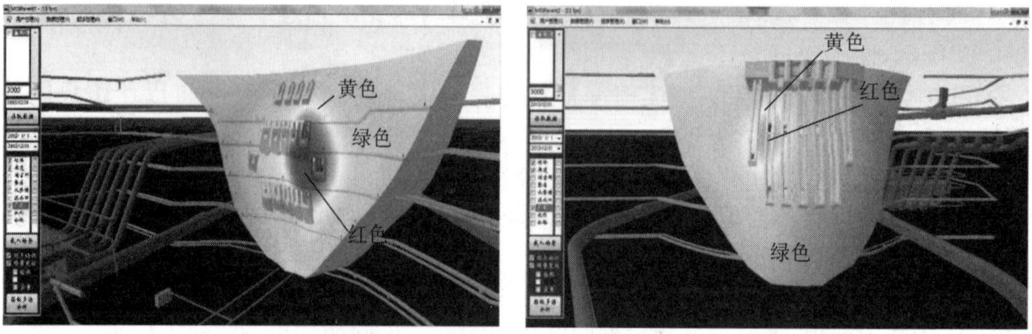

图 8.4.34　坝体变形颜色的突出显示

参考文献

[1] 贾金生. 中国大坝建设 60 年[M]. 北京：中国水利水电出版社，2013.

[2] 潘家铮，陈式慧. 关于高拱坝建设中若干问题的探讨[J]. 科技导报，1997，2：17-19.

[3] 李瓒，陈飞，郑建波，等. 特高拱坝枢纽分析与重点问题研究[M]. 北京：中国电力出版社，2004.

[4] 周建平，党林才. 水工设计手册第 5 卷混凝土坝(第 2 版)[M]. 北京：中国水利水电出版社，2011.

[5] 朱伯芳，张超然. 高拱坝结构安全关键技术研究[M]. 北京：中国水利水电出版社，2010.

[6] 顾冲时，苏怀智. 混凝土坝工程长效服役与风险评定研究述评[J]. 水利水电科技进展，2015，5：1-12.

[7] 党林才，王仁坤，吴世勇，等. 特高坝建设技术的发展及趋势[M]. 北京：中国水利水电出版社，2016.

[8] 邹丽春，王国进，汤献良，等. 高拱坝设计理论与工程实践[M]. 北京：中国水利水电出版社，2017.

[9] GU Chongshi, ZHAO Erfeng, JIN Yi, et al. Singular Value Diagnosis in Dam Safety Monitoring Effect [J]. Sci China E-Tech Sci, 2011, 54(5): 1169-1176.

[10] 段江娇. 基于模型的时间序列数据挖掘[D]. 上海：复旦大学，2008.

[11] 王达，荣冈. 时间序列的模式距离[J]. 浙江大学学报(工学版)，2004，38(7)：795-799.

[12] DONALD J BERNDT, JAMES CLIFFORD. Using Dynamic Time Warping to Find Patterns in Time Series[C]. In Proceedings of the KDD Workshop, Seattle, WA, 1994: 359-370.

[13] M AZZOUZI, I T NABNEY. Dynamic local models for segmentation and prediction of financial time series[J]. The European Journal of Finance, 2001, (7): 289-311.

[14] G E P BOX, G M JENKINS. Time series analysis: forecasting and control[M]. San Fransisco, CA: Holden-Day, 1976.

[15] E KEOGH, M PAZZANI. Scaling up Dynamic Time Warping to MassiveDatasets[C]. In Proceedings of the 3rd European Conference on Principles and Practice of Knowledge Discovery in Databases. London: Springer-Verlag, 1999: 1-11.

[16] 马成良，张海军，李素平. 现代试验设计优化方法及应用[M]. 郑州：郑州大学出版社，2007.

[17] 顾冲时，汪亚超，彭妍，等. 大坝安全监控模型的病态问题及其处理方法[J]. 中国科学：技术科学，2011，41(12)：1574-1579.

[18] 杨阳. 混凝土坝变形性态诊断方法研究[D]. 南京：河海大学，2012.

[19] 秦栋. 特高拱坝变形性态时空分析模型研究[D]. 南京：河海大学，2015.

[20] 李季琼，宋鹏，王少伟，等. 基于屈服体积比的拱坝整体稳定尖点突变模型[J]. 水力发电，2013，39(9)：26-29.

[21] 郑付刚，吴中如，顾冲时，等. 混凝土结构裂纹的双标量塑性损伤模型[J]. 中国科学：技术科学，2012，42(12)：1430-1439.

[22] GU Chongshi, QIN Dong, LI Zhanchao, et al. Study on Semi-Parametric Statistical Model of Safety Monitoring of Cracks in Concrete Dams[J]. Mathematical Problems in Engineering, 2013, 831-842.

[23] ZHENG Xueqin, GU Chongshi, QIN Dong. Dam's risk identification under interval-valued intuitionistic fuzzy environment[J]. Civil Engineering and Environmental Systems, 2015, 32(4):

351-363.
[24] 房彬,苏怀智,蔡德文,等.基于串联灰色多元回归模型的大坝蓄水期变形性态分析[J].水电能源科学,2013,31(8):106-108.
[25] SU Huaizhi, LI Jinyou, WEN Zhiping, et al. Dynamic non-probabilistic reliability evaluation and service life prediction for arch dams considering time-varying effects[J]. Applied Mathematical Modelling, 2016,40(15-16):6908-6923.
[26] XU Baosong, LIU Beibei, ZHENG Dongjian, et al. Analysis method of thermal dam deformation [J]. Science China-Technological Sciences, 2012,55(6),1765-1772.
[27] SU Huaizhi, WEN Zhiping, WANG Feng, et al. Dam structural behavior identification and prediction by using variable dimension fractal model and iterated function system[J]. Applied Soft Computing, 2016,48:612-620.
[28] SONG Jintao, GU Chongshi, SU Huaizhi, et al. Observed displacement data-based identification method of structural damage in concrete dam[J]. Engineering Failure Analysis, 2016,66:202-211.
[29] 高玮,郑颖人.岩体参数的进化反演[J].水利学报,2000,35(8):6-9.
[30] 向衍,苏怀智,吴中如.基于大坝安全监测资料的物理力学参数反演[J].水利学报,2004,35(8):43-48.
[31] 李敏强,寇纪淞,林丹,等.遗传算法的基本理论与应用[M].北京:科学出版社,2002.
[32] 黄耀英,郭兴文,吴中如.基于遗传模拟退火算法的岩土弹——黏塑性参数反分析[J].水利水运工程学报,2006,(4):10-14.
[33] 朱伯芳.大体积混凝土温度应力和温度控制[M].北京:中国电力出版社,1999.
[34] 孙钧.岩石流变力学及其工程应用研究的若干进展[J].岩石力学与工程学报,2007,26(6):1081-1106.
[35] 沈振中.三峡大坝和基岩施工期变形分析及其反分析模型[D].南京:河海大学,1995.
[36] WANG Shaowei, GU Chongshi, BAO Tengfei. Safety Monitoring Index of High Concrete Gravity Dam Based on Failure Mechanism of Instability[J]. Mathematical Problems in Engineering, 2013:[页码不详].
[37] BRIFFAUT M, BENBOUDJEMA F, TORRENTI, J M, et al. Concrete early age basic creep: Experiments and test of rheological modeling approaches[J]. Construction and Building Materials, 2012, 36: 373-380.
[38] BRIFFAUT M, BENBOUDJEMA F, TORRENTI J M, et al. Numerical analysis of the thermal active restrained shrinkage ring test to study the early age behavior of massive concrete structures [J]. Engineering Structures, 2011, 33(4): 1319-1401.
[39] MAHBOUBI A, AJORLOO A. Experimental study of the mechanical behavior of plastic concrete in triaxial compression [J]. Cement and Concrete Research, 2005, 35(2): 412-419.
[40] Y PASHANG PISHEH, S M MIR MOHAMMAD HOSSEINI. Stress-strain behavior of plastic concrete using monotonic triaxial compression tests[J]. Journal of Central South University of Technology, 2012, 19(4): 1125-1131.
[41] J VILARDELL, A AGUADO, L AGULLO, et al. Estimation of the modulus of elasticity for dam concrete[J]. Cement and Concrete Research, 1998, 28(1): 93-101.
[42] K K SIDERIS, P MANITA, K SIDERIS. Estimation of ultimate modulus of elasticity and Poisson ratio of normal concrete [J]. Cement & Concrete Composites, 2004, 26(6): 623-631.
[43] DENG Zongcai, LI Qingbin, FU Hua. Comparison between mechanical properties of dam and sieved concretes[J]. Journal of Materials in Civil Engineering, 2008, 20(4): 321-326.
[44] 贾金生,李新宇,郑璀莹.特高重力坝考虑高压水劈裂影响的初步研究[J].水利学报,2006,37(12):1509-1515.

[45] 丁晓唐. 高拱坝结构稳定转异和体形优化分析理论和方法[D]. 南京:河海大学,2005.
[46] 朱伯芳. 混凝土拱坝的应力水平系数与安全水平系数[J]. 水利水电技术,2000,31(8):1-3.
[47] 王少伟. 特高混凝土坝变形时变特性分析方法研究[D]. 南京:河海大学,2016.
[48] 夏才初,王晓东,许崇帮,等. 用统一流变力学模型理论辨识流变模型的方法和实例[J]. 岩石力学与工程学报,2008,27(8):1594-1600.
[49] 陈芳. 高坝坝区硬脆性裂隙岩体的流变强度时效模型及工程应用研究[D]. 济南:山东大学,2012.
[50] 朱昌星,阮怀宁,朱珍德,等. 岩石非线性蠕变损伤模型的研究[J]. 岩土工程学报,2008,30(10):1510-1513.
[51] ZHENG Fugang, WU Zhongru, GU Chongshi, et al. A plastic damage model for concrete structure cracks with two damage variables [J]. Science China-Technological Sciences, 2012, 55 (11): 2971-2980.
[52] 王芝银,李云鹏. 岩体流变理论及其数值模拟[M]. 北京:科学出版社,2008.
[53] 孙钧. 岩土材料流变及其工程应用[M]. 北京:中国建筑工业出版社,1999.
[54] E BOIDY, A BOUVARD, F PELLET. Back analysis of time-dependent behaviour of a test gallery in claystone[J]. Tunnelling and Underground Space Technology, 2002, 17(4): 415-424.
[55] 杨文东,张强勇,李术才,等. 以屈服接近度分段函数表示的非线性流变模型的程序实现[J]. 岩土力学,2013,34(9):2629-2637.
[56] 张传庆. 基于破坏接近度的岩石工程安全性评价方法的研究[D]. 武汉:中国科学院武汉岩土力学研究所,2006.
[57] K WORDEN, E J CROSS, I ANTONIADOU, et al. A multiresolution approach to cointegration for enhanced SHM of structures under varying conditions—An exploratory study[J]. Mechanical Systems and Signal Processing, 2014, 47(1-2): 243-262.
[58] 梁亚斌,李东升,李宏男. 环境温度影响下基于频率协整的在线损伤识别[J]. 大连理工大学学报,2014,54(3):307-314.
[59] JIN Feng, HU Wei, PAN Jianwen, et al. Comparative study procedure for the safety evaluation of high arch dams[J]. Computers and Geotechnics, 2011, 38(3): 306-317.
[60] 何金平,李珍照. 基于突变理论的大坝安全动态模糊综合分析与评判[J]. 系统工程,1997,(5):39-43.
[61] SU Huaizhi, WEN Zhiping, ZHANG Shuai, et al. Method for Choosing the Optimal Resource in Back-Analysis for Multiple Material Parameters of a Dam and Its Foundation[J]. Journal of Computing in Civil Engineering, 2016,30(4):[页码不详].
[62] QIN Dong, ZHENG Xueqin, LIU Hezhi, et al. Back analysis of high concrete arch dams' general elastic modulus range[J]. Journal of Food, Agriculture&Environment, 2013,11(1):1182-1186.
[63] 周伟,常晓林,唐忠敏,等. 溪洛渡高拱坝渐进破坏过程仿真分析与稳定安全度研究[J]. 四川大学学报,2002, 34(4):46-50.
[64] 顾冲时,苏怀智,王少伟. 高混凝土坝长期变形特性计算模型及监控方法研究进展[J]. 水力发电学报,2016,35(5):1-14.
[65] SHI Zhongwen, GU Chongshi, QIN Dong. Variable-intercept panel model for deformation zoning of a super-high arch dam[J]. Springerplus, 2016,5(1):898.
[66] SONG Jintao, GU Chongshi, GU Hao, et al. Derivation Method for the Foundation Boundaries of Hydraulic Numerical Simulation Models Based on the Elastic Boussinesq Solution[J]. Mathematical Problems in Engineering, 2015,2:1-7.
[67] SHI Zhongwen, GU Chongshi, ZHENG Xueqin, et al. Multiple failure modes analysis of the dam system by means of line sampling simulation[J]. Optik, 2016,127(11):4710-4715.
[68] 孙鹏明,杨建慧,杨启功,等. 大坝空间变形监控指标的拟定[J]. 水利水运工程学报,2016

(6):16-22.

[69] 殷详详,赵二峰,蔡德文. 基于伯努利神经网络的拱坝施工期变形预测模型[J]. 人民长江,2014,45(S2):210-212.

[70] 谷艳昌. 高地应力区特高拱坝多级变形预报控制值建立的方法研究[D]. 南京:河海大学,2008.

[71] 梁睿斌,包腾飞,许焱鑫,等. 特高拱坝封拱后温度回升对大坝性态影响研究[J]. 中国农村水利水电,2015,(04):149-152.

[72] 聂兵兵. 锦屏一级特高拱坝时效变形分析方法研究[D]. 南京:河海大学,2016.

[73] ZHENG Xueqin, GU Chongshi, QIN Dong. Bootstrap-typed criterion studies of online diagnostic to cracks abnormality of concrete dam[J]. European Journal of Environmental and Civil Engineering, 2016,20(7):737-747.

[74] 秦栋. 基于面板数据格式的特高拱坝变形性态分区方法[J]. 水电能源科学,2016,34(10):40-43,18.

[75] 李因果,何晓群. 面板数据聚类方法及应用[J]. 统计研究,2010,27(9):73-79.

[76] KOENKEE R, BASSETT G W. Regression quantiles[J]. Econometrica, 1978, 46:33-50.

[77] KOENKER R. Quantile regression for longitudinal data[J]. Journal of Multivariate Analysis, 2004,91(1):74-89.

[78] IM K S, PESASRAN M H, SHIN Y. Testing for unit roots in heterogeneous panels[J]. Journal of Econometrics, 2003,115(1):53-74.

[79] LEYBOURNE S, NEWBOLD P, VOUGAS D. Unit roots and smooth transitions[J]. Journal of Time Series Analysis,1998,19:83-97.

[80] HSIAO C, PESARAN M H, TAHMISCIOGLU A K. Maximum likelihood estimation of fixed effects dynamic panel data models covering short time periods [J]. Journal of Econometrics, 2002, 109(1):107-150.

[81] SPENCER B F. Opportunities and challenges for smart sensing technology[C]. Proceedings of the 1st International Conference on Structural Health Monitoring and Intelligent Infrastructure, Tokoyo,2003:65-71.

[82] 聂兵兵,赵二峰,殷详详,等. 基于极值理论的大坝变形监控指标拟定[J]. 水电能源科学,2015,33(12):101-104.

[83] 殷详详,周钟,赵二峰. 基于熵理论的锦屏一级拱坝空间变形预警指标拟定研究[J]. 长江科学院院报,2016,33(2):42-47.

[84] ZHANG Jingmei, GU Chongshi. Maximum Entropy Method for Operational Loads Feedback Using Concrete Dam Displacement[J]. Entropy, 2015,17(5):2958-2972.

[85] CHEN Bo, GU Chongshi, BAO Tengfei, et al. Failure analysis method of concrete arch dam based on elastic strain energy criterion[J]. Engineering Failure Analysis, 2016,60:363-373.

[86] YANG Guang, GU Chongshi, BAO Tengfei, et al. Research on early-warning index of the spatial temperature field in concrete dams[J]. Springerplus, 2016,5(1):[页码不详].

[87] ZHU Yantao, GU Chongshi, ZHAO Erfeng, et al. Structural Safety Monitoring of High Arch Dam Using Improved ABC-BP Model[J]. Mathematical Problems in Engineering, 2016:[页码不详].

[88] WU Bangbin, WU Zhongru, CHEN Bo, et al. Crack status analysis for concrete dams based on measured entropy[J]. Science China-Technological Sciences, 2016,59(5):777-782.

[89] 顾冲时,吴中如. 大坝安全监测专家系统的结构及知识工程[J]. 水利技术监督,1998, 6(1):36-40.

[90] WU Zhongru, XU Bo, GU Chongshi, et al. Comprehensive evaluation methods for dam service status[J]. Science China-Technological Sciences, 2012,55(8):2300-2312.

[91] CHEN Jianhua, GU Chongshi. Study on Semi-parametric Statistical Model of Safety Supervision of Concrete Dam[J]. Disaster Advances, 2013,6(S4):16-24.

[92] QIN Xiangnan, GU Chongshi, CHEN Bo, et al. Multi-block combined diagnosis indexes based on dam block comprehensive displacement of concrete dams[J]. Optik, 2017,129:172-182.

[93] 苏怀智,王锋,刘红萍. 基于 POT 模型建立大坝服役性态预警指标[J]. 水利学报,2012,43(8):974-978,986.

[94] 王建,顾冲时,吴中如. 大坝安全监控专家系统中的关键问题评判方法[J]. 水利学报. 2004,35(7):1-5.

[95] 王兰美,赵继成,秦华东. OpenGL 及其在 VC++下的开发应用[J]. 武汉大学学报(工学版),2006,39(4):62-65.

[96] ZHAO Q S. Research and implementation of three-dimensional object modeling based on OpenGL technology[J]. Control&Automation,2005, 12-3:149-151.

[97] 李保杰,马明栋. OpenGL 实现三维可视化工作流程[J]. 四川理工学院学报(自然科学版),2005,18(3):54-55.

[98] ERARSLAN K. Practical approach for 3D modeling of ore bodies and the design of development for underground of mines[J]. Mineral Resources Engineering, 2000, 9(3):128-132.

[99] SCHNEIDER P, DAVID H E. Geometric tools for computer graphics [M]. Beijing: Publishing House of Electronics Industry, 2004.

[100] 张菁,张天驰,陈怀友. 虚拟现实技术及应用[M]. 北京:清华大学出版社,2011.

[101] LIU Xing, WU Zhongru, YANG Yang, et al. Information fusion diagnosis and early-warning method for monitoring the long-term service safety of high dams [J]. Journal of Zhejiang University-Science A, 2012,13(9):687-699.

[102] BALOSSINO N, BRESCIANI F, LUCENTEFORTE M, et al. A low cost system for real-time integration of virtual and real distributed environments[C]. Proceedings of SPIE-The International Society for Optical Engineering, 2001,24-26:268-278.

[103] JOSHI S P, TIDWELL Z, CROSSLEY W A, et al. Comparison of morphing wing strategies based upon aircraft performance impacts [C]. 45thAIAA/ASME/ASCE/AHS/ASC Structures, Structural Dynamics & Materials Conference, California, 2004.